Lecture Notes in Mathematics

A collection of informal reports and seminars
Edited by A. Dold, Heidelberg and B. Eckmann, Zürich

323

J. L. Lions

IRIA-Laboria, Rocquencourt/France
Université Paris VI

Perturbations Singulières dans les Problèmes aux Limites et en Contrôle Optimal

Springer-Verlag
Berlin · Heidelberg · New York 1973

AMS Subject Classifications (1970): 35 B 20, 35 B 25, 49 A 20, 49 B 25, 49 B 50

ISBN 3-540-06264-5 Springer-Verlag Berlin · Heidelberg · New York
ISBN 0-387-06264-5 Springer-Verlag New York · Heidelberg · Berlin

Offsetdruck: Julius Beltz, Hemsbach/Bergstr.

Table des Matières

Chapitre VI

Chapitre VII

Chapitre VIII

Introduction

1. Supposons donné un problème aux limites ([1]) dans un ouvert $\mathcal{O}$ relatif à une famille d'opérateurs $P(x,\frac{\partial}{\partial x}\ ;\varepsilon)$ ou $P(x,t,\frac{\partial}{\partial x},\frac{\partial}{\partial t};\varepsilon)$ (où x,(resp t) désigne les variables d'espace (resp. la variable de temps)),dépendant de un ou plusieurs paramètres ε "petits".

On suppose - ce qui correspond à des situations intervenant dans des applications variées - :

- ou bien que les coefficients de P sont d'ordre de grandeur très différents (disons $O_{(1)}, O_{(\varepsilon)},\dots,O_{(\varepsilon^k)}$) dans diverses parties de l'ouvert $\mathcal{O}$;
- ou bien que l'opérateur P est d'ordre (ou de type) différent pour $\varepsilon > 0$ et pour $\varepsilon = 0$.

Dans l'un ou l'autre des cas précédents, si u_ε désigne la solution du problème aux limites pour $\varepsilon > 0$ (problème supposé "bien posé"), on désire étudier le comportement de u_ε lorsque $\varepsilon \to 0$.

([1]). Correspondant à des équations aux dérivées partielles linéaires ou non ou correspondant à des inéquations.

Dans les cas étudiés dans ce livre, ce comportement est "<u>singulier</u>", (d'où le titre de l'ouvrage) à l'un des sens suivants :

(i) u_ε n'a pas de limite (quelle que soit la topologie introduite), mais si l'on retire de u_ε une "partie singulière" s_ε, alors

$$u_\varepsilon - s_\varepsilon \to u^o \text{ dans une topologie convenable ;}$$

(ii) u_ε étant trouvé dans un espace fonctionnel F, u_ε ne converge pas <u>dans</u> F mais converge, disons vers u, dans un espace $\tilde{F}$ <u>plus grand que</u> F ; cette situation correspond à la "<u>perte de conditions aux limites</u>" pour u. (F correspondant <u>par exemple</u> à un espace de fonctions <u>nulles au bord</u> et $\tilde{F}$ à un espace de fonctions <u>quelconques au bord</u>) ou bien à une "<u>perte de conditions de décroissance à l'infini</u>" (i.e. à une perte de conditions aux limites à l'infini) ; on peut alors essayer de construire des <u>correcteurs</u> θ_ε <u>que l'on puisse calculer ou estimer</u>, de manière que $\theta_\varepsilon \in \tilde{F}$ et que

$$u_\varepsilon - (u + \theta_\varepsilon) \to 0 \text{ \underline{dans} } F.$$

Les problèmes principaux sont alors de trouver s_ε , u^o, u, θ_ε.

2. L'intérêt essentiel pour les applications de la résolution (éventuelle) de ces problèmes tient au fait que, très généralement, s_ε, u^o, u, θ_ε <u>sont donnés par la résolution de problèmes aux limites plus simples que le problème initial</u>.

D'où toute une série d'applications possibles:

(i) un problème aux limites très compliqué, et, en tous cas, inaccessible au calcul analytique, peut être approché par des problèmes pour lesquels des calculs analytiques sont possibles ;

(ii) les mêmes avantages que (i) se retrouvent à propos du calcul numérique approché de u_ε ;

(iii) dans toutes les questions où la solution du problème aux limites donnant l'état du système physique à étudier n'est qu'une étape vers le but final qui peut être le contrôle optimal, la conception optimale du système, on peut remplacer un état u_ε "compliqué" par un "état approché" plus simple.

En outre, des variantes de ces questions se posent lorsque de "petits paramètres" interviennent dans les fonctionnelles à minimiser, en théorie du contrôle optimal.

3. Naturellement, les questions évoquées précédemment peuvent être raffinées : quel est l'ordre de l'approximation, peut-on construire des approximations d'ordre quelconque ?

Ajoutons que la théorie peut être utile dans le sens opposé : si l'on a à résoudre un problème aux limites pour un opérateur $P(x,\frac{\partial}{\partial x})$ (ou $P(x,t,\frac{\partial}{\partial x},\frac{\partial}{\partial t})$), il peut être utile de construire une famille d'opérateurs $P(x,\frac{\partial}{\partial x}\ ;\varepsilon)$ par certains côtés plus simples que $P(x,\frac{\partial}{\partial x})$ et tels que $P(x,\frac{\partial}{\partial x}\ ;0) = P(x,\frac{\partial}{\partial x})$, de trouver u_ε solution d'un problème aux limites relatif à $P(x,\frac{\partial}{\partial x}\ ;\varepsilon)$ puis de passer à la limite. Ce sont alors les méthodes dites de régularisation (régularisation elliptique, parabolique) ou de viscosité artificielle.

4. L'étude systématique des problèmes ci-dessus est un très gros travail, car il faut prendre en compte "tous" les problèmes aux limites possibles et leurs combinaisons deux à deux (un problème hyperbolique par exemple pouvant avoir pour "limite" un problème elliptique, et vice versa) et cela pour des problèmes linéaires et non linéaires et avec, dans chaque cas, un très grand nombre de choix fonctionnels possibles.

Sans prétendre, en aucune manière, à l'exhaustivité (on donne d'ailleurs ci-après une liste de problèmes importants non abordés ici mais pour lesquels des ouvrages sont publiés ou en cours de publication) on a classé les problèmes de la manière suivante :

1) On étudie d'abord les cas où les opérateurs sont de <u>même type</u> pour $\varepsilon > 0$ et pour $\varepsilon = 0$; c'est l'objet des chapitres 1 à 4.
Les chapitres 1 à 3 étudient les problèmes elliptiques pour $\varepsilon > 0$ et pour $\varepsilon = 0$, d'où la terminologie <u>"elliptique-elliptique"</u>. Le chapitre 1 étudie les problèmes dits "raides" où les coefficients peuvent être d'ordres de grandeur différents selon les régions. Le chapitre 2 étudie des cas où l'ordre de l'opérateur (elliptique) pour $\varepsilon = 0$ est <u>strictement inférieur</u> à celui de l'opérateur (elliptique) pour $\varepsilon > 0$.
Le chapitre 3 enfin, étudie brièvement des situations qui combinent les deux aspects précédents.
Le chapitre 4 étudie les <u>problèmes d'évolution</u> qui sont de même type pour $\varepsilon > 0$ et pour $\varepsilon = 0$, donc problèmes paraboliques-paraboliques, hyperboliques-hyperboliques, etc.. .

2) On étudie ensuite les cas où les opérateurs sont <u>de types différents</u> pour $\varepsilon > 0$ et pour $\varepsilon = 0$. C'est l'objet des chapitres 5 et 6.
Le chapitre 5 étudie, dans cette optique, les problèmes <u>stationnaires</u> et le chapitre 6, <u>les problèmes d'évolution</u> (où de très nombreuses combinaisons deux à deux sont possibles : elliptique-elliptique, elliptique-hyperbolique, parabolique-hyperbolique etc..).

3) Les chapitres 7 et 8 donnent enfin <u>les applications de la théorie au contrôle optimal</u>.
Le chapitre 7 étudie les cas où les "petits paramètres" interviennent dans <u>l'équation d'état</u> du système et le chapitre 8 étudie les cas où ces paramètres interviennent dans <u>la fonction coût</u>.

5. Nous n'avons pas inclu dans le livre les applications à l'Analyse Numérique. Elles feront l'objet d'une publication ultérieure. Nous renvoyons à A.M. IL'IN [1] [2], W.L. MIRANKER [1] [2], B. NIVELET [1] .

6. Sur le plan des outils et des méthodes, il est bien évident que tout cela repose sur l'ensemble de la théorie des problèmes aux limites pour les équations aux dérivées partielles. Nous avons essayé de ne pas rendre la lecture du livre tributaire de trop de connaissances dans les problèmes aux limites en nous bornant souvent (en particulier dans les problèmes non linéaires) à des cas particuliers relativement simples. Nous avons également donné des rappels concis mais aussi précis que possible.

Nous utilisons constamment les méthodes variationnelles et très souvent les inéquations variationnelles qui sont un outil bien adapté à la définition des correcteurs (même dans le cas des équations) et pour lesquelles des problèmes de perturbations singulières interviennent dans des applications. On utilise parfois aussi la théorie de l'interpolation des espaces vectoriels topologiques, mais les sections correspondantes peuvent être passées.

7. Comme on a déjà signalé, de nombreuses questions n'ont pas été abordées, soit qu'il s'agisse de sujets encore en pleine évolution, soit qu'il s'agisse de questions sur lesquelles des ouvrages sont publiés ou en cours de publication :

(i) les formules intrinsèques et globales de développements asymptotiques, utilisant les bicaractéristiques au sens de MASLOV [1] , LERAY [1] ;

(ii) les divers procédés techniques de calcul des correcteurs pour lesquels nous renvoyons, en particulier, aux travaux de ECKHAUSS [1] [2] [3] et à la bibliographie de ces travaux ;

(iii) la théorie systématique des couches limites de l'hydrodynamique et du système de Prandtl, pour lesquels nous renvoyons à O.A. OLEINIK [3] [4] ,

J. SERRIN [1] , ainsi qu'à VAN DYKE [1] , C. FRANCOIS [1] [2], P. GERMAIN et J.P. GUIRAUD [1] , S. KAPLUN [1] , H.SCHLICHTING [1] et à la bibliographie de ces travaux ;

(iv) les problèmes de perturbations singulières relatives aux valeurs propres de problèmes elliptiques, cf. VISIK-LIOUSTERNIK [2] [3] , MASLOV [1] ; pour le cas des équations diférentielles, cf. HANDELMAN, KELLER et O'MALLEY [1] , W.A. HARRIS Jr. [1] , KELLER et O'MALLEY [1] , MIRANKER [1] , MOSER [1] .

(v) les problèmes et méthodes <u>probabilistes</u> pour lesquelles nous renvoyons à W. FLEMING [1] [2] , M. PINSKY [1] , A.D. VENTZEL [1] , A. BENSOUSSAN [2] ainsi qu'aux travaux de M. DONSKER [1] , MASLOV [1] (chap. 3, §1, N° 2) qui utilisent des "formules explicites de solution" à l'aide d'intégrales fonctionnelles du type de Wiener ou de Feynmann.

8. Cette rédaction développe des cours de 3ème cycle faits à l'Université de PARIS VI depuis l'année scolaire 1970-1971. Je tiens à remercier vivement les Professeurs V. ECKHAUSS, P.C. FIFE, W.L. MIRANKER et R.E. O'MALLEY Jr. qui m'ont, en particulier, communiqué plusieurs manuscrits non encore publiés, ainsi que L. TARTAR pour un grand nombre de remarques. Je remercie également pour leur collaboration Melle D. HUET et MM. C. BARDOS, D. BREZIS, H. BREZIS, D. LASCAUX, B. NIVELET et R. TEMAM.

CHAPITRE I

PROBLEMES RAIDES ELLIPTIQUES-ELLIPTIQUES

INTRODUCTION

On considère dans ce Chapitre des problèmes aux limites pour des opérateurs elliptiques $A(x, \frac{\partial}{\partial x} ; \varepsilon)$ dépendant d'un paramètre $\varepsilon > 0$, les coefficients étant d'ordre de grandeur très différents selon les parties du domaine Ω où l'on veut résoudre le problème. Par exemple, on suppose que les coefficients sont d'ordre 0 dans Ω_0, d'ordre 1 en ε dans Ω_1, etc. De tels problèmes sont dits "<u>raides</u>", la situation est dite "elliptique - elliptique" lorsque l'opérateur $A(x, \frac{\partial}{\partial x} ; 0)$ est elliptique dans Ω_0.

Le problème est étudié dans des cas <u>linéaires</u> dans les N°s 1 à 8, le N° 7 considérant d'ailleurs une situation un peu différente des autres ; des cas non linéaires sont étudiés au N° 9. Le N° 10 étudie un problème où, dans Ω_1 par exemple, les coefficients d'ordre maximum de A sont de l'ordre de $\varepsilon^{2\alpha}(\alpha > 0)$ et les coefficients d'ordre minimum sont de l'ordre de $\varepsilon^{-2\beta}(\beta > 0)$(donc certains coefficients sont "très petits", d'autres "très grands").

Il est possible d'aborder le Chapitre 2 après la lecture des N°s 1 et 2.

Les formules obtenues sur les Exemples des N°s 4 à 8 coïncident avec celles obtenues directement par identification formelle ; le procédé suivi donne, en même temps que les formules, <u>la justification de leur validité</u>.

1. UN EXEMPLE

1.1 Position du problème :

Soient Ω_o et Ω_1 deux ouverts de $\mathbb{R}^n$ comme indiqué sur la Figure 1.

On désigne par S la frontière commune à Ω_o et Ω_1 et par Γ la partie restante de la frontière de Ω_o.

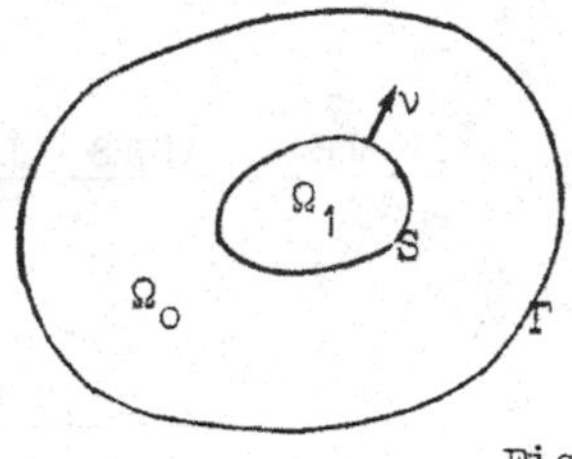

Fig.1

On considère le problème de transmission suivant : on cherche une fonction u_o (resp. u_1) définie dans Ω_o (resp. Ω_1) et vérifiant

$$(1.1)\quad \begin{cases} -\Delta u_o = f_o \text{ dans } \Omega_o, \\ -\varepsilon\Delta u_1 = f_1 \text{ dans } \Omega_1, \quad (\varepsilon > 0), \end{cases}$$

où f_i est une fonction donnée dans Ω_i (on précisera plus loin les hypothèses faites sur f_i), avec

$$(1.2)\qquad u_o = 0 \quad \text{sur } \Gamma ,$$

et les conditions de transmission sur S :

$$(1.3)\qquad u_o = u_1 \;, \quad \frac{\partial u_o}{\partial \nu} = \varepsilon \frac{\partial u_1}{\partial \nu}$$

où ν désigne la normale à S orientée (pour fixer les idées) vers l'extérieur de Ω_1.

On va vérifier que ce problème admet une solution unique, le but essentiel étant d'étudier le comportement de la solution lorsque $\varepsilon \to 0$.

On peut observer tout de suite que, en général, u_1 ne converge pas lorsque $\varepsilon \to 0$ car la 2ème équation (1.1) donnerait sinon à la limite :

$$f_1 = 0 \text{ dans } \Omega_1.$$

Pour résoudre le problème (1.1)(1.2)(1.3), nous allons utiliser <u>la méthode variationnelle</u>, un outil essentiel étant celui des <u>espaces de Sobolev</u> dont nous rappelons la définition ci-après.

1.2 Espaces de Sobolev.

Soit Ω un ouvert de $\mathbb{R}^n$ de frontière Γ. On désigne par $L^2(\Omega)$ l'espace usuel des (classes de) fonctions mesurables sur Ω, à valeurs dans $\mathbb{R}$ (1), telles que

$$|f| = \left(\int_\Omega f(x)^2\, dx\right)^{1/2} < \infty ;$$

c'est un espace de Hilbert pour le produit scalaire

$$(f,g) = \int_\Omega f(x)\, g(x)\, dx. \tag{1.4}$$

On désigne par $\mathcal{D}(\Omega)$ l'espace des fonctions C^∞ dans Ω et à support compact dans Ω ; on dira (2) qu'une suite φ_j d'éléments de $\mathcal{D}(\Omega)$ converge vers 0 dans $\mathcal{D}(\Omega)$ si :

1°) les φ_j ont leurs supports dans un compact fixe de Ω ;

2°) les φ_j tendent vers 0 uniformément dans Ω ainsi que chacune de leurs dérivées . ∎

---

(1) Sauf mention explicite du contraire, les fonctions sont prises à valeurs réelles.

(2) Cf. L SCHWARTZ [1] pour la définition <u>précise</u> de la topologie sur $\mathcal{D}(\Omega)$.

On désigne par $\mathcal{D}'(\Omega)$ l'espace, dual de $\mathcal{D}(\Omega)$, des distributions sur Ω. Si $f \in \mathcal{D}'(\Omega)$, on désigne par (f,φ) le produit scalaire de f et de $\varphi \in \mathcal{D}(\Omega)$; si f est localement sommable sur Ω, alors

$$(f,\varphi) = \int_\Omega f(x)\, \varphi(x)\, dx$$

et la notation est consistante avec (1.4). On dira que $f_j \in \mathcal{D}'(\Omega)$ tend vers f dans $\mathcal{D}'(\Omega)$ si $(f_j,\varphi) \to (f,\varphi)$ $\forall\, \varphi \in \mathcal{D}(\Omega)$. On a les inclusions algébriques et topologiques

$$\mathcal{D}(\Omega) \subset L^2(\Omega) \subset \mathcal{D}'(\Omega) \,. \tag{1.5}$$

On peut <u>dériver les distributions</u> : si $f \in \mathcal{D}'(\Omega)$, on définit une nouvelle distribution $\frac{\partial f}{\partial x_i}$ par

$$\left(\frac{\partial f}{\partial x_i}, \varphi\right) = -\left(f, \frac{\partial \varphi}{\partial x_i}\right) \quad \forall\, \varphi \in \mathcal{D}(\Omega) \,, \tag{1.6}$$

et alors l'application $f \to \frac{\partial f}{\partial x_i}$ est linéaire et <u>continue</u> de $\mathcal{D}'(\Omega) \to \mathcal{D}'(\Omega)$. Naturellement, par itération, on définit les dérivées <u>d'ordre quelconque</u> des distributions, et, <u>lorsque</u> f <u>est régulière</u>, ces notions coincident avec les notions usuelles. ■

<u>Espace de Sobolev $H^1(\Omega)$</u>. (Cf. S.L. SOBOLEV [1]).

Si $v \in L^2(\Omega)$ on peut, d'après ce qui précède, définir ses dérivées <u>au sens de</u> $\mathcal{D}'(\Omega)$. On dira que $v \in H^1(\Omega)$ lorsque $v \in L^2(\Omega)$ et lorsque ses dérivées premières sont encore dans $L^2(\Omega)$. Donc :

$$H^1(\Omega) = \{\, v \mid v, \frac{\partial v}{\partial x_1}, \ldots, \frac{\partial v}{\partial x_n} \in L^2(\Omega)\} \,. \tag{1.7}$$

Si $u,v \in H^1(\Omega)$, on pose

$$(u,v)_{H^1(\Omega)} = \int_\Omega \left(u\, v + \sum_{i=1}^n \frac{\partial u}{\partial x_i} \frac{\partial v}{\partial x_i}\right) dx \,, \tag{1.8}$$

et

$$\|v\|_{H^1(\Omega)} = (v,v)^{1/2}_{H^1(\Omega)} \,. \tag{1.9}$$

On vérifie sans peine que, muni du produit scalaire (1.8), $H^1(\Omega)$ est un <u>espace de Hilbert</u>. ■

<u>Propriétés de trace</u>. <u>Sous espaces de</u> $H^1(\Omega)$.

Supposons Ω borné de frontière régulière ([1]) Γ .

On démontre (cf. par exemple LIONS-MAGENES [1], Chapitre 1) que l'espace $\mathcal{C}^1(\bar{\Omega})$ des fonctions une fois continûment différentielles dans $\bar{\Omega}$ est <u>dense</u> dans $H^1(\Omega)$ et qu'il existe une constante c , ne dépendant que de Ω, telle que

$$(1.10) \qquad \int_\Gamma |u|^2 \, d\Gamma \leqslant c \, \|u\|^2_{H^1(\Omega)} \qquad \forall \, u \in \mathcal{C}^1(\bar{\Omega}),$$

où $d\Gamma$ désigne la mesure de surface sur Γ induite par la mesure de Lebesgue. Par conséquent, l'application "trace" :

$$u \longrightarrow u|_\Gamma$$

est linéaire et continue de $\mathcal{C}^1(\bar{\Omega})$ muni de la topologie induite par $H^1(\Omega)$ dans $L^2(\Gamma)$. On peut donc <u>la prolonger par continuité en une application encore notée</u> $u \to u|_\Gamma$, <u>linéaire continue de</u> $H^1(\Omega) \to L^2(\Gamma)$.■

<u>Sous espace</u> $H^1_o(\Omega)$.

On définit :

$$(1.11) \qquad H^1_o(\Omega) = \{ \, v \mid \; v \in H^1(\Omega), \;\; v|_\Gamma = 0 \, \}$$

qui est un sous espace <u>fermé</u> de $H^1(\Omega)$, donc un espace de Hilbert pour la structure induite par celle de $H^1(\Omega)$.

([1]) Cf. LIONS-MAGENES [1], J. NEČAS [1], pour des résultats plus précis.

On dira que $H_o^1(\Omega)$ est le sous espace de $H^1(\Omega)$ des fonctions "nulles au bord". On démontre (cf. LIONS-MAGENES, loc.cit.) que

(1.12) $$H_o^1(\Omega) = \text{adhérence de } \mathcal{D}(\Omega) \text{ dans } H^1(\Omega) .$$ ■

Autres sous espaces.

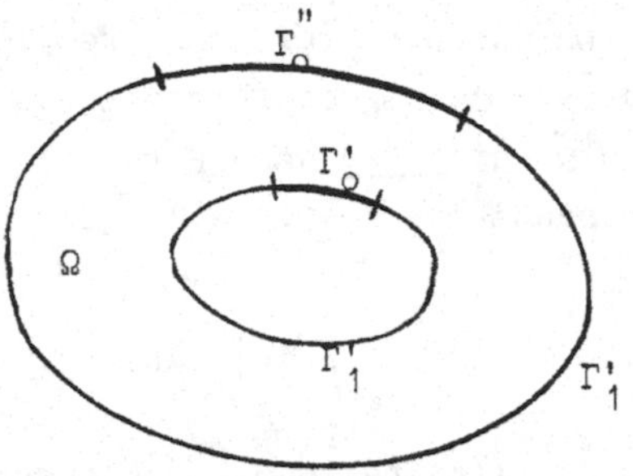

Soit Ω comme indiqué Figure 2 et soit $\Gamma_o = \Gamma'_o \cup \Gamma''_o$ une portion de Γ, de $d\Gamma$ - mesure positive ([1]). On peut définir, $\forall\, v \in H^1(\Omega)$, $v|_\Gamma$ et donc en particulier $v|_{\Gamma_o}$ et donc introduire

(1.13) $$H^1(\Omega\ ;\ \Gamma_o) = \{v \mid v \in H^1(\Omega),\ v|_{\Gamma_o} = 0\} .$$ Fig. 2

On définit ainsi un sous espace fermé de $H^1(\Omega)$. On a les inclusions :

(1.14) $$H_o^1(\Omega) \subset H^1(\Omega\ ;\ \Gamma_o) \subset H^1(\Omega) ,$$

chaque espace étant fermé dans le suivant. ■

Inégalité du type Poincaré.

Pour $v \in H^1(\Omega)$ posons

(1.15) $$|v|_1 = \left(\int_\Omega \sum_{i=1}^n \left(\frac{\partial v}{\partial x_i}\right)^2 dx \right)^{1/2} ;$$

la fonction $v \to |v|_1$ est, si Ω est borné, une semi norme sur $H^1(\Omega)$, nulle sur le sous espace des fonctions constantes. Mais c'est une norme sur $H^1(\Omega;\Gamma_o)$, et équivalente à $\|v\|_{H^1(\Omega)}$; on a (cf. DENY-LIONS [1]) :

([1]) C'est en fait les propriétés plus fines des capacités qui interviennent dans ce genre de question. Cf. DENY-LIONS [1]

(1.16) $$\|v\|_{H^1(\Omega)} \leqslant c\, |v|_1 \qquad \forall\, v \in H^1(\Omega;\Gamma_0)\,,$$

c = constante dépendant de Ω et de Γ_0 . ■

Remarque 1.1

On donnera, au fur et à mesure des besoins, d'autres propriétés des espaces de Sobolev. Le lecteur désireux d'avoir tout de suite une vue plus complète des propriétés des espaces de Sobolev pourra se reporter à LIONS-MAGENES, loc. cit., Chapitre 1. ■

1.3. Formulation variationnelle du problème du N° 1.1.

Revenons au problème du N° 1.1. Posons :

(1.17) $$\Omega = \overline{\Omega}_1 \cup \Omega_0$$

et, pour tout $u,v \in H^1(\Omega)$, posons :

(1.18) $$a_i(u,v) = \int_{\Omega_i} \text{grad } u.\ \text{grad } v\, dx \qquad (i=0,1)$$

$$= \int_{\Omega_i} \sum_{j=1}^{n} \frac{\partial u}{\partial x_j} \frac{\partial v}{\partial x_j}\, dx\ .$$

Posons :

(1.19) $$f = f_i \text{ dans } \Omega_i\ , \qquad i=0,1$$

et supposons que $f \in L^2(\Omega)$.
Introduisons ([1])

(1.20) $$V = \{\, v \mid v \in H^1(\Omega),\ \ v = 0 \text{ sur } \Gamma \,\}\ .$$

([1]) $V = H_0^1(\Omega)$ avec les notations du N° 1.2.

Nous allons vérifier le résultat suivant : <u>le problème</u> (1.1) (1.2)(1.3) <u>équivaut à la recherche de</u> $u = u_\varepsilon \in V$ <u>solution de</u> :

(1.21) $$a_o(u_\varepsilon, v) + \varepsilon\, a_1(u_\varepsilon, v) = (f, v) \qquad \forall\, v \in V,$$

<u>avec</u> u_i = <u>restriction de</u> u_ε <u>à</u> Ω_i, $i = 0, 1$.

Vérifions que si u_ε est solution de (1.21) et que si $u_{\varepsilon i} = u_i$ = restriction de u_ε à Ω_i, alors $\{u_o, u_1\}$ est solution de (1.1)(1.2) (1.3), la vérification "inverse" se faisant de la même manière.

Tout d'abord, prenant $v \in \mathcal{D}(\Omega_o)$(resp. $v \in \mathcal{D}(\Omega_1)$) dans (1.21), on obtient :

(1.22) $$-\Delta u_o = f_o \text{ dans } \Omega_o$$

(resp.

(1.23) $$-\varepsilon\Delta u_1 = f_1 \text{ dans } \Omega_1).$$

Comme $u_\varepsilon \in V$, on a, par définition, $u_\varepsilon|_\Gamma = 0$ donc (1.2), et comme $u_\varepsilon \in H^1(\Omega)$, sa trace sur S coincide avec celle de $u_{\varepsilon i} = u_i$, i=0,1 , d'où la première relation (1.3).
Si maintenant l'on prend v dans $H^1(\Omega)$ et que l'on multiplie (1.22) et (1.23) par v et que l'on intègre sur Ω_i, on obtient, par application <u>formelle</u> de la formule de Green :

$$\int_S \frac{\partial u_o}{\partial \nu} v\, dS + a_o(u_\varepsilon, v) = \int_{\Omega_o} f_o v\, dx\,,$$

$$-\varepsilon \int_S \frac{\partial u_1}{\partial \nu} v\, dS + \varepsilon a_1(u_\varepsilon, v) = \int_{\Omega_1} f_1 v\, dx$$

d'où

$$\int_S \left(\frac{\partial u_o}{\partial \nu} - \varepsilon \frac{\partial u_1}{\partial \nu}\right) v\, dS + a_o(u\varepsilon, v) + \varepsilon\, a_1(u_\varepsilon, v) = (f, v)$$

et comme l'on a (1.21) on en déduit que :

(1.24) $$\int_S \left(\frac{\partial u_0}{\partial \nu} - \varepsilon \frac{\partial u_1}{\partial \nu}\right) v \, dS = 0 \qquad \forall v \in H^1(\Omega)$$

d'où la $2^{\text{ème}}$ relation (1.3) . ∎

On déduit aussitôt de (1.21) que le problème admet une solution unique.

En effet, il suffit, d'après le théorème des projections dans un espace de Hilbert, de vérifier que la forme bilinéaire symétrique

(1.25) $$\pi(u,v) = a_0(u,v) + \varepsilon a_1(u,v)$$

définit un produit scalaire équivalent à (1.8) ; or :

$$\pi(v,v) \geqslant \inf(\varepsilon,1) \int_\Omega \sum_{i=1}^{n} \left(\frac{\partial v}{\partial x_i}\right)^2 dx \quad (\text{par } (1.16))$$

$$\geqslant c_1 \inf(\varepsilon,1) \|v\|^2_{H^1(\Omega)} \; . \qquad ∎$$

Remarque 1.2

Le problème (1.21) est équivalent à la minimisation sur V de la fonctionnelle

(1.26) $$J_\varepsilon(v) = \frac{1}{2} a_0(v,v) + \frac{\varepsilon}{2} a_1(v,v) - (f,v) \; . \qquad ∎$$

1.4 Orientation.

On va maintenant étudier le problème (1.21) dans un contexte général (N° 2 ci-après) en donnant comme premier exemple d'application le problème (1.21). D'autres exemples seront donnés dans les N^{os} suivants.

2. RESULTATS GENERAUX (I).

2.1 Position du problème.

Soit V un espace de Hilbert sur $\mathbb{R}$. On se donne des formes $a_i(u,v)$ $(i=0,1)$ sur V telles que

(2.1) $a_i(u,v)$ est bilinéaire, continue et symétrique sur V,

(2.2) $a_j(v,v) \geqslant \alpha_j\, p_j(v)^2$, $\alpha_j > 0$, $j=0,1$,
p_j = semi - norme continue sur V,

(2.3) $p_o(v)+p_1(v)$ est une norme équivalente à $\|v\|$, norme sur V.

(2.4) $a_o(v,v) = 0$ sur $Y_o \subset V$, $Y_o \neq \{0\}$ ([1]),

(2.5) si $v \to L_o(v)$ est une forme linéaire continue sur V nulle sur Y_o, il existe u dans V (défini modulo Y_o) tel que $a_o(u,v) = L_o(v)$ $\forall\, v \in V$.

Soit par ailleurs $v \to (f,v)$ une forme linéaire continue sur V et $\varepsilon > 0$.

Il résulte de (2.1)(2.2)(2.3) qu'il existe $u_\varepsilon \in V$ unique tel que ([2]) :

(2.6) $$a_o(u_\varepsilon,v) + \varepsilon\, a_1(u_\varepsilon,v) = (f,v) \qquad \forall\, v \in V.$$

([1]) Si $y_o = \{0\}$, le problème est banal. Noter que :
$a_o(u,v) = 0$ $\forall\, v \in V$ si $u \in Y_o$.

([2]) Comme au N° 1.3. ci-dessous.

Notre objet est l'étude du comportement de u_ε lorsque $\varepsilon \to 0$.

2.2 Développement aymptotique formel de u_ε.

Comme on a déjà observé au N° 1, u_ε n'a pas en général de limite dans V lorsque $\varepsilon \to 0$. On va chercher un développement du type

(2.7) $$u_\varepsilon = \frac{u^{-1}}{\varepsilon} + u^{o} + \varepsilon u^{1} + \ldots + \varepsilon^{k} u^{k} + \ldots \quad .$$

On va montrer le

Lemme 2.1 . L'identification formelle des puissances de ε en portant (2.7) dans (2.6) conduit aux formules suivantes :

(2.8) $$\left| \begin{array}{ll} u^{-1} \in Y_o , & \\ a_1(u^{-1},v) = (f,v) & \forall v \in Y_o , \end{array} \right.$$

(2.9) $$\left| \begin{array}{ll} a_o(u^{o},v) = (f,v) - a_1(u^{-1},v) & \forall v \in V ,\ u^{o} \in V \\ a_1(u^{o},v) = 0 & \forall v \in Y_o , \end{array} \right.$$

(2.10) $$\left| \begin{array}{ll} a_o(u^{j},v) = - a_1(u^{j-1},v) & \forall v \ \ V, \in u^{j} \in V , \\ a_1(u^{j},v) = 0 \quad \forall v \in Y_o \ ; & j = 1,2, \ldots \quad . \end{array} \right.$$

Les formules (2.8)(2.9)(2.10) définissent $u^{-1}, u^{o}, \ldots , u^{j}, \ldots$ de manière unique.

Démonstration .

1°) L'identification formelle des puissances de ε conduit à :

$$(2.11)\qquad a_o(u^{-1},v) = 0 \qquad \forall\, v \in V,$$

$$(2.12)\qquad a_1(u^{-1},v) + a_o(u^o,v) = (f,v) \quad \forall\, v \in V,$$

$$(2.13)\qquad a_1(u^j,v) + a_o(u^{j-1},v) = 0 \quad \forall\, v \in V, \quad j = 1,2,\ldots .$$

Pour que (2.11) ait lieu, il faut et il suffit que $u^{-1} \in Y_o$.
Par restriction de (2.12)(2.13) à Y_o, on obtient :

$$(2.14)\qquad a_1(u^{-1},v) = (f,v) \qquad \forall\, v \in Y_o,$$

$$(2.15)\qquad a_1(u^j,v) = 0 \qquad \forall\, v \in Y_o, \quad j=1,\ldots .$$

De (2.12) ... (2.15) on déduit (2.8)(2.9)(2.10).

2°) D'après les hypotheses (2.2)(2.3)(2.4), on a :

$$(2.16)\qquad a_1(v,v) \geqslant \alpha_1\, p_1(v)^2 \geqslant \alpha_1' \,\|v\|^2, \; \alpha_1' > 0, \; \forall\, v \in Y_o$$

de sorte que (2.8) admet une solution unique.

3°) D'après (2.8), la forme $v \to (f,v) - a_1(u^{-1},v)$ est nulle sur Y_o, et par conséquent, d'après l'hypothèse (2.5), il existe $\hat{u}_o \in V$ solution de :

$$(2.17)\qquad a_o(\hat{u}^o,v) = (f,v) - a_1(u^{-1},v) \quad \forall\, v \in V,$$

<u>toutes</u> les solutions de la 1ère équation (2.9) étant données par

$$(2.18)\qquad u^o = \hat{u}^o + y^o, \qquad y^o \in Y_o.$$

Portant (2.18) dans la 2ème équation (2.9), il vient :

$$(2.19)\qquad a_1(y^o v) = -a_1(\hat{u}^o,v) \qquad \forall\, v \in Y_o, \quad y^o \in Y_o$$

qui admet (cf.2°) ci-dessus), une solution unique.

Donc (2.9) définit u^o de manière unique, et on vérifiera de la même manière que (2.10) définit u^j de manière unique, $j=1,2, \dots$. ∎

On va maintenant voir à quel sens (2.7) est un développement asymptotique.

2.3 Estimation d'erreur.

Théorème 2.1. *Les hypothèses sont* (2.1) ..., (2.5). *La fonction* u_ε *est la solution de* (2.6). *Les éléments* $u^{-1}, u^o, \dots u^j, \dots$ *sont calculés à partir des formules* (2.8)(2.9)(2.10). *Alors*

(2.20) $$\|u_\varepsilon - (\frac{u^{-1}}{\varepsilon} + u^o + \varepsilon u^1 + \dots + \varepsilon^j u^j)\| \leq C\, \varepsilon^{j+1} ,$$

où C *désigne une constante indépendante de* ε.

Démonstration.

Posons :

$$\varphi_\varepsilon = \frac{u^{-1}}{\varepsilon} + u^o + \dots + \varepsilon^j u^j,$$

$$\psi_\varepsilon = \varphi_\varepsilon + \varepsilon^{j+1} u^{j+1} ,$$

$$w_\varepsilon = u_\varepsilon - \psi_\varepsilon ,$$

$$\pi_\varepsilon(u,v) = a_o(u,v) + \varepsilon\, a_1(u,v).$$

On a :

$$\pi_\varepsilon(\psi_\varepsilon,v) = (f,v) + \varepsilon^{j+2} a_1(u^{j+1},v) ,$$

$$\pi_\varepsilon(u_\varepsilon,v) = (f,v)$$

et par conséquent :

(2.21) $$\pi_\varepsilon(w_\varepsilon,v) = -\, \varepsilon^{j+2}\, a_1(u^{j+1},v) \qquad \forall\, v \in V.$$

Faisant $v = w_\varepsilon$ dans (2.21) et utilisant (2.2), on en déduit que :

$$(2.22) \qquad \alpha_o\, p_o(w_\varepsilon)^2 + \alpha_1\, p_1(w_\varepsilon)^2 \leqslant C\, \varepsilon^{j+2}\, \|w_\varepsilon\|.$$

Mais

$$\alpha_o\, p_o(v) + \alpha_1 \varepsilon\, p_1(v) \geqslant \alpha\varepsilon\, \|v\|^2 , \quad \alpha > 0 ,$$

donc (2.22) entraîne

$$\alpha\varepsilon\, \| w_\varepsilon\|^2 \leqslant C\, \varepsilon^{j+2}\, \|w_\varepsilon\|.$$

Donc (les C désignent des constantes diverses)

$$\|w_\varepsilon\| \leqslant C\, \varepsilon^{j+1}$$

et par conséquent

$$\|u_\varepsilon - \varphi_\varepsilon\| = \|w_\varepsilon + \varepsilon^{j+1}\, u^{j+1}\| \leqslant C\, \varepsilon^{j+1} \qquad \blacksquare$$

2.4 Application à l'exemple du N° 1.

Considérons la situation du N° 1, donc $V = H_o^1(\Omega)$ et $a_i(u,v)$ donnés par (1.18).

On a évidemment (2.1)(2.2)(2.3).

Vérifions que

$$(2.23) \qquad Y_o = \{ v \mid v \in H_o^1(\Omega) , \; v=0 \text{ sur } \Omega_o\} .$$

En effet si $a_o(v,v) = 0$ alors $\frac{\partial v}{\partial x_i} = 0$ sur Ω_o $\forall$ i, donc v = constante sur Ω_o et comme $v = 0$ sur Γ, on a $v = 0$ sur Ω_o .

Nous allons maintenant vérifier que les formules (2.8)(2.9)(2.10) définissent de façon unique $u^{-1}, u^o, \ldots$ et nous allons expliciter les problèmes correspondants.

Remarque 2.1

On verra ci-après que cela revient au même que de vérifier (2.5) ∎

Calcul de u^{-1}.

De manière générale, on dénote par g_i la restriction de g à Ω_i, $i = 0,1$. On a, puisque $u^{-1} \in Y_0$:

$$u_0^{-1} = 0. \tag{2.24}$$

Puis, la $2^{\text{ème}}$ équation (2.8) équivaut à

$$\left| \begin{aligned} & u_1^{-1} \in H_0^1(\Omega_1), \\ & -\Delta u_1^{-1} = f_1 \text{ dans } \Omega_1 \end{aligned} \right. ; \tag{2.25}$$

noter que (2.25) n'est autre que le problème de Dirichlet dans Ω_1. ∎

Calcul de u^0 .

Si $v \in H_0^1(\Omega)$, on déduit de (2.25) par une application d'abord formelle de la formule de Green, que

$$-\int_S \frac{\partial u_1^{-1}}{\partial \nu} v \, dS + a_1(u^{-1},v) = \int_{\Omega_1} f_1 \, v \, dx \tag{2.26}$$

de telle sorte que la $1^{\text{ère}}$ équation (2.9) équivaut à

$$a_0(u^0,v) = \int_{\Omega_0} f_0 v \, dx - \int_S \frac{\partial u_1^{-1}}{\partial \nu} v \, dS \quad \forall \, v \in H_0^1(\Omega) . \tag{2.27}$$

La formule (2.26) (et donc (2.27)) se justifie en utilisant certains résultats de LIONS-MAGENES [1], Chapitre 2, que nous rappelons au N° 2.5 ci-après. On admet pour l'instant la "convergence" des intégrales écrites.

Le problème (2.27) équivaut à :

$$(2.28)\quad \begin{cases} -\Delta u_o^o = f_o & \text{dans } \Omega_o, \\ u_o^o = 0 & \text{sur } \Gamma, \\ \dfrac{\partial u_o^o}{\partial \nu} = \dfrac{\partial u_1^{-1}}{\partial \nu} & \text{sur } S. \end{cases}$$

En effet, prenant d'abord $v \in \mathcal{D}(\Omega_o)$, on en déduit que $-\Delta\, u_o^o = f_o$ Multipliant par $v \in H_o^1(\Omega)$ et intégrant sur Ω_o, il vient :

$$\int_S \frac{\partial u_o^o}{\partial \nu} v \, dS + a_o(u^o, v) = \int_{\Omega_o} f_o \, v \, dx$$

d'où, en utilisant (2.27), $\displaystyle\int_S \frac{\partial u_o^o}{\partial \nu} v \, dS = \int_S \frac{\partial u_1^{-1}}{\partial \nu} v \, dS$

d'où la 3ème condition (2.28). La 2ème condition (2.28) correspond à l'appartenance de u^o à V.

Le problème (2.28) est un problème <u>mêlé</u> avec condition de Dirichlet sur Γ et de Neumann sur S

<u>Le problème</u> (2.27) (ou (2.28)) <u>admet une solution</u> u_o^o <u>unique</u> (et ne donne aucune information sur u_1^o qui sera calculé à partir de la 2ème équation (2.9)). En effet, si l'on introduit :

$$W = \{ v \mid v \in H^1(\Omega_o), \quad v = 0 \text{ sur } \Gamma \}$$

alors (2.27) équivaut à la recherche de $u_o^o \in W$ et vérifiant

$$(2.29) \qquad a_o(u^o,v) = \int_{\Omega_o} f_o \, v \, dx - \int_S \frac{\partial u_1^{-1}}{\partial \nu} v \, dS \qquad \forall v \in W.$$

Or le 2ème membre de (2.29) est une forme linéaire continue sur W, d'où le résultat.

Pour le calcul de u_1^o, la 2ème équation (2.9) équivaut à

$$(2.30) \qquad - \Delta u_1^o = 0 \text{ dans } \Omega_1 ,$$

à quoi on ajoute, (puisque $u^o \in H_o^1(\Omega)$) :

$$(2.31) \qquad u_1^o = u_o^o \text{ sur } S ;$$

c'est un problème de Dirichlet dans Ω_1.

En résumé : u_o^o est calculé par (2.28), u_1^o par (2.30)(2.31). ∎

Calcul de u^1.

On déduit de (2.30) et de la formule de Green que

$$- \int_S \frac{\partial u_1^o}{\partial \nu} v \, dS + a_1(u^o,v) = 0 \qquad \forall v \in V$$

de sorte que la 1ère équation (2.10) (pour j=1) donne

$$(2.32) \qquad a_o(u^1,v) = -\int_S \frac{\partial u_1^o}{\partial \nu} v \, dS \qquad \forall v \in V$$

ce qui définit u_o^1 de manière unique par

(2.33)
$$\left|\begin{aligned} -\Delta u_o^1 &= 0 \quad \text{dans } \Omega_o, \\ u_o^1 &= 0 \quad \text{sur } \Gamma, \\ \frac{\partial u_o^1}{\partial \nu} &= \frac{\partial u_1^o}{\partial \nu} \quad \text{sur } S \end{aligned}\right.$$

et la 2ème équation (2.10) (pour $j=1$) donne alors

(2.34)
$$\left[\begin{aligned} -\Delta u_1^1 &= 0 \quad \text{dans } \Omega_1, \\ u_1^1 &= u_o^1 \quad \text{sur } S . \end{aligned}\right.$$
■

On calculera $u^2, \ldots$ par des formules analogues.

L'estimation (2.20) est valable et donne donc <u>une estimation de l'erreur dans</u> $H_o^1(\Omega)$.

2.5 <u>Résultats utilisés sur les problèmes non homogènes. Espaces de Sobolev sur les variétés.</u>

Donnons maintenant quelques indiactions sur la justification de (2.16)(2.27). On a besoin des espaces de Sobolev sur les variétés.

<u>Espaces $H^s(\Gamma)$</u> .

Soit Ω un ouvert borné de frontière Γ de dimension $(n-1)$, indéfiniment (ou suffisamment) différentiable, Ω étant localement d'un seul côté de Γ. On a besoin des espaces de Sobolev $H^s(\Gamma)$ en particulier pour $s = \pm 1/2$. On va définir $H^s(\Gamma)$ $\forall s \in R$.

On commence par définir $H^s(\mathbb{R}^{n-1})$ par <u>transformation de Fourier</u> (cf. L. SCHWARTZ [1], tome 2, pour la transformation de Fourier).

Si v est une fonction à support compact sur $\mathbb{R}^{n-1}$, on définit sa transformée de Fourier $\hat{v}$ par

$$(2.35)\quad \left| \begin{aligned} \hat{v}(\xi) &= \int_{\mathbb{R}^{n-1}} \exp(-2\pi_i\, x\, \xi)\; v(x)\, dx\,, \\ x\xi &= \sum_{j=1}^{n-1} x_j\, \xi_j\,. \end{aligned} \right.$$

On étend cette définition aux distributions tempérées (cf. L. SCHWARTZ, loc. cit.) par prolongement par continuité.

On définit alors $H^s(\mathbb{R}^{n-1})$ comme l'espace des distributions tempérées v telles que

$$(2.36)\quad (1+|\xi|^2)^{s/2}\,\hat{v} \in L^2(\mathbb{R}^{n-1})\,.$$ ∎

Remarque 2.2

Si $s \geq 0$, $H^s(\mathbb{R}^{n-1}) \subset L^2(\mathbb{R}^{n-1})$. ∎

Remarque 2.3

On munit $H^s(\mathbb{R}^{n-1})$ de la norme

$$\|(1+|\xi|^2)^{s/2}\,\hat{v}\|_{L^2(\mathbb{R}^{n-1})}$$

qui en fait un espace de Hilbert. ∎

Remarque 2.4

Si $s = 1$, on retrouve l'espace $H^1(\mathbb{R}^{n-1})$ défini au N° 1.2 (en prenant $\Omega = \mathbb{R}^{n-1}$, après avoir changé n en $(n-1)$), avec une norme équivalente. ∎

Remarque 2.5

On a les inclusions (avec $s > 0$)

(2.37) $$H^s(\mathbb{R}^{n-1}) \subset L^2(\mathbb{R}^{n-1}) = H^o(\mathbb{R}^{n-1}) \subset H^{-s}(\mathbb{R}^{n-1}).$$ ∎

<u>Remarque 2.6</u>

Identifiant $L^2(\mathbb{R}^{n-1})$ à son dual, on a :

(2.38) $$H^s(\mathbb{R}^{n-1}))' = H^{-s}(\mathbb{R}^{n-1}).$$ ∎

<u>Remarque 2.7</u>

L'espace $H^s(\mathbb{R}^{n-1})$ a, pour tout $s \in \mathbb{R}$, la propriété "<u>locale</u>" suivante: si $\varphi \in \mathcal{D}(\mathbb{R}^{n-1})$, l'application $v \to v\varphi$ est linéaire et continue de $H^s(\mathbb{R}^{n-1})$ dans lui-même. ∎

On peut maintenant définir $H^s(\Gamma)$ pour $s > 0$ par cartes locales. On dira que v définie sur Γ est dans $H^s(\Gamma)$ si toutes ses "images locales" dans $\mathbb{R}^{n-1}$ sont dans $H^s(\mathbb{R}^{n-1})$; grâce à la Remarque 2.7, cette propriété est indépendante du systèmes de cartes et permet de définir $H^s(\Gamma)$ à une équivalence de norme près.

S'inspirant de (2.38) on prendra ensuite comme définition de $H^s(\Gamma)$ pour $s < 0$:

(2.39) $$H^s(\Gamma) = (H^{-s}(\Gamma))'.$$ ∎

La <u>nécessité</u> d'introduire les espaces $H^s(\Gamma)$ tient aux résultats suivants (cf. LIONS-MAGENES [1], Chap. 1 et Chap. 2) :

(2.40) <u>l'application</u> $u \to u|_\Gamma$ <u>envoie</u> $H^1(\Omega)$ <u>SUR</u> $H^{1/2}(\Gamma)$ (et a pour noyau $H^1_o(\Omega)$) ;

(2.41) si $u \in H^1(\Omega)$ et $\Delta u \in L^2(\Omega)$, on peut définir de manière unique $\frac{\partial u}{\partial \nu} \in H^{-1/2}(\Gamma)$ et l'on a la formule de Green :

$$-(\Delta u, v) = -\int_\Gamma \frac{\partial u}{\partial \nu} v \, d\Gamma + \sum_{i=1}^{n} \int_\Omega \frac{\partial u}{\partial x_i} \frac{\partial v}{\partial x_i} dx, \quad \forall v \in H^1(\Omega).$$

Dans (2.41), l'intégrale $\int_{\Gamma} \frac{\partial u}{\partial \nu} v \, d\Gamma$ est le produit scalaire entre $\frac{\partial u}{\partial \nu} \in H^{-1/2}(\Gamma)$ et $v|_{\Gamma} \in H^{1/2}(\Gamma)$.

La formule (2.41) (appliquée dans Ω_1) justifie (2.26)(2.27). ∎

Remarque 2.8

Dans ce qui précède, on n'a pas vérifié (2.5) mais seulement les formules de récurrence pour u^o, u^1, ... permettant de calculer ces éléments. Vérifions maintenant (2.5). Si $v \to L_o(v)$ est une forme linéaire continue sur V, il existe Φ unique dans V tel que

$$L_o(v) = \int_{\Omega} \text{grad } \Phi \text{ grad } v \, dx \qquad \forall v \in V. \tag{2.42}$$

Comme $L_o(v) = 0 \quad \forall v \in Y_o$, on a :

$$-\Delta\Phi = 0 \text{ sur } \Omega_1 \tag{2.43}$$

et la formule de Green dans Ω_1 donne .

$$-\int_S \frac{\partial \Phi}{\partial \nu} v \, dS + \int_{\Omega_1} \text{grad } \Phi . \text{grad } v \, dx = 0 \qquad \forall v \in V. \tag{2.44}$$

En utilisant (2.44), (2.42) devient

$$L_o(v) = \int_{\Omega_o} \text{grad } \Phi . \text{grad } v \, dx + \int_S \frac{\partial \Phi}{\partial \nu} v \, dS. \tag{2.45}$$

Alors l'équation $a_o(u,v) = L_o(v) \quad \forall v \in V$, équivaut à la recherche de $u = \{u_o, u_1\}$, $u_1 \in H^1(\Omega_1)$, $u_1 = u_o$ sur S et

$$\left| \begin{array}{l} a_o(u_o,v) = \int_{\Omega_o} \text{grad}\Phi . \text{grad} v \, dx + \int_S \frac{\partial \Phi}{\partial \nu} v \, dS \qquad \forall v \in W \\ u_o \in W , \end{array} \right. \tag{2.46}$$

problème qui admet une solution unique. ∎

2.6 Orientation.

On va maintenant donner une extension (facile) du résultat général ci-dessus. On étudiera ensuite une série d'exemples.

3. RESULTATS GENERAUX (II) .

3.1 Position du problème.

Sur l'espace V (comme au N° 2), on se donne maintenant k+1 formes $a_j(u,v)$ avec

(3.1) $a_j(u,v)$ est bilinéaire continue et symétrique sur V, $j=0\ldots k$,

(3.2) $a_j(v,v) \geqslant \alpha_j \, p_j(v)^2, \quad \alpha_j > 0 \,,\; j=0, 1,\ldots,k$,
p_j = semi-norme continue sur V,

(3.3) $p_o(v) + p_1(v) + \ldots + p_k(v)$ est une norme équivalente à $\|v\|$,

(3.4) a_o est nulle sur $Y_o \subset V$, $Y_o \neq \{o\}$ [1]
a_1 restreinte à Y_o est nulle sur Y_1,
....
a_k restreinte à Y_{k-1} est nulle sur $Y_k = \{o\}$,

(3.5) si $v \to L_o(v)$ est une forme linéaire continue sur V, nulle sur Y_o, il existe u dans V (défini modulo Y_o) tel que
$$a_o(u,v) = L_o(v) \quad \forall\, v \in V \,,$$

[1] I.e. $a_o(v,v) = 0 \quad \forall\, v \in Y_o$.

(3.6) si $v \to L_j(v)$ est une forme linéaire continue sur V, nulle sur Y_j, il existe $u \in Y_{j+1}$, défini modulo Y_j, tel que

$$a_j(u,v) + L_j(v) \quad \forall v \in Y_{j+1}\ ,\ j=1,\dots,k\ ;$$

pour j=0, énoncé analogue en posant $Y_{-1} = V$. ∎

Remarque 3.1

Pour j=k il y a donc une solution unique d'après la dernière hypothèse (3.4) ∎

D'après (3.1)(3.2)(3.3), il existe pour $\varepsilon > 0$ donné et f donné comme en (2.6) $u_\varepsilon \in V$ unique tel que

$$a_o(u_\varepsilon,v) + \varepsilon\, a_1(u_\varepsilon,v) + \dots + \varepsilon^k a_k(u_\varepsilon,v) = (f,v) \quad \forall\, v \in V. \tag{3.7}$$

Notre objet est ici encore l'étude du comportement de u_ε lorsque $\varepsilon \to 0$.

3.2 Développement asymptotique formel de u_ε .

On cherche u_ε sous la forme

$$u_\varepsilon = \frac{u^{-k}}{\varepsilon^k} + \frac{u^{-k+1}}{\varepsilon^{k-1}} + \dots + \frac{u^{-1}}{\varepsilon} + u^o + \varepsilon u^1 + \dots + \varepsilon^j u^j + \dots . \tag{3.8}$$

et l'on va donner les formules de calcul des coefficients, généralisant les formules obtenues au Lemme 2.1.

Lemme 3.1. L'identification formelle des puissances de ε , en portant (3.8) dans (3.7), conduit aux formules suivantes :

$$\begin{cases} u^{-k} \in Y_{k-1}\ , \\ a_k(u^{-k},v) = (f,v) \qquad \forall\, v \in Y_{k-1}\ . \end{cases} \tag{3.9}$$

$$(3.10)\quad \left[\begin{array}{l} u^{-k+1} \in Y_{k-2} \ , \\ a_{k-1}(u^{-k+1},v) + a_k(u^{-k},v) = (f,v) \quad \forall\, v \in Y_{k-2} \ , \\ \qquad\qquad a_k(u^{-k+1},v) = 0 \quad \forall\, v \in Y_{k-1} \ , \end{array}\right.$$

....

$$(3.11)\quad \left[\begin{array}{l} u^{-1} \in Y_o \ , \\ a_1(u^{-1},v) + a_2(u^{-2},v) + \ldots + a_k(u^{-k},v) = (f,v) \quad \forall\, v \in Y_o \ , \\ \qquad a_2(u-1,v) + \ldots + a_k(u^{-k+1},v) = 0 \quad \forall\, v \in Y_1 \ , \\ \qquad \ldots\ldots\ldots\ldots\ldots\ldots \\ \qquad\qquad a_k(u^{-1},\ v\ ) = 0 \quad \forall\, v \in Y_{k-1} \ , \end{array}\right.$$

$$(3.12)\quad \left[\begin{array}{l} u^o \in V \ , \\ a^o(u^o,v) + a_1(u^{-1},v) + \ldots\ldots + a_k(u^{-k},v) = (f,v) \quad \forall\, v \in V \ , \\ \qquad a_1(u^o,v) + \ldots\ldots + a_k(u^{-k+1},v) = 0 \quad \forall\, v \in Y_o \ , \\ \qquad \ldots\ldots\ldots\ldots\ldots\ldots \\ \qquad\qquad a_k(u^o,\ v) = 0 \quad \forall\, v \in Y_{k-1} , \end{array}\right.$$

$$(3.13)\quad \left[\begin{array}{l} u^1 \in V \ , \\ a^o(u^1,v) + a_1(u^o,v) + \ldots\ldots + a_k(u^{-k+1},v) = 0 \quad \forall\, v \in V \ . \\ \qquad a_1(u^1,v) + \ldots\ldots + a_k(u^{-k+2},v) = 0 \quad \forall\, v \in Y_o \ . \\ \qquad \ldots\ldots\ldots\ldots\ldots\ldots \\ \qquad\qquad a_k(u^1,\ v) = 0 \quad \forall\, v \in Y_{k-1} , \end{array}\right.$$

et des formules analogues à (3.13) pour u^2, u^3, ...

Les formules (3.9) ... (3.13) définissent u^{-k}, u^{-k+1}, ..., u^o, u^1, ... de manière unique.

Démonstration.

1°) On annule toutes les puissantes négatives de ε dans (3.7) (avec (3.8)) si l'on prend :

$$u^{-k} \in Y_{k-1},\quad u^{-k+1} \in Y_{k-2}, \ \ldots \ , u^{-1} \in Y_o.$$

On obtient alors :

$$a_o(u^o,v)+ a_1(u^{-1},v)+ \ldots + a_k(u^{-k},v) = (f,v) \ \forall\, v \in V \ , \tag{3.14}$$

$$a_o(u^1,v) + a_1(u^o,v)+ \ldots + a_k(u^{-k+1},v) = 0 \quad \forall\, v \in V \ . \tag{3.15}$$

....

Par restriction de (3.14) à Y_{k-1} on obtient (3.9).
Par restriction de (3.14) à Y_{k-2} et de (3.15) à Y_{k-1} on obtient (3.10) et ainsi de suite.

2°) D'après (3.6) pour j=k (cf. Remarque 3.1), il existe u^{-k} unique dans Y_{k-1} solution de (3.9).

La première équation (3.10) s'écrit

$$a_{k-1}(u^{-k+1},v) = (f,v) - a_k(u^{-k},v), \qquad v \in Y_{k-2} \ . \tag{3.16}$$

La forme $v \to (f,v)-a_k(u^{-k},v)$ est, d'après (3.9), nulle sur Y_{k-1} et donc d'après (3.6) pour j=k-1, il existe $\hat{u}^{-k+1} \in Y_{k-2}$ tel que

$$a_{k-1}(\hat{u}^{-k+1},v) = (f,v) - a_k(u^{-k},v) \qquad \forall\, v \in Y_{k-2}$$

et toutes les solutions de (3.16) sont alors données par

(3.17) $$u^{-k+1} = \hat{u}^{-k+1} + y^{-k+1} \quad , \quad y^{-k+1} \in Y_{k-1} \ .$$

La 2ème équation (3.10) donne alors :

(3.18) $$u^k(y^{-k+1}, v) = -a_k(\hat{u}^{-k+1}, v) \qquad \forall\, v \in Y_{k-1}$$

qui définit y^{-k+1} de manière unique dans Y_{k-1}.
On résout de la même manière les équations (3.11)(3.12)(3.13). ∎

3.3 Estimation d'erreur.

Théorème 3.1 . Les hypothèses sont (3.1)....(3.6). La fonction u_ε est donnée par (3.7) et les coefficients u^{-k}, u^{-k+1}, ... sont donnés par (3.9) ... (3.13). On a alors :

(3.19) $$\|u_\varepsilon - (\frac{u^{-k}}{\varepsilon^k} + \frac{u^{-k+1}}{\varepsilon^{k-1}} + \dots + \frac{u^{-1}}{\varepsilon} + u^0 + \varepsilon u^1 + \dots + \varepsilon^j u^j)\| \leq C\varepsilon^{j+1}$$

Démonstration.

Posons :

$$\varphi_\varepsilon = \varepsilon^{-k} u^{-k} + \varepsilon^{-k+1} u^{-k+1} + \dots + \varepsilon^j u^j \ ,$$

$$\psi_\varepsilon = \varphi_\varepsilon + \varepsilon^{j+1} u^{j+1} + \dots + \varepsilon^{j+k} u^{j+k} \ ,$$

$$w_\varepsilon = u_\varepsilon - \psi_\varepsilon \ ,$$

$$\pi_\varepsilon(u,v) = a_0(u,v) + \varepsilon a_1(u,v) + \dots + \varepsilon^k a_k(u,v).$$

On a :

$$\pi_\varepsilon(\psi_\varepsilon,v) = (f,v)+\varepsilon^{j+k+1}\left[a_1(u^{j+k},v)+a_2(u^{j+k-1},v)+\ldots+a_k(u^{j+1},v)\right]+$$

$$(3.20) \qquad +\varepsilon^{j+k+2}\left[a_2(u^{j+k},v)+\ldots+a_k(u^{j+2},v)\right]+$$

$$+\ldots.+\varepsilon^{j+2k}\, a_k(u^{j+k},v) = (f,v)+X_\varepsilon(v)$$

et par conséquent :

$$(3.21) \qquad \pi_\varepsilon(w_\varepsilon,v) = -X_\varepsilon(v) \qquad \forall\, v \in V.$$

Prenant $v = w_\varepsilon$ dans (3.21), on a :

$$(3.22) \qquad \pi_\varepsilon(w_\varepsilon,w_\varepsilon) = -X_\varepsilon(w_\varepsilon)\ .$$

Mais d'après (3.2)(3.3) on a :

$$\pi_\varepsilon(w_\varepsilon,w_\varepsilon) \geqslant C\,\varepsilon^k\,\|w_\varepsilon\|^2$$

et d'après (3.20), on a : $|X_\varepsilon(w_\varepsilon)| \leqslant C\,\varepsilon^{j+k+1}\,\|w_\varepsilon\|$

de sorte que (3.22) donne

$$\|w_\varepsilon\| \leqslant C\,\varepsilon^{j+1}$$

d'où (3.19). ■

Remarque 3.2.

Au lieu de vérifier (3.6) on pourra, dans les applications, vérifier directement que les équations (3.9) ...(3.13) admettent une solution unique. Cela revient d'ailleurs essentiellement au même, comme on a déjà vu au N° 2. ■

4. EXEMPLE : PROBLEME RAIDE DU 2ème ORDRE (I).

4.1 Position du problème.

On étudie un problème généralisant celui du N° 1.
Soit (cf. Fig. 3) un ouvert Ω de R^n de la forme :

$$\Omega = \bar{\Omega}_1 \cup \bar{\Omega}_2 \cup \Omega_o ,$$

$$S_i = \partial\Omega_i , \ i=1,2,$$

$$\Gamma \cup S_1 \cup S_2 = \partial\Omega_o .$$

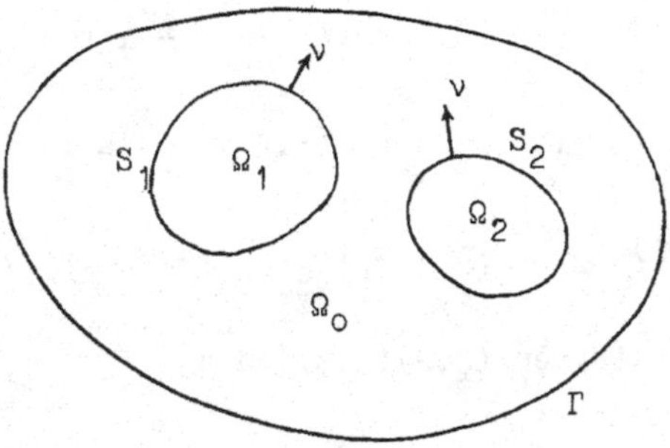

Fig. 3

On utilise les notations de la théorie générale du N° 3, avec :

$$V = H_o^1(\Omega) \quad ,$$

(4.1) $$a_i(u,v) = \int_{\Omega_i} \text{grad } u. \text{ grad } v \, dx , \ i=0, 1, 2.$$

Soit f donné dans $L^2(\Omega)$.
On considère le problème :

(4.2) $$a_o(u_\varepsilon,v) + \varepsilon\, a_1(u_\varepsilon,v) + \varepsilon^2 a_2(u_\varepsilon,v) = (f,v) \quad \forall\, v \in V$$

qui admet une solution unique.

Si l'on pose, de manière générale :

(4.3) $$v_i = \text{restriction de } v \text{ à } \Omega_i \qquad i = 0, 1, 2,$$

l'équation (4.2) équivaut au <u>problème de transmission</u> suivant :

$$(4.4)\qquad \left|\begin{aligned} -\Delta u_{\varepsilon o} &= f_o \quad \text{dans } \Omega_o ,\\ -\varepsilon\Delta u_{\varepsilon 1} &= f_1 \quad \text{dans } \Omega_1 ,\\ -\varepsilon\Delta u_{\varepsilon 2} &= f_2 \quad \text{dans } \Omega_2 ,\end{aligned}\right.$$

$$(4.5)\qquad u_{\varepsilon o} = 0 \quad \text{sur } \Gamma$$

et les conditions de transmission

$$(4.6)\qquad u_{\varepsilon o} = u_{\varepsilon 1} , \quad \frac{\partial u_{\varepsilon o}}{\partial \nu} = \varepsilon \frac{\partial u_{\varepsilon 1}}{\partial \nu} \text{ sur } S_1$$

$$(4.7)\qquad u_{\varepsilon o} = u_{\varepsilon 2} , \quad \frac{\partial u_{\varepsilon o}}{\partial \nu} = \varepsilon^2 \frac{\partial u_{\varepsilon 2}}{\partial \nu} \text{ sur } S_2 .$$

On va montrer que la théorie générale s'applique et calculer les premiers termes du développement asymptotique.

4.2 Formules pour les coefficients du développement asymptotique.

Avec les notations du N° 3, on vérifie sans peine que

$$(4.8)\qquad \left|\begin{aligned} Y_o &= \{v| \ v \in H_o^1(\Omega) \ , v = 0 \text{ sur } \Omega_o\} ,\\ Y_1 &= \{v| \ v \in H_o^1(\Omega) \ , v = 0 \text{ sur } \Omega_o \cup \Omega_1 \}\end{aligned}\right.$$

(et $Y_2 = \{o\}$).

Calcul de u^{-2}.

La formule (3.9) donne :

$$(4.9)\qquad \left|\begin{aligned} & u^{-2} \in Y_1 ,\\ & a_2(u^{-2},v) = (f,v) \qquad \forall v \in Y_1\end{aligned}\right.$$

d'où

$$(4.10) \qquad u^{-2} = \{0,0,u_2^{-2}\} ,$$

$$(4.11) \qquad \left| \begin{aligned} -\Delta u_2^{-2} &= f_2 \text{ dans } \Omega_2 , \\ u_2^{-2} &= 0 \text{ sur } S_2 . \end{aligned} \right.$$

■

Calcul de u^{-1}.

La formule (3.10) donne

$$(4.12) \qquad \left| \begin{aligned} & u^{-1} \in Y_o, \\ & a_1(u^{-1},v) + a_2(u^{-2},v) = (f,v) \qquad \forall\, v \in Y_o, \\ & a_2(u^{-1},v) = 0 \qquad \forall\, v \in Y_1 . \end{aligned} \right.$$

On a :

$$u_o^{-1} = 0$$

et la dernière condition (4.12) équivaut à

$$-\Delta u_2^{-1} = 0 \text{ dans } \Omega_2, \quad u_2^{-1} = u_o^{-1} \text{ sur } S_2 \quad , \text{ donc}$$

$$u_2^{-1} = 0.$$

On déduit de (4.11) que

$$\int_{\Omega_2} f_2 v_2 \, dx = a_2(u^{-2},v) \qquad \forall\, v \in Y_o$$

de sorte que la 1ère équation (4.12) équivaut à :

$$a_1(u^{-1},v) = \int_{\Omega_1} f_1 v \, dx \qquad \forall\, v \in Y_o .$$

Donc :

(4.13) $$u^{-1} = \{ 0, u_1^{-1}, 0 \} ,$$

(4.14) $$\begin{cases} -\Delta u_1^{-1} = f_1 & \text{dans } \Omega_1 , \\ u_1^{-1} = 0 & \text{sur } S_1 . \end{cases}$$ ∎

Calcul de u^o.

La formule (3.12) donne

(4.15) $$\begin{cases} a_o(u^o,v) + a_1(u^{-1},v) + a_2(u^{-2},v) = (f,v) & \forall v \in V , \\ a_1(u^o,v) + a_2(u^{-1},v) = 0 & \forall v \in Y_o, \\ a_2(u^o,v) = 0 & \forall v \in Y_1. \end{cases}$$

Mais on déduit de (4.11) et (4.14), par application de la formule de Green (cf. N° 2.5), que

(4.16) $$-\int_{S_2} \frac{\partial u_2^{-2}}{\partial \nu} v \, dS_2 + a_2(u^{-2},v) = \int_{\Omega_2} f_2 \, v \, dx \qquad \forall v \in V,$$

et

(4.17) $$-\int_{S_1} \frac{\partial u_1^{-1}}{\partial \nu} v \, dS_1 + a_1(u^{-1},v) = \int_{\Omega_1} f_1 v \, dx \qquad \forall v \in V.$$

La 1ère formule (4.15) devient alors :

(4.18) $$a_o(u^o,v) = \int_{\Omega_o} f_o v \, dx - \int_{S_1} \frac{\partial u_1^{-1}}{\partial \nu} v \, dS_1 - \int_{S_2} \frac{\partial u_2^{-2}}{\partial \nu} v \, dS_2.$$

Comme d'après (4.13), $a_2(u^{-1},v) = 0$, les autres équations (4.15) s'écrivent :

$$a_1(u^o,v) = 0 \quad \forall v \in Y_o, \qquad a_2(u^o,v) = 0 \quad \forall\, v \in Y_1$$

d'où

$$u^o = \{u_o^o \, , \, u_1^o \, , \, u_2^o\}$$

avec

$$(4.19) \quad \left[\begin{array}{l} -\Delta u_o^o = f_o \text{ dans } \Omega_o \, , \\ u_o^o = 0 \text{ sur } \Gamma \, , \\ \dfrac{\partial u_o^o}{\partial \nu} = \dfrac{\partial u_1^{-1}}{\partial \nu} \text{ sur } S_1 \, , \quad \dfrac{\partial u_o^o}{\partial \nu} = \dfrac{\partial u_2^{-2}}{\partial \nu} \text{ sur } S_2 \end{array} \right.$$

$$(4.20) \quad \left[\begin{array}{l} -\Delta u_1^o = 0 \text{ dans } \Omega_1 \, , \\ u_1^o = u_o^o \text{ sur } S_1 \end{array} \right.$$

$$(4.21) \quad \left[\begin{array}{l} -\Delta u_2^o = 0 \text{ dans } \Omega_2 , \\ u_2^o = u_o^o \text{ sur } S_2 \, . \end{array} \right.$$

■

<u>Calcul de u^1</u> .

Donnons les formules, dont la vérification est laissée au lecteur :

$$u^1 = \{ u_o^1 \, , \, u_1^1 \, , \, u_2^1 \} \quad ,$$

$$(4.22)\quad \begin{cases} -\Delta u_o^1 = 0 \text{ dans } \Omega_o, \\ u_o^1 = 0 \text{ sur } \Gamma, \\ \dfrac{\partial u_o^1}{\partial \nu} = \dfrac{\partial u_1^o}{\partial \nu} \text{ sur } S_1, \quad \dfrac{\partial u_o^1}{\partial \nu} = 0 \text{ sur } S_2, \end{cases}$$

$$(4.23)\quad \begin{cases} -\Delta u_1^1 = 0 \text{ dans } \Omega_1, \\ u_1^1 = u_o^1 \text{ sur } S_1, \end{cases}$$

$$(4.24)\quad \begin{cases} -\Delta u_2^1 = 0 \text{ dans } \Omega_2, \\ u_2^1 = u_o^1 \text{ sur } S_2. \end{cases}$$

■

Pour u^2, on aura :

$$(4.25)\quad \begin{cases} -\Delta u_o^2 = 0 \text{ dans } \Omega_o, \\ u_o^2 = 0 \text{ sur } \Gamma, \\ \dfrac{\partial u_o^2}{\partial \nu} = \dfrac{\partial u_1^1}{\partial \nu} \text{ sur } S_1, \quad \dfrac{\partial u_o^2}{\partial \nu} = \dfrac{\partial u_2^o}{\partial \nu} \text{ sur } S_2 \end{cases}$$

et

$-\Delta u_1^2 = 0$ dans Ω_1, $u_1^2 = u_o^2$ sur S_1 et des formules analogues pour u_2^2 et ainsi de suite . ■

Le développement asymptotique donne :

$$(4.26)\quad \begin{cases} u_{\varepsilon o} = u_o^o + \varepsilon\, u_o^1 + \ldots \\ u_{\varepsilon 1} = \dfrac{u_1^{-1}}{\varepsilon} + u_1^o + \varepsilon\, u_1^1 + \ldots \\ u_{\varepsilon 2} = \dfrac{u_2^{-2}}{\varepsilon^2} + u_2^o + \varepsilon\, u_2^1 + \ldots \end{cases}$$

Les estimations d'erreur donnent par exemple :

$$(4.27)\quad \left[\begin{array}{ll} \|u_{\varepsilon o} - (u_o^o + \varepsilon\, u_o^1)\|_{H^1(\Omega_o)} & \leqslant C\,\varepsilon^2 , \\ \|u_{\varepsilon 1} - (\frac{u_1^{-1}}{\varepsilon} + u_1^o + \varepsilon\, u_1^1)\|_{H^1(\Omega_1)} & \leqslant C\,\varepsilon^2, \\ \|u_{\varepsilon 1} - (\frac{u_2^{-2}}{\varepsilon^2} + u_2^o + \varepsilon\, u_2^1)\|_{H^1(\Omega_2)} & \leqslant C\,\varepsilon^2. \end{array}\right.$$

■

5. EXEMPLES : PROBLEMES RAIDES DU 2ème ORDRE (II).

5.1 Position du problème.

Soit (cf. Fig. 4)

$\Omega = \overline{\Omega}_{o1} \cup \ldots \cup \overline{\Omega}_{oq} \cup \Omega_1,$

$\Omega_o = \Omega_{o1} \cup \ldots \cup \Omega_{oq},$

$\partial\Omega_{oj} = S_j,$

$\partial\Omega_1 = S_1 \cup \ldots \cup S_q \cup \Gamma .$

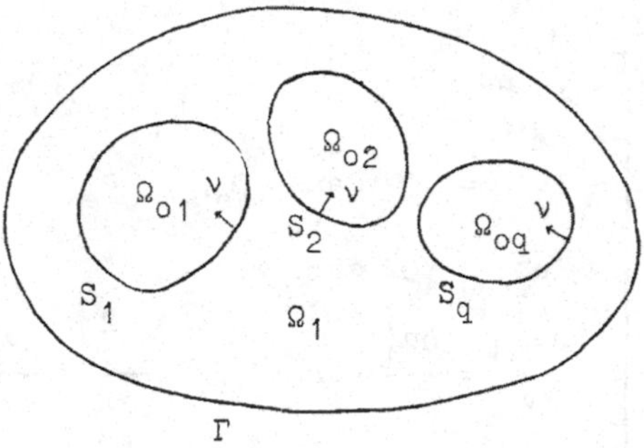

Fig. 4.

Avec les notations du N° 3, on prend :

$$V = H_o^1(\Omega) ,$$

$$(5.1)\qquad a_i(u,v) = \int_{\Omega_i} \text{grad}u.\text{grad}v\, dx , \quad i = 0,1 .$$

Remarque 5.1.

Il n'y a donc que des différences topologiques sur les domaines avec la situation du N° 1, mais, comme on va voir, cela modifie assez sensiblement les formules du développement asymptotique. ■

Le problème étudié est :

$$a_o(u_\varepsilon,v) + \varepsilon\, a_1(u_\varepsilon,v) = (f,v) \qquad \forall\, v \in V, \tag{5.2}$$

qui équivaut à :

$$\left[\begin{aligned} -\Delta u_{\varepsilon o} &= f_o \quad \text{dans } \Omega_o, \\ -\varepsilon\Delta u_{\varepsilon 1} &= f_1 \quad \text{dans } \Omega_1, \end{aligned}\right. \tag{5.3}$$

$$u_{\varepsilon 1} = 0 \quad \text{sur } \Gamma, \tag{5.4}$$

$$u_{\varepsilon o} = u_{\varepsilon 1},\ \frac{\partial u_{\varepsilon o}}{\partial \nu} = \varepsilon \frac{\partial u_{\varepsilon 1}}{\partial \nu} \text{ sur } S_j,\quad j = 1, \ldots, q. \tag{5.5}$$

5.2 Formules pour les coefficients du développement asymptotique.

Vérifions d'abord :

$$\left|\begin{aligned} &Y_o = \{\, v \mid v = C_i \ \text{ dans } \Omega_{oi},\ i = 1,\ldots,q\} \\ &Y_1 = \{\, 0 \,\}. \end{aligned}\right. \tag{5.6}$$

En effet, si $a_o(v,v) = 0$ alors grad $v = 0$ dans Ω_{oi} d'où la caractérisation (5.6) de Y_o.

Si $v \in Y_o$ et $a_1(v,v) = 0$ alors $v = 0$ dans Ω_1 et $v = C_i$ dans Ω_{oi}, comme nécessairement $C_i = 0$ sur S_i, on a $Y_1 = \{o\}$.

Calcul de u^{-1}

On cherche $u^{-1} \in Y_o$ tel que

(5.7) $$a_1(u^{-1},v) = (f,v) \qquad \forall\, v \in Y_o.$$

Vérifions le

Lemme 5.1 . On a :

(5.8) $$a_1(v,v) \geqslant \alpha_1 \|v\|^2 \qquad \forall v \in Y_o, \quad \alpha_1 > 0$$

(où $\|v\|$ = norme de v dans $H_o^1(\Omega)$).

Démonstration.

1°) On a : $a_1(v,v) = \int_{\Omega_1} |\text{grad} v|^2 dx$ et donc, comme $v = 0$ sur Γ, l'inégalité de Poincaré (cf. (1.16)) donne :

(5.9) $$a_1(v,v) \geqslant \beta_1 \|v_1\|^2_{H^1(\Omega_1)} .$$

2°) Reste donc à voir que, sur Y_o, $\|v\|$ et $\|v_1\|_{H^1(\Omega_1)}$ sont équivalentes. Or $v = b_i$ dans Ω_{oi}, $i = 1,\dots,q$, $b_i \in \mathbb{R}$, donc, d'après (1.10) (appliqué dans Ω_1) :

$$b_i^2 \leqslant c\|v_1\|^2_{H^1(\Omega_1)} .$$

Donc par exemple :

$$\|v_1\|_{H^1(\Omega_1)} \geqslant \frac{1}{2} \|v_1\|_{H^1(\Omega_1)} + c \sum_{i=1}^{q} |b_i| ,$$

d'où le résultat. ∎

Il résulte du Lemme 5.1 que (5.7) admet une solution unique ; le problème (5.7) équivaut à :

(5.10) $$u^{-1} = \{u_1^{-1} \text{ dans } \Omega_1,\ b_i \ (\in R) \text{ dans } \Omega_{oi}\ ,\ i=1,\dots,q\}\ ,$$

(5.11) $$\left[\begin{array}{l} -\Delta u_1^{-1} = f_1 \text{ dans } \Omega_1, \\ u_1^{-1} = 0 \text{ sur } \Gamma\ , \\ u_1^{-1} = b_i \text{ sur } S_i,\quad i=1,\dots,q \\ \displaystyle\int_{S_i} \frac{\partial u_1^{-1}}{\partial \nu}\, dS_i = \int_{\Omega_{oi}} f\, dx\ ,\ i=1,\dots,q. \end{array}\right.$$

En effet prenant d'abord $v \in \mathcal{D}(\Omega_1)$, on en déduit que

$$-\Delta u_1^{-1} = f_1 \text{ dans } \Omega_1$$

d'où, par application de la formule de Green

$$-\sum_{j=1}^{q} \int_{S_j} \frac{\partial u_1^{-1}}{\partial \nu}\, v\, dS_j + a_1(u^{-1},v) = \int_{\Omega_1} f_1 v\, dx.$$

Donc (5.7) devient

(5.12) $$\sum_{j=1}^{q} \int_{S_j} \frac{\partial u_1^{-1}}{\partial \nu}\, v\, dS_j = \int_{\Omega_o} f\, v\, dx \qquad \forall\ v \in Y_o.$$

Prenant $v = 1$ dans Ω_{oi} et $v = 0$ dans Ω_{oj} , $j \neq i$ (ce qui est loisible), (5.12) donne la dernière condition (5.11).

On vérifie que, réciproquement, (5.11) entraîne (5.7). ∎

Calcul de u^o.

On cherche u^o dans V tel que

(5.13) $$\left[\begin{array}{ll} a_o(u^o,v) + a_1(u^{-1},v) = (f,v) & \forall\ v \in V, \\ a_1(u^o,v) = 0 & \forall\ v \in Y_o. \end{array}\right.$$

On va montrer que ce problème admet une solution unique, caractérisée par (g_{oi} = restriction à Ω_{oi} de g définie dans Ω) :

$$(5.14)\qquad \left[\begin{array}{ll} -\Delta u^o_{oi} = f_{oi} & \text{dans } \Omega_{oi}, \\ \dfrac{\partial u^o_{oi}}{\partial \nu} = \dfrac{\partial u_1^{-1}}{\partial \nu} & \text{sur } S_i , \qquad 1 \leqslant i \leqslant q , \end{array}\right.$$

$$(5.15)\qquad \left[\begin{array}{ll} -\Delta u^o_1 = 0 & \text{dans } \Omega_1, \\ u^o_1 = 0 & \text{sur } \Gamma , \\ u^o_1 = u^o_{oi} & \text{sur } S_i, \qquad 1 \leqslant i \leqslant q , \\ \displaystyle\int_{S_i} \frac{\partial u^o_1}{\partial \nu} dS_i = 0 , & \qquad 1 \leqslant i \leqslant q. \end{array}\right.$$

En effet, de la 1ère équation (5.11) et de la formule de Green, on déduit (on pose $S = S_1 \cup \ldots \cup S_q$) :

$$- \int_S \frac{\partial u_1^{-1}}{\partial \nu} v \, dS + a_1(u^{-1},v) = \int_{\Omega_1} f_1 v \, dx \quad \forall \, v \in V ;$$

donc la 1ère équation (5.13) s'écrit :

$$a_o(u^o,v) = \int_{\Omega_o} f \, v \, dx - \int_S \frac{\partial u_1^{-1}}{\partial \nu} v \, dS \qquad \forall \, v \in V.$$

Le problème variationnel équivaut aux q problèmes de Neumann (5.14); grâce à la dernière condition (5.11), chaque problème (5.14) admet une solution définitive à une constante additive près, soit

$$(5.16)\qquad u^o_{oi} = \hat{u}^o_{oi} + \lambda_i, \qquad \lambda_i \in \mathbb{R} \text{ à déterminer, } 1 \leqslant i \leqslant q.$$

On peut trouver $\hat{u}^o \in V$ telle que

$$\hat{u}^o = \hat{u}^o_{oi} \text{ sur } \Omega_{oi} , \qquad 1 \leqslant i \leqslant q$$

(propriété de prolongement des fonctions de H^1)
de sorte que toutes les solutions de la 1ère équation (5.13) sont données par :

$$u^o = \hat{u}^o + y^o \quad , \quad y^o \in Y_o . \tag{5.17}$$

Portant (5.17) dans la $2^{\text{ème}}$ équation (5.13), il vient :

$$a_1(y^o, v) = -a_1(\hat{u}^o, v) \quad \forall v \in Y_o, \quad y^o \in Y_o,$$

équation qui admet une solution unique d'après le Lemme 5.1.

Reste à interpréter la $2^{\text{ème}}$ équation (5.13) ; prenant $v \in \mathcal{D}(\Omega_1)$ on en déduit la $1^{\text{ère}}$ condition (5.15) ; on a : $u_1^o = 0$ sur Γ car $u^o \in V$ et de même $u_1^o = u_{oi}^o$ sur S_i. La formule de Green donne

$$\int_S \frac{\partial u_1^o}{\partial \nu} v \, dS = 0 \qquad \forall v \in Y_o,$$

ce qui équivaut à la dernièrecondition (5.15). ∎

On vérifiera de la même manière que u^1 est donné par

$$\begin{cases} -\Delta u_{oi}^1 = 0 & \text{dans } \Omega_{oi} , \\ \dfrac{\partial u_{oi}^{-1}}{\partial \nu} = \dfrac{\partial u_1^o}{\partial \nu} & \text{sur } S_i , \quad 1 \leqslant i \leqslant q , \end{cases} \tag{5.18}$$

$$\begin{cases} -\Delta u_1^1 = 0 & \text{dans } \Omega_1 , \\ u_1^1 = 0 & \text{sur } \Gamma , \\ u_1^1 = u_{oi}^1 & \text{sur } S_i , \ \forall i , \\ \displaystyle\int_{S_i} \frac{\partial u_1^1}{\partial \nu} \, d S_i = 0 & \forall i , \end{cases} \tag{5.19}$$

et ainsi de suite pour le calcul de u^2, u^3, ... ∎

5.3. Variantes diverses.

Donnons, sous forme de Remarques, quelques variantes de l'Exemple précédent.

Remarque 5.2.

Soit Ω donné (cf. Fig. 5) par :

$$\Omega = \overline{\Omega}_0 \cup \overline{\Omega}_1 \cup \Omega_2 ,$$

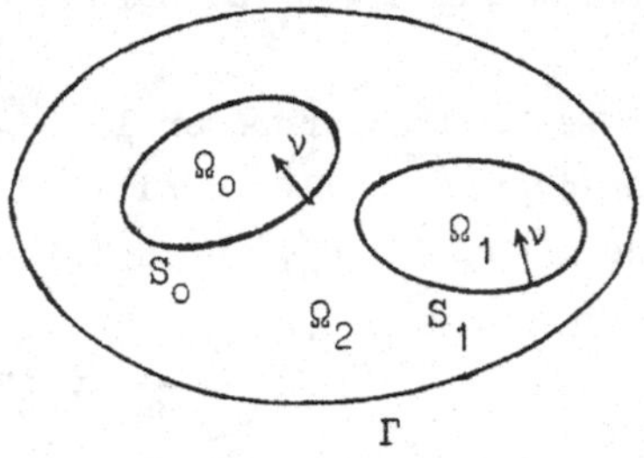

Fig. 5

et soit $V = H_0^1(\Omega)$ et

(5.20) $$\left[\begin{array}{l} a_i(u,v) = \int_{\Omega_i} \text{grad } u.\text{grad } v \, dx, \\ i = 0,\ 1,\ 2. \end{array}\right.$$

On considère le problème

(5.21) $$a_0(u_\varepsilon,v) + \varepsilon a_1(u_\varepsilon,v) + \varepsilon^2 a_2(u_\varepsilon,v) = (f,v) \quad \forall\, v \in V.$$

La théorie générale s'applique. On a :

$$Y_0 = \{v \mid v \in V,\ \ v = c_0 \text{ sur } \Omega_0,\ \ c_0 \in \mathbb{R}\} ,$$

$$Y_1 = \{v \mid v \in V,\ \ v = c_0 \text{ sur } \Omega_0,\ \ v = c_1 \text{ sur } \Omega_1\} .$$

Le coefficient $u^{-2} \in Y_1$ est caractérisé par :

(5.22) $$\left[\begin{array}{l} -\Delta u_2^{-2} = f_2 \text{ dans } \Omega_2 , \\ u_2^{-2} = 0 \text{ sur } \Gamma , \\ u_2^{-2} = c_0 \text{ sur } S_0,\ \ u_2^{-2} = c_1 \text{ sur } S_1 , \\ \int_{S_0} \frac{\partial u_2^{-2}}{\partial \nu} dS_0 = \int_{\Omega_0} f\, dx ,\ \ \int_{S_A} \frac{\partial u_2^{-2}}{\partial \nu} = \int_{\Omega_1} f\, dx, \end{array}\right.$$

avec :

$$u_o^{-2} = c_o \quad , \quad u_1^{-2} = c_1 \quad . \tag{5.23}$$ ■

Le coefficient $u^{-1} \in Y_o$ est caractérisé par

$$\left[\begin{array}{l}
-\Delta u_1^{-1} = f_1 \quad \text{dans} \quad \Omega_1 \,, \\
-\Delta u_2^{-1} = 0 \quad \text{dans} \quad \Omega_2 \,, \\
u_2^{-1} = 0 \quad \text{sur } \Gamma \,, \\
u_2^{-1} = u_1^{-1} \,, \quad \dfrac{\partial u_1^{-1}}{\partial \nu} = \dfrac{\partial u_2^{-2}}{\partial \nu} \text{ sur } S_1 \\
u_o^{-1} = c \quad \text{dans } \Omega_o, \\
u_2^{-1} = c \quad \text{sur } S_o, \\
\displaystyle\int_{S_o} \frac{\partial u_2^{-1}}{\partial \nu} \, d\, S_o = 0 \quad , \quad \int_{S_1} \frac{\partial u_2^{-1}}{\partial \nu} \, dS_1 = 0 \quad .
\end{array}\right. \tag{5.24}$$ ■

Le coefficient $u^o \in V$ est caractérisé par :

$$\left[\begin{array}{l}
-\Delta u_o^o = f_o \quad \text{dans } \Omega_o \,, \; -\Delta u_i^o = 0 \text{ dans } \Omega_i, \quad i = 1, 2 \\
u_o^o = u_2^o \,, \; \dfrac{\partial u_o^o}{\partial \nu} = \dfrac{\partial u_2^{-2}}{\partial \nu} \text{ sur } S_o, \\
u_1^o = u_2^o \,, \; \dfrac{\partial u_1^o}{\partial \nu} = \dfrac{\partial u_2^{-1}}{\partial \nu} \text{ sur } S_1, \\
u_2^o = 0 \quad \text{sur} \quad \Gamma \,. \\
\displaystyle\int_{S_o} \frac{\partial u_2^o}{\partial \nu} \, dS_o = 0 \quad , \quad \int_{S_1} \frac{\partial u_2^o}{\partial \nu} \, dS_1 = 0 \,.
\end{array}\right. \tag{5.25}$$

On pourra établir des formules analogues pour u^1, ... ■

Remarque 5.3

Soit $\Omega = \Omega_o \cup S \cup \Omega_1$ (cf. Fig. 6), les formes $a_i(u,v)$ étant données comme précédemment sur

$$V = H_o^1(\Omega).$$

Pour le calcul de u^{-1} on a des formules identiques à (2.24)(2.25).

Pour le calcul de u^o on a les formules (comparer à (2.28)(2.30)(2.31))

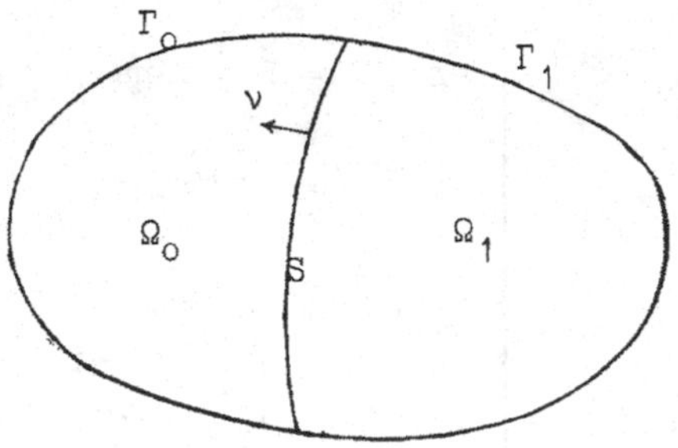

Fig. 6

$$(5.26)\quad \left[\begin{array}{l} -\Delta u_o^o = f_o \text{ dans } \Omega_o, \\ u_o^o = 0 \text{ sur } \Gamma_o,\ \dfrac{\partial u_o^o}{\partial \nu} = \dfrac{\partial u_1^{-1}}{\partial \nu} \text{ sur } S\ . \end{array}\right.$$

puis

$$(5.27)\quad \left[\begin{array}{l} -\Delta u_1^o = f_1 \text{ dans } \Omega_1\ , \\ u_1^o = 0 \text{ sur } \Gamma_1,\ u_1^o = u_o^o \text{ sur } S \end{array}\right.$$

Il y a quelques difficultés techniques dans la justification de ces formules, à cause de l'usage de $H^{-1/2}(S)$, mais qui peuvent être surmontées [ces difficultés n'existaient pas dans les exemples antérieurs où les S_i étaient des variétés sans bord]. ■

Remarque 5.4.

Tout ce qui a été dit s'étend au cas d'opérateurs du $2^{\text{ème}}$ ordre à coefficients variables dans chaque Ω_i :

$$(5.28)\quad a_i(u,v) = \int_{\Omega_i} \sum_{j,k=1}^{n} a_{jk}(x) \frac{\partial u}{\partial x_j} \frac{\partial v}{\partial x_k}\, dx$$

où les $a_{jk} = a_{kj}$ sont des fonctions régulières dans Ω_i, avec

$$(5.29)\quad \sum_{j,k=1}^{n} a_{jk}\, \xi_j\, \xi_k \geqslant \alpha \sum_{j=1}^{n} \xi_j^2\ .$$

■

Remarque 5.5

Dans la situation de la Fig. 1 (N° 1), on peut prendre

$$V = H^1(\Omega) \quad ,$$

$$(5.30) \quad \left| \begin{array}{l} a_o(u,v) = \int_{\Omega o} (uv + \text{grad } u.\text{grad } v)\, dx \, , \\ a_1(u,v) = \int_{\Omega_1} \text{grad } u.\text{grad } v \, dx \, . \end{array} \right.$$

Le problème

$$(5.31) \quad a_o(u_\varepsilon, v) + \varepsilon a_1(u_\varepsilon, v) = (f,v) \qquad \forall\, v \in V$$

équivaut à :

$$(5.32) \quad \left| \begin{array}{l} -\Delta u_{\varepsilon o} + u_{\varepsilon o} = f_o \ \text{ dans } \ \Omega_o \, , \\ -\varepsilon\Delta\, u_{\varepsilon 1} = f_1 \ \text{ dans } \ \Omega_1 \, , \end{array} \right.$$

avec les conditions aux limites et de transmission :

$$(5.33) \quad \left[\begin{array}{l} \dfrac{\partial u_{\varepsilon o}}{\partial \nu} = 0 \text{ sur } \Gamma, \\ u_{\varepsilon o} = u_{\varepsilon 1}, \quad \dfrac{\partial u_{\varepsilon o}}{\partial \nu} = \varepsilon \dfrac{\partial u_{\varepsilon 1}}{\partial \nu} \text{ sur } S. \end{array} \right.$$

La théorie générale s'applique, les formules correspondantes étant laissées au lecteur. ■

Remarque 5.6

Tout ce qui a été dit s'étend à des systèmes, tels que, par exemple, le système de l'élasticité (avec des coefficients "très différents" selon les régions). ■

Remarque 5.7

Soit Ω comme à la Fig. 3, N° 4.1, $V \in H_0^1(\Omega)$ et $a_i(u,v)$ donné par (4.1). On considère le système

$$(5.34) \qquad a_o(u_\varepsilon,v) + \varepsilon a_1(u_\varepsilon,v) + \varepsilon^4 a_T(u_\varepsilon,v) = (f,v) \quad \forall\, v \in V.$$

La théorie générale s'applique de la façon suivante. Pour éviter les confusions d'indices, posons :

$$a_o(u,v) = b_o(u,v), \quad a_1(u,v) = b_1(u,v) ,$$
$$b_2(u,v) = 0 \quad , \quad b_3(u,v) = 0 \quad , \; a_2(u,v) = b_4(u,v).$$

Alors (5.34) équivaut à

$$(5.35) \qquad \sum_{j=0}^{4} \varepsilon^j b_j(u_\varepsilon,v) = (f,v).$$

On garde les notations Y_o, Y_1, ... de la théorie générale. On a:

$$Y_o = \{v|\ \ v \in V\ ,\ \ v = 0 \text{ sur } \Omega_o\},$$
$$Y_1 = \{v|\ \ v \in V\ ,\ \ v = 0 \text{ sur } \Omega_o \cup \Omega_1\} ,$$
$$Y_2 = Y_3 = Y_1 \quad ,$$
$$Y_4 = \{0\}.$$

On a alors :

$$(5.36) \qquad u_\varepsilon = \frac{u^{-4}}{\varepsilon^4} + \frac{u^{-3}}{\varepsilon^3} + \frac{u^{-2}}{\varepsilon^2} + \frac{u^{-1}}{\varepsilon} + u^o + \dots$$

L'élément u^{-4} est caractérisé par :

$$(5.37) \qquad \left| \begin{array}{ll} u^{-4} \in Y_3\ (= Y_1)\ , & \\ b_4(u^{-4},v) = (f,v) & \forall\, v \in Y_3\ , \end{array} \right.$$

i.e.

$$(5.38)\quad \begin{cases} -\Delta u_2^{-4} = f_2 \text{ dans } \Omega_2 , \quad u_2^{-4} = 0 \text{ sur } S_2, \\ u_o^{-4} = u_1^{-4} = 0. \end{cases}$$

Les équations donnant u^{-3} dans $Y_2 (= Y_1)$ sont

$$b_3(u^{-3},v) + b_4(u^{-4},v) = (f,v) \qquad \forall\, v \in Y_2$$

qui se réduit à une identité et

$$b_4(u^{-3},v) = 0 \qquad \forall\, v \in Y_1$$

d'où

$$(5.39)\qquad u^{-3} = 0 .$$

De même

$$(5.40)\qquad u^{-2} = 0.$$

L'élément u^{-1} est caractérisé dans Y_o par

$$(5.41)\quad \begin{cases} b_1(u^{-1},v) + b_4(u^{-4},v) = (f,v) & \forall\, v \in Y_o \\ b_4(u^{-1},v) = 0 & \forall\, v \in Y_3 = Y \end{cases}$$

d'où

$$(5.42)\quad \begin{cases} u^{-1} = \{ 0, u_1^{-1}, 0 \} , \\ -\Delta u_1^{-1} = f_1 \text{ dans } \Omega_1, \quad u_1^{-1} = 0 \text{ sur } S_1 \end{cases}$$

Les formules pour u^o sont :

(5.43)
$$\begin{cases} -\Delta u_o^o = f_o \ , \quad u_o^o = 0 \text{ sur } \Gamma, \ \dfrac{\partial u_o^o}{\partial \nu} = \dfrac{\partial u_1^{-1}}{\partial \nu} \text{ sur } S_1 \ , \\ \dfrac{\partial u_o^o}{\partial \nu} = \dfrac{\partial u_2^{-4}}{\partial \nu} \text{ sur } S_2 \ , \end{cases}$$

et ainsi de suite. ∎

6. EXEMPLES : PROBLEMES D'ORDRE 4.

6.1 Espaces de Sobolev d'ordre > 1.

Les notions introduites au N° 2.5 définissent les espaces H^s, s réel quelconque (donc en particulier > 1 !) sur des variétés sans bord.

On peut définir : $H^s(\Omega)$, $\Omega \subset \mathbb{R}^n$, pour tout s. Nous nous bornons ici au cas " s entier ".

On définit, pour m entier > 0 quelconque :

(6.1)
$$H^m(\Omega) = \{v \mid v, \frac{\partial v}{\partial x_i}, \ldots, D^p v \in L^2(\Omega) , \quad \forall\, p \text{ avec } |p| = m^{(1)}\}$$

qui est un espace de Hilbert pour la norme dont le carré est donné par

(6.2)
$$\sum_{|p| \leqslant m} \int_\Omega |D^p v|^2 \, dx.$$

---

(1) $p = \{p_1, \ldots, p_n\}$, p entier $\geqslant 0$, $|p| = \sum_{i=1}^{n} p_i$, $D^p = \dfrac{\partial^{|p|}}{\partial x_1^{p_1} \ldots \partial x_n^{p_n}}$.

L'application $v \to \frac{\partial v}{\partial x_i}$ étant linéaire continue de $H^m(\Omega) \to H^{m-1}(\Omega)$ il résulte des propriétés de trace du N° 1.2 que l'on peut définir une application linéaire continue

(6.3) $$v \longrightarrow \left\{ v|_\Gamma , \frac{\partial v}{\partial \nu}\Big|_\Gamma , \dots , \frac{\partial^{m-1} v}{\partial \nu^{m-1}}\Big|_\Gamma \right\}$$

de $$H^m(\Omega) \longrightarrow L^2(\Gamma) \times \dots \times L^2(\Gamma)$$ ■

Remarque 6.1

En fait l'image de $H^m(\Omega)$ par l'application (5.3) est

$$H^{m-1/2}(\Gamma) \times H^{m-3/2}(\Gamma) \times \dots \times H^{1/2}(\Gamma) .$$ ■

On désigne par $H^m_o(\Omega)$ <u>le noyau de</u> (6.3), donc

(6.4) $$H^m_o(\Omega) = \{ v | \ v \in H^m(\Omega) , \ v|_\Gamma = \frac{\partial v}{\partial \nu}\Big|_\Gamma = \dots = \frac{\partial^{m-1} v}{\partial \nu^{m-1}}\Big|_\Gamma = 0 \},$$

sous espace <u>fermé</u> de $H^m(\Omega)$.

On démontre (cf. LIONS-MAGENES [1], Chap. 1, comparer à (1.12)) que :

(6.5) $$H^m_o(\Omega) = \text{adhérence de } \mathcal{D}(\Omega) \text{ dans } H^m(\Omega).$$ ■

Remarque 6.2

Naturellement on peut définir de très nombreux sous espaces fermés de $H^m(\Omega)$ par utilisation de (6.3), par des conditions d'annulation sur tout <u>ou partie</u> de la frontière de Ω de combinaisons linéaires, à coefficients constants ou variables, des dérivées $\frac{\partial^k v}{\partial \nu^k}$, $0 \leqslant k \leqslant m-1$. ■

Remarque 6.3

Sur une variété C^∞ sans bord, soit Γ, les fonctions C^∞ à support compact sont denses dans $H^s(\Gamma)$, de sorte que l'on n'a pas la distinction entre $H^s(\Gamma)$ et $H^s_o(\Gamma)$. ∎

Remarque 6.4

Puisque $\mathcal{D}(\Omega)$ est dense dans $H^m_o(\Omega)$, on peut identifier le dual de $H^m_o(\Omega)$ à un espace de distributions sur Ω : si $H^{-m}(\Omega)$ désigne le dual de $H^m_o(\Omega)$, on a alors :

(6.6) $$\mathcal{D}(\Omega) \subset H^m_o(\Omega) \subset L^2(\Omega) \subset H^{-m}(\Omega) \subset \mathcal{D}'(\Omega) ,$$

avec injection continue et densité de chaque espace dans le suivant. ∎

Remarque 6.5

La notation $H^{-m}(\Omega)$ s'explique par le <u>résultat de structure</u> suivant : tout $f \in H^{-m}(\Omega)$ peut se représenter (de façon non unique) par

(6.7) $$f = \sum_{|p| \leq m} D^p f_p \quad , \; f_p \in L^2(\Omega).$$

Donc, formellement, "les intégrales d'ordre m", i.e. les "dérivées d'ordre $-m$ " de f sont dans $L^2(\Omega)$. ∎

6.2 Problème de transmission d'ordre 4 (I).

Considérons la situation géométrique de la Fig. 1, N° 1 et introduisons

(6.8) $$V = H^2_o(\Omega) \quad ,$$

(6.9) $$a_i(u,v) = \int_{\Omega_i} \Delta u \, \Delta v \, dx \qquad (\Delta v = \sum_{j=1}^{n} \frac{\partial^2 v}{\partial x_j^2}) \quad ,$$

le problème

$$(6.10) \qquad a_o(u_\varepsilon, v) + \varepsilon a_1(u_\varepsilon, v) = (f, v) \qquad \forall\, v \in V, \quad u_\varepsilon \in V,$$

équivaut au <u>problème de transmission</u> suivant :

$$(6.11) \qquad \begin{cases} \Delta^2 u_{\varepsilon o} = f_o & \text{dans } \Omega_o, \\ \varepsilon\, \Delta^2 u_{\varepsilon 1} = f_1 & \text{dans } \Omega_1, \end{cases}$$

$$(6.12) \qquad u_{\varepsilon o} = \frac{\partial u_{\varepsilon o}}{\partial \nu} = 0 \text{ sur } \Gamma,$$

$$(6.13) \qquad \begin{cases} u_{\varepsilon o} = u_{\varepsilon 1}, \quad \dfrac{\partial u_{\varepsilon o}}{\partial \nu} = \dfrac{\partial u_{\varepsilon 1}}{\partial \nu}, \\ \Delta u_{\varepsilon o} = \varepsilon \Delta u_{\varepsilon 1}, \quad \dfrac{\partial \Delta u_{\varepsilon o}}{\partial \nu} = \varepsilon \dfrac{\partial \Delta u_{\varepsilon 1}}{\partial \nu} \quad \text{sur } S. \end{cases}$$

■

Nous allons vérifier que la théorie générale s'applique. On a le :

<u>Lemme 6.1</u> <u>L'espace</u> Y_o <u>est donné par</u>

$$(6.14) \qquad Y_o = \{v \mid v \in V, \ v=0 \ \text{sur } \Omega_o\}.$$

<u>Démonstration.</u>

Si $v \in V$ et vérifie $a_o(v,v) = 0$, alors

$$\Delta v_o = 0 \text{ dans } \Omega_o$$

et

$$v_o = \frac{\partial v_o}{\partial \nu} = 0 \quad \text{sur } \Gamma.$$

Donc d'après l'<u>unicité du problème de Cauchy</u> pour le Laplacien (cf. ARONSZAJN [1], CORDES [1], HEINZ [1], LANDIS [1], MULLER [1], PEDERSON [1] (où l'on considère certains opérateurs elliptiques d'ordre 4)), on a (6.14). ■

Vérifions maintenant les hypothèses (2.2)(2.3). On a :

$$a_o(v,v)+a_1(v,v) = \int_\Omega |\Delta v|^2 dx \geq c \, \|v\|^2_{H_o^2(\Omega)} \qquad \forall v \in H_o^2(\Omega)$$

d'où le résultat. ∎

On peut donc appliquer la théorie générale.

La formule $u^{-1} \in Y_o$, $a_1(u^{-1},v) = (f,v) \quad \forall v \in Y_o$ donne

(6.15) $$u^{-1} = \{0,\ u_1^{-1}\} ,$$

(6.16) $$\left[\begin{array}{l} \Delta^2 u_1^{-1} = f_1 \quad \text{dans } \Omega_1, \\ u_1^{-1} = \dfrac{\partial u_1^{-1}}{\partial \nu} = 0 \quad \text{sur } S . \end{array}\right.$$ ∎

Pour u^o, on trouve :

(6.17) $$\left[\begin{array}{l} \Delta^2 u_o^o = f_o \text{ dans } \Omega_o \\ u_o^o = \dfrac{\partial u_o^o}{\partial \nu} = 0 \text{ sur } \Gamma , \ \Delta u_o^o = \Delta u_1^{-1} \text{ et } \dfrac{\partial \Delta u_o^o}{\partial \nu} = \dfrac{\partial \Delta u_1^{-1}}{\partial \nu} \text{sur } S \end{array}\right.$$

et

(6.18) $$\left[\begin{array}{l} \Delta^2 u_1^o = f_1 \text{ dans } \Omega_1, \\ u_1^o = u_o^o \text{ et } \dfrac{\partial u_1^o}{\partial \nu} = \dfrac{\partial u_o^o}{\partial \nu} \text{ sur } S . \end{array}\right.$$

Formules analogues pour u^1, ... ∎

6.3 Problème de transmission d'ordre 4 (II).

On reprend l'exemple du N° 6.2 précédent, mais <u>en échangeant les rôles de</u> Ω_o <u>et</u> Ω_1 qui ont donc la configuration schématisée sur la Fig. 7.

Le problème est (6.10) qui s'interprète par (6.11)(6.13) et au lieu de (6.12) :

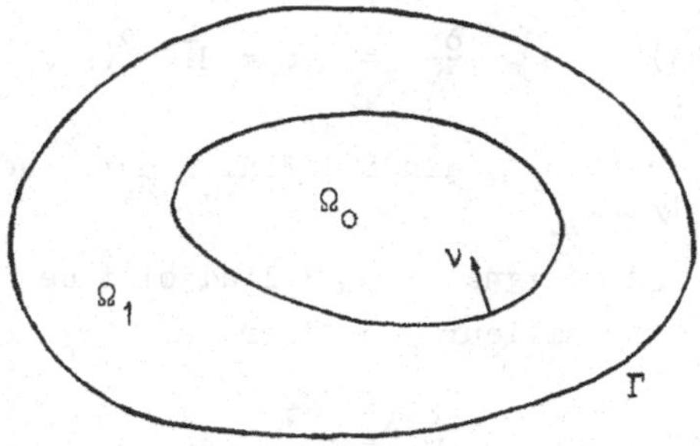

Fig. 7

(6.19) $u_{\varepsilon 1} = \frac{\partial u_{\varepsilon 1}}{\partial \nu} = 0$ sur Γ.

On va vérifier encore que la théorie générale s'applique mais dans des conditions techniquement différentes de celles du N° précédent. ■

Espace Y_o.

(6.20) $Y_o = \{v \mid v \in V, \ \Delta v = 0 \text{ dans } \Omega_o\}$.

Calcul de u^{-1}.

On note que

(6.21) $a_1(v,v) \geq \alpha \|v\|^2_{H^2(\Omega)}$, $\alpha > 0$, $\forall v \in Y_o$

car si $v \in Y_o$ alors $\Delta v = 0$ dans Ω_o et par conséquent

$$a_1(v,v) = \int_\Omega (\Delta v)^2 \, dx \text{ , d'où (6.21).}$$

Par conséquent, il existe u^{-1} unique tel que

(6.22) $u^{-1} \in Y_o$, $a_1(u^{-1},v) = (f,v) \quad \forall v \in Y_o$. ■

Interprétation du problème (6.22).

L'interprétation du problème (6.22) nécessite quelques développements. Considérons, pour $\varphi \in H^{1/2}(S)$, la solution v de

(6.23) $-\Delta v = 0$ dans Ω_o , $v|_S = \varphi$;

alors, on peut définir (cf. LIONS-MAGENES [1], Chap. 2)

(6.24) $$\frac{\partial v}{\partial \nu} = \mathcal{a}\varphi \in H^{-1/2}(S),$$

l'opérateur $\mathcal{a}$ ainsi défini étant linéaire et continu de $H^{1/2}(S) \to$ $\to H^{-1/2}(S)$.

On désigne par $\mathcal{a}^*$ l'adjoint de $\mathcal{a}$; $\mathcal{a}^* \in \mathcal{L}(H^{1/2}(S)\ ;\ H^{-1/2}(S))$.(1)

Par ailleurs, on introduit w_o solution de

(6.25) $$-\Delta w_o = f_o \text{ dans } \Omega_o \qquad w_o|_S = 0 .$$

On va vérifier que u^{-1} est caractérisé par le <u>problème de transmission</u> :

(6.26) $$\Delta u_o^{-1} = 0 \text{ dans } \Omega_o, \quad \Delta^2 u_1^{-1} = f_1 \text{ dans } \Omega_1,$$

(6.27) $$u_1^{-1} = \frac{\partial u_1^{-1}}{\partial \nu} = 0 \text{ sur } \Gamma,$$

(6.28) $$u_o^{-1} = u_1^{-1} \text{ et } \frac{\partial \Delta u_1^{-1}}{\partial \nu} - \mathcal{a}^* \Delta u_1^{-1} + \frac{\partial u_o^o}{\partial \nu} = 0 \text{ sur } S.$$

En effet, prenant $v \in \mathcal{D}(\Omega_1)$ on obtient la 2ème relation (6.26). Par application de la formule de Green, on a :

$$\int_S \left(\frac{\partial \Delta u_1^{-1}}{\partial \nu} v - \Delta u_1^{-1} \frac{\partial v}{\partial \nu} \right) dS + \int_{\Omega_1} \Delta u_1^{-1} \Delta v \, dx = \int_{\Omega_1} f_1 v \, dx$$

de sorte que (6.22) équivaut à

(6.29) $$\int_S \left(\frac{\partial \Delta u_1^{-1}}{\partial \nu} v - \Delta u_1^{-1} \frac{\partial v}{\partial \nu} \right) dS + \int_{\Omega_o} f_o v \, dx = 0 \quad \forall v \in Y_o.$$

Mais de (6.25) on déduit que

(6.30) $$\int_{\Omega_o} f_o v \, dx = \int_S \frac{\partial u_o}{\partial \nu} v \, dS ;$$

---

(1) De façon générale, $\mathcal{L}(X\ ;\ Y)$ désigne l'espace des opérateurs linéaires et continus de $X \to Y$.

tenant compte de (6.30) et (6.24), (6.29) s'écrit :

$$\int_S \left(\frac{\partial \Delta u_1^{-1}}{\partial \nu} v - \Delta u_1^{-1} \alpha v \right) dS + \int_S \frac{\partial w_o}{\partial \nu} v \, dS = 0$$

d'où la dernière relation (6.28). ∎

Calcul de u^o.

L'élément u^o est donné par les formules habituelles

$$a^o(u^o,v) + a_1(u^{-1},v) = (f,v) \qquad \forall\, v \in V,$$

$$a_1(u^o\,,v) = 0 \qquad \forall\, v \in Y_o\,.$$

Cela détermine u^o de manière unique - et u^o est caractérisé par :

(6.31) $\quad \Delta^2 u_o^o = f_o$ dans Ω_o, $\Delta^2 u_1^o = 0$ dans Ω_1,

(6.32)
$$\begin{cases} \dfrac{\partial \Delta u_o^o}{\partial \nu} - \alpha^* \Delta u_o^o = \dfrac{\partial \Delta u_1^{-1}}{\partial \nu} - \alpha^* \Delta u_1^{-1} \text{ sur } S, \\ u_o^o = u_1^o\,, \ \dfrac{\partial u_o^o}{\partial \nu} = \dfrac{\partial u_1^o}{\partial \nu}\,, \ \dfrac{\partial \Delta u_1^o}{\partial \nu} - \alpha^* \Delta u_1^o = 0 \text{ sur } S, \end{cases}$$

(6.33) $\quad u_1^o = 0\,, \ \dfrac{\partial u_1^o}{\partial \nu} = 0$ sur Γ,

et ainsi de suite pour u^1, u^2, ... ∎

7. DEVELOPPEMENTS SINGULIERS DE PROBLEMES DU TYPE DE NEUMANN.

7.1 Un problème du type Neumann.

Soit Ω un ouvert convexe borné de frontière Γ régulière. On considère le problème suivant :

(7.1) $$-\Delta u_\varepsilon = f \text{ dans } L^2(\Omega) ,$$

(7.2) $$\frac{\partial u_\varepsilon}{\partial n} + \varepsilon\, u_\varepsilon = 0 \text{ sur } \Gamma, \quad (\varepsilon > 0)$$

où f est donnée dans $L^2(\Omega)$.

Naturellement ce problème est d'une nature différente (du point de vue de l'interprétation physique du problème) : il ne s'agit plus d'un problème du type transmission avec coefficients d'ordre de grandeur très différents selon les régions. Mais il relève des mêmes méthodes mathématiques, comme on va le vérifier facilement.

On introduit

(7.3) $$V = H^1(\Omega) ,$$

(7.4) $$\begin{cases} a_0(u,v) = \int_\Omega \text{grad } u.\ \text{grad } v\, dx , \\ a_1(u,v) = \int_\Gamma u\, v\, d\Gamma. \end{cases}$$

Le problème (7.1)(7.2) équivaut à la recherche de $u_\varepsilon \in V$ solution de :

(7.5) $$a_0(u_\varepsilon, v) + \varepsilon a_1(u_\varepsilon, v) = (f,v) \quad \forall\, v \in V.$$

On va vérifier que l'on est dans les conditions d'application de la théorie générale. ∎

L'espace Y_o consiste en les v tels que $\text{grad } v = 0$ donc

(7.6) $$Y_o = \text{espace des fonctions \underline{constantes} dans } \Omega.$$ ∎

Alors u^{-1} est donné par

$$a_1(u^{-1},v) = (f,v) \qquad \forall\, v \in \mathbb{R}$$

i.e.

(7.7) $$u^{-1} = \frac{1}{\text{mes.}\Gamma} \int_\Omega f\, dx.$$ ∎

Les équations pour u^o sont

$$a^o(u^o,v) = (f,v) - a_1(u^{-1},v)\ \forall v \in V,\ a_1(u^o,v) = 0\ \forall v \in Y_o$$

ce qui équivaut à :

(7.8) $$\begin{cases} -\Delta u^o = f \text{ dans } \Omega\,, \\ \dfrac{\partial u^o}{\partial \nu} = -u^{-1} \text{ sur } \Gamma\,, \quad \displaystyle\int_\Gamma u^o\, d\Gamma = 0\,, \end{cases}$$

système qui admet une solution unique. ∎

On a ensuite

(7.9) $$\begin{cases} -\Delta u^1 = 0 \text{ dans } \Omega\,, \\ \dfrac{\partial u^1}{\partial \nu} = -u^o \text{ sur } \Gamma\,, \quad \displaystyle\int_\Gamma u^1\, d\Gamma = 0 \end{cases}$$

et ainsi de suite. ∎

Remarque 7.1

Si l'on fait formellement $\varepsilon=0$ dans (7.2), le problème correspondant n'admet pas de solution si $\int_\Omega f(x)\, dx \neq 0$, ce qui correspond au fait que u_ε n'a pas de limite lorsque $\varepsilon \to 0$. Noter d'ailleurs (cf.(7.7)) que $u^{-1} = 0$ (i.e. il n'y a pas de singularité dans le développement asymptotique) si $\int_\Omega f\, dx = 0$. ∎

7.2 Quelques variantes.

Introduisons l'espace

$$V=\{v|\ v\in L^2(\Omega)\ ,\ \Delta v\in L^2(\Omega)\ ,\ v|_\Gamma\in L^2(\Gamma)\ \},\tag{7.10}$$

muni de la norme dont le carré est :

$$\int_\Omega (v^2+(\Delta v)^2)dx+\int_\Gamma v^2\,d\Gamma.\tag{7.11}$$

Cette définition a un sens car l'on montre que si $v\in L^2(\Omega)$ est tel que $\Delta v\in L^2(\Omega)$, alors on peut définir $v|_\Gamma$ (et en général $v|_\Gamma\in H^{-1/2}(\Gamma)$); cf. LIONS-MAGENES [1], Chap. 2. L'espace V ainsi défini est un espace de Hilbert.

Considérons les formes

$$a_0(u,v)=\int_\Omega \Delta u\,\Delta v\,dx,\qquad a_1(u,v)=\int_\Gamma uv\,d\Gamma\tag{7.12}$$

et le problème (1)

$$a_0(u_\varepsilon,v)+\varepsilon a_1(u_\varepsilon,v)=(f,v)\qquad \forall\, v\in V.\tag{7.13}$$

Il s'interprète ainsi :

$$\Delta^2 u_\varepsilon = f\quad \text{dans}\ \Omega\ ,\tag{7.14}$$

$$\frac{\partial\Delta u_\varepsilon}{\partial\nu}=\varepsilon u_\varepsilon\ ,\ \Delta u_\varepsilon=0\ \text{sur}\ \Gamma.\tag{7.15}$$ ■

Si l'on fait, formellement, $\varepsilon=0$ dans (7.15), le problème correspondant n'admet pas en général de solution. On a :

$$Y_0=\{v|\ v\in V\ ,\ \Delta v=0\ \text{dans}\ \Omega\ \}.\tag{7.16}$$

---

(1) De caractère artificiel mais donné à titre d'exercice.

<u>Calcul de</u> u^{-1}.

On introduit w solution de

$$(7.17) \qquad -\Delta w = f \quad \text{dans } \Omega, \quad w|_\Gamma = 0 .$$

Alors u^{-1} est donné par

$$(7.18) \qquad -\Delta u^{-1} = 0 \text{ dans } \Omega, \quad u^{-1} = -\frac{\partial w}{\partial \nu} \text{ sur } \Gamma.$$

En effet l'équation à résoudre est

$$a_1(u^{-1},v) = (f,v) \qquad \forall\, v \in Y_o.$$

Mais (7.17) donne $(f,v) = -\int_\Gamma \frac{\partial w}{\partial \nu} v \, d\Gamma$ si $v \in Y_o$, donc

$$\int_\Gamma (u^{-1} + \frac{\partial w}{\partial \nu}) v \, d\Gamma = 0 \qquad \forall\, v \in Y_o \quad \text{d'où (7.18).} \quad \blacksquare$$

<u>Calcul de</u> u^o .

On a, si $v \in V$:

$$(f,v) = -\int_\Gamma \frac{\partial w}{\partial \nu} v d\Gamma + \int_\Omega w(-\Delta v)dx = a_1(u^{-1},v) + (w,-\Delta v)$$

de sorte que l'équation

$$a_o(u^o,v) + a_1(u^{-1},v) = (f,v)$$

donne

$$(\Delta u^o, \Delta v) = (w, -\Delta v) \qquad \forall\, v \in V$$

donc

$$(7.19) \qquad -\Delta u^o = w \quad \text{dans } \Omega$$

et l'équation $a_1(u^o,v) = 0 \quad \forall\, v \in Y_o$ donne

$$(7.20) \qquad u^o|_\Gamma = 0 .$$

Les formules générales donnent ensuite $u^1 = u^2 = \ldots = 0$ d'où <u>l'identité</u>

(7.12) $$u_\varepsilon = \frac{1}{\varepsilon} u^{-1} + u^{o}$$

identité de vérification élémentaire à partir des formules précédentes ! ■

Voici <u>un autre exemple</u>. Nous introduisons :

(7.22) $$V = \{ v \mid v \in L^2(\Omega) \ , \ \Delta u \in L^2(\Omega) \ , \ v|_{\Gamma}, \frac{\partial v}{\partial \nu} \in L^2(\Gamma)^{(1)} \} ,$$

espace de Hilbert pour la norme

$$\left(\int_\Omega (v^2 + (\Delta v)^2 \, dx + \int_\Gamma \left(\frac{\partial v}{\partial \nu}\right)^2 d\Gamma \right)^{1/2} .$$

Nous prenons $a_o(u,v)$, $a_1(u,v)$ comme en (7.12) et

(7.23) $$a_2(u,v) = \int_\Gamma \frac{\partial u}{\partial \nu} \frac{\partial v}{\partial \nu} \, d\Gamma.$$

Nous considérons le problème

(7.24) $$a_o(u_\varepsilon, v) + \varepsilon a_1(u_\varepsilon, v) + \varepsilon^2 a_2(u_\varepsilon, v) = (f,v) \qquad \forall \, v \in V ,$$

qui s'interprète :

(7.25) $$\begin{cases} \Delta^2 u_\varepsilon = f \text{ dans } \Omega, \\ \dfrac{\partial \Delta u_\varepsilon}{\partial \nu} = \varepsilon u_\varepsilon \ , \quad \Delta u_\varepsilon + \varepsilon^2 \dfrac{\partial u_\varepsilon}{\partial \nu} = 0 \text{ sur } \Gamma. \end{cases}$$

Soit Y_o défini par (7.16). On a ensuite

(7.26) $$Y_1 = \{ v \mid v \in Y_o, \ a_1(v,v) = 0 \} = \{0\} .$$

Donc, avec les notations de la théorie générale, on a nécessairement (si la théorie s'applique - ce que l'on va vérifier) :

(7.27) $$u^{-2} = 0 .$$

---

(1) En fait si $\frac{\partial v}{\partial \nu} \in L^2(\Gamma)$ alors $v \in L^2(\Gamma)$.

Les formules générales deviennent .

$$a_1(u^{-1},v) = (f,v) \qquad \forall\ v \in Y_o$$

ce qui donne <u>le même</u> u^{-1} que précédemment, par (7.18)(7.17).

Ensuite :

$$a_o(u^o,v) + a_1(u^{-1},v) = (f,v) \qquad \forall\ v \in V, \tag{7.28}$$

$$a_1(u^o,v) + a_2(u^{-1},v) = 0 \qquad \forall\ v \in Y_o. \tag{7.29}$$

L'équation (7.28) équivaut à :

$$\begin{cases} \Delta^2 u^o = f \quad \text{dans} \quad \Omega, \\ \dfrac{\partial \Delta u^o}{\partial \nu} = u^{-1}, \quad \Delta u^o = 0 \quad \text{sur} \quad \Gamma \end{cases} \tag{7.30}$$

Le système (7.30) définit $u^o = \hat{u}^o + y^o$, $\hat{u}^o \in V$, y^o quelconque dans Y_o. Mais (7.29) s'écrit

$$\int_\Gamma (u^o v + \frac{\partial u^{-1}}{\partial \nu} \frac{\partial v}{\partial \nu})\, d\Gamma = 0 \qquad \forall\ v \in Y_o$$

i.e. en utilisant (6.23)(6.24)

$$\int_\Gamma (u^o \varphi + \frac{\partial u^1}{\partial \nu} \mathcal{a}\varphi)\, d\Gamma = 0 \qquad \forall\ \varphi \in H^{1/2}(\Gamma)$$

i.e.

$$u^o + \mathcal{a}^* \left(\frac{\partial u^{-1}}{\partial \nu}\right) = 0 \quad \text{sur} \quad \Gamma. \tag{7.31}$$

Mais alors

$$y^o\big|_\Gamma = - \hat{u}^o\big|_\Gamma - \mathcal{a}^* \left(\frac{\partial u^{-1}}{\partial \nu}\right) \tag{7.32}$$

et donc u^o est défini de façon unique.

On continue par le même type de raisonnement. Les estimations sont valables comme dans le cas général. ∎

7.3. Orientation.

On va maintenant étendre les hypothèses sur les a_i, en passant à des problèmes non symétriques (N° 8) et surtout non linéaires (N° 9)

8. UN EXEMPLE LINEAIRE NON SYMETRIQUE.

Nous donnons ici un exemple simple [1] où les formes $a_i(u,v)$ ne sont pas symétriques (hypothèse qui avait été faite jusqu'ici) et où l'on peut construire de manière entièrement analogue à ce qui précède un développement asymptotique.

On considère la situation du N° 1, avec :

$$V = H_0^1(\Omega) ,$$

(8.1)
$$\begin{cases} a_0(u,v) = \int_{\Omega_0} [\text{grad } u \text{ grad } v + \frac{\partial u}{\partial x_1} v] \, dx , \\ a_1(u,v) = \int_{\Omega_1} [\text{grad } u \text{ grad } v + \frac{\partial u}{\partial x_2} v] \, dx . \end{cases}$$

Le problème

(8.2)
$$a_0(u_\varepsilon,v) + \varepsilon a_1(u_\varepsilon,v) = (f,v) \quad \forall \, v \in V , \quad u_\varepsilon \in V,$$

équivaut à

(8.3)
$$\begin{cases} -\Delta u_{\varepsilon 0} + \frac{\partial u_{\varepsilon 0}}{\partial x_1} = f_0 \quad \text{dans } \Omega_0, \\ -\varepsilon\Delta u_{\varepsilon 1} + \varepsilon\frac{\partial u_{\varepsilon 1}}{\partial x_2} = f_1 \quad \text{dans } \Omega_1, \end{cases}$$

(8.4)
$$u_{\varepsilon 0} = 0 \text{ sur } \Gamma \; ; \; u_{\varepsilon 0} = u_{\varepsilon 1} , \; \frac{\partial u_{\varepsilon 0}}{\partial \nu} = \varepsilon \frac{\partial u_{\varepsilon 1}}{\partial \nu} \text{ sur } S . \quad \blacksquare$$

On définit Y_0 par :

---

[1] Qu'il n'est pas difficile d'axiomatiser de manière à généraliser les N°s 2 et 3.
Nous avons choisi l'exemple le plus simple possible.

(8.5) $$Y_o = \{v \mid a_o(v,v) = 0\} = \{v \mid v=0 \text{ sur } \Omega_o\} ,$$

puis un élément $u^{-1} \in Y_o$ par :

(8.6) $$a_o(u^{-1},v) = (f,v) \qquad \forall\, v \in Y_o,$$

ce qui équivaut à

(8.7) $$-\Delta u_1^{-1} + \frac{\partial u_1^{-1}}{\partial x_2} = f_1 \text{ dans } \Omega_1 , \quad u_1^{-1} = 0 \text{ sur } S ,$$

et

(8.8) $$u_o^{-1} = 0 .$$

On définit ensuite u^o par les formules habituelles, qui équivalent à :

(8.9) $$\left| \begin{array}{l} -\Delta u_o^o + \dfrac{\partial u_o^o}{\partial x_1} = f_o \text{ dans } \Omega_o, \\ u_o^o = 0 \text{ sur } \Gamma , \quad \dfrac{\partial u_o^o}{\partial \nu} = \dfrac{\partial u_1^{-1}}{\partial \nu} \text{ sur } S , \end{array} \right.$$

et ainsi de suite.

Les estimations d'erreur sont analogues à celles du cas symétrique.

9. REMARQUES SUR LES PROBLEMES NON LINEAIRES.

Orientation.

Ce N° utilise évidemment la théorie des problèmes aux limites non linéaires, dont la difficulté n'est sans aucune commune mesure avec le cas linéaire. Ce N° peut être passé. On a taché de le rendre le plus accessible possible en se bornant à des exemples aussi simples que possibles. On se heurte d'ailleurs assez rapidement, dans des tentatives de généralisations, à des problèmes ouverts dont certains sont indiqués à la fin de ce Chapitre.

9.1. Exemple.

On considère la situation du N° 1. Nous prenons

(9.1) $$V = H_0^1(\Omega)$$

et supposons que $\Omega \subset \mathbb{R}^n$ avec

(9.2.) $$n \leqslant 4$$ (1)

D'après le théorème de plongement de Sobolev, (cf. Sobolev [1]) on a :

(9.3) $$\begin{cases} H_0^1(\Omega) \subset L^q(\Omega) & , \frac{1}{q} = \frac{1}{2} - \frac{1}{n} \quad \text{si} \quad n > 2 \; , \\ H_0^1(\Omega) \subset L^q(\Omega) & \forall\, q \text{ fini} \quad \text{si} \quad n=2 \end{cases}$$

de sorte que sous l'hypothèse (9.2) on a :

(9.4) $$H_0^1(\Omega) \subset L^4(\Omega) \quad .$$

On pose :

(9.5) $$\beta(u) = \begin{cases} u^3 \text{ dans } \Omega_0 \\ 0 \text{ dans } \Omega_1 \end{cases}$$

---

(1) Cette hypothèse n'est pas indispensable mais simplifie l'exposé grâce à (9.4)

et l'on considère le problème suivant : trouver $u_\varepsilon \in V$ tel que

$$(9.6) \qquad a_0(u_\varepsilon,v) + (\beta(u_\varepsilon),v) + \varepsilon a_1(u_\varepsilon,v) = (f,v) \qquad \forall\, v \in V$$

où

$$(9.7) \qquad a_i(u,v) = \int_{\Omega_i} \text{grad } u.\ \text{grad } v\ dx.$$

On notera que, grâce à (9.4), $v \to (\beta(u),v)$ est une forme linéaire continue sur V, $\forall\, u \in V$.

Il est facile de voir (cf. par exemple LIONS [3], Chap. 1 ou Chap. 2) que <u>le problème</u> (9.6) <u>admet une solution unique</u>.

L'unicité est, en particulier, immédiate ; si, en effet φ et ψ sont deux solutions de (9.6), alors, par différence :

$$(9.8) \qquad a_0(\varphi-\psi,v) + (\beta(\varphi)-\beta(\psi),v) + \varepsilon a_1(\varphi-\psi,v) = 0 \qquad \forall\, v \in V.$$

On observe (<u>monotonie de l'opérateur</u> β) que

$$(9.9) \qquad (\beta(\varphi)-\beta(\psi),\ \varphi-\psi) \geqslant 0$$

d'où, en prenant $v = \varphi - \psi$ dans (9.8) :

$$a_0(\varphi-\psi,\ \varphi-\psi) + \varepsilon a_1(\varphi-\psi,\ \varphi-\psi) \leqslant 0$$

d'où $\qquad \varphi = \psi \quad .$ ∎

Notre objet est , ici encore, d'étudier u_ε lorsque $\varepsilon \to 0$. Naturellement, comme dans le cas linéaire, on note que l'équation obtenue en faisant $\varepsilon = 0$ dans (9.6) n'a pas en général de solution. ∎

Le problème (9.6) s'interprète comme suit :

(9.10)
$$\left|\begin{array}{l} -\Delta u_{\varepsilon o} + (u_{\varepsilon o})^3 = f_o \quad \text{dans } \Omega_o, \\ -\varepsilon\Delta u_{\varepsilon 1} = f_1 \quad \text{dans } \Omega_1, \end{array}\right.$$

(9.11)
$$u_{\varepsilon o} = 0 \quad \text{sur } \Gamma,$$

(9.12)
$$u_{\varepsilon o} = u_{\varepsilon 1}, \quad \frac{\partial u_{\varepsilon o}}{\partial \nu} = \varepsilon \frac{\partial u_{\varepsilon 1}}{\partial \nu} \quad \text{sur } S. \qquad \blacksquare$$

Introduisons maintenant des notions "voisines" de celles de la théorie linéaire.

On définit

(9.13)
$$Y_o = \{v \mid v \in V, \ a_o(v,\varphi)+(\beta(v),\varphi) = 0 \quad \forall \varphi \in V\}$$

donc

(9.14)
$$Y_o = \{v \mid v \in V, \ v = 0 \text{ sur } \Omega_o \}. \qquad \blacksquare$$

Calcul de u^{-1}.

On prend pour u^{-1} (comme dans la théorie linéaire)

(9.15)
$$u^{-1} \in Y_o, \ a_1(u^{-1},v) = (f,v) \qquad \forall v \in Y_o$$

qui admet une solution unique :

(9.16)
$$\left[\begin{array}{l} u^{-1} = \{ 0, u_1^{-1}\}, \\ -\Delta u_1^{-1} = f_1 \text{ dans } \Omega_1, \quad u_1^{-1} = 0 \text{ sur } S . \end{array}\right. \qquad \blacksquare$$

Calcul de u^o.

On définit u^o par le problème (non linéaire) :

$$(9.17)\quad \begin{cases} a^o(u^o,v) + (\beta(u^o),v) + a_1(u^{-1},v) = (f,v) & \forall\, v \in V, \\ a_1(u^o,v) = 0 & \forall\, v \in Y_o. \end{cases}$$

D'après (9.16), on a :

$$(f,v) - a_1(u^{-1},v) = \int_{\Omega_o} f_o v \, dx - \int_S \frac{\partial u_1^{-1}}{\partial \nu} v \, dS$$

de sorte que (9.17) équivaut à

$$(9.18)\quad \begin{cases} a^o(u^o, v) + (\beta(u^o),v) = \int_{\Omega_o} f_o v \, dx - \int_S \frac{\partial u_1^{-1}}{\partial \nu} v \, dS & \forall\, v \in V, \\ a^1(u^o,v) = 0 & \forall\, v \in Y_o. \end{cases}$$

Le problème admet une solution unique, caractérisée par

$$(9.19)\quad \begin{cases} -\Delta u_o^o + (u_o^o)^3 = f_o \text{ dans } \Omega_o, \\ u_o^o = 0 \text{ sur } \Gamma, \quad \frac{\partial u_o^o}{\partial \nu} = \frac{\partial u_1^{-1}}{\partial \nu} \text{ sur } S, \end{cases}$$

et

$$(9.20)\quad -\Delta u_1^o = 0 \text{ dans } \Omega_1, \quad u_1^o = u_o^o \text{ sur } S.$$

On va établir le :

<u>Théorème</u> 9.1. <u>Lorsque</u> $\varepsilon \to 0$, <u>on a</u>

$$(9.21)\quad u_\varepsilon - \left(\frac{u^{-1}}{\varepsilon} + u^o \right) \longrightarrow 0 \quad \underline{\text{dans}}\ H_o^1(\Omega)\ \underline{\text{faible}}.$$

Démonstration.

Posons : $\varphi_\varepsilon = \dfrac{u^{-1}}{\varepsilon} + u^o$.

On a : $\beta(\varphi_\varepsilon) = \beta(u^o)$ car $u^{-1} = 0$ sur Ω_o

et par conséquent

$$a^{o}(\varphi_{\varepsilon},v)+(\beta(\varphi_{\varepsilon}),v)+\varepsilon a_{1}(\varphi_{\varepsilon},v) = a_{o}(u^{o},v)+(\beta(u^{o}),v)+a_{1}(u^{-1},v)+$$

$$+ \varepsilon a_{1}(u^{o},v) = (f,v) +\varepsilon a_{1}(u^{o},v),$$

et par conséquent, si l'on pose

$$w_{\varepsilon} = u_{\varepsilon} - \varphi_{\varepsilon} ,$$

on a :

$$(9.22) \qquad a^{o}(w_{\varepsilon},v)+(\beta(u_{\varepsilon})-\beta(\varphi_{\varepsilon}),v)+\varepsilon a_{1}(w_{\varepsilon},v) = -\varepsilon a_{1}(u^{o},v) \quad \forall\, v \in V.$$

Prenant dans (9.22) $v = w_{\varepsilon}$ et utilisant (9.9), on en déduit

$$(9.23) \qquad a^{o}(w_{\varepsilon},w_{\varepsilon}) + \varepsilon\, a_{1}(w_{\varepsilon},w_{\varepsilon}) \leqslant - \varepsilon\, a_{1}(u^{o},w_{\varepsilon}).$$

Par conséquent, on a en particulier

$$\varepsilon\, a_{1}(w_{\varepsilon},w_{\varepsilon}) \leqslant - \varepsilon\, a_{1}(u^{o},w_{\varepsilon})$$

d'où

$$(9.24) \qquad \int_{\Omega_1} |\text{grad} w_{\varepsilon}|^2\, dx \leqslant c \text{ (= constante indépendante de } \varepsilon \text{) ;}$$

utilisant (9.24) dans (9.23), on en déduit :

$$(9.25) \qquad \int_{\Omega_o} |\text{grad} w_{\varepsilon}|^2\, dx \leqslant c\, \varepsilon .$$

On peut donc, d'après (9.24)(9.25), extraire une suite, encore notée w_{ε}, telle que :

$$(9.26) \qquad w_{\varepsilon} \rightarrow w \quad \text{dans } H_{o}^{1}(\Omega) \text{ faible}$$

et d'après (9.25)

$$(9.27) \qquad w = 0 \text{ sur } \Omega_{o} \text{ , i.e. } w \in Y_{o}.$$

Mais si l'on prend dans (9.22) $v \in Y_o$, on obtient :

$$a_1(w_\varepsilon, v) = - a_1(u^o, v) = 0 \text{ (d'après (9.18))}$$

d'où à la limite

$$a_1(w, v) = 0 \qquad \forall\, v \in Y_o ,$$

ce qui entraîne, comme $w \in Y_o$, que $w = 0$. Alors (9.26) donne le résultat. ■

Remarque 9.1

Naturellement (9.25) donne un renseignement supplémentaire par rapport à (9.21). ■

Remarque 9.2

Le Théorème 9.1 sera amélioré dans le Théorème 9.2 ci-après ; nous avons donné néanmoins le résultat précédent parce qu'il s'étend à de nombreuses autres situations.

Par exemple, le résultat précédent est valable si l'on prend, au lieu de (9.5)[1] :

(9.28) $\beta(u) = \begin{cases} \text{fonction } \underline{\text{monotone}} \ \underline{\text{non différentiable}} \text{ de } u \text{ dans } \Omega_o, \\ 0 \text{ dans } \Omega_1. \end{cases}$

Par exemple, on pourra prendre :

(9.29) $\beta(u) = u^+ \ (=\sup(u,o))$

alors que le Théorème 9.2 qui suit suppose β différentiable. ■

---

(1) Si β est en outre à croissance trop rapide, il faudra modifier l'espace V.

Nous passons maintenant à une approximation d'ordre 1 de u_ε, β étant donné par (9.5).

Calcul de u^1.

On définit u^1 par :

$$\text{(9.30)}\quad \begin{cases} a_o(u^1,v) + 3\int_{\Omega_o} (u_o^o)^2\, u^1\, v\, dx + a_1(u^o,v) = 0 \quad \forall\, v \in V, \\ a_1(u^1,v) = 0 \quad \forall\, v \in Y_o, \end{cases}$$

problème qui admet une solution unique, caractérisée par :

$$\text{(9.31)}\quad \begin{cases} -\Delta u_o^1 + 3(u_o^o)^2\, u_o^1 = 0 \quad \text{dans } \Omega_o, \\ \dfrac{\partial u_o^1}{\partial \nu} = \dfrac{\partial u_1^o}{\partial \nu} \text{ sur } S, \quad u_o^1 = 0 \text{ sur } \Gamma, \end{cases}$$

et

$$\text{(9.32)}\quad -\Delta u_1^1 = 0 \text{ dans } \Omega_1, \quad u_1^1 = u_o^1 \text{ sur } S.$$

On a le :

Théorème 9.2. On a l'estimation [1]

$$\text{(9.33)}\qquad \|u_\varepsilon - (\frac{u^{-1}}{\varepsilon} + u^o + \varepsilon u^1)\| \leqslant c\,\varepsilon .$$

Démonstration.

Posons cette fois $\varphi_\varepsilon = \dfrac{u^{-1}}{\varepsilon} + u^o + \varepsilon u^1$. On a :

---

[1] Où $\|\varphi\|$ = norme de φ dans $V = H_o^1(\Omega)$.

$$\beta(\varphi_\varepsilon) = \begin{cases} \beta(u^o) + 3\varepsilon(u_o^o)^2 u_o^1 + 3\varepsilon^2 u_o^o (u_o^1)^2 + \varepsilon^3 (u_o^1)^3 & \text{dans } \Omega_o \\ 0 \text{ dans } \Omega_1 \end{cases}$$

de sorte que, tenant compte de (9.30) :

$$a_o(\varphi_\varepsilon,v)+(\beta(\varphi_\varepsilon),v)+\varepsilon a_1(\varphi_\varepsilon,v) = (f,v)+ \varepsilon^2[a_1(u^1,v)+3\int_{\Omega_o} u^o(u^1)^2 v dx] + \varepsilon^3 \int_{\Omega_o} (u^1)^3 v\, dx.$$

Par conséquent, si l'on pose $w_\varepsilon = u_\varepsilon - \varphi_\varepsilon$, on a :

$$(9.34)\quad \begin{cases} a_o(w_\varepsilon,v)+(\beta(u_\varepsilon)-\beta(\varphi_\varepsilon),v)+\varepsilon a_1(w_\varepsilon,v) = \\ = -\varepsilon^2[a_1(u^1,v)+ 3 \int_{\Omega_o} u^o(u^1)^2 v\, dx] - \varepsilon^3 \int_{\Omega_o} (u^1)^3 v\, dx. \end{cases}$$

Prenant $v = w_\varepsilon$ et utilisant encore (9.9), on en déduit (9.33).■

<u>Suite du développement.</u>

Toujours dans le cas où β est défini par (9.5), on définit u^2, u^3, ... de proche en proche par les formules suivantes :

$$(9.35)\quad \begin{cases} a_o(u^2,v) + 3 \int_{\Omega_o} u^o(u^1)^2 v\, dx + a_1(u^1,v) = 0 & \forall v \in V, \\ a_1(u^2,v) = 0 & \forall v \in Y_o ; \end{cases}$$

$$(9.36)\quad \begin{cases} a_o(u^3,v) + \int_{\Omega_o} (u^1)^3 v\, dx + a_1(u^2,v) = 0 & \forall v \in V. \\ a_1(u^3,v) = 0 & \forall v \in Y_o, \end{cases}$$

$$(9.37)\quad \begin{cases} a_o(u^4,v) + a_1(u^3,v) = 0 & \forall v \in V, \\ a_1(u^4,v) = 0 & \forall v \in Y_o \end{cases}$$

et ainsi de suite, les formules pour u^4, u^5, ... étant identiques à celles du cas linéaire, ce qui, naturellement, tient à la nature algébrique de la non linéarité de β .

On obtient les estimations :

$$\|u_\varepsilon - (\frac{u^{-1}}{\varepsilon} + u^o + \varepsilon u^1 + \dots + \varepsilon^j u^j)\| \leqslant c\ \varepsilon^{j+1}. \tag{9.38}$$ ∎

Remarque 9.3

On aura des formules analogues aux précédentes chaque fois que β sera indéfiniment différentiable dans Ω_o, tous les problèmes pour le calcul des u^j étant en général non linéaires. ∎

Remarque 9.4

Les résultats du N° 9.1 s'étendent sans peine à la situation de la Fig. 3, N° 4.1, en prenant $a_i(u,v)$ comme en (9.7), $i = 0,1,2$ et pour le problème

$$a_o(u_\varepsilon,v) + (\beta(u_\varepsilon),v) + \varepsilon a_1(u_\varepsilon,v) + \varepsilon^2 a_2(u_\varepsilon,v) = (f,v). \tag{9.39}$$ ∎

Remarque 9.5

On peut dans le N° 9.1, échanger les rôles de Ω_o et de Ω_1 sans changer la nature des résultats. ∎

9.2 Espaces de Sobolev sur L^p, $1 < p < \infty$. Applications à un problème raide.

Nous allons maintenant considérer un exemple de même nature qu'au N° 9., mais avec un autre type de non linéarité pour l'opérateur dans Ω_o. Pour cela, nous avons besoin des espaces de Sobolev construits sur L^p, $1 < p < \infty$.

On définit

$$W^{1,p}(\Omega) = \{v \mid v \in L^p(\Omega)\ ,\ \frac{\partial v}{\partial x_i} \in L^p(\Omega),\ i=1,\dots,n\}\ ; \tag{9.40}$$

muni de la norme

$$\|v\|_{W^{1,p}(\Omega)} = \left(\int_\Omega (|v|^p + \sum_{i=1}^n \left|\frac{\partial v}{\partial x_i}\right|^p)\,dx\right)^{1/p} \tag{9.41}$$

c'est un espace de Banach réflexif. ∎

Remarque 9.6

On retrouve H^1 dans le cas $p = 2$:

$$W^{1,2}(\Omega) = H^1(\Omega) \quad .$$ ∎

On a des théorèmes de traces (comme au N° 1.2) : l'espace $\mathcal{C}^1(\bar{\Omega})$ est (l'ouvert Ω étant supposé borné de frontière régulière) dense dans $W^{1,p}(\Omega)$ et l'application $v \to v|_\Gamma$ de $\mathcal{C}^1(\Omega) \to L^p(\Gamma)$ se prolonge par continuité en une application linéaire continue, encore notée

$v \to v|_\Gamma$, de $W^{1,p}(\Omega) \to L^p(\Gamma)$; $v|_\Gamma$ est dite "trace de v sur Γ".

On peut donc considérer, en particulier, le noyau de l'application "trace", soit

$$(9.42) \qquad W_o^{1,p}(\Omega) = \{v | \; v \in W^{1,p}(\Omega) \;, \quad v|_\Gamma = 0 \} \;,$$

qui est un sous espace fermé de $W^{1,p}(\Omega)$.

On montre que $\mathcal{D}(\Omega)$ est dense dans $_o^{1,p}(\Omega)$. ∎

Remarque 9.7

On a :

$$W_o^{1,2}(\Omega) = H_o^1(\Omega) \; .$$ ∎

Remarque 9.8

L'application $v \to v|_\Gamma$ n'est pas surjective de $W^{1,p}(\Omega) \to L^p(\Gamma)$ (pour le cas $p = 2$, cf. (2.40)). On désigne par $W^{1-1/p,p}(\Gamma)$ l'espace image de $W^{1,p}(\Omega)$ par l'application trace. On peut caractériser cet espace par des propriétés des quotients différentiels (cf. GAGLIARDO [1], NIKOLSKI [1], LIONS-PEETRE [1] et la bibliographie de ces travaux.) ∎

Remarque 9.9

On peut identifier le dual de $W_o^{1,p}(\Omega)$ à un sous espace de distributions sur Ω , que l'on note $W^{-1,p'}(\Omega)$, où

$$\frac{1}{p} + \frac{1}{p'} = 1 \quad ;$$

cette notation est justifiée par le théorème de structure suivant :

(9.43) $\left[\begin{array}{l} \text{tout } f \in W^{-1,p'}(\Omega) \text{ peut s'écrire (de façon non unique)} \\ f = f_o + \sum_{i=1}^{n} \frac{\partial f_i}{\partial x_i} \;,\; f_o, f_1, \ldots, f_n \in L^{p'}(\Omega) \,. \end{array}\right.$ ∎

Un opérateur monotone de $W_o^{1,p}(\Omega) \to W^{-1,p'}(\Omega)$.

Considérons, pour $v \in {}_o^{1,p}(\Omega)$, la fonction

(9.44) $$A(v) = -\sum_{i=1}^{n} \frac{\partial}{\partial x_i}\left(\left|\frac{\partial v}{\partial x_i}\right|^{p-2} \frac{\partial v}{\partial x_i}\right) .$$

Appliquant (9.43) on voit que $A(v) \in W^{-1,p'}(\Omega)$. L'opérateur A (non linéaire, si $p \neq 2$) est monotone :

(9.45) $$(A(u)-A(v),\, u-v) \geqslant 0 \qquad \forall\, u,v \in W^{1,p}(\Omega)$$

(où (f,v) désigne le produit scalaire entre $W^{-1,p'}(\Omega)$ et $W_o^{1,p}(\Omega)$) ;

en effet :

$$(A(u)-A(v),u-v) = \sum_{i=1}^{n} \int_\Omega \left(\left|\frac{\partial u}{\partial x_i}\right|^{p-2} \frac{\partial u}{\partial x_i} - \left|\frac{\partial v}{\partial x_i}\right|^{p-2} \frac{\partial v}{\partial x_i}\right)\left(\frac{\partial (u-v)}{\partial x_i}\right) dx$$

et (9.45) résulte de la monotonie de la fonction $\lambda \to |\lambda|^{p-2}\lambda$ de $\mathbb{R} \to \mathbb{R}$.

On a le résultat :

(9.46) $\left[\begin{array}{l} \text{pour } f \in W^{-1,p'}(\Omega), \text{ il existe } u \text{ unique dans } W_o^{1,p}(\Omega) \\ \text{tel que } A(u) = f. \end{array}\right.$

Une démonstration directe très simple consiste à voir que le problème (9.46) équivaut à la minimisation sur $W_o^{1,p}$ de la fonctionnelle

(9.47) $$J(v) = \frac{1}{p} \sum_{i=1}^{n} \int_\Omega \left|\frac{\partial v}{\partial x_i}\right|^p dx - \int_\Omega f\, v\, dx \;,$$

qui est strictement convexe, semi continue inférieurement pour la topologie faible de $W_o^{1,p}(\Omega)$ et telle que $J(v) \to +\infty$ si $\|v\|_{W^{1,p}(\Omega)} \to \infty$. ∎

Remarque 9.10

En fait (9.46) est un cas très particulier de la théorie des opérateurs monotones (G. MINTY [1], F. BROWDER [1]) qui s'étend aux opérateurs pseudo monotones H. BREZIS [1] par "axiomatisation" de J. LERAY-LIONS [1] (cf. LIONS [3] et la bibliographie de ce travail). ∎

Problème raide.

Reprenons la situation du N° 9.1 du point de vue géométrique.

Définissons

$$(9.48)\qquad V = \{v \mid v = \{v_o, v_1\},\ v_o \in W^{1,p}(\Omega_o),\ v_1 \in H^1(\Omega_1),\ v_o|_\Gamma = 0,\ v_o = v_1 \text{ sur } S\}$$

On le munit de la norme

$$(9.49)\qquad \|v\|_V = \left(\|v_o\|^2_{W^{1,p}(\Omega_o)} + \|v_1\|^2_{H^1(\Omega_1)}\right)^{1/2}$$

qui en fait un espace de Banach.

On pose

$$(9.50)\qquad a_o(u,v) = \sum_{i=1}^{n} \int_{\Omega_o} \left|\frac{\partial u_o}{\partial x_i}\right|^{p-2} \frac{\partial u_o}{\partial x_i} \frac{\partial v_o}{\partial x_i}\, dx ,$$

$$(9.51)\qquad a_1(u,v) = \int_{\Omega_1} \sum_{i=1}^{n} \frac{\partial u_1}{\partial x_i} \frac{\partial v_1}{\partial x_i}\, dx$$

et l'on considère le problème

$$(9.52)\qquad a_o(u_\varepsilon, v) + \varepsilon a_1(u_\varepsilon, v) = (f,v) \qquad \forall\, v \in V,\quad u_\varepsilon \in V,$$

où f est donné avec

$$(9.53)\qquad f_o \in L^{p'}(\Omega_o),\quad f_1 \in L^2(\Omega_1) .$$

Le problème (9.52) admet une solution unique (utilisation de la théorie des opérateurs monotones, ou bien, pour ce cas particulier, observer que (9.52) équivaut à la minimisation sur V de

$$\frac{1}{p} a_o(v,v) + \frac{\varepsilon}{2} a_1(v,v) - (f,v).) \qquad \blacksquare$$

Le problème (9.52) s'interprète de la façon suivante :

(9.54)
$$\begin{cases} A(u_{\varepsilon o}) = f_o & \text{dans } \Omega_o, \quad (A \text{ donné par } (9.44)) \\ -\varepsilon \Delta u_{\varepsilon 1} = f_1 & \text{dans } \Omega_1 , \end{cases}$$

(9.55)
$$u_{\varepsilon o} = 0 \quad \text{sur } \Gamma,$$

(9.56)
$$u_{\varepsilon o} = u_{\varepsilon 1} , \quad T(u_{\varepsilon o}) = \varepsilon \frac{\partial u_{\varepsilon 1}}{\partial \nu} \text{ sur } S$$

où

(9.57)
$$T(v) = \sum_{i=1}^{n} \left|\frac{\partial v}{\partial x_i}\right|^{p-2} \frac{\partial v}{\partial x_i} \cos(\nu, x_i) \qquad \blacksquare$$

Remarque 9.11

On montre que si $v \in W^{1,p}(\Omega_o)$ avec $A(v) \in L^{p'}(\Omega)$, alors

$$T(v)\big|_S \in \text{espace dual de } W^{1-1/p,p}(S) . \qquad \blacksquare$$

Elément u^{-1}.

On introduit Y_o par

(9.58)
$$Y_o = \{v \mid v \in V \ , v=0 \text{ sur } \Omega_o\} ,$$

puis $u^{-1} \in Y_o$ par

(9.59)
$$a_1(u^{-1},v) = (f,v) \qquad \forall\, v \in Y_o,$$

i.e.

$$(9.60)\quad \begin{cases} u^{-1} = \{0,\ u_1^{-1}\}, \\ -\Delta u_1^{-1} = f_1 \text{ dans } \Omega_1, \quad u_1^{-1} = 0 \text{ sur } S \ . \end{cases}$$ ∎

Elément u^o.

On utilise, formellement, les mêmes formules que précédemment, soit :

$$a_o(u^o,v) + a_o(u^{-1},v) = (f,v) \qquad \forall\, v \in V,$$
$$a_1(u^o,v) = 0 \qquad \forall\, v \in Y_o.$$

Utilisant (9.60) cela donne

$$(9.61)\quad a_o(u^o,v) = \int_{\Omega_o} f_o v\, dx - \int_S \frac{\partial u_1^{-1}}{\partial \nu} v\, dS,$$

i.e.

$$(9.62)\quad \begin{cases} A(u_o^o) = f_o \text{ dans } \Omega_o\ , \quad u_o^o = \Gamma\ , \\ T(u_o^o) = \dfrac{\partial u_1^{-1}}{\partial \nu} \text{ sur } S. \end{cases}$$

On va vérifier les résultats suivants :

(9.63) si $p \geqslant \frac{2n}{n+2}$, le problème (9.61) admet une solution unique,

(9.64) si $1 < p < \frac{2n}{n+2}$, on introduit σ $(> \frac{1}{2})$ tel que $p = \frac{2n}{n+1+2\sigma}$; le problème (9.61) admet alors une solution unique si $f_1 \in H^{\sigma-1/2}(\Omega_1)$.

En effet supposons que $f_1 \in H^{\sigma-1/2}(\Omega_1)$, $\sigma \geq \frac{1}{2}$; alors d'après les théorèmes de régularité "fractionnaires" (cf. LIONS-MAGENES [1], Chap. 2) on a :

$$u_1^{-1} \in H^{\sigma+3/2}(\Omega_1)$$

donc $\frac{\partial u_1^{-1}}{\partial \nu} \in H^{\sigma}(S)$ et donc d'après le théorème de plongement de Sobolev "fractionnaire" (cf. J. PEETRE [1]) on a :

$$(9.65) \qquad \frac{\partial u_1^{-1}}{\partial \nu} \in L^p(S) \quad , \quad \frac{1}{p} = \frac{1}{2} - \frac{\sigma}{n-1} \quad (1) \quad .$$

On a par ailleurs $v|_S \in W^{1-1/p,p}(S)$ donc (J. PEETRE [1])

$$(9.66) \qquad v|_S \in L^q(S) \; , \quad \frac{1}{q} = \frac{1}{p} - \frac{1-1/p}{n-1} \quad (2)$$

et l'application $v \to v|_S$ étant continue de $W^{1,p}(\Omega_0) \to L^q(S)$; alors la forme $v \to \int_S \frac{\partial u_1^{-1}}{\partial \nu} v \, dS$ est continue sur $W^{1,p}(\Omega_1)$ si

$\frac{1}{p} + \frac{1}{q} \leq 1$ d'où (9.63) et (9.64) . ∎

On détermine ensuite u_1^o par

$$(9.67) \qquad \begin{cases} -\Delta u_1^o = 0 & \text{dans } \Omega_1 , \\ u_1^o = u_o^o & \text{sur } S . \end{cases}$$

On fait l'hypothèse supplémentaire (3)

$$(9.68) \qquad p > 2 \quad .$$

---

(1) Si $\frac{1}{2} > \frac{\sigma}{n-1}$; sinon on peut prendre p fini quelconque.

(2) Si $\frac{1}{p} - \frac{1-1/p}{n-1} > 0$; sinon on peut prendre q fini quelconque.

(3) Qui entraîne que l'on est dans le cas (9.63). Le cas $p < 2$ est ouvert (cf. Problème 1 .3).

Alors $u_0^o \in W^{1,p}(\Omega_0) \subset H^1(\Omega_0)$ donc $u_0^o|_S \in H^{1/2}(S)$ et (9.67) définit u_1^o dans $H^1(\Omega_1)$. ∎

Cela posé, on va démontrer le

Théorème 9.3 . On suppose que (9.68) a lieu. Alors

(9.69) $$u_\varepsilon - (\frac{u^{-1}}{\varepsilon} + u^o) \to 0 \text{ dans } V \text{ faible.}$$

Démonstration.

Posons : $\varphi_\varepsilon = \frac{u^{-1}}{\varepsilon} + u^o$ et $w_\varepsilon = u_\varepsilon - \varphi_\varepsilon$. On a :

$$a_0(\varphi_\varepsilon,v)+\varepsilon a_1(\varphi_\varepsilon,v) = a_0(u^o,v)+a_1(u^{-1},v)+\varepsilon a_1(u^o,v) = (f,v)+\varepsilon a_1(u^o,v)$$

d'où :

(9.70) $$a_0(u_\varepsilon,v) - a_0(\varphi_\varepsilon,v) + \varepsilon a_1(w_\varepsilon,v) = -\varepsilon a_1(u^o,v) \quad \forall\, v \in V.$$

Faisons $v = w_\varepsilon$ dans (9.70). On utilise l'inégalité, valable pour $p > 2$ (et qui est dûe à L. TARTAR [1]).

(9.71) $$a_0(u_\varepsilon,w_\varepsilon) - a_0(\varphi_\varepsilon,w_\varepsilon) \geq \alpha \;\|u_\varepsilon-\varphi_\varepsilon\|^p_{W^{1,p}(\Omega_0)} ,$$

alors

(9.72) $$\alpha\,\|w_\varepsilon\|^p_{W^{1,p}(\Omega_0)} + \varepsilon \int_{\Omega_1} |\text{grad } w_\varepsilon|^2 dx \leq C\,\varepsilon \left(\int_{\Omega_1} |\text{grad} w_\varepsilon|^2 dx\right)^{1/2}$$

d'où l'on déduit

(9.73) $$\|w_\varepsilon\|_V \leq C , \quad \|w_\varepsilon\|_{W^{1,p}(\Omega_0)} \leq C\,\varepsilon^{1/p} .$$

On peut donc extraire une sous-suite telle que $w_\varepsilon \to w_0$ dans V faible et $w_0 = 0$ sur Ω_0, donc $w_0 \in Y_0$.

Mais si dans (9.70) on prend $v \in Y_0$ on a, comme $a_1(u^o,v) = 0$ $\forall\, v \in Y_0$:

$$a_1(w_\varepsilon,v) = 0 \qquad \forall\, v \in Y_0$$

d'où :

$$a_1(w_0,v) = 0 \quad \forall v \in Y_0 \text{ donc, comme } w_0 \in Y_0,\ w_0 = 0 .$$ ∎

10. PROBLEMES RAIDES ET PENALISES :

10.1 Enoncé du problème.

On considère encore la disposition de la Fig. 1, N° 1. On pose :

$$V = H_0^1(\Omega) \quad ,$$

(10.1) $$a_i(u,v) = \int_{\Omega_i} \operatorname{grad} u . \operatorname{grad} v \, dx \quad , \; i=0,1,$$

(10.2) $$b_1(u,v) = \int_{\Omega_1} u \, v \, dx.$$

Soient α et $\beta > 0$ donnés.
Pour chaque $\varepsilon > 0$, on considère le problème

(10.3) $$\left| \begin{array}{l} a_0(u_\varepsilon,v) + \varepsilon^{2\alpha} a_1(u_\varepsilon,v) + \varepsilon^{-2\beta} b_1(u_\varepsilon,v) = (f,v) \quad \forall \, v \in V \, , \\ u_\varepsilon \in V \, . \end{array} \right.$$

Il admet une solution unique, caractérisée par

(10.4) $$\left| \begin{array}{l} -\Delta u_{\varepsilon o} = f_o \text{ dans } \Omega_o , \\ -\varepsilon^{2\alpha} \Delta u_{\varepsilon 1} + \varepsilon^{-2\beta} u_{\varepsilon 1} = f_1 \text{ dans } \Omega_1 \, , \end{array} \right.$$

(10.5) $$u_{\varepsilon o} = 0 \text{ sur } \Gamma \, ,$$

(10.6) $$u_{\varepsilon o} = u_{\varepsilon 1} \, , \; \frac{\partial u_{\varepsilon o}}{\partial \nu} = \varepsilon^{2\alpha} \frac{\partial u_{\varepsilon 1}}{\partial \nu} \text{ sur } S \, .$$

Notre but est l'étude du comportement de u_ε lorsque $\varepsilon \to 0$.

Remarque 10.1

Prenant $v = u_\varepsilon$ dans (10.3) on a :

$$a_o(u_\varepsilon,u_\varepsilon) + \varepsilon^{2\alpha}\, a_1(u_\varepsilon,u_\varepsilon) + \varepsilon^{-2\beta}\, b_1(u_\varepsilon,u_\varepsilon) = (f,u_\varepsilon). \tag{10.7}$$

Or

$$|(f,u_\varepsilon)| \leqslant c\left(\int_{\Omega_o} u_\varepsilon^2\, dx\right)^{1/2} + c\, b_1(u_\varepsilon,u_\varepsilon)^{1/2} \leqslant$$ (les c désignant des constantes diverses) $\leqslant c\, a_o(u_\varepsilon,u_\varepsilon)^{1/2} + c\, b_1(u_\varepsilon,u_\varepsilon)^{1/2}$.

On peut toujours supposer que $\varepsilon^{-2\beta} \geqslant 1$ par exemple, de sorte que (10.7) donne :

$$a_o(u_\varepsilon,u_\varepsilon) + b_1(u_\varepsilon, u_\varepsilon) \leqslant c\, a_o(u_\varepsilon,u_\varepsilon)^{1/2} + c\, b_1(u_\varepsilon,u_\varepsilon)^{1/2}.$$

Donc :

$$a_o(u_\varepsilon,u_\varepsilon) + b_1(u_\varepsilon,u_\varepsilon) \leqslant c \quad \text{et donc}$$

$$\varepsilon^{-2\beta}\, b_1(u_\varepsilon,u_\varepsilon) \leqslant c\ . \tag{10.8}$$

Donc :

$$u_{\varepsilon 1} \longrightarrow 0 \ \text{dans}\ L^2(\Omega_1) \ (\text{comme}\ \varepsilon^\beta)\ . \tag{10.9}$$

Le terme $\varepsilon^{-2\beta}\, u_{\varepsilon 1}$ dans (10.4) est dit <u>terme de pénalisation</u> ; <u>cette terminologie</u> est tirée du calcul des variations ; le problème (10.3) équivaut en effet à la minimisation sur V de

$$J_\varepsilon(v) = \tfrac{1}{2}[a_o(v,v) + \varepsilon^{2\alpha} a_1(v,v) + \varepsilon^{-2\beta}\, b_1(v,v)] - (f,v) \quad ;$$

on doit alors chercher la solution parmi les v tels que $b_1(v,v)$ soit "petit" à cause du facteur multiplicatif "très grand" $\varepsilon^{-2\beta}$ et l'on est "pénalisé" si l'on s'écarte de ce cas. Cf. COURANT [1], LIONS [3] et la bibliographie de ce travail.

On déduit également des estimations ci-dessus que :

(10.10) $$a_o(u_\varepsilon, u_\varepsilon) \leqslant c$$

et par conséquent, on peut extraire une sous suite, encore notée $u_{\varepsilon o}$, telle que :

(10.11) $$u_{\varepsilon o} \longrightarrow u_o \text{ dans } H^1(\Omega_o) \text{ faible} \quad ,$$

(10.12) $$u_o|_\Gamma = 0 \quad ,$$

et

(10.13) $$-\Delta u_o = f_o \quad .$$ ∎

<u>La difficulté</u> est de voir quelles sont les conditions aux limites satisfaites par u_o sur S. On va voir que cela dépend des valeurs relatives de α et β.

10.2 <u>Enoncé des résultats</u>.

<u>Théorème</u> 10.1 . <u>Si</u> $0 < \alpha < \beta$, <u>on a</u> :

(10.14) $$u_{\varepsilon o} \longrightarrow u_o \quad \text{dans} \quad H^1(\Omega_o) \quad \text{fort} \quad ,$$

u_o <u>étant solution de</u> (10.12)(10.13) <u>et de</u>

(10.15) $$u_o|_S = 0 \quad .$$

<u>Théorème</u> 10.2 <u>Si</u> $0 < \beta < \alpha$, <u>on a</u> (10.14) <u>où</u> u_o <u>est solution de</u> (10.12)(10.13) <u>et de</u>

(10.16) $$\frac{\partial u_o}{\partial \nu}\Big|_S = 0 \quad .$$

<u>Théorème</u> 10.3 . <u>Si</u> $0 < \alpha = \beta$, <u>on a</u> (10.14) <u>avec convergence faible</u>[1] <u>où</u> u_o <u>est solution de</u> (10.12)(10.13) <u>et de</u>

$$(10.17) \qquad \frac{\partial u_o}{\partial \nu} = u_o \text{ sur } S \;{}^{(2)} \quad .$$

On va démontrer ces résultats dans les trois numéros suivants.

10.3 <u>Démonstration du Théorème 10.1</u>.

Des estimations (10.8)(10.10) et de (10.7), on déduit que

$$(10.18) \qquad \varepsilon^{2\alpha} a_1(u_\varepsilon, u_\varepsilon) \leq c \quad .$$

Introduisons les notations suivantes :

$\|v\|_{\Omega_i}$ (resp. $|v|_{\Omega_i}$) = norme de v dans $H^1(\Omega_i)$ (resp. $L^2(\Omega_i)$), $i = 0, 1$.

On a donc :

$$(10.19) \qquad \|u_\varepsilon\|_{\Omega_o} \leq c \quad ;$$

donc $u_\varepsilon|_S$ est borné dans $H^{1/2}(S)$ ce qui, joint à (10.18) donne

$$(10.20) \qquad \varepsilon^\alpha \|u_\varepsilon\|_{\Omega_1} \leq c.$$

Par ailleurs (10.8) équivaut à :

$$(10.21) \qquad \varepsilon^{-\beta} |u_\varepsilon|_{\Omega_1} \leq c.$$

∎

---

(1) Le problème de la convergence forte éventuelle n'est pas résolu.

(2) La normale est orientée vers <u>l'intérieur</u> de Ω_o .

On utilise maintenant les espaces $H^s(\Omega)$ pour $s>0$ non entier. Cet espace peut s'identifier à l'espace des restrictions à Ω des fonctions de $H^s(\mathbb{R}^n)$ (défini par transformation de Fourier ; cf. N°2.5) en le munissant de la norme quotione de $H^s(\mathbb{R}^n)$ par la relation d'équivalence

$$u \sim v \text{ si } u = v \text{ dans } \complement\Omega.$$

On montre alors l'inégalité (cf. LIONS-MAGENES [1], Chap. 1) :

(10.22) $$\|v\|_{H^\theta(\Omega)} \leqslant c\, \|v\|_\Omega^\theta \, |v|_\Omega^{1-\theta} \quad \text{si} \quad 0 < \theta < 1$$

et que

(10.23) l'application $v \longrightarrow v|_\Gamma$ est linéaire continue de $H^\theta(\Omega)$ sur $H^{\theta-1/2}(\Gamma)$ si $\theta > 1/2$. ∎

Cela posé, comme $\alpha < \beta$, on peut choisir $\theta > \frac{1}{2}$ tel que $(1-\theta)\beta - \theta\alpha > 0$. On déduit de (10.20)(10.21) et (10.22) que

(10.24) $$\|u_\varepsilon\|_{H^\theta(\Omega_1)} \leqslant c\, \varepsilon^{-\alpha\theta}\, \varepsilon^{(1-\theta)\beta}$$

et par conséquent, d'après (10.23),

(10.25) $$u_{\varepsilon 1} \longrightarrow 0 \text{ dans } H^{\theta-1/2}(S) \text{ lorsque } \varepsilon \longrightarrow 0.$$

Mais d'après (10.11)

$$u_{\varepsilon o}\ (= u_{\varepsilon 1}) \longrightarrow u_o \text{ dans } H^{1/2}(S) \text{ faible}$$

et donc (10.25) donne (10.15).

Reste à montrer la convergence forte. Or :

$$a_o(u_\varepsilon - u_o, u_\varepsilon - u_o) + \varepsilon^{2\alpha} a_1(u_\varepsilon, u_\varepsilon) + \varepsilon^{-2\beta} b_1(u_\varepsilon, u_\varepsilon) =$$

$$= (f, u_\varepsilon) - 2a_o(u_o, u_\varepsilon) + a_o(u_o, u_o) \longrightarrow \int_{\Omega_o} f u_o\, dx - a_o(u_o, u_o) = 0 \ ∎$$

10.4 Démonstration du Théorème 10.2. [1]

Soit $d(x,S)$ la fonction distance de x à S et soit

$$(10.26) \qquad m_\varepsilon(x) = \begin{cases} \lambda^{-1}(\lambda - d(x,\Gamma)) & \text{pour } d(x,\Gamma) \leq \lambda \text{ , } \lambda = \varepsilon^{\alpha+\beta} \\ 0 & \text{pour } d(x,\Gamma) \geq \lambda \text{ .} \end{cases}$$

Si w est une fonction de $\mathcal{C}^1(\bar\Omega_0)$ avec $w|_\Gamma = 0$, on introduit la fonction $Pw \in \mathcal{C}^1(\bar\Omega_1)$, telle que $Pw = w$ sur S et l'on pose :

$$(10.27) \qquad v_\varepsilon = \begin{cases} w \text{ dans } \Omega_0, \\ m_\varepsilon \, Pw \text{ dans } \Omega_1 \text{ .} \end{cases}$$

Prenant $v = v_\varepsilon$ dans (10.3) il vient

$$(10.28) \qquad \begin{cases} -a_0(u_\varepsilon, w) + \int_{\Omega_0} f_0 w \, dx = X_\varepsilon - \int_{\Omega_1} f_1 v_\varepsilon \, dx \text{ ,} \\ X_\varepsilon = \varepsilon^{2\alpha} a_1(u_\varepsilon, v_\varepsilon) + \varepsilon^{-2\beta} b_1(u_\varepsilon, v_\varepsilon). \end{cases}$$

Lorsque $\varepsilon \to 0$, on a : $\int_{\Omega_1} f_1 v_\varepsilon \, dx \to 0$.

Vérifions que :

$$(10.29) \qquad X_\varepsilon \longrightarrow 0.$$

En effet, posant $\varepsilon^\alpha u_\varepsilon = \varphi_\varepsilon$, $\varepsilon^{-\beta} u_\varepsilon = \psi_\varepsilon$, on a :

$$(10.30) \qquad X_\varepsilon = \varepsilon^\alpha \int_{\mathcal{B}_\varepsilon} \operatorname{grad} \varphi_\varepsilon \operatorname{grad} v_\varepsilon \, dx + \varepsilon^{-\beta} \int_{\mathcal{B}_\varepsilon} \psi_\varepsilon v_\varepsilon \, dx$$

où $\qquad \mathcal{B}_\varepsilon = \{ x \mid x \in \Omega_1, \ d(x,S) \leq \lambda \}$.

---

(1) On donne au N° 11 suivant une démonstration "par dualité" du Théorème 10.2.

D'après (10.7) $\int_{\Omega_1}|\text{grad}\varphi_\varepsilon|^2dx + \int_{\Omega_1} u_\varepsilon^2\, dx \leqslant c$, de sorte que

$$|X_\varepsilon| \leqslant c\ \varepsilon^\alpha\left(\int_{\mathcal{B}_\varepsilon}|\text{grad} v_\varepsilon|^2\right)^{1/2} + c\ \varepsilon^{-\beta}\left(\int_{\mathcal{B}_\varepsilon} v_\varepsilon^2\, dx\right)^{1/2} .$$

Mais $|\text{grad} v_\varepsilon| \leqslant c/\lambda$, donc $\left(\int_{\mathcal{B}_\varepsilon}|\text{grad} v_\varepsilon|^2 dx\right)^{1/2} \leqslant c\ \lambda^{-1/2}$ et $\left(\int_{\mathcal{B}_\varepsilon} v_\varepsilon^2\, dx\right)^{1/2} \leqslant c\ \lambda^{1/2}$, donc :

$$|X_\varepsilon| \leqslant c(\varepsilon^\alpha\ \lambda^{-1/2} + \varepsilon^{-\beta}\lambda^{1/2}) \leqslant c\ \varepsilon^{\frac{\alpha-\beta}{2}}$$

d'où (10.29) puisque $\alpha > \beta$. Alors (10.28) donne : on peut extraire de u_ε une suite, encore notée u_ε, telle que :

$$u_{\varepsilon o} \rightarrow u_o \quad \text{dans} \quad H^1(\Omega_o) \quad \text{faible}$$

et $$a_o(u_o,w) + \int_{\Omega_o} f_o w\, dx = 0 \qquad \forall\ w \in \mathcal{C}^1(\overline{\Omega}_o) \text{ telle que}$$

$w|_\Gamma = 0$. Donc, par prolongement par continuité en w, on a :

(10.31) $$a_o(u_o,w) = \int_{\Omega_o} f_o v\, dx \qquad \forall\ v \in H^1(\Omega_o)\ ,\ v|_\Gamma = 0.$$

Donc u_o vérifie (10.16). On vérifie la convergence forte comme à la fin de la démonstration du Théorème 10.1. ∎

10.5. <u>Démonstration du Théorème 10.3</u>.

On ne restreint pas la généralité en supposant que

(10.32) $$\alpha = \beta = 1 .$$

Comme précédemment, on peut extraire une suite, encore notée u_ε, telle que :

(10.33) $$u_{\varepsilon o} \rightarrow u_o \text{ dans } H^1(\Omega_o) \text{ faible.}$$

Donc :

(10.34) $$u_{\varepsilon o}|_S = \varphi_\varepsilon \qquad u_o|_S = \varphi_o \text{ dans } H^{1/2}(S) \text{ faible }.$$

Mais sur Ω_1 on a (cf.(10.4)) :

(10.35) $$\begin{cases} -\varepsilon^2 \Delta u_{\varepsilon 1} + u_{\varepsilon 1} = \varepsilon f_1 , \\ u_{\varepsilon 1}|_S = \varphi_\varepsilon \ (\text{car } u_{\varepsilon 1} = u_{\varepsilon o} \text{ sur } S). \end{cases}$$

Admettons un instant que

(10.36) $$\varepsilon \frac{\partial u_{\varepsilon 1}}{\partial \nu} - u_{\varepsilon 1}\Big|_S \to 0 \text{ dans } H^{-1/2}(S) \text{ faible }.$$

De (10.35) et de la formule de Green on déduit que ,

$$\varepsilon a_o(u_\varepsilon, v) + \varepsilon^{-1} b_1(u_\varepsilon, v) - \varepsilon \int_S \frac{\partial u_{\varepsilon 1}}{\partial \nu} v \, dS = \int_{\Omega_1} f_1 v \, dx$$

de sorte que (10.3) s'écrit : $a_o(u_\varepsilon, v) + \varepsilon \int_S \frac{\partial u_{\varepsilon 1}}{\partial \nu} v \, dS = \int_{\Omega_o} fv \, dx$

$$a_o(u_\varepsilon, v) + \int_S (\varepsilon \frac{\partial u_{\varepsilon 1}}{\partial \nu} - u_{\varepsilon 1}) v \, dS + \int_S \varphi_\varepsilon v \, dS = \int_{\Omega_o} fv \, dx.$$

D'après (10.34) et (10.36) on obtient à la limite :

(10.37) $$a_o(u_o, v) + \int_S u_o v \, dS = \int_{\Omega_o} f_o v \, dx \qquad \forall v \in H^1(\Omega_o), \ v|_\Gamma = 0$$

d'où (10.17).

Comme déjà signalé, nous ignorons s'il y a convergence forte de $u_{\varepsilon o}$ vers u_o. Le Théorème 10.3 est donc démontré sous réserve de la vérification de (10.36). ∎

Démonstration de (10.36)

On a :

$$u_{\varepsilon 1} = v_\varepsilon + w_\varepsilon ,$$

où

(10.38) $$-\varepsilon^2 \Delta v_\varepsilon + v_\varepsilon = \varepsilon f_1, \quad v_\varepsilon|_S = 0$$

et

(10.39) $$-\varepsilon^2 \Delta w_\varepsilon + w_\varepsilon = 0 , \quad w_\varepsilon|_S = \varphi_\varepsilon .$$

On déduit de (10.38), en prenant le produit scalaire par $-\Delta v_\varepsilon$ que

$$|\varepsilon \Delta v_\varepsilon|^2_{\Omega_1} + a_1(v_\varepsilon, v_\varepsilon) = \int_{\Omega_1} \varepsilon f_1(-\Delta v_\varepsilon)\, dx$$

d'où

(10.40) $$|\varepsilon \Delta v_\varepsilon|_{\Omega_1} \leqslant c .$$

(10.41) $$v_\varepsilon \text{ borné dans } H_0^1(\Omega_1) .$$

Mais alors on peut extraire une suite, encore notée v_ε , telle que :

(10.42) $$v_\varepsilon \rightarrow v_0 \text{ dans } H_0^1(\Omega_1) \text{ faible,}$$

(10.43) $$\varepsilon \Delta v_\varepsilon \rightarrow \chi \text{ dans } L^2(\Omega_1) \text{ faible.}$$

Mais, d'après (10.42) $\varepsilon \Delta v_\varepsilon \rightarrow 0$ dans $\mathcal{D}'(\Omega_1)$, donc $\chi = 0$ et donc :

$$\varepsilon v_\varepsilon \rightarrow 0 \text{ dans } H_0^1(\Omega_1),$$
$$\varepsilon \Delta v_\varepsilon \rightarrow 0 \text{ dans } L^2(\Omega_1) \text{ faible}$$

et utilisant LIONS-MAGENES [1], Chap.2 , on a donc :

$$\varepsilon \frac{\partial v_\varepsilon}{\partial \nu} - v_\varepsilon \longrightarrow 0 \text{ dans } H^{-1/2}(S) \text{ faible.}$$

Il reste donc à montrer seulement que

(10.44) $$\varepsilon \frac{\partial w_\varepsilon}{\partial \nu} - w_\varepsilon|_S \longrightarrow 0 \text{ dans } H^{-1/2}(S) \text{ faible.}$$

On se ramène au cas du demi espace $x_n > 0$ (nous négligeons ici quelques difficultés techniques), pour lequel le résultat est élémentaire par transformation de Fourier en les variables $x_1,\ldots,x_{n-1}$; si en effet ξ désigne la variable duale de $x_1,\ldots,x_{n-1}$, et si $\hat{w}_\varepsilon$ est la transformée de Fourier de w_ε en $x_1,\ldots,x_{n-1}$, on a :

(10.45) $$-\varepsilon^2 \frac{d^2\hat{w}_\varepsilon}{dx_n^2} + (1 + 4\pi^2 \varepsilon^2|\xi|^2)\, \hat{w}_\varepsilon = 0 \quad \hat{w}_2|_{x_n=0} = \hat{\varphi}_\varepsilon(\xi),$$

et par conséquent :

(10.46) $$\hat{w}_\varepsilon(\xi, x_n) = \exp(-\varepsilon^{-1}(1 + 4\pi^2 \varepsilon^2|\xi|^2)^{1/2} x_n)\, \hat{\varphi}_\varepsilon(\xi)$$

d'où

$$\varepsilon \frac{\partial \hat{w}_\varepsilon}{\partial \nu} - \hat{w}_\varepsilon|_S = \left[(1 + 4\pi^2\varepsilon^2|\xi|^2)^{1/2} - 1\right] \hat{\varphi}_\varepsilon$$

d'où le résultat suit. ■

Remarque 10.2

On peut étendre les résultats précédents à des cas où $a_o(u,v)$ est non linéaire en u (comme au N° 9). ■

11. DUALITE.

On va donner dans ce Numéro une nouvelle démonstration du Théorème 10.2, en transformant le problème par dualité ; il s'agit là d'une méthode générale, pouvant rendre des services ailleurs.

Le problème (10.3) équivaut à la minimisation sur V de la fonctionnelle :

$$\frac{1}{2}a_o(v,v) + \frac{\varepsilon^{2\alpha}}{2} a_1(v,v) + \frac{\varepsilon^{-2\beta}}{2} b_1(v,b) - (f,v) = J(v). \tag{11.1}$$

Mais

$$J(v) = \sup_q\Big[\frac{1}{2} \int_{\Omega_o} |w|^2 dx + \frac{\varepsilon^{2\alpha}}{2} \int_{\Omega_1} |w|^2 dx + \frac{\varepsilon^{-2\beta}}{2} \int_{\Omega_1} v^2 dx - (f,v) - (q, w - \text{grad}.v)\Big] \tag{11.2}$$

ou bien le sup. en $q \in (L^2(\Omega))^n$ vaut $+\infty$.

Par conséquent :

$$\inf_{v\in V} J(v) = \inf_{v,w} \sup_q [j_o(q,w) + j_1(q,w) + j_2(q,v) + j_3(q,v)] \tag{11.3}$$

où (en remplaçant (q,grad v) par −(div q,v)) :

$$j_o(q,w) = \frac{1}{2} \int_{\Omega_o} |w|^2 dx - \int_{\Omega_o} qw\, dx ,$$

$$j_1(q,w) = \frac{\varepsilon^{2\alpha}}{2} \int_{\Omega_1} |w|^2 dx - \int_{\Omega_1} qw\, dx ,$$

$$j_2(q,v) = \frac{\varepsilon^{-2\beta}}{2} \int_{\Omega_1} v^2\, dx - \int_{\Omega_1} (f + \text{div}\, q) v\, dx ,$$

$$j_3(q,v) = -\int_{\Omega_0} (f + \operatorname{div} q)\, v\, dx.$$

Mais la théorie générale des mini-max.(cf. par ex. EKELAND-TEMAM [1]) (ou, dans ce cas particulier, une vérification directe facile) montre que

$$(11.4)\quad \inf_{v\in V} J(v) = \sup_{q}.\inf_{v,w} \left[j_0(q,w) + j_1(q,w) + j_2(q,v) + j_3(q,v) \right]$$

or

$$\inf_{w} j_0(q,w) = -\frac{1}{2}\int_{\Omega_0} |q|^2\, dx,$$

$$\inf_{w} j_1(q,w) = -\frac{\varepsilon^{-2\alpha}}{2}\int_{\Omega_1} |q|^2\, dx,$$

$$\inf_{v} j_2(q,v) = -\frac{\varepsilon^{2\beta}}{2}\int_{\Omega_1} |f + \operatorname{div} q|^2\, dx$$

et

$$\inf_{v} j_3(q,v) = \begin{cases} 0 & \text{si} \quad \operatorname{div} q + f = 0 \text{ dans } \Omega_0 \\ -\infty & \text{sinon.} \end{cases}$$

Par conséquent (11.4) donne :

$$(11.5)\quad \inf_{v\in V}.J(v) = \sup_{q}\left[-\frac{1}{2}\int_{\Omega_0} |q|^2 dx - \frac{\varepsilon^{-2\alpha}}{2}\int_{\Omega_1} |q|^2 dx - \frac{\varepsilon^{2\beta}}{2}\int_{\Omega_1} |f+\operatorname{div} q|^2 dx\right],$$

où dans (11.5) le sup. est pris parmi les vecteurs $q \in (L^2(\Omega))^n$ tels que

$$(11.6)\qquad \operatorname{div} q + f = 0 \quad \text{dans } \Omega_0$$

Le problème (11.5) équivaut donc à :

(11.7) $$\inf.\left[\frac{1}{2}\int_{\Omega_o}|q|^2dx+\frac{\varepsilon^{-2\alpha}}{2}\int_{\Omega_1}|q|^2+\frac{\varepsilon^{2\beta}}{2}\int_{\Omega_1}|f+\operatorname{div} q|^2dx\right],$$

pour les vecteurs q vérifiant (11.6).

Soit p_ε la solution du problème (11.7). On a :

(11.8) $$p_\varepsilon = \operatorname{grad} u_\varepsilon ;$$

où u_ε est la solution du problème initial, ou "<u>primal</u>", <u>un</u> problème <u>dual</u> étant (11.7)(11.6). ∎

<u>Estimations sur</u> p_ε.

On déduit de (11.7) que, en désignant par $|v|_{\Omega_i}$ la norme dans $L^2(\Omega_i)$ <u>et</u> dans $(L^2(\Omega_i))^n$:

(11.9) $$|p_\varepsilon|_{\Omega_1} \leqslant C\,\varepsilon^{\alpha}$$

(11.10) $$|p_\varepsilon|_{\Omega_o} \leqslant C ,$$

(11.11) $$|\operatorname{div} p_\varepsilon + f|_{\Omega_1} \leqslant C\,\varepsilon^{-\beta} .$$

On déduit de (11.11) que

(11.12) $$|\operatorname{div} p_\varepsilon|_{\Omega_1} \leqslant C\,\varepsilon^{-\beta}$$

Soit par ailleurs $\|v\|_{-1,\Omega_1}$ la norme dans $H^{-1}(\Omega_1)$. On déduit de (11.9) que :

(11.13) $$\|\operatorname{div} p_\varepsilon\|_{-1,\Omega_1} \leqslant C\,\varepsilon^{\alpha}$$

d'où, en désignant par $\|v\|_{-\theta,\Omega_1}$ la norme dans $H^{-\theta}(\Omega_1)$:

(11.14) $$\|\operatorname{div} p_\varepsilon\|_{\theta,\Omega_1} \leqslant C|\operatorname{div} p_\varepsilon|_{\Omega_1}^{1-\theta} \|\operatorname{div} p_\varepsilon\|_{-1,\Omega_1}^{\theta} \leqslant C\,\varepsilon^{\alpha\theta-(1-\theta)\beta} .$$

On va en déduire <u>que si</u> $\alpha>\beta$,

(11.15) $$p_\varepsilon\nu \to 0 \quad \text{dans} \quad H^{-\frac{1}{2}}(S).$$

En effet, on peut choisir θ de façon que

(11.16) $$\alpha\theta-(1-\theta)\beta>0 \quad , \quad \theta<\frac{1}{2}$$

Soit $\varphi \in H^{\frac{1}{2}}(S)$; on peut trouver (cf. LIONS-MAGENES [1] , chap. 1).
$\Phi \in H^1(\Omega_1)$ telle que :

(11.17) $$\Phi|_S = \varphi ,$$

l'application $\varphi \to \Phi$ étant linéaire et continue de $H^{\frac{1}{2}}(S) \to H^1(\Omega_1)$
On <u>définit</u> $p_\varepsilon\nu$ par :

(11.18) $$\int_S (p_\varepsilon.\nu)\varphi dS = \int_{\Omega_1} \Phi \operatorname{div} p_\varepsilon \, dx + \int_{\Omega_1} \operatorname{grad} \Phi . p_\varepsilon dx .$$

<u>grâce au fait que</u> $\theta<\frac{1}{2}$, $H^\theta(\Omega_1)$ et $H^{-\theta}(\Omega_1)$ sont en dualité et donc (11.18) donne

(11.19) $$\left|\int_S (p_\varepsilon\nu)\varphi ds\right| \leqslant C\,\|\Phi\|_{\theta,\Omega_1} \|\operatorname{div} p_\varepsilon\|_{-\theta,\Omega_1} + C\|\Phi\|_{1,\Omega_1} |p_\varepsilon|_{\Omega_1} \leqslant$$

$$\leqslant C\|\Phi\|_{1,\Omega_1} \varepsilon^{\alpha\theta-(1-\theta)\beta} \leqslant C\|\varphi\|_{H^{\frac{1}{2}}(S)} \varepsilon^{\alpha\theta-(1-\theta)\beta}$$

d'où (11.15).
Mais

(11.20) $$p_\varepsilon.\nu = \frac{\partial u_\varepsilon}{\partial \nu}$$

et l'on retrouve donc le Théorème 10.2 . ∎

12. PROBLEMES.

12.1 Les estimations données dans les Numéros 1 à 7 sont dans l'espace V. En fait, en utilisant les résultats classiques de régularité des problèmes aux limites elliptiques (cf. NIRENBERG [1], AGMON-DOUGLIS-NIRENBERG [1], LIONS-MAGENES [1], Chap. 2), les solutions u_ε et les coefficients du développement asymptotique sont dans des espaces plus petits (de Sobolev, de Schauder, etc..). Quelles sont les estimations d'erreur dans ces espaces ?

12.2 Des problèmes non linéaires font intervenir des classes fonctionnelles qui ne sont pas des espaces vectoriels (cf. par ex. LIONS [3]). Peut-on encore établir dans ces situations des développements asymptotiques ?

12.3 Extension du résultat du N° 9.2 au cas où $1 < p < 2$.

12.4 Problème doublement non linéaire. Dans le N° 9, nous avons considéré les problèmes $a_0(u_\varepsilon,v) + \varepsilon\, a_1(u_\varepsilon,v) = (f,v)$ où a_0 est non linéaire mais où a_1 est linéaire. Comment peut-on construire les développements asymptotiques de u_ε lorsque a_0 et a_1 sont non linéaires ?

13. COMMENTAIRES.

Des résultats du type de ceux présentés dans les Numéros 1 à 8 sont donnés dans VISIK-LIOUSTERNIK [2][3]. La méthode "variationnelle" donnée ici suit la première note de LIONS [7]. Des problèmes du type de ceux du Numéro 7 sont étudiés dans BARCILON, COLE et EISENBERG [1].

Les résultats du N° 9 semblent nouveaux. Nous n'avons pas développé les nombreuses généralisations possibles, car cela aurait entraîné trop loin du côté des problèmes non linéaires.

Des résultats du type de ceux du Numéro 10 - et beaucoup d'autres d'ailleurs - se trouvent dans VISIK-LIOUSTERNIK [3], DEMIDOV [1]. Des extensions des résultats du texte à des problèmes non linéaires sont donnés dans LIONS [20].

La méthode de dualité indiquée au Numéro 11 est assez générale et est susceptible d'autres applications. Le fait que par dualité on échange "régularisation" et "pénalisation" a été observé par BENSOUSSAN et P. KENNETH [1]. L'extension de la méthode aux cas des problèmes non linéaires étudiés dans LIONS [20] est donnée dans LIONS [21].

Des exemples de problèmes du type de ceux étudiés ici sont donnés dans SANCHEZ PALENCIA [1][2][3] .

CHAPITRE II

PROBLEMES ELLIPTIQUES-ELLIPTIQUES DE COUCHES LIMITES

INTRODUCTION

Nous considérons dans ce Chapitre des problèmes aux limites pour des opérateurs elliptiques $A(x, \frac{\partial}{\partial x} ; \varepsilon)$ dans un domaine Ω. l'opérateur $A(x, \frac{\partial}{\partial x} ; 0)$ étant encore elliptique dans Ω (d'où la terminologie "elliptique-elliptique"), mais l'ordre de $A(x, \frac{\partial}{\partial x} ; 0)$ étant strictement inférieur à l'ordre de $A(x, \frac{\partial}{\partial x} ; \varepsilon)$, $\varepsilon > 0$ - ce qui donne naissance aux phénomènes de couches limites.

La lecture des N°s 1 à 4 est indispensable, ainsi que celle des N°s 6 et 7. Le N° 5 sera peut-être plus facile pour un lecteur au fait de la théorie de l'interpolation des espaces de Hilbert, mais les démonstrations données sont complètes et le N° 5 peut être passé ainsi que les N°s 8 à 12, bien qu'ils contiennent beaucoup d'exemples utiles.

1. EXEMPLE. POSITION DES PROBLEMES.

1.1. Problème de Dirichlet.

Soit Ω un ouvert borné (pour fixer les idées) de $\mathbb{R}^n$ de frontière Γ régulière. On considère le problème aux limites suivant : trouver, pour $\varepsilon > 0$, u_ε solution du problème de Dirichlet :

$$(1.1)\qquad \begin{cases} -\varepsilon\Delta u_\varepsilon + u_\varepsilon = f \text{ dans } \Omega , \\ u_\varepsilon = 0 \text{ sur } \Gamma. \end{cases}$$

Comme on vient de le signaler dans l'Introduction de ce Chapitre, le problème (1.1) est de nature différente de ceux examinés au Chap.1; les coefficients de l'opérateur sont ici d'ordres différents selon les degrés des dérivations et non selon les régions de Ω (1). ∎

Si dans (1.1) on suppose que $f \in L^2(\Omega)$, alors

$$(1.2)\qquad u_\varepsilon \in H^2(\Omega) \cap H_0^1(\Omega) .$$

La forme variationnelle de (1.1) est la suivante. Introduisons

$$(1.3)\qquad a(u,v) = \int_\Omega \operatorname{grad} u.\operatorname{grad} v \, dx \quad , \; u;v \in H^1(\Omega) \quad ,$$

$$(1.4)\qquad b(u,v) = \int_\Omega u\, v \, dx.$$

Alors (1.1) équivaut à

$$(1.5)\qquad \varepsilon a(u_\varepsilon,v) + b(u_\varepsilon,v) = (f,v) \quad \forall\, v \in H_0^1(\Omega), \quad u_\varepsilon \in H_0^1(\Omega) .$$

(1) On examinera au Chap. 3, les situations où les deux types de phénomènes (Chap. 1 et Chap. 2) interviennent simultanément.

On déduit de (1.5) en faisant $v = u_\varepsilon$ que

$$\varepsilon a(u_\varepsilon, u_\varepsilon) + b(u_\varepsilon, u_\varepsilon) = (f, u_\varepsilon)$$

d'où l'on tire

$$(1.6) \qquad \|u_\varepsilon\|_{L^2(\Omega)} \leqslant C \ , \ \sqrt{\varepsilon}\ \|u_\varepsilon\|_{H^1(\Omega)} \leqslant C.$$

On peut donc extraire une sous-suite, encore notée u_ε, telle que

$$(1.7) \qquad u_\varepsilon \longrightarrow u \text{ dans } L^2(\Omega) \text{ faible.}$$

On peut passer à la limite dans (1.5) ; il vient

$$b(u,v) = (f,v) \qquad \forall\, v \in H_0^1(\Omega)$$

i.e.

$$(1.8) \qquad u = f .$$

<u>Donc la solution</u> u_ε <u>de</u> (1.1) <u>converge, lorsque</u> $\varepsilon \to 0$, <u>dans</u> $L^2(\Omega)$ <u>faible</u> [1] <u>vers la solution</u> $u = f$.

1.2. Les problèmes.

1°) Le premier problème est de mettre le résultat obtenu au N° 1.1 <u>dans un cadre général</u> . C'est l'objet essentiel du N° 3 ci-après, qui utilise la technique des <u>inéquations variationnelles elliptiques</u> dont les notions utiles pour la suite sont rappelées au N° 2 .

---

(1) En fait on vérifie facilement qu'il y a convergence <u>forte</u>. Cf. d'ailleurs la théorie générale donnée au N° 3.

2°) La question suivante est de préciser à quel sens u_ε converge vers u.

Faisons tout de suite la remarque négative suivante :

(1.9) | si l'on suppose que $f \in H^1(\Omega)$ (sans être dans $H_0^1(\Omega)$) alors u_ε ne converge pas dans $H^1(\Omega)$.

En effet, comme $H_0^1(\Omega)$ est fermé dans $H^1(\Omega)$, si $u_\varepsilon \to u$ dans $H^1(\Omega)$ on a : $u \in H_0^1(\Omega)$, d'où une contradiction (comme $u = f$).

Mais, comme on verra au N° 4, on a convergence à l'intérieur :

(1.10) | si l'on suppose que $f \in H^1(\mathcal{O})$ $\forall \mathcal{O}$ ouvert avec $\bar{\mathcal{O}} \subset \Omega$, alors $u_\varepsilon \to u$ dans $H^1(\mathcal{O})$.

Une question également naturelle est l'estimation en ε de $\|u_\varepsilon - u\|_{L^2(\Omega)}$ selon les propriétés de f. C'est l'objet du N° 5.

3°) Si l'on revient sur (1.10) on voit que la frontière Γ joue un rôle particulier : il y a perte de conditions aux limites dans le passage à la limite et donc convergence "moins régulière" au voisinage de Γ que dans l'intérieur. D'où le problème : par quoi faut-il "corriger" la différence $u_\varepsilon - u$ de manière que, pour la nouvelle différence, disons, $u_\varepsilon - u - \theta_\varepsilon$, la convergence vers 0 soit "meilleure", par exemple ait lieu dans $H^1(\Omega)$?

Naturellement, il faut préciser ce problème : $\theta_\varepsilon = u_\varepsilon - u$ donne une "correction" !

On cherche en fait à définir des correcteurs θ_ε qui soient

(i) concentrés au voisinage de Γ
(ii) "aisément" calculables.

Des indications sur ce problème sont données aux N°s 6 à 8. ∎

Remarque 1.1

Naturellement la liste des problèmes précédents n'est nullement exhaustive ; d'autres problèmes seront abordés dans la suite. ▪

2. INEQUATIONS VARIATIONNELLES ELLIPTIQUES.

2.1 Les inéquations.

Les données sont les suivantes : soit V un espace de Hilbert sur R, K un ensemble convexe fermé non vide de V et $a(u,v)$ une forme bilinéaire continue sur V, symétrique ou non, telle que

(2.1) $$a(v,v) \geqslant \alpha \|v\| \ , \ \alpha > 0 \ , \quad \forall v \in V \ ,$$

où $\|v\|$ = norme de v dans V.

Soit enfin $v \to L(v)$ une forme linéaire continue sur V. ▪

Le problème : on cherche u avec :

(2.2) $$u \in K \ ,$$

(2.3) $$a(u,v-u) \geqslant L(v-u) \qquad \forall v \in K \ .$$

C'est un problème d'inéquation variationnelle (elliptique). ▪

Exemple 2.1.

Supposons que (cas symétrique) :

(2.4) $$a(u,v) = a(v,u) \qquad \forall u, v \in V \ .$$

Alors (2.2)(2.3) équivaut au problème de calcul des variations suivant :

(2.5) $\left| \begin{array}{l} \text{minimiser sur } K \text{ la fonctionnelle} \\ J(v) = \frac{1}{2}\, a(v,v) - L(v) \end{array} \right.$

La vérification de l'équivalence, sous l'hypothèse (2.4) est élémentaire ([1]). Il est immédiat, sous la forme (2.5) que, l'hypothèse (2.1) ayant lieu, le problème (2.5) admet une solution unique u . ∎

Exemple 2.2 .

Si l'on suppose que

(2.6) K = sous espace vectoriel fermé de V ,

alors (2.2)(2.3) équivaut à l'équation variationnelle :

(2.7) trouver $u \in K$ avec $a(u,v) = L(v) \quad \forall v \in K$. ∎

Exemple 2.3 .

Si l'on suppose que

(2.8) K = cône (convexe fermé non vide) de sommet $\{0\}$,

alors (2.2)(2.3) équivaut à

(2.9) $u \in K,\ a(u,v) \geq L(v) \quad \forall v \in K,\ \ a(u,u) = L(u).$

En effet, si φ est donné quelconque dans K, on peut choisir dans (2.3) $v = u + \varphi$, d'où $a(u,\varphi) \geq L(\varphi) \quad \forall \varphi \in K$. Donc $a(u,u) \geq L(u)$; mais, prenant $v = 0$ dans (2.3), on a : $a(u,u) \leq L(u)$, d'où la dernière égalité dans (2.9). Réciproquement, on voit tout de suite que (2.9) implique (2.3). ∎

([1]) Cf. par ex. LIONS [8], Chap. 1.

Remarque 2.1

L'Exemple 2.2 ci-dessus montre que la théorie des inéquations variationnelles contient celle des équations variationnelles, donc permettra en particulier d'aborder les problèmes du type de ceux du N° 1. Mais il y a d'autres raisons, beaucoup plus importantes, pour introduire ici les inéquations variationnelles . Nous reviendrons sur ce point. ▪

2.2. Un résultat d'existence et d'unicité.

On a le résultat suivant :

Théorème 2.1 . Sous l'hypothèse (2.1) le problème (2.2)(2.3) admet une solution unique.

L'unicité est immédiate. Soient en effet u et u^* deux solutions éventuelles. Prenant, ce qui est loisible, $v = u^*$ (resp. $v = u$) dans l'inéquation relative à u (resp. u^*) et, additionnant, il vient :

$$- a(u-u^*, u-u^*) \geqslant 0$$

d'où $u - u^* = 0$ grâce à (2.1).

Pour l'existence, on pourra consulter par exemple G. STAMPACCHIA [1], J.L.LIONS et G. STAMPACCHIA [1], J.L.LIONS [8], Chap. 1 et [3].▪

Remarque 2.2.

En fait l'hypothèse (2.1) est trop restrictive : le Théorème 2.1 est vrai sous l'hypothèse

$$a(v,v) \geqslant \alpha \|v\|^2 , \quad \alpha > 0 , \quad \forall v \in K. \tag{2.10}$$ ▪

2.3. Exemples.

Exemple 2.4. Problèmes non homogènes.

Avec les notations du Chapitre 1, nous prenons :

(2.11)
$$\begin{cases} V = H^1(\Omega) \ , \\ K = \{v \mid \ v \in V \ , \ \ v = g \text{ sur } \Gamma, \ \ g \text{ donné dans } H^{1/2}(\Gamma)\} \ , \end{cases}$$

et

(2.12)
$$a(u,v) = \int_\Omega \operatorname{grad} u . \operatorname{grad} v \ dx.$$

On est dans les conditions (2.10).

Comme K est un espace affine parallèle à $H_0^1(\Omega)$, (2.2)(2.3) équivaut à :

(2.13)
$$\begin{cases} u \ \in K \ , \\ a(u, \varphi) = L(\varphi) \qquad \forall \ \varphi \in H_0^1(\Omega) \ . \end{cases}$$

Si l'on prend

(2.14) $L(\varphi) = (f,\varphi)$, $f \in L^2(\Omega)$ par exemple,

on voit que le problème équivaut à :

(2.15)
$$\begin{cases} -\Delta u = f \ \text{ dans } \ \Omega \ , \\ u|_\Gamma = g \ . \end{cases}$$

C'est un problème aux limites "non homogènes" dans la terminologie de LIONS-MAGENES [1] . ∎

Remarque 2.3 .

La possibilité de traiter simultanément les problèmes homogènes et non homogènes est l'une des raisons de l'utilisation de l'outil des inéquations variationnelles. ■

Exemple 2.5. Problème unilatéral.

Nous prenons :

$$(2.16)\quad \begin{cases} V = H^1(\Omega) \;, \\ K = \{v \mid v \in V \,,\quad v \geqslant 0 \text{ p.p. sur } \Gamma\} \;, \end{cases}$$

$$(2.17)\quad a(u,v) = \int_\Omega (\text{grad}u.\text{grad}v + u\,v)dx.$$

Alors K est un cône de sommet $\{0\}$, on peut donc appliquer l'Exemple 2.3. Prenant $L(v) = (f,v)$, on a donc :

$$(2.18)\quad a(u,v) \geqslant (f,v) \qquad \forall\, v \in K \,,\quad a(u,u) = (f,u).$$

Prenant $v = \varphi$, $\varphi \in \mathcal{D}(\Omega)$ (ce qui est loisible) on obtient

$$a(u,\varphi) = (f,\varphi) \qquad \forall\, \varphi \in \mathcal{D}(\Omega) \text{ et donc}$$

$$(2.19)\quad -\Delta u + u = f \text{ dans } \Omega.$$

Appliquant alors à (2.19) la formule de Green avec $v \in K$, on a : [1]

$$-\int_\Gamma \frac{\partial u}{\partial \nu}\, v\, d\Gamma + a(u,v) = (f,v) \leqslant a(u,v)$$

d'où

$$(2.20)\quad \int_\Gamma \frac{\partial u}{\partial \nu}\, v\, d\Gamma \geqslant 0 \qquad \forall\, v \in K \,,\quad \int_\Gamma \frac{\partial u}{\partial \nu}\, u\, d\Gamma = 0.$$

---

[1] La normale ν à Γ est dirigée vers l'extérieur de Ω.

Par conséquent :

(2.21) $\quad u \geqslant 0, \quad \frac{\partial u}{\partial \nu} \geqslant 0 \quad , \quad u\,\frac{\partial u}{\partial \nu} = 0$ sur Γ [1].

Réciproquement, si u vérifie (2.19)(2.21) alors u vérifie (2.18). Donc le problème (2.19)(2.21) admet une solution unique. C'est un problème "unilatéral". ■

Remarque 2.4.

Des problèmes du type de (2.19)(2.21) interviennent dans de nombreuses situations en Mécanique. Cf. DUVAUT-LIONS [1] et la bibliographie de ce travail ; pour les problèmes unilatéraux, cf. SIGNORINI [1], G. FICHERA [1]. ■

Remarque 2.5

Les méthodes introduites au N° 3 ci-après permettent l'étude, lorsque $\varepsilon \to 0$, de la solution u_ε de

(2.22)
$$\left| \begin{array}{l} -\varepsilon\Delta u_\varepsilon + u_\varepsilon = f \text{ dans } \Omega \;, \\ u_\varepsilon \geqslant 0 \;, \quad \frac{\partial u_\varepsilon}{\partial \nu} \geqslant 0 \;, \quad u_\varepsilon \frac{\partial u_\varepsilon}{\partial \nu} = 0 \quad \text{sur } \Gamma \;. \end{array} \right.$$
■

Remarque 2.6

Le problème (2.19)(2.21) est non linéaire, comme chaque fois que l'ensemble convexe K n'est pas linéaire. ■

Remarque 2.7

D'autres exemples d'inéquations seront donnés dans la suite, ainsi que des variantes de la situation précédente (cf. N° 3.3). ■

Remarque 2.8

L'opérateur correspondant à $a(u,v)$ est linéaire. On peut considérer des inéquations relatives à des opérateurs non linéaires ; cf. LIONS [3] et la bibliographie de ce travail. ■

(1) $u \in H^{1/2}(\Gamma)$, $\frac{\partial u}{\partial \nu} \in H^{-1/2}(\Gamma)$ et le produit $u\,\frac{\partial u}{\partial \nu}$ a un sens.

2.4. Orientation.

Nous allons maintenant donner un résultat général de convergence pour des inéquations variationnelles perturbées et étudier des exemples.

3. UN RESULTAT GENERAL DE CONVERGENCE . EXEMPLES.

3.1. Données. Position du problème.

On se donne deux espaces de Hilbert (sur $\mathbb{R}$), V_a et V_b, avec

(3.1)
$$V_a \subset V_b$$

l'injection de V_a dans V_b étant continue. On désigne par $\| \ \|_a$ (resp. $\| \ \|_b$) la norme dans V_a (resp. V_b).

On se donne des formes bilinéaires $a(u,v)$, $b(u,v)$ continues respectivement sur V_a et V_b. On suppose que

(3.2)
$$\left| \begin{array}{ll} a(v,v) \geqslant 0 & \forall\ v \in V_a, \\ a(v,v) + \|v\|_b^2 \geqslant \alpha\ \|v\|_a^2 \ , \quad \alpha > 0 \ , & \forall\ v \in V_a \end{array} \right.$$

(3.3)
$$b(v,v) \geqslant \beta\ \|v\|_b^2 \ , \quad \beta > 0 \ , \qquad \forall\ v \in V_b$$

Les formes $a(u,v)$ et $b(u,v)$ sont symétriques ou non.
Pour simplifier l'exposé, on suppose que

(3.4)
$$V_a \text{ est dense dans } V_b.$$

Si V_a' et V_b' désignent les duals de V_a et V_b, on a :

(3.5)
$$V'_b \subset V'_a$$

Si $f \in V_b'$ et $v \in V_b$, on désigne par (f,v) le produit scalaire de f et v.

Soit ensuite un ensemble $K \subset V_a$; on suppose :

(3.6) K est un ensemble convexe fermé non vide de V_a. ∎

Le problème d'inéquation variationnelle (au sens du N° 2) que l'on considère est le suivant : pour $\varepsilon > 0$ donné, trouver $u_\varepsilon \in K$ tel que :

$$\varepsilon a(u_\varepsilon, v-u_\varepsilon) + b(u_\varepsilon, v-u_\varepsilon) \geqslant (f, v-u_\varepsilon) \qquad \forall\, v \in K. \tag{3.7}$$

Grâce au Théorème 2.1 ce problème admet une solution unique pour ε assez petit. En effet :

$$\varepsilon a(u,v) + b(v,v) = \varepsilon(a(v,v) + \|v\|_b^2) + b(v,v) - \varepsilon\|v\|_b^2 \geqslant \tag{3.8}$$

$$\geqslant \text{(par (3.2)(3.3))} \quad \alpha\varepsilon \|v\|_a^2 + (\beta - \varepsilon) \|v\|_b^2$$

d'où le résultat si $\varepsilon \leqslant \beta$. ∎

Notre objet est maintenant l'étude de u_ε lorsque $\varepsilon \to 0$.

3.2. Résultat de convergence.

On introduit :

$$\bar{K} = \text{adhérence de } K \text{ dans } V_b. \tag{3.9}$$

D'après (3.3), il existe alors un élément u et un seul tel que

$$\left|\begin{array}{ll} u \in \bar{K}, & \\ b(u, v-u) \geqslant (f, v-u) & \forall\, v \in \bar{K}. \end{array}\right. \tag{3.10}$$

On va démontrer le :

<u>Théorème 3.1</u> . <u>On suppose que</u> (3.1)...(3.6) <u>ont lieu</u>. <u>Alors si</u> u_ε (resp. u) <u>désigne la solution de</u> (3.7) (resp. (3.10)), <u>on a</u> :

(3.11) $$u_\varepsilon \longrightarrow u \text{ dans } V_b \text{ lorsque } \varepsilon \to 0 ,$$

<u>et</u>

(3.12) $$\varepsilon^{1/2} \|u_\varepsilon\|_a \leqslant C.$$

<u>Démonstration</u> .

Prenons $v = v_o$ fixé dans K dans l'inégalité (3.7) et supposons $\varepsilon \leqslant \beta$. Utilisant (3.8), il vient :

$$\alpha\varepsilon \|u_\varepsilon\|_a^2 + (\beta-\varepsilon)\|u_\varepsilon\|_b^2 \leqslant \varepsilon\, a(u_\varepsilon, v_o) + b(u_\varepsilon, v_o) - (f, v_o - u_\varepsilon)$$

$$\leqslant C(1 + \|u_\varepsilon\|_b + \varepsilon \|u_\varepsilon\|_a)$$

et donc si l'on prend $\varepsilon \leqslant \beta/_2$ par exemple, on en déduit (les c désignent toujours des constantes diverses indépendantes de ε)

$$\varepsilon \|u_\varepsilon\|_a^2 + \|u_\varepsilon\|_b^2 \leqslant c\,(1 + \|u_\varepsilon\|_b + \varepsilon \|u_\varepsilon\|_a)$$

d'où (3.12) et

(3.13) $$\| u_\varepsilon\|_b \leqslant c .$$

On peut donc extraire une sous-suite, encore désignée par u_ε, telle que

(3.14) $$u_\varepsilon \longrightarrow w \text{ dans } V_b \text{ faible.}$$

Comme $\overline{K}$ est faiblement fermé dans V_b , on a :

(3.15) $$w \in \overline{K} .$$

Par ailleurs, si l'on écrit (3.7) sous la forme :

(3.16) $\varepsilon a(u_\varepsilon,v)+b(u_\varepsilon,v)-(f,v-u_\varepsilon) \geqslant \varepsilon a(u_\varepsilon,u_\varepsilon)+b(u_\varepsilon,u_\varepsilon) \geqslant b(u_\varepsilon,u_\varepsilon)$,

on en déduit, avec (3.12) et (3.14) :

$$b(w,v) - (f,v-w) \geqslant \text{lim.inf. } b(u_\varepsilon,u_\varepsilon) \geqslant b(w,w).$$

Donc

(3.17) $b(w,v-w) \geqslant (f,v-w) \qquad \forall\, v \in K,$

et donc (3.17) a lieu $\forall\, v \in \bar{K}$ et donc $w = u$ solution de (3.10).

On a donc montré que $u_\varepsilon \to u$ dans V_b faible. Pour montrer la convergence forte, nous introduisons

(3.18) $X_\varepsilon = b(u_\varepsilon-u,\ u_\varepsilon-u)$.

Utilisant (3.10) avec $v = u_\varepsilon (\in K)$ on a :

$$X_\varepsilon \leqslant b(u_\varepsilon,u_\varepsilon-u) - (f,u_\varepsilon-u) \leqslant (\text{par } (3.16)) \leqslant$$

$$\leqslant \varepsilon a(u_\varepsilon,v)+b(u_\varepsilon,v)-(f,v-u_\varepsilon)-(f,u_\varepsilon-u)-b(u_\varepsilon,u)$$

d'où

(3.19) $\limsup X_\varepsilon \leqslant b(u,v-u)-(f,v-u) \qquad \forall\, v \in K$;

(3.19) a lieu aussi $\forall\, v \in \bar{K}$, donc pour $v = u$, donc

$\limsup X_\varepsilon \leqslant 0$, donc $X_\varepsilon \to 0$ d'où (d'après (3.3)),

le résultat désiré. ∎

3.3. Quelques variantes.

Voici une variante du résultat précédent, qui conduit à des applications intéressantes.

On considère des fonctionnelles $v \to j_a(v)$ et $v \to j_b(v)$ telles que :

(3.20) $v \to j_a(v)$ (resp. $j_b(v)$) est une fonction convexe continue $\geqslant 0$ sur V_a (resp. V_b) , non différentiable [1].

Alors (variante du Théorème 2.1 ; cf. par ex. LIONS [3]) il existe u_ε unique, solution de [2] :

(3.21)
$$\begin{aligned} & u_\varepsilon \in V_a , \\ & \varepsilon[a(u_\varepsilon, v-u_\varepsilon)+j_a(v)-j_a(u_\varepsilon)] + b(u_\varepsilon, v-u_\varepsilon)+j_b(v)-j_b(u_\varepsilon) \geqslant \\ & \geqslant (f, v-u_\varepsilon) \qquad \forall\, v \in V_a. \end{aligned}$$ ■

Remarque 3.1 .

Si j_a et j_b sont différentiables, au sens :

$$\frac{d}{d\lambda} j_a(u+\lambda v)\Big|_{\lambda=0} = (j_a'(u), v) \quad , \; j_a'(u) \in V_a'$$

(et de même pour j_b), alors (3.21) équivaut à l'équation

(3.22)
$$\varepsilon[a(u_\varepsilon, v)+(j_a'(u_\varepsilon), v)] + b(u_\varepsilon, v)+(j_b'(u_\varepsilon), v) = (f, v) \quad \forall\, v \in V_a.$$ ■

Remarque 3.2 .

On peut également chercher u_ε dans K solution de (3.21) où v parcourt K. Les résultats ci-après sont valables. ■

---

(1) Le cas "différentiable" conduit à des équations ; cf. Remarque 3.1 ci-après.

(2) (3.21) est encore appelée "inéquation variationnelle".

Remarque 3.3 .

On peut considérer aussi l'inéquation

$$(3.23)\quad \left| \begin{array}{l} \varepsilon a(u_\varepsilon, v-u_\varepsilon) + \varphi(\varepsilon)(j_a(v)-j_a(u_\varepsilon)) + b(u_\varepsilon, v-u_\varepsilon) + j_b(v) - j_b(u_\varepsilon) \geqslant \\ \qquad \geqslant (f, v-u_\varepsilon) \qquad\qquad \forall\, v \in V_a, \end{array} \right.$$

où $\varphi(\varepsilon) \geqslant 0$ et $\varphi(\varepsilon) \to 0$ si $\varepsilon \to 0$. ∎

L'inéquation limite est maintenant :

$$(3.24)\quad \left| \begin{array}{l} u \in V_b, \\ b(u,v-u) + j_b(v) - j_b(u) \geqslant (f, v-u) \qquad \forall\, v \in V_b . \end{array} \right.$$

Cela posé, on a le :

Théorème 3.2. On se place dans les conditions du Théorème 3.1. Alors u_ε(resp.u) désignant la solution de (3.21)(resp. de (3.24)) on a les conclusions (3.11) et (3.12).

La démonstration est analogue à celle du Théorème 3.1. ∎

Voici une autre variante :

On se donne une fonction $v \to j_a(v)$ avec :

(3.20bis) | $v \to j_a(v)$ est convexe continue $\geqslant 0$ sur V_a, nulle sur un ensemble $\mathcal{E}$ dense dans V_b.

On considère, au lieu de (3.21), l'inéquation

$$(3.21\text{bis})\qquad \varepsilon a(u_\varepsilon, v-u_\varepsilon) + b(u_\varepsilon, v-u_\varepsilon) + j_a(v) - j_a(u_\varepsilon) \geqslant (f, v-u_\varepsilon) \quad \forall\, v \in V_a,$$

et soit u la solution de l'équation

$$(3.24\text{bis})\qquad b(u,v) = (f,v).$$

On a alors $u_\varepsilon \longrightarrow u$ dans V_b.

En effet, on a toujours

$$\|u_\varepsilon\|_b + \sqrt{\varepsilon}\ \|u_\varepsilon\|_a \leqslant C.$$

On peut donc extraire une suite, encore notée u_ε, telle que

$$u_\varepsilon \to w \text{ dans } V_b \text{ faible.}$$

On utilise (3.21bis) avec $v \in \mathcal{S}$; d'après (3.20bis) on obtient

$$\varepsilon a(u_\varepsilon,v)+b(u_\varepsilon,v)-(f,v-u_\varepsilon) \geqslant \varepsilon a(u_\varepsilon,u_\varepsilon)+j_a(u_\varepsilon)+b(u_\varepsilon,u_\varepsilon) \geqslant$$
$$\geqslant b(u_\varepsilon,u_\varepsilon)$$

d'où l'on déduit que

$$b(w,v)-(f,v-w) \geqslant b(w,w) \qquad \forall\ v \in \mathcal{S} .$$

Comme $\mathcal{S}$ est dense dans V_b, on en déduit que $b(w,v) = (f,v)$ $\forall\ v \in V_b$, donc $w = u$. Pour montrer que $u_\varepsilon \to u$ dans V_b fort, on considère

$$X_\varepsilon = \varepsilon a(u_\varepsilon,u_\varepsilon)+j_a(u_\varepsilon)+b(u_\varepsilon-u,u_\varepsilon-u) .$$

On en déduit, en utilisant (3.21bis) avec $v \in \mathcal{S}$:

$$X_\varepsilon \leqslant \varepsilon a(u_\varepsilon,v) + b(u_\varepsilon,v) - (f,v-u_\varepsilon) - b(u_\varepsilon,u) - b(u,u_\varepsilon-u)$$

d'où

$$\limsup X_\varepsilon \leqslant b(u,v-u) - (f,v-u) \qquad \forall\ v \in \mathcal{S}, \text{ donc } \forall\ v \in V_b,$$

donc $\limsup X_\varepsilon = 0$. ∎

3.4. Exemples.

Exemple 3.1.

On prend

$$V_a = H^1(\Omega) \quad , \quad V_b = L^2(\Omega) \quad , \quad K = H_o^1(\Omega) \quad ,$$

et a(u,v) et b(u,v) par (1.3)(1.4), et $f \in L^2(\Omega)$.

Alors, d'après l'Exemple 2.2, l'inéquation (3.7) se réduit à l'équation (1.5) et le Théorème 3.1 donne le résultat du N° 1.1 . ∎

Remarque 3.4.

Dans le cas de l'Exemple 3.1 on a :

$$\bar{K} = V_b . \tag{3.25}$$

Alors l'inéquation limite se réduit à l'équation

$$b(u,v) = (f,v) \qquad \forall\, v \in V_b . \tag{3.26}$$

∎

Remarque 3.5.

Dans le cas de l'Exemple 3.1 on a en fait

$$u = f. \tag{3.27}$$

Si donc l'on fait sur f une hypothèse de régularité, par ex.

$$f \in H^1(\Omega) = V_a$$

alors $u \in V_a$, mais $u \notin K$. L'introduction de K et V_a est indispensable, même sur les exemples les plus simples. ∎

Exemple 3.2.

On prend :

$$V_a = H^1(\Omega)\ ,\ V_b = L^2(\Omega)\ ,\ K = \{v \mid v \geq 0 \text{ sur } \Gamma\ ,\ v \in H^1(\Omega)\}$$

et a(u,v) , b(u,v) par (1.3)(1.4) , et $f \in L^2(\Omega)$.

Alors (comparer à l'Exemple 2.5), N° 2.3), l'inéquation (3.7) équivaut au problème unilatéral :

$$(3.28)\qquad \left| \begin{array}{l} -\varepsilon\ \Delta u_\varepsilon + u_\varepsilon = f \quad \text{dans } \Omega\ , \\ u_\varepsilon \geq 0\ ,\ \dfrac{\partial u_\varepsilon}{\partial \nu} \geq 0\ ,\ u_\varepsilon \dfrac{\partial u_\varepsilon}{\partial \nu} = 0 \text{ sur } \Gamma. \end{array} \right.$$

On a encore (3.25) de sorte que

$$(3.29)\qquad u = f$$

et l'on a : $\qquad u_\varepsilon \to u$ dans $L^2(\Omega)$. ∎

Exemple 3.3

Nous prenons encore V_a , V_b , a(u,v) et b(u,v) comme dans les Exemples précédents, et K par

$$(3.30)\qquad K = \{v \mid\ v \in H^1(\Omega)\ ,\ v \geq 0 \text{ p.p. dans } \Omega\ ,\ v=0 \text{ sur } \Gamma\ \}.$$

Alors :

$$(3.31)\qquad \overline{K} = \{v \mid\ v \in L^2(\Omega)\ ,\ v \geq 0 \text{ p.p. dans } \Omega\ \}.$$

On vérifie alors que u_ε est la solution du problème :

$$(3.32)\quad \left|\begin{array}{l} u_\varepsilon \geqslant 0 , \\ -\varepsilon\,\Delta u_\varepsilon + u_\varepsilon - f \geqslant 0 , \ u_\varepsilon(-\varepsilon\Delta u_\varepsilon + u_\varepsilon - f) = 0 \text{ dans } \Omega, \\ u_\varepsilon = 0 \text{ sur } \Gamma \end{array}\right.$$

et que

$$(3.33)\quad u \geqslant 0 , \quad u-f \geqslant 0 , \quad u(u-f) = 0 \text{ dans } \Omega$$

i.e

$$(3.33 \text{ bis})\qquad u = f^+ = \sup (f,o).$$ ∎

Exemple 3.4.

On prend encore V_a , V_b , $a(u,v)$, $b(u,v)$ comme précédemment et :

$$(3.34)\quad \left|\begin{array}{l} j_a(v) = \int_\Gamma g|v|d\Gamma , \quad g \text{ fonction continue } \geqslant 0 \text{ sur } \Gamma , \\ j_b(v) = 0 \ . \end{array}\right.$$

Le problème (3.21) équivaut au suivant :

$$(3.35)\quad \left|\begin{array}{l} -\varepsilon\Delta u_\varepsilon + u_\varepsilon = f \quad \text{dans } \Omega , \\ \left|\frac{\partial u_\varepsilon}{\partial \nu}\right| \leqslant g , \quad u_\varepsilon \frac{\partial u_\varepsilon}{\partial \nu} + g|u_\varepsilon| = 0 \quad \text{sur } \Gamma \ . \end{array}\right.$$

En effet prenant $v = u_\varepsilon \pm \varphi$, $\varphi \in \mathcal{D}(\Omega)$, on déduit de (3.21) que :

$$\varepsilon a(u_\varepsilon,\varphi) + b(u_\varepsilon,\varphi) = (f,\varphi) \qquad \forall\ \varphi \in \mathcal{D}(\Omega)$$

d'où la 1ère équation (3.35) ; multipliant cette équation par $v-u_\varepsilon$ et utilisant la formule de Green, il vient :

$$- \int_\Gamma \frac{\partial u_\varepsilon}{\partial \nu}(v-u_\varepsilon)d\Gamma + \varepsilon a(u_\varepsilon, v-u_\varepsilon) + b(u_\varepsilon, v-u_\varepsilon) = (f, v-u_\varepsilon)$$

d'où en utilisant (3.21)

$$(3.36) \quad \int_\Gamma \frac{\partial u_\varepsilon}{\partial \nu} v \, d\Gamma + j_a(v) \geqslant \int_\Gamma \frac{\partial u_\varepsilon}{\partial \nu} u_\varepsilon \, d\Gamma + j_a(u_\varepsilon) = m_\varepsilon .$$

Changeant dans (3.36) v en $\pm \lambda v$, $\lambda > 0$, il vient :

$$(3.37) \quad \lambda \left[j_a(v) \pm \int_\Gamma \frac{\partial u_\varepsilon}{\partial \nu} v \, d\Gamma \right] \geqslant m_\varepsilon \qquad \forall v .$$

Faisant $\lambda \to +\infty$ et $\lambda \to 0$, on en déduit :

$$(3.38) \quad \left| \int_\Gamma \frac{\partial u_\varepsilon}{\partial \nu} v \, d\Gamma \right| \leqslant j_a(v) = \int_\Gamma g|v| d\Gamma \quad \forall v \in H^1(\Omega) ,$$

$$(3.39) \qquad m_\varepsilon \leqslant 0.$$

Mais (3.38) <u>équivaut</u> à

$$\left| \frac{\partial u_\varepsilon}{\partial \nu} \right| \leqslant g \quad \text{sur } \Gamma$$

ce qui montre que $m_\varepsilon \geqslant 0$ et donc, avec (3.39), $m_\varepsilon = 0$ d'où les conditions aux limites dans (3.35).

Le problème limite est $b(u,v) = (f,v) \quad \forall v \in V_b$, d'où

$$(3.40) \qquad u = f \quad . \qquad \blacksquare$$

Exemple 3.4.bis .

Les données sont les mêms que dans l'Exemple 3.4, mais l'on considère maintenant (3.21bis).

Le problème équivaut au suivant : [1]

$$(3.35\text{bis})\quad \begin{cases} -\varepsilon\Delta u_\varepsilon + u_\varepsilon = f \text{ dans } \Omega , \\ \mathcal{S}\left|\frac{\partial u_\varepsilon}{\partial \nu}\right| \leqslant g , \quad \varepsilon\, u_\varepsilon \frac{\partial u_\varepsilon}{\partial \nu} + g|u_\varepsilon| = 0 \text{ sur } \Gamma . \end{cases}$$

Si l'on prend par exemple $\mathcal{S} = \mathcal{D}(\Omega)$, <u>on a bien</u> (3.20bis).

On a donc encore :

$$u_\varepsilon \to u \text{ dans } L^2(\Omega) , \quad u = f . \qquad \blacksquare$$

Exemple 3.5

Si l'on prend V_a, V_b, $a(u,v)$, $b(u,v)$ comme précédemment, et

$$(3.41)\qquad j_a = 0 , \quad j_b(v) = \int_\Omega h|v|dx , \quad h \text{ fonction continue} \geqslant 0 \text{ dans } \bar{\Omega} ,$$

alors le problème (3.21) équivaut à :

$$(3.42)\quad \begin{cases} |-\varepsilon\Delta u_\varepsilon + u_\varepsilon - f| \leqslant h, \\ u_\varepsilon(-\varepsilon\Delta u_\varepsilon + u_\varepsilon - f) + h|u_\varepsilon| = 0 \quad \text{dans } \Omega , \\ \frac{\partial u_\varepsilon}{\partial \nu} = 0 \text{ sur } \Gamma \end{cases}$$

et le problème limite équivaut à

$$(3.43)\qquad |u - f| \leqslant h , \ u(u-f) + h|u| = 0 \text{ dans } \Omega . \qquad \blacksquare$$

---

[1] Cela revient à remplacer g par g/ε .

Exemple 3.6

Si l'on prend V_a, V_b, a , b comme précédemment et $K = V_a$, alors on a l'équation

$$\varepsilon a(u_\varepsilon,v) + b(u_\varepsilon,v) = (f,v) \qquad \forall\, v \in V_a$$

qui équivaut au problème de Neumann

$$(3.44) \qquad \left|\begin{array}{l} -\varepsilon\Delta u_\varepsilon + u_\varepsilon = f \text{ dans } \Omega \,, \\ \dfrac{\partial u_\varepsilon}{\partial \nu} = 0 \text{ sur } \Gamma. \end{array}\right.$$

On a encore $u_\varepsilon \to u = f$ dans $L^2(\Omega)$.

Un autre point de vue sur cet exemple sera donné au N° 8 plus loin. ∎

Remarque 3.6

Dans les exemples précédents, on peut prendre a(u,v) par

$$(3.45) \qquad a(u,v) = \sum_{i,j=1}^{n} \int_\Omega a_{ij} \frac{\partial u}{\partial x_j} \frac{\partial v}{\partial x_i}\, dx \,,$$

$$a_{ij} \in L^\infty(\Omega) \,, \quad \sum_{i,j=1}^{n} a_{ij}(x)\, \xi_i\, \xi_j \geq \alpha \sum_{i=1}^{n} \xi_i^2 \,, \quad \alpha > 0, \ \xi_i \in \mathbb{R} \ \blacksquare$$

Exemple 3.7

Nous donnons maintenant l'exemple d'un système d'équations (les équations de Stokes). Nous introduisons :

$$V_a = \{v \mid v \in (H^1(\Omega))^n \text{ , Div } v = 0 \text{ , } \nu.v = 0 \text{ sur } \Gamma \},$$

$$V_b = \{v \mid v \in (L^2(\Omega))^n \text{ , Div } v = 0 \text{ , } \nu.v = 0 \text{ sur } \Gamma \},$$

$$K = \{v \mid v \in (H_o^1(\Omega))^n \text{ , Div } v = 0 \} \text{ ,}$$

$$a(u,v) = \sum_{i,j=1}^{n} \int_\Omega \frac{\partial u_i}{\partial x_j} \frac{\partial v_i}{\partial x_j} \, dx \text{ ,}$$

$$b(u,v) = \sum_{i=1}^{n} \int_\Omega u_i \, v_i \, dx \text{ , } (f,v) = \sum_{i=1}^{n} \int_\Omega f_i \, v_i \, dx.$$

Alors (3.7) (qui est maintenant une <u>équation</u>) équivaut à

$$(3.46) \quad \left| \begin{array}{l} -\varepsilon\Delta u_\varepsilon + u_\varepsilon = f - \text{grad } p_\varepsilon \text{ ,} \\ \text{Div } u_\varepsilon = 0 \text{ ,} \\ u_\varepsilon = 0 \text{ sur } \Gamma \text{ .} \end{array} \right.$$

Le problème limite est

$$(3.47) \quad \left| \begin{array}{l} u = f - \text{grad } p \text{ ,} \\ \text{Div } u = 0 \text{ ,} \\ \nu.u = 0 \text{ sur } \Gamma \text{ .} \end{array} \right.$$

■

Exemple 3.8

Nous prenons maintenant un exemple où interviennent des opérateurs du $4^{\text{ème}}$ ordre. Nous introduisons :

$$V_a = H^2(\Omega) \text{ , } V_b = L^2(\Omega) \text{ ,}$$

$$a(u,v) = \int_\Omega \Delta u \, \Delta v \, dx \text{ , } b(u,v) = \int_\Omega u \, v \, dx \text{ ,}$$

$$K = H_o^2(\Omega) \text{ .}$$

Alors (3.7) équivaut à

$$(3.48)\quad \left| \begin{array}{l} \varepsilon\Delta^2 u_\varepsilon + u_\varepsilon = f \text{ dans } \Omega, \\ u_\varepsilon = 0\,,\ \dfrac{\partial u_\varepsilon}{\partial \nu} = 0 \text{ sur } \Gamma\,. \end{array} \right.$$

On a encore : $u_\varepsilon \to u = f$ dans $L^2(\Omega)$. ■

Exemple 3.9.

Nous prenons :

$$V_a = \{v \mid v \in H^2(\Omega)\ ,\ v = 0 \text{ sur } \Gamma\}\,,$$

$$V_b = H_0^1(\Omega)\ ,$$

$$K = H_0^2(\Omega)\ ,$$

$$a(u,v) = \int \Delta u\, \Delta v\, dx\ ,\ b(u,v) = \int_\Omega \text{grad } u.\ \text{grad } v\, dx.$$

Alors (3.7) équivaut à :

$$(3.49)\quad \left| \begin{array}{l} \varepsilon\Delta^2 u_\varepsilon - \Delta u_\varepsilon = f \text{ dans } \Omega\,, \quad (^1) \\ u_\varepsilon = 0\,,\ \dfrac{\partial u_\varepsilon}{\partial \nu} = 0 \text{ sur } \Gamma\,, \end{array} \right.$$

et le problème limite est

$$(3.50)\quad \left| \begin{array}{l} -\Delta u = f \text{ dans } \Omega\,, \\ u = 0 \text{ sur } \Gamma\,. \end{array} \right.$$

Le théorème général donne : $u_\varepsilon \to u$ dans $H_0^1(\Omega)$ lorsque $\varepsilon \to 0$. ■

Remarque 3.7.

On donnera encore d'autres exemples dans la suite. De façon générale, on a des exemples de perturbations singulières dans toutes les situations étudiées dans DUVAUT-LIONS [2]. ■

---

(1) On prend $f \in V_b' = H^{-1}(\Omega)$.

3.5. Orientation.

Les problèmes examinés dans la suite seront : peut-on obtenir des résultats plus précis de convergence de u_ε vers u, dans l'intérieur de Ω et au voisinage de Γ ? Nous commençons au Numéro suivant par un résultat simple de convergence à l'intérieur.

4. ESTIMATIONS A L'INTERIEUR.

4.1. Généralités.

Dans tous les exemples précédents, on peut se poser le problème suivant : si l'on suppose que u_ε et u sont dans un espace plus petit que V_b, soit W, quand a-t-on la convergence u_ε vers u dans W.

Comme on a déjà signalé, si l'on suppose que $u \in V_a$, alors on n'a pas (sauf peut-être si $K = V_a$ - on reviendra là-dessus) la convergence de u_ε vers u dans V_a ; c'est la difficulté de la couche limite dont l'étude fait l'objet des N°s 7 et suivants.

Pour étudier la convergence à l'intérieur on introduit les espaces $H^m_{loc}(\Omega)$ (loc = local) :

$$H^m_{loc}(\Omega) = \{v \mid v \in H^m(\mathcal{O}) \quad , \quad \forall \mathcal{O} \text{ ouvert de } \Omega, \ \bar{\mathcal{O}} \subset \Omega\}. \tag{4.1}$$

On munit cet espace des semi-normes :

$$v \longrightarrow \|v\|_{H^m(\mathcal{O})}$$

qui fait (en prenant, ce qui est loisible, une suite dénombrable d'ouverts $\mathcal{O}$) de $H^m_{loc}(\Omega)$ un espace de Fréchet.

La situation générale est alors : si les u_ε, u sont dans un espace $H^m_{loc}(\Omega)$, alors $u_\varepsilon \to u$ dans $H^m_{loc}(\Omega)$. ∎

Remarque 4.1.

Dans le cas de l'Exemple 3.3., il n'est pas vrai que u_ε et u soient dans un espace $H^m_{loc}(\Omega)$ avec $m > 1$ même en supposant la fonction f indéfiniment différentiable dans Ω (c'est évident sur (3.33)). ∎

4.2. Un résultat type.

Un ensemble B de $H^m_{loc}(\Omega)$ est borné si, $\forall \mathcal{O}$, il existe une constante C (dépendant de B et $\mathcal{O}$) telle que

$$\|v\|_{H^m(\mathcal{O})} \leqslant C \qquad \forall v \in B.$$

On a le :

Théorème 4.1. On suppose que u_ε est donné avec

(4.2) $$u_\varepsilon \to u \text{ dans } L^2_{loc}(\Omega),$$

(4.3) $$\varepsilon^{1/2} u_\varepsilon \in \text{borné de } H^1_{loc}(\Omega),$$

(4.4) $$-\varepsilon\Delta u_\varepsilon + u_\varepsilon \in \text{borné de } H^m_{loc}(\Omega).$$

Alors

(4.5) $$u_\varepsilon \to u \text{ dans } H^m_{loc}(\Omega),$$

(4.6) $$\varepsilon^{1/2} u_\varepsilon \text{ est borné dans } H^{m+1}_{loc}(\Omega).$$

Démonstration.

Il suffit de montrer que

(4.7) $$u_\varepsilon \text{ est borné dans } H^m_{loc}(\Omega)$$

et que (4.6) a lieu.

Montrons le résultat pour $m = 1$. Soit $\varphi \in \mathcal{D}(\Omega)$ choisie quelconque. Alors :

(4.8) $$-\varepsilon\Delta(\varphi u_\varepsilon) + \varphi u_\varepsilon = \varphi(-\varepsilon\Delta u_\varepsilon + u_\varepsilon) = 2\varepsilon \operatorname{grad}\varphi.\operatorname{grad}u_\varepsilon - \varepsilon(\Delta\varphi)u_\varepsilon =$$

$$= f_\varepsilon ,$$

où d'après (4.2)(4.3) et (4.4) avec $m = 1$:

$$\|f_\varepsilon\|_{L^2(\Omega)} \leqslant C \quad . \tag{4.9}$$

Posons $\varphi u_\varepsilon = v_\varepsilon$; on déduit de (4.8), en prenant le produit scalaire dans $L^2(\Omega)$ avec $-\Delta v_\varepsilon$ et en notant que v_ε est à support compact dans Ω :

$$\varepsilon\|\Delta v_\varepsilon\|^2_{L^2(\Omega)} + \int_\Omega |\text{grad } v_\varepsilon|^2 dx = \int_\Omega f_\varepsilon(-\Delta v_\varepsilon)\, dx \tag{4.10}$$

d'où l'on déduit, en utilisant (4.9), que

$$\int_\Omega |\text{grad} v_\varepsilon|^2\, dx \leqslant C \;,$$

$$\varepsilon \int_\Omega |\Delta v_\varepsilon|^2\, dx \leqslant C.$$

Comme $\int_\Omega |\Delta v_\varepsilon|^2\, dx \geqslant \gamma \|v_\varepsilon\|^2_{H^2(\Omega)}$, $\gamma > 0$, on en tire (4.6)(4.7) avec $m = 1$.

On en déduit le cas général par récurrence sur m , en notant que si

D = opérateur de dérivation du $1^{\underline{er}}$ ordre, on a :

$$-\varepsilon\Delta(Du_\varepsilon) + Du_\varepsilon \in \text{borné de } H^{m-1}_{loc}(\Omega) \tag{4.11}$$

et des propriétés pour Du_ε analogues à celles de u_ε. ∎

<u>Applications</u>.

Le Théorème 4.1 s'applique dans les situations des Exemples 3.1, 3.2, 3.4, 3.6. ∎

Remarque 4.2.

Le Théorème 4.1 est encore valable si $-\Delta$ est remplacé par un opérateur elliptique du $2^{\text{ème}}$ ordre à coefficients variables réguliers.■

Remarque 4.3.

Le Théorème 4.1 est valable avec les systèmes du $2^{\text{ème}}$ ordre, comme à l'Exemple 3.7. ■

Remarque 4.4.

De manière générale si l'on a un problème aux limites relatif à l'opérateur

$$\varepsilon\, A\, u_\varepsilon + B\, u_\varepsilon = f \tag{4.12}$$

où A (resp. B) est elliptique d'ordre 2m (resp. 2 m', m' < m), à coefficients réguliers, alors si $f \in H^k_{loc}(\Omega)$ on aura :

$$\left|\begin{array}{l} u_\varepsilon \in H^{k+2m}_{loc}(\Omega)\ , \quad u \in H^{k+2m'}_{loc}(\Omega) \text{ et} \\ \\ u_\varepsilon \to u \text{ dans } H^{k+2m'}_{loc}(\Omega)\ . \end{array}\right. \tag{4.13}$$

Cf. D. HUET [7], J. PEETRE [2] . ■

5. ESTIMATIONS AU BORD.

5.1. Estimation lorsque $u \in K$.

Théorème 5.1. On se place dans les hypothèses du Théorème 3.1 et l'on suppose que

(5.1) $$u \in K.$$

On a alors

(5.2) $$\|u_\varepsilon - u\|_b \leqslant C\, \varepsilon^{1/2}$$

(5.3) $$u_\varepsilon \longrightarrow u \text{ dans } V_a.$$

Démonstration.

On a les inéquations

(5.4) $$\varepsilon a(u_\varepsilon, v-u_\varepsilon) + b(u_\varepsilon, v-u_\varepsilon) \geqslant (f, v-u_\varepsilon) \qquad \forall\, v \in K,$$

(5.5) $$b(u, v-u) \geqslant (f, v-u) \qquad \forall\, v \in \bar{K}.$$

Grâce à (5.1) on peut prendre $v = u$ dans (5.4) ; on prend $v = u_\varepsilon$ dans (5.5) et on additionne ; posant $w_\varepsilon = u_\varepsilon - u$, il vient

$$-\varepsilon a(w_\varepsilon + u, w_\varepsilon) - b(w_\varepsilon, w_\varepsilon) \geqslant 0$$

d'où

(5.6) $$\varepsilon a(w_\varepsilon, w_\varepsilon) + b(u_\varepsilon, w_\varepsilon) \leqslant \varepsilon a(u, w_\varepsilon) \leqslant c\, \varepsilon \|w_\varepsilon\|_a .$$

On en déduit que : $\|u_\varepsilon - u\|_a \leqslant C$ et (5.2).

Par conséquent $u_\varepsilon \to u$ dans V_a faible. Mais l'on déduit de (5.6) que

$$a(w_\varepsilon,w_\varepsilon) \leqslant a(u,w_\varepsilon)$$

donc

$$\lim\ \sup.\ a(w_\varepsilon,w_\varepsilon) \leqslant 0$$

d'où (5.3). ∎

Application.

Dans le cas de l'Exemple 3.6 (Problème de Neumann), on a donc si $f \in H^1(\Omega)$: $u_\varepsilon \to u$ dans $H^1(\Omega)$. ∎

5.2. Estimation dans V_b lorsque $u \notin K$ (I).

On considère le problème de Dirichlet du N° 1.1. On va montrer le

Théorème 5.2. Soit u_ε la solution de (1.1). On suppose que $f \in H^1(\Omega)$. Alors, si $u = f$, on a :

(5.7) $$\|u_\varepsilon - u\|_{L^2(\Omega)} \leqslant C\, \varepsilon^{1/4}\, \|f\|_{H^1(\Omega)} .$$

Démonstration.

1) Si l'on suppose que $f \in H_0^1(\Omega)$ alors $u = f \in K$ et l'on a (Théorème 5.1) :

(5.8) $$\|u_\varepsilon - u\|_{L^2(\Omega)} \leqslant C\, \varepsilon^{1/2} \|f\|_{H^1(\Omega)} .$$

Si par ailleurs $f \in L^2(\Omega)$ alors on a seulement

(5.9) $$\|u_\varepsilon - u\|_{L^2(\Omega)} \leqslant C\, \|f\|_{L^2(\Omega)} .$$

On va en déduire (5.7) par interpolation. On admet un instant le

<u>Lemme 5.1</u> . <u>Tout élément</u> f <u>de</u> $H^1(\Omega)$ <u>peut se représenter</u> (<u>de manière non unique</u>) <u>sous la forme</u>

$$(5.10)\quad \left|\begin{array}{l} f = f_o(\lambda) + f_1(\lambda) \ , \quad f_o(\lambda) \in H^1(\Omega),\ f_1(\lambda) \in H_o^1(\Omega),\ \lambda \in [o,1] \\ \lambda \to f_o(\lambda) \text{ continue de } [o,1] \to L^2(\Omega),\ \|f_o(\lambda)\|_{L^2(\Omega)} \leqslant C\,\lambda^{\alpha}, \\ \lambda \to f_1(\lambda) \text{ continue de }]o,1[\to H_o^1(\Omega),\ \|f_1(\lambda)\|_{H^1(\Omega)} \leqslant C\,\lambda^{-\alpha}, \end{array}\right.$$

<u>où</u> $\alpha > 0$ (1).

2) On pose :

$$(5.11)\qquad u_\varepsilon - u = G_\varepsilon(f) \qquad ;$$

G_ε est un opérateur <u>linéaire</u> continu de $L^2(\Omega)$ dans $H^1(\Omega)$ et d'après (5.8) et (5.9) on a :

$$\|G_\varepsilon\|_{\mathcal{L}(L^2(\Omega);L^2(\Omega))} \leqslant C \ ,$$

$$\|G_\varepsilon\|_{\mathcal{L}(H_o^1(\Omega);L^2(\Omega))} \leqslant C\,\varepsilon^{1/2} \ .$$

Prenant $\lambda = \varepsilon$ dans (5.10), on en déduit que :

$$G_\varepsilon f = G_\varepsilon(f_o(\varepsilon)) + G_\varepsilon(f_1(\varepsilon))$$

et

$$(5.12)\qquad \|G_\varepsilon f\|_{L^2(\Omega)} \leqslant C\,\varepsilon^{\alpha} + C\,\varepsilon^{1/2-\alpha} \ .$$

---

(1) Changeant λ en λ^γ, $\gamma > 0$, on voit que l'on peut choisir $\alpha > 0$ <u>quelconque</u>.

Choisissant $\alpha = 1/4$, on en déduit (5.7) . ∎

Démonstration du Lemme 5.1.

Par utilisation de cartes locales, on se ramène au cas où

$$\Omega = \{ x \mid x_n > 0 \} .$$

On choisit alors $f_o(\lambda)$ par :

$$f_o(\lambda)(x) = f(x_1, \ldots, x_{n-1}, \lambda^{-1}x_n) , \lambda > 0 .$$

On a :

$$\|f_o(\lambda)\|_{L^2(\Omega)} = \|f\|_{L^2(\Omega)} \lambda^{1/2}$$

et

$$f_o(\lambda)\Big|_{x_n=0} = f\Big|_{x_n=0} \text{ ; donc}$$

$$f_1(\lambda) = f_o(\lambda) - f \in H_o^1(\Omega)$$

et

$$\|f_1(\lambda)\|_{H^1(\Omega)} \leqslant C \lambda^{-1/2} \|f\|_{H^1(\Omega)}$$

d'où le résultat. ∎

Remarque sur l'application de l'interpolation.

Il est plus simple (et, a priori, plus naturel) d'appliquer à l'opérateur G_ε la théorie de l'interpolation dans les espaces de Hilbert (cf. LIONS-MAGENES [1], Chap. 1, dont nous utilisons, sans les rappeler, les notations) ; on en déduit que :

(5.13) $G_\varepsilon \in \mathcal{L}([H_0^1(\Omega)\ ,\ L^2(\Omega)]_\theta\ ;\ L^2(\Omega))$, la norme de G_ε dans cet espace étant majorée par $C\,\varepsilon^{\frac{1-\theta}{2}}$.

Si $\theta < 1/2$, l'espace $[H_0^1(\Omega), L^2(\Omega)]_\theta = H_0^{1-\theta}(\Omega) =$

$= \{f|\ \ f \in H^{1-\theta}(\Omega)\ ;\ f = 0 \text{ sur } \Gamma\}$.

Si $\theta > 1/2$, $[H_0^1(\Omega),\ L^2(\Omega)]_\theta = H^{1-\theta}(\Omega)$ sans conditions aux limites. Donc en particulier :

(5.14) si $f \in H^{1/2}(\Omega)$ on a

$$\|u_\varepsilon - u\|_{L^2(\Omega)} \leqslant C\,\varepsilon^{1/4-\delta}\ ,\quad \delta > 0 \quad .$$

Si $\theta = 1/2$, l'espace $[H_0^1(\Omega),\ L^2(\Omega)]_{1/2}$ est formé d'éléments vérifiant une condition globale de croissance au bord de Ω (cf. LIONS-MAGENES, loc. cit.) ; on note cet espace $H_{00}^{1/2}(\Omega)$; on a donc :

(5.15) si $f \in H_{00}^{1/2}(\Omega)$ on a :

$$\|u_\varepsilon - u\|_{L^2(\Omega)} \leqslant C\,\varepsilon^{1/4}\ .$$

On obtient donc une estimation analogue à (5.7), f satisfaisant moins de conditions de régularité, mais par contre vérifiant des conditions au voisinage du bord, conditions qui sont évitées dans (5.7).

Des estimations du type de (5.14)(5.15) sont données dans GREENLEE [1] et A. FRIEDMAN [1](qui donne également des estimations valables dans les espaces de Sobolev sur L^p, $1 < p < \infty$).

5.3. Estimation dans V_b lorsque $u \notin K$ (II).

On prend maintenant la situation de l'Exemple 3.9. On va montrer le

Théorème 5.3 . Soit u_ε la solution de (3.49). Si l'on suppose que $f \in L^2(\Omega)$, on a :

(5.16) $$\|u_\varepsilon - u\|_{H^1(\Omega)} \leqslant C\,\varepsilon^{1/4}\|f\|_{L^2(\Omega)} .$$

Démonstration.

Le principe de la Démonstration est le même que celui du Théorème 5.2 mais avec des difficultés techniques supplémentaires .

Si $f \in H^{-1}(\Omega)$, on a :

(5.17) $$\|u_\varepsilon - u\|_{H^1(\Omega)} \leqslant C.$$

Si $f \in \Delta(H_o^2(\Omega))$, alors la solution u de (3.50) est dans $H_o^2(\Omega) = K$ et l'on a, d'après le Théorème 5.1 ,

(5.18) $$\|u_\varepsilon - u\|_{H^1(\Omega)} \leqslant C\,\varepsilon^{1/2} .$$

On aura donc le résultat désiré si l'on montre que tout $f \in L^2(\Omega)$ peut s'écrire :

(5.19) $$\left|\begin{array}{l} f = f_o(\lambda) + f_1(\lambda) \\ f_o(\lambda) \in H^{-1}(\Omega) \ , \ \|f_o(\lambda)\|_{H^{-1}(\Omega)} \leqslant C\,\lambda^{\alpha} , \\ f_1(\lambda) = \Delta(w(\lambda)), \ \ w(\lambda) \in H_o^2(\Omega) \ , \ \|w(\lambda)\|_{H_o^2(\Omega)} \leqslant C\,\lambda^{-\alpha}. \end{array}\right.$$

Mais comme Δ est un isomorphisme de $H^2(\Omega) \cap H_o^1(\Omega) \to L^2(\Omega)$ et de $H_o^1(\Omega)$ sur $H^{-1}(\Omega)$, on voit (en appliquant $(\Delta)^{-1}$ aux deux membres de l'égalité (5.19)) que tout revient à montrer le :

Lemme 5.2. Tout élément v de $H^2(\Omega) \cap H_0^1(\Omega)$ peut se représenter de façon non unique, sous la forme :

$$(3.20)\quad \left|\begin{array}{l} v = v_0(\lambda) + v_1(\lambda) , \\ v_0(\lambda) \in H^2(\Omega) \cap H_0^1(\Omega) , \quad \|v_0(\lambda)\|_{H_0^1(\Omega)} \leqslant C\,\lambda^{\alpha} , \\ v_1(\lambda) \in H_0^2(\Omega) , \quad \|v_1(\lambda)\|_{H^2(\Omega)} \leqslant C\,\lambda^{-\alpha} . \end{array}\right.$$

Démonstration.

On se ramène au cas où Ω est le demi espace $\{x \mid x_n > 0\}$. On choisit

$$(5.21)\quad v_0(\lambda)(x) = \lambda\, v(x_1, \ldots, x_{n-1}, \lambda^{-1}x_n) .$$

On vérifie sans peine que $\|v_0(\lambda)\|_{H^1(\Omega)} \leqslant C\,\lambda^{1/2}$. Comme v vérifie $v|_{x_n=0} = 0$, on a :

$$v_0(\lambda)|_{x_n=0} = 0$$

et

$$\left.\frac{\partial v_0(\lambda)}{\partial x_n}\right|_{x_n=0} = \left.\frac{\partial v}{\partial x_n}\right|_{x_n=0}$$

de sorte que :

$$v_1(\lambda) = v - v_0(\lambda) \in H_0^2(\Omega) .$$

Comme $\|v_1(\lambda)\|_{H^2(\Omega)} \leqslant C\,\lambda^{-\alpha}$, on en déduit le résultat. ∎

5.4. Estimations au bord lorsque $u \notin K$.

Le résultat qui suit est dû à L. TARTAR [2].

Théorème 5.4. On se place dans les hypothèses du Théorème 5.2.

On a :

(5.22) $$\sum_{i=1}^{n} \int_{d(x,\Gamma)\geqslant \varepsilon^{1/2+\alpha}} \left|\frac{\partial}{\partial x_i}(u_\varepsilon - u)\right|^2 dx \leqslant C \quad \|f\|^2_{H^1(\Omega)}$$

où

(5.23) $$d(x,\Gamma) = \text{distance de } x \text{ à } \Gamma$$

et où α est > 0 quelconque.

Démonstration.

Posons $u_\varepsilon - u = w$. On a :

(5.24) $$-\varepsilon \Delta u_\varepsilon + w = 0$$

et soit φ une fonction régulière dans $\bar{\Omega}$, nulle au bord, et qu'on choisira plus précisément plus loin.

Multipliant (5.24) par $\varphi^2 w$, on obtient l'identité

$$\varepsilon \int_\Omega \varphi^2 |\text{grad } w|^2 \, dx + \int_\Omega \varphi^2 \, w^2 \, dx =$$

$$= -\varepsilon \int_\Omega \varphi^2 \text{ grad } u.\text{grad } w \, dx - 2 \, \varepsilon \sum_{i=1}^{n} \int_\Omega \varphi \, \frac{\partial \varphi}{\partial x_i}\left(\frac{\partial u_\varepsilon}{\partial x_i}\right) w \, dx$$

$$\leqslant \varepsilon \left(\int_\Omega \varphi^2 |\text{grad } u|^2 dx\right)^{1/2} \left(\int_\Omega \varphi^2 |\text{grad } w|^2 dx\right)^{1/2} +$$

$$+ 2\varepsilon \sum_{i=1}^{n} \int_\Omega \frac{\partial \varphi}{\partial x_i} \frac{\partial u}{\partial x_i} \, w \, dx - 2\varepsilon \sum_{i=1}^{n} \int_\Omega \varphi \, \frac{\partial \varphi}{\partial x_i}\left(\frac{\partial w}{\partial x_i}\right) w \, dx \leqslant$$

$$\leqslant \varepsilon \left(\int_\Omega \varphi^2 |\text{grad } u|^2 dx\right)^{1/2} \left(\int_\Omega \varphi^2 |\text{grad } w|^2 \, dx\right)^{1/2} +$$

$$+ 2\varepsilon \left(\int_\Omega \varphi^2 |\text{grad } u|^2 dx\right)^{1/2} \left(\int_\Omega w^2 |\text{grad } \varphi|^2 \, dx\right)^{1/2} +$$

$$+ 2\varepsilon \left(\int_\Omega \varphi^2 |\text{grad } w|^2 dx\right)^{1/2} \left(\int_\Omega w^2 |\text{grad } \varphi|^2 \, dx\right)^{1/2} .$$

On désigne par la suite par c_o, c_1, ... des constantes convenables. On a donc :

$$(5.25) \quad \left| \begin{aligned} &\varepsilon \int_\Omega \varphi^2 |\text{grad } w|^2 dx + \int_\Omega \varphi^2 w^2 dx \leqslant c_o\, \varepsilon \int_\Omega \varphi^2 |\text{grad } u|^2 dx + \\ &\qquad + c_o\, \varepsilon \int_\Omega w^2 |\text{grad } \varphi|^2 \, dx. \end{aligned} \right.$$

Choisissons φ (on donnera un exemple plus loin de fonction φ) de façon que

$$(5.26) \qquad \varepsilon |\text{grad } \varphi|^2 \leqslant c_1 |\varphi|^2 + c_2\, \varepsilon^{1/2} \, , \; c_o\, c_1 < 1 \, .$$

Alors (5.25) donne

$$(5.27) \qquad \begin{aligned} &\varepsilon \int_\Omega \varphi^2 |\text{grad } w|^2 dx + (1 - c_o c_1) \int_\Omega \varphi^2 \, w^2 \, dx \leqslant \\ &\leqslant c_o \varepsilon \int_\Omega \varphi^2 |\text{grad } u|^2 dx + c_o c_2\, \varepsilon^{1/2} \int_\Omega w^2 \, dx. \end{aligned}$$

Mais nous savons (Théorème 5.2) que $\int_\Omega w^2 dx \leqslant c_3\, \varepsilon^{1/2} \|f\|^2_{H^1(\Omega)}$ de sorte que (5.27) donne

$$(5.28) \qquad \varepsilon \int_\Omega \varphi^2 |\text{grad } w|^2 dx + (1 - c_o c_1) \int_\Omega \varphi^2 \, w^2 \, dx \leqslant c_4 \varepsilon \, \|f\|^2_{H^1(\Omega)} \, .$$

Par conséquent

$$(5.29) \qquad \int_\Omega \varphi^2 |\text{grad}(u_\varepsilon - u)|^2 dx \leqslant c_4 \, \|f\|^2_{H^1(\Omega)} \, .$$

On va montrer que l'on peut choisir φ de façon que (5.26) ait lieu et que

$$(5.30) \qquad \varphi = 1 \quad \text{si} \quad d(x,\Gamma) \geqslant \varepsilon^{1/2-\alpha} \, , \; \alpha > 0 \text{ fixé } (<1/2).$$

Alors (5.29) entraîne (5.22).

On choisit

$$(5.31)\quad \left|\begin{array}{l} \varphi(x) = \min\left[\,1, \quad \varepsilon^{1/4}\left(\exp\left(\frac{\mu\, d(x,\Gamma)}{\sqrt{\varepsilon}}\right) - 1\right]\right., \\ \mu \text{ à déterminer.}\end{array}\right.$$

On a (5.30) dès que $\exp\left(\frac{\mu\, d(x,\Gamma)}{\sqrt{\varepsilon}}\right) - 1 \geqslant \varepsilon^{-1/4}$

donc dès que $d(x,\Gamma) \geqslant F(\varepsilon)$, où F croît plus vite que $\sqrt{\varepsilon}$ et moins vite que $\varepsilon^{1/2-\alpha}$ au voisinage de 0. Pour $d(x,\Gamma) \leqslant F(\varepsilon)$, on a :

$$\frac{\partial\varphi}{\partial x_i} = \mu \frac{\partial\, d(x,\Gamma)}{\partial x_i} \frac{1}{\sqrt{\varepsilon}}\, \varepsilon^{1/4} \exp\left(\frac{\mu d(x,\Gamma)}{\sqrt{\varepsilon}}\right) =$$

$$= \mu \frac{\partial d(x,\Gamma)}{\partial x_i} \frac{1}{\sqrt{\varepsilon}} (\varphi + \varepsilon^{1/4}) \quad \text{d'où}$$

$$\varepsilon\, |\mathrm{grad}\, \varphi|^2 = \mu^2(\varphi + \varepsilon^{1/4})^2\, |\mathrm{grad}\, d(x,\Gamma)|^2$$

$$\leqslant \mu^2(\varphi + \varepsilon^{1/4})^2$$

d'où (5.26) en choisissant μ assez petit . ■

<u>Remarque 5.1</u>

Les estimations données dans ce Numéro ne peuvent pas être (essentiellement) améliorées ; on pourra vérifier cela sur l'exemple élémentaire suivant ; prenant $\Omega =]0,\infty[$ et u_ε solution de

$$(5.32)\qquad -\varepsilon \frac{d^2u_\varepsilon}{dx^2} + u_\varepsilon = e^{-x},\ x \in \Omega\ , \quad u_\varepsilon(0) = 0\ ,$$

on a :

$$(5.33)\qquad u_\varepsilon = \frac{1}{1-\varepsilon}\, e^{-x} - \frac{1}{1-\varepsilon} \exp\left(-\frac{x}{\sqrt{\varepsilon}}\right)\ , \qquad u = e^{-x}\ .$$ ■

5.5 Un problème lorsque le bord est de dimension $< n-1$.

Nous considérons un ouvert Ω de R^n , $n \leq 3$, dont la frontière est :

$$\Gamma = \{\Gamma_o\} \cup \Gamma_1 \text{ , } \Gamma_o = \text{point (cf.Fig.1)}$$

contenu dans l'ouvert Ω_1 de frontière Γ_1.

Nous prenons (cf. Exemple 3.9)

$$V_a = \{v \mid v \in H^2(\Omega) \text{ , } v|_{\Gamma_1} = 0\} \text{ ,}$$

$$V_b = H_o^1(\Omega) \text{ ,}$$

$$K = H_o^2(\Omega)$$

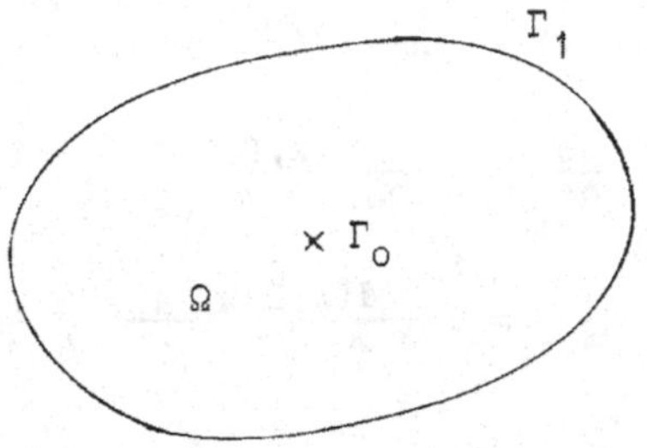

Fig. 1

et $a(u,v)$, $b(u,v)$ comme dans l'Exemple 3.9. On a :

$$K = \{v \mid v \in H^2(\Omega) \text{ , } v = \frac{\partial v}{\partial \nu} = 0 \text{ sur } \Gamma_1, \ v(\Gamma_o)=0 \}^{(1)} . \tag{5.34}$$

Le problème est donc :

$$\left| \begin{aligned} & \varepsilon\Delta^2 u_\varepsilon - \Delta u_\varepsilon = f \quad \text{dans } \Omega \text{ ,} \\ & u_\varepsilon = \frac{\partial u_\varepsilon}{\partial \nu} = 0 \quad \text{sur } \Gamma_1, \quad u_\varepsilon = 0 \text{ sur } \Gamma_o \text{ .} \end{aligned} \right. \tag{5.35}$$

L'espace $H_o^1(\Omega)$ s'identifie à $H_o^1(\Omega_1)$ de sorte que le problème limite ne fait pas intervenir Γ_o :

$$\left| \begin{aligned} & -\Delta u = f \quad \text{dans } \Omega_1, \\ & u = 0 \quad \text{sur } \Gamma_1 \text{ .} \end{aligned} \right. \tag{5.36}$$

Le Théorème 5.1 s'applique si $f \in \Delta(H_o^2(\Omega))$.

---

(1) Les fonctions de $H^2(\Omega)$ sont continues dans $\overline{\Omega}$ si $\frac{1}{2} - \frac{2}{n} < 0$, i.e. $n \leq 3$. On peut alors définir $v(\Gamma_o)$.

On va montrer le

Théorème 5.5 . Soit u_ε(resp.u) la solution de (5.35)(resp.(5.36)). On suppose que $n = 3$. Alors, si $f \in L^2(\Omega)$, on a (5.16).

Démonstration.

Tout revient à montrer l'analogue du Lemme 5.2. Par cartes locales, tout se ramène au cas où $\Omega = \complement\{0\}$. On a donc $v \in H^2(\Omega)$, $v(o) \neq 0$ et l'on veut représenter v sous la forme :

$$v = v_o(\lambda) + v_1(\lambda) \quad , \quad v_1(\lambda)(o) = 0.$$

On prend pour cela

$$v_o(\lambda) = v(\lambda^{-1}x)$$

Alors $\|v_o(\lambda)\|_{H^1(\Omega)} \leqslant \lambda^{\frac{n-2}{2}}$ si n est la dimension de l'espace (en fait $n = 3$) et $\|v_1(\lambda)\|_{H^2(\Omega)} \leqslant C\,\lambda^{\frac{n-4}{2}}$

Si donc $n = 3$ on a les majorations désirées. ∎

Le cas "$n = 2$" semble ouvert.

5.6. Remarques et Orientation.

Remarque 5.2.

Plaçons nous dans la situation du N° 3.3. Soit u_ε(resp.u) la solution de (3.21)(resp.(3.24)). Faisons les hypothèses :

(5.37) $$u \in V_a ,$$

(5.38) $$|j_a(v) - j_a(w)| \leqslant C\,\|v-w\|_a .$$

On a alors (5.2) et (5.3).

En effet, prenant $v = u$ (resp. $v = u_\varepsilon$) dans (3.21)(resp.(3.24)) en additionnant, il vient, en posant $u_\varepsilon - u = w_\varepsilon$:

$$\varepsilon a(w_\varepsilon, w_\varepsilon) + b(w_\varepsilon, w_\varepsilon) \leqslant -\varepsilon a(u, w_\varepsilon) + \varepsilon[j_a(u) - j_a(u_\varepsilon)] \leqslant$$

$$\leqslant C\,\varepsilon\,\|w_\varepsilon\|_a \text{ d'après (5.38),}$$

d'où le résultat. ∎

Remarque 5.3.

Prenons :

$$V_a = H^1(\Omega) \quad , \qquad V_b = L^2(\Omega) \quad ,$$

$$K = \{v \mid v \in H_0^1(\Omega) \ , \ |\operatorname{grad} v(x)| \leqslant 1 \ \text{ p.p. dans } \Omega\},$$

a et b étant donnés par (1.3)(1.4), $f \in L^2(\Omega)$.

Dans ce cas (qui intervient dans les applications de la Mécanique, cf. DUVAUT-LIONS [2])comme K est un convexe fermé <u>borné</u> de $H_0^1(\Omega)$ on a :

(5.39) $$u_\varepsilon \to u \text{ dans } H_0^1(\Omega) \text{ faible}$$

et <u>il n'y a pas</u> de phénomène de couche limite. ∎

Orientation.

On va maintenant voir par quoi on peut "corriger" $u_\varepsilon - u$ de manière à avoir convergence vers 0 <u>dans</u> V_a . ∎

6. CORRECTEURS D'ORDRE 0 .

6.1. Définitions.

On reprend l'inéquation "générale"

(6.1) $\varepsilon a(u_\varepsilon, v-u_\varepsilon) + b(u_\varepsilon, v-u_\varepsilon) \geqslant (f, v-u_\varepsilon) \ \forall v \in K, \ u_\varepsilon \in K$

et l'on fait l'hypothèse

(6.2) $\bar{K} = V_b$ [1]. ∎

Remarque 6.1 .

L'hypothèse (6.2) est satisfaite dans le cas des Exemples 3.1, 3.2, 3.6 à 3.9. ∎

Alors "l'inéquation limite" est (cf. Remarque 3.4)

(6.3) $b(u,v) = (f,v) \qquad \forall v \in V_b$. ∎

On fait l'hypothèse [2]

(6.4) $u \in V_a$.

On se donne des éléments $g_{\varepsilon 1}$ et $g_{\varepsilon 2}$ de V'_a et V'_b respectivement qui vérifient

---

[1] Le cas où cette hypothèse n'a pas lieu est étudié au N° 6.3 ci-après.

[2] Cf. le N° 10 ci-après si cette hypothèse n'a pas lieu.

(6.5) $\quad |(g_{\varepsilon 1}, v)| \leq \varphi_1(\varepsilon) \, \|v\|_a \quad \forall\, v \in K-K \,,\ 0 \leq \varphi_1(\varepsilon) \leq M \,,$

(6.6) $\quad |(g_{\varepsilon 2}, v)| \leq \varphi_2(\varepsilon) \, \|v\|_b \quad \forall\, v \in K-K \,,\ 0 \leq \varphi_2(\varepsilon) \leq M.$

On dit que θ_ε est un correcteur (d'ordre 0) si :

(6.7) $\quad \theta_\varepsilon \in K - u$ [1] ,

(6.8)
$$\left| \begin{array}{l} \varepsilon a(\theta_\varepsilon, \varphi-\theta_\varepsilon) + b(\theta_\varepsilon, \varphi-\theta_\varepsilon) \geq (\varepsilon g_{\varepsilon 1} + \varepsilon\, g_{\varepsilon 2}, \varphi-\theta_\varepsilon) \\ \forall\, \varphi \in K-u. \end{array} \right.$$
■

Remarque 6.2.

L'inéquation (6.8) admet une solution unique une fois $g_{\varepsilon 1}$ et $g_{\varepsilon 2}$ choisis, ce qui peut être fait d'une infinité de manières. En fait les $g_{\varepsilon i}$ seront choisis dans les exemples de manière à rendre les calculs les moins compliqués possibles. ■

Remarque 6.3 .

Si l'on considère l'inéquation

(6.9)
$$\varepsilon a(u_\varepsilon, v-u_\varepsilon) + b(u_\varepsilon, v-u_\varepsilon) + \varepsilon(j_a(v)-j_a(u_\varepsilon)) \geq (f, v-u_\varepsilon) \qquad \forall\, v \in V_a \,,$$

le problème limite (lorsque $\varepsilon \to 0$) est encore (6.3).

On remplace alors (6.3) par

(6.10)
$$\left| \begin{array}{l} \theta_\varepsilon \in V_a \,, \\ \varepsilon a(\theta_\varepsilon, \varphi-\theta_\varepsilon) + b(\theta_\varepsilon, \varphi-\theta_\varepsilon) + \varepsilon(j_a(\varphi+u) - j_a(\theta_\varepsilon+u)) \geq \\ \qquad \geq (\varepsilon g_{\varepsilon 1} + \varepsilon^{1/2} g_{\varepsilon 2}, \varphi-\theta_a) \quad \forall\, \varphi \in V_a, \end{array} \right.$$

où $g_{\varepsilon 1}$ et $g_{\varepsilon 2}$ satisfont encore à (6.5)(6.6).

---

[1] $K-u$ est un ensemble convexe fermé (non vide) de V_a.

On a encore le même résultat que ci-après, avec une démonstration analogue.

Dans le cas de l'inéquation (3.21bis), toujours avec l'hypothèse que $u \notin V_a$, on introduira θ_ε comme en (6.10) en remplaçant $\varepsilon\, j_a$ par j_a. ∎

6.2. Estimations avec les correcteurs d'ordre 0.

Théorème 6.1. On se place dans les hypothèses du Théorème 3.1 et on suppose en outre que (6.2)(6.4)...(6.8) ont lieu. Alors

$$u_\varepsilon - (u+\theta_\varepsilon) \longrightarrow 0 \quad \text{dans } V_a \text{ faible} \tag{6.11}$$

$$\|u_\varepsilon - (u+\theta_\varepsilon)\|_b \leq C\, \varepsilon^{1/2}. \tag{6.12}$$

Remarque 6.4 .

Si $u \in K$ on peut prendre $\theta_\varepsilon = 0$. On retrouve alors le Théorème 5.1.[1]. ∎

Démonstration.

On pose :

$$w_\varepsilon = u_\varepsilon - (u+\theta_\varepsilon). \tag{6.13}$$

On note que

$$w_\varepsilon \in K\text{-}K\ . \tag{6.14}$$

On prend $v = u+\theta_\varepsilon$ dans (6.1), $v = w_\varepsilon$ dans (6.3) et $\varphi = u_\varepsilon - u (\in K-u)$ dans (6.8). Additionnant, il vient :

$$\varepsilon a(w_\varepsilon, w_\varepsilon) + b(w_\varepsilon, w_\varepsilon) \leq -\varepsilon a(u, w_\varepsilon) - (\varepsilon g_{\varepsilon 1} + \sqrt{\varepsilon}\, g_{\varepsilon 2}, w_\varepsilon)\ . \tag{6.15}$$

---

(1) Cf. le Théorème 6.2 pour la convergence forte dans V_a.

D'après (6.5)(6.6) et la Remarque (6.14), le deuxième membre de (6.15) est majoré par $C_\varepsilon(\|u\|_a + \varphi_1(\varepsilon))\ \|w_\varepsilon\|_a + \sqrt{\varepsilon}\ \varphi_2(\varepsilon)\ \|w_\varepsilon\|_b$. Donc

$$\varepsilon\|w_\varepsilon\|_a^2 + \|w_\varepsilon\|_b^2 \leq C\ \varepsilon\ (\|u\|_a^2 + \varphi_1(\varepsilon)^2 + \varphi_2(\varepsilon)^2)$$

d'où $\|w_\varepsilon\|_a \leq C$, et (6.12).

On peut extraire alors une suite, encore notée w_ε, telle que w_ε converge dans V_a faible et cette limite est nécessairement 0 d'après (6.12). ∎

On peut complèter le Théorème 6.1 par le :

<u>Théorème 6.2.</u> <u>On suppose que l'on est dans les conditions du Théorème</u> 6.1 <u>et en outre que</u>

(6.16) $(g_{\varepsilon 1}, v) \to 0$ uniformément pour $v \in K-K$, $\|v\|_a \leq 1$,

(6.17) $(g_{\varepsilon 2}, v) \to 0$ uniformément pour $v \in K-K$, $\|v\|_b \leq 1$.

<u>Alors</u> :

(6.18) $u_\varepsilon - (u+\theta_\varepsilon) \to 0$ <u>dans</u> V_a <u>fort</u>,

(6.19) $\varepsilon^{-1/2}[u_\varepsilon - (u+\theta_\varepsilon)] \to 0$ <u>dans</u> V_b <u>fort</u>

<u>Démonstration</u> .

Conséquence immédiate de (6.15) divisé par ε et des hypothèses ∎

6.3. <u>Correcteurs lorsque</u> K <u>n'est pas dense dans</u> V_b.

Lorsque K n'est pas dense dans V_b, il existe un "<u>multiplicateur</u>" $m \in V_b'$ tel que

(6.20) $$b(u,v) + (m,v) = (f,v) \qquad \forall\ v \in V_b.$$

Cet élément m (non unique) appartient au sous-différentiel de la fonction indicatrice de $\overline{K}$ (i.e. $+\infty$ hors de $\overline{K}$, 0 sur K).

On a alors des résultats analogues aux précédents, pourvu de définir le correcteur (d'ordre 0) θ_ε par

$$(6.21)\quad \left|\begin{array}{l} \theta_\varepsilon \in K-u , \\ \varepsilon a(\theta_\varepsilon,\varphi-\theta_\varepsilon) + b(\theta_\varepsilon,y-\theta_\varepsilon) \geqslant (\varepsilon g_{\varepsilon 1} + \sqrt{\varepsilon}\, g_{\varepsilon 2}, \varphi-\theta_\varepsilon) + (m,\varphi-\theta_\varepsilon) \\ \forall\ \varphi \in K-u . \end{array}\right.$$

Cf. LIONS [5].

6.4. Orientation.

Le problème principal est évidemment maintenant de donner des procédés de calcul de correcteurs. C'est l'objet des deux Numéros suivants.

7. CALCULS DE CORRECTEURS D'ORDRE 0 (I).

7.1 Problème de Dirichlet.

Considérons sur $V_a = H^1(\Omega)$ la forme

(7.1) $$a(u,v) = \sum_{i,j=1}^{n} \int_\Omega a_{ij}(x) \frac{\partial u}{\partial x_j}(x) \frac{\partial v}{\partial x_i}(x)\, dx \,,$$

où $a_{ij} \in C^2(\bar{\Omega})$, $\sum_{i,j=1}^{n} a_{ij}(x)\, \xi_i \xi_j \geq \alpha \sum_{i=1}^{n} \xi_i^2$, $\alpha > 0$, $\xi_i \in \mathbb{R}$.

On prend $V_b = L^2(\Omega)$ et

(7.2) $$b(u,v) = \int_\Omega b\, uv\, dx \,, \quad b(x) \geq \beta > 0 \text{ dans } \Omega, \; b \in C^1(\bar{\Omega}),$$

et $$K = H_0^1(\Omega) \,.$$

On a alors comme problème limite

(7.3) $$bu = f$$

de sorte que si $f \in H^1(\Omega)$ alors $u = \frac{1}{b} f \in H^1(\Omega)$.

Un correcteur θ_ε est donné par (on applique la théorie générale en tenant compte de ce que K est un sous espace de V_o) :

(7.4) $$\varepsilon a(\theta_\varepsilon, \varphi) + b(\theta_\varepsilon, \varphi) = (\varepsilon g_{\varepsilon 1} + \sqrt{\varepsilon}\, g_{\varepsilon 2}, \varphi) \qquad \forall\, \varphi \in K \,,$$

(7.5) $$\theta_\varepsilon + u = 0 \text{ sur } \Gamma \,,$$

et il faut

(7.6) $$|(g_{\varepsilon 1}, \varphi)| \leq C \,\|\varphi\|_a \,, \quad |(g_{\varepsilon 2}, \varphi)| \leq C \,\|\varphi\|_b \qquad \forall\, \varphi \in K.$$

Lemme 7.1. Tout correcteur θ_ε vérifie

(7.7) $$\|\theta_\varepsilon\|_b \leq C , \quad \varepsilon^{1/2}\|\theta_\varepsilon\| \leq C .$$

Démonstration.

Cela est une conséquence du Théorème 6.1. ■

Lemme 7.2. Soit M une fonction $\in C^1(\bar{\Omega})$ telle que

(7.8) $$M = 1 \text{ sur } \Gamma .$$

Si θ_ε est un correcteur, alors $M\theta_\varepsilon$ est aussi un correcteur.

Démonstration.

On a évidemment $M\theta_\varepsilon = \theta_\varepsilon$ sur Γ donc encore l'analogue de (7.5). On a par ailleurs

$$\varepsilon a(M\theta_\varepsilon,\varphi) + b(M\theta_\varepsilon,\varphi) = \varepsilon a(\theta_\varepsilon, M\varphi) + b(\theta_\varepsilon, M\varphi) +$$

$$+\varepsilon \sum_{i,j=1}^{n} \int_\Omega a_{ij}\theta_\varepsilon \frac{\partial M}{\partial x_j} \frac{\partial \varphi}{\partial x_i} dx - \varepsilon \sum_{i,j=1}^{n} \int_\Omega a_{ij}\frac{\partial \theta_\varepsilon}{\partial x_j} \frac{\partial M}{\partial x_i} \varphi \, dx =$$

$$= (\varepsilon g_{\varepsilon 1} + \sqrt{\varepsilon}\, g_{\varepsilon 2}, M\varphi) + \varepsilon X_\varepsilon - \varepsilon^{1/2} Y_\varepsilon ,$$

$$X_\varepsilon = \sum_{i,j=1}^{n} \int_\Omega a_{ij}\, \theta_\varepsilon \frac{\partial M}{\partial x_j} \frac{\partial \varphi}{\partial x_i} dx ,$$

$$Y_\varepsilon = - \varepsilon^{1/2} \sum_{i,j=1}^{n} \int_\Omega a_{ij} \frac{\partial \theta_\varepsilon}{\partial x_j} \frac{\partial M}{\partial x_i} \varphi \, dx.$$

et,

Alors, d'après (7.7), $|X_\varepsilon| \leq C \|\varphi\|_a$, $|Y_\varepsilon| \leq C \|\varphi\|_b$

d'où le résultat. ■

Application.

Il suffit donc de prendre M à support dans un voisinage arbitrairement petit (fixé une fois pour toutes) de Γ et vérifiant (7.8).

On peut par conséquent se placer dans un voisinage $\mathcal{B}$ de Γ, (partie hachurée sur Fig. 2) et il suffit évidemment de calculer un correcteur dans chaque composante connexe de $\mathcal{B}$.

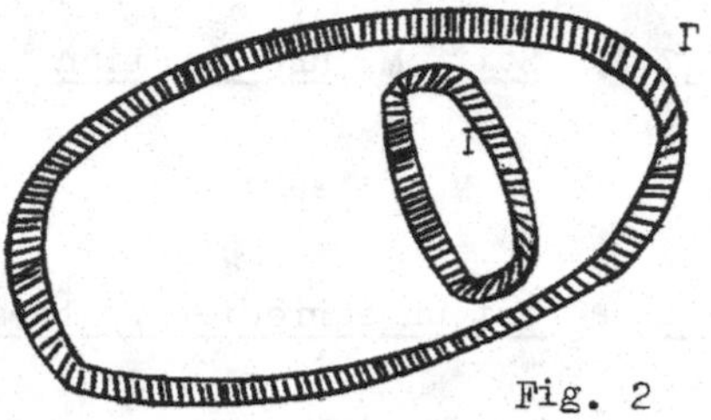

Fig. 2

Une telle composante étant choisie, et dénotée encore par $\mathcal{B}$, on prend dans $\mathcal{B}$ un champ de dérivation Λ du 1er ordre, normal à Γ et (n-1) champs de dérivations $T_1, \ldots, T_{n-1}$ du 1er ordre, tangentiels à Γ. Λ, $T_1, \ldots, T_{n-1}$ engendrant toutes les dérivations du 1er ordre.

On introduit

$$
(7.9)\quad \left| \begin{aligned} a^{\mathcal{B}}(u,v) &= \sum_{i,j=1}^{n} \int_{\mathcal{B}} a_{ij}(x) \frac{\partial u}{\partial x_j} \frac{\partial v}{\partial x_i} dx , \\ b^{\mathcal{B}}(u,v) &= \int_{\mathcal{B}} b\, u\, v\, dx , \end{aligned} \right.
$$

le problème étant de calculer Ψ_ε de façon que

$$
(7.10)\qquad \varepsilon a^{\mathcal{B}}(\Psi_\varepsilon, \varphi) + b^{\mathcal{B}}(\Psi_\varepsilon, \varphi) = (\varepsilon g_{\varepsilon 1} + \sqrt{\varepsilon}\, g_{\varepsilon 2}, \varphi) \quad \forall\, \varphi \in H_0^1(\mathcal{B}) ,
$$

$$
(7.11)\qquad \Psi_\varepsilon + u = 0 \quad \text{sur } \Gamma
$$

et par exemple $\Psi_\varepsilon = 0$ sur $\partial\mathcal{B} - \Gamma$; [on prendra ensuite $\theta_\varepsilon = M\Psi_\varepsilon$, $M = 1$ au voisinage de Γ, $M = 0$ au voisinage de $\partial\mathcal{B} - \Gamma$], où les $g_{\varepsilon 1}$ vérifient les conditions habituelles.

On décompose maintenant $a^{\mathcal{B}}$ en sa partie "normale" et sa partie "tangentielle". On peut écrire :

(7.12) $$a^{\mathcal{B}}(u,v) = a_{\Lambda}(u,v) + a_{T}(u,v) ,$$

(7.13) $$a_{\Lambda}(u,v) = \int_{\mathcal{B}} \alpha(x) \, \Lambda u \, \Lambda v \, dx , \quad \alpha(x) \geqslant \alpha > 0 , \quad \alpha \in \mathcal{C}^1(\bar{\Omega})$$

(7.14) $$a_{T}(u,v) = \int_{\mathcal{B}} \left[\sum_{i,j=1}^{n} \alpha_{ij}(x) \, T_j u \, T_i v + \sum_{i=1}^{n} \alpha_i(x) T_i u \, \Lambda v + \sum_{i=1}^{n} \bar{\alpha}_i(x) \, \Lambda u \, T_i v \right] dx.$$

On désigne, $\forall x \in \mathcal{B}$, par $P(x)$ le premier point de rencontre de la caractéristique du champ Λ issue de x et l'on pose

(7.15) $$\bar{a}_{\Lambda}(u,v) = \int_{\mathcal{B}} \alpha(P(x)) \, \Lambda u \, \Lambda v \, dx,$$

(7.16) $$\bar{b}\,(u,v) = \int_{\mathcal{B}} b(P(x)) \, u \, v \, dx.$$

On <u>définit</u> alors Ψ_ε par

(7.17) $$\varepsilon \bar{a}_{\Lambda}(\Psi_\varepsilon, \varphi) + \bar{b}(\Psi_\varepsilon, \varphi) = 0 \qquad \forall \varphi \in H_0^1(\mathcal{B}) ,$$

(7.18) $$\Psi_\varepsilon + u = 0 \text{ sur } \Gamma , \ \Psi_\varepsilon = 0 \text{ sur } \partial\mathcal{B} - \Gamma \ ^{(1)} .$$

On va démontrer le :

<u>Théorème 7.1</u> . <u>Si</u> $f|_\Gamma \in H^1(\Gamma)$, <u>la fonction</u> Ψ_ε <u>donnée par</u> (7.17) <u>est un correcteur</u>.

<u>Remarque 7.1</u>

L'équation (7.17) est une équation différentielle à coefficients

---

(1) Ou toute autre condition aux limites sur $\partial\mathcal{B}-\Gamma$.

constants sur chaque caractéristique issue de $P(x)$.

Si l'on choisit Λ de manière que les caractéristiques soient les normales à Γ, on peut prendre

$$(7.19) \qquad \Psi_\varepsilon(x) = - u(P(x)) \exp\left(- \frac{d(x,\Gamma)}{\sqrt{\varepsilon}} \sqrt{\frac{b(P(x))}{\alpha(P(x))}}\right) . \qquad \blacksquare$$

Démonstration du Théorème 7.1.

1) Dans le système (7.7), $P(x)$ joue le rôle de paramètre. Si donc $f|_\Gamma \in H^1(\Gamma)$ alors $u|_\Gamma = \frac{f}{b}|_\Gamma \in H^1(\Gamma)$ et en dérivant par rapport aux paramètres, on trouve que :

(7.20) $T_j \Psi_\varepsilon$ demeure dans un borné de $L^2(\mathcal{B})$, $1 \leqslant j \leqslant n-1$.

2) On doit calculer :

$$(7.21) \qquad m_\varepsilon = \varepsilon\, a^{\mathcal{B}}(\Psi_\varepsilon, \varphi) + b^{\mathcal{B}}(\Psi_\varepsilon, \varphi)$$

On écrit :

$$m_\varepsilon = X_\varepsilon + Y_\varepsilon + Z_\varepsilon ,$$

$$X_\varepsilon = \varepsilon[a_\Lambda(\Psi_\varepsilon, \varphi) - \bar{a}_\Lambda(\Psi_\varepsilon, \varphi)],$$

$$Y_\varepsilon = b(\Psi_\varepsilon, \varphi) - \bar{b}(\Psi_\varepsilon, \varphi) ,$$

$$Z_\varepsilon = \varepsilon\, a_T(\Psi_\varepsilon, \varphi) .$$

Admettons un instant le

Lemme 7.3 . On a, si $d(x,\Gamma)$ = distance de x à Γ :

$$(7.22) \qquad \int_{\mathcal{B}} d^2(x) |\Lambda \Psi_\varepsilon|^2 \, dx \leqslant C , \quad \int_{\mathcal{B}} d^2(x) |\Psi_\varepsilon|^2 \, dx \leqslant C\varepsilon.$$

Alors :

$$X_\varepsilon = \varepsilon \int_{\mathcal{B}} [\alpha(x)-\alpha(P(x))]\ \Lambda\ \Psi_\varepsilon\ \Lambda\varphi\ dx \quad \text{donne}$$

(7.23) $$|X_\varepsilon| \leq C\ \varepsilon \int_{\mathcal{B}} d(x,\Gamma)|\Lambda\ \Psi_\varepsilon||\Lambda\varphi|\ dx \leq C\ \varepsilon\ \|\varphi\|_a \ \text{(d'après (7.22))}.$$

Ensuite

$$Y_\varepsilon = \int_{\mathcal{B}} [b(x)-b(P(x))]\ \Psi_\varepsilon\ \varphi\ dx \quad \text{donne}$$

(7.24) $$|Y_\varepsilon| \leq C \int_{\mathcal{B}} d(x,\Gamma)|\Psi||\varphi|\ dx \leq C\sqrt{\varepsilon}\ \|\varphi\|_b \ \text{(d'après (7.22))}.$$

Enfin, d'après (7.20), on a :

(7.25) $$|Z_\varepsilon| \leq C\ \ \varepsilon\ \|\varphi\|_a\ .$$

Des estimations (7.23)(7.24)(7.25) on déduit (7.10), d'où le Théorème. ∎

<u>Démonstration du Lemme 7.3.</u>

On prend dans (7.17) $\varphi = d^2\Psi_\varepsilon$, $d = d(x,\Gamma)$, ce qui est loisible. Il vient :

$$\varepsilon \int_{\mathcal{B}} \alpha(P(x))d^2|\Lambda\Psi_\varepsilon|^2dx+2\varepsilon \int_{\mathcal{B}} \alpha(P(x))d(\Lambda d)(\Lambda\Psi_\varepsilon)\ \Psi_\varepsilon\ dx+\int_{\mathcal{B}} b(P(x))d^2\Psi_\varepsilon^2dx=0$$

d'où :

(7.26) $$\varepsilon \int_{\mathcal{B}} d^2(\Lambda\Psi_\varepsilon)^2dx+\int_{\mathcal{B}} d^2\Psi_\varepsilon^2\ dx \leq C\ \varepsilon\left(\int_{\mathcal{B}} d^2(\Lambda\Psi_\varepsilon)^2dx\right)^{1/2}\left(\int_{\mathcal{B}} \Psi_\varepsilon^2dx\right)^{1/2} .$$

Mais $\int_{\mathcal{B}} \Psi_\varepsilon^2\ dx \leq C$, d'où (7.22). ∎

7.2. Correcteur d'ordre 0 pour des problèmes d'inéquations.

On prend V_a, V_b, a et b comme au N° 7.1 et

$$K = \{v \mid v \in H^1(\Omega),\ h_o \leqslant v \leqslant h_1 \text{ sur } \Gamma\}, \tag{7.27}$$

h_o et h_1 deux fonctions données sur Γ, $h_o \leqslant h_1$ p.p. sur Γ.

Si l'on pose

$$A\varphi = -\sum_{i,j=1}^{n} \frac{\partial}{\partial x_i}\left(a_{ij}(x) \frac{\partial \varphi}{\partial x_j}\right), \quad B\varphi = b(x)\varphi, \tag{7.28}$$

le problème correspondant est :

$$\varepsilon A u_\varepsilon + B u_\varepsilon = f \text{ dans } \Omega, \tag{7.29}$$

$$\left[\begin{array}{l} h_o < u_\varepsilon < h_1 \Rightarrow \dfrac{\partial u_\varepsilon}{\partial \nu_A} = 0, \ (^1) \\ u_\varepsilon = h_1 \Rightarrow \dfrac{\partial u_\varepsilon}{\partial \nu_A} \leqslant 0, \\ u_\varepsilon = h_o \Rightarrow \dfrac{\partial u_\varepsilon}{\partial \nu_A} \geqslant 0. \end{array}\right. \tag{7.30}$$

Un correcteur Ψ_ε se définit comme au N° 7.1, par

$$\left|\begin{array}{l} \varepsilon\, \bar{a}_\Lambda(\Psi_\varepsilon, \varphi-\Psi_\varepsilon) + \bar{b}(\Psi_\varepsilon, \varphi-\Psi_\varepsilon) \geqslant 0 \quad \forall\ \varphi \text{ tel que} \\ h_o \leqslant \varphi + u \leqslant h_1 \text{ sur } \Gamma. \end{array}\right. \tag{7.31}$$

On obtient donc, si $x_n = d(x,\Gamma)$ (cf. Remarque 7.1)

$$-\varepsilon\, \alpha(P(x)) \frac{d^2\Psi_\varepsilon}{dx_n^2} + b(P(x))\, \Psi_\varepsilon = 0, \tag{7.32}$$

---

(1) $\dfrac{\partial}{\partial \nu_A} = \sum_{i,j} a_{ij} \dfrac{\partial}{\partial x_j} \cos(\nu, x_i)$.

$$(7.33)\quad \left[\begin{array}{ll} h_o(P(x)) < \Psi_\varepsilon(o) + u(P(x)),o) < h_1(P(x)) \Rightarrow \dfrac{d}{dx_n}\Psi_\varepsilon(o) = 0 , \\ \Psi_\varepsilon(o) + u(P(x),o) \;\; = h_1(P(x)) \Rightarrow \dfrac{d}{dx_n}\Psi_\varepsilon(o) \geqslant 0 , \\ \Psi_\varepsilon(o) + u(P(x),o) \;\; = h_o(P(x)) \Rightarrow \dfrac{d}{dx_n}\Psi_\varepsilon(o) \leqslant 0 . \end{array}\right.$$

Introduisons

$$(7.34)\qquad Q_x g = \text{projection de } g \text{ sur } [h_o(P(x)),\ h_1(P(x))].$$

On trouve alors

$$(7.35)\qquad \Psi_\varepsilon(x) = \left[Q_x\left(\frac{f(P(x),o)}{b(P(x),o)}\right) - \frac{f(P(x),o)}{b(P(x),o)}\right]\exp\frac{-d(x,\Gamma)}{\sqrt{\varepsilon}}\sqrt{\frac{b(P(x))}{\alpha(P(x))}} \quad . \quad \blacksquare$$

<u>Remarque 7.2</u>.

Si l'on prend $h_o = -\infty$, $h_1 = +\infty$, il s'agit du <u>problème de Neumann</u> ; on a alors Q_x = identité et (7.35) donne $\Psi_\varepsilon = 0$, ce qui vérifie un résultat évident. ■

<u>Remarque 7.3</u>.

Si $h_o = h_1 = 0$, il s'agit du problème de Dirichlet et l'on retrouve la formule (7.19). ■

<u>Remarque 7.4</u>.

La formule (7.35) montre qu'il y a une couche limite au voisinage des points de Γ où

$$\frac{f(P(x),o)}{b(P(x),o)} \notin [h_o(P(x)),\ h_1(P(x))]. \quad \blacksquare$$

<u>Remarque 7.5</u>.

Considérons la situation précédente mais avec K défini par

$$(7.36)\qquad K = \{v \mid v \in V_a ,\ h_o \leqslant v \leqslant h_1 \text{ sur } S ,$$

$$S = \text{surface de dimension } (n-1) \text{ contenue dans } \Omega \}.$$

Il apparaît alors <u>une couche singulière sur</u> S . ■

7.3. Un problème du $4^{\text{ème}}$ ordre (I).

On se borne désormais au cas où Ω est le demi espace $x_n > 0$. Le cas général s'en déduit par les méthodes précédentes.

On posera souvent :

(7.37) $$\{x_1,\ldots,x_{n-1}\} = x' \quad , \quad x_n = y .$$

On considère la situation de l'Exemple 3.9.

Un correcteur d'ordre 0, soit θ_ε, doit vérifier

(7.38) $$\left|\begin{array}{l} \varepsilon\, \Delta^2\theta_\varepsilon - \Delta\theta_\varepsilon + \theta_\varepsilon = \varepsilon\, g_{\varepsilon 1} + \varepsilon^{1/2} g_{\varepsilon 2} , \\ \theta_\varepsilon + u = \theta_\varepsilon = 0 \text{ sur } \Gamma , \\ \dfrac{\partial\theta_\varepsilon}{\partial y} + \dfrac{\partial u}{\partial y} = 0 \quad \text{sur} \quad \Gamma ; \end{array}\right.$$

dans (7.38) on doit avoir (pour pouvoir appliquer le Théorème 6.1)

(7.39) $$g_{\varepsilon 2} \quad \text{borné dans } L^2(\Omega) ,$$

et comme $K = H_o^2(\Omega)$:

(7.40) $$g_{\varepsilon 1} \text{ borné dans } H^{-2}(\Omega) . \qquad \blacksquare$$

Pour le calcul d'un correcteur, l'idée est la même que dans les exemples précédents : on ne conserve que les dérivations normales pour définir une fonction dont on vérifie ensuite qu'elle satisfait aux conditions des correcteurs.

Cela conduit à définir θ_ε par :

(7.41) $$\left|\begin{array}{l} \varepsilon\, \dfrac{\partial^4\theta_\varepsilon}{\partial y^4} - \dfrac{\partial^2\theta_\varepsilon}{\partial y^2} + \theta_\varepsilon = 0 \quad \text{dans} \quad \Omega , \\ \\ \theta_\varepsilon(x',o) = 0 , \quad \dfrac{\partial\theta_\varepsilon}{\partial y}(x',o) = - \dfrac{\partial u}{\partial y}(x',o) , \quad \theta_\varepsilon \in H^2(\Omega) . \end{array}\right.$$

Introduisons la fonction $\varphi_\varepsilon = \varphi_\varepsilon(y)$ telle que

(7.42)
$$\left|\begin{array}{l} \varepsilon \dfrac{d^4\varphi_\varepsilon}{dy^4} - \dfrac{d^2\varphi_\varepsilon}{dy^2} + \varphi_\varepsilon = 0 \text{ dans } (o,\infty) , \\[2ex] \varphi_\varepsilon(o) = 0 \ , \ \dfrac{d\varphi_\varepsilon}{dy}(o) = 1 \ , \ \varphi_\varepsilon \in H^2(o, \infty) . \end{array}\right.$$

Alors :

(7.43) $$\theta_\varepsilon = - \frac{\partial u}{\partial y}(x',o) \ \varphi_\varepsilon(y). \qquad \blacksquare$$

Vérifions maintenant que, sous des hypothèses convenables sur f, (7.38)(7.39)(7.40) ont lieu. Utilisant (7.41) on obtient (7.38) avec

(7.44) $$g_{\varepsilon 1} = 2 \frac{\partial^2}{\partial y^2} \Delta' \ \theta_\varepsilon + (\Delta')^2 \ \theta_\varepsilon ,$$

(7.45) $$g_{\varepsilon 2} = - \frac{1}{\sqrt{\varepsilon}} \Delta' \ \theta_\varepsilon, \text{ où } \Delta' = \sum_{i=1}^{n-1} \frac{\partial^2}{\partial x_i^2}$$

<u>Vérification de</u> (7.40).

Comme Δ, $\frac{\partial^2}{\partial y^2}$ et Δ sont des opérateurs linéaires continus de $L^2(\Omega) \to H^{-2}(\Omega)$, il suffit de vérifier que :

(7.46) $\Delta'\theta_\varepsilon$ est borné dans $L^2(\Omega)$.

On fait <u>l'hypothèse</u>

(7.47) $$\frac{\partial u}{\partial y}(x',o) = \frac{\partial f}{\partial y}(x',o) \in H^2(\mathbb{R}^{n-1}) .$$

Alors

$$\Delta'\theta_\varepsilon = - \Delta'(\frac{\partial u}{\partial y}(x',o)) - \varphi_\varepsilon$$

et grâce à (7.47) on a (7.46) si l'on vérifie que

(7.48) φ_ε est borné dans $L^2(o, \infty)$.

Or, cela est immédiat, par exemple par un calcul explicite de φ_ε, qui donne :

$$(7.49)\quad \begin{aligned} \varphi_\varepsilon(y) &= \frac{1}{(r_{2\varepsilon}-r_{1\varepsilon})}\,[\exp(-r_{1\varepsilon}y)-\exp(-r_{2\varepsilon}y)]\,, \\ r_{1\varepsilon} &= \left(\frac{1-\sqrt{1-4\varepsilon}}{2\varepsilon}\right)^{1/2},\quad r_{2\varepsilon} = \left(\frac{1+\sqrt{1-4\varepsilon}}{2\varepsilon}\right)^{1/2}. \end{aligned} \qquad ■$$

<u>Vérification de</u> (7.39).

Il suffit maintenant de vérifier que

$$(7.50)\qquad \varepsilon^{-1/2}\,\varphi_\varepsilon \text{ est borné dans } L^2(o,\infty)\,.$$

Or cela est une conséquence de (7.49). ■

En conclusion, on a démontré le :

<u>Théorème 7.2</u> . <u>On suppose que</u> (7.47) <u>a lieu</u>. <u>Alors un correcteur</u> θ_ε <u>est donné par</u> (7.43)(7.42). <u>On a alors</u>

$$(7.51)\qquad u_\varepsilon - (u+\theta_\varepsilon) \rightarrow 0 \ \underline{\text{dans}}\ H_o^2(\Omega)\ \underline{\text{faible}}. \qquad ■$$

7.4. <u>Problème de Stokes</u>.

On considère maintenant la situation de l'Exemple 3.7 avec n = 2 et $\Omega = \{x', y \mid y > 0\}$.

Pour simplifier l'écriture, on posera $x' = x$.

Un correcteur θ_ε doit vérifier :

$$(7.52)\quad \left|\ \begin{aligned} & -\varepsilon\,\Delta\,\theta_\varepsilon + \theta_\varepsilon = \varepsilon g_{\varepsilon 1} + \varepsilon^{1/2} g_{\varepsilon 2} - \operatorname{grad}\pi_\varepsilon\,, \\ & \operatorname{Div}\theta_\varepsilon = 0\,, \\ & \theta_\varepsilon + u = 0 \text{ sur } \Gamma\,, \end{aligned}\right.$$

où

$$(7.53)\quad \left|\ \begin{aligned} & g_{\varepsilon 1} \text{ est borné dans } K' \\ & g_{\varepsilon 2} \text{ est borné dans } L^2(\Omega). \end{aligned}\right.$$

Comme la limite u vérifie $\nu.u = 0$, i.e. $u_2 = 0$ sur Γ , les conditions aux limites sur θ_ε sont en fait :

(7.54) $$\theta_{\varepsilon 1} + u_1 = 0 \text{ si } y = 0 , \ \theta_{\varepsilon 2}(x,o) = 0 .$$

On introduit la <u>fonction de courant</u> Ψ_ε donnée par

(7.55) $$\theta_{\varepsilon 2} = - \frac{\partial \Psi_\varepsilon}{\partial x} , \ \theta_{\varepsilon 1} = \frac{\partial \Psi_\varepsilon}{\partial y}$$

(7.56) $$\Psi_\varepsilon(x,o) = 0 , \ \frac{\partial \Psi_\varepsilon}{\partial y}(x,o) = - u_1(x,o)$$

On obtient ainsi :

(7.57) $$\varepsilon \Delta^2 \Psi_\varepsilon - \Delta \Psi_\varepsilon = \varepsilon k_{\varepsilon 1} + \varepsilon^{1/2} k_{\varepsilon 2} ,$$

(7.58) $$\left| \begin{array}{l} k_{\varepsilon 1} = \frac{\partial}{\partial x} g^2_{\varepsilon 1} - \frac{\partial}{\partial y} g^1_{\varepsilon 1} \quad (g_{\varepsilon 1} = \{g^1_{\varepsilon 1}, g^2_{\varepsilon 2}\}) , \\ k_{\varepsilon 2} = \frac{\partial}{\partial x} g^2_{\varepsilon 2} - \frac{\partial}{\partial y} g^1_{\varepsilon 2} . \end{array} \right.$$ ■

<u>Calcul de</u> Ψ_ε .

On définit Ψ_ε par :

(7.59) $$\left| \begin{array}{l} \varepsilon \frac{\partial^4 \Psi_\varepsilon}{\partial y^4} - \frac{\partial^2 \Psi_\varepsilon}{\partial y^2} = 0 \text{ dans } \Omega , \\ \Psi_\varepsilon(x,o) = 0 , \ \frac{\partial \Psi_\varepsilon}{\partial y}(x,o) = -u_1(x,o) , \ \Psi_\varepsilon \text{ à décroissance} \\ \text{"la plus rapide possible" lorsque } y \to \infty , \end{array} \right.$$

d'où

(7.60) $$\Psi_\varepsilon(x,y) = - u_1(x,o) \sqrt{\varepsilon} \left(1 - \exp\left(- \frac{y}{\sqrt{\varepsilon}}\right)\right).$$ ■

Calcul de θ_ε .

On définit maintenant θ_ε par les formules (7.55), d'où

$$(7.61)\quad \left|\begin{array}{l} \theta_{\varepsilon 1}(x,y) = -u_1(x,o)\exp(-\frac{y}{\sqrt{\varepsilon}}) , \\ \theta_{\varepsilon 2}(x,y) = \frac{\partial u_1}{\partial x}(x,o)\sqrt{\varepsilon}\,(1-\exp(-\frac{y}{\sqrt{\varepsilon}})) . \end{array}\right.$$

Ce calcul n'est valable que dans un voisinage de $y = 0$, par ex. $0 < y < 1$.

On a le résultat :

(7.62) | si l'on suppose que $u_1(x,o) \in H^2(\Gamma)$, $(\Gamma = \mathbb{R})$, alors les formules (7.61) donnent un correcteur.

On calcule en effet $-\varepsilon\Delta\theta_\varepsilon + \theta_\varepsilon$. On trouve

$$g^1_{\varepsilon 1} = -\Delta'\,\theta_{\varepsilon 1} ,\ \Delta' = \partial^2/\partial x^2 ,\quad g^1_{\varepsilon 2} = 0 ,$$

$$g^2_{\varepsilon 1} = -\Delta'\,\theta_{\varepsilon 2} ,\ g^2_{\varepsilon 2} = \frac{\partial u_1}{\partial x}(x,o) \quad .$$

■

7.5. Un problème du $4^{\text{ème}}$ ordre (II) .

On prend maintenant la situation de l'Exemple 3.8.

Un correcteur θ_ε est donné par

$$(7.63)\quad \left|\begin{array}{l} \varepsilon\,\Delta^2\,\theta_\varepsilon + \theta_\varepsilon = \varepsilon\, g_{\varepsilon 2} + \varepsilon^{1/2}\, g_{\varepsilon 2} , \\ \theta_\varepsilon + u = 0 ,\quad \frac{\partial\theta_\varepsilon}{\partial x_n} + \frac{\partial u}{\partial x_n} = 0 \text{ sur } \Gamma , \end{array}\right.$$

avec (7.39) et (7.40).

On définit θ_ε par :

$$
(7.64)\qquad \left|\begin{array}{l}
\varepsilon \dfrac{\partial^4\theta_\varepsilon}{\partial y^4} + \theta_\varepsilon = 0 , \\[2ex]
\theta_\varepsilon + u = 0 , \quad \dfrac{\partial\theta_\varepsilon}{\partial y} + \dfrac{\partial u}{\partial y} = 0 \quad \text{sur } \Gamma, \ \theta_\varepsilon \in H^2(\Omega) .
\end{array}\right.
$$

Si l'on définit φ_ε(resp. Ψ_ε) par :

$$
(7.65)\qquad \left|\begin{array}{l}
\varepsilon \dfrac{d^4\varphi_\varepsilon}{dy^4} + \varphi_\varepsilon = 0 \text{ dans } (o, \infty),\ \varphi_\varepsilon(o) = 1 , \ \dfrac{d\varphi_\varepsilon}{dy}(o) = 0 , \\[2ex]
\varepsilon \dfrac{d^4\Psi_\varepsilon}{dy^4} + \Psi_\varepsilon = 0 \text{ dans } (o, \infty),\ \Psi_\varepsilon(o) = 0 , \ \dfrac{d\Psi_\varepsilon}{dy}(o) = 1 , \\[2ex]
\varphi_\varepsilon ,\ \Psi_\varepsilon \in H^2(o, \infty)
\end{array}\right.
$$

on a alors

$$
(7.66)\qquad \theta_\varepsilon = - u(x',o)\, \varphi_\varepsilon(y) - \frac{\partial u}{\partial y}(x',o)\, \Psi_\varepsilon(y) .
$$

On fait <u>l'hypothèse</u>

$$
(7.67)\qquad u(x',o) , \ \frac{\partial u}{\partial y}(x',o) \in H^2(\Gamma) , \quad \Gamma = R^{n-1} .
$$

<u>Dans ces conditions</u>, θ_ε <u>défini par</u> (7.66) <u>est un correcteur</u> (d'ordre 0).

En effet on a alors (7.63) avec $g_{\varepsilon 2} = 0$ et

$$
g_{\varepsilon 1} = \Delta'(\Delta'\theta_\varepsilon) + 2 \frac{\partial^2}{\partial y^2} (\Delta'\theta_\varepsilon)
$$

et il suffit de montrer que $\Delta'\theta_\varepsilon$ demeure dans un borné de $L^2(\Omega)$. Cela est une conséquence de (7.67) et du fait que φ_ε, Ψ_ε demeurent dans un borné de $L^2(o, \infty)$. ■

7.6. Problème de transmission.

Soit

$$\mathbb{R}^n = \Omega = \Omega_1 \cup \Omega_2 \ , \ \Omega_1 = \{x \mid x_n > 0\}, \quad \Omega_2 = \{x \mid x_n < 0\} \ ,$$

$$\Gamma = \{x \mid x_n = 0\} = \text{interface}.$$

On introduit :

$$V_a = H^1(\Omega_1) \times H^1(\Omega_2) \ ,$$

$$V_b = L^2(\Omega_1) \times L^2(\Omega_2) \simeq L^2(\Omega) \ ,$$

$$K = \{v \mid v \in V_a, \ v_1(x',o) = v_2(x',o) \text{si } v = \{v_1, v_2\}\} \ ,$$

$$a(u,v) = k_1 \int_{\Omega_1} \text{grad } u_1 \text{ grad } v_1 \, dx + k_2 \int_{\Omega_2} \text{grad } u_2 \text{ grad } v_2 \, dx \ ,$$

$$k_1, \ k_2 > 0 \ ;$$

$$b(u,v) = \int_\Omega u\, v \, dx = \int_{\Omega_1} u_1 \, v_1 \, dx. + \int_{\Omega_2} u_2 \, v_2 \, dx.$$

Le problème général devient si $f = \{f_1, f_2\} \in V_b$:

$$(7.68) \quad \left| \begin{array}{l} -\,\varepsilon\, k_1 \,\Delta u_{\varepsilon 1} + u_{\varepsilon 1} = f_1 \text{ dans } \Omega_1 \ , \\ -\,\varepsilon\, k_2 \,\Delta u_{\varepsilon 2} + u_{\varepsilon 2} = f_2 \text{ dans } \Omega_2 \end{array} \right.$$

$$(7.69) \qquad u_{\varepsilon 1} = u_{\varepsilon 2} \ , \ k_1 \frac{\partial u_{\varepsilon 1}}{\partial x_n} = k_2 \frac{\partial u_{\varepsilon 2}}{\partial x_n} \text{ sur } \Gamma \ .$$

C'est un problème de transmission. La théorie générale s'applique et montre que, lorsque $\varepsilon \to o$:

$$(7.70) \qquad u_{\varepsilon i} \longrightarrow f_i \text{ dans } L^2(\Omega) \ , \ i = 1,2.$$

Si l'on fait l'hypothèse :

$$f_i \in H^1(\Omega_i) \quad , \; i = 1,2$$

alors $u \in V_a$. On va calculer un correcteur sous l'hypothèse

$$f_1(x',o) - f_2(x',o) \in H^1(\mathbb{R}^{n-1}). \tag{7.71}$$

De manière générale, un correcteur θ_ε doit satisfaire à :

$$\left| \begin{array}{l} -\varepsilon\, k_1\, \Delta\theta_{\varepsilon 1}+\theta_{\varepsilon 1} = \varepsilon\, g^1_{\varepsilon 1} + \varepsilon^{1/2}\, g^1_{\varepsilon 2} \quad \text{dans} \quad \Omega_1 , \\ -\varepsilon\, k_2\, \Delta\theta_{\varepsilon 2}+\theta_{\varepsilon 2} = \varepsilon\, g^2_{\varepsilon 1} + \varepsilon^{1/2}\, g^2_{\varepsilon 2} \quad \text{dans} \quad \Omega_2 , \quad \theta_\varepsilon \in V_a \end{array} \right. \tag{7.72}$$

$$\left| \begin{array}{l} \theta_{\varepsilon 1} + u_1 = \theta_{\varepsilon 2} + u_2 \quad \text{sur} \quad \Gamma , \\ \dfrac{\partial\theta_{\varepsilon 1}}{\partial x_n} = \dfrac{\partial\theta_{\varepsilon 2}}{\partial x_n} \quad \text{sur} \quad \Gamma , \end{array} \right. \tag{7.73}$$

et $g_{\varepsilon 1}$, $g_{\varepsilon 2}$ satisfaisant aux conditions (6.5)(6.6).

Pour cela on <u>définit</u> $\theta_{\varepsilon 1}$, $\theta_{\varepsilon 2}$ par :

$$\left| \begin{array}{l} -\varepsilon\, k_1\, \dfrac{\partial^2\theta_{\varepsilon 1}}{\partial y^2} + \theta_{\varepsilon 1} = 0 \quad \text{dans} \quad \Omega_1 , \\ -\varepsilon\, k_2\, \dfrac{\partial^2\theta_{\varepsilon 2}}{\partial y^2} + \theta_{\varepsilon 2} = 0 \quad \text{dans} \quad \Omega_2 , \quad \theta_\varepsilon \in V_a , \end{array} \right. \tag{7.74}$$

et les conditions (7.73). On trouve :

$$\left| \begin{array}{l} \theta_{\varepsilon 1} = \dfrac{\sqrt{k_2}}{\sqrt{k_1}+\sqrt{k_2}}(f_2(x',o)-f_1(x',o)) \exp\left(-\dfrac{y}{\sqrt{\varepsilon k_1}}\right), \\ \theta_{\varepsilon 2} = \dfrac{-\sqrt{k_1}}{\sqrt{k_1}+\sqrt{k_2}}(f_2(x',o)-f_1(x',o)) \exp\left(\dfrac{y}{\sqrt{\varepsilon k_2}}\right) . \end{array} \right. \tag{7.75}$$

On vérifie alors que les conditions (6.5)(6.6) ont lieu, donc que les formules (7.75) définissent bien un correcteur. ∎

7.7 Remarques.

Remarque 7.6.

Dans tous les exemples qui précèdent, le calcul des correcteurs n'a pu être fait que moyennant des hypothèses de régularité sur les traces de f plus fortes que celles nécessaires pour le Théorème 6.1. Cela est inévitable. En effet les fonctions correcteurs θ_ε sont certaines solutions de problèmes de traces et, pour que les calculs explicites soient possibles, on cherche θ_ε sous forme de produit tensoriel d'une fonction de la variable "normale" et d'une fonction des variables "tangentielles". Une telle construction n'est possible que moyennant des hypothèses plus fortes que celles nécessaires pour les relèvements dans les théorèmes de traces. ∎

Remarque 7.7.

Il peut être nécessaire de calculer les correcteurs θ_ε en plusieurs étapes.

Voici un exemple, partiellement formel (il faudrait prendre un ouvert Ω borné). Dans le demi espace $x_n > 0$ on considère le problème

$$(7.76)\qquad \left|\begin{array}{l} -\varepsilon\,\Delta^3 u_\varepsilon + \Delta^2 u_\varepsilon = f\ , \\ u_\varepsilon,\ \dfrac{\partial u_2}{\partial\nu}\ ,\ \dfrac{\partial^2 u_\varepsilon}{\partial\nu^2} = 0 \ \text{ sur } \Gamma\ . \end{array}\right.$$

On prend :

$$V_a = H^3(\Omega) \cap H_o^2(\Omega)\ ,\quad V_b = H_o^2(\Omega)\ ,\quad K = H_o^3(\Omega)\ ,$$

$$a(u,v) = \int_\Omega \operatorname{grad}\Delta u.\operatorname{grad}\Delta v\,dx,$$

$$b(u,v) = \int_\Omega \Delta u\,\Delta v\,dx.$$

Le problème limite est

$$(7.77)\qquad \Delta^2 u = f\ ,\quad u,\ \frac{\partial u}{\partial\nu} = 0 \ \text{ sur } \Gamma\ .$$

Un correcteur θ_ε doit vérifier :

$$(7.78)\quad \left| \begin{array}{l} -\varepsilon\,\Delta^3\,\theta_\varepsilon + \Delta^2\theta_\varepsilon = \varepsilon\, g_{\varepsilon 1} + \varepsilon^{1/2} g_{\varepsilon 2} \text{ (avec (6.5)(6.6))}, \\ \theta_\varepsilon = 0\,,\ \dfrac{\partial\theta_\varepsilon}{\partial\nu} = 0\,,\ \dfrac{\partial^2\theta_\varepsilon}{\partial\nu^2} + \dfrac{\partial^2 u}{\partial\nu^2} = 0 \text{ sur } \Gamma. \end{array} \right.$$

Si l'on cherche, à titre de tentative, θ_ε sous la forme, notée $\tilde{\theta}_\varepsilon$, caractérisée par

$$(7.79)\quad -\varepsilon\,\frac{\partial^6}{\partial y^6}\,\tilde{\theta}_\varepsilon + \frac{\partial^4\tilde{\theta}_\varepsilon}{\partial y^4} = 0$$

et les conditions aux limites de (7.78), on obtient, en posant :

$$(7.80)\quad p(x') = \frac{\partial^2 u}{\partial y^2}(x',o) \quad :$$

$$(7.81)\quad \tilde{\theta}_\varepsilon = \varepsilon\, p(x')\left(1 - \frac{y}{\sqrt{\varepsilon}} - \exp\left(\frac{-y}{\sqrt{\varepsilon}}\right)\right).$$

On vérifie alors que :

$$(7.82)\quad -\varepsilon\,\Delta^3\,\tilde{\theta}_\varepsilon + \Delta^2\,\tilde{\theta}_\varepsilon = (\Delta' p)\exp\left(\frac{-y}{\sqrt{\varepsilon}}\right) + 3\varepsilon(\Delta'^2 p)\exp\left(\frac{-y}{\sqrt{\varepsilon}}\right) - \\ - \varepsilon^2(\Delta'^3 p)\left(1 - \frac{y}{\sqrt{\varepsilon}} - \exp\left(\frac{-y}{\sqrt{\varepsilon}}\right)\right) \quad .$$

On doit alors introduire un "deuxième correcteur" r_ε à cause du terme $(\Delta' p)\exp(\frac{-y}{\sqrt{\varepsilon}})$ dans (7.82) ; on définit donc r_ε par :

$$(7.83)\quad \left| \begin{array}{l} -\varepsilon\,\dfrac{\partial^6 r_\varepsilon}{\partial y^6} + \dfrac{\partial^4 r_\varepsilon}{\partial y^4} = -(\Delta' p)\,\exp(-y/\sqrt{\varepsilon})\,, \\ r_\varepsilon(o) = \dfrac{\partial r_\varepsilon}{\partial y}(o) = \dfrac{\partial^2 r_\varepsilon}{\partial y^2}(o) = 0\,, \\ r_\varepsilon(o) \text{ à "décroissance la plus rapide possible" lorsque } y \to \infty. \end{array} \right.$$

On choisit alors (et l'on vérifie que c'est loisible si

(7.84) $$p \in H^3(\Gamma)) \quad :$$

(7.85) $$\theta_\varepsilon = \tilde{\theta}_\varepsilon + r_\varepsilon \quad .$$

On obtient ainsi :

(7.86) $$\theta_\varepsilon = \varepsilon\, p(x')\,[1 - \frac{y}{\sqrt{\varepsilon}} - \exp(\frac{-y}{\sqrt{\varepsilon}})] + $$
$$+ \varepsilon\, \Delta' p(x')[1 - \frac{y}{2\sqrt{\varepsilon}} - (1 + \frac{y}{2\sqrt{\varepsilon}})\exp(\frac{-y}{\sqrt{\varepsilon}})\,] \; . \qquad \blacksquare$$

Remarque 7.8.

Considérons la situation des Exemples 3.4 et 3.4bis, avec $\Omega = \{x \mid x_n > 0\}$.

Un "correcteur" θ_ε est défini a priori en supprimant les dérivées tangentielles (et il faut vérifier ensuite que l'on a bien construit ainsi un correcteur). Donc

(7.87) $$-\varepsilon \frac{\partial^2 \theta_\varepsilon}{\partial x_n^2} + \theta_\varepsilon = 0 \quad , \; x_n > 0 \; , \theta_\varepsilon \in L^2(\Omega) \; ,$$

et dans le cas de l'Exemple 3.4 :

(7.88) $$\left|\frac{\partial \theta_\varepsilon}{\partial x_n}\right| \leqslant g \; , \quad - \frac{\partial \theta_\varepsilon}{\partial x_n}(\theta_\varepsilon + u) + g|\theta_\varepsilon + u| = 0 \quad \text{sur} \quad \Gamma \quad ,$$

et dans le cas de l'Exemple 3.4.bis :

(7.88bis) $$\varepsilon \left|\frac{\partial \theta_\varepsilon}{\partial x_n}\right| \leqslant g \; , \; -\varepsilon \frac{\partial \theta_\varepsilon}{\partial x_n}(\theta_\varepsilon + u) + g|\theta_\varepsilon + u| = 0 \quad \text{sur} \quad \Gamma \quad .$$

on trouve ainsi, dans le cas de l'Exemple 3.4 :

(7.89)
$$\left|\begin{array}{ll} \theta_\varepsilon(x) = m_\varepsilon(x') \exp\left(\dfrac{x_n}{\sqrt{\varepsilon}}\right), & x' = \{x_1, \dots, x_{n-1}\}, \\ m_\varepsilon(x') = \left| \begin{array}{lll} -u(x',o) & \text{si} & |u(x',o)| < g(x')\sqrt{\varepsilon}, \\ g(x')\sqrt{\varepsilon} & \text{si} & u(x',o) \leqslant -g(x')\sqrt{\varepsilon} \\ -g(x')\sqrt{\varepsilon} & \text{si} & u(x',o) \geqslant g(x')\sqrt{\varepsilon}, \end{array}\right. & \end{array}\right.$$

et dans le cas de l'Exemple 3.4bis, des formules analogues en remplaçant g par $g/_\varepsilon$.

Reste à vérifier si l'on a bien affaire à un correcteur.

On a, θ_ε étant défini comme ci-dessus :

(7.90)
$$\varepsilon a(\theta_\varepsilon, \varphi-\theta_\varepsilon) + b(\theta_\varepsilon, \varphi-\theta_\varepsilon) + \varepsilon j_a(\varphi+u) - \varepsilon j_a(\theta_\varepsilon+u) \geqslant X_\varepsilon$$

(et formule analogue avec j_a au lieu de εj_a dans le cas de l'Exemple 3.4.bis), où

$$X_\varepsilon = \varepsilon \sum_{i=1}^{n-1} \int_\Omega \frac{\partial \theta_\varepsilon}{\partial x_i} \frac{\partial(\varphi-\theta_\varepsilon)}{\partial x_i} \, dx.$$ ■

Cas de l'Exemple 3.4.

Faisons l'hypothèse :

(7.91)
$$f(x',o) \in H^1(\Gamma), \; g(x') \in H^1(\Gamma).$$

Alors on a (les opérations de troncature étant définies et continues dans $H^1(\Gamma)$)

(7.92)
$$m_\varepsilon \in H^1(\Gamma)$$

et d'ailleurs

(7.93)
$$\|m_\varepsilon\|_{H^1(\Gamma)} \leqslant C\sqrt{\varepsilon}.$$

On peut alors prendre $g_{\varepsilon 2} = 0$ et $g_{\varepsilon 1}$ défini par

$$(g_{\varepsilon 1}, \varphi) = \sum_{i=1}^{n-1} \int_\Omega \frac{\partial \theta_\varepsilon}{\partial x_i} \frac{\partial \varphi}{\partial x_i} dx.$$

On a :

$$|(g_{\varepsilon 1}, \varphi)| \leqslant C \sqrt{\varepsilon} \, \|\varphi\|_a$$

■

Cas de l'Exemple 3.4 bis.

Faisons maintenant l'hypothèse :

$$(7.94) \quad \left| \begin{array}{l} |(f(x',o)| \leqslant g(x')/\sqrt{\varepsilon} \quad \text{pour } \varepsilon \text{ assez petit, p.p en } x', \\ f(x',o) \in H^1(\Gamma). \end{array} \right.$$

Alors la formule analogue à (7.89) obtenue en changeant g en g/ε donne

$$(7.95) \qquad \theta_\varepsilon(x) = - f(x',o) \exp(- \frac{x_n}{\sqrt{\varepsilon}})$$

et on a bien un correcteur.

On retrouve d'ailleurs le correcteur du problème de Dirichlet (cf.(7.19)).

■

8. CALCULS DE CORRECTEURS D'ORDRE O(II).

8.1. Généralités. Le problème de la régularité.

Pour fixer les idées considérons l'exemple du problème de Neumann (Exemple 3.6). Si l'on suppose que $f \in L^2(\Omega)$ alors $u_\varepsilon \in H^2(\Omega)$ et si l'on suppose que $f \in H^2(\Omega)$ on a :

(8.1) $$u_\varepsilon \in H^4(\Omega), \quad u \in H^2(\Omega).$$

Il n'est pas possible d'avoir en général <u>la convergence de u_ε vers u dans $H^2(\Omega)$</u>. En effet $\frac{\partial u_\varepsilon}{\partial \nu} = 0$ sur Γ entrainerait alors $\frac{\partial u}{\partial \nu} = 0$ $(= \frac{\partial f}{\partial \nu})$, ce qui n'est pas vrai en général.

<u>Il n'était donc pas nécessaire d'avoir un correcteur pour la convergence dans $H^1(\Omega)$; il est nécessaire d'avoir un correcteur pour la convergence dans $H^2(\Omega)$.</u>

C'était d'ailleurs évident à priori : <u>la détermination des correcteurs dépend des topologies choisies.</u>

Nous allons donner au N° suivant une solution du problème précédent.

<u>Remarque 8.1.</u>

Des questions analogues peuvent se poser dans <u>tous</u> les exemples.

■

8.2. <u>Correcteur pour le problème de Neumann.</u>

On introduit :

(8.2) $$\begin{cases} V_a = \{v \mid v \in H^1(\Omega), \ \Delta v \in L^2(\Omega)\} \\ V_b = H^1(\Omega), \end{cases}$$

(8.3) $$K = \{ v \mid v \in V_a, \ \frac{\partial v}{\partial \nu} = 0 \text{ sur } \Gamma \}$$ ■

<u>Remarque 8.2.</u>

La définition (8.3) a un sens d'après Lions-Magenes [1].

Si Ω est de frontière assez régulière, on a :

(8.4) $$K\subset H^2(\Omega)\quad .$$ ■

On introduit ensuite :

(8.5) $$a(u,v) = \int_\Omega \Delta u\ \Delta v\ dx, + \int \text{grad}.u\ \text{grad}.v\ dx\ ,$$

$$b(u,v) = \int_\Omega \text{grad}\ u.\ \text{grad}\ v\ dx + \int_\Omega uv\ dx.$$

On considère le problème : pour f donné dans $H^1(\Omega)$, trouver $u_\varepsilon \in K$ solution de

(8.6) $$\varepsilon a(u_\varepsilon, v) + b(u_\varepsilon, v) = b(f,v) \qquad \forall v\in K.$$

Ce problème coïncide avec le problème de Neumann de l'Exemple 3.6 (dans un cadre fonctionnel différent) :

(8.7) $$-\varepsilon\Delta u_\varepsilon + u_\varepsilon = f \text{ dans } \Omega,$$

(8.8) $$\frac{\partial u_\varepsilon}{\partial \nu} = 0.$$

En effet pour u, v$\in$K on a :

$$a(u,v) = \int_\Omega (-\Delta u)\quad (-\Delta v+v)\ dx,\ b(u,v) = \int_\Omega u(-\Delta v+v)\ dx$$

de sorte que (8.6) équivaut à

$$\int_\Omega (-\varepsilon\Delta u_\varepsilon + u_\varepsilon - f)\ (-\Delta v + v)\ dx = 0 \qquad \forall v\in K.$$

Comme $v \to -\Delta v + v$ est un isomorphisme de K sur $L^2(\Omega)$, on en déduit (8.7).

■

<u>On peut alors appliquer la théorie générale.</u>

Un <u>correcteur</u> θ_ε doit donc vérifier :

(8.9)
$$\left| \begin{array}{l} \varepsilon a(\theta_\varepsilon,\varphi) + b(\theta_\varepsilon,\varphi) = (\varepsilon g_{\varepsilon 1} + \varepsilon^{\frac{1}{2}} g_{\varepsilon 2}, \varphi) \quad \forall\varphi\in K, \\ \theta_\varepsilon + u\in K \end{array} \right.$$

ous l'hypothèse

(8.10)
$$f\in V_a.$$

■

Dans le cas du demi espace, on définit θ_ε par

(8.11)
$$\left| \begin{array}{l} -\varepsilon \dfrac{\partial^2\theta_\varepsilon}{\partial y^2} + \theta_\varepsilon = 0, \\ \dfrac{\partial\,\theta_\varepsilon}{\partial\,y} + \dfrac{\partial u}{\partial y}(x',o) = 0 \quad , \ \theta_\varepsilon \in H^2(\Omega) \end{array} \right.$$

d'où

(8.12)
$$\theta_\varepsilon(x',y) = \frac{\partial u}{\partial y}(x',o) \quad \varepsilon \exp(-\frac{y}{\sqrt{\varepsilon}})$$

On a alors

(8.13)
$$u_\varepsilon - (u+\theta_\varepsilon) \to 0 \text{ dans } V_a$$

si

$$\frac{\partial u}{\partial y}(x',o) \in H^2(\mathbb{R}^{n-1}). \qquad (8.14)$$

■

8.3. Orientation .

Nous allons maintenant introduire des correcteurs d'ordre quelconque à l'aide de développements asymptotiques convenables. C'est l'objet du N° 9 ci-après.

9. CORRECTEURS D'ORDRE ≥ 1

9.1 Définitions générales.

On reprend la situation générale du N° 37, v_ε est donc la solution dans K de

$$\varepsilon a(u_\varepsilon, v-v_\varepsilon) + b(u_\varepsilon, v-v_\varepsilon) \geq (f, v-v_\varepsilon) \quad \forall v \in K. \qquad (9.1)$$

On suppose qu'il existe

$$u, u^1, \dots, u^N \in V_a \qquad (9.2)$$

$$L^o, L^1, \dots, L^N \in V'_a \qquad (9.3)$$

tels que l'on ait l'identité en ε :

$$\left| \begin{aligned} &\varepsilon a(u+\varepsilon u^1+\dots+\varepsilon^N u^N, v) + b(u+\varepsilon u^1+\dots+\varepsilon^N u^N, v) = \\ &= (L^o+\varepsilon L'+\dots+\varepsilon^N L^N, v) + \varepsilon^{N+1} a(u^N, v) + (f,v) \quad \forall v \in K. \end{aligned} \right. \qquad (9.4)$$

■

Remarque 9.1.

On a donc

$$b(u,v) = (L^o,v) + (f,v) \quad \forall v \in K. \tag{9.5}$$

Si K est dense dans V_b on prendra donc $L^o=0$.

Sinon L^o joue le rôle d'un multiplicateur ($L^o = - m$ dans les notations du N°6.3).

■

Remarque 9.2.

Des exemples d'éléments u^i, L^i sont donnés ci-après.

L'identité (9.4) équivaut à (9.5) et

$$\left|\begin{array}{l} a(u,v) + b(u^1,v) = (L^1,v), \\ a(u^1,v) + b(u^2,v) = (L^2,v), \\ \dots\dots\dots\dots\dots\dots\dots \\ a(u^{N-1},v) + b(u^N,v) = (L^N,v) , \quad \forall v \in K. \end{array}\right. \tag{9.6}$$

■

Un élément θ_ε^N de V_a est dit correcteur d'ordre N si

$$\theta_\varepsilon^N \in K - (u+\varepsilon u^1+\dots+\varepsilon^N u^N), \tag{9.7}$$

$$\left|\begin{array}{l} \varepsilon a(\theta_\varepsilon^N,\varphi-\theta_\varepsilon^N) + b(\theta_\varepsilon^N, \varphi-\theta_\varepsilon^N) \geq \\ \quad \geq -(L^o+\varepsilon L^1+\dots+\varepsilon^N L^N, \varphi-\theta_\varepsilon^N) + \\ \quad + \varepsilon^N(\varepsilon g_{\varepsilon 1}+\varepsilon^{\frac{1}{2}} g_{\varepsilon 2}, \varphi-\theta_\varepsilon^N) \\ \forall \varphi \in K -(u+\varepsilon u^1 +\dots+\varepsilon^N u^N), \end{array}\right. \tag{9.8}$$

On verra sur les exemples ci-après comment on peut calculer de tels correcteurs d'ordre N. ∎

Remarque 9.3.

Dans la terminologie usuelle des développements asymptotiques, le développement $u+\varepsilon u^1+\ldots+\varepsilon^N u^N$ est dit développement extérieur, au sens : extérieur à la couche limite (où $u+\varepsilon u^1+\ldots+\varepsilon^N u^N$ donne une bonne approximation), donc intérieur à Ω..., et le développement donnant θ_ε^N est dit développement intérieur (à la couche limite). ∎

9.2. Estimations avec les correcteurs d'ordre N.

Théorème 9.1. On se place dans les hypothèses du Théorème 3.1. On suppose en outre que (9.2) (9.3) (9.4) ont lieu et que θ_ε^N est défini par (9.7) (9.8) avec (6.5) (6.6). On a alors :

(9.9) $$\|u_\varepsilon - (u+\varepsilon u^1+\ldots+\varepsilon^N u^N+\theta_\varepsilon^N)\|_a \leqslant C\varepsilon^N,$$

(9.10) $$\|u_\varepsilon - (u+\varepsilon u^1+\ldots+\varepsilon^N u^N+\theta_\varepsilon^N)\|_b \leqslant C\varepsilon^{N+\frac{1}{2}}.$$

Remarque 9.4.

On déduit de (9.9) et (9.10) que

(9.11) $$\varepsilon^{-N}[u_\varepsilon-(u+\varepsilon u^1+\ldots+\varepsilon^N u^N+\theta_\varepsilon^N)] \to 0 \text{ dans } V_a \text{ faible}$$ ∎

Démonstration.

On pose

$$w_\varepsilon = u_\varepsilon - (u+\varepsilon u^1+\ldots+\varepsilon^N u^N+\theta_\varepsilon^N).$$

On prend dans (9.1) v par $v-u_\varepsilon = -w_\varepsilon$ (ce qui donne $v\in K$), dans (9.4) $v=w_\varepsilon$ et dans (9.8) φ par $\varphi-\theta_\varepsilon^N = w_\varepsilon$ (ce qui est loisible). Additionant, il vient :

$$(9.12)\quad -\varepsilon a(w_\varepsilon,w_\varepsilon) - b(w_\varepsilon,w_\varepsilon) \geq \varepsilon^{N+1}\,[a(u^N,w_\varepsilon) + (g_{\varepsilon 1},w_\varepsilon)] + \\ + \varepsilon^{N+\frac{1}{2}}\,(g_{\varepsilon 2},w_\varepsilon)$$

d'où l'on déduit que

$$\varepsilon\,\|w_\varepsilon\|_a^2 + \|w_\varepsilon\|_b^2 \leq C\varepsilon^{N+\frac{1}{2}}\,[\varepsilon^{\frac{1}{2}}\,\|w_\varepsilon\|_a + \|w_\varepsilon\|_b]$$

d'où (9.9) (9.10) ∎

Remarque 9.5.

Sous les hypothèses (6.16) (6.17) on a :

$$(9.13)\qquad \varepsilon^{-N}\,[u_\varepsilon - (u+\varepsilon u^1+\ldots+\varepsilon^N u^N + \theta_\varepsilon^N)] \to o \text{ dans } V_a \text{ fort,}$$

$$(9.14)\qquad \varepsilon^{-N-\frac{1}{2}}\,[u_\varepsilon - (u+\varepsilon u^1+\ldots+\varepsilon^N u^N + \theta_\varepsilon^N)] \to o \text{ dans } V_b \text{ fort.}$$

Cela résulte de (9.12) après division par ε^{N+1}. ∎

Remarque 9.6.

Lorsque K est un espace vectoriel (9.8) se réduit à l'équation

$$(9.15)\qquad \varepsilon a(\theta_\varepsilon^N,\varphi) + b(\theta_\varepsilon^N,\varphi) = -(\varepsilon L^1 + \varepsilon^2 L^2 + \ldots + \varepsilon^N L^N,\varphi) + \\ + \varepsilon^N(\varepsilon g_{\varepsilon 1} + \varepsilon^{\frac{1}{2}}\, g_{\varepsilon 2},\ \varphi) \quad \forall\varphi\in K$$ ([1]).

([1]). Dans le cas des équations on prendra $L^o=o$.

On peut alors calculer θ_ε^N sous la forme

(9.16) $$\theta_\varepsilon^N = \psi_\varepsilon + \varepsilon\psi_\varepsilon^1 + \ldots + \varepsilon^N\psi_\varepsilon^N,$$

avec

(9.17) $$\begin{cases} \varepsilon a(\psi_\varepsilon, v) + b(\psi_\varepsilon, v) = (\varepsilon g_{\varepsilon 1}^o + \varepsilon^{\frac{1}{2}} g_{\varepsilon 2}^o, v) \quad \forall v \in K, \\ \psi_\varepsilon + u \in K, \end{cases}$$

(9.18) $$\begin{cases} \varepsilon a(\psi_\varepsilon^1, v) + b(\psi_\varepsilon^1, v) = -(g_{\varepsilon 1}^o + \varepsilon^{-\frac{1}{2}} g_{\varepsilon 2}^o, v) + \\ \qquad + (\varepsilon g_{\varepsilon 1}^1 + \varepsilon^{\frac{1}{2}} g_{\varepsilon 2}^1, v) - (L^1, v) \quad \forall v \in K, \\ \psi_\varepsilon^1 + u^1 \in K, \end{cases}$$

(9.19) $$\begin{cases} \varepsilon a(\psi_\varepsilon^N, v) + b(\psi_\varepsilon^N, v) = -(g_{\varepsilon 1}^{N-1} + \varepsilon^{-\frac{1}{2}} g_{\varepsilon 2}^{N-1}, v) + \\ \qquad + (\varepsilon g_{\varepsilon 1}^N + \varepsilon^{\frac{1}{2}} g_{\varepsilon 2}^N, v) - (L^N, v) \quad \forall v \in K, \\ \psi_\varepsilon^N + u^N \in K, \end{cases}$$

où les différents $g_{\varepsilon i}^j$ introduits satisfait à ces conditions analogues à (6.4) (6.6). ∎

9.3. Problèmes de Dirichlet.

On reprend la situation "modèle" de N° 1.1. Donc :

(9.20) $$\begin{cases} V_a = H^1(\Omega), \quad V_b = L^2(\Omega), \quad K = H_0^1(\Omega), \\ a(u,v) = \int_\Omega \text{grad } u \text{ grad } v \, dx, \ b(u,v) = \int_\Omega u \, v \, dx. \end{cases}$$

<u>Calcul de</u> $u, u, \ldots, u^N$.

On a d'abord

(9.21) $$u = f \quad .$$

On applique (9.6) avec $L^i = o \ \forall i$. Il vient

$$a(u,v) + b(u\ ,v) = o \qquad \forall v \in K$$

i.e.

(9.22) $$-\Delta u + u^1 = o \quad \text{dans } \Omega,$$

puis de façon générale :

(9.23) $$-\Delta u^{j-1} + u^j = o \quad \text{dans } \Omega, \quad j=2,3,\ldots,N-1,N.$$

L'hypothèse (9.2) revient donc à supposer que

(9.24) $$f, \Delta f, \ldots \quad , \Delta^N f \in H^1(\Omega) \quad .$$ ∎

<u>Calcul</u> de ϕ_ε.

La fonction ϕ_ε peut être prise égale au correcteur θ_ε d'ordre zéro (cf. N° 7.1).

Cela <u>donne</u> les éléments $g^o_{\varepsilon i}$ et $g^o_{\varepsilon 2}$, que l'on utilise dans le calcul <u>d'un</u> "correcteur" ϕ^1_ε par (9.18) (où l'on a le <u>choix</u> de $g^1_{\varepsilon 1}$ et $g^1_{\varepsilon 2}$), et ainsi de suite.

Explicitons cela dans le cas du demi espace $x_n > o$. ∎

On a dans ce cas :

(9.25) $$\phi_\varepsilon = - f(x', o) \exp\left(- \frac{x_n}{\sqrt{\varepsilon}}\right).$$

Alors

$$-\varepsilon\Delta\psi_\varepsilon + \psi_\varepsilon = \varepsilon\ \Delta'\ f(x',o)\ \exp\left(-\frac{x_n}{\sqrt{\varepsilon}}\right)$$

de sorte que, avec les notations (9.17) :

(9.26) $$g^o_{\varepsilon 1} = \Delta' f(x',o)\ \exp\left(-\frac{x_n}{\sqrt{\varepsilon}}\right)\ ,\quad g^o_{\varepsilon 2} = o.$$

On calcule alors ψ^1_ε par

(9.27) $$\left|\begin{array}{l} -\varepsilon\dfrac{\partial^2\psi^1_\varepsilon}{\partial x_n^2} + \psi^1_\varepsilon = -\Delta' f\ (x',o)\ \exp\left(-\dfrac{x_n}{\sqrt{\varepsilon}}\right), \\ \psi^1_\varepsilon + \Delta f(x',o) = o \quad \text{sur } \Gamma. \end{array}\right.$$

Cela donne

(9.28) $$\psi^1_\varepsilon = -\Delta f(x',o)\ \exp\left(-\frac{x_n}{\sqrt{\varepsilon}}\right) - \frac{1}{2}\ \Delta' f(x',o)\ \frac{x_n}{\sqrt{\varepsilon}}\ \exp\left(-\frac{x_n}{\sqrt{\varepsilon}}\right).$$

On vérifie ensuite que, sous l'hypothèse

(9.29) $$f(x',o)\in H^3(\Gamma),\quad \frac{\partial^2 f}{\partial x^2}\ (x',o)\in H^1(\Gamma),$$

on a (9.18) avec l'analogue de (6.5) pour $g^1_{\varepsilon 1}$(et $g^1_{\varepsilon 2} = o$).

Par conséquent, sous l'hypothèse (9.29), on a :

(9.30) $$\left|\begin{array}{l} \varepsilon^{-1}\Big\{ u_\varepsilon - \Big[u - f(x',o)\ \exp\left(-\dfrac{x_n}{\sqrt{\varepsilon}}\right) - \varepsilon\Delta f(x',o)\ \exp\left(-\dfrac{x_n}{\sqrt{\varepsilon}}\right) - \\ \qquad - \dfrac{\varepsilon}{2}\ \Delta' f(x',o)\ \dfrac{x_n}{\sqrt{\varepsilon}}\ \exp\left(-\dfrac{x_n}{\sqrt{\varepsilon}}\right)\Big]\Big\} \to o \\ \text{dans } H^1(\Omega) \end{array}\right.$$

■

9.4. Problèmes de Neumann.

On prend la situation de l'exemple 3.6, n° 3.4, donc

(9.31) $$V_a = H^1(\Omega),\ V_b = L^2(\Omega),\quad K = V_a,\quad \text{a et b comme en (9.20)}$$

Calcul de $u, u^1, \ldots, u^N, L^1, L^2, \ldots, L^N$.

On a encore $u = f$.

On définit L^1 par

(9.32) $$(L^1, v) = \int_\Gamma \frac{\partial u}{\partial \nu} v \, d\Gamma \quad , \; v \in H^1(\Omega)$$

(on fait donc l'hypothèse que par ex. $f \in H^1(\Omega)$ et $\Delta f \in L^2(\Omega)$).

On a alors

$$a(u,v) + b(u^1, v) = (L^1, v) \quad \forall v \in K = H^1(\Omega)$$

si

(9.33) $$-\Delta u + u^1 = 0 \quad \text{dans } \Omega.$$

On définit de façon générale L^j par

(9.34) $$(L^j, v) = \int_\Gamma \frac{\partial u^{j-1}}{\partial \nu} v \, d\Gamma$$

et u^j par

(9.35) $$-\Delta u^{j-1} + u^j = 0 \quad \text{dans } \Omega, \; 2 \leqslant j \leqslant N.$$

Les hypothèses (9.2) (9.3) ont lieu si f vérifie (9.24).

On peut prendre alors $\phi_\varepsilon = 0$ et donc on doit calculer ϕ^1_ε par (cf(9.18))

(9.36) $$\varepsilon a(\phi^1_\varepsilon, v) + b(\phi^1_\varepsilon, v) = (\varepsilon g^1_{\varepsilon 1} + \varepsilon^{\frac{1}{2}} g^1_{\varepsilon 2}, v) - (L^1, v) \; \forall v \in H^1(\Omega)$$

Explicitons dans le cas du demi espace $x_n = y > 0$.

<u>On définit</u> ψ_ε^1 comme la solution dans $H^1(\Omega)$ de

$$(9.37)\quad \left|\begin{array}{ll} -\varepsilon \dfrac{\partial^2 \psi_\varepsilon^1}{\partial y^2} + \psi_\varepsilon^1 = o & \text{dans } \Omega, \\ \varepsilon \dfrac{\partial \psi_\varepsilon^1}{\partial y} + \dfrac{\partial u}{\partial y} = o & \text{sur } \Gamma \end{array}\right.$$

d'où

$$\psi_\varepsilon^1(x) = + \frac{1}{\varepsilon} \frac{\partial u}{\partial y}(x',o) \sqrt{\varepsilon} \exp(-\frac{y}{\sqrt{\varepsilon}})$$

et on peut alors prendre (si $\frac{\partial u}{\partial y}(x',o) \in H^2(\mathbb{R}^{n-1})$)

$$(9.38)\qquad \theta_\varepsilon^1 = \varepsilon\, \psi_\varepsilon^1 = \frac{\partial u}{\partial y}(x',o) \sqrt{\varepsilon} \exp(-\frac{y}{\sqrt{\varepsilon}}).$$

<u>On retrouve le correcteur d'ordre</u> 0 <u>dans un espace d'ordre supérieur</u> (cf.(8.12)).

On a donc :

$$(9.39)\qquad \| u_\varepsilon - (u+\theta_\varepsilon^1) \|_{H^1(\Omega)} \leqslant C\varepsilon$$

et d'après (8.13)

$$(9.40)\qquad \| u_\varepsilon - (u+\theta_\varepsilon^1) \|_{H^2(\Omega)} \leqslant C \quad .$$

On a là une manifestation d'un phénomène général : <u>il y a "conservation" de la somme de l'ordre de l'approximation et de l'ordre de l'espace de Sobolev dans lequel on approche</u> u_ε (1+1 dans (9.39), o+2 dans (9.40)).

■

9.5. Problème unilatéral .

On prend maintenant la situation de l'Exemple 3.2, n° 3.4.
Donc :

$$(9.41)\quad \left| \begin{array}{l} V_a = H^1(\Omega)\ ,\ V_b = L^2(\Omega)\ ,\quad K = \{v \mid v \geq 0 \quad \text{sur} \quad \Gamma\}, \\ a \text{ et } b \text{ donnés comme en } (9.20). \end{array} \right.$$

On va montrer comment on peut calculer une approximation d'ordre 1.
On définit u, L^1, u^1 comme au N° 9.4 .

Alors, θ_ε^1 est donné par

$$(9.42)\quad \left| \begin{array}{l} \varepsilon a(\theta_\varepsilon^1, \varphi-\theta_\varepsilon^1) + b(\theta_\varepsilon^1, \varphi-\theta_\varepsilon^1) \geq -\varepsilon \displaystyle\int_\Omega \frac{\partial u}{\partial \nu} (\varphi-\theta_\varepsilon^1)\, d\Gamma + \\ \qquad\qquad + \varepsilon(\varepsilon g_{\varepsilon 1} + \varepsilon^{\frac{1}{2}}\, g_{\varepsilon 2}, \varphi-\theta_\varepsilon^1), \\ \varphi \in K - (u+\varepsilon u^1)\ ,\quad \theta_\varepsilon^1 \in K - (u+\varepsilon u^1). \end{array} \right.$$

Si l'on explicite, en prenant pour $g_{\varepsilon 1}$ et $g_{\varepsilon 2}$ des distributions sur Ω (ce qui n'est pas nécessairement le cas d'après la théorie générale), il vient :

$$(9.43)\quad -\varepsilon\Delta\theta_\varepsilon^1 + \theta_\varepsilon^1 = \varepsilon(\varepsilon g_{\varepsilon 1} + \varepsilon^{\frac{1}{2}}\ g_{\varepsilon 2})\ ,$$

$$(9.44)\quad \left| \begin{array}{l} \theta_\varepsilon^1 + u + \varepsilon u^1 \geq 0 \quad \text{sur} \quad \Gamma, \\ \dfrac{\partial \theta_\varepsilon^1}{\partial \nu} + \dfrac{\partial u}{\partial \nu} \geq 0 \quad \text{sur} \quad \Gamma \text{ et} \\ (\theta_\varepsilon^1 + u + \varepsilon u^1)\, (\dfrac{\partial \theta_\varepsilon^1}{\partial \nu} + \dfrac{\partial u}{\partial \nu}) = 0 \quad \text{sur} \quad \Gamma. \end{array} \right.$$

On calcule θ_ε^1 par la méthode des "coefficients indéterminés" dans le cas du demi-espace. On cherche à priori θ_ε^1 sous la forme (par analogie avec les résultats précédents) :

$$\theta_\varepsilon^1 = (\lambda_o + \varepsilon \frac{y}{\sqrt{\varepsilon}} \lambda_1) \exp(- \frac{y}{\sqrt{\varepsilon}}) , \tag{9.45}$$

où λ_o et λ_1 sont deux fonctions de x' à déterminer.

Si l'on suppose que

$$\Delta'\lambda_o = 2\lambda_1 \tag{9.46}$$

alors

$$- \varepsilon\Delta\theta_\varepsilon^1 + \theta_\varepsilon^1 = - \varepsilon^2 \frac{y}{\sqrt{\varepsilon}} \Delta'\lambda_1 \exp(- \frac{y}{\sqrt{\varepsilon}}) . \tag{9.47}$$

Les conditions (9.44) deviennent, en tenant compte de (9.46) :

$$(9.48) \quad \left| \begin{array}{l} \lambda_o + u(x',o) + \varepsilon u^1(x',o) \geqslant o , \\ - \frac{\varepsilon}{2} \Delta'\lambda_o + \lambda_o - \sqrt{\varepsilon} \frac{\partial u}{\partial y} (x',o) \geqslant o , \\ \left[\lambda_o + u(x',o) + \varepsilon u^1(x',o)\right] \left[- \frac{\varepsilon}{2} \Delta'\lambda_o + \lambda_o - \sqrt{\varepsilon} \frac{\partial u}{\partial y} (x',o)\right] = o \end{array} \right.$$

Mais <u>on va vérifier que</u> (9.48) <u>est une inéquation variationnelle sur</u> Γ.

En effet, introduisons :

$$V_\alpha = H^1 (\mathbb{R}^{n-1}) \; (= H^1(\Gamma)), \quad V_\beta = L^2(\Gamma),$$

$$K = \{ v | \; v \in V_\alpha , \quad v + u(x',o) + \varepsilon u^1(x',o) \geqslant o \text{ sur } \Gamma \} \quad (^1)$$

$$\alpha(u,v) = \frac{1}{2} \int_\Gamma \text{grad } u \, . \text{grad } v \, dx,$$

(1) L'ensemble convexe fermé K de V_α dépend de ε. cf. N° 11 ci-après.

$$\beta(u,v) = \int_\Gamma u\, v\, dx \;;$$

alors (9.48) équivaut à

$$(9.49) \quad \left|\begin{array}{l} \lambda_0 \in \mathcal{K}, \\ \varepsilon\alpha(\lambda_0,\varphi-\lambda_0) + \beta(\lambda_0,\varphi-\lambda_0) \geqslant \sqrt{\varepsilon}\displaystyle\int_\Gamma \frac{\partial u}{\partial y}(x',o)\,(\varphi-\lambda_0)\,dx', \\ \forall\varphi\in\mathcal{K}\ . \end{array}\right.$$

<u>Ce problème admet donc une solution unique</u>, <u>qui dépend de ε</u> :

$$(9.50) \qquad \lambda_0 = \lambda_{0\varepsilon}\ .$$

On définit ensuite λ_1 par (9.46). On a le résultat désiré si λ_0 est telle que $-\Delta'\lambda_0$ demeure dans un borné de $H^1(\Gamma)$. C'est une <u>propriété de régularité</u> sur la solution de (9.49) ; il y a en général un <u>seuil de régularité</u> dans la solution des inéquations variationnelles (cf. BREZIS [2]) et donc il est <u>en général</u> impossible (semble-t-il) d'obtenir des développements asymptotiques pour les solutions d'inéquations variationnelles.

■

<u>Remarque 9.7</u>.

Un développement "à l'ordre o" conduit à supprimer les coefficients en $\varepsilon^{\frac{1}{2}}$ et ε dans (9.48), d'où

$$\lambda_0 + u(x',o) \geqslant o,\ \lambda_0 \geqslant o,\quad (\lambda_0 + u(x',o))\,\lambda_0 = o,\ \text{i.e.}$$

$$\lambda_0 = u^-\ .$$

On retrouve (7.35) (prendre $h_0 = o$, $h_1 = +\infty$, $b=1$) ■

10. CORRECTEURS INTERNES .

10.1. Orientation .

Considérons encore l'inéquation

(10.1) $\varepsilon a(u_\varepsilon, v-u_\varepsilon) + b(u_\varepsilon, v-u_\varepsilon) \geq (f, v-u_\varepsilon) \quad \forall v \in K, \quad u_\varepsilon \in K$

et supposons que K est dense dans V_b, donc que l'équation limite est

(10.2) $b(u,v) = (f,v) \quad \forall v \in V_b$

Nous supposons en plus que u est dans V_a.
Nous allons donc considérér une régularisée de u, soit r_ε (définie ci-après) et nous approcherons dans V_a non plus $u_\varepsilon - u$ mais $u_\varepsilon - r_\varepsilon$.

10.2. Un résultat général .

On dira que r_ε est une régularisée d'ordre 0 de u si r_ε satisfait à l'équation

(10.3) $\left| \begin{array}{l} \varepsilon a(r_\varepsilon, v) + b(r_\varepsilon, v) = (f,v) + (\varepsilon \rho_{\varepsilon 1} + \varepsilon^{\frac{1}{2}} \rho_{\varepsilon 2}, v) \\ \forall v \in K-K \end{array} \right.$

où $\rho_{\varepsilon 1}$ et $\rho_{\varepsilon 2}$ satisfont à des conditions analogues à (6.5) (6.6), soit (prenant $\varphi_i(\varepsilon) = M$) :

(10.4) $|(\rho_{\varepsilon 1}, v)| \leq M \|v\|_a \quad \forall v \in K-K,$

(10.5) $|(\rho_{\varepsilon 2}, v)| \leq M \|v\|_b \quad \forall v \in K-K.$

[Des exemples sont donnés plus loin] ∎

Remarque 10.1.

De façon générale, on appelle "problème régularisé elliptique" (cf. LIONS [3]) de (10.2) un problème de la forme

$$\varepsilon \hat{a}(u_\varepsilon, v) + b(u_\varepsilon, v) = (f, v) \qquad \forall v \in V_{\hat{a}}$$

où $V_{\hat{a}}$ est un espace strictement inclus dans V_b et $\hat{a}$ une forme bilinéaire continue sur $V_{\hat{a}}$ telle que

$$\hat{a}(v,v) \geqslant \hat{\alpha} \|v\|_{\hat{a}}^2 , \quad \hat{\alpha} > 0 , \qquad \forall v \in V_{\hat{a}}$$

■

Correcteur d'ordre 0.

On introduit maintenant un correcteur d'ordre 0 comme au N° 6 mais en remplaçant u par r_ε ; θ_ε est dit correcteur d'ordre 0 si

$$(10.6) \quad \left| \begin{array}{l} \theta_\varepsilon \in K - r_\varepsilon , \\ \varepsilon a(\theta_\varepsilon, \varphi-\theta_\varepsilon) + b(\theta_\varepsilon, \varphi-\theta_\varepsilon) \geqslant (\varepsilon g_{\varepsilon 1} + \varepsilon^{\frac{1}{2}} g_{\varepsilon 2}, \varphi-\theta_\varepsilon) \\ \forall \varphi \in K - r_\varepsilon , \end{array} \right.$$

où $g_{\varepsilon 1}$ et $g_{\varepsilon 2}$ vérifient (6.5) (6.6).

Remarque 10.2.

L'ensemble convexe $K - r_\varepsilon$ (fermé non vide dans V_a) dépend cette fois de ε

■

On a maintenant les analogues des Théorèmes 6.1 et 6.2.

Enonçons simplement le

Théorème 10.1 . On se place dans les hypothèses du Théorème 6.1. On suppose que la régularisée r_ε d'ordre 0 de u satisfait à (10.3) (10.4) (10.5), et que le correcteur d'ordre 0 est défini par (10.6) avec (6.5) (6.6). Alors

$$u_\varepsilon-(r_\varepsilon+\theta_\varepsilon) \rightarrow o \text{ dans } V_a \text{ faible.} \tag{10.7}$$

Démonstration .

La démonstration est en tous points analogues à celle du Théorème 6.1. Si l'on pose $w_\varepsilon = u_\varepsilon-(r_\varepsilon+\theta_\varepsilon)$, on arrive à

$$-\varepsilon a(w_\varepsilon,w_\varepsilon) - b(w_\varepsilon,w_\varepsilon) \geqslant (\varepsilon(g_{\varepsilon 1}+\rho_{\varepsilon 1}) + \varepsilon^{\frac{1}{2}} (g_{\varepsilon 2}+\rho_{\varepsilon 2}),w_\varepsilon)$$

et on termine comme au Théorème 6.1. ∎

10.3. Un exemple .

Considérons (Fig.3) un ouvert Ω divisé par l'hyperplan x_n=o en deux parties Ω_+ et Ω_- ; soit

$$S = \Omega \cap \{x_n = o\}.$$

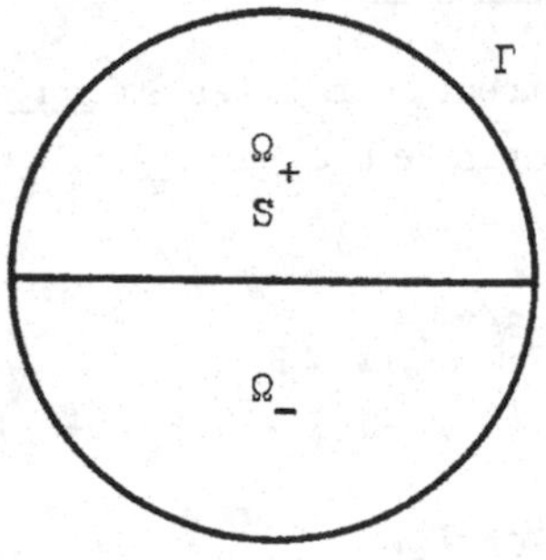

Fig. 3

On considère l'analogue de l'Exemple 3.1 et l'on suppose que si de façon générale φ^+(resp. φ^-) désigne la restriction de φ à Ω_+(resp Ω_-) on a :

$$f^{\pm} \in H^2(\Omega_{\pm}), \tag{10.8}$$

avec "discontinuités" possibles sur S ; si donc l'on introduit

$$(10.9) \quad \left| \begin{array}{l} [f] = f^+ |_{x_n=o} - f^-|_{x_n=o} , \\ \left[\dfrac{\partial f}{\partial x_n}\right] = \dfrac{\partial f^+}{\partial x_n}\Big|_{x_n=o} - \dfrac{\partial f^-}{\partial x_n}\Big|_{x_n=o} \end{array} \right.$$

On aura en général [f] et $\left[\frac{\partial f}{\partial x_n}\right] \neq 0$.

Donc u=f <u>n'est pas</u> dans $V_a = H^1(\Omega)$.

On <u>définit</u> des fonctions η_ε^+ , η_ε^- par :

(10.10)
$$\left|\begin{array}{ll} -\varepsilon \dfrac{d^2\eta_\varepsilon^+}{dx_n^2} + \eta_\varepsilon^+ = o & \text{si } x_n > o,\ \eta_\varepsilon^+ \in L^2(o,\infty) \quad (^1) \\ -\varepsilon \dfrac{d^2\eta_\varepsilon^-}{dx_n} + \eta_\varepsilon^- = o & \text{si } x_n < o,\ \eta_\varepsilon^- \in L^2(o,\infty) \end{array}\right.$$

(10.11)
$$\left|\begin{array}{l} \eta_\varepsilon^+ + u^+ = \eta_\varepsilon^- + u^- \quad \text{sur } S, \\ \dfrac{d}{dx_n}(\eta_\varepsilon^+ + u^+) = \dfrac{d}{dx_n}(\eta_\varepsilon^- + u^-) \quad \text{sur } S. \end{array}\right.$$

On trouve aussi :

(10.12)
$$\left|\begin{array}{l} \eta_\varepsilon^+ = \dfrac{1}{2}\left(-[f] + \sqrt{\varepsilon}\left[\dfrac{\partial f}{\partial x_n}\right]\right) \exp\left(-\dfrac{x_n}{\sqrt{\varepsilon}}\right), \\ \eta_\varepsilon^- = \dfrac{1}{2}\left([f] + \sqrt{\varepsilon}\left[\dfrac{\partial f}{\partial x_n}\right]\right) \exp\left(\dfrac{x_n}{\sqrt{\varepsilon}}\right). \end{array}\right.$$

Si l'on fait <u>l'hypothèse</u> <u>de</u> <u>regularité</u> :

(10.13)
$$\left[\frac{\partial f}{\partial x_n}\right] \in H^2(S)$$

alors

$\eta_\varepsilon^+ \in H^2(\Omega_+)$, $\eta_\varepsilon^- \in H^2(\Omega_-)$ et si l'on définit

---

(1) Les variables $\{x_1, \ldots x_{n-1}\}$ jouent le rôle de paramètre.

$$\eta_\varepsilon = \{\eta_\varepsilon^+ \text{ dans } \Omega_+ ,\ \eta_\varepsilon^- \text{ dans } \Omega_- \},$$

on a :

(10.14) $$u+\eta_\varepsilon \in H^2(\Omega) \quad .$$

On va vérifier que l'on peut prendre

(10.15) $$r_\varepsilon = u+\eta_\varepsilon$$

On a en effet alors

$$\varepsilon a(r_\varepsilon,v) + b(r_\varepsilon,v) = \varepsilon \int_{\Omega_+} \frac{\partial r_\varepsilon}{\partial x_n}\frac{\partial v}{\partial x_n}\,dx + \varepsilon \int_{\Omega_-} \frac{\partial r_\varepsilon}{\partial x_n}\frac{\partial v}{\partial x_n}\,dx +$$

$$+ \int_\Omega r_\varepsilon\, v\, dx + \varepsilon \sum_{i=1}^{n} \int_\Omega \frac{\partial r_\varepsilon}{\partial x_i}\frac{\partial v}{\partial x_i}\,dx$$

$$= (\text{en utilisant } (10.10)\ (10.11)) = -\varepsilon \int_{\Omega_+} (\Delta u^+)\, v\, dx -$$

$$-\varepsilon \int_{\Omega_-} (\Delta u^-)\, v\, dx \ + \ (f,v)$$

et on a donc (10.3) avec par exemple $\rho_{\varepsilon 1} = -\Delta u^+$ dans Ω_+ et $-\Delta u^-$ dans Ω_- et $\rho_{\varepsilon 2} = 0$.

On définit ensuite <u>un correcteur</u> θ_ε <u>exactement</u> comme au N° 7.1, en remplaçant $u|_\Gamma$ par $r_\varepsilon|_\Gamma$.

■

<u>Remarque 10.3.</u>

On peut considérer η_ε comme un "<u>correcteur interne</u>", destiné à "corriger" au <u>voisinage</u> de S les discontinuités de u.

■

Remarque 10.4.

On peut naturellement étendre les considérations précédentes à tous les Exemples étudiés jusqu'ici, lorsque la solution limite u n'est pas dans V_a. Pour les opérateurs du 4eme ordre par ex. on pourra avoir des discontinuités de u sur des variétés de dimension n-2.

■

Remarque 10.5.

On peut introduire des <u>régularisées</u> r_ε^N <u>d'ordre</u> N <u>de</u> u, par

$$\varepsilon a(r_\varepsilon^N, v) + b(r_\varepsilon^N, v) = (f, v) + \varepsilon^N(\varepsilon\rho_{\varepsilon 1} + \varepsilon^{\frac{1}{2}}\rho_{\varepsilon 2}, v)$$

$$\forall v \in K-K,$$

où $\rho_{\varepsilon 1}$ et $\rho_{\varepsilon 2}$ satisfont encore à (10.4) (10.5).

On définit ensuite un correcteur d'ordre N comme au N° 9.1, en remplaçant $u+\varepsilon u^1+\ldots+\varepsilon^N u^N$ par r_ε^N.

■

11. PERTURBATIONS DES CONVEXES.

11.1. Position du problème. Un énoncé général .

Les données étant par ailleurs analogues à celles du N° 3, on considère une famille K_ε d'ensembles avec

(11.1) K_ε est, $\forall \varepsilon > 0$, un ensemble convexe fermé non vide de V_a,

(11.2) $\bigcup_{\varepsilon > 0} K_\varepsilon$ est dense dans V_b.

Pour $\varepsilon > 0$, on considère le problème

(11.3)
$$\left| \begin{array}{l} u_\varepsilon \in K_\varepsilon, \\ \varepsilon a(u_\varepsilon, v-u_\varepsilon) + b(u_\varepsilon, v-u_\varepsilon) \geq (f, v-u_\varepsilon) \quad \forall v \in K_\varepsilon . \end{array} \right.$$

On a d'abord le résultat suivant, qui généralise le Théorème 3.1 :

Théorème 11.1 . On suppose que (3.1)...(3.4) (11.1) (11.2) ont lieu ; alors lorsque $\varepsilon \to 0$ on a :

(11.4)
$$u_\varepsilon \to u \quad \text{dans } V_b$$

où u est la solution dans V_b de

(11.5)
$$b(u,v) = (f,v) \quad \forall v \in V_b .$$

Démonstration .

Comme dans la Démonstration du Théorème 3.1 on a :

(11.6)
$$\varepsilon^{\frac{1}{2}} \|u_\varepsilon\|_a \ , \ \|u_\varepsilon\|_b \leq C.$$

On extrait alors une sous suite, encore notée u_ε, telle que

(11.7) $$u_\varepsilon \to w \quad \text{dans } V_b \text{ faible} \quad .$$

Pour v donné quelconque dans V_b, on choisit une suite v_ε telle que

(11.8) $$v_\varepsilon \to v \quad \text{dans } V_b \text{ fort} \quad .$$

(Une telle suite existe d'après (11.2)). On déduit de (11.3), écrit avec $v=v_\varepsilon$, que

(11.9) $$\varepsilon a(u_\varepsilon,v_\varepsilon)+b(u_\varepsilon,v_\varepsilon)-(f,v_\varepsilon-u_\varepsilon) \geqslant \varepsilon a(u_\varepsilon,u_\varepsilon)+b(u_\varepsilon,u_\varepsilon) \geqslant b(u_\varepsilon,u_\varepsilon)$$

d'où

$$b(w,v) - (f,v-w) \geqslant b(w,w)$$

et donc w=u.

On termine comme pour la Démonstration du Théorème 3.1, en introduisant X_ε donné par (3.18) . ∎

Faisons maintenant <u>l'hypothèse</u>

(11.10) $$u \in V_a$$

On introduit alors un <u>correcteur</u> <u>d'ordre</u> 0 [(1)] par

(11.11) $$\left| \begin{array}{l} \theta_\varepsilon \in K_\varepsilon - u, \\ \varepsilon a(\theta_\varepsilon,\varphi-\theta_\varepsilon)+b(\theta_\varepsilon,\varphi-\theta_\varepsilon) \geqslant (\varepsilon g_{\varepsilon 1}+\varepsilon^{\frac{1}{2}} g_{\varepsilon 1},\varphi-\theta_\varepsilon) \\ \forall \varphi \in K_\varepsilon - u, \end{array} \right.$$

---

(1) On peut introduire de même <u>des correcteurs d'ordre</u> N.

où $g_{\varepsilon 1}$ et $g_{\varepsilon 2}$ satisfont aux analogues de (6.5) (6.6) (où K_ε remplace K).

On a dans ces conditions le

Théorème 11.2 . Sous les hypothèses du Théorème 11.1 et un correcteur d'ordre 0 étant défini par (11.11), on a

(11.12) $$u_\varepsilon-(u+\theta_\varepsilon) \to 0 \quad \text{dans } V_a \text{ faible.}$$

La Démonstration est analogue à celle du Théorème 6.1.

∎

11.2. Exemple : perturbations simplifiées dans des ouverts variables

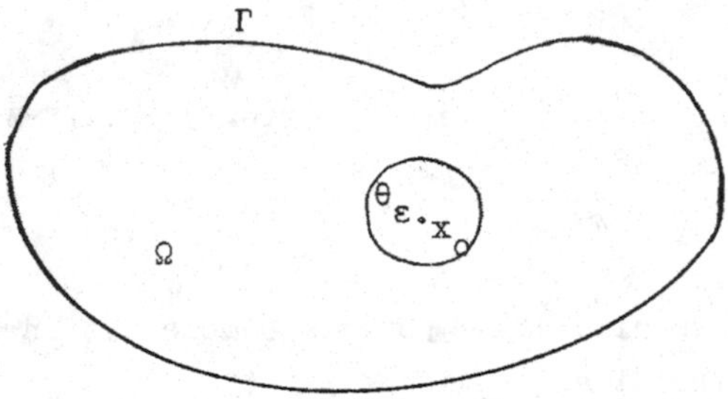

Fig. 4

Soit Ω donné dans R^n et $x_0 \in \Omega$, soit θ_ε la boule ouverte de centre x_0 et de rayon ε.

On prend

$$\begin{aligned} & V_a = H^1(\Omega),\ V_b = L^2(\Omega), \\ & a(u,v) = \int_\Omega \text{grad } u.\ \text{grad } v\, dx,\ b(u,v) = \int_\Omega u\, v\, dx, \end{aligned}$$

et on définit K_ε

(11.13) $$K_\varepsilon = \{ v \mid v \in V_a,\ v=0 \text{ sur } \Gamma \text{ et } v=0 \text{ p.p. sur } \theta_\varepsilon \} .$$

On vérifie que l'on a (11.1) (11.2).

Pour f donné dans $L^2(\Omega)$, le problème (11.3) équivaut au suivant :

(11.14) $$\begin{aligned} & -\varepsilon\Delta u_\varepsilon + u_\varepsilon = f \quad \text{dans } \Omega-\theta_\varepsilon, \\ & u_\varepsilon = 0 \quad \text{sur } \Gamma \cup \partial\, \theta_\varepsilon \end{aligned}$$

et $$u_\varepsilon = o \quad \text{dans} \quad \theta_\varepsilon \ .$$

On a la limite

(11.15) $$u = f$$

Comme on a vu au N° 4, on peut considérer des correcteurs à supports respectivement au voisinage de Γ et de $\partial\theta_\varepsilon$. Un correcteur au voisinage de Γ a été donné au N° 7.1. Considérons donc seulement le problème au voisinage de x_o, que nous ramenons à l'origine. Soient r et σ des coordonnées sphériques; on écrira indifféremment $f(x)$ ou $f(r,\sigma)$.

On <u>définit</u> a priori θ_ε par

(11.16)
$$\left| \begin{array}{l} -\dfrac{\varepsilon}{r^{n-1}} \dfrac{\partial}{\partial r}\left(r^{n-1}\dfrac{\partial\theta_\varepsilon}{\partial r}\right) + \theta_\varepsilon = o \quad \text{dans } r \geq \varepsilon, \\ \theta_\varepsilon(\varepsilon) = -\, u(\varepsilon,\sigma), \\ r^{\frac{n-1}{2}}\, \theta_\varepsilon \in L^2(\varepsilon,\infty) \ , \ r^{\frac{n-1}{2}} \dfrac{\partial\theta_\varepsilon}{\partial r} \in L^2(\varepsilon,\infty) \ , \ \sigma \text{ jouant le rôle de} \\ \text{paramètre.} \end{array} \right.$$

Si l'on cherche $\theta_\varepsilon(r\sqrt{\varepsilon},\sigma) = m_\varepsilon(r,\sigma)$, il vient :

(11.17)
$$\left| \begin{array}{l} -\dfrac{\partial^2 m_\varepsilon}{\partial r^2} - \dfrac{n-1}{n} \dfrac{\partial m_\varepsilon}{\partial r} + u_\varepsilon = o \quad \text{pour } r \geq \sqrt{\varepsilon}, \\ m_\varepsilon(\sqrt{\varepsilon}) = -\, u(\varepsilon,\sigma) \ . \end{array} \right.$$

Si l'on définit la fonction p par

(11.18)
$$\left| \begin{array}{l} -\dfrac{\partial^2 p}{\partial r^2} - \dfrac{n-1}{r} \dfrac{\partial p}{\partial r} + p = o, \\ r^{\frac{n-1}{2}}\, p \in L^2(o,\infty) \ , \quad p(o) = 1 \ . \end{array} \right.$$

Alors

(11.19) $$m_\varepsilon = - \frac{u(\varepsilon,\sigma)p(r)}{p(\sqrt{\varepsilon})} ,$$

et donc

(11.20) $$\theta_\varepsilon(r,\sigma) = - \frac{u(\varepsilon,\sigma)}{p(\sqrt{\varepsilon})} p(r/\sqrt{\varepsilon}) .$$

On fait l'hypothèse ([1])

(11.21) $f \in H^3$ au voisinage de o.

Alors si $\Delta = \frac{\partial^2}{\partial r^2} + (n-1) \frac{1}{r} \frac{\partial}{\partial r} + \frac{1}{r^2} \Lambda$,

(11.22) $$-\varepsilon \Delta\theta_\varepsilon + \theta_\varepsilon = - \frac{\varepsilon}{r^2} \Lambda \theta_\varepsilon$$

où Λ est un opérateur en σ du 2eme ordre.

On prend : $g_{\varepsilon 1} = o$ et

$$g_{\varepsilon 2} = \sqrt{\varepsilon} \frac{1}{r^2} \Lambda\theta_\varepsilon = - \frac{\sqrt{\varepsilon}}{p(\sqrt{\varepsilon})} p\left(\frac{r}{\sqrt{\varepsilon}}\right) \frac{1}{r^2} \Lambda u(\varepsilon,\sigma) .$$

On a alors :

$$\int_{S_{n-1}} \int_o^1 |g_{\varepsilon 2}|^2 r^{n-1} dr\, d\sigma \leqslant C\varepsilon \int_o^1 p^2\left(\frac{r}{\sqrt{\varepsilon}}\right) r^{n-5} dr \int_{S_{n-1}} (\Lambda u(\varepsilon,\sigma))^2 d\sigma$$

$$\leqslant C \varepsilon^{1+\frac{n-4}{2}} \leqslant C \quad \text{car } n \geqslant 2.$$

∎

([1]) Il suffit de supposer que $f \in H^{5/2 + \lambda}$, $\lambda > o$ quelconque.

12. PROBLEMES LINEAIRES NON HOMOGENES .

12. 1. Orientation .

Nous considérons maintenant des problèmes du type suivant (1)

(12.1) $$- \varepsilon \Delta u_\varepsilon + u_\varepsilon = f \text{ dans } \Omega,$$

(12.2) $$u_\varepsilon = g \text{ sur } \Gamma$$

où g est une fonction (ou une distribution) non régulière sur Γ.

Naturellement, la "limite" est u=f dans le problème précédent, mais le problème est de préciser à quel sens cela est vrai. C'est l'objet du N° 12.2, où l'on utilise la méthode dite "du changement d'espace pivot " (cf. LIONS [3]), le N° 12.3 examinant un problème étudié par BOSSAVIT [1].

12.2. Méthode du changement d'espace pivot .

Nous appliquons la variante suivante de la théorie générale ; au lieu du problème du N° 3.1 nous considérons le suivant :

(12.3) $$\left| \begin{array}{l} u_\varepsilon \in K, \\ \varepsilon a(u_\varepsilon, v-u_\varepsilon) + b(u_\varepsilon, v-u_\varepsilon) \geq M_\varepsilon(v-u_\varepsilon) \quad \forall v \in K \end{array} \right.$$

où les M_ε sont une famille de formes linéaires continues V_a, telle que

(12.4) $$\left| \begin{array}{l} M_\varepsilon(v) \to M_o(v) \quad \forall v \in K-K, \\ M_o = \text{forme linéaire continue sur } V_b. \end{array} \right.$$

---

(1) "Non homogène" dans la terminologie de LIONS-MAGENES [1]

Le Théorème 3.1. est encore valable (avec la même démonstration). ∎

En particulier, si K est dense dans V_b, u_ε converge dans V_b vers la solution u de

(12.5) $$b(u,v) = M_o(v) \qquad \forall v \in V_b \ .$$ ∎

Application .

Nous prenons :

(12.6) $$\left| \begin{array}{l} V_a = L^2(\Omega),\ V_b = H^{-1}(\Omega) \quad (^1) \\ a(u,v) = \int_\Omega u\, v\, dx, \\ b(u,v) = \int_\Omega u(Gv)\, dx \end{array} \right.$$

où Gv est défini par

(12.7) $$-\Delta(Gv) = v \text{ dans } \Omega,\ Gv|_\Gamma = 0 \ .$$

On a donc :

$$b(v,v) = \int_\Omega v(Gv)\, dx = \int_\Omega |\text{grad } Gv|^2\, dx,$$

et comme $\left(\int_\Omega |\text{grad } Gv|^2\, dx\right)^{\frac{1}{2}}$ est une norme équivalente à $\|v\|_b$, on peut appliquer la théorie générale. On choisit

(12.8) $$K = V_a,$$

(12.9) $$M_\varepsilon(v) = \int_\Omega f(Gv)\, dx - \varepsilon \int_\Gamma g \frac{\partial(Gv)}{\partial\nu}\, d\Gamma, \quad g \in H^{-\frac{1}{2}}(\Gamma),\ f \in H^{-1}(\Omega).$$

---

(1) Si V_b est "l'espace pivot", le choix de $H^{-1}(\Omega)$ est donc différent du "pivot" habituel qui est $L^2(\Omega)$. ∎

Lorsque $v \in V_a$, $Gv \in H^2(\Omega)$ donc $\dfrac{\partial(Gv)}{\partial\nu} \in H^{\frac{1}{2}}(\Gamma)$ et $|M_\varepsilon(v)| \leqslant C \|v\|_a$.
On a (12.4) avec

(12.10) $$M_o(v) = \int_\Omega f(Gv)\, dx.$$

Avec les choix précédents, vérifions <u>que le problème</u> (12.3) <u>équivaut</u> <u>à</u> (12.1) (12.2). En effet, posant $Gv = \varphi$, on note que (12.3) équivaut à

(12.11) $$\varepsilon(u_\varepsilon, -\Delta\varphi) + (u_\varepsilon, \varphi) = (f, \varphi) - \varepsilon \int_\Gamma g \frac{\partial\varphi}{\partial\nu}\, d\Gamma \quad \forall\varphi \in H^2(\Omega) \cap H_o^1(\Omega)$$

d'où l'on déduit le résultat.

Le problème limite est

$$b(u,v) = M_o(v)$$

et il équivaut à

(12.12) $$u = f \quad .$$ ∎

Par conséquent :

(12.13) | si $f \in H^1(\Omega)$, $g \in H^{-\frac{1}{2}}(\Gamma)$, on a :
$u_\varepsilon \to u$ dans $H^{-1}(\Omega)$. ∎

Si maintenant $f \in L^2(\Omega)$, on a : $u \in V_a$ et comme $K = V_a$,

on n'a pas de correcteur à introduire (cf. Théorème 5.1) :

(12.14) | si $f \in L^2(\Omega)$, $g \in H^{-\frac{1}{2}}(\Gamma)$, on a :
$u_\varepsilon \to u$ dans $L^2(\Omega)$. ∎

On peut utiliser la théorie du N° 9 pour l'obtention de développements d'ordre supérieur. On fait l'hypothèse :

(12.15) $$u, \Delta u \in L^2(\Omega)$$

de sorte que, d'après LIONS-MAGENES [1], $u|_\Gamma \in H^{-\frac{1}{2}}(\Gamma)$.

On définit, avec les notations du N° 9, L^1 par :

(12.16) $$(L^1, v) = \int_\Gamma (g-u) \frac{\partial(Gv)}{\partial\nu}\, d\Gamma.$$

On définit alors u^1 par

(12.17) $$\varepsilon a(u+\varepsilon u^1, v) + b(u+\varepsilon u^1, v) = M_\varepsilon(v) + \varepsilon^2 a(u,v) + \varepsilon(L^1, v)$$

ce qui revient à

(12.18) $$u^1 - \Delta u = 0.$$

Un correcteur d'ordre 1, soit θ_ε^1, doit alors vérifier :

(12.19) $$\varepsilon a(\theta_\varepsilon^1, v) + b(\theta_\varepsilon^1, v) = -\varepsilon(L^1, v) + \varepsilon(\varepsilon g_{\varepsilon 1} + \varepsilon^{\frac{1}{2}} g_{\varepsilon 2}, v)$$

où

(12.20) $$\|g_{\varepsilon 1}\|_{L^2(\Omega)} \leq C, \quad \|g_{\varepsilon 2}\|_{H_0^1(\Omega)} \leq C.$$

Si par exemple Ω est le demi espace $x_n > 0$, on définira (on suit les notations du N° 9.2) :

$$\psi_\varepsilon = 0,$$

(12.21) $$-\varepsilon \frac{\partial^2 \psi_\varepsilon^1}{\partial x_n^2} + \psi_\varepsilon^1 = 0 \text{ si } x_n > 0, \quad \psi_\varepsilon^1 \in L^2(0,\infty),$$

$$\varepsilon \psi_\varepsilon^1 = +(g-u)|_\Gamma$$

et on prend ensuite

$$\theta_\varepsilon^1 = \varepsilon\psi_\varepsilon^1 , \tag{12.22}$$

i.e.

$$\theta_\varepsilon^1 = + (g-u)_\Gamma \exp(- \frac{x_n}{\sqrt{\varepsilon}}). \tag{12.23}$$

On a :

$$\varepsilon a(\psi_\varepsilon^1, v) + b(\psi_\varepsilon^1, v) = - \varepsilon \int_\Omega \psi_\varepsilon^1 \Delta\varphi \, dx + \int_\Omega \psi_\varepsilon^1 \varphi \, dx \; (Gv=\varphi)$$

$$= - \int_\Gamma (g-u) \frac{\partial\varphi}{\partial\nu} d\Gamma - \varepsilon \int_\Omega \psi_\varepsilon^1 \Delta' \varphi \, dx , \; \Delta' = \sum_{i=1}^{n-1} \frac{\partial^2}{\partial x_i^2}$$

On peut alors prendre $g_{\varepsilon 2} = o$ et $g_{\varepsilon 1}$ par :

$$(g_{\varepsilon 1}, v) = - \int_\Omega (\Delta'\varphi) \psi_\varepsilon^1 \, dx$$

d'où $|(g_{\varepsilon 1}, v)| \leq C \|\varphi\|_{H^2(\Omega)} \leq C \|v\|_{L^2(\Omega)}$ si ψ_ε^1 demeure dans un borné de $L^2(\Omega)$, i.e. si

$$g-u|_\Gamma \in L^2(\Gamma) \quad . \tag{12.24}$$

On a dans ces conditions

$$\left| \begin{aligned} &\|u_\varepsilon - (u+\varepsilon u^1+\theta_\varepsilon^1)\|_{L^2(\Omega)} \leq C\varepsilon, \\ &\|u_\varepsilon - (u+\varepsilon u^1+\theta_\varepsilon^1)\|_{H^{-1}(\Omega)} \leq C\varepsilon^{3/2} \quad . \end{aligned} \right. \tag{12.25}$$

■

Remarque 12.1.

On vérifie directement que

(12.26) $$\|u_\varepsilon-(u+\theta_\varepsilon^1)\|_{H^1(\Omega)} \leqslant C_\varepsilon$$

si $u^1|_\Gamma \in H^{\frac{1}{2}}(\Gamma)$ et si $\Delta^2 u\ (=\Delta^2 f) \in L^2(\Omega)$. ∎

12.3. Méthode directe .

On va maintenant considérer le problème (cf. BOSSAVIT [1])

(12.27) $$\varepsilon\ \Delta^2 u_\varepsilon - \Delta u_\varepsilon = f \text{ dans } \Omega,$$

avec les conditions aux limites (1)

(12.28) $$u_\varepsilon|_\Gamma = o, \qquad -\ \varepsilon\ \Delta u_\varepsilon|_\Gamma = g$$

et montrer que le problème limite est, dans un sens convenable :

(12.29) $$-\ \Delta u = f$$

avec la condition aux limites non homogène

(12.30) $$u|_\Gamma = g \quad (2)$$ ∎

On introduit

(12.31) $$\left|\begin{array}{l} V_a = H^2(\Omega) \cap H_o^1(\Omega)\ , \quad V_b = H_o^1(\Omega), \qquad K = V_a \\ a(u,v) = \int_\Omega \Delta u\ \Delta v\ dx, \quad b(u,v) = \int_\Omega \text{grad } u \text{ grad } v\ dx, \end{array}\right.$$

---

(1) On précise plus loin les hypothèses sur les données.

(2) Et non pas $u|_\Gamma = o$ comme on s'y attendait.

et

$$(12.32) \qquad L(v) = \int_\Omega f\, v\, dx - \int_\Gamma g \frac{\partial v}{\partial \nu}\, d\Gamma, \quad f \in L^2(\Omega), \; g \in H^{-\frac{1}{2}}(\Gamma),$$

ce qui définit une forme linéaire continue sur V_a mais non continue sur V_b.

Le problème (12.27) (12.28) équivaut à

$$(12.33) \qquad \varepsilon a(u_\varepsilon, v) + b(u_\varepsilon, v) = L(v) \quad \forall v \in V_a$$

et comme L n'est pas continue sur V_a la théorie générale ne s'applique pas.

■

Il ne saurait d'ailleurs y avoir convergence dans V_b, puisque le problème limite "formel" $b(u, v) = L(v) \;\; \forall v \in V_b$ n'a pas de sens. On va en fait démontrer qu'il y a convergence dans un espace plus grand que V_b :

$$(12.34) \qquad u_\varepsilon \to u \text{ dans } L^2(\Omega), \quad u \text{ solution de } (12.29)\ (12.30).$$

On note en effet que (12.33) s'écrit encore :

$$(12.35) \qquad \varepsilon a(u_\varepsilon, v) - \int_\Omega u_\varepsilon (\Delta v)\, dx = L(v).$$

On définit v par

$$(12.36) \qquad -\Delta v = u_\varepsilon, \quad v|_\Gamma = 0$$

et l'on prend dans (12.35) v défini par (12.36). Alors

$$(12.37) \qquad \varepsilon \int_\Omega |\operatorname{grad} u_\varepsilon|^2\, dx + \int_\Omega u_\varepsilon^2\, dx = L(v),$$

et $\quad |L(v)| \leq C \|v\|_{L^2(\Omega)} + C \|\frac{\partial v}{\partial \nu}\|_{H^{\frac{1}{2}}(\Gamma)} \leq$

$$\leq C \|v\|_{H^2(\Omega)} \leq C \|u_\varepsilon\|_{L^2(\Omega)}$$

de sorte que (12.37) entraîne :

(12.38) $$\|u_\varepsilon\|_{L^2(\Omega)} \leqslant C,$$

(12.39) $$\sqrt{\varepsilon}\ \|u_\varepsilon\|_b \leqslant C.$$

On peut donc extraire une suite, encore notée u_ε, telle que

(12.40) $$u_\varepsilon \to w \text{ dans } L^2(\Omega) \text{ faible},$$

et on déduit de (12.35) que

(12.41) $$\int_\Omega w(-\Delta v)\, dx = L(v) \quad \forall v \in V_a \quad .$$

Cela est la forme "faible", par transposition (1), du problème (12.29), (12.30). Donc w=u.

Comme enfin il résulte de (12.35) que $(u_\varepsilon, -\Delta v)$ converge uniformément pour $(-\Delta v) \in$ ensemble borné de $L^2(\Omega)$, on a (12.34) .

■

---

(1) cf. LIONS-MAGENES [1].

13. PERTURBATIONS SINGULIERES ET OPERATEURS NON LINEAIRES .

13.1. Orientation .

Nous avons jusqu'ici dans ce Chapitre considéré des problèmes linéaires ou non (les problèmes sont non linéaires lorsque K n'est pas un espace affine)mais toujours relatifs à des opérateurs aux dérivés partielles linéaires.

On va maintenant étudier quelques problèmes relatifs à des opérateurs non linéaires, nous bornant (comme au Chap. 1, N° 9) à des exemples choisis aussi simples que possible.

13.2. Un problème monotone .

Nous considérons d'abord un problème modèle simple (mais conduisant, comme on va voir à des problèmes ouverts !), généralisation non linéaire de (1.1). Avec la notation (9.44), Chap. 1, N° 9.4, on introduit, pour $1 < p < \infty$, l'opérateur A défini par

(13.1) $$A(v) = -\sum_{i=1}^{n} \frac{\partial}{\partial x_i}\left(\left|\frac{\partial v}{\partial x_i}\right|^{p-2} \frac{\partial v}{\partial x_i}\right) .$$

On pose

(13.2) $$B(v) = |v|^{p-2} v$$

et l'on considère la solution u_ε de

(13.3) $$\varepsilon A(u_\varepsilon) + B(u_\varepsilon) = f, \quad u_\varepsilon \in W_0^{1,p}(\Omega),$$

f donné dans $L^{p'}(\Omega)$, $\frac{1}{p} + \frac{1}{p'} = 1$.

Ce problème admet une solution unique, comme en (9.46) (9.47) Chap. 1. (Pour une étude systématique des équations monotones, cf. LIONS [3]).

Lorsque $\varepsilon \to 0$ on a :

(13.4) $$u_\varepsilon \to u \quad \text{dans } L^p(\Omega),$$

où u est la solution de

(13.5) $$B(u) = f \quad .$$

En effet, posons :

(13.6) $$a(u,v) = \sum_{i=1}^{n} \int_\Omega \left|\frac{\partial u}{\partial x_i}\right|^{p-2} \frac{\partial u}{\partial x_i} \frac{\partial v}{\partial x_i}\, dx,$$

(13.7) $$b(u,v) = \int_\Omega |u|^{p-2} u\, v\, dx.$$

On a alors

(13.8) $$\varepsilon a(u_\varepsilon, v) + b(u_\varepsilon, v) = (f,v), \quad \forall v \in W_0^{1,p}(\Omega) \quad .$$

Prenant $v=u_\varepsilon$ dans (13.8), il vient :

(13.9) $$\varepsilon \|u_\varepsilon\|^p + |u_\varepsilon|^p \leqslant C \quad |f|_{L^{p'}} |u_\varepsilon|$$

où $\| \ \|$ (resp. $| \ |$, resp. $| \ |_{L^{p'}}$) désigne la norme dans $W_0^{1,p}(\Omega)$ (resp. $L^p(\Omega)$, resp. $L^{p'}(\Omega)$). Par conséquent

(13.10) $$|u_\varepsilon| \leqslant C,$$

(13.11) $$\varepsilon^{1/p} \|u_\varepsilon\| \leqslant C.$$

On peut donc extraire une suite, encore notée u_ε, telle que

(13.12) $$u_\varepsilon \to w \quad \text{dans } L^p(\Omega) \text{ faible}$$

et

(13.13) $$B(u_\varepsilon) \to \chi \quad \text{dans} \quad L^{p'}(\Omega) \text{ faible.}$$

On utilise maintenant la méthode de monotonie. On a

(13.14) $$X_\varepsilon = \varepsilon(A(u_\varepsilon),u_\varepsilon) + (B(u_\varepsilon)-B(\varphi),u_\varepsilon-\varphi) \geqslant 0 \quad \forall\varphi \in L^p(\Omega) .$$

Mais

$$X_\varepsilon = (f,u_\varepsilon) - (B(u_\varepsilon),\varphi) - (B(\varphi),u_\varepsilon-\varphi)$$

et donc

$$X_\varepsilon \to (f,w) - (\chi,\varphi) - (B(\varphi),w-\varphi).$$

Mais d'après (13.11) et (13.3) (13.13) on a : $\chi = f$ donc

$$X_\varepsilon \to X = (\chi-B(\varphi),w-\varphi)$$

et donc

(13.15) $$(\chi-B(\varphi),w-\varphi) \geqslant 0 \quad \forall\varphi\in L^p(\Omega).$$

Prenant $\varphi = w-\lambda\psi$, $\lambda>0$, $\psi\in L^p(\Omega)$, on en tire :

$$(\chi-B(w-\lambda\psi), \psi) \geqslant 0$$

d'où en faisant tendre λ vers o :

$$(\chi-B(w),\psi) \geqslant 0 \quad \forall\psi\in L^p(\Omega)$$

donc

$$\chi = B(w) \quad \text{donc } B(w) = f \text{ et donc}$$

(13.16) $$w = u \quad .$$

Reste à montrer <u>la convergence forte</u> dans (13.4). On introduit

(13.17) $$Y_\varepsilon = \varepsilon(A(u_\varepsilon), u_\varepsilon) + (B(u_\varepsilon) - B(u),\ u_\varepsilon - u).$$

On a :

$$Y_\varepsilon = (f, u_\varepsilon) - (B(u_\varepsilon), u) - (B(u), u_\varepsilon - u) \to o$$

et par conséquent

(13.18) $$(B(u_\varepsilon) - B(u),\ u_\varepsilon - u) \to o.$$

Mais on note que (L. TARTAR, non publié, cf. SIMON [1])

(13.19) $$(B(u) - B(v), u-v) \geqslant \beta\ |u-v|^p\ ,\ \beta > o, \quad \text{si} \quad p \geqslant 2,$$

(13.20) $$(B(u) - B(v), u-v) \geqslant \beta\ \frac{|u-v|^2}{|u|^{2-p} + |v|^{2-p}} \quad \text{si} \quad 1 < p < 2.$$

Dans tous les cas, on en déduit avec (13.18) le résultat (13.4).

■

Les questions naturelles suivantes sont celles des <u>correcteurs</u> et des <u>estimations d'erreur</u> du type du N° 5.

<u>Estimations d'erreur</u> .

Supposons que l'on ait

(13.21) $$f \in W_o^{1,p'}(\Omega) \quad .$$

Alors la solution u de (13.5) vérifie :

$$u \in W_o^{1,p}(\Omega)$$

et l'on peut donc prendre $v=u_\varepsilon-u$ dans (13.8). On en déduit

(13.22) $\varepsilon(A(u_\varepsilon) - A(u), u_\varepsilon-u) + (B(u_\varepsilon) - B(u), u_\varepsilon-u) = \varepsilon(A(u), u_\varepsilon-u)$.

Mais d'après TARTAR, SIMON [1], on a, de façon analogue à (13.19) (13.20) :

(13.23) $(A(u) - A(v), u-v) \geqslant \alpha\|u-v\|^p, \quad \alpha>0, \quad \text{si} \quad p\geqslant 2,$

(13.24) $(A(u) - A(v), u-v) \geqslant \alpha \dfrac{\|u-v\|^2}{\|u\|^{2-p}+\|v\|^{2-p}} \quad \text{si} \quad 1<p<2.$

Faisons désormais l'hypothèse que $p\geqslant 2$.[cf. Problème 14.9].

On déduit alors de (13.22) (13.23) que

$$\varepsilon\|u_\varepsilon-u\|^p + |u_\varepsilon-u|^p \leqslant C\varepsilon \|u_\varepsilon-u\|$$

d'où : sous l'hypothèse (13.21) et si $p\geqslant 2$, on a :

(13.25) $|u_\varepsilon-u| \leqslant C\varepsilon^{1/p}.$

Il serait intéressant de savoir si l'on peut obtenir une estimation d'erreur lorsque $f\in W^{1,p'}(\Omega)$ cf. Problème 14.8).

■

Correcteurs .

On fait l'hypothèse :

(13.26) $f\in W^{1,p}(\Omega)$.

Alors $u\in W^{1,p}(\Omega)$ et l'on définit un correcteur θ_ε par

(13.27)
$$\left|\begin{array}{l} \varepsilon a(\theta_\varepsilon+u, v) + b(\theta_\varepsilon+u, v) = (f,v) + (\varepsilon g_{\varepsilon 1}+\varepsilon^{1/p'} g_{\varepsilon 2}, v) \\ \qquad\qquad\qquad\qquad \forall v\in W_0^{1,p}(\Omega), \\ \theta_\varepsilon+u \in W_0^{1,p}(\Omega), \end{array}\right.$$

où

(13.28) $$\|g_{\varepsilon 1}\|_{W^{-1,p}(\Omega)} \leq C, \quad |g_{\varepsilon 2}|_{L^{p'}(\Omega)} \leq C.$$

On a alors, <u>si</u> $p>2$:

(13.29) $$u_\varepsilon-(u+\theta_\varepsilon) \to o \text{ dans } W^{1,p}(\Omega) \text{ faible,}$$

(13.30) $$|u_\varepsilon-(u+\theta_\varepsilon)| \leq C\,\varepsilon^{1/p}.$$

En effet si l'on pose $w_\varepsilon=u_\varepsilon-(u+\theta_\varepsilon)$, on a :

$$\varepsilon(A(u_\varepsilon) - A(u+\theta_\varepsilon),w_\varepsilon) + (B(u_\varepsilon) - B(u+\theta_\varepsilon),w_\varepsilon) =$$

$$= - (\varepsilon g_{\varepsilon 1}+\varepsilon^{1/p'} g_{\varepsilon 2},w_\varepsilon)$$

d'où l'on tire, si $p>2$:

$$\varepsilon\|w_\varepsilon\|^p + |w_\varepsilon|^p \leq C\,\varepsilon\|w_\varepsilon\| + C\,\varepsilon^{1/p'}|w_\varepsilon| \leq$$

$$\leq \frac{\varepsilon}{2}\|w_\varepsilon\|^p + \frac{1}{2}|w_\varepsilon|^p + C\,\varepsilon$$

d'où l'on déduit (13.29) (13.30) .

Cf. aussi Problèmes 14.10 et 14.11.

■

<u>Remarque 13.1</u>.

Des problèmes importants - et beaucoup plus difficiles - sont relatifs aux cas où les méthodes de monotonie ne s'appliquent plus, tels que par ex. les problèmes relatifs aux questions de Navier Stokes stationnaire lorsque la viscosité tend vers 0 et les problèmes de plaques minces, pour lesquels nous renvoyons à P. FIFE [1], L.S. SRUBSHCHIK [1], L.S. SRUBSHCHIK et V.I. YUDOVICH [1].

■

Remarque 13.2.

On rencontre également des problèmes d'inéquations relatifs à des opérateurs non linéaires avec perturbations singulières ; c'est par ex. le cas des plaques minces avec conditions unilatérales, cf. DUVAUT-LIONS [5].

■

13.3. Usage de sous et sur solutions .

On va maintenant considérer le problème suivant (cf. BERGER et FRAENKEL [1]) : on se donne une fonction g continue $>$ o dans $\bar{\Omega}$ et l'on considère, pour $\varepsilon>0$, l'équation

(13.31) $$-\varepsilon\Delta u_\varepsilon + g^2u_\varepsilon^3 - u_\varepsilon = 0,$$

(13.32) $$u_\varepsilon|_\Gamma = 0 \quad .$$

Il est évident que $u_\varepsilon = 0$ est une solution. On va commencer par montrer l'existence d'une solution $u_\varepsilon \geqslant 0$, non identiquement nulle. Puis on verra que cette solution u_ε converge (dans un sens que l'on précisera) vers

(13.33) $$u = 1/g$$

qui est la solution >0 de l'équation limite

(13.34) $$g^2u^3 - u = 0 \quad .$$

■

Pour simplifier l'écriture, on pose

(13.35) $$Au = -\Delta u,$$

(13.36) $$B(u) = g^2u^3 - u, \quad f(u) = g^2u^2 - 1, \quad \text{donc } B(u) = uf(u).$$

De façon générale une fonction φ_- (resp. φ_+) de, par exemple, $H^1(\Omega)$, est dite une <u>sous-solution</u> (resp. <u>sur-solution</u>) relative au problème (13.31) (13.32) si [1]

(13.37)
$$\left|\begin{array}{l} \varepsilon A\varphi_- + B\varphi_- \leqslant 0 \quad \forall\varepsilon \text{ avec } 0 < \varepsilon \leqslant \varepsilon_0, \\ \varphi_- \leqslant 0 \text{ sur } \Gamma \end{array}\right.$$

(resp.

(13.38)
$$\left|\begin{array}{l} \varepsilon A\varphi_+ + B(\varphi_+) \geqslant 0 \quad \forall\varepsilon \text{ avec } 0 < \varepsilon \leqslant \varepsilon_0, \\ \varphi_+ \geqslant 0 \text{ sur } \Gamma \text{).} \end{array}\right.$$

Le couple $\{\varphi_-, \varphi_+\}$ est <u>admissible</u> si

(13.39)
$$\varphi_- \leqslant \varphi_+ \quad \text{p.p. sur } \Omega.$$

Dans <u>l'exemple présent</u>, la fonction (constante)

(13.40)
$$\varphi_+ = \|\frac{1}{g}\|_{L^\infty(\Omega)}$$

vérifie (13.38) $\forall\varepsilon > 0$.

Pour construire une fonction φ_-, on introduit la 1ère fonction propre w de $-\Delta$ pour Dirichlet :

(13.41)
$$-\Delta w = \lambda_1 w \ , \quad w = 0 \text{ sur } \Gamma \ , \quad |w|_{L^\infty(\Omega)} = 1,$$

et l'on sait que $w > 0$ dans Ω. Alors

(13.42)
$$\varphi_- = (1-\varepsilon_0\lambda_1)^{\frac{1}{2}} \ \|\frac{1}{g}\|_{L^\infty(\Omega)} \ w \quad , \ \varepsilon \leqslant \varepsilon_0 < \lambda_1^{-1}$$

---

[1] Il s'agit d'une notion un peu différente de la notion usuelle qui est relative <u>à un opérateur fixé</u>.

répond à la question. En effet si l'on pose $k = (1-\varepsilon\lambda_1)^{\frac{1}{2}} \|\frac{1}{g}\|_{L^\infty(\Omega)}$
on a

$$\varepsilon A\varphi_- + B(\varphi_-) = - kw[1-\varepsilon\lambda_1-g^2k^2w^2]$$

et comme $w \leqslant 1$, on a, avec le choix de k, $1-\varepsilon\lambda_1 - g^2k^2w^2 \geqslant o$.

On va maintenant montrer :

(13.43) <u>il existe une fonction</u> u_ε <u>et une seule, solution de</u> (13.31) (13.32) <u>avec</u> $\varphi_- \leqslant u_\varepsilon \leqslant \varphi_+$, φ_- <u>et</u> φ_+ <u>étant définis par</u> (13.40) (13.42) <u>et pour</u> $o < \varepsilon \leqslant \varepsilon_o$.

<u>Démonstration de l'unicité</u> .

L'unicité résulte de l'observation générale suivante. La fonction $u \to f(u)$ est strictement croissante pour $\inf_x \varphi_- \leqslant u \leqslant \sup_x \varphi_+$

Soient alors u et u_* deux solutions éventuelles, prenant leurs valeurs dans $[\varphi_-(x), \varphi_+(x)]$. On a :

$$\varepsilon'(Au-Au_*, u-u_*) + (uf(u)-u_*f(u_*), u-u_*) = o$$

et comme $(uf(u)-u_*f(u_*), u-u_*) \geqslant o$ on en déduit que

$$(Au-Au_*, u-u_*) = o$$

d'où, comme $u-u_* = o$ sur Γ, $u-u_* = o$ dans Ω.

∎

<u>Démonstration de l'existence</u>.

On utilise un processus itératif classique. On choisit λ de façon que la fonction

$$u \to \lambda u - B(u)$$

soit croissante sur l'intervalle $[\inf \varphi_-(x), \sup \varphi_+(x)]$ - ce qui est loisible - et l'on définit

(13.44) $$u^o = \varphi_-,$$

(13.45) $$\begin{cases} \varepsilon A u^n + \lambda u^n = \lambda u^{n-1} - B(u^{n-1}), \quad n=1,2,\ldots \\ u^n = o \text{ sur } \Gamma. \end{cases}$$

Vérifions que

(13.46) $$u^o \leq u^1 \leq \ldots \leq u^{n-1} \leq u^n \leq \varphi_+ \quad .$$

En effet on a , par définition

$$\varepsilon A u^1 + \lambda u^1 = \lambda u^o - B(u^o),$$

$$\varepsilon A u^o + \lambda u^o \leq \lambda u^o - B(u^o) \quad (\text{car } u^o = \varphi_-)$$

et $u^o \leq o$ sur Γ. Donc :

$$\varepsilon A(u^1-u^o) + \lambda(u^1-u^o) \geq o, \qquad u^1-u^o \geq o \text{ sur } \Gamma$$

d'où <u>d'après le principe du maximum</u>

$$u^1-u^o \geq o \text{ dans } \Omega \quad .$$

Par ailleurs

$$\varepsilon A(\varphi_+-u^1) + \lambda(\varphi_+-u^1) \geq \lambda\varphi_+ - B(\varphi_+) - [\lambda\varphi_- - B(\varphi_-)] \geq 0$$

et $\varphi_+ - u^1 \geq o$ sur Γ donc $\varphi_+-u^1 \geq o$ dans Ω.

Admettons alors que $u^1 \leq \ldots \leq u^{n-2} \leq u^{n-1} \leq \varphi_+$ et montrons que $u^{n-1} \leq u^n \leq \varphi_+$. On a

$$\varepsilon A(u^n-u^{n-1}) + \lambda(u^n-u^{n-1}) = \lambda\, u^{n-1} - B(u^{n-1}) - [\lambda u^{n-2} - B(u^{n-2})] \geqslant 0$$

$$u^n-u^{-1} = o \text{ sur } \Gamma$$

donc $\quad u^n-u^{n-1} \geqslant o$. Puis

$$\varepsilon A(\varphi_+-u^n) + \lambda(\varphi_+-u^n) \geqslant \lambda\varphi_+ - B(\varphi_+) - [\lambda u^{n-1} - B(u^{n-1})] \geqslant o$$

et $\quad \varphi_+-u^n = \varphi_+ \geqslant o$ sur Γ donc $u^n \leqslant \varphi_+$ sur Ω .

On a donc (13.46). Donc

(13.47) $\quad \sup_n u^n = w$ vérifie $\varphi_- \leqslant w \leqslant \varphi_+$

et $u^n \to w$ par exemple dans $L^2(\Omega)$ et $B(u^n) \to B(w)$ dans $L^2(\Omega)$ de sorte que (13.45) donne à la limite :

$$\varepsilon Aw + B(w) = o \quad \text{dans } \Omega,$$

$$w \text{ nulle sur } \Gamma$$

d'où résulte que $w \in H_o^1(\Omega)$ et $w=u$.

■

Remarque 13.3.

Si l'on prend la même relation de récurrence en partant de $u^o = \varphi_+$, on obtient une suite décroissante, également convergente vers u.

■

On va maintenant démontrer, suivant L. TARTAR [4], le résultat suivant :

(13.48) | sous les hypothèses (13.43), et u étant défini par (13.33), on a :

$$u_\varepsilon \to u \text{ dans } L^2(\Omega).$$

En effet de l'équation

$$(13.49) \qquad \varepsilon A(u_\varepsilon) + B(u_\varepsilon) = o , \quad u_\varepsilon|_\Gamma = o$$

on déduit, en posant $\|\varphi\|^2 = \int_\Omega |\text{grad } \varphi|^2 \, dx$:

$$(13.50) \qquad \varepsilon\|u_\varepsilon\|^2 + \int_\Omega u_\varepsilon B(u_\varepsilon) \, dx = o.$$

Mais comme f(u) est croissante sur $[\inf_x \varphi_-(x), \sup_x \varphi_+(x)]$, on a :

$(u_\varepsilon - u)(f(u_\varepsilon) - f(u)) = (u_\varepsilon - u) f(u_\varepsilon) \geqslant o$, de sorte que

$$\int_\Omega u_\varepsilon B(u_\varepsilon) \, dx = \int_\Omega u_\varepsilon f(u_\varepsilon) u_\varepsilon \, dx \geqslant \int_\Omega u f(u_\varepsilon) u_\varepsilon \, dx = \int_\Omega u \, B(u_\varepsilon) \, dx$$

et donc (13.50) donne

$$(13.51) \qquad \varepsilon\|u_\varepsilon\|^2 + \int_\Omega u \, B(u_\varepsilon) \, dx \leqslant o.$$

On peut extraire une sous suite, encore notée u_ε, telle que $u_\varepsilon \to w$ dans $L^\infty(\Omega)$ faible étoile, $\varphi_- \leqslant w \leqslant \varphi_+$ et $B(u_\varepsilon) \to \chi$ dans $L^\infty(\Omega)$ faible étoile. Mais $\varepsilon A u_\varepsilon \to o$ dans $\mathcal{D}'(\Omega)$ de sorte que (13.49) donne

$$(13.52) \qquad \chi = 0$$

et donc

$$(13.53) \qquad B(u_\varepsilon) \to o \quad \text{dans } L^\infty(\Omega) \text{ faible étoile.}$$

Mais cela montre avec (13.51) que

$$(13.54) \qquad \varepsilon\|u_\varepsilon\|^2 \to o.$$

Si ζ est quelconque dans $\mathcal{D}(\Omega)$, on obtient en prenant le produit scalaire des deux membres de (13.49) avec ζ/u_ε que

$$(13.55) \qquad \varepsilon\int_\Omega \text{grad } (\zeta/u_\varepsilon) \, dx + \int_\Omega \zeta \, f(u_\varepsilon) \, dx = o$$

Grâce à (13.54) il en résulte que

$$\int_\Omega \zeta\, f(u_\varepsilon)\, dx \to o \quad \forall \zeta \in \mathcal{D}(\Omega)$$

et comme $f(u_\varepsilon)$ est borné dans $L^\infty(\Omega)$, on peut donc supposer, par une nouvelle extraction éventuelle de sous suite, que

$$(13.56) \qquad f(u_\varepsilon) \to o \text{ dans } L^\infty(\Omega) \text{ faible étoile.}$$

Mais alors si l'on pose

$$(13.57) \qquad X_\varepsilon = \int_\Omega [f(u_\varepsilon) - f(w)]\,(u_\varepsilon - w)\, dx$$

on a

$$X_\varepsilon = \int_\Omega B(u_\varepsilon)\, dx - \int_\Omega f(u_\varepsilon)\, w\, dx - \int_\Omega f(w)\,(u_\varepsilon - w)\, dx$$

et donc d'après (13.53), (13.56), (13.52), on a :

$$X_\varepsilon \to o \quad .$$

Mais $X_\varepsilon \geqslant C \int_\Omega |u_\varepsilon - w|^2\, dx$ donc $u_\varepsilon \to w$ dans $L^2(\Omega)$ <u>fort</u> et alors $f(u_\varepsilon) \to f(w)$ dans $L^2(\Omega)$ fort, donc $f(w) = o$ et donc (comme $\varphi_- \leqslant w \leqslant \varphi_+$) : $w = u$ d'où (13.48).

∎

14. PROBLEMES .

14.1. Dans le cas de l'Exemple 3.3 (N ° 3.4) on a, si f est par ex. indéfiniment différentiable : u est C^{∞} en dehors éventuellement de l'ensemble S où f s'annulle. Si l'on suppose que S est une variété régulière, a-t-on u_{ε} régulière en dehors d'un voisinage S_{ε} de S qui "tend vers S" lorsque $\varepsilon \to o$, et peut-on introduire des correcteurs internes au voisinage de S ?.(Cette question est générale pour les problèmes où il n'y a pas régularité à l'intérieur).

14.2. Extension des estimations des N°5.2, 5.3 aux cas des inéquations variationnelles (cela doit être possible par usage de la théorie de l'interpolation non linéaire ; cf. LIONS [12], L. TARTAR [3]).

14.3. Considérer l'Exemple 3.7 (N°3.4). Supposons que $f \in V_a$. Il est très probable que l'on a alors

$$\|u_{\varepsilon}-u\|_b \leqslant C\, \varepsilon^{1/4} ,$$

mais la démonstration donnée n'est pas justifié, n'ayant pu montrer l'analogue du Lemme 5.1 (c'est vrai pour un demi-espace mais la réduction à ce cas introduit des difficultés à cause de la condition "Div v=o"). Cette question est très voisine, sinon identique, à celle rencontrée dans LIONS [11] à propos d'un résultat de IOOSS [1].

14.4. Il serait intéressant d'étendre sous une forme convenable, le résultat (dû à L. TARTAR) du N° 5.4 aux équations d'ordre supérieur à 2 et aux systèmes.

14.5. L'estimation du Théorème 5.5 est-elle valable lorsque la dimension de l'espace vaut 2 ?

14.6. Une théorie générale des correcteurs relativement aux problèmes non homogènes (brièvement abordés au N° 12) est probablement possible avec la théorie des opérateurs pseudo-différentiels, mais ne semble pas exposée dans la littérature. Pour les problèmes de perturbations singulières relatives à des opérateurs pseudo-différentiels, on consultera A.S. DEMIDOV [2] ,L. L. POKROVSKI [1].

14.7. Il serait intéressant d'étudier les estimations d'erreur dans des normes différentes de celles considérées dans ce Chapitre par ex. dans les espaces de SOBOLEV construits sur L^p, $1 < p < \infty$. Pour des résultats dans L^∞ relatifs à des inéquations, cf. D. BREZIS [1], J. P. DIAS [1].

14.8. Si $p > 2$ et si $f \in W^{1,p'}(\Omega)$, a-t-on (dans le cadre du N° 13.2) :

$$(14.1) \qquad |u_\varepsilon - u| \leqslant C\,\varepsilon^{1/pp'} \quad ?$$

On étend facilement le Lemme 5.1 ; si $f \in W^{1,p'}(\Omega)$, on peut le représenter par

$$f = f_0(\lambda) + f_1(\lambda) \qquad f_i(\lambda) \in W^{1,p'}(\Omega),\ f_1(\lambda) \in W_0^{1,p'}(\Omega)$$

$$\|f_0(\lambda)\|_{L^{p'}} \leqslant C\lambda^{1/p'}, \qquad \|f_1(\lambda)\|_{W^{1,p'}} \leqslant C\,\lambda^{-1/p}$$

(même démonstration qu'au Lemme 5.1).

L'estimation (14.1) est celle que l'on obtiendrait alors si l'application $f \to u_\varepsilon - u$ était <u>linéaire</u>. [Pour la théorie de l'interpolation <u>non linéaire</u> cf. J. L. LIONS [11] [12], PEETRE [3], L. TARTAR [3]].

14.9. Quelles estimations peut-on obtenir (dans le cadre du problème précédent) lorsque $1 < p < 2$?

14.10. A-t-on les analogues de (13.29) (13.30) lorsque $1 < p < 2$?

14.11. <u>Calcul de correcteurs</u> dans le cadre du N° 13.2. Définit-on un correcteur θ_ε par l'équation suivante (dans le cas où $\Omega = \{x \mid x_n > o\}$) :

$$- \varepsilon \frac{d}{dx_n} \left[\left| \frac{d}{dx_n} (\theta_\varepsilon + u) \right|^{p-2} \frac{d(\theta_\varepsilon + u)}{dx_n} \right] + |\theta_\varepsilon + u|^{p-2} (\theta_\varepsilon + u) - |u|^{p-2} u = o ,$$

$$\theta_\varepsilon + u = o \text{ si } x_n = o, \; \theta_\varepsilon + u \in W_o^{1,p} (\Omega) .$$

15. COMMENTAIRES.

Les résultats rappelés au N° 2 sont dus à G. STAMPACCHIA [1] et G.STAMPACCHIA et l'A. [1]. De nombreuses généralisations sont dûes à HARTMAN et STAMPACCHIA [1], BREZIS [1], [2], BROWDER [2], LIONS [3].

Le résultat du N° 3 est dû à D. HUET [5].

Les résultats du N° 4 sont classiques. Consulter, par exemple, l'exposé de J. PEETRE [2].

Le résultat du N° 5.2. est dû à L. TARTAR et l'A. ; L. TARTAR a démontré (5.7) en utilisant le fait que (dans les notations générales de la théorie de l'interpolation des espaces vectoriels topologiques, cf. LIONS-PEETRE [1])$(H_0^1(\Omega), L^2(\Omega))_{1/2,\infty} \supset H^1(\Omega)$. La démonstration donnée dans le texte est identique à celle donnée dans LIONS [11] à propos du défaut d'ajustement dans un problème d'évolution (cf. IOOSS [1] et le Chapitre 4). Le résultat du N° 5.3. améliore un résultat de GREENLEE [1] qui obtenait une puissance quelconque de ε inférieure à 1/4, en utilisant seulement la théorie hilbertienne de l'interpolation. Voir aussi A. FRIEDMAN [1]. Des exemples simples explicites montrent que les résultats des Numéros 5.2 et 5.3 ne peuvent pas être améliorés. Les résultats du N° 5.4. sont dûs à L. TARTAR [2].

Les résultats du N° 6 sont donnés dans LIONS [5], l'introduction du terme $g_{2\varepsilon}$ dans la définition des correcteurs étant dûe à L.TARTAR. L'exemple du N° 7.1. est bien connu, la présentation donnée dans le texte utilise au maximum le formalisme des correcteurs. On trouvera d'autres estimations, en particulier pour les ouverts à frontière non régulière, dans NIVELET [1]. Les exemples du N° 7.2. sont extraits de LIONS [5] (où l'on trouvera d'autres exemples) ainsi que les résultats du N° 9. On trouvera de nombreux résultats sur les développements asymptotiques pour les problèmes elliptiques-elliptiques dans VISIK-LIOUSTERNIK [1]. De manière générale, nous avons tâché d'éviter le principe du maximum. On notera que dans les exemples d'opérateurs elliptiques du 4ème ordre, les termes correcteurs ne sont pas tous "exponentiellement petits" au voisinage du bord ; cf. G. LATTA [1] , R.B. DAVIS [1].

Des formules intrinsèques de correcteurs sont données par MASLOV [1]. Pour les problèmes elliptiques-elliptiques, relatifs à des opérateurs pseudo-différentiels, cf. A.S. DEMIDOV [1], L.L.POKROVSKII [1].

Les correcteurs d'ordre 0 sont inutiles dans les problèmes relatifs à des opérateurs dégénérés du type BAOUENDI-GOULAOUIC [1], mais les correcteurs d'ordre ≥ 1 sont alors nécessaires et ne semblent pas avoir été étudiés.

Comme on a déjà signalé dans l'Introduction du livre, les perturbations singulières peuvent apparaître indirectement comme outil de démonstration ; partant d'un problème P elliptique à résoudre, on introduit P_ε "régularisé" de P, déduit, par exemple de P par addition d'un terme plus "elliptique" εQ, puis l'on essaye de passer à la limite en ε . C'est en particulier l'approche suivie par R. TEMAM [1], [2] dans les problèmes de surfaces minima (cf. aussi le livre EKELAND-TEMAM [1]) . Dans ce point de vue, on ne s'intéressera pas généralement aux correcteurs, puisque l'intérêt porte alors sur u plutôt que sur u_ε. Toutefois dans les problèmes où u n'existe pas nécessairement (comme par exemple la théorie des surfaces minima), il pourrait être intéressant d'évaluer les correcteurs (problème suggéré à R. TEMAM et l'A. par le Professeur VISIK, Communication personnelle, Moscou, Mai 1972).

Les résultats du N° 12 peuvent être considérablement développés, par utilisation systématique des méthodes de LIONS-MAGENES [1].

Les résultats donnés au N° 13.3 sont dûs à BERGER-FRAENKEL [1], [2], FIFE [4] où l'on trouvera beaucoup d'autres résultats dans cette direction ; la présentation des textes est dûe à L. TARTAR [4].
Les sous et sur solutions ont été utilisées par de nombreux auteurs ; cf. en particulier Y. CHOQUET-BRUHAT et J. LERAY [1], M.F. FUJITA [1] J.L. KAZDAN et F.W. WARNER [1], PUEL [1](qui les utilise conjointement avec des techniques d'inéquations variationnelles), L. TARTAR [5], [6].
Le problème des solutions multiples, en liaison avec la théorie des perturbations singulières et de la bifurcation, a été étudié par D.S.COHEN [1], [2], H.B. KELLER [2], D.H. SATTINGER [1]. Voir aussi les bibliographies de tous ces travaux. Des estimations pour des problèmes non linéaires sont données dans J. DIAS [1], H.H. TANG [1].

La bibliographie relative aux problèmes abordés dans ce Chapitre est immense. On pourra consulter, outre les références ci-dessus, les ouvrages mentionnés dans l'Introduction du Livre, les articles FRIEDRICHS [1], VISIK et LIOUSTERNIK [1] [2] [3].

Pour les problèmes à <u>plusieurs</u> "petits" paramètres, non abordés ici, nous renvoyons à GREENLEE [1] [3].

CHAPITRE III

PROBLEMES RAIDES ELLIPTIQUES-ELLIPTIQUES AVEC COUCHES LIMITES

INTRODUCTION

On étudie dans ce chapitre des problèmes de perturbations singulières qui contiennent simultanément des difficultés rencontrées dans les deux premiers chapitres.

La lecture de ce chapitre suppose connus le Chapitre 1,N°1,2,4 et le Chapitre 2,N°1,2,3,6 et 7.1.

On peut se contenter, pour la lecture de la suite du livre, des Sections 1.1, 1.2 et 2.1 de ce Chapitre.

1. CORRECTEURS SANS CHANGEMENTS DES FORMULES DE RECURRENCE.

1.1. ORIENTATION .

Nous reprenons maintenant les notations du Chapitre 1 et nous considérons le problème

(1.1) $a_o(u_\varepsilon,v) + \varepsilon a_1(u_\varepsilon,v) = (f,v) \qquad \forall v \in V \ , \ u_\varepsilon \in V$.

Nous supposons, comme au Chapitre 1,N°2, que les formes bilinéaires $a_i(u,v)$ sont symétriques ([1]) continues sur V, avec

(1.2) $\left| \begin{array}{l} a_j(v,v) \geq \alpha_j \, p_j(v)^2 \ , \ \alpha_j > 0 \ , \ j = 0,1 \ , \ v \in V \\ p_j = \text{semi norme continue sur } V \ , \end{array} \right.$

(1.3) $p_o(v) + p_1(v)$ est une norme sur V équivalente à $\|v\|$ (norme dans V) ,

(1.4) $a_o(v,v) = 0$ sur $Y_o \subset V$, $Y_o \neq \{0\}$.

On cherche alors un développement asymptotique sous la forme

(1.5) $u_\varepsilon = \dfrac{u^{-1}}{\varepsilon} + u^o + \varepsilon u^1 + \ldots$

avec $u^{-1} \in Y_o$.

L'élément u^{-1} est défini par

(1.6) $a_1(u^{-1},v) = (f,v) \qquad \forall v \in Y_o \ , \ u^{-1} \in Y_o$.

Pour u^o, on aboutit (Cf Chap.1, N°2) aux relations :

(1.7) $\left| \begin{array}{ll} a_o(u^o,v) + a_1(u^{-1},v) = (f,v) & \forall v \in V, \\ \qquad\qquad a_1(u^o,v) = 0 & \forall v \in Y_o \ . \end{array} \right.$

On a supposé au Chapitre 1 (et vérifié sur des exemples) que (1.7) admet une solution unique dans V.

Or des exemples simples (Cf.N°2 ci-après) conduisent à des situations où (1.7) n'a pas de solution dans V, mais a une solution unique dans un espace de Hilbert W strictement plus grand que V, V étant fermé dans W.

C'est l'étude de cette situation qui fait l'objet des N°1.2 et 1.3 ci-après, les formules générales étant données au N°1.4.

([1]) Hypothèse d'ailleurs non indispensable. Cf. Chap.1, N°8.

1.2. FORMULES DE RECURRENCE ET CORRECTEURS D'ORDRE 0.

Les données.

On se donne deux espaces de Hilbert (sur $\mathbb{R}$) V et W avec

(1.8) $V \subset W$, V fermé dans W.

On notera $\| \ \|$ la norme dans W (et dans V).

On suppose les formes $a_j(u,v)$, j=0,1, données et continues, symétriques sur W, avec les hypothèses (1.2) (1.3) (1.4).

On suppose en outre :

(1.9) Si $v \to L_o(v)$ est une forme linéaire continue sur V, nulle sur Y_o, il existe u_o dans W, défini modulo Y_o, tel que
$a_o(u_o,v) = L_o(v) \qquad \forall v \in V.$

Par conséquent le système (1.7) définit un élément u^o et un seul dans W.
Si donc l'on veut une approximation de u_ε dans V, il faut introduire un correcteur θ_ε^o relatif à u^o. ∎

On dira que θ_ε^o ($\in W$) est un correcteur d'ordre 0 si

(1.10) $a_o(\theta_\varepsilon^o,v)+\varepsilon\, a_1(\theta_\varepsilon^o,v) = \varepsilon\, a_1(g_\varepsilon^\sigma,v)+\varepsilon\ a_o(h_\varepsilon^o,v) \qquad \forall v \in V$

(1.11) $\theta_\varepsilon^o + u^o \in V$,

où

(1.12)
$$\begin{aligned} |a_1(g_\varepsilon^o,v)| &\leqslant C\, p_1(v) \qquad \forall v \in V , \\ |a_o(h_\varepsilon^o,v)| &\leqslant C\, p_o(v) \qquad \forall v \in V \end{aligned}$$

et où, lorsque $\varepsilon \to 0$,

(1.13) $a_1(g_\varepsilon^o,v) \to 0 \qquad \forall v \in Y_o$. ∎

On va démontrer le

THEOREME 1.1

On suppose que les hypothèses (1.2) (1.3) (1.4) (1.8) (1.9) ont lieu Les éléments $u^{-1} \in Y_o$ et $u^o \in W$ sont definis par (1.6) (1.7). Soit θ_ε^o un correcteur d'ordre 0 défini par (1.10) ... (1.13). Alors

(1.14) $u_\varepsilon - (\frac{u^{-1}}{\varepsilon} + u^o + \theta_\varepsilon^o) \to 0$ dans V faible ,

$$(1.15)\qquad p_o\left(u_\varepsilon-\left(\frac{u^{-1}}{\varepsilon}+u^o+\theta^o_\varepsilon\right)\right) \leqslant C\,\varepsilon^{1/2} .$$

Démonstration .

Posons :

$$\varphi_\varepsilon = \frac{u^{-1}}{\varepsilon}+u^o+\theta^o_\varepsilon \quad , \quad w_\varepsilon = u_\varepsilon - \varphi_\varepsilon .$$

On a :

$$a_o(\varphi_\varepsilon,v)+\varepsilon\, a_1(\varphi_\varepsilon,v) = a_o(u^o,v)+a_1(u^{-1},v)+\varepsilon\, a_1(u^o,v)+\varepsilon\, a_1(\theta^o_\varepsilon,v)+ +\varepsilon\, a_o(h^o_\varepsilon,v)$$

donc, en utilisant la première relation (1.7) :

$$(1.16)\qquad a_o(w_\varepsilon,v)+\varepsilon\, a_1(w_\varepsilon,v) = -\varepsilon\, a_1(u^o+g^o_\varepsilon,v)-\varepsilon\, a_o(h^o_\varepsilon,v) \qquad \forall v\in V.$$

Prenant $v = w_\varepsilon$ dans (1.16) on en déduit :

$$p_o(w_\varepsilon)^2+\varepsilon\, p_1(w_\varepsilon)^2 \leqslant C\,\varepsilon\, p_1(w_\varepsilon)+C\,\varepsilon^{1/2} p_o(w_\varepsilon) \leqslant \frac{1}{2}\, p_o(w_\varepsilon)^2+C\,\varepsilon(p_1(w_\varepsilon)+1)$$

donc

$$(1.17)\qquad p_o(w_\varepsilon)^2+\varepsilon\, p_1(w_\varepsilon)^2 \leqslant C\,\varepsilon(p_1(w_\varepsilon)+1) .$$

On en déduit que

$$p_1(w_\varepsilon)^2 \leqslant C(p_1(w_\varepsilon)+1)$$

donc

$$(1.18)\qquad p_1(w_\varepsilon) \leqslant C$$

et alors (1.17) donne

$$(1.19)\qquad p_o(w_\varepsilon) \leqslant C\,\varepsilon^{1/2} .$$

De (1.18)(1.19) résulte en particulier que $\|w_\varepsilon\| \leqslant C$; on peut donc extraire une suite, encore notée w_ε, telle que

$$(1.20)\qquad w_\varepsilon \to w \quad \text{dans } V \text{ faible.}$$

D'après (1.19) on a : $p_o(w) = 0$, donc

$$(1.21)\qquad w\in Y_o .$$

Si l'on prend dans (1.16) $v\in Y_o$, il vient :

$$\varepsilon\, a_1(w_\varepsilon,v) = -\varepsilon\, a_1(u^o+g^o_\varepsilon,v) = (\text{d'après la 2ème relation (1.7)}) = = -\varepsilon\, a_1(g^o_\varepsilon,v) \text{ , donc}$$

(1.22) $a_1(w_\varepsilon,v) = -a_1(g^o_\varepsilon,v) \qquad \forall v \in Y_o$.

Grâce à (1.13) et (1.20) on en déduit que

$$a_1(w,v) = 0 \qquad \forall v \in Y_o$$

ce qui, joint à (1.21) montre que $w = 0$. ∎

1.3. <u>FORMULES DE RECURRENCE ET CORRECTEURS D'ORDRE QUELCONQUE.</u>

On définit de proche en proche les éléments u^1, u^2, ... <u>de</u> W par les mêmes formules qu'au Chapitre 1,N°2, donc :

(1.23) $$\left| \begin{array}{ll} a_o(u^1,v)+a_1(u^o,v) = 0 & \forall v \in V, \\ a_1(u^1,v) = 0 & \forall v \in Y_o \end{array} \right.$$

....

(1.24) $$\left| \begin{array}{ll} a_o(u^j,v)+a_1(u^{j-1},v) = 0 & \forall v \in V \\ a_1(u^j,v) = 0 & \forall v \in Y_o \ , \ j = 2,3, \ldots,N. \end{array} \right.$$

<u>Ces systèmes d'équations définissent de façon unique des éléments</u> $u^1,u^2,\ldots,u^N$ <u>de</u> W <u>(et non</u> de V).

<u>On introduit alors des correcteurs attachés à chaque élément</u> $u^1,u^2,\ldots$. <u>On dira que</u> θ^1_ε <u>est un correcteur attaché</u> à u^1 si, θ^o_ε <u>étant défini par</u> (1.10)... ...(1.13), on a :

(1.25) $a_o(\theta^1_a,v)+\varepsilon a_1(\theta^1_\varepsilon,v) = -a_1(g^o_\varepsilon,v)-\varepsilon\ a_o(h^o_\varepsilon,v)+\varepsilon a_1(g^1_\varepsilon,v)+\varepsilon\ a_o(h^1_\varepsilon,v) \quad \forall v \in V,$

(1.26) $\theta^1_2 + u^1 \in V$,

où

(1.27) $|a_1(g^1_\varepsilon,v)| \leqslant C\ p_1(v) \quad , \quad |a_o(h^1_\varepsilon,v)| \leqslant C\ p_o(v) \qquad \forall v \in \mathcal{V}$,

(1.28) $a_1(g^1_\varepsilon,v) \to 0 \qquad \forall v \in Y_o$.

De proche en proche, on dira que θ^j_ε <u>est un correcteur attaché</u> à u^j, si

(1.29) $a_o(\theta_\varepsilon^j,v)+\varepsilon a_1(\theta_\varepsilon^j,v) = -a_1(g_\varepsilon^{j-1},v)-\varepsilon\, a_o(h_\varepsilon^{j-1},v)+\varepsilon a_1(g_\varepsilon^j,v)+\varepsilon\, a_o(h_\varepsilon^j,v) \quad \forall v \in V,$

(1.30) $\theta_\varepsilon^j + u^j \in V,$

où

(1.31) $|a_1(g_\varepsilon^j,v)| \leqslant C\, p_1(v)\ ,\ |a_o(h_\varepsilon^j,v)| \leqslant C\, p_o(v) \quad \forall v \in V,$

(1.32) $a_1(g_\varepsilon^j,v) \to 0 \quad \forall v \in Y_o\ .$ ■

On va démontrer le

THEOREME 1.2.

On se place dans les hypothèses du Théorème 1.1. On suppose que $u^1,\dots,u^N$ sont définis dans W par (1.23)(1.24) et que des correcteurs $\theta_\varepsilon^1,\dots,\theta_\varepsilon^N$ sont définis par (1.25) ...(1.32). Alors

(1.33) $\varepsilon^{-N}[\,u_\varepsilon-(\frac{u^{-1}}{\varepsilon}+u^o+\theta_\varepsilon^o+\varepsilon(u^1+\theta_\varepsilon^1)+\dots+\varepsilon^N(u^N+\theta_\varepsilon^N))] \to 0$ dans V faible ,

(1.34) $p_o(u_\varepsilon-(\frac{u^{-1}}{\varepsilon}+u^o+\theta_\varepsilon^o+\varepsilon(u^1+\theta_\varepsilon^1)+\ \dots\ +\varepsilon^N(u^N+\theta_\varepsilon^N))) \leqslant C\,\varepsilon^{N+1/2}\ .$

Démonstration .

Si l'on pose

$$w_\varepsilon = u_\varepsilon-(\frac{u^{-1}}{\varepsilon}+u^o+\theta_\varepsilon^o+\ \dots\ +\varepsilon^N(u^N+\theta_\varepsilon^N))$$

on obtient

(1.35)
$$a_o(w_\varepsilon,v)+\varepsilon a_1(w_\varepsilon,v) = -\varepsilon^{N+1}\, a_1(u^N,v)-[\,a_o(\theta_\varepsilon^o,v)+\varepsilon\, a_1(\theta_\varepsilon^o,v)]-$$
$$-\varepsilon[\,a_o(\theta_\varepsilon^1,v)+\varepsilon\, a_1(\theta_\varepsilon^1,v)]\ \dots\ -\varepsilon^N[\,a_o(\theta_\varepsilon^N,v)+\varepsilon\, a_1(\theta_\varepsilon^N,v)]$$
$$= -\varepsilon^{N+1}\, a_1(u^N+g_\varepsilon^N,v)-\varepsilon^{N+1/2}a_o(h_\varepsilon^N,v) \qquad \forall v \in V.$$

Faisant $v = w_\varepsilon$, il vient :

$$p_o(w_\varepsilon)^2+\varepsilon\, p_1(w_\varepsilon)^2 \leqslant C\,\varepsilon^{N+1}\, p_1(w_\varepsilon)+C\,\varepsilon^{N+1/2}p_o(w_\varepsilon) \leqslant$$
$$\leqslant C\,\varepsilon^{N+1/2}\,[\,p_o(w_\varepsilon)+\sqrt{\varepsilon}\, p_1(w_\varepsilon)]$$

donc

(1.36) $p_o(w_\varepsilon) + \sqrt{\varepsilon}\, p_1(w_\varepsilon) \leqslant C\,\varepsilon^{N+1/2}\ .$

Par conséquent

(1.37) $\|w_\varepsilon\| \leq C\,\varepsilon^N$,

(1.38) $p_o(w_\varepsilon) \leq C\,\varepsilon^{N+\frac{1}{2}}$.

On peut alors extraire une suite, encore notée w_ε, telle que

(1.39) $\lambda_\varepsilon = \varepsilon^{-N}\, w_\varepsilon \to \lambda$ dans V faible.

D'après (1.38), on a

(1.40) $p_o(\lambda) = 0$, i.e. $\lambda \in Y_o$.

On déduit de (1.35) en prenant $v \in Y_o$ que

$$\varepsilon\, a_1(\lambda_\varepsilon,v) = -\varepsilon\, a_1(u^N + g_\varepsilon^N,v) \;.$$

Comme $a_1(u^N,v) = 0 \quad \forall v \in Y_o$, on a donc

$$a_1(\lambda_\varepsilon,v) = -a_1(g_\varepsilon^N,v) \qquad \forall v \in Y_o$$

et d'après (1.32) (pour j = N), on en déduit que

$$a_1(\lambda,v) = 0 \;,\quad \forall v \in Y_o \;,$$

ce qui joint à (1.40) montre que $\lambda = 0$. ∎

REMARQUE 1.1.

Les hypothèses (1.27)(1.28) (1.31)(1.32) n'ont en fait été utilisées que pour le dernier correcteur θ_ε^N . Il est toutefois raisonnable de conserver toutes les hypothèses intermédiaires, de manière à introduire des correcteurs aussi "petits" que possible. ∎

REMARQUE 1.2.

Les estimations obtenues sont un peu moins précises que (3.19), Chap.1. En fait, on a également l'estimation suivante :

(1.41) $\|u_\varepsilon - (\frac{u^{-1}}{\varepsilon} + u^o + \theta_\varepsilon^o + \varepsilon(u^1+\theta_\varepsilon^1) + \dots + \varepsilon^N(u^N+\theta_\varepsilon^N))\| \leq C\,\varepsilon^{N+1} + C\,\varepsilon^{N+1}\|\theta_\varepsilon^{N+1}\|$;

si $\theta_\varepsilon^{N+1} = 0$, on retrouve l'estimation du Chap. 1.

Pour démontrer (1.41), on introduit

$$\Psi_\varepsilon = w_\varepsilon - \varepsilon^{N+1}(a^{N+1} + \theta_\varepsilon^{N+1}) \ ;$$

alors

$$a_o(\Psi_\varepsilon,v)+\varepsilon\ a_1(\Psi_\varepsilon,v) = -\varepsilon^{N+2}\ a_1(u^{N+1}+g_\varepsilon^{N+1},v)-\varepsilon^{N+3/2}\ a_o(h_\varepsilon^{N+1},v)$$

et faisant $v = \Psi_\varepsilon$, on en déduit

$$\|\Psi_\varepsilon\| \leqslant C\ \varepsilon^{N+1} \ ,$$

d'où l'on déduit (1.41). ∎

1.4. FORMULES GENERALES .

On se donne maintenant $V \subset W$ comme au N° 1.2 et (k+1) formes bilinéaires $a_j(u,v)$ continues et symétriques sur W; on suppose que

(1.42) $\left| \begin{array}{l} a_j(v,v) \geqslant \alpha_j\ p_j(v)^2 \quad , \quad \alpha_j > 0 \quad , \quad \forall v \in V \ , \\ p_j = \text{semi norme continue sur } V, \end{array} \right.$

(1.43) $p_o(v) + p_1(v) + \ldots + p_k(v)$ est une norme équivalente à $\|v\|$,

(1.44) $\left| \begin{array}{l} a_o \text{ est nulle sur } Z_o \subset W \\ a_1 \text{ restreinte à } Z_o \text{ est nulle sur } Z_1,\ldots,a_k \text{ restreinte à } Z_{k-1} \text{ est} \\ \text{nulle sur } Z_k = \{0\}. \end{array} \right.$

On pose :

(1.45) $Y_j = Z_j \cap V$

et on supposera (ce qui n'est d'ailleurs pas indispensable) que

(1.46) $Y_{k-1} = Z_{k-1}$.

On fait les hypothèses suivantes :

(1.47) $\left| \begin{array}{l} \text{Si } v \to L_o(v) \text{ est une forme linéaire sur } V, \text{ nulle sur } Y_o, \text{ il existe} \\ u_o \text{ \underline{dans} } W, \text{ \underline{définie modulo} } Z_o, \text{ telle que} \\ a_o(u_o,v) = L_o(v) \qquad \forall v \in V \ ; \end{array} \right.$

(1.48) $\left| \begin{array}{l} \text{Si } v \to L_j(v) \text{ est une forme linéaire continue sur } V, \text{ nulle sur } Y_j, \\ \text{il existe } u \text{ dans } Z_{j-1}, \text{ définie modulo } Z_j,\ 0 < j \leqslant k, \text{ telle que} \\ a_j(u,v) = L_j(v) \qquad \forall v \in Y_{j-1}. \end{array} \right.$

(Si $j = k$, on a donc une solution unique dans $Z_{k-1} = Y_{k-1}$). ∎

Le problème considéré est :

$$(1.49) \qquad a_o(u_\varepsilon,v)+\varepsilon\, a_1(u_\varepsilon,v)+ \dots +\varepsilon^k a_k(u_\varepsilon,v) = (f,v) \qquad \forall v \in V.$$ ∎

Définition des éléments $u^{-k}, u^{-k+1}, \dots, u^o, u^1, \dots$.

Les formules de récurrence définissant $u^{-k}, \dots$ sont les mêmes que celles du Chapitre 1, mais donnent des éléments qui ne sont pas dans W (sauf u^{-k}, à cause de (1.46)). On définit d'abord u^{-k} par

$$(1.50) \qquad \left| \begin{array}{ll} u^{-k} \in Y_{k-1} & \\ a_k(u^{-k},v) = (f,v) & \forall v \in Y_{k-1}, \end{array} \right.$$

puis

$$(1.51) \qquad \left| \begin{array}{ll} u^{-k+1} \in Z_{k-2}, & \\ a_{k-1}(u^{-k+1},v)+a_k(u^{-k},v) = (f,v) & \forall v \in Y_{k-2}, \\ a_k(u^{-k+1},v)= 0 & \forall v \in Y_{k-1}, \end{array} \right.$$

et ainsi de suite jusqu'à u^{-1} :

$$(1.52) \qquad \left| \begin{array}{ll} u^{-1} \in Z_o, & \\ a_1(u^{-1},v)+a_2(u^{-2},v)+ \dots +a_k(u^{-k},v) = (f,v) & \forall v \in Y_o, \\ a_2(u^{-1},v)+ \dots +a_k(u^{-k+1},v)= 0 & \forall v \in Y_1, \\ \dots\dots\dots\dots\dots\dots & \\ a_k(u^{-1},v) = 0 & \forall v \in Y_{k-1}. \end{array} \right.$$

On définit ensuite $u^o,u^1,\dots,u^j, \dots$ dans W ;

$$(1.53) \qquad \left| \begin{array}{ll} u^o \in W, & \\ a_o(u^o,v)+a_1(u^{-1},v)+ \dots +a_k(u^{-k},v) = (f,v) & \forall v \in V, \\ a_1(u^0,v)+ \dots +a_k(u^{-k},v) = 0 & \forall v \in Y_o, \\ \dots\dots\dots\dots\dots\dots & \\ a_k(u^o,v) = 0 & \forall v \in Y_{k-1}; \end{array} \right.$$

puis, de façon générale

$$(1.54)\quad \left|\begin{array}{ll} u^j \in W , & \\ a_o(u^j,v)+a_1(u^{j-1},v)+ \ldots +a_k(u^{j-k},v) = 0 & \forall v \in V , \\ a_1(u^j,v)+\ldots +a_k(u^{j-k+1},v) = 0 & \forall v \in Y_o , \\ \ldots\ldots\ldots\ldots\ldots\ldots & \\ a_k(u^j,v) = 0 & \forall v \in Y_{k-1} . \end{array}\right.$$ ∎

Le problème suivant est d'introduire des correcteurs attachés aux éléments qui ne sont pas dans V. ∎

• Correcteurs $\theta_\varepsilon^{-k+1}$.

On dira que $\theta_\varepsilon^{-k+1}$ est un correcteur attaché à u^{-k+1} si

$$(1.55)\quad \theta_\varepsilon^{-k+1} + u^{-k+1} \in Y_{k-2} \quad (^1)$$

et

$$(1.56)\quad a_{k-1}(\theta_\varepsilon^{-k+1},v)+\varepsilon a_k(\theta_\varepsilon^{-k+1},v) = \varepsilon\, a_k(g_{k,\varepsilon}^{-k+1},v)+\varepsilon^{1/2} a_{k-1}(g_{k-1,\varepsilon}^{-k+1},v) \qquad \forall v \in V,$$

où

$$(1.57)\quad |a_k(g_{k,\varepsilon}^{-k+1},v)| \leqslant C\, p_k(v), |a_{k-1}(g_{k-1,\varepsilon}^{-k+1},v)| \leqslant C\, p_{k-1}(v) .$$ ∎

On dira que $\theta_\varepsilon^{-k+2}$ est un correcteur attaché à u^{-k+2} si

$$(1.58)\quad \theta_\varepsilon^{-k+2} + u^{-k+2} \in Y_{k-3}$$

et

$$(1.59)\quad \left|\begin{array}{l} a_{k-2}(\theta_\varepsilon^{-k+2},v)+\varepsilon\, a_{k-1}(\theta_\varepsilon^{-k+2},v)+\varepsilon^2 a_k(\theta_\varepsilon^{-k+2},v) = \\ = -\varepsilon\, a_k(g_{k,\varepsilon}^{-k+1},v)-\varepsilon^{1/2} a_{k-1}(g_{k-1,\varepsilon}^{-k+1},v)+\varepsilon^{1/2} a_{k-2}(g_{k-2,\varepsilon}^{-k+2},v) \\ +\varepsilon\, a_{k-1}(g_{k-1,\varepsilon}^{-k+2},v)+\varepsilon^2 a_k(g_{k,\varepsilon}^{-k+2},v) \qquad \forall v \in V , \end{array}\right.$$

où les $g_{j,\varepsilon}^{-k+2}$ vérifient des conditions analogues à (1.57).

Et ainsi de suite, jusqu'à θ_ε^{-1} qui satisfait à

---

(1) De sorte que $\theta_\varepsilon^{-k+1} \in Z_{k-2}$

(1.60) $\theta_\varepsilon^{-1} + u^{-1} \in Y_o$,

(1.61)
$$\left|\begin{array}{l} a_1(\theta_\varepsilon^{-1},v)+\varepsilon\, a_2(\theta_\varepsilon^{-1},v)+ \dots +\varepsilon^{k-1} a_k(\theta_\varepsilon^{-1},v) = \\ = -\varepsilon^{1/2} a_2(g_{2,\varepsilon}^{-2},v)-\varepsilon\, a_3(g_{3,\varepsilon}^{-2},v)- \dots -\varepsilon^{k-2} a_k(g_{k,\varepsilon}^{-2},v) \\ +\varepsilon^{1/2} a_1(g_{1,\varepsilon}^{-1},v)+\varepsilon\, a_2(g_{2,\varepsilon}^{-1},v)+ \dots +\varepsilon^{k-1} a_k(g_{k,\varepsilon}^{-1},v) \qquad \forall v \in V \ . \end{array}\right.$$

On suppose que ces systèmes définissent des éléments θ_ε^{-j} . ■

<u>On définit ensuite</u> θ_ε° <u>correcteur attaché à</u> u° par :

(1.62) $\theta_\varepsilon^\circ + u^\circ \in V$,

<u>et</u>

(1.63)
$$\left|\begin{array}{l} a_o(\theta_\varepsilon^\circ,v)+\varepsilon\, a_1(\theta_\varepsilon^\circ,v)+ \dots +\varepsilon^k a_k(\theta_\varepsilon^\circ,v) = \\ = -\varepsilon^{1/2} a_1(g_{1,\varepsilon}^{-1},v)-\varepsilon\, a_2(g_{2,\varepsilon}^{-1},v)- \dots -\varepsilon^{k-1} a_k(g_{k,\varepsilon}^{-1},v) \\ +\varepsilon^{1/2} a_o(g_{o,\varepsilon}^\circ,v)+\varepsilon\, a_1(g_{1,\varepsilon}^\circ,v)+ \dots +\varepsilon^k a_k(g_{k,\varepsilon}^\circ,v) \qquad \forall v \in V \end{array}\right.$$

où les $g_{j,\varepsilon}^\circ$ satisfont toujours à des conditions analogues à (1.57). ■

Donnons maintenant les formules pour θ_ε^1 , <u>correcteur attaché</u> à u^1 :

(1.64) $\theta_\varepsilon^1 + u^1 \in V$,

(1.65)
$$\begin{array}{l} a_o(\theta_\varepsilon^1,v)+\varepsilon\, a_1(\theta_\varepsilon^1,v)+ \dots +\varepsilon^k a_k(\theta_\varepsilon^1,v) = \\ =-\varepsilon^{1/2} a_1(g_{o,\varepsilon}^o,v)-a_1(g_{1,\varepsilon}^o\, v)- \dots -\varepsilon^{k-1} a_k(g_{k,\varepsilon}^o,v) + \\ +\varepsilon^{1/2} a_o(g_{o,\varepsilon}^1,v)+\varepsilon\, a_1(g_{1,\varepsilon}^1,v)+ \dots +\varepsilon^k a_k(g_{k,\varepsilon}^1,v) \qquad \forall v \in V \end{array}$$

et ainsi de suite pour θ_ε^j , $j \geqslant 2$. ■

On a alors l'estimation :

(1.66)
$$\|u_\varepsilon - (\frac{u^{-k}}{\varepsilon^k} + \frac{u^{-k+1}+\theta_\varepsilon^{-k+1}}{\varepsilon^{k-1}} + \dots + \frac{u^{-1}+\theta_\varepsilon^{-1}}{\varepsilon} + u^o+\theta_\varepsilon^o+ \dots +\varepsilon^N(u^N+\theta_\varepsilon^N))\| \leqslant$$
$$\leqslant C\, \varepsilon^{N+1-k}.$$ ■

REMARQUE 1.3.

On peut améliorer un peu l'estimation (1.66), comme dans le Théorème 1.2, moyennant des hypothèses analogues à (1.32). ▪

2. EXEMPLES

2.1. PROBLEMES DANS UN OUVERT CYLINDRIQUE.

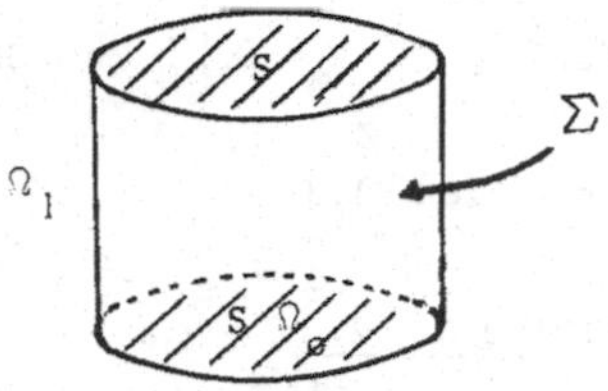

Fig. 1

Notations. (Cf. Figure 1)

Soient

Ω_o ouvert $\subset R^n$, variable $x = \{x_1,\ldots,x_n\}$,

Ω_1 ouvert $\subset R$, variable y, $\Omega_1 =]0,1[$ pour fixer les idées,

$\Omega = \Omega_o \times \Omega_1$,

$\Sigma = \partial\Omega_o \times \Omega_1$, $S = \Omega_o \times \partial\Omega_1$,

$\frac{\partial}{\partial\nu}$ = dérivée normale à Σ (dirigée vers l'extérieur pour fixer les idées),

$\Delta_x = \sum_{i=1}^{n} \frac{\partial^2}{\partial x_i^2}$.

Le problème .

On considère u_ε solution de

(2.1) $$-\Delta x\ u_\varepsilon - \varepsilon \frac{\partial^2 u_\varepsilon}{\partial y^2} = f \quad , \quad f \text{ donnée dans } \Omega \ ,$$

(2.2) $$u_\varepsilon = 0 \text{ sur } S \ ,$$

(2.3) $$\frac{\partial}{\partial\nu} u_\varepsilon = 0 \quad \text{sur } \Sigma.$$ ▪

REMARQUE 2.1.

Si l'on fait, formellement, $\varepsilon = 0$ dans le problème précédent, on obtient un problème qui n'a pas de sens pour deux raisons:

(i) pour $y \in]0,1[$ considéré comme paramètre, le problème de Neumann

$$-\Delta_x\ u(x,y) = f(x,y) \ , \ \frac{\partial u}{\partial\nu}(x,y) = 0 \text{ sur } \partial\Omega_o,$$ n'a pas de solution si

$$\int_{\Omega_o} f(x,y)dx \neq 0 \ ;$$

(ii) la condition (2.2) doit "disparaitre".

La difficulté (i) (resp.(ii)) est du type des problèmes rencontrés au chapitre 1 (resp. au chap. 2). ▪

Formulation variationnelle du problème .

On introduit les espaces

(2.4) $V = \{v \mid \quad v \in H^1(\Omega) \ , \ v = 0 \quad \text{sur } S\}$

(2.5) $W = \{v \mid \quad v \in H^1(\Omega) \ , \ \int_{\Omega_o} v\, dx = 0 \quad \text{sur } \partial\, \Omega_1$ (1)$\}$;

on a bien (1.8).

REMARQUE 2.2.

L'introduction de V est naturelle : l'espace V traduit la condition aux limites stables (2.2). L'introduction de W sera justifiée par les calculs qui suivent. ■

On pose,pour $u,v \in W$:

(2.6) $$a_o(u,v) = \sum_{i=1}^{n} \int_\Omega \frac{\partial u}{\partial x_i} \frac{\partial v}{\partial x_i}\, dx\, dy \ ,$$

(2.7) $$a_1(u,v) = \int_\Omega \frac{\partial u}{\partial y} \frac{\partial v}{\partial y}\, dx\, dy \ .$$

On vérifie sans peine que le problème (2.1)(2.2)(2.3), où f est supposé donné dans $L^2(\Omega)$, équivaut alors à (1.1).

On utilise maintenant la théorie générale, en nous bornant aux correcteurs d'ordre O(N°1.2). ■

Espace Y_o .

Si $a_o(v,v) = 0$, alors $v = v(y)$ ne dépend pas de x et donc

(2.8) $$Y_o = \{v \mid \ v = v(y) \ , \ v(0) = v(1) = 0\} = \{v \mid v(y) \in H_o^1(\Omega_1)\} \ .$$ ■

Calcul de u^{-1} .

La forme (1.6) donne :

(2.9) $$\left| \begin{array}{l} u^{-1} = u^{-1}(y) \ , \ u^{-1}(0) = u^{-1}(1) = 0 \ , \\ -\dfrac{d^2}{dy^2}\, u^{-1} = \dfrac{1}{\text{mes}\, \Omega_o} \displaystyle\int_{\Omega_o} f\, dx. \end{array} \right.$$ ■

Calcul de u^o .

On déduit de (2.9) que

$$a_1(u^{-1},v) = \left(\frac{1}{\text{mes}\, \Omega_o} \int_{\Omega_o} f dx,\ v \right) \qquad \forall v \in Y$$

de sorte que (1.7) devient :

---

(1) i.e. $\int_{\Omega_o} v(x,0)dx = 0 \ , \ \int_{\Omega_o} v(x,1)dx = 0$

$$(2.10)\quad \left|\begin{array}{ll} a_o(u^o,v) = (f - \frac{1}{\text{mes }\Omega_o} \int_{\Omega_o} f\,dx\ ,\ v) & \forall v \in V\ , \\ a_1(u^o,v) = 0 & \forall v \in Y_o\ . \end{array}\right.$$

La 1ère équation (2.10) équivaut au problème de Neumann avec paramètre y :

$$(2.11)\quad \left|\begin{array}{l} -\Delta_x u^o(x,y) = f(x) - \frac{1}{\text{mes }\Omega_o} \int_{\Omega_o} f\,dx, \\ \frac{\partial u^o}{\partial \nu} = 0 \quad \text{sur } \partial\Omega_o\ , \end{array}\right.$$

qui (grâce au fait que $(f - \frac{1}{\text{mes }\Omega_o} \int_{\Omega_o} f\,dx\ ,\ 1) = 0$) admet une solution, modulo une fonction de Y :

$$(2.12)\qquad u^o = \tilde{u}^o + \eta^o(y)\ .$$

Portant (2.12) dans la 2ème équation (2.10), il vient alors

$$(2.13)\quad \left|\begin{array}{l} -\frac{\partial^2}{\partial y^2}\left[\eta^o + \frac{1}{\text{mes }\Omega_o} \int_{\Omega_o} \tilde{u}_o\,dx\right] = 0 \\ \eta^o + \frac{1}{\text{mes }\Omega_o} \int_{\Omega_o} \tilde{u}_o\,dx = 0 \quad \text{si} \quad y = 0 \quad \text{et} \quad y = 1 \end{array}\right.$$

i.e.

$$\eta^o + \frac{1}{\text{mes }\Omega_o} \int_{\Omega_o} \tilde{u}_o\,dx = 0 \qquad \forall y \in \Omega_1$$

et donc u_o étant <u>une</u> solution de (2.11) on a finalement

$$(2.14)\qquad u^o = \tilde{u}^o - \frac{1}{\text{mes }\Omega_o} \int_{\Omega_o} \tilde{u}_o\,dx\ ,$$

ce qui est indépendant du choix de $\tilde{u}^o$. ■

<u>REMARQUE 2.3.</u>

On note que u^o est dans W <u>mais n'est pas</u> (en général) <u>dans</u> V. ■

<u>Calcul d'un correcteur</u> θ_ε^o

Pour une fonction $b \in H^1(\Omega_o)$ (par exemple), désignons par ψ <u>la</u> solution de

$$(2.15)\qquad \begin{cases} -\Delta\psi - \dfrac{\partial^2\psi}{\partial y^2} = 0 \ , & x \in \Omega_o \ , \ y > 0 \ , \\ \psi(x,0) = b(x) \ , & \dfrac{\partial\psi}{\partial\nu} = 0 \ \text{ sur } \ \partial\Omega_o \ x]0,\infty[\ , \\ \|\psi(\cdot,y)\|_{L^2(\Omega_o)} \leqslant C \ , & y \to +\infty \ . \end{cases}$$

Ce problème <u>admet une solution unique</u>, qui s'écrit

$$(2.16)\qquad \psi(x,y) = \sum_{j=1}^{\infty} \left(\int_{\Omega_o} b(x) w_j(x)\,dx\right) w_j \ \exp(-y\sqrt{\lambda_j})$$

où les w_j désignent le système complet des fonctions propres relatives au problème de Neumann dans Ω_o :

$$(2.17)\qquad \begin{cases} -\Delta w_j = \lambda_j \, w_j \ , \quad j = 1, \ldots , \ \dfrac{\partial w_j}{\partial\nu} = 0 \ \text{ sur } \ \partial\Omega_o \\ \int_{\Omega_o} w_j^2 \, dx = 1 \ , \quad 0=\lambda_1 < \lambda_2 < \ldots \end{cases}$$

On pose

$$(2.18)\qquad \psi = Gb.$$

On <u>définit</u> alors :

$$(2.19)\qquad \begin{cases} \varphi_\varepsilon^o = -(G\, u^o(\cdot,o))(x, \dfrac{y}{\sqrt{\varepsilon}}) \ , \\ \varphi_\varepsilon^1 = -(G\, u^o(\cdot,1))(x, 1-y/\sqrt{\varepsilon}) \end{cases}$$

et enfin

$$(2.20)\qquad \theta_\varepsilon^o = m^o(y)\, \varphi_\varepsilon^o + m^1(y)\, \varphi_\varepsilon^1 \ ,$$

où m^o et m^1 sont deux fonctions de y, régulières, m^o étant égale a 1 (resp. 0) au voisinage de y = 0 (resp. y=1), et une propriété analogue pour m^1 en échangeant 0 et 1.

<u>Vérifions que θ_ε^o est un correcteur d'ordre</u> 0.

Considérons seulement $m^o\,\varphi_\varepsilon^o$; on a

$$(2.21)\qquad a_o(m^o\varphi_\varepsilon^o,v)+\varepsilon\, a_1(m^o\,\varphi_\varepsilon,v)=a_o(\varphi_\varepsilon^o,m^o v)+\varepsilon\, a_1(\varphi_\varepsilon^o,m^o v)+ \\ + \varepsilon \int_\Omega \left(\varphi_\varepsilon^o \, \frac{\partial m^o}{\partial y}\, \frac{\partial v}{\partial y} - \frac{\partial \varphi_\varepsilon^o}{\partial y}\, \frac{\partial m^o}{\partial y}\, v\right) dx\, dy \ .$$

Comme, par construction de φ_ε^o on a :

$$-\Delta_x \varphi_\varepsilon^o - \frac{\partial^2}{\partial y^2} \varphi_\varepsilon^o = 0 \quad , \quad x \in \Omega_o, y > 0 ,$$

on en déduit que $\quad a_o(\varphi_\varepsilon^o, m^o v) + \varepsilon a_1(\varphi_\varepsilon^o, m^o v) = 0 \qquad \forall v \in V \quad ,$

de sorte que (2.21) donne :

$$(2.22) \quad \left| \begin{array}{l} a_o(m^o \varphi_\varepsilon^o, v) + \varepsilon a_1(m^o \varphi_\varepsilon^o, v) = \varepsilon X_\varepsilon \quad , \\ X_\varepsilon = \int_\Omega (\varphi_\varepsilon^o \frac{\partial m^o}{\partial y} \frac{\partial v}{\partial y} - \frac{\partial \varphi_\varepsilon^o}{\partial y} \frac{\partial m^o}{\partial y} v) \, dx \, dy . \end{array} \right.$$

On a aussi

$$m^o \varphi_\varepsilon^o + u^o(\cdot, 0) = 0$$

et $\qquad m^o \varphi_\varepsilon^o = 0$ au voisinage de $y = 1$.

On a des propriétés "symétriques" pour $m^1 \varphi_\varepsilon^1$. On a donc le résultat désiré si l'on vérifie que

$$(2.23) \quad \left| \begin{array}{l} |X_\varepsilon| \leq C\, p_1(v) \quad (p_1(v) = a_1(v,v)^{1/2}) , \\ X_\varepsilon \to 0 \qquad \forall v \in Y_o . \end{array} \right.$$

On déduit de l'expression de X_ε que

$$(2.24) \qquad |X_\varepsilon| \leq C \, \|\varphi_\varepsilon^o\|_{L^2(\Omega)} \, p_1(v) + C \, \|(\frac{\partial m^o}{\partial y}) \frac{\partial \varphi_\varepsilon^o}{\partial y}\|_{L^2(\Omega)} \|v\|_{L^2(\Omega)} .$$

Mais comme $v(\cdot, o) = v(\cdot, 1) = 0$ on a :

$$\|v\|_{L^2(\Omega)} \leq C \, p_1(v)$$

et donc

$$(2.25) \qquad |X_\varepsilon| \leq C \, p_1(v) \, Y_\varepsilon \, , \quad Y_\varepsilon = \|\varphi_\varepsilon^o\|_{L^2(\Omega)} + \|(\frac{\partial m^o}{\partial y}) \frac{\partial y_\varepsilon^o}{\partial y}\|_{L^2(\Omega)} .$$

Mais

$$(2.26) \qquad \|\varphi_\varepsilon^o\|_{L^2(\Omega)} \leq C \, \varepsilon^{1/4} \quad .$$

Comme par ailleurs

$$-\Delta_x \varphi_\varepsilon^o - \varepsilon \frac{\partial^2 \varphi_\varepsilon^o}{\partial y^2} = 0 ,$$

et $\frac{\partial m^o}{\partial y}$ est à support compact dans Ω , on voit (Cf. Chap.2, N°4) que

$$\|(\frac{\partial m^o}{\partial y}) \frac{\partial \varphi_\varepsilon^o}{\partial y}\|_{L^2(\Omega)} \leq C.$$

On donne la première propriété (2.23) et on aura la seconde si l'on vérifie que

$$Z_\varepsilon = \int_\Omega \frac{\partial \varphi^o_\varepsilon}{\partial y} \frac{\partial m^o}{\partial y} v \, dx \, dy \to 0 \qquad \forall v \in Y_o \ .$$

Mais si $v \in Y_o$, Z_ε vaut :

(2.27) $$Z_\varepsilon = \int_{\Omega_1} \frac{\partial m^o}{\partial y} v \left(\frac{\partial}{\partial y} \int_{\Omega_o} \varphi^o_\varepsilon \, dx\right) dy \ .$$

Mais (2.16) donne

$$\int_{\Omega_o} \psi(x,y) dx = \frac{1}{\text{mes } \Omega_o} \int_{\Omega_o} b \, dx$$

donc $\int_{\Omega_o} \varphi^o_\varepsilon \, dx$ ne dépend pas de y et donc $Z_\varepsilon = 0$. ■

2.2. EQUATION OPERATIONNELLE .

On va maintenant étudier une situation qui généralise le N°2.1 précédent. On se donne deux espaces de Hilbert, $\mathcal{V}$, $\mathcal{H}$ avec

(2.28) $\mathcal{V} \subset \mathcal{H}$, $\mathcal{V}$ dense dans $\mathcal{H}$, l'injection $\mathcal{V} \to \mathcal{H}$ étant continue ;

on désigne par <,> le produit scalaire de $\mathcal{H}$; identifiant $\mathcal{H}$ à son dual, et $\mathcal{V}'$ désignant alors le dual de $\mathcal{V}$, on a :

(2.29) $$\mathcal{V} \subset \mathcal{H} \subset \mathcal{V}' \ .$$

On désignera par <f,v> le produit scalaire entre $f \in \mathcal{V}'$ et $v \in \mathcal{V}$.

Soit par ailleurs Ω_1 un ouvert contenu dans $\mathbb{R}^m$, y désignant la variable dans Ω_1.

De façon générale, on désigne par $L^2(\Omega_1;\mathcal{H})$ l'espace des(classes de) fonctions $y \to v(y)$ de $\Omega_1 \to \mathcal{H}$ qui sont mesurables et telles que

(2.30) $$\left(\int_{\Omega_1} \langle v(y),v(y)\rangle dy\right)^{1/2} < \infty \ ;$$

muni de la norme définie par (2.30), $L^2(\Omega_1;\mathcal{H})$ est un espace de Hilbert.

On défnit de même $L^2(\Omega_1;\mathcal{V})$, l'espace $\mathcal{H}$ étant quelconque dans la définition précédente. ■

Espace V.

On définit

(2.31) $$V = \{v | \ v \in L^2(\Omega_1;\mathcal{V}) \ , \ \frac{\partial v}{\partial y_i} \in L \ (\Omega_1;\mathcal{H}) \ , \ 1 \leq i \leq m \ , \ v{=}0 \ \text{ sur } \partial\Omega_1\}$$

qui est un espace de Hilbert pour la norme définie par

(2.32) $$\|v\|^2 = \int_{\Omega_1} [\,\|v(y)\|^2 + \sum_{i=1}^{m} \langle\frac{\partial v}{\partial y_i} , \frac{\partial v}{\partial y_i}\rangle] \, dy \ .$$ ■

REMARQUE 2.4.

Si l'on prend $\mathcal{V} = H^1(\Omega_o)$, $\mathcal{H} = L^2(\Omega_o)$, $\Omega_1 =]0,1[$, on retrouve l'espace défini en (2.4). ■

REMARQUE 2.5.

Par les méthodes de Lions-Magenes [1], chap. 1, on montre que la condition "v=0 sur $\partial\Omega_1$" a un sens dans la définition (2.31). ■

Opérateur $\mathcal{A}$.

On se donne $\mathcal{A}$ avec

(2.33) $\mathcal{A} \in \mathcal{L}(\mathcal{V};\mathcal{V}')$, $\mathcal{A}^* = \mathcal{A}$,

(2.34) $<\mathcal{A}v,v> \geqslant \alpha\, q_o(v)^2$, $\alpha > 0$, $v \in \mathcal{V}$

où q_o est une semi norme continue sur $\mathcal{V}$ telle que

$$\left(\int_{\Omega_1} q_o(v(y))^2\, dy + \sum_{i=1}^{m} \int_{\Omega_1} < \frac{\partial v}{\partial y_i} , \frac{\partial v}{\partial y_i} > dy\right)^{1/2}$$

soit une norme équivalente à $\|v\|$.

On suppose que

(2.35) $<\mathcal{A}v,v> = 0$ sur $\mathcal{Y}_o \subset \mathcal{V}$.

On définit alors :

(2.36) $W = \{v | v \in L^2(\Omega_1;\mathcal{V})$, $\frac{\partial v}{\partial y_i} \in L^2(\Omega_1;\mathcal{H})$, $1 \leqslant i \leqslant m$,

$<v(y),y_o> = 0$ sur $\partial\Omega_1$ $\forall y_o \in \mathcal{Y}_o\}$;

(2.37) $a_o(u,v) = \int_{\Omega_1} <\mathcal{A}u(y) , v(y)> dy$,

(2.38) $a_1(u,v) = \sum_{i=1}^{m} \int_{\Omega_1} <\frac{\partial u'}{\partial y_i} , \frac{\partial v}{\partial y_i} > dy$. ■

On considère le problème

(2.39)
$$a_o(u_\varepsilon,v)+\varepsilon a_1(u_\varepsilon,v) = (f,v) = \int_{\Omega_1} <f(y),v(y)> dy ,$$
$$f \in L^2(\Omega_1;\mathcal{H}).$$ ■

EXEMPLE 2.1.

Si l'on prend $\mathcal{V}$, $\mathcal{H}$, Ω_1 comme à la Remarque 2.4., on retrouve le problème étudié au N°2.1. ■

EXEMPLE 2.2.

Si l'on prend $\mathcal{V}, \mathcal{H}$ comme à la Remarque 2.4. et $\Omega_1 \subset \mathbb{R}^n$, $n > 1$, le problème est :

$$(2.40)\quad \begin{cases} -\Delta_x u_\varepsilon - \varepsilon \Delta_y u_\varepsilon = f \quad \text{dans } \Omega_o \times \Omega_1 , \\ u_\varepsilon = 0 \quad \text{si } \Omega_o \times \partial\Omega_1 , \\ \dfrac{\partial u_\varepsilon}{\partial \nu} = 0 \quad \text{sur } \partial\Omega_o \times \Omega_1 . \end{cases}$$

Supposant que Ω_1 est borné connexe, on a

$$\mathcal{Y}_o = \text{fonctions constantes dans } \Omega_o .$$ ■

EXEMPLE 2.3.

L'on prend maintenant

$$(2.41)\quad \begin{cases} \mathcal{V} = H^2(\Omega_o) , \ \mathcal{H} = L^2(\Omega_o) \\ \langle \mathcal{A}u, v\rangle = \sum\limits_{i,j=1}^{m} \int_{\Omega_o} \dfrac{\partial^2 u}{\partial x_i \partial x_j} \dfrac{\partial^2 v}{\partial x_i \partial x_j} dx , \\ \Omega_1 =]0,1[\quad . \end{cases}$$

Le problème est alors :

$$(2.42)\quad \begin{cases} -\Delta_x^2 u_\varepsilon - \varepsilon \dfrac{\partial^2 u_\varepsilon}{\partial y^2} = f \quad \text{dans } \Omega_o \times \Omega_1 , \\ u_\varepsilon = 0 \quad \text{sur } \Omega_o \times \partial\Omega_1 = S , \\ T_2 u_\varepsilon = 0 \ , \ T_3 u_\varepsilon = 0 \quad \text{sur } \partial\Omega_o \times \Omega_1 \end{cases}$$

où T_2 et T_3 sont définis par

$$\langle \mathcal{A}u, v\rangle - \langle \Delta^2 u, v\rangle = \int_{\partial\Omega_o} [(T_2 u) \frac{\partial v}{\partial \nu} + (T_3 u) v] d(\partial\Omega_o).$$

On a :

$$(2.43)\quad \mathcal{Y}_o = \text{espaces des polynômes de degré} \leqslant 1 \text{ dans } \Omega_o .$$ ■

On applique la théorie générale. On a :

$$(2.44)\quad Y_o = \{v \mid v \in V \ , \ v(y) \in Y_o \ , \ v(y) = 0 \text{ si } y \in \partial\Omega_1\} .$$ ■

Dans le cas de l'Exemple 2.3., on voit que u^{-1} est défini par

$$(2.45)\quad \begin{cases} u^{-1}(x,y) = d_o^{-1}(y) + \sum\limits_{j=1}^{n} d_j^{-1}(y)\, x_j , \\ d_o^{-1}, \ d_j^{-1} \in H_o^1(\Omega_1) , \end{cases}$$

(2.46) $\quad a_1(u^{-1},v) = (f,v) \qquad \forall v \in Y_o$.

On peut prendre : $v = \varphi(y)$, $\varphi(y)x_j$, $1 \leq j \leq n$, $\varphi \in H_o^1(\Omega_1)$, de sorte que (2.46) équivaut à un système de (n+1) équations différentielles en les d_o^{-1}, d_j^{-1}.

Si l'on définit de façon générale $\bar{f}$ par

(2.47) $\quad \bar{f} = \alpha_o <f,1> + \sum_{j=1}^{n} \alpha_j <f,x_j>$,

α_o , α_j définies de façon que

(2.48) $\quad <\bar{f},1> = <f,1>$, $<\bar{f},x_j> = <f,x_j>$, $1 \leq j \leq n$,

on a ensuite u^o déterminé par :

(2.49) $\quad \Delta^2 u^o = f-\bar{f}$, $T_2 u^o = 0$, $T_3 u^o = 0$,

(2.50) $\quad a_1(u^o,v) = 0 \qquad \forall v \in Y_o$.

Si $\tilde{u}^o$ désigne une solution (qui existe d'après (2.48)) de (2.49), on aura alors

(2.51) $\quad u^o = \tilde{u}^o - \tilde{\tilde{u}}^o$. ■

Un correcteur θ_ε^o peut, lorsque $\Omega_1 =]0,1[$, être défini comme au N°2.1, pourvu de remplacer (2.15) par :

(2.52)
$$\begin{cases} \mathcal{A}\psi - \dfrac{\partial^2\psi}{\partial y^2} = 0 , & y > 0 , \\ \psi(0) = b \in \mathcal{V} , & \\ <\psi(y) , \psi(y)> \leq C & \text{lorsque } y \to \infty ; \end{cases}$$

on obtient alors, si l'injection de $\mathcal{V}$ dans $\mathcal{H}$ est compacte (1) :

(2.53) $\quad \psi = \sum_{j=1}^{\infty} <b,w_j> w_j \exp(-y\sqrt{\lambda_j})$,

où

(2.54) $\quad \mathcal{A} w_j = \lambda_j w_j$, $<w_j,w_j> = 1$, $\lambda_1 \leq \lambda_2 \leq \ldots$ ■

---

(1) Sinon on a une "somme continue" au lieu de (2.53).

2.3. AUTRES EXEMPLES .

Considérons maintenant

(2.55) $\qquad \Omega = \Omega_o \times \Omega_1 \times \Omega_2$,

$\Omega_i =]0,1[$, x(resp. y, resp.z) désignant la variable dans Ω_o (resp.Ω_1,resp.Ω_2), et considérons le problème

$$(2.56) \quad \left| \begin{array}{l} - \dfrac{\partial^2 u_\varepsilon}{\partial x^2} - \varepsilon \dfrac{\partial^2 u_\varepsilon}{\partial y^2} - \varepsilon^2 \dfrac{\partial^2 u_\varepsilon}{\partial z^2} = 0 \quad \text{dans } \Omega \; , \\[3mm] u_\varepsilon = 0 \quad \text{sur } \Omega_o \times \Omega_1 \times \partial\Omega_2 \; , \\[3mm] \dfrac{\partial u_\varepsilon}{\partial \nu} = 0 \quad \text{sur } \partial\Omega_o \times \Omega_1 \times \Omega_2 \;\cup\; \Omega_o \times \partial\Omega_1 \times \Omega_2 \quad (1) \; . \end{array} \right.$$

On va utiliser la théorie générale, dans les conditions suivantes. On définit :

$$(2.57) \quad \left| \begin{array}{l} V = \{v | \; v \in H^1(\Omega) \; , \; v = 0 \text{ sur } \Omega_o \times \Omega_1 \times \partial\Omega_2\} \; , \\[2mm] W = \{v | \; v \in H^1(\Omega) \; , \; \int_{\Omega_o \times \Omega_1} v \, dx \, dy = 0 \;\; \text{sur } \partial\Omega_2\}, \\[2mm] a_o(u,v) = \int_\Omega \dfrac{\partial u}{\partial x} \dfrac{\partial v}{\partial x} \, dx \, dy \, dz, a_1(u,v) = \int_\Omega \dfrac{\partial u}{\partial y} \dfrac{\partial v}{\partial y} \, dx \, dy \, dz \; , \\[2mm] a_2(u,v) = \int_\Omega \dfrac{\partial u}{\partial z} \dfrac{\partial v}{\partial z} \, dx \, dy \, dz. \end{array} \right.$$

On vérifie sans peine que (2.56) est alors équivalent à

(2.58) $\qquad a_o(u_\varepsilon,v) + \varepsilon \, a_1(u_\varepsilon,v) + \varepsilon^2 \, a_2(u_\varepsilon,v) = (f,v) \qquad \forall v \in V \; , \; u_\varepsilon \in V. \qquad \blacksquare$

On a, avec les notations de la théorie générale :

$$Z_o = \{v | \; v \in W \; , \; v = v(y,z) \; , \; \int_{\Omega_1} v \, dy = 0 \;\; \text{sur } \partial\Omega_2\}$$

$$Y_1 = Z_1 = \{v | \; v \in W \; , \; v = v(z) \; , \; v = 0 \text{ sur } \partial\Omega_2\}$$

$$= \{v | \; v = v(z) \; , \; v \in H^1_o(\Omega_2)\} \; .$$

On obtient alors les résultats suivants :

$$(2.59) \quad \left| \begin{array}{l} u^{-2} = u^{-2}(z) \; , \\[2mm] - \dfrac{d^2}{dz^2} u^{-2}(z) = \dfrac{1}{\text{mes}(\Omega_o \times \Omega_1)} \; \int_{\Omega_o \times \Omega_1} f \, dx \, dy \; , \\[2mm] u^{-2} = 0 \quad \text{sur } \partial\Omega_2 \; ; \end{array} \right.$$

(1) I.e. $\dfrac{\partial u_\varepsilon}{\partial x} = 0$ sur $\partial\Omega_o \times \Omega_1 \times \Omega_2$, $\dfrac{\partial u_\varepsilon}{\partial y} = 0$ sur $\Omega_o \times \partial\Omega_1 \times \Omega_2$

(2.60)
$$\begin{cases} u^{-1} = u^{-1}(y,z) \text{ , z jouant le rôle de paramètre ,} \\ -\dfrac{\partial^2}{\partial y^2} u^{-1}(y,z) = \dfrac{1}{\text{mes } \Omega_o} \displaystyle\int_{\Omega_o} f\, dx - \dfrac{1}{\text{mes}(\Omega_o x \Omega_1)} \displaystyle\int_{\Omega_o x \Omega_1} f\, dx\, dy \text{ ,} \\ \dfrac{\partial u^{-1}}{\partial y} = 0 \text{ sur } \partial\Omega_1 \times \Omega_2 \text{ ,} \\ \displaystyle\int_{\Omega_1} u^{-1} dy = 0 \text{ sur } \Omega_2 \text{ ,} \end{cases}$$

puis

(2.61)
$$\begin{cases} -\dfrac{\partial^2 u^o}{\partial x^2} = f - \dfrac{1}{\text{mes } \Omega_o} \displaystyle\int_{\Omega_o} f\, dx \text{ ,} \\ \dfrac{\partial u^o}{\partial x} = 0 \text{ sur } \partial\Omega_o \times \Omega_1 \times \Omega_2 \text{ ,} \\ -\dfrac{\partial^2}{\partial y^2}\Big(\dfrac{1}{\text{mes } \Omega_o} \displaystyle\int_{\Omega_o} u^o\, dx\Big) - \dfrac{\partial^2}{\partial z^2} u^{-1} = 0 \text{ ,} \\ \dfrac{\partial}{\partial y}\Big(\dfrac{1}{\text{mes } \Omega_o} \displaystyle\int_{\Omega_o} u^o\, dx\Big) = 0 \text{ sur } \partial\Omega_1 \times \Omega_2 \text{ ,} \\ \displaystyle\int_{\Omega_o x \Omega_1} u^o\, dx\, dy = 0 \text{ sur } \Omega_2 \text{ .} \end{cases}$$

<u>Correcteur</u> θ_ε^{-1}.

On peut définir $\theta_\varepsilon^{-1} = \theta_\varepsilon^{-1}(y,z)$ par

(2.62)
$$\begin{cases} -\dfrac{\partial^2\theta_\varepsilon^{-1}}{\partial y^2} - \varepsilon \dfrac{\partial^2\theta_\varepsilon^{-1}}{\partial z^2} = 0 \quad (1) \quad \text{dans } \Omega_1 \times \Omega_2 \text{ ,} \\ -\dfrac{\partial\theta_\varepsilon^{-1}}{\partial y} = 0 \text{ sur } \partial\Omega_1 \times \Omega_2 \text{ ,} \\ \theta_\varepsilon^{-1} + u^{-1} = 0 \text{ sur } \Omega_1 \times \partial\Omega_2 \text{ ,} \end{cases}$$

ce qui entre dans le cadre du N° 2.1. ■

<u>Correcteur</u> θ_ε^o.

On peut définir θ_ε^o par

---

(1) On a un "reste assez petit" au 2ème membre ; Cf N°2.1.

$$(2.63)\quad \left|\begin{array}{l} - \dfrac{\partial^2\theta^o_\varepsilon}{\partial x^2} - \varepsilon \dfrac{\partial^2\theta^o_\varepsilon}{\partial y^2} - \varepsilon^2 \dfrac{\partial^2\theta^o_\varepsilon}{\partial z^2} = 0^{(1)} \quad \text{dans } \Omega \ , \\ \theta^o_\varepsilon + u^o = 0 \quad \text{sur } \Omega_o \times \Omega_1 \times \partial\Omega_2 \ , \\ \dfrac{\partial\theta^o_\varepsilon}{\partial x} = 0 \quad \text{sur } \partial\Omega_o \times \Omega_1 \times \Omega_2 \ , \\ \dfrac{\partial\theta^o_\varepsilon}{\partial y} = 0 \quad \text{sur } \Omega_o \times \partial\Omega_1 \times \Omega_2 \ . \end{array}\right.$$

Au voisinage de $z = 0$, on pourra prendre θ^o_ε sous la forme $\psi(x,y/\sqrt{\varepsilon},z/\varepsilon)$. ∎

3 - CORRECTEURS AVEC CHANGEMENTS DES FORMULES DE RECURRENCE.

3.1. ORIENTATION .

On considère encore le problème (1.1). Il peut arriver (Cf. des exemples au N°3.3 ci-après) que le système (1.7) n'admette pas de solution, même dans un espace plus grand que V. On va donner au N°3.2 des formules de récurrence modifiées qui seront ensuite appliquées au N°3.3.

3.2. FORMULES DE RECURRENCE ET CORRECTEURS .

On se donne a_o, a_1 sur V comme au N°1.1. On se donne en outre deux formes $b_o(u,v)$, $b_1(u,v)$, bilinéaires continues sur V, symétriques, et telles que

$$(3.1)\qquad b_o(u,v) = 0 \qquad \forall v \in Y_o \ .$$

Le problème étudié est le suivant :

$$(3.2)\qquad a_o(u_\varepsilon,v)+\varepsilon\, a_1(u_\varepsilon,v) = b_o(f,v)+b_1(f,v)$$

f étant donné dans V, ou, plus généralement, de manière que les formes $v \to b_1(f,v)$ soient continues sur V. ∎

On définit u^{-1} par :

$$(3.3)\qquad \left|\begin{array}{l} u^{-1} \in Y_o \\ a_1(u^{-1},v) = b_1(f,v) \qquad \forall v \in Y_o \end{array}\right.$$

puis u^o par :

(1) Ou, ici encore, un "reste assez petit" au 2ème membre.

$$(3.4)\quad \left|\begin{array}{ll} u^o \in V , & \\ a_o(u^o,v) = b_o(f,v) & \forall v \in V , \\ a_1(u^o,v) = 0 & \forall v \in Y_o . \end{array}\right.$$

On fait <u>l'hypothèse</u> que ce problème admet une solution unique.
Si l'on considère alors le développement formel $\frac{u^{-1}}{\varepsilon} + u^o$, on a :

$$(3.5)\quad a_o(\frac{u^{-1}}{\varepsilon}+u^o,v)+\varepsilon\ a_1(\frac{u^{-1}}{\varepsilon}+u^o,v) = b_o(f,v)+a_1(u^{-1},v)+\varepsilon\ a_1(u^o,v) =$$

$$=b_o(f,v)+b_1(f,v)+[a_1(u^{-1},v)-b_1(f,v)]+\varepsilon\ a_1(u^o,v)$$

et il faut donc introduire un correcteur destiné à "supprimer" le terme $[a_1(u^{-1},v)-b_1(f,v)]$ qui apparait au 2ème membre de (3.5). Cela conduit donc à la définition suivante :

On dit que $\theta^o_\varepsilon \in V$ est <u>un correcteur d'ordre</u> 0 si

$$(3.6)\quad a_o(\theta^o_\varepsilon,v)+\varepsilon\ a_1(\theta^o_\varepsilon,v) = b_1(f,v)-a_1(u^{-1},v)+\varepsilon(g^o_\varepsilon,v) \qquad \forall v \in V$$

où

$$(3.7)\quad |(g^o_\varepsilon,v)| \leq C\|v\| \qquad \forall v \in V.$$

On alors

$$(3.8)\quad a_o(\frac{u^{-1}}{\varepsilon}+u^o+\theta^o_\varepsilon,v)+\varepsilon\ a_1(\frac{u^{-1}}{\varepsilon}+u^o+\theta^o_\varepsilon,v) = b_o(f,v)+b_1(f,v)+\varepsilon[a_1(u^o,v)+(g^o_\varepsilon,v)] .$$

On va en déduire le

<u>THEOREME 3.1.</u>

<u>On se place dans les hypothèses du Théorème 1.1, avec</u> (3.1) . <u>Les éléments</u> u^o,u^1 <u>sont définis par les</u> <u>(nouvelles)</u> <u>formules</u> (3.3)(3.4) <u>et un correcteur</u> θ^o_ε <u>est défini par</u> (3.6)(3.7). <u>Alors, si l'on suppose que</u>

$$(3.9)\quad (g^o_\varepsilon,v) \to 0 \qquad \forall v \in Y_o ,$$

<u>on a</u>

$$(3.10)\quad u_\varepsilon - (\frac{u^{-1}}{\varepsilon}+u^o+\theta^o_\varepsilon) \to 0 \text{ dans } V \text{ faible,}$$

$$(3.11)\quad p_o(u_\varepsilon - (\frac{u^{-1}}{\varepsilon}+u^o+\theta^o_\varepsilon)) \leq C\ \varepsilon^{1/2} .$$

<u>DEMONSTRATION</u> .

Si l'on pose $w_\varepsilon = u_\varepsilon - (\frac{u^{-1}}{\varepsilon}+u^o+\theta^o_\varepsilon)$, on a

(3.12) $a_o(w_\varepsilon,v)+\varepsilon\, a_1(w_\varepsilon,v) = -\varepsilon[a_1(u^o,v)+(g_\varepsilon^o,v)]$.

Prenant $v = w_\varepsilon$ dans (3.12) on en déduit

$$p_o(w_\varepsilon)^2+\varepsilon\, p_1(w_\varepsilon)^2 \leq C\, \varepsilon\, p_1(w_\varepsilon) ,$$

d'où

$$\|w_\varepsilon\| \leq C$$

et

(3.13) $p_o(w_\varepsilon) \leq C\, \varepsilon^{1/2}$.

On peut donc extraire une suite encore notée w_ε telle que $w_\varepsilon \to w$ dans V faible et on raisonne comme dans la Démonstration du Théorème 1.1. ∎

REMARQUE 3.1.

On définit les termes suivants de la suite asymptotique de la façon suivante.

On définit ψ_ε^j (qui joue le rôle de $u^j + \theta_\varepsilon^j$ dans le développement du N°1) par :

(3.14) $a_o(\psi_\varepsilon^1,v)+\varepsilon\, a_1(\psi_\varepsilon^1,v) = -a_1(u^o,v)-(g_\varepsilon^o,v)+\varepsilon(g_\varepsilon^1,v) \qquad \forall v \in V$,

....

(3.15) $a_o(\psi_\varepsilon^j,v)+\varepsilon\, a_1(\psi_\varepsilon^j,v) = -(g_\varepsilon^{j-1},v)+\varepsilon(g_\varepsilon^j,v) \qquad \forall v \in V$,

où les g_ε^j satisfont à des conditions analogues à (3.7).

On a alors

(3.16) $\|u_\varepsilon-(\frac{u^{-1}}{\varepsilon}+u^o+\theta_\varepsilon^o+\varepsilon\psi_\varepsilon^1+ \ldots +\varepsilon^j\psi_\varepsilon^j)\| \leq C\, \varepsilon^j$. ∎

REMARQUE 3.2.

On peut étendre les considérations précédentes aux problèmes analogues à(1.49). ∎

3.3. EXEMPLES .

Soit $\Omega = \Omega_o \times \Omega_1$ (Cf Fig.2)

et χ_o = fonction caractéristique de Ω_o.

On considère le problème :

(3.17)
$$\begin{cases} -\varepsilon\, \Delta u_\varepsilon + \chi_o u_\varepsilon = f & \text{dans } \Omega, \\ u_\varepsilon = 0 \text{ sur } \Gamma. \end{cases}$$

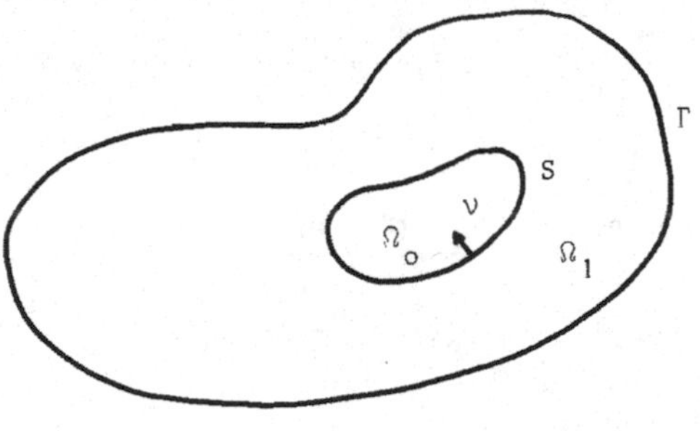

Fig. 2

Formulation sous la forme du N°3.2.

On introduit

(3.18) $$\begin{cases} V = H_o^1(\Omega) , \\ a_o(u,v) = \int_{\Omega_o} uv\,dx , \; a_1(u,v) = \int_\Omega \text{grad } u. \text{ grad } v\,dx . \end{cases}$$

Alors (3.17) équivaut à

(3.19) $$a_o(u_\varepsilon,v)+\varepsilon\, a_1(u_\varepsilon,v) = b_o(f,v)+b_1(f,v) \qquad \forall v \in V,$$

où l'on a posé

(3.20) $$b_i(f,v) = \int_{\Omega_i} fv\,dx , \; i = 0,1.$$

La théorie générale s'applique. On a :

(3.21) $$Y_o = \{v \mid v \in H_o^1(\Omega),\; v = 0 \text{ sur } \Omega_o\} .$$

Calcul de u^{-1}

On désigne de façon générale par f_i la restriction de f à Ω_i. On obtient alors, à partir de (3.3) :

(3.22) $$-\Delta u_1^{-1} = f_1 \text{ dans } \Omega_1 , \; u_1^{-1} = 0 \text{ sur } \partial\Omega_1 ,$$

(3.23) $$u_o^{-1} = 0 .$$ ∎

Les formules (3.4) donnent :

(3.24) $$u_o^o = f_o \text{ dans } \Omega_o$$

et

(3.25) $$-\Delta u_1^o = 0 \text{ dans } \Omega_1 , \; u_1^o = 0 \text{ sur } \Gamma.$$

Si l'on fait l'hypothèse que

(3.26) $$f_o \in H^1(\Omega_o)$$

alors on ajoute à (3.25) :

(3.27) $$u_1^o = f_o \text{ sur } S$$

et (3.25)(3.27) définissent u_1^o de manière unique et $u^o \in V$. ∎

REMARQUE 3.3.

Les formules "usuelles" donneraient le même résultat pour u^{-1}; pour u^o on aurait :

$$a_o(u^o,v)+a_1(u^{-1},v) = (f,v)(=\int_\Omega fv\,dx)$$

$$a_1(u^o,v) = 0 \qquad \forall v \in Y_o,$$

système qui n'admet pas de solution (sauf si $\frac{\partial u_1^{-1}}{\partial \nu} = 0$ sur S). ∎

Calcul de θ_ε^o

On déduit de (3.22) que

$$-\int_S \frac{\partial u_1^{-1}}{\partial \nu} v\, ds + a_1(u^{-1},v) = b_1(f,v) \qquad \forall v \in V$$

de sorte que (3.6) s'écrit

$$(3.28) \qquad a_o(\theta_\varepsilon^o,v)+\varepsilon\, a_1(\theta_\varepsilon^o,v) = -\int_S \frac{\partial u_1^{-1}}{\partial \nu} v\, dS+\varepsilon(g_\varepsilon^o,v) \qquad \forall v \in V .$$

Le calcul de θ_ε^o à partir de (3.28) n'est pas un calcul local.

Donnons un exemple, choisi aussi simple que possible.

Nous prenons une variante de la situation précédente :

$$(3.29) \qquad \begin{cases} \Omega_o = \{x \mid x_n>0\} , \quad \Omega_1=\{x \mid x_n<0\} \\ a_o(u,v) \text{ inchangé} , \quad a_1(u,v) = \int_\Omega (\text{grad}u\ \text{grad}v+uv)dx. \end{cases}$$

Les calculs précédents sont valables.

L'équation (3.28) équivaut à :

$$(3.30) \qquad \begin{cases} \varepsilon(-\Delta\, \theta_{\varepsilon o}^o +\theta_{\varepsilon o}^o)+\theta_{\varepsilon o}^o = \varepsilon\, g_{\varepsilon o}^o & \text{dans } \Omega_o \\ \varepsilon(-\Delta\, \theta_{\varepsilon 1}^o+\theta_{\varepsilon 1}^o) = \varepsilon\, g_{\varepsilon 1}^o & \text{dans } \Omega_1 , \end{cases}$$

et les conditions de transmission

$$(3.31) \qquad \begin{cases} \theta_{\varepsilon o}^o = \theta_{\varepsilon 1}^o \quad \text{sur } S = \{x \mid x_n=0\} , \\ \varepsilon \dfrac{\partial}{\partial x_n}(\theta_{\varepsilon o}^o-\theta_{\varepsilon 1}^o) = \dfrac{\partial u_1^{-1}}{\partial x_n} \quad \text{sur } S. \end{cases}$$

Selon une méthode utilisée systématiquement au Chap. 2, on définit a priori $\theta_{\varepsilon o}^o$, $\theta_{\varepsilon 1}^o$ par

$$(3.32) \qquad \begin{cases} \varepsilon(-\dfrac{\partial^2}{\partial x_n^2}\theta_{\varepsilon o}^o+\theta_{\varepsilon o}^o)+\theta_{\varepsilon o}^o = 0 , \quad x_n > 0 , \\ -\dfrac{\partial^2}{\partial x_n^2}\theta_{\varepsilon 1}^o+\theta_{\varepsilon 1}^o = 0 , \quad x_n < 0 , \end{cases}$$

et (3.31).

On trouve alors

$$\theta^o_{\varepsilon o} = \frac{h}{\sqrt{\varepsilon}(\sqrt{\varepsilon}+\sqrt{1+\varepsilon})} \exp(-\frac{x_n}{\sqrt{\varepsilon}}\sqrt{1+\varepsilon}) \ , \ x_n > 0$$

(3.33)

$$\theta^o_{\varepsilon 1} = \frac{h}{\sqrt{\varepsilon}(\sqrt{\varepsilon}+\sqrt{1+\varepsilon})} \exp(x_n) \ , \ x_n < 0 \ ,$$

$$h = \frac{\partial u_1^{-1}}{\partial x_n} \Big|_{x_n = 0} \ .$$

On obtient un correcteur si $h \in H^2(S) = H^2(R^{n-1})$ (ce qui est réalisé si $f_1 \in H^{3/2}(\Omega_1)$). ∎

4. PROBLEMES ·

4.1. Etude du problème (2.1)(2.2)(2.3) dans un ouvert non cylindrique du type indiqué à la Fig. 3 ?

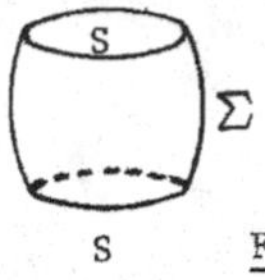

Fig. 3

4.2. Etude des problèmes analogues à ceux du N°2 mais avec des non linéarités ; par exemple

(4.1)
$$-\sum \frac{\partial}{\partial x_i}\left(\left|\frac{\partial u_\varepsilon}{\partial x_i}\right|^{p-2} \frac{\partial u_\varepsilon}{\partial x_i}\right) - \varepsilon \frac{\partial^2 u_\varepsilon}{\partial y^2} = f \ , \quad (1 < p < \infty) \ ,$$

avec (2.2) et (2.3) étant remplacé par

(4.2)
$$\sum \left|\frac{\partial u_\varepsilon}{\partial x_i}\right|^{p-2} \frac{\partial u_\varepsilon}{\partial x_i} \cos(\nu, x_i) = 0 \quad \text{sur } \Sigma$$

ou bien

(4.3)
$$-\Delta u_\varepsilon - \varepsilon \frac{\partial}{\partial y}\left(\left|\frac{\partial u_\varepsilon}{\partial y}\right|^{q-2} \frac{\partial u_\varepsilon}{\partial y}\right) = f$$

avec (2.2)(2.3)

ou bien une double non linéarité (1er terme de (4.1) et 2ème terme de (4.3)).

4.3. Donner des règles de calcul systématiques pour les correcteurs de tous les ordres intervenant dans l'Exemple du N° 3.3 (Consulter aussi Demidov [1])

4.4. Etude de l'Exemple du N°3.3 (et des problèmes de ce type) lorsque $-\Delta$ est remplacé par un opérateur elliptique <u>non lineaîre</u>.

4.5. (Variante du problème (4.3)). Etude du problème (avec les notations du N°3.3):

$$-\varepsilon\, \Delta u_\varepsilon + \chi_o\, u_\varepsilon^3 = f \quad , \quad u_\varepsilon = 0 \text{ sur } \Gamma. \tag{4.4}$$

5. COMMENTAIRES.

L'exposé donné ici suit la note (I) de LIONS [7] .

On consultera également, pour des questions du type de celles étudiées dans ce Chapitre, DEMIDOV [1] , FIFE [2] , VISIK-LIOUSTERNIK [2][3] . Des exemples du type de ceux du N° 2 sont traités dans MASLOV [1] , 1ère partie, Chapitre[5] .

CHAPITRE IV

EQUATIONS D'EVOLUTION SANS CHANGEMENT DE TYPE

INTRODUCTION.

Nous abordons maintenant l'étude des problèmes d'évolution , de la forme

$$\frac{\partial u_\varepsilon}{\partial t} + \varepsilon A u_\varepsilon + B u_\varepsilon = f \tag{1}$$

avec des conditions aux limites adéquates, l'opérateur (linéaire ou non) intervenant dans (1) étant de même type (i.e. parabolique, hyperbolique, de Petrowsky) pour $\varepsilon > 0$ et pour $\varepsilon = 0$.

On considère aussi relativement à (1) des problèmes d'inéquations (pour les applications des inéquations d'évolution à la Mécanique et à la Physique, cf. Duvant Lions [1]).

On considère également des problèmes raides (au sens du Chap.1).

Les rappels indispensables sur les équations et sur les inéquations d'évolution sont donnés au N°1 et au début des N° 7, 8, 9.

L'essentiel du Chapitre (mais pas tout) peut être lu après lecture du Chapitre 1, N° 1, 2, 3, 6 et 7.1.

On pourra passer en première lecture les N° 4 , certains calculs du N° 5 et les N°6, 7, 10, 11.

Comme dans les Chapitre antérieurs, les problèmes relatifs à des opérateurs non linéaires ont été réduits à des cas aussi simples que possible.

1. EQUATION ET INEQUATIONS D'EVOLUTION PARABOLIQUES.

1.1. EQUATIONS D'EVOLUTION.

Notations.

Soient V et H deux espaces de Hilbert sur $\mathbb{R}$ [1] , avec

---

[1] Pour simplifier, ce n'est nullement essentiel.

(1.1) $V \subset H$, V dense dans H , l'injection de V dans H étant continue.

On désigne par $|\ |$ (resp. $\|\ \|$) la norme dans H (resp. V), et par $(\ ,\ )$ le produit scalaire dans H . On identifie H à son dual ; alors H s'identifie à un sous espace du dual V' de V :

(1.2) $$V \subset H \subset V' \ ;$$

on désigne par (f,v) le produit scalaire entre $f \in V'$ et $v \in V$, et par $\|\ \|_*$ la norme dans V' (1) .

De façon générale $\mathcal{H}$ étant un espace de Hilbert de norme $\|\ \|_{\mathcal{H}}$, on désigne par $L^2(0,T;\mathcal{H})$ l'espace des (classes de) fonctions $t \to v(t)$ mesurables de $[0,T] \to \mathcal{H}$, telles que

(1.3) $$\left(\int_0^T \|v(t)\|^2_{\mathcal{H}} dt \right)^{1/2} < \infty \ ;$$

muni de la norme (1.3) , $L^2(0,T;\mathcal{H})$ est un espace de Hilbert.

Soit $a(u,v)$ une forme bilinéaire continue sur V ; on a :

(1.4) $$a(u,v) = (Au,v) \quad , \quad A \in \mathcal{L}(V;V') \ .$$ ■

Le problème d'évolution (formel) est de trouver une fonction $t \to u(t)$ telle que

(1.5) $$\frac{\partial u}{\partial t} + Au = f \quad \text{dans} \quad (0,T) \quad ,$$

avec la condition initiale

(1.6) $$u(0) = u_o \quad , \quad u_o \ \text{donné.}$$

D'après la définition (1.4) , l'équation (1.5) équivaut à

(1.7) $$\left(\frac{\partial u(t)}{\partial t}, v\right) + a(u(t),v) = (f(t),v) \qquad \forall v \in V \ .$$ ■

Il s'agit maintenant de préciser le sens de ce problème, puis de donner des conditions suffisantes pour qu'il soit "bien posé" . ■

De façon générale, si $u \in L^2(0,T;\mathcal{H})$ on définit sa dérivée en t comme une

---

(1) Donc $\|f\|_* = \sup_v \frac{|(f,v)|}{\|v\|}$

<u>distribution à valeurs dans</u> $\mathcal{H}$; on dit que f est une distribution sur $]0,T[$ à valeurs dans $\mathcal{H}$ si

(1.8) $$f \in \mathcal{L}(\mathcal{D}(]0,T[);\mathcal{H}) = \mathcal{D}'(]0,T[;\mathcal{H});$$

par ex. si f est dans $L^2(0,T;\mathcal{H})$, alors $f \in \mathcal{D}'(]0,T[;\mathcal{H})$; en effet si $\varphi \in \mathcal{D}(]0,T[)$, on pose

$$f(\varphi) = \int_0^T f(t)\,\varphi(t)\,dt \in \mathcal{H}$$

ce qui définit une application $\varphi \to f(\varphi)$ linéaire et continue de $\mathcal{D}(]0,T[) \to \mathcal{H}$. Donc

(1.9) $$L^2(0,T;\mathcal{H}) \subset \mathcal{D}'(]0,T[;\mathcal{H}).$$

On définit, <u>comme pour les distributions scalaires</u> , l'opérateur $\frac{d}{dt}$ avec

(1.10) $$\frac{d}{dt} \in \mathcal{L}(\mathcal{D}'(]0,T[;\mathcal{H});\mathcal{D}'(]0,T[;\mathcal{H}))\ ,$$

par :

(1.11) $$\frac{df}{dt}(\varphi) = -f\left(\frac{d\varphi}{dt}\right) \qquad \forall \varphi \in \mathcal{D}(]0,T[)\ .$$

Par conséquent pour $f \in L^2(0,T;\mathcal{H})$ on peut définir $\frac{df}{dt} \in \mathcal{D}'(]0,T[;\mathcal{H})$.

On peut alors définir <u>l'espace de Sobolev du 1er ordre à valeurs dans</u> $\mathcal{H}$ par

(1.12) $$f \in L^2(0,T;\mathcal{H})\ , \quad \frac{df}{dt} \in L^2(0,T;\mathcal{H})\ ,$$

qui est un espace de Hilbert

$$\left(\int_0^T (\|f(t)\|^2_{\mathcal{H}} + \|\frac{df}{dt}(t)\|^2_{\mathcal{H}})dt\right)^{1/2}\ .$$

■

<u>Un résultat de traces.</u>

On utilisera l'espace W(0,T) suivant :

(1.13) $$W(0,T) = \{v \mid v \in L^2(0,T;V)\ ,\ \frac{\partial v}{\partial t} \in L^2(0,T;V')\} \quad (^1)\ .$$

---

(1) On écrit indifféremment $\frac{dv}{dt}$ ou $\frac{\partial v}{\partial t}$. Si $v \in L^2(0,T;V)$,on a, d'après ce qui précède $\frac{dv}{dt} \in \mathcal{D}'(]0,T[;V) \subset \mathcal{D}'(]0,T[;V')$, de sorte que la définition (1.13) a un sens;l'espace W(0,T) est un espace de Hilbert pour la norme $(\int_0^T(\|v(t)\|^2+\|\frac{dv}{dt}\|_*^2)dt)^{1/2}$

On démontre alors (cf. Lions-Magenes [1] , chap.1) que, après modification éventuelle sur un ensemble de mesure nulle , tout $v \in W(0,T)$ est continu de $[0,T] \rightarrow H$.

En particulier , $\forall v \in W(0,T)$, on peut définir la trace à l'origine $v(0)$ et

(1.14) $v \rightarrow v(0)$ est linéaire continu de $W(0,T) \rightarrow H$.

On montre en outre que l'application (1.14) est surjective (cf. Lions-Magenes [1]). ∎

On peut maintenant préciser le problème d'évolution comme suit :

Soient f et u_o donnés avec

(1.15) $$f \in L^2(0,T;V') \ , \ u_o \in H \ ;$$

on cherche $u \in W(0,T)$ solution de (1.5) (ou (1.7)) et (1.6) ((1.6) ayant un sens d'après (1.14)). ∎

REMARQUE 1.1.

On dit souvent que (1.7) est la formulation variationnelle de (1.5). Dans les applications (1.7) est souvent plus commode que (1.5) ; c'est la cas chaque fois que l'espace V' est de structure compliquée. ∎

Voici maintenant une condition suffisante simple pour que le problème admette une solution unique. On supposera

(1.16) $$\left| \begin{array}{l} \text{il existe } \lambda \in \mathbb{R} \text{ tel que} \\ a(v,v) + \lambda |v|^2 \geq \alpha \|v\|^2 \ , \quad \alpha > 0 \ , \ \forall v \in V. \end{array} \right.$$

Alors (cf. Lions [1], Lions-Magenes [1]) :

THEOREME 1.1. On suppose que (1.1) (1.16) ont lieu et que f , u_o sont donnés avec (1.15). Il existe alors une fonction u est une seule dans $W(0,T)$ satisfaisant à (1.5) (ou (1.7)) et à (1.6) .

On a :

(1.17) $$\|u\|_{W(0,T)} \leq C \left(\|f\|_{L^2(0,T;V')} + \|u_o\|_H \right) .$$ ∎

REMARQUE 1.2.

On peut dire aussi que si (1.16) a lieu, $-A$ est générateur infinitésimal d'un semi-groupe $t \to G(t)$, analytique, de $t > 0 \to \mathcal{L}(H;H)$. (cf. Hille-Phillips [1], K.Yosida [1]). ■

REMARQUE 1.3.

On peut introduire, plus généralement, une famille de formes $a(t;u,v)$ bilinéaires continues sur V, $t \in [0,T]$, avec les hypothèses suivantes :

(1.18)
$$\left| \begin{array}{l} \forall u,v \in V \text{ , la fonction } t \to a(t;u,v) \text{ est mesurable, et} \\ |a(t;u,v)| \leqslant M \|u\| \|v\| \text{ , } M = \text{constante indépendante de } u, v, \end{array} \right.$$

(1.19)
$$\left| \begin{array}{l} \text{il existe } \lambda \in \mathbb{R} \text{ tel que} \\ a(t;v,v) + \lambda |v|^2 \geqslant \alpha \|v\|^2 \text{ , } \alpha > 0 \text{ , } \forall v \in V \text{ , } t \in (0,T). \end{array} \right.$$

Si l'on définit $A(t) \in \mathcal{L}(V,V')$ par

(1.20) $$a(t;u,v) = (A(t)u,v) \quad \forall u,v \in V ,$$

on a encore l'existence et l'unicité de $u \in W(0,T)$ solution de

(1.21) $$\frac{du(t)}{dt} + A(t)\, u(t) = f(t)$$

(ou, ce qui est équivalent,

(1.22) $$\left(\frac{du(t)}{dt}, v\right) + a(t;u(t),v) = (f(t),v) \quad \forall v \in V)$$

avec (1.6). (cf. Lions [1]; Lions-Magenes [1]). ■

REMARQUE 1.4.

Moyennant des hypothèses de régularité sur $A(t)$ (cf. C.BARDOS [1]) on montre que si $f \in L^2(0,T;H)$ et $u_o \in V$ alors la solution vérifie

(1.23) $$\frac{du}{dt} \in L^2(0,T;H) .$$ ■

1.2. EXEMPLES.

Nous nous bornons à deux exemples simples ; d'autres exemples seront donnés dans la suite.

Exemple 1.1.

On prend

(1.24) $V = H_o^1(\Omega) \quad , \quad H = L^2(\Omega) \quad ,$

(1.25) $a(u,v) = \int_\Omega \operatorname{grad} u \cdot \operatorname{grad} v \, dx \; .$

Alors $V' = H^{-1}(\Omega)$, le Théorème 1.1. s'applique et le problème (1.5) (1.6) n'est autre que le classique problème de la chaleur :

(1.26) $\frac{\partial u}{\partial t} - \Delta u = f$ dans $\Omega \times]0,T[= Q$, (1)

(1.27) $u = 0$ sur $\Gamma \times]0,T[= \Sigma$, (2)

(1.28) $u(x,0) = u_o(x)$ sur Ω . ∎

Exemple 1.2.

On prend

(1.29) $V = H^1(\Omega) \quad , \quad H = L^2(\Omega) \quad ,$

et $a(u,v)$ encore donné par (1.25).

L'espace V' est alors non trivial à expliciter "concrètement" et la formulation (1.7) est plus maniable. Le Théorème 1.1. s'applique. Le problème (1.5) (ou (1.7)) et (1.6) équivaut à (1.26) (1.28) et la condition aux limites

(1.30) $$\frac{\partial u}{\partial \nu} = 0 \text{ sur } \Sigma \; ,$$

---

(1) $\Delta u = \Delta_x u = \sum_{i=1}^{n} \frac{\partial^2 u}{\partial x_i^2}$

(2) $\Gamma = \partial\Omega$

$\frac{\partial}{\partial \nu}$ désignant la dérivée normale à Σ dirigée, pour fixer les idées, vers l'extérieur de $\Omega \times]0,T[$. ■

1.3. INEQUATIONS D'EVOLUTION. SOLUTIONS FAIBLES ET FORTES.

Supposons donné maintenant un ensemble K avec

(1.31) $$K = \text{convexe fermé non vide de } V .$$

Par analogie avec le Chapitre 2, N°2 [1] , on introduit <u>formellement</u> le problème suivant : trouver $u(t)$ telle que

(1.32) $$u(t) \in K \ , \quad t \in (0,T)$$

(1.33) $$\left(\frac{\partial u(t)}{\partial t} , v-u(t) \right) + a(u(t),v-u(t)) \geqslant (f(t),v-u(t)) \quad \forall v \in K ,$$

et (1.6) (où u_o est donné dans K).

(Des <u>exemples</u> sont donnés au N°1.4.). ■

On dira que u est <u>solution forte</u> du problème si

(1.34) $$u \ , \ \frac{\partial u}{\partial t} \in L^2(0,T;V)$$

et si u vérifie (1.32)(1.33)(1.6).

On montre alors (cf. Lions [3] , H.Brézis [1] [2]) le

<u>THEOREME 1.2</u>. <u>On suppose que</u>

(1.35) $$f, \frac{df}{dt} \in L^2(0,T;V') \ , \ f(0) \in H \ ,$$

(1.36) $$u_o \in K \cap D(A) \quad [2] \ ,$$

<u>et que les hypothèses</u> (1.1) (1.16) <u>ont lieu</u>. <u>Il existe alors une solution</u> u <u>et une seule de</u> (1.32) (1.33) (1.34) (1.6). ■

---

(1) Et parce que cela (i) intervient dans les applications (cf. Duv nt-Lions [3] (ii) est un outil indispensable par la suite.

(2) $D(A) = \{u | u \in V \ , \ A\,u \in H\}$.
Il suffit en fait de $u_o \in K$, $A\,u_o - f(o) \in H$.

On peut introduire des solutions faibles du problème.

Introduisons l'ensemble

(1.37) $F(K,u_o) = \{v |\ v \in L^2(0,T;V),\ \frac{\partial v}{\partial t} \in L^2(0,T;V'),\ v(t) \in K \text{ p.p. },\ v(0) = u_o \}$.

Vérifions alors ceci : si u est solution forte de (1.33) et si $v \in F(K,u_o)$ on a :

(1.38) $$\int_o^T [(\frac{\partial v}{\partial t} , v-u) + a(u,v-u)-(f,v-u)]dt \geq 0 , \quad \forall v \in F(K,u_o).$$

En effet, prenant $v = v(t)$ dans (1.33), on en déduit

$$(\frac{\partial v}{\partial t} (t), v(t)-u(t)) + a(u(t),v(t)-u(t))-(f(t),v(t)-u(t)) \geq$$
$$\geq (\frac{\partial(v(t)-u(t))}{\partial t} , v(t)-u(t))$$

de sorte que

$$\int_o^T [(\frac{\partial v}{\partial t} , v-u) + a(u,v-u)-(f,v-u)] dt \geq$$
$$\geq \int_o^T \frac{1}{2} \frac{d}{dt} |v(t)-u(t)|^2 dt = \frac{1}{2} |v(t)-u(t)|^2 \geq 0$$

d'où (1.38).

On dira alors que u est solution faible du problème si

(1.39) $u \in L^2(0,T;V)$,

(1.40) $u(t) \in K$ p.p.

et si l'on a (1.38).

On a alors le résultat suivant (cf. Brézis [1] [2] [3]):

THEOREME 1.3. On suppose que (1.1) (1.16) ont lieu ; $f \in L^2(0,T;V')$ et $u_o \in K$. Il existe alors une solution faible et une seule. ■

REMARQUE 1.5.

Ce qui précède s'étend au cas où a dépend de t , comme à la Remarque 1.3. ■

REMARQUE 1.6.

Si $K = V$ les inéquations se réduisent aux équations considérées au N° 1.1. ■

VARIANTE.

Soit $v \to j(v)$ une fonction de $V \to \mathbb{R}$ telle que

(1.41) $v \to j(v)$ est continue, convexe, ≥ 0 .

On considère alors l'inéquation suivante :

(1.42) $$\left(\frac{\partial u(t)}{\partial t}, v-u(t)\right) + a(u(t),u-v(t)) + j(v) - j(u(t)) \geq (f(t),v-u(t)) \quad \forall v \in V$$

les autres conditions étant inchangées.

On peut encore définir des solutions fortes et faibles de problème.

On a des résultats analogues à ceux des Théorèmes 1.2 et 1.3. ■

REMARQUE 1.7.

Si j est différentiable, (1.42) se réduit à l'équation (généralement non linéaire) :

(1.43) $$\left(\frac{\partial u(t)}{\partial t}, v\right) + a(u(t),v) + (j'(u(t)),v) = (f(t),v) \quad \forall v \in V \ .$$ ■

1.4. EXEMPLES D'INEQUATIONS.

Exemple 1.3.

On prend $V, H, a(u,v)$ comme à l'Exemple 1.2 et

(1.44) $K = \{v \mid v \in V \ , \ v \geq 0 \text{ p.p. sur } \Gamma\}$.

Alors le problème (1.32)(1.33) (1.6)(pour lequel les Théorèmes 1.2 et 1.3 s'appliquent) équivaut à (comparer au Chap. 2, N°2.3 , Exemple 2.5)

(1.45) $\frac{\partial u}{\partial t} - \Delta u = f$ dans Q ,

(1.46) $u \geq 0$, $\frac{\partial u}{\partial \nu} \geq 0$, $u \frac{\partial u}{\partial \nu} = 0$ sur Σ ,

(1.47) $u(x,0) = u_o(x)$ sur Ω . ■

Exemple 1.4.

On prend $V, H, a(u,v)$ comme précédemment et

(1.48) $\quad j(v) = \int_\Gamma g|v| d\Gamma$, g fonction continue $\geqslant 0$ sur Γ .

Alors le problème (1.42) équivaut à (comparer au Chap. 2, N°3.4, Exemple 3.4) (1.45) (1.47) et

(1.49) $\quad \left|\frac{\partial u}{\partial \nu}\right| \leqslant g \quad , \quad u \frac{\partial u}{\partial \nu} + g|u| = 0$ sur Σ . ∎

2. PROBLEMES PARABOLIQUES - PARABOLIQUES RAIDES.

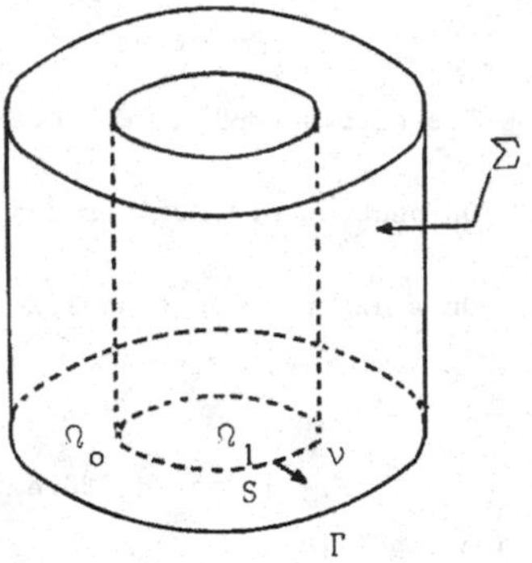

Fig. 1

2.1. UN EXEMPLE.

Soit $\Omega = \Omega_o \cup S \cup \Omega_1 \subset \mathbb{R}^n$

(cf. Fig.1). On posera :

(2.1) $\quad \begin{cases} Q_o = \Omega_o \times]0,T[, \\ Q_1 = \Omega_1 \times]0,T[, \\ \hat{S} = S \times]0,T[. \end{cases}$

De façon générale si f est définie dans $Q = \Omega \times]0,T[$, on désigne par f_i sa restriction à Q_i .

Le problème considéré est <u>l'analogue d'évolution parabolique</u> (1) du problème du Chap. 1, N°1.1 ; on cherche $u_\varepsilon = \{u_{\varepsilon o} , u_{\varepsilon 1}\}$, vérifiant, pour $\varepsilon > 1$ fixé :

(2.2) $\quad \begin{cases} \dfrac{\partial u_{\varepsilon o}}{\partial t} - \Delta u_{\varepsilon o} = f_o \text{ dans } Q_o , \\ \varepsilon\left(\dfrac{\partial u_{\varepsilon 1}}{\partial t} - \Delta u_{\varepsilon 1} \right) = f_1 \text{ dans } Q_1 , \end{cases}$

(2.3) $\quad u_{\varepsilon o} = 0$ sur Σ ,

---

(1) On verra au N°8.2 ci-après "l'analogue hyperbolique".

(2.4) $$u_{\varepsilon o} = u_{\varepsilon 1} \ , \quad \frac{\partial u_{\varepsilon o}}{\partial \nu} = \frac{\partial u_{\varepsilon 1}}{\partial \nu} \quad \text{sur } \hat{S},$$

(2.5) $$u_{\varepsilon o} = u_{oo} \text{ dans } \Omega_o \ , \quad u_{\varepsilon 1} = u_{o1} \text{ dans } \Omega_1 \ .$$ ■

Vérifions d'abord que ce problème entre dans le cadre du N°1.1.

Notations.

On prend :

(2.6) $$V = H_o^1(\Omega) \quad , \quad H = L^2(\Omega)$$

et l'on pose

(2.7) $$a_i(u,v) = \int_{\Omega_i} \text{grad } u \cdot \text{grad } v \, dx \ , \qquad i = 0,1,$$

(2.8) $$b_i(u,v) = \int_{\Omega_i} u \, v \, dx; \qquad i = 0,1.$$

On vérifie alors sans peine que le problème (2.2)...(2.5) équivaut à la recherche de u_ε avec (1)

(2.9) $$b_o(u'_\varepsilon,v) + \varepsilon \, b_1(u'_\varepsilon \ ,v) + a_o(u_\varepsilon,v) + \varepsilon \, a_1(u_\varepsilon,v) = (f,v) \qquad \forall v \in V ,$$

(2.10) $$u_\varepsilon \in L^2(0,T;V), \quad u'_\varepsilon \in L^2(0,T;V') \ ,$$

(2.11) $$u_\varepsilon(0) = u_o \quad (= \{u_{oo}, u_{o1}\}).$$

Notons maintenant que, pour chaque $\varepsilon > 0$, le problème (2.9)(2.10)(2.11) entre dans le cadre du N° 1.1 . En effet prenons comme produit scalaire sur H (2) :

(2.12) $$\langle u,v \rangle = b_o(u,v) + \varepsilon b_1(u,v)$$

et posons

(2.13) $$a(u,v) = a_o(u,v) + \varepsilon a_1(u,v).$$

---

(1) On pose : $f' = \dfrac{\partial f}{\partial t}$.

(2) On prend la notation $\langle u,v \rangle$ pour bien montrer qu'il ne s'agit pas du produit scalaire usuel $\int_\Omega u \, v \, dx$ mais d'un produit équivalent.

La forme $v \to (f,v)$ étant (pour presque tout t fixé) continue sur V elle s'exprime par un produit scalaire compatible avec $\langle\, ,\, \rangle$ ([1]) , donc

$$(f,v) = \langle \tilde{f}, v \rangle \tag{2.14}$$

et (2.9) s'écrit de façon équivalente

$$\langle u', v \rangle + a(u,v) = \langle \tilde{f}, v \rangle \tag{2.9 bis}$$

d'où le résultat. Par conséquent, si $f \in L^2(0,T;V')$ et si $u_o \in H$, le problème (2.9)(2.10)(2.11) admet une solution unique. ■

Il est clair sur la 2ème équation (2.2) que, sauf peut être si $f_1 = 0$ sur Q_1 , $u_{\varepsilon 1}$ ne peut converger dans Q_1 lorsque $\varepsilon \to 0$. Notre but est d'obtenir un développement asymptotique de u_ε lorsque $\varepsilon \to 0$. ■

2.2. UN ENONCE GENERAL.

On se donne

(2.15) $a_i(u,v)$ $(i=0,1)$, forme bilinéaire continue symétrique ([2]) sur V ,

(2.16) $b_i(u,v)$ $(i\neq 0,1)$, forme bilinéaire continue symétrique sur H ,

(2.17) $a_i(v,v) \geqslant \alpha_i \, p_i(v)^2$, $\alpha_i > 0$, $v \in V$,
p_i semi norme continue sur V , $i=0,1$,

(2.18) $p_o + p_1$ est une norme équivalente à $\| \;\|$ sur V ,

(2.19) $b_i(v,v) \geqslant \beta_i \, q_i(v)^2$, $\beta_i > 0$, $v \in H$,
q_i semi norme continue sur H , $i=0,1$,

(2.20) $q_o + q_1$ est une norme équivalente à $|\;|$ sur H .

On suppose que

(2.21) $a_o(u,v) + b_o(u,v)$ est nulle sur $Y_o \neq \{0\}$ ([3]) . ■

([1]) I.e. coïncidant avec (2.12) si $u,v \in H$.

([2]) La symétrie n'est d'ailleurs pas essentielle; cf. Chap. 1, N°8 .

([3]) Si $Y_o = \{0\}$ le problème est banal.

Le problème étudié est : on cherche u_ε solution de

(2.22) $$u_\varepsilon \in L^2(0,T;V) \ , \quad u'_\varepsilon \in L^2(0,T;V'),$$

(2.23) $$b_o(u'_\varepsilon,v) + a_o(u_\varepsilon,v) + \varepsilon\,[\,b_1(u'_\varepsilon,v) + a_1(u_\varepsilon,v)\,] = (f,v) \quad \forall\, v \in V$$

(2.24) $$u_\varepsilon(0) = u_o \ .$$

Les remarques faites au N°2.1 s'appliquent ici et donnent le :

THEOREME 2.1. Sous les hypothèses (2.15)...(2.20) et en supposant que (1.15) a lieu, le problème (2.22)(2.23)(2.24) admet une solution unique. ∎

Développement formel.

On va chercher (par analogie avec les résultats du Chap.1) u_ε sous la forme:

(2.25) $$u_\varepsilon = \frac{u^{-1}}{\varepsilon} + u^o + \varepsilon u^1 + \ldots$$

avec u^{-1} à valeurs dans Y_o .

Pourtant (2.25) dans (2.23) donne

(2.26) $$b_o\left(\frac{du^o}{dt},v\right) + a_o(u^o,v) + b_1\left(\frac{du^{-1}}{dt},v\right) + a_1(u^{-1},v) = (f,v) \quad \forall\, v \in V \ ,$$

(2.27) $$\left|\begin{array}{l} b_o\left(\frac{du^j}{dt},v\right) + a_1(u^j,v) + b_1\left(\frac{du^{j-1}}{dt},v\right) + a_1(u^{j-1},v) = 0 \qquad \forall\, v \in V \ , \\ j = 1,2,\ldots, \end{array}\right.$$

et (2.24) équivaut à :

$$u^{-1}(0) = 0 \ , \quad u^o(0) = u_o \ , \quad u^j(0) = 0 \ , \quad j = 1,\ldots \ .$$

En prenant successivement les restrictions des équations (2.26)(2.27) à Y_o, on aboutit ainsi aux équations suivantes :

(2.28) $$\left|\begin{array}{l} u^{-1}(t) \in Y_o \ , \\ b_1\left(\frac{du^{-1}(t)}{dt}, v\right) + a_1(u^{-1}(t),v) = (f(t),v) \qquad \forall\, v \in Y_o \ , \\ u^{-1}(0) = 0 \ , \end{array}\right.$$

$$(2.29)\quad \begin{cases} u^o(t) \in V \,, \\ b_o\left(\frac{du^o}{dt}, v\right) + a_o(u^o,v) + b_1\left(\frac{du^{-1}}{dt},v\right) + a_1(u^{-1},v) = (f,v) \quad \forall v \in V \,, \\ \qquad b_1\left(\frac{du^o}{dt}, v\right) + a_1(u^o,v) = 0 \quad \forall v \in Y_o \,. \\ u^o(0) = u_o \,, \end{cases}$$

$$(2.30)\quad \begin{cases} u^j(t) \in V \,, \\ b_o\left(\frac{du^j}{dt}, v\right) + a_o(u^j,v) + b_1\left(\frac{du^{j-1}}{dt},v\right) + a_1(u^{j-1},v) = 0 \quad \forall v \in V \,, \\ \qquad b_1\left(\frac{du^j}{dt}, v\right) + a_1(u^j,v) = 0 \quad \forall v \in Y_o . \\ u^j(0) = 0 \,, \quad j = 1,2,\dots \end{cases}$$

■

Grâce aux hypothèses faites, le problème (2.28) entre dans la théorie du N°1.1 , donc admet une solution unique telle que

$$(2.31)\qquad u^{-1} \in L^2(0,T;Y_o) \,, \quad \frac{du^{-1}}{dt} \in L^2(0,T;V') \,.$$

On fait maintenant l'hypothèse ([1])

$$(2.32)\quad \begin{cases} \text{chacun des problèmes (2.29) (2.30) admet une solution telle que} \\ u^j \in L^2(0,T;V) \,, \quad \frac{du^j}{dt} \in L^2(0,T;V') \,, \quad j \geqslant 0 \,. \end{cases}$$

On a alors unicité des fonctions u^j . Vérifions-le pour u^o ; soient u^o et $\hat{u}^o$ deux solutions éventuelles et $w^o = u^o - \hat{u}^o$; alors

$$(2.33)\qquad b_o\left(\frac{dw^o}{dt},v\right) + a_o(w^o,v) = 0 \quad \forall v \in V \,;$$

prenant $v = w^o$ dans (2.33) , on a alors :

$$\frac{1}{2}\,\frac{d}{dt}\, b_o(w^o,w^o) + a_o(w^o,w^o) = 0$$

d'où (comme $w^o(0) = 0$)

([1]) Il n'est évidemment pas difficile de donner des conditions suffisantes sur a_i , b_i , pour que cela ait lieu, mais c'est sous la forme (2.32) que la situation est plus commode pour les applications.

$$\frac{1}{2}\, b_o(w^o(t),w^o(t)) + \int_o^t a_o(w^o,w^o)d\sigma = 0$$

et donc $w^o(t) \in Y_o$.

Par ailleurs

$$b_1(\frac{d}{dt} w^o,v) + a_1(w^o,v) = 0 \quad \forall\, v \in Y_o$$

d'où (comme $w^o(0) = 0$) :

$$b_1(w^o(t),w^o(t)) = 0 \quad \text{et} \quad a_1(w^o(t),w^o(t)) = 0 \quad , \quad w^o(t) \in Y_o$$

donc $w^o(t) = 0$. ∎

Estimation d'erreur.

On va démontrer le

THEOREME 2.2. On se place dans les conditions du Théorème 2.1 et on suppose que (2.32) a lieu. Soient u^{-1}, u^o, ... définies par (2.28)(2.29)(2.30).

On a alors

(2.34)
$$\begin{cases} \| u_\varepsilon - (\frac{u^{-1}}{\varepsilon} + u^o + \varepsilon u^1 + \dots + \varepsilon^j u^j) \|_{L^\infty(0,T;H)} \leqslant C\, \varepsilon^{j+1} , \ (^1) , \\ \| u_\varepsilon - (\frac{u^{-1}}{\varepsilon} + u^o + \varepsilon u^1 + \dots + \varepsilon^j u^j) \|_{L^2(0,T;V)} \leqslant C\, \varepsilon^{j+1} . \end{cases}$$

Démonstration .

Posons :

$$\varphi_\varepsilon = \frac{u^{-1}}{\varepsilon} + u^o + \varepsilon u^1 + \dots + \varepsilon^{j+1} u^{j+1} .$$

On a :

$$b_o(\varphi'_\varepsilon,v) + a_o(\varphi_\varepsilon,v) + \varepsilon[b_1(\varphi'_\varepsilon,v) + a_1(\varphi_\varepsilon,v)] =$$

$$= (f,v) + \varepsilon^{j+2} [b_1(\frac{du^{j+1}}{dt} ,v) + a_1(u^{j+1},v)]$$

---

(1) $\|f\|_{L^\infty(0,T;H)} = \text{sup. ess. } |f(t)|$, $t \in (0,T)$.

et par conséquent, si

$$w_\varepsilon = u_\varepsilon - \varphi_\varepsilon ,$$

on a :

(2.35) $$b_o(w'_\varepsilon,v) + a_o(w_\varepsilon,v) + \varepsilon[b_1(w'_\varepsilon,v) + a_1(w_\varepsilon,v)] = - \varepsilon^{j+2}[b_1(\frac{du^{j+1}}{dt},v) + a_1(u^{j+1},v)] \;\forall\, v \in V ,$$

(2.36) $$w_\varepsilon(0) = 0 .$$

Faisant $v = w_\varepsilon$ dans (2.35) on en déduit

$$\frac{1}{2}\frac{d}{dt} b_o(w_\varepsilon,w_\varepsilon) + a_o(w_\varepsilon,w_\varepsilon) + \varepsilon[\frac{1}{2}\frac{d}{dt} b_1(w_\varepsilon,w_\varepsilon) + a_1(w_\varepsilon,w_\varepsilon)] = = \varepsilon^{-j+2}[b_1(\frac{du^{j+1}}{dt},w_\varepsilon) + a_1(u^{j+1},w_\varepsilon)]$$

d'où , en utilisant (2.17)(2.19) :

(2.37) $$q_o(w_\varepsilon(t))^2 + \varepsilon q_1(w_\varepsilon(t))^2 + \int_o^t [p_o\, w_\varepsilon(\sigma))^2 + \varepsilon p_1(w_\varepsilon(\sigma))^2]\, d\sigma \leqslant \leqslant C\, \varepsilon^{j+2} (\int_o^t \|w_\varepsilon(\sigma)\|^2 d\sigma)^{1/2} .$$

On en déduit

(2.38) $$q_1(w_\varepsilon(t))^2 + \int_o^t p_1(w_\varepsilon(\sigma))^2 d\sigma \leqslant C\, \varepsilon^{j+1} (\int_o^t \|w_\varepsilon(\sigma)\|^2 d\sigma)^{1/2} ,$$

puis

(2.39) $$q_o(w_\varepsilon(t))^2 + \int_o^t p_o(w_\varepsilon(\sigma))^2 d\sigma \leqslant C\, \varepsilon^{j+2} (\int_o^t \|w_\varepsilon(\sigma)\|^2 d\sigma)^{1/2} .$$

Par addition on en déduit en particulier :

(2.40) $$|w_\varepsilon(t)|^2 + \int_o^t \|w_\varepsilon(\sigma)\|^2 d\sigma \leqslant C\, \varepsilon^{j+1} (\int_o^t \|w_\varepsilon(\sigma)\|^2 d\sigma)^{1/2}$$

d'où l'on déduit (2.34). ∎

REMARQUE 2.1.

On a en outre obtenu, comme conséquence de (2.39) :

(2.41) $$q_o(u_\varepsilon - (\frac{u^{-1}}{\varepsilon} + u^o + \ldots + \varepsilon^j u^j)) \leqslant C \varepsilon^{j+2} ,$$

(2.42) $$\left(\int_0^T p_o(u_\varepsilon - (\frac{u^{-1}}{\varepsilon} + u^o + \ldots + \varepsilon^j u^j))^2 d\sigma\right)^{1/2} \leqslant C \varepsilon^{j+2} .$$

■

2.3. EXEMPLES.

Exemple 2.1.

Nous reprenons l'exemple du N°2.1.

On a alors :

(2.43) $$Y_o = \{v | v = 0 \text{ sur } \Omega_o \}.$$

Calcul de u^{-1} .

L'équation (2.28) revient au problème suivant : évidemment dans Q_o , $u^{-1} = 0$, i.e.

(2.44) $$u_o^{-1} = 0 ,$$

et u_1^{-1} est défini par

(2.45) $$\begin{cases} \dfrac{\partial u_1^{-1}}{\partial t} - \Delta u_1^{-1} = f_1 \text{ dans } Q_1 , \\ u_1^{-1} = 0 \text{ sur } \hat{S} , \\ u_1^{-1}(x,0) = 0 \text{ dans } \Omega_1 . \end{cases}$$

Calcul de u^o .

On déduit de (2.45) et de la formule de Green que

$$b_1(\frac{du^{-1}}{dt},v) + a_1(u^{-1},v) - \int_{\hat{S}} \frac{\partial u_1^{-1}}{\partial \nu} v \, d\hat{S} = \int_{\Omega_1} f_1 v \, dx \quad \forall v \in V$$

de sorte que la 1ère équation (2.29) devient :

(2.46) $$b_o(\frac{du^o}{dt},v) + a_o(u^o,v) = \int_{\Omega_o} f_o v \, dx - \int_{\hat{S}} \frac{\partial u_1^{-1}}{\partial \nu} v \, dS .$$

Ce problème équivaut à :

$$(2.47)\quad \begin{cases} \dfrac{\partial u_o^o}{\partial t} - \Delta u_o^o = f_o \text{ dans } Q_o , \\ u_o^o = 0 \text{ sur } \Sigma , \\ \dfrac{\partial u_o^o}{\partial \nu} = \dfrac{\partial u_1^{-1}}{\partial \nu} \text{ sur } \hat{S} , \\ u_o^o(x,0) = u_{oo}(x) \text{ sur } \Omega_o . \end{cases}$$

Faisons l'<u>hypothèse</u>

$$(2.48)\quad f \in L^2(Q) , \; u_o \in V .$$

Alors $u_1^{-1} \in L^2(0,T;H^2(\Omega_1))$, $u_o^o \in L^2(0,T;H^2(\Omega_o))$.

On définit ensuite u^o par la $2^{\text{ème}}$ équation (2.29) qui donne :

$$(2.49)\quad \begin{cases} \dfrac{\partial u_1^o}{\partial t} - \Delta u_1^o = 0 \text{ dans } Q_1 , \\ u_1^o = u_o^o \text{ sur } \hat{S} , \\ u_1^o(x,0) = u_{o1}(x) \text{ sur } \Omega_1 . \end{cases}$$

On définit u^j , $j=1,\ldots$ de proche en proche par :

$$(2.50)\quad \begin{cases} \dfrac{\partial u_o^j}{\partial t} - \Delta u_o^j = 0 \text{ dans } Q_o , \\ u_o^j = 0 \text{ sur } \Sigma , \\ \dfrac{\partial u_o^j}{\partial \nu} = \dfrac{\partial u_1^{j-1}}{\partial \nu} \text{ sur } \hat{S}, \\ u_o^j(x,0) = 0 \text{ dans } \Omega_o \end{cases}$$

et

$$(2.51)\quad \begin{cases} \dfrac{\partial u_1^j}{\partial t} - \Delta u_1^j = 0 \text{ dans } Q_1 , \\ u_1^j = u_o^j \text{ sur } \hat{S}, \\ u_1^j(x,0) = 0 \text{ dans } \Omega_1 . \end{cases}$$

■

On obtient alors les approximations suivantes pour la solution u_ε du problème du N° 2.1 :

$$u_{\varepsilon o} = u_o^o + \varepsilon u_o^1 + \dots \qquad \text{dans } Q_o ,$$

$$u_{\varepsilon 1} = \frac{u_1^{-1}}{\varepsilon} + u_1^o + \varepsilon u_1^1 + \dots \text{ dans } Q_1 .$$

■

Exemple 2.2.

Considérons la même situation que dans l'Exemple 2.1 , mais les positions des ouverts Ω_o et Ω_1 étant échangées sur la Fig. 1 , donc $\overline{\Omega}_o$ étant maintenant à l'intérieur de Ω . A la différence du cas stationnaire (cf. Chap.1) où Y_o était alors modifié, il n'y a ici aucune modification dans les formules (sauf en ce qui concerne évidemment les conditions sur Γ , $u_o^j = 0$ sur Γ devenant $u_1^j = 0$ sur Γ) . ■

Exemple 2.3.

Soit Ω ouvert borné de frontière Γ . On considère le problème suivant :

$$(2.52)\quad \varepsilon\left(\frac{\partial u_\varepsilon}{\partial t} - \Delta u_\varepsilon\right) = f \quad \text{dans} \quad \Omega\times]0,T[= Q ,$$

$$(2.53)\quad \frac{\partial u_\varepsilon}{\partial t} + \varepsilon \frac{\partial u_\varepsilon}{\partial \nu} = 0 \quad \text{sur } \Sigma ,$$

$$(2.54)\quad u_\varepsilon(x,0) = u_o(x) \quad \text{sur } \Omega .$$

Vérifions d'abord que ce problème admet une solution unique , par une simple variante de la théorie du N°1 .

Introduisons :

$$(2.55)\quad V = H^1(\Omega) \quad , \quad H = L^2(\Omega) ,$$

(2.56) $$a_1(u,v) = \int_\Omega \operatorname{grad} u \cdot \operatorname{grad} v \, dx \ , \quad b_1(u,v) = \int_\Omega u \, v \, dx \ ,$$

et soit $b_o(u,v)$ définie <u>sur</u> V par

(2.57) $$b_o(u,v) = \int_\Gamma u \, v \, d\Gamma \ .$$

Une application de la formule de Green montre que le problème est équivalent à :

(2.58) $$b_o(u'_\varepsilon,v) + \varepsilon \, [\, b_1(u'_\varepsilon,v) + a_1(u_\varepsilon,v) \,] = (f,v) \quad \forall \, v \in V \ ,$$

avec (2.54).

On en déduit (cf. par ex. Lions [1]) <u>si</u> $f \in L^2(0,T;L^2(\Omega))$, $u_o \in H^1(\Omega)$, <u>l'existence et l'unicité de</u> u_ε solution de (2.58) (2.54) avec

(2.59) $$u_\varepsilon \in L^2(0,T;V) \ , \quad \frac{\partial u_\varepsilon}{\partial t} \in L^2(0,T;H^{-1}(\Omega)) \ ,$$

(2.60) $$(u_\varepsilon|_\Gamma) \in L^\infty(0,T;L^2(\Gamma)) \ .$$ ∎

<u>Construction du développement formel.</u>

On construit le développement formel

$$u_\varepsilon = \frac{u^{-1}}{\varepsilon} + u^o + \varepsilon u^1 + \ldots$$

comme dans ce qui précède. On définit

(2.61) $$Y_o = \{v \mid b_o(v,v) = 0\} = H^1_o(\Omega) \ .$$

<u>Alors</u> u^{-1} <u>doit vérifier</u>

$$\left|\begin{array}{l} u^{-1}(t) \in H^1_o(\Omega) \ , \\ b_1(\frac{du^{-1}}{dt},v) + a_1(u^{-1},v) = (f,v) \qquad \forall \, v \in H^1_o(\Omega) \ , \quad u^{-1}(0) = 0 \end{array}\right.$$

i.e.

$$(2.62)\quad \begin{cases} \dfrac{\partial u^{-1}}{\partial t} - \Delta u^{-1} = f \quad \text{dans} \quad Q\,, \\[2mm] u^{-1} = 0 \quad \text{sur} \quad \Sigma\,, \quad u^{-1}(x,0) = 0 \quad \text{sur} \quad \Omega\,. \end{cases}$$

<u>On a ensuite, pour</u> u^o :

$$(2.63)\quad \begin{cases} b_o(\dfrac{du^o}{dt},v) + b_1(\dfrac{du^{-1}}{dt},v) + a_1(u^{-1},v) = (f,v) \quad \forall\, v \in V\,, \\[2mm] \qquad\qquad b_1(\dfrac{du^o}{dt},v) + a_1(u^o,v) = 0 \qquad \forall\, v \in Y_o\,, \\[2mm] u^o(0) = u_o \end{cases}$$

Mais on déduit de (2.62) que

$$b_1(\frac{du^{-1}}{dt},v) + a_1(u^{-1},v) - \int_\Gamma \frac{\partial u^{-1}}{\partial \nu}\, v\, d = (f,v) \qquad \forall\, v \in V\,,$$

de sorte que la 1ère équation (2.63) équivaut à

$$(2.64)\quad \begin{cases} \dfrac{\partial u^o}{\partial t} + \dfrac{\partial u^{-1}}{\partial \nu} = 0 \quad \text{sur} \quad \Sigma\,, \\[2mm] u^o(0) = u_o \quad \text{sur} \quad \Gamma\,. \end{cases}$$

Par conséquent

$$(2.65)\quad u^o(x,t)|_\Gamma = u_o(x)|_\Gamma - \int_o^t \frac{\partial u^{-1}}{\partial \nu}(x,\sigma)\, d\sigma\,.$$

La 2ème équation (2.63) donne ensuite :

$$(2.66)\quad \begin{cases} \dfrac{\partial u^o}{\partial t} - \Delta u^o = 0 \quad \text{dans} \quad Q\,, \\[2mm] u^o = \text{donné par (2.65) sur} \quad \Sigma\,, \\[2mm] u^o(x,0) = u_o(x) \quad \text{sur} \quad \Omega\,. \end{cases}$$

Et ainsi de suite. On trouve

$$(2.67)\quad u^j(x,t)|_\Gamma = - \int_o^t \frac{\partial u^{j-1}}{\partial \nu}(x,\sigma)\, d\sigma \quad \text{sur } \Gamma\,, \quad j = 1,2,\ldots$$

(2.68)
$$\begin{cases} \dfrac{\partial u^j}{\partial t} - \Delta u^j = 0 \text{ dans } Q \text{ , } u^j(x,0) = 0 \text{ sur } \Omega \text{ ,} \\ u^j = \text{donné par (2,67) sur } \Sigma \text{ .} \end{cases}$$

Si l'on part, comme on l'a supposé, de $f \in L^2(Q)$, $u_o \in H^1(\Omega)$, on trouve $\frac{\partial u^{-1}}{\partial \nu} \in L^2(0,T;H^{1/2}(\Gamma))$, donc $u^o|_\Gamma$ est continu de $[0,T] \to H^{1/2}(\Gamma)$; et (2.66) donne : $\frac{\partial u^o}{\partial \nu} \in L^2(0,T;H^{1/2}(\Gamma))$ etc... Les formules précédentes sont donc légitimes. ∎

ESTIMATIONS.

On vérifie, par la même méthode qu'au Théorème 2.2 , que l'on a les estimations suivantes :

(2.69)
$$\begin{cases} \| u_\varepsilon - (\dfrac{u^{-1}}{\varepsilon} + u^o + \varepsilon u^1 + \dots + \varepsilon^j u^j) \|_{L^\infty(0,T;H)} \leqslant C\, \varepsilon^{j+1} \text{ ,} \\ \| u_\varepsilon - (\dfrac{u^{-1}}{\varepsilon} + u^o + \varepsilon u^1 + \dots + \varepsilon^j u^j) \|_{L^2(0,T;V)} \leqslant C\, \varepsilon^{j+1} \text{ ,} \end{cases}$$

(2.70)
$$\| u_\varepsilon - (\frac{u^{-1}}{\varepsilon} + u^o + \varepsilon u^1 + \dots + \varepsilon^j u^j) \|_{L^\infty(0,T;L^2(\Gamma))} \leqslant C\, \varepsilon^{j+2} \text{ .}$$ ∎

2.4. GENERALISATIONS.

On peut évidemment étendre la situation N°2.2 au cas où l'on se donne $k+1$ formes $a_i(u,v)$, $b_i(u,v)$ avec des propriétés analogues à (2.15) ... (2.20).

On supposera que

(2.71)
$$\begin{cases} a_o + b_o \text{ est nulle sur } Y_o \subset V \text{ ,} \\ a_1 + b_1 \text{ restreinte à } Y_o \text{ est nulle sur } Y_1 \text{ ,} \\ \dots\dots\dots\dots \\ a_k + b_k \text{ restreinte à } Y_{k-1} \text{ est nulle sur } Y_k = \{0\} \text{ .} \end{cases}$$

On considère alors le problème : trouver u_ε solution de

(2.72) $$\sum_{j=o}^{k} \varepsilon^j [b_j(u'_\varepsilon,v) + a_j(u_\varepsilon,v)] = (f,v) \qquad \forall v \in V,$$

(2.73) $$u_\varepsilon(0) = u_o ,$$

$$f \in L^2(0,T;V'),\ u_o \in H ;$$

ce problème <u>admet une solution unique</u>, vérifiant

(2.74) $$u_\varepsilon \in L^2(0,T;V) , \quad u'_\varepsilon \in L^2(0,T;V') .$$

On cherche le développement asymptotique :

(2.75) $$u_\varepsilon = \frac{u^{-k}}{\varepsilon^k} + \frac{u^{-k+1}}{\varepsilon^{k-1}} + \dots + \frac{u^{-1}}{\varepsilon} + u^o + \varepsilon u^1 + \dots$$

<u>Les formules sont les suivantes</u> :

(2.76) $$\left| \begin{array}{l} u^{-k}(t) \in Y_{k-1} , \\ b_k(\frac{du^{-k}}{dt},v) + a_k(u^{-k},v) = (f,v) \qquad \forall v \in Y_{k-1} , \\ u^{-k}(0) = 0 , \end{array} \right.$$

(2.77) $$\left| \begin{array}{l} u^{-k+1}(t) \in Y_{k-2} , \\ b_{k-1}(\frac{du^{-k+1}}{dt},v)+a_{k-1}(u^{-k+1},v)+b_k(\frac{du^{-k}}{dt},v)+a_k(u^{-k},v) = (f,v) \quad \forall v \in Y_{k-2} , \\ \qquad\qquad b_k(\frac{du^{-k+1}}{dt},v)+a_k(u^{-k+1},v) = 0 \quad \forall v \in Y_{k-1} , \\ u^{-k+1}(0) = 0 , \end{array} \right.$$

et ainsi de suite, jusqu'à

(2.78)
$$\left|\begin{array}{l} u^{-1}(t) \in Y_o , \\ b_1\left(\frac{du^{-1}}{dt},v\right) + a_1(u^{-1},v)+\ldots+ b_k\left(\frac{du^{-k}}{dt},v\right)+a_k(u^{-k},v)=(f,v) \quad \forall\, v \in Y_o , \\ \ldots\ldots\ldots\ldots \\ \qquad\qquad b_k\left(\frac{du^{-1}}{dt},v\right)+a_k(u^{-1},v) = 0 \quad \forall\, v \in Y_{k-1} , \\ u^{-1}(0) = 0 . \end{array}\right.$$

On obtient ensuite pour u^o le système :

(2.79)
$$\left|\begin{array}{l} u^o(t) \in V , \\ b_o\left(\frac{du^o}{dt},v\right) + a_o(u^o,v) + b_1\left(\frac{du^{-1}}{dt},v\right) + a_1(u^{-1},v) + \ldots + \\ \qquad + b_k\left(\frac{du^{-k}}{dt},v\right) + a_k(u^{-k},v) = (f ,v) \quad \forall\, v \in V , \\ b_1\left(\frac{du^o}{dt},v\right) + a_1(u^o,v) + \ldots + b_k\left(\frac{du^{-k+1}}{dt},v\right)+a_k(u^{-k+1},v) = 0 \quad \forall\, v \in Y_o , \\ \ldots\ldots\ldots\ldots \\ b_k\left(\frac{du^o}{dt},v\right) + a_k(u^o,v) = 0 \quad \forall\, v \in Y_{k-1} , \\ u^o(0) = u_o , \end{array}\right.$$

puis pour $j = 1,2,\ldots$

(2.80)
$$\left|\begin{array}{l} u^j(t) \in V , \\ b_o\left(\frac{du^j}{dt},v\right) + a_o(u^j,v)+\ldots+ b_k\left(\frac{du^{j-k}}{dt},v\right) + a_k(u^{j-k},v) = 0 \quad \forall\, v \in V , \\ \ldots\ldots\ldots\ldots \\ b_k\left(\frac{du^j}{dt},v\right) + a_k(u^j,v) = 0 \quad \forall\, v \in Y_{k-1} , \\ u^j(0) = 0 . \end{array}\right.$$

On fait <u>l'hypothèse</u> (que l'on doit vérifier dans les applications) que les systèmes précédents définissent de façon unique les fonctions u^{-k}, u^{-k+1}, ... u^o, u^1,... .

On a alors les estimations (extensions du Théorème 2.2) :

(2.81) $$\left\| u_\varepsilon - \left(\frac{u^{-k}}{\varepsilon^k} + \ldots + \frac{u^{-1}}{\varepsilon} + u^o + \ldots + \varepsilon^j u^j \right) \right\|_{L^\infty(0,T;H) \cap L^2(0,T;V)} \leqslant C\, \varepsilon^{j+1} .$$

■

Naturellement de nombreuses variantes sont possibles. Donnons un Exemple , modification de l'Exemple 2.3.

Exemple 2.4.

Soit à résoudre le problème

(2.82) $$\begin{cases} \varepsilon^2\left(\dfrac{\partial u_\varepsilon}{\partial t} + \Delta^2 u_\varepsilon \right) = f \quad \text{dans } Q \,, \\ \varepsilon \dfrac{\partial u_\varepsilon}{\partial t} + \varepsilon^2 \dfrac{\partial}{\partial \nu} \Delta u_\varepsilon = 0 \quad \text{sur } \Sigma \,, \\ \dfrac{\partial}{\partial t}\left(\dfrac{\partial u_\varepsilon}{\partial \nu} \right) - \varepsilon^2 \Delta u_\varepsilon = 0 \quad \text{sur } \Sigma \,, \\ u_\varepsilon(x,0) = u_o(x) \,. \end{cases}$$

On suppose que $f \in L^2(Q)$, $u_o \in H^2(\Omega)$.

On introduit :

$$V = \{ v | v \,,\ \Delta v \in L^2(\Omega), v|_\Gamma, \frac{\partial v}{\partial \nu}|_\Gamma \in L^2(\Gamma) \} \,, \quad H = L^2(\Omega),$$

$$a_2(u,v) = (\Delta u, \Delta v) \,, \quad b_2(u,v) = (u,v) \,,$$

$$b_1(u,v) = \int_\Gamma u\, v\, d\Gamma \,, \quad b_o(u,v) = \int_\Gamma \frac{\partial u}{\partial \nu} \frac{\partial v}{\partial \nu}\, d\Gamma \,.$$

Alors on vérifie que (2.82) équivaut à

(2.83) $$\begin{cases} b_o\left(\dfrac{\partial u_\varepsilon}{\partial t}, v\right) + \varepsilon\, b_1\left(\dfrac{\partial u_\varepsilon}{\partial t}, v\right) + \varepsilon^2 \left[b_2\left(\dfrac{\partial u_\varepsilon}{\partial t}, v\right) + a_2(u_\varepsilon, v) \right] = (f,v) \\ \qquad\qquad\qquad \forall\, v \in V \\ u_\varepsilon(0) = u_o \,. \end{cases}$$

L'adaptation des formules précédentes conduit aux résultats suivants.

On a :

$$Y_o = \{v \mid v \in H^2(\Omega),\ \frac{\partial v}{\partial \nu} = 0\}\ ,$$

$$Y_1 = H_o^2(\Omega)\ .$$

Le terme u^{-2} est défini par

$$(2.84)\quad \left|\ \begin{aligned} &\frac{\partial u^{-2}}{\partial t} + \Delta^2 u^{-2} = f \quad \text{dans } Q\ , \\ &u^{-2} = 0\ ,\ \frac{\partial u^{-2}}{\partial \nu} = 0 \quad \text{sur } \Sigma\ ,\quad u^{-2}(x,0) = 0 \quad \text{sur } \Omega\ . \end{aligned}\right.$$

On définit ensuite u^{-1} <u>sur</u> Σ par

$$(2.85)\quad u^{-1}(x,t) = \int_o^t \frac{\partial}{\partial \nu}\ \Delta u^{-2}(x,\sigma)d\sigma \quad ,\ x \in \Gamma\ ,$$

puis u^{-1} est défini <u>dans</u> Q par

$$(2.86)\quad \left|\ \begin{aligned} &\frac{\partial u^{-1}}{\partial t} + \Delta^2 u^{-1} = 0 \quad \text{dans } Q\ , \\ &\frac{\partial u^{-1}}{\partial \nu} = 0 \quad \text{sur } \Sigma\ ,\quad u^{-1} \text{ donné sur } \Sigma \text{ par } (2.85)\ , \\ &u^{-1}(x,0) = 0 \quad \text{sur } \Omega\ . \end{aligned}\right.$$

On définit ensuite u^o et $\frac{\partial u^o}{\partial \nu}$ <u>sur</u> Σ par :

$$(2.87)\quad \left|\ \begin{aligned} &u^o(x,t) = u_o(x) + \int_o^t \frac{\partial}{\partial \nu}\ \Delta u^{-1}(x,\sigma)d\sigma \quad ,\ x \in \Gamma\ , \\ &\frac{\partial u^o}{\partial \nu}(x,t) = \frac{\partial u_o}{\partial \nu}(x) - \int_o^t \Delta u^{-2}(x,\sigma)d\sigma \quad ,\ x \in \Gamma \end{aligned}\right.$$

puis u^o est défini <u>dans</u> Q par

$$(2.88)\quad \left|\ \begin{aligned} &\frac{\partial u^o}{\partial t} + \Delta^2 u^o = f \quad \text{dans } Q\ , \\ &u^o\ ,\ \frac{\partial u^o}{\partial \nu} \quad \text{donnés sur } \Sigma \text{ par } (2.87)\ , \\ &u^o(x,0) = u_o(x) \quad \text{sur } \Omega\ , \end{aligned}\right.$$

et ainsi de suite .

On obtient encore des estimations analogues à celles de l'Exemple 2.2.

■

REMARQUE 2.2.

Evidemment toutes les formules précédentes coïncident avec celles que l'on obtient par identification formelle des puissances de ε en remplaçant u_ε par $\frac{u^{-2}}{\varepsilon^2} + \frac{u^{-1}}{\varepsilon} + u^o + \dots$ dans (2.82) ; la méthode précédente permet en même temps de justifier le procédé. ■

3. PROBLEMES PARABOLIQUES - PARABOLIQUES AVEC CHANGEMENT D'ORDRE DE LA PARTIE ELLIPTIQUE.

3.1. RESULTATS GENERAUX. SOLUTIONS FAIBLES.

Les Données. (Comparer au Chap. 2, N°3).

On se donne trois espaces de Hilbert :

(3.1) $V_a \subset V_b \subset H$, avec injection continue et densité de chaque espace dans le suivant. [1] ■

REMARQUE 3.1.

On peut avoir

(3.2) $V_b = H$.

Le cas où $V_a = V_b$ ne présente aucun intérêt dans le contexte présent. ■

On se donne en outre

(3.3) K = ensemble convexe fermé non vide de V_a .

( ) On désigne par $\|v\|_a$, $\|v\|_b$, $|v|$ les normes dans V_a , V_b , H .

Soient $a(u,v)$, $b(u,v)$ deux formes bilinéaires continues sur V_a et V_b respectivement.

On suppose que

$$(3.4)\quad \begin{cases} a(v,v) \geq 0 , \\ b(v,v) \geq \beta\|v\|_b^2 , \quad \beta > 0 , \quad \forall v \in V_b , \\ a(v,v) + \|v\|_b^2 \geq \alpha\|v\|_a^2 , \quad \alpha > 0 . \end{cases}$$ ■

REMARQUE 3.2.

On peut étendre ces hypothèses et supposer que les inégalités (3.4) ont lieu après addition d'un terme $\lambda|v|^2$ convenable.

On peut aussi considérer les cas où $a(t;u,v)$, $b(t;u,v)$ dépendent de t (comme au N°1 , Remarque 1.3). ■

Le problème pour $\varepsilon > 0$.

On se donne

$$(3.5)\quad f \in L^2(0,T;V_b') \text{ (1) }, \quad u_o \in K \text{ (2)}.$$

Pour chaque $\varepsilon > 0$, il existe une solution u_ε unique de

$$(3.6)\quad u_\varepsilon \in L^2(0,T;V_a) , \quad u_\varepsilon(t) \in K \text{ p.p.} ,$$

$$(3.7)\quad \begin{cases} \int_o^T [(v',v-u_\varepsilon) + \varepsilon a(u_\varepsilon,v-u_\varepsilon) + b(u_\varepsilon,v-u_\varepsilon) - (f,v-u_\varepsilon)]dt \geq 0 \\ \forall v \in F(K,u_o) , \end{cases}$$

où (cf. (1.37)) :

$$(3.8)\quad F(K,u_o) = \{v|v \in L^2(0,T;V_a), v' \in L^2(0,T;V_a'), v(t) \in K , v(0) = u_o \} .$$

(1) On a, en identifiant H à son dual : $H \subset V_b' \subset V_a'$.

(2) On peut étendre cette hypothèse en prenant u_o dans l'adhérence de K dans H (cf. H.Brézis [2] pour le cas "non perturbé"). Dans le cas des équations , on peut prendre u_o dans H.

Le problème pour $\varepsilon = 0$.

On désigne par u la solution unique de

(3.9) $u \in L^2(0,T;V_b)$, $u(t) \in \overline{K}$,

où

(3.10) $\overline{K}$ = adhérence de K dans V_b ,

avec

(3.11) $$\left| \begin{array}{l} \displaystyle\int_0^T [(v',v-u) + b(u,v-u) - (f,v-u)]dt \geqslant 0 \\ \forall\, v \in F(\overline{K},u_o). \end{array} \right.$$ ■

On va démontrer le

THEOREME 3.1. On suppose que (3.1)(3.3)(3.4)(3.5) ont lieu. Soit u_ε (resp. u) la solution de (3.6)(3.7) (resp. de (3.9)(3.11)). On a alors

(3.12) $u_\varepsilon \to u$ dans $L^2(0,T;V_b)$,

(3.13) $\sqrt{\varepsilon}\, \|u_\varepsilon\|_{L^2(0,T;V_a)} \leqslant C$.

Démonstration.

1) Si l'on prend $v = u_o$ dans (3.7) on obtient

$$\int_0^T [\varepsilon a(u_\varepsilon,u_\varepsilon)+b(u_\varepsilon,u_\varepsilon)]dt \leqslant \int_0^T [\varepsilon a(u_\varepsilon,u_o)+b(u_\varepsilon,u_o)-(f,u_o-u_\varepsilon)]dt$$

d'où l'on déduit (3.13) et

(3.14) $\|u_\varepsilon\|_{L^2(0,T;V_b)} \leqslant C$.

2) On peut donc extraire une suite, encore notée u_ε , telle que

(3.15) $u_\varepsilon \to w$ dans $L^2(0,T;V_b)$ faible .

Mais si l'on pose :

$$\mathcal{K} = \{v | \ v \in L^2(0,T;V_a), \ v(t) \in K \text{ p.p. }\}$$

$$\bar{\mathcal{K}} = \{v | \ v \in L^2(0,T;V_b), \ v(t) \in \bar{K} \text{ p.p. }\},$$

on a : $u_\varepsilon \in \mathcal{K} \subset \bar{\mathcal{K}}$, $\bar{\mathcal{K}}$ est un convexe faiblement fermé dans $L^2(0,T;V_b)$, donc (3.15) entraine

$$w \in \bar{\mathcal{K}}. \tag{3.16}$$

Par ailleurs, on déduit de (3.7) que

$$\int_0^T [(v',v-u_\varepsilon)+ a(u_\varepsilon,v)+b(u_\varepsilon,v)-(f,v-u_\varepsilon)]dt \geq \int_0^T b(u_\varepsilon,u_\varepsilon)dt$$

d'où, comme lim. inf. $\int_0^T b(u_\varepsilon,u_\varepsilon)dt \geq \int_0^T b(w,w)dt$:

$$\int_0^T [(v',v-w) + b(w-v) - (f,v-w)]dt \geq \int_0^T b(w,w)dt$$

$\forall v \in F(K,u_o)$, donc par prolongement, $\forall v \in F(\bar{K},u_o)$ et par conséquent $w=u$.

3) Reste à montrer la convergence forte. On introduit :

$$X_\varepsilon = \int_0^T a(u_\varepsilon,u_\varepsilon)dt + \int_0^T b(u_\varepsilon-u,u_\varepsilon-u)dt . \tag{3.17}$$

On déduit de (3.7) que

$$X_\varepsilon \leq \int_0^T [(v',v-u_\varepsilon)+\varepsilon a(u_\varepsilon,v)+b(u_\varepsilon,v)-(f,v-u_\varepsilon)]dt-\int_0^T [b(u_\varepsilon,u)+b(u,u_\varepsilon-u)]dt.$$

Par conséquent

$$\text{lim.sup. } X_\varepsilon \leq \int_0^T [(v',v-u) + b(u,v-u) - (f,v-u)]dt , \ \forall v \in F(K,v_o). \tag{3.18}$$

Mais alors (3.18) est vrai $\forall v \in F(\bar{K},u_o)$ et comme (cf.H.Brézis [2])

$$\inf_{v \in F(\bar{K},u_o)} \int_0^T [(v',v-u) + b(u,v-u) - (f,v-u)]dt = 0 ,$$

on a : lim. sup. $X_\varepsilon = 0$ d'où le résultat suit, ∎

REMARQUE 3.3.

Lorsque K est un espace vectoriel (3.7) (resp. (3.11) équivaut à l'équation

(3.19) $$(u'_\varepsilon,v) + \varepsilon a(u_\varepsilon,v) + b(u_\varepsilon,v) = (f,v) \quad \forall v \in K , \quad u_\varepsilon(0) = u_o$$

(resp. à l'équation

(3.20) $$(u',v) + b(u,v) = (f,v) \quad \forall v \in \overline{K} , \ u(0) = u_o \ ).$$

On a dans ce cas l'estimation supplémentaire (par rapport à (3.12) (3.13)):

(3.21) $$u'_\varepsilon \to u' \text{ dans } L^2(0,T;V'_a) .$$ ∎

REMARQUE 3.4.

Soit j_a (resp. j_b) deux fonctions définies de V_a (resp. V_b) $\to R$ avec

(3.22) j_a(resp. j_b) est ≥ 0 convexe continue sur V_a(resp. V_b).

On considère le problème suivant : soit u_ε la solution de

(3.23) $$u_\varepsilon \in L^2(0,T;V_a) ,$$

(3.24) $$\int_0^T [(u'_\varepsilon,v-u_\varepsilon) + \varepsilon a(u_\varepsilon,v-u_\varepsilon) + b(u_\varepsilon,v-u_\varepsilon) + \varepsilon(j_a(v) - j_a(u_\varepsilon)) + + j_b(v) - j_b(u_\varepsilon) - (f,v-u_\varepsilon)]dt \geq 0 ,$$

pour tout v tel que $v \in L^2(0,T;V_a)$, $v' \in L^2(0,T;V_a)$, $v(0) = u_o$.

Soit u la solution du problème

(3.25) $$u \in L^2(0,T;V_b) ,$$

(3.26) $$\left| \begin{array}{l} \int_0^T [(v',v-u) + b(u,v-u) + j_b(v) - j_b(u) - (f,v-u)]\,dt \geq 0 \\ \forall\, v \in L^2(0,T;V_b),\quad v' \in L^2(0,T;V_b'),\ v(0) = u_o\ . \end{array} \right.$$

On a alors encore (3.12) et (3.13). ∎

Variante du résultat précédent.

Soit j_a donnée avec (comparer au Chap.2, Remarque 3.3) :

(3.27) $j_a = 0$ sur un ensemble $\mathcal{E}$ dense dans V_b .

Soit u_ε la solution de

(3.28) $$\int_0^T [(v_\varepsilon',v-u_\varepsilon)+\varepsilon a(u_\varepsilon,v-u_\varepsilon)+b(u_\varepsilon,v-u_\varepsilon)+j_a(v)-j_a(u_\varepsilon)-(f,v-u_\varepsilon)]\,dt \geq 0\ ,$$

v comme dans (3.24).

On a alors (3.12) (3.13) , où u est la solution de l'équation

(3.29) $(u',v) + b(u,v) = (f,v) \quad \forall\, v \in V_b\ ,\quad u(0) = u_o\ .$ ∎

REMARQUE 3.5.

Dans tous les résultats précédents on a aussi :

(3.30) $u_\varepsilon \to u$ dans $L^\infty(0,T;H)$ faible étoile

(i.e. $\int_0^T (u_\varepsilon,\varphi)\,dt \to \int_0^T (u,\varphi)\,dt \quad \forall\, \varphi \in L^1(0,T;H)$) . ∎

3.2. RESULTATS GENERAUX. SOLUTIONS FORTES.

Reprenons le système (3.6)(3.7) mais moyennant des hypothèses plus restrictive que (3.5), à savoir :

(3.31) $f, f' \in L^2(0,T;V_b')$, $f(0) \in H$,

(3.32) $u_o \in K \cap D(A) \cap D(B)$ (1) .

Alors u_ε vérifie

(3.33) $u_\varepsilon, u'_\varepsilon \in L^2(0,T;V_a)$, $u'_\varepsilon \in L^\infty(0,T;H)$, $u_\varepsilon(t) \in K$, $u_\varepsilon(0) = u_o$,

(3.34) $(u'_\varepsilon, v-u_\varepsilon) + \varepsilon a(u_\varepsilon, v-u_\varepsilon) + b(u_\varepsilon, v-u_\varepsilon) \geqslant (f, v-u_\varepsilon) \quad \forall\, v \in K$,

et u , solution de (3.9)(3.11), vérifie

(3.35) $u, u' \in L^2(0,T;V_b)$, $u' \in L^\infty(0,T;H)$, $u(t) \in \overline{K}$, $u(0) = u_o$,

(3.36) $(u', v-u) + b(u, v-u) \geqslant (f, v-u) \quad \forall\, v \in \overline{K}$.

On a alors le

THEOREME 3.2. On suppose que les hypothèses du Théorème 3.1. ont lieu , ainsi que (3.31)(3.32). On a alors (3.12)(3.13) et

(3.37) $u'_\varepsilon \to u'$ dans $L^2(0,T;V_b)$ faible et dans $L^\infty(0,T;H)$ faible étoile,

(3.38) $\sqrt{\varepsilon}\ \|u'_\varepsilon\|_{L^2(0,T;V_a)} \leqslant C$.

Démonstration. (2)

Tout revient à montrer (3.38) et

(3.39) $\|u'_\varepsilon\|_{L^2(0,T;V_b)} + \|u'_\varepsilon\|_{L^\infty(0,T;H)} \leqslant C$.

On utilise les opérateurs de pénalisation (cf. Lions [3],Chap.3). Si β est un opérateur de pénalisation attaché à K , alors u_ε peut être approché par $u_{\varepsilon\eta}$ solution de

---

(1) Rappelons que $D(A) = \{v \mid v \in V_a,\ Av \in H\}$, où $a(u,v) = (Au,v)$. Définition analogue pour $D(B)$.

(2) Cette démonstration, qui utilise des notions de Lions[3] sans rappeler tous les détails, peut être passée.

(3.40) $$\left|\begin{array}{l}(u'_{\varepsilon\eta},v) + \varepsilon a(u_{\varepsilon\eta},v) + b(u_{\varepsilon\eta},v) + \frac{1}{\eta}(\beta(u_{\varepsilon\eta}),v) = (f,v) \\ \forall\, v \in V_a \;,\; u_{\varepsilon\eta}(0) = u_o \;,\end{array}\right.$$

où η est un paramètre > 0 destiné à tendre vers zéro.

On déduit de (3.40) pour $t=0$, comme (par définition de β) $\beta(u_o) = 0$ si $u_o \in K$, que

(3.41) $$u'_{\varepsilon\eta}(0) = f(0) - \varepsilon\, Au_o - Bu_o \;.$$

Dérivant (3.40) en t , il vient :

(3.42) $$(u''_{\varepsilon\eta},v) + \varepsilon a(u'_{\varepsilon\eta},v) + b(u'_{\varepsilon\eta},v) + \frac{1}{\eta}(\beta(u_{\varepsilon\eta})',v) = (f',v) \;.$$

Mais β étant monotone , on a

(3.43) $$(\beta(u_{\varepsilon\eta})',u'_{\varepsilon\eta}) \geqslant 0$$

et donc prenant $v = u'$ dans (3.42) , il vient :

$$\frac{1}{2}\frac{d}{dt}|u'_{\varepsilon\eta}|^2 + \varepsilon a(u'_{\varepsilon\eta},u'_{\varepsilon\eta}) + b(u'_{\varepsilon\eta},u'_{\varepsilon\eta}) \leqslant (f',u'_{\varepsilon\eta})$$

d'où l'on déduit

(3.44) $$\|u'_{\varepsilon\eta}\|_{L^2(0,T;V_b)} + \|u'_{\varepsilon\eta}\|_{L^\infty(0,T;H)} + \sqrt{\varepsilon}\,\|u'_{\varepsilon\eta}\|_{L^2(0,T;V_a)} \leqslant C \;.$$

Comme (cf. Lions [3]) $u_{\varepsilon\eta} \to u_\varepsilon$ dans $L^2(0,T;V_a)$ faible lorsque $\eta \to 0$, on déduit de (3.44) les estimations (3.38) et (3.39). ■

REMARQUE 3.6.

Supposant (pour simplifier) que $j_a(0) = j_b(0) = 0$ et que $u_o = 0$, on a des résultats analogues à (3.37)(3.38) pour les inéquations (3.24)(3.28). ■

3.3. EXEMPLES.

Exemple 1.3.

Nous prenons

$$V_a = H^1(\Omega) \ , \quad V_b = L^2(\Omega) = H \ ,$$

$$K = H_o^1(\Omega) \ ,$$

$$a(u,v) = \int_\Omega \text{grad } u \cdot \text{grad } v \, dx \ , \ b(u,v) = 0 \quad \text{(cf. Remarque 3.2)}.$$

Alors u_ε est la solution de

$$(3.45) \quad \left| \begin{array}{l} \dfrac{\partial u_\varepsilon}{\partial t} - \varepsilon \, \Delta u_\varepsilon = f \text{ dans } Q \ , \\ \\ u_\varepsilon = 0 \text{ sur } \Sigma \ , \ u_\varepsilon(x,0) = u_o(x) \text{ dans } \Omega \end{array} \right.$$

et, dans les hypothèses "faibles" du Théorème 3.1 , $u_\varepsilon \to u$ dans $L^2(Q)$ où

$$(3.46) \qquad \frac{\partial u}{\partial t} = f \ , \quad u(x,0) = u_o(x)$$

i.e.

$$(3.46 \text{ bis}) \qquad u(x,t) = u_o(x) + \int_o^T f(x,\sigma)d\sigma \ .$$

On étudiera dans la suite de manière plus précise <u>comment</u> u_ε tend vers u , notamment <u>avec les correcteurs</u> (au bord) . ∎

<u>Exemple 3.2.</u> (cf. aussi Exemple 3.9 ci-après).

Considérons <u>le problème non homogène</u>

$$(3.47) \quad \left| \begin{array}{l} \dfrac{\partial w}{\partial t} - \Delta w = 0 \text{ dans } Q \ , \\ \\ w(x,t) = m(x,\omega t) \text{ sur } \Sigma \ , \\ \\ w(x,0) = u_o(x) \text{ dans } \Omega \end{array} \right.$$

où $m(x,t)$ est une fonction régulière (on peut préciser!) sur Σ et où $\omega > 0$ "<u>grand</u>" (donc la condition sur Σ est "très oscillante").

Si l'on introduit $M(x,t)$ fonction régulière dans $\overline{Q}$, telle que

(3.48) $$M(x,t) = m(x,t) \ , \quad x \in \Gamma \ , \quad t > 0 \ ,$$

et si l'on introduit

(3.49) $$u_\varepsilon = u_\varepsilon(x,t) = w(x, \frac{1}{\omega}) - M(x,t) \quad , \quad \varepsilon = \frac{1}{\omega} \ ,$$

on vérifie que

(3.50) $$\left| \begin{array}{l} u'_\varepsilon - \varepsilon \, \Delta u_\varepsilon = - M' + \Delta M \ , \\ u_\varepsilon = 0 \quad \text{sur} \quad \Sigma \ , \\ u_\varepsilon(x,0) = u_o(x) - M(x,0) \quad \text{dans} \quad \Omega \ . \end{array} \right.$$

On retrouve le problème (3.45) (¹).

La nature de la convergence de u_ε vers u (solution de (3.46)) traduira <u>l'effet de peau</u>. ∎

<u>Exemple 3.3.</u>

Nous prenons

$$V_a = H^1(\Omega) \ , \quad V_b = L^2(\Omega) = H \ ,$$

$$K = \{v \mid v \in V_a \ , \ v \geq 0 \text{ p.p. sur } \Gamma\} \ ,$$

a et b comme à l'Exemple 3.1.

Alors u_ε est la solution de

(3.51) $$\left| \begin{array}{l} \dfrac{\partial u_\varepsilon}{\partial t} - \varepsilon \, \Delta u_\varepsilon = f \quad \text{dans} \quad Q \ , \\ u_\varepsilon \geq 0 \ , \quad \dfrac{\partial u_\varepsilon}{\partial \nu} \geq 0 \ , \quad u_\varepsilon \dfrac{\partial u_\varepsilon}{\partial \nu} = 0 \quad \text{sur} \quad \Sigma \ , \\ u_\varepsilon(x,0) = u_o(x) \quad \text{dans} \quad \Omega \ , \end{array} \right.$$

(¹) Avec f remplacé par $f + \varepsilon f_1$, ce qui ne change rien aux résultats généraux.

et $u_\varepsilon \to u$ dans $L^2(Q)$, u donné par (3.46). ∎

Exemple 3.4.

Nous prenons V_a , V_b comme ci-dessus et

(3.52) $$j_a(v) = \int_\Omega g|v|d\Gamma \ , \quad j_b = 0 \ .$$

La solution u_ε de (3.24) vérifie

(3.53) $$\left|\begin{array}{l} \dfrac{\partial u_\varepsilon}{\partial t} - \varepsilon\,\Delta u_\varepsilon = f \quad \text{dans} \quad Q \ , \\ \left|\dfrac{\partial u_\varepsilon}{\partial \nu}\right| \leqslant g \ , \quad u_\varepsilon \dfrac{\partial u_\varepsilon}{\partial \nu} + g|u_\varepsilon| = 0 \quad \text{sur} \quad \Sigma \ , \\ u_\varepsilon(x,0) = u_o(x) \quad \text{dans} \quad \Omega \ , \end{array}\right.$$

et la solution u_ε de (3.28) vérifie les mêmes conditions, <u>avec</u> g <u>remplacé</u> par g/ε .

On a encore convergence dans $L^2(Q)$ de u_ε vers u donné par (3.46). ∎

Exemple 3.5.

Nous prenons :

$$V_a = H_o^1(\Omega) \ , \quad V_b = H = L^2(\Omega) \ ,$$

$$K = \{v|\ v \in V_a \ , \quad v \geqslant 0 \quad \text{sur} \quad \Omega\} \ ,$$

a et b comme à l'Exemple 3.1.

Alors u_ε vérifie

(3.54) $$\left|\begin{array}{l} u_\varepsilon \geqslant 0 \ , \quad \dfrac{\partial u_\varepsilon}{\partial t} - \varepsilon\,\Delta u_\varepsilon - f \geqslant 0 \ , \quad u_\varepsilon\left(\dfrac{\partial u_\varepsilon}{\partial t} - \varepsilon\,\Delta u_\varepsilon - f\right) = 0 \quad \text{dans} \quad Q, \\ u_\varepsilon = 0 \quad \text{sur} \quad \Sigma \ , \\ u_\varepsilon(x,0) = u_o(x) \quad \text{dans} \quad \Omega \ ; \end{array}\right.$$

on a :

$$\overline{K} = \{v \mid v \in L^2(\Omega) \ , \ v \geqslant 0 \ \text{p.p. dans} \ \Omega\}$$

de sorte que $u_\varepsilon \to u$ dans $L^2(Q)$, u étant la solution de

$$(3.55) \quad \begin{cases} u \geqslant 0 \ , \ \dfrac{\partial u}{\partial t} - f \geqslant 0 \ , \ u(\dfrac{\partial u}{\partial t} - f) = 0 \ \text{dans} \ Q \ , \\ u(x,0) = u_o(x) \ \text{dans} \ \Omega \ . \end{cases}$$

■

Exemple 3.6.

Nous prenons

$$V_a = H^1(\Omega) \ , \ V_b = H = L^2(\Omega) \ , \ K = V_a \ ,$$

a et b comme à l'Exemple 3.1.

Alors u_ε vérifie :

$$(3.56) \quad \begin{cases} \dfrac{\partial u_\varepsilon}{\partial t} - \varepsilon \, \Delta u_\varepsilon = f \ \text{dans} \ Q \ , \\ \dfrac{\partial u_\varepsilon}{\partial \nu} = 0 \ \text{sur} \ \Sigma \ , \ u_\varepsilon(x,0) = u_o(x) \ \text{dans} \ \Omega \ , \end{cases}$$

et $u_\varepsilon \to u$ dans $L^2(Q)$, u solution de (3.46). ■

REMARQUE 3.7.

Dans tous les exemples précédents, on peut remplacer $-\Delta$ par A donné par

$$(3.57) \quad \begin{cases} A\varphi = - \displaystyle\sum_{i,j=1}^{n} \frac{\partial}{\partial x_i} \left(a_{ij}(x,t) \frac{\partial \varphi}{\partial x_j}\right) , \\ a_{ij} \in L^\infty(Q) \ , \ \displaystyle\sum_{i,j=1}^{n} a_{ij}(x,t)\xi_i\xi_j \geqslant \alpha \sum_{i=1}^{n} \xi_i^2 \ \text{p.p. dans} \ Q \ , \\ \qquad \alpha > 0 \ , \ \xi_i \in \mathbb{R} \ . \end{cases}$$

■

Exemple 3.7.

Nous prenons maintenant (comparer à l'Exemple 3.9, Chap.2)

$V_a = H^2(\Omega) \cap H_o^1(\Omega)$, $V_b = H_o^1(\Omega)$, $H = L^2(\Omega)$,

$K = H_o^2(\Omega)$,

$a(u,v) = \int_\Omega \Delta u \, \Delta v \, dx$, $b(u,v) = \int_\Omega \text{grad } u \cdot \text{grad } v \, dx$.

Alors u_ε est la solution de

(3.58)
$$\left| \begin{aligned} & \frac{\partial u_\varepsilon}{\partial t} + \varepsilon \Delta^2 u_\varepsilon - \Delta u_\varepsilon = f \quad \text{dans } Q , \\ & u_\varepsilon = 0 \ , \ \frac{\partial u_\varepsilon}{\partial \nu} = 0 \quad \text{sur } \Sigma , \\ & u_\varepsilon(x,0) = u_o(x) \quad \text{dans } \Omega , \end{aligned} \right.$$

et $u_\varepsilon \to u$ dans $L^2(0,T;H_o^1(\Omega))$ où u est la solution de

(3.59)
$$\left| \begin{aligned} & \frac{\partial u}{\partial t} - \Delta u = f \quad \text{dans } Q , \\ & u = 0 \quad \text{sur } \Sigma \ , \ u(x,0) = u_o(x) \quad \text{dans } \Omega . \end{aligned} \right.$$

■

Exemple 3.8.

On prend V_a et $V_b = H$ comme à l'Exemple 3.7 , Chap.2. Alors u_ε est la solution de

(3.60)
$$\left| \begin{aligned} & u'_\varepsilon - \varepsilon \Delta u_\varepsilon = f - \text{grad } p_\varepsilon \quad \text{dans } Q , \\ & \text{Div}\, u_\varepsilon = 0 \quad \text{dans } Q , \\ & u_\varepsilon = 0 \quad \text{sur } \Sigma \ , \quad u_\varepsilon(x,0) = u_o(x) \quad \text{dans } \Omega \ ; \end{aligned} \right.$$

$u_\varepsilon \to u$ dans $L^2(0,T;H)$, où u est la solution de

(3.61)
$$\left| \begin{aligned} & u' = f - \text{grad } p \ , \ \text{Div}\, u = 0 \quad \text{dans } Q , \\ & u \cdot \nu = 0 \quad \text{sur } \Sigma \ , \ u(x,0) = u_o(x) \quad \text{dans } \Omega . \end{aligned} \right.$$

■

Exemple 3.9.

On prend maintenant (comparer au Chap.2 , N°12.2) :

$$V_a = L^2(\Omega) \ , \quad V_b = H = H^{-1}(\Omega) \ ,$$

$$a(u,v) = \int_\Omega u\, v\, dx \ , \quad b(u,v) = 0$$

et sur H le produit scalaire [1]

(3.62) $$\langle u,v \rangle = \int_\Omega u(Gv)dx \ ,$$

où Gv est défini par (12.7) , Chap.2 .

On considère alors le problème

(3.63) $$\left| \begin{array}{l} \langle u_\varepsilon',v \rangle + \varepsilon a(u_\varepsilon,v) = \langle f,v \rangle - \varepsilon \int_\Omega g \dfrac{\partial(Gv)}{\partial \nu} d\Gamma \quad \forall v \in V_a \\ u_\varepsilon(0) = u_0 \end{array} \right.$$

où

(3.64) $$f \in L^2(0,T;H^{-1}(\Omega)), \quad g \in L^2(0,T;H^{-1/2}(\Gamma)), \quad u_0 \in H^{-1}(\Omega).$$

On a une solution unique, qui satisfait (dans un sens faible) à (cf. Chap.2 , N°12.2) :

(3.65) $$\left| \begin{array}{l} \dfrac{\partial u_\varepsilon}{\partial t} - \varepsilon \Delta u_\varepsilon = f \text{ dans } Q \ , \\ u_\varepsilon = g \text{ sur } \Sigma \ , \\ u_\varepsilon(x,0) = u_0(x) \ , \quad x \in \Omega \ . \end{array} \right.$$

On vérifie (par la même démonstration que pour le Théorème 3.1) que $u_\varepsilon \to u$ dans $L^2(0,T;H^{-1}(\Omega))$, où

---

[1] On adopte ici une notation différente de (u,v) pour ne pas avoir de confusion avec le produit scalaire normal $\int_\Omega u\, v\, dx$.

(3.66) $\qquad \frac{\partial u}{\partial t} = f \quad , \quad u(x,0) = u_o(x), \qquad u \in L^2(0,T;H^{-1}(\Omega)).$

Cette méthode (de "changement de l'espace pivot") permet de traiter <u>directement</u> (i.e. <u>sans introduction</u> de M) l'Exemple 3.2. ∎

<u>Exemple 3.10.</u>

On prend : $V_a = \{v | v \in (H^1_o(\Omega))^3 \ , \ \text{Div}\ v = 0\}$, $\Omega \subset R^3$; $V_b = H$ = fermeture de V_a dans $(L^2(\Omega))^3$,

$$a(u,v) = \sum_{i,j=1}^{3} \left(\frac{\partial u_i}{\partial x_j} , \frac{v_i}{x_j} \right) , \ b(u,v) = (k \ \ u,v)$$

où k = vecteur donné de R^3 , indépendant de x .

Le problème correspondant est

(3.67)
$$\left|\begin{array}{l} \frac{\partial u_\varepsilon}{\partial t} - \varepsilon \Delta u_\varepsilon + k \ \ u_\varepsilon = f - \text{grad}\ p_\varepsilon , \\ \text{Div}\ u_\varepsilon = 0 \quad , \quad u_\varepsilon = 0 \ \text{sur} \ \Sigma , \\ u_\varepsilon(x,o) = u_o(x) \ \text{dans} \ \Omega . \end{array}\right.$$

Le problème limite est

(3.68)
$$\left|\begin{array}{l} \frac{\partial u}{\partial t} + k \ \ u = f - \text{grad}\ p , \\ \text{Div}\ u = 0 , \\ u \cdot \nu = 0 \ \text{sur} \ \Sigma , \\ u(x,o) = u_o(x) \ \text{dans} \ \Omega . \end{array}\right.$$

(Le problème <u>stationnaire</u> correspondant semble être un problème ouvert en général; pour tous ces problèmes, consulter Greenspan [1][2][3])

∎

3.4. ORIENTATION.

On va maintenant donner des estimations de la différence $u_\varepsilon - u$ (N°4) puis introduire au N°5 les correcteurs.

4. ESTIMATIONS.

4.1. ESTIMATIONS LORSQUE $u \in L^2(0,T;V_a)$, $u(t) \in K$ p.p.

THEOREME 4.1. On se place dans les conditions du Théorème 3.1 et l'on fait l'hypothèse que la solution u de (3.9)(3.11) vérifie

(4.1) $$u \in L^2(0,T;V_a) , \quad u(t) \in K \text{ p.p.}$$

On a alors

(4.2) $$\|u_\varepsilon - u\|_{L^2(0,T;V_b)} < C\,\varepsilon^{1/2}$$

(4.3) $$u_\varepsilon \to u \text{ dans } L^2(0,T;V_a).$$

Démonstration.

Posons :

$$\varphi = \frac{1}{2}(u_\varepsilon + u)$$

et soit, pour $\eta > 0$, φ_η la solution de

(4.4) $$\varphi'_\eta + \eta\varphi_\eta = \eta\varphi \;, \quad \varphi_\eta(0) = u_o \;.$$

On a : $\varphi_\eta(t) \in K$. Il est loisible de prendre $v = \varphi_\varepsilon$ dans (3.7) et dans (3.11). Ajoutant , il vient :

(4.5) $$2\int_o^T (\varphi'_\eta \,, \varphi_\eta - \varphi)dt + \varepsilon\int_o^T a(u_\varepsilon,\varphi_\eta - u_\varepsilon)dt \; +$$
$$+ \int_o^T [\, b(u_\varepsilon,\varphi_\eta - u_\varepsilon) + b(u_\varepsilon,\varphi_\eta - u_\varepsilon) - 2(f,\varphi_\eta - \varphi)]dt \geqslant 0 \quad .$$

Mais utilisant (4.4), on voit que $\int_o^T (\varphi'_\varepsilon,\varphi_\varepsilon - \varphi)dt \geqslant 0$, de sorte que ((4.5) implique

(4.6) $$\varepsilon\int_o^T a(u_\varepsilon,\varphi_\eta - u_\varepsilon)dt + \int_o^T [\, b(u_\varepsilon,\varphi_\eta - u_\varepsilon) + b(u,\varphi_\eta - u_\varepsilon) - 2(f,\varphi_\eta - \varphi)]dt \geqslant 0 \;;$$

faisant $\eta \to 0$, on en déduit (comme $\varphi_\eta \to \varphi$ dans $L^2(0,T;V_a)$) :

(4.7) $$\varepsilon \int_0^T a(u_\varepsilon,\varphi-u_\varepsilon)dt + \int_0^T [b(u_\varepsilon,\varphi-u_\varepsilon) + b(u,\varphi-u_\varepsilon)]\, dt \geqslant 0 .$$

Remplaçant maintenant φ par sa valeur, on déduit de (4.7) que

$$\int_0^T b(u_\varepsilon-u,u_\varepsilon-u)dt + \varepsilon \int_0^T a(u_\varepsilon-u,u_\varepsilon-u)dt \leqslant - \varepsilon\int_0^T a(u,u_\varepsilon-u)dt$$

d'où l'on déduit (4.2)(4.3). ■

4.2. ESTIMATION LORSQUE $u(t) \notin K$.

On se borne maintenant à l'étude de l'Exemple 3.1, la méthode ci-après étant susceptible d'autres applications (cf. aussi Chap.2, N° 5.2, 5.3). On va démontrer le

THEOREME 4.2. Soit u_ε (resp. u) la solution de (3.45) (resp. (3.46)).

On suppose que

(4.8) $$f \in L^2(0,T;H^1(\Omega)) \;,\quad u_o \in H^1(\Omega).$$

On a alors

(4.9) $$\|u_\varepsilon-u\|_{L^2(Q)} \leqslant C\, \varepsilon^{1/4} .$$

Démonstration.

On considère l'application linéaire

$$f,u_o \xrightarrow{G_\varepsilon} u_\varepsilon - u$$

qui est continue de $L^2(0,T;L^2(\Omega))$ ($= L^2(Q)$) $\times L^2(\Omega) \to L^2(\Omega)$ et également évidemment de $L^2(0,T;H^1_o(\Omega)) \times H^1_o(\Omega) \to L^2(Q)$.

Dans le 1er cas, la norme de G_ε est majorée par C (Théorème 3.1), dans le 2ème cas elle est majorée par $C\,\varepsilon^{1/2}$ (Théorème 4.1).

On raisonne alors comme dans la démonstration du Théorème 5.2.,Chap.2.

On sait, d'après le Lemme 5.1 , Chap.2, que u_o ($\in H^1(\Omega)$) peut s'écrire

(4.10)
$$\begin{cases} u_o = u_{oo}(\lambda) + u_{o1}(\lambda) , \\ \|u_{oo}(\lambda)\|_{L^2(\Omega)} \leqslant C\,\lambda^{\alpha} , \quad u_{o1}(\lambda) \in H^1_o(\Omega) , \quad \|u_{o1}(\lambda)\|_{H^1(\Omega)} \leqslant C\,\lambda^{-\alpha}. \end{cases}$$

Par ailleurs, appliquant la démonstration du Lemme 5.1 , Chap.2, avec t considéré comme paramètre , on peut représenter $f \in L^2(0,T;H^1(\Omega))$ par

(4.11)
$$\begin{cases} f = f_o(\lambda) + f_1(\lambda) , \\ \|f_o(\lambda)\|_{L^2(0,T;L^2(\Omega))} \leqslant C\,\lambda^{\alpha} , \\ f_1(\lambda) \in L^2(0,T;H^1_o(\Omega)) , \quad \|f_1(\lambda)\|_{L^2(0,T;H^1(\Omega))} \leqslant C\,\lambda^{-\alpha} . \end{cases}$$

On a :

$$u_\varepsilon - u = G_\varepsilon(f,u_o) = G_\varepsilon(f_o(\lambda),u_o(\lambda)) + G_\varepsilon(f_1(\lambda),u_1(\lambda))$$

d'où, prenant $\lambda = \varepsilon$:

$$\|u_\varepsilon - u\|_{L^2(Q)} \leqslant C\,\varepsilon^{\alpha} + C\,\varepsilon^{1/2-\alpha}$$

d'où (4.9) en prenant α (qui est à notre disposition > 0) égal à $1/4$. ∎

REMARQUE 4.1.

On peut faire ici des commentaires analogues à ceux qui terminent le N°5.2 , Chap.2 . ∎

On va maintenant démontrer le

THEOREME 4.3. *On se place dans les hypothèses du Théorème 4.2. On a alors*

(4.12)
$$\sum_{i=1}^{n} \int_o^T \int_{d(x,\Gamma)>\varepsilon^{1/2+\alpha}} \left|\frac{\partial}{\partial x_i}(u_\varepsilon - u)\right|^2 dx \leqslant C ,$$

où $d(x,\Gamma)$ = distance de x à Γ *et où* α *est* > 0 *quelconque.*

Démonstration.

C'est une simple adaptation au cas d'évolution de la démonstration (dûe à L.Tartar) du Théorème 5.4 du Chap.2 , dont on garde les notations.

On obtient ainsi

$$\frac{1}{2} \int_\Omega \varphi^2 \; |w(x,t)|^2 \, dx + \varepsilon \int_0^t \int_\Omega \varphi^2 \; |\text{grad } w|^2 \, dx \, dt +$$

$$+ \int_0^t \int_\Omega \varphi^2 |w|^2 \, dx \, dt \; (^1) \leqslant c_o \; \varepsilon \int_0^t \int_\Omega \varphi^2 |\text{grad } u|^2 \, dx \, dt +$$

$$+ c_o \; \varepsilon \int_0^t \int_\Omega w^2 |\text{grad } \varphi|^2 \, dx \, dt \; .$$

Choisissant φ comme en (5.26), Chap. 2, puis utilisant le Théorème 4.2 , on arrive à (comparer à (5.28)(5.29), Chap. 2):

$$\int_0^T \int_\Omega \varphi^2 |\text{grad}(u_\varepsilon - u)|^2 \, dx \, dt \leqslant C \; .$$

On achève en choisissant φ comme dans la Démonstration du Théorème 5.4 , Chap. 2 . ∎

5. CORRECTEURS.

5.1. CORRECTEURS D'ORDRE 0 .

On se place dans les conditions du Théorème 3.1 et l'on suppose d'abord que

(5.1) K est dense dans V_b .

Alors (3.11) est l'équation :

(5.2) $(u',v) + b(u,v) = (f,v) \quad \forall \, v \in V_b \; , \quad u(t) \in V_b \; , \quad u(0) = u_o \; .$

On fait l'hypothèse de régularité

(5.3) $u, u' \in L^2(0,T;V_a)$. ∎

---

(1) On a fait le changement $u_\varepsilon \to u_\varepsilon \exp(-t)$, $u \to u \exp(-t)$, de façon à avoir les équations $\frac{\partial u_\varepsilon}{\partial t} - \varepsilon \, \Delta u_\varepsilon + u_\varepsilon = \tilde{f}$, $\frac{\partial u}{\partial t} + u = \tilde{f}$.

Formulation "forte" .

Par analogie avec le cas elliptique (Chap.2) on introduit un correcteur d'ordre 0 , soit Θ_ε , par :

(5.4) $\Theta_\varepsilon(t) + u(t) \in K$,

(5.5)
$$(\Theta_\varepsilon',\varphi-\Theta_\varepsilon) + \varepsilon\, a(\Theta_\varepsilon,\varphi-\Theta_\varepsilon) + b(\Theta_\varepsilon,\varphi-\Theta_\varepsilon) \geqslant (\varepsilon\, g_{\varepsilon 1} + \varepsilon^{1/2} g_{\varepsilon 2},\varphi-\Theta_\varepsilon)$$
$$\forall\ \varphi \in K - u(t)\ ,$$

(5.6) $\Theta_\varepsilon(0) = 0$,

où

(5.7)
$$\left|\int_0^T (g_{\varepsilon 1},\varphi)dt\right| \leqslant c\|\varphi\|_{L^2(0,T;V_a)} \qquad \forall\ \varphi \in L^2(0,T;V_a)$$
tel que $\varphi(t) \in K-K$, et
$$\left|\int_0^T (g_{\varepsilon 2},\varphi)dt\right| \leqslant c\|\varphi\|_{L^2(0,T;V_b)} \qquad \forall\ \varphi \quad \text{avec les mêmes conditions.}$$

En fait (5.5) fait apparemment intervenir la famille de convexes $K-u(t)$ variables avec t . Mais si l'on pose

(5.8) $m_\varepsilon = \Theta_\varepsilon + u$

alors (5.5) devient

(5.9)
$$(m_\varepsilon',v-m_\varepsilon) + \varepsilon\, a(m_\varepsilon,v-m_\varepsilon) + b(m_\varepsilon,v-m_\varepsilon) -$$
$$- [(u',v-m_\varepsilon) + b(u,v-m_\varepsilon)] - \varepsilon\, a(u,v-m_\varepsilon) \geqslant (\varepsilon\, g_{\varepsilon 1} + \varepsilon^{1/2} g_{\varepsilon 2},v-m_\varepsilon)$$
$$\forall\ v \in K\ .$$

Tenant compte de (5.2) et remplaçant $g_{\varepsilon 1}$ par $\hat{g}_{\varepsilon 1}$ défini par

(5.10) $(\hat{g}_{\varepsilon 1},v) = (g_{\varepsilon 1},v) + a(u,v)$ ([1]) ,

---

([1]) $g_{\varepsilon 1}$ satisfait à (5.7).

on arrive à

(5.11) $$(m'_\varepsilon, v-m_\varepsilon) + \varepsilon\, a(m_\varepsilon, v-m_\varepsilon) + b(m_\varepsilon, v-m_\varepsilon) \geqslant$$

$$\geqslant (f, v-m_\varepsilon) + (\varepsilon\, \hat{g}_{\varepsilon 1} + \varepsilon^{1/2}\, g_{\varepsilon 2}, v-m_\varepsilon) \quad \forall\, v \in K\,,$$

avec

(5.12) $$m_\varepsilon(t) \in K\,,$$

(5.13) $$m_\varepsilon(0) = u_o\,.$$

Donc : on définit (1) m_ε par (5.11)(5.12)(5.13) , puis l'on définit un correcteur d'ordre 0 par :

(5.14) $$\theta_\varepsilon = m_\varepsilon - u\,.$$ ■

REMARQUE 5.1.

En fait la formulation forte (5.11) suppose pour avoir un sens des conditions assez restrictives sur f , $\hat{g}_{\varepsilon 1}$, $g_{\varepsilon 2}$. Dans le but d'éviter ces conditions, on introduit plus loin la formulation faible du correcteur. ■

REMARQUE 5.2.

On notera que (5.11) diffère "seulement" du problème initial par l'addition des termes $\hat{g}_{\varepsilon 1}$ et $\varepsilon^{1/2} g_{\varepsilon 2}$; comme on a déjà signalé dans le cas elliptique (Chap.2), ces termes ont pour but de rendre les calculs de correcteurs les moins compliqués possibles. ■

REMARQUE 5.3.

Dans les applications, on utilisera la formulation plus intuitive (5.5) , sachant que la justification se fait à l'aide de (5.11) et plus précisément de la formulation faible de (5.11), que nous donnons maintenant.

■

(1) Moyennant la Remarque 5.1. ci-après.

Formulation "faible".

On définit m_ε par

(5.15) $$m_\varepsilon \in L^2(0,T;V_a) \ , \quad m_\varepsilon(t) \in K \ \text{p.p.} \ ,$$

(5.16) $$\left| \begin{array}{l} \int_0^T [(v',v-m_\varepsilon) + \varepsilon\, a(m_\varepsilon,v-m_\varepsilon) + b(m_\varepsilon,v-m_\varepsilon) - (f,v-m_\varepsilon)]\, dt \geqslant \\ \geqslant \int_0^T (\varepsilon\, \hat{g}_{\varepsilon 1} + \varepsilon^{1/2} g_{\varepsilon 2}, v-m_\varepsilon)dt \end{array} \right.$$

$\forall$ v telle que

(5.17) $$v \in F(K,u_o) = \{v | v \in L^2(0,T;V_a),\ v' \in L^2(0,T;V_a'),\ v(t) \in K,\ v(0) = u_o\} .$$

On définit ensuite Θ_ε par (5.14).

Le problème (5.15)(5.16) admet une solution unique sous les hypothèses (5.7). ■

On va maintenant démontrer le

THEOREME 5.1. On se place dans les conditions du Théorème 3.1 et on suppose en outre que l'on a (5.1)(5.3) (¹). On définit m_ε par (5.15)(5.16) avec

(5.18) $\hat{g}_{\varepsilon 1}$ et $g_{\varepsilon 2}$ vérifiant l'analogue de (5.7).

On a alors

(5.19) $$u_\varepsilon - (u+\Theta_\varepsilon) \to 0 \ \text{ dans } L^2(0,T;V_a) \ \text{ faible} ,$$

(5.20) $$\| u_\varepsilon - (u+\Theta_\varepsilon) \|_{L^2(0,T;V_b)} \leqslant C\, \varepsilon^{1/2} .$$

Démonstration.

Le procédé de démonstration est identique à celui du Théorème 4.1. On introduit

$$\varphi = \frac{1}{2}(u_\varepsilon + m_\varepsilon) ,$$

(¹) On utilise seulement le fait que $u \in L^2(0,T;V_o)$.

φ_η par

(5.21) $$\varphi_\eta' + \eta\varphi_\eta = \eta\,\varphi\ ,\quad \varphi_\eta(0) = u_o\ ,$$

et l'on prend dans (3.7) et dans (5.16) $v = \varphi_\eta$. Additionnant, il vient

$$2\int_o^T (\varphi_\eta',\varphi_\eta-\varphi)dt + \varepsilon\int_o^T [a(u_\varepsilon,\varphi_\eta-u_\varepsilon) + a(m_\varepsilon,\varphi_\eta-m_\varepsilon)]\,dt +$$

$$+\int_o^T [b(u_\varepsilon,\varphi_\eta-u_\varepsilon) + b(m_\varepsilon,\varphi_\eta-m_\varepsilon)]dt \quad\geqslant$$

$$\geqslant 2\int_o^T (f,\varphi_\eta-\varphi)dt + \int_o^T (\varepsilon\,\hat{g}_{\varepsilon 1} + \varepsilon^{1/2}g_{\varepsilon 2},\varphi_\eta-m_\varepsilon)dt.$$

D'après (5.21), $\int_o^T (\varphi_\eta',\varphi_\eta-\varphi)dt \leqslant 0$ et donc (5.22) entraine

(5.22) $$\int_o^T [a(u_\varepsilon,\varphi_\eta-u_\varepsilon) + a(m_\varepsilon,\varphi_\eta-m_\varepsilon)]dt + \int_o^T [b(u_\varepsilon,\varphi_\eta-u_\varepsilon) + b(m_\varepsilon,\varphi_\eta-m_\varepsilon)]dt$$

$$\geqslant 2\int_o^T (f,\varphi_\eta-\varphi)dt + \int_o^T (\varepsilon\,\hat{g}_{\varepsilon 1} + \varepsilon^{1/2}g_{\varepsilon 2},\varphi_\eta-m_\varepsilon)dt\ .$$

Faisant $\eta \to 0$, on déduit de (5.22) que (en posant $w_\varepsilon = u_\varepsilon - m_\varepsilon$) :

(5.23) $$-\frac{\varepsilon}{2}\int_o^T a(w_\varepsilon,w_\varepsilon)dt - \frac{1}{2}\int_o^T b(w_\varepsilon,w_\varepsilon)dt > \frac{1}{2}\int_o^T (\varepsilon\hat{g}_{\varepsilon 1} + \varepsilon^{1/2}g_{\varepsilon 2}),w_\varepsilon)dt.$$

On en déduit que

$$(\varepsilon^{1/2}\|w_\varepsilon\|_{L^2(0,T;V_a)} + \|w_\varepsilon\|_{L^2(0,T;V_b)})^2 \leqslant$$

$$\leqslant C\,\varepsilon^{1/2}\,\|\hat{g}_{\varepsilon 1}\|_{L^2(0,T;V_a')}\ \varepsilon^{1/2}\|w_\varepsilon\|_{L^2(0,T;V_a)} +$$

$$+ C\,\varepsilon^{1/2}\,\|\hat{g}_{\varepsilon 2}\|_{L^2(0,T;V_b')}\ \|w_\varepsilon\|_{L^2(0,T;V_b)}\ ,$$

d'où , en utilisant (5.18) ,

$$\varepsilon^{1/2}\|w_\varepsilon\|_{L^2(0,T;V_a)} + \|w_\varepsilon\|_{L^2(0,T;V_b)} \leqslant C\,\varepsilon^{1/2}\ .$$

On en déduit (5.19)(5.20). ∎

VARIANTES (I).

Considérons par exemple le problème (3.28), le problème limite étant (3.29).

Un correcteur d'ordre 0 est alors défini par

(5.24)
$$\begin{cases} (\theta'_\varepsilon, \varphi-\theta_\varepsilon) + \varepsilon\, a(\theta_\varepsilon, \varphi-\theta_\varepsilon) + b(\theta_\varepsilon, \varphi-\theta_\varepsilon) + \\ \qquad + j_a(\varphi+u) - j_a(\theta_\varepsilon+u) > (\varepsilon\, g_{\varepsilon 1} + \varepsilon^{1/2} g_{\varepsilon 2}, \varphi-\theta_\varepsilon) \\ \forall \varphi \in V_a , \end{cases}$$

(5.25)
$$\theta_\varepsilon(0) = 0 ,$$

où $g_{\varepsilon 1}$, $g_{\varepsilon 2}$ satisfont à (5.7).

On définit en fait θ_ε sous la forme faible associée (cf. (3.28)) et l'on a un résultat analogue à celui du Théorème 5.1. ∎

VARIANTES (II).

Si l'on suppose maintenant que K n'est pas dense dans V_b , on introduit un multiplicateur M de sorte que l'inéquation (3.11) s'écrive comme une équation (comparer au Chap.2, N°6.3) :

(5.26)
$$(u',v) + b(u,v) + (Mu,v) = (f,v).$$

On adapte alors (6.21), Chap.2, au cas présent. ∎

5.2. EXEMPLES.

Exemple 5.1.

On se place dans le cadre de l'Exemple 3.1.

Soit Λ un champ de dérivation dans Ω dont les caractéristiques sont, dans un voisinage de Γ , les normales à Γ . Alors on définit θ_ε par (cf. Chap.2,N°7.1):

$$(5.27)\quad \begin{cases} \dfrac{\partial \Theta_\varepsilon}{\partial t} + \varepsilon\, \Lambda^* \Lambda\, \Theta_\varepsilon = 0 \,, \\ \Theta_\varepsilon + u = 0 \quad \text{sur} \quad \Sigma \,, \\ \Theta_\varepsilon(x,0) = 0 \quad \text{dans} \quad \Omega \,. \end{cases}$$

Localement, ou bien si Ω est le demi espace $x_n > 0$, on se ramène à :

$$(5.28)\quad \begin{cases} \dfrac{\partial \Theta_\varepsilon}{\partial t} - \varepsilon \dfrac{\partial^2 \Theta_\varepsilon}{\partial x_n^2} = 0 \,, \quad x_n > 0 \,, \\ \Theta_\varepsilon(x',0,t) + u(x',0,T) = 0 \,, \ \Theta_\varepsilon(x,0) = 0 \,, \\ \Theta_\varepsilon \in L^2(0,T;H^1(\Omega)). \end{cases}$$

Si l'on <u>définit</u> M par (¹)

$$(5.29)\quad \begin{cases} \dfrac{\partial M}{\partial t} - \dfrac{\partial^2 M}{\partial x_n^2} = 0 \,, \quad x_n > 0 \,, \\ M(x',0,t) + u(x',0,t) = 0 \quad , \quad M(x,0) = 0 \,, \\ M \in L^2(0,T;H^1(\Omega)) \,, \end{cases}$$

alors sous l'hypothèse que $u(x',0,t) \in L^2(0,T;H^1(\Omega))$:

$$(5.30)\qquad \Theta_\varepsilon(x,t) = M(x',\, x_n/\sqrt{\varepsilon}\,,t). \qquad ■$$

<u>EXEMPLE 5.2.</u>

Dans le cadre de l'Exemple 3.6 , on a : $u(t) \in K$ (si $f \in L^2(0,T;V_a)$ et $u_o \in V_a$) de sorte que $\Theta_\varepsilon = 0$. ■

<u>Exemple 5.3.</u>

Dans le cadre de l'Exemple 3.3 , avec $\Omega = \{x | x_n > 0\}$, on introduit

(¹) On peut évidemment écrire, dans ce cas particulier, M de façon explicite.

Θ_ε par :

$$(5.31)\quad \left|\begin{array}{l} \frac{\partial\Theta_\varepsilon}{\partial t} - \frac{\partial^2\Theta_\varepsilon}{\partial x_n^2} = 0 , \quad x_n > 0 , \\ \Theta_\varepsilon(x',0,t) + u(x',0,t) \geqslant 0 , \quad \frac{\partial\Theta_\varepsilon}{\partial x_n}(x',0,y) \leqslant 0 , \\ (\Theta_\varepsilon + u)\frac{\partial\Theta_\varepsilon}{\partial x_n} = 0 \text{ si } x_n = 0 , \\ \Theta_\varepsilon(x,0) = 0 , \ \Theta_\varepsilon \in L^2(0,T;H^1_{x_n}(0,\infty)) , \quad x' \text{ étant un paramètre.} \end{array}\right.$$

Si l'on introduit, de façon analogue à (5.29), M par :

$$(5.32)\quad \left|\begin{array}{l} \frac{\partial M}{\partial t} - \frac{\partial^2 M}{\partial x_n^2} = 0 , \quad x_n > 0 , \\ M(x',0,t) + u(x',0,t) \geqslant 0 , \quad \frac{\partial M}{\partial x_n}(x',0,t) \leqslant 0 , \\ (M+u)\frac{\partial M}{\partial x_n} = 0 \text{ si } x_n = 0 , \\ M(x,0) = 0 , \quad M \in L^2(0,T;H^1_{x_n}(0,\infty)) , \end{array}\right.$$

alors la solution de (5.31) est

$$(5.33)\quad \Theta_\varepsilon(x,t) = M(x', \frac{x_n}{\sqrt{\varepsilon}}, t) .$$

Reste à vérifier que Θ_ε défini par (5.33) est bien un correcteur. Comme l'on a

$$(5.34)\quad \frac{\partial\Theta_\varepsilon}{\partial t} - \varepsilon\,\Delta\,\Theta_\varepsilon = -\,\varepsilon'\Delta'\Theta_\varepsilon , \qquad \Delta' = \sum_{i=1}^{n-1}\frac{\partial^2}{\partial x_i^2}$$

on voit que tout revient à obtenir des estimations sur $\frac{\partial M}{\partial x_i}$, $1 \leqslant i \leqslant n-1$.

Or on a le résultat suivant : si l'on suppose que u satisfait à (5.3) et que $u(x',0,t) \in L^2(0,T;H^1(\Gamma))$, alors

$$(5.35)\quad \frac{\partial M}{\partial x_i} \in L^2(Q) , \quad \frac{\partial^2 M}{\partial x_i \partial x_n} \in L^2(Q) , \quad 1 \leqslant i \leqslant n-1 .$$

Pour vérifier cela, on utilise, comme dans la Démonstration du Théorème 3.2 les opérateurs de pénalisation. On approche M solution de (5.32) par M_η défini par :

(5.36)
$$\begin{cases} \left(\frac{\partial M_\eta}{\partial t},\varphi\right) + \hat{a}(M_\eta,\varphi) - \frac{1}{\eta} \int_\Gamma (M_\eta+u)^- \varphi \, d\Gamma = 0 \, , \\ M_\eta(0) = 0 \end{cases}$$

où l'on a posé

(5.37)
$$\hat{a}(M,\varphi) = \int_\Omega \frac{\partial M}{\partial x_n} \frac{\partial \varphi}{\partial x_n} \, dx \, .$$

On peut dériver la solution M_η de (5.36) par rapport à x_i , $1 \leqslant i \leqslant n-1$; il vient :

(5.38)
$$\left(\frac{\partial}{\partial t}\left(\frac{\partial M_\eta}{\partial x_i}\right),\varphi\right) + \hat{a}\left(\frac{\partial M_\eta}{\partial x_i},\varphi\right) - \frac{1}{\eta}\int_\Gamma \frac{\partial}{\partial x_i} (M_\eta+u)^- \varphi \, d\Gamma = 0 \, ,$$

et l'on prend dans (5.35) $\varphi = \frac{\partial}{\partial x_i}(M_\eta+u)$. Posons pour simplifier l'écriture: $\Phi_\eta = \frac{\partial M_\eta}{\partial x_i}$. Alors

(5.39)
$$\left(\frac{\partial}{\partial t}\Phi_\eta \, , \Phi_\eta + \frac{\partial u}{\partial x_i}\right) + \hat{a}(\Phi_\eta,\Phi_\eta+u) + \frac{1}{\eta}\int_\Gamma \left(\frac{\partial}{\partial x_i}(M_\eta+u)^-\right)^2 d\Gamma = 0 \, .$$

Par conséquent on déduit de (5.39) l'estimation <u>indépendante de</u> η

(5.40)
$$\left(\frac{\partial}{\partial t}\Phi_\eta,\Phi_\eta + \frac{\partial u}{\partial x_i}\right) + \hat{a}(\Phi_\eta,\Phi_\eta+u) \leqslant 0$$

d'où l'on déduit, compte tenu des hypothèses faites sur u , que

(5.41)
$$\frac{\partial M_\eta}{\partial x_i} \, , \, \frac{\partial^2 M_\eta}{\partial x_i \partial x_n} \quad \text{demeurent dans un borné de } L^2(Q) \text{ lorsque } \eta \to 0 \, ,$$

d'où (5.35). ∎

<u>Exemple 5.4.</u>

On se place dans le cadre de l'Exemple 3.4 , avec $\Omega = \{x | x_n > 0\}$. On introduit Θ_ε par :

$$(5.42)\quad \begin{cases} \dfrac{\partial\Theta_\varepsilon}{\partial t} - \varepsilon \dfrac{\partial^2\Theta_\varepsilon}{\partial x_n^2} = 0 \ , \quad x_n > 0 \ , \\ \left|\dfrac{\partial\Theta_\varepsilon}{\partial x_n}\right| \leqslant g \ , \quad - \dfrac{\partial\Theta_\varepsilon}{\partial x_n}(\Theta_\varepsilon+u) + g|\Theta_\varepsilon+u| = 0 \quad \text{si} \quad x_n = 0 \ , \\ \Theta_\varepsilon(x,0) = 0 \ , \ \Theta_\varepsilon \in L^2(0,T;H^1_{x_n}(0,\infty)) \quad (x' = \text{paramètre}). \end{cases}$$

On introduit M par :

$$(5.43)\quad \begin{cases} \dfrac{\partial M}{\partial t} - \dfrac{\partial^2 M}{\partial x_n^2} = 0 \ , \quad x_n > 0 \ , \\ \left|\dfrac{\partial M}{\partial x_n}\right| \leqslant g \ , \quad - \dfrac{\partial M}{\partial x_n}(M+u) + g|M+u| = 0 \quad \text{si} \quad x_n = 0 \ , \\ M(x,0) = 0 \ , \quad M \in L^2(0,T;H^1_{x_n}(0,\infty)) \ , \end{cases}$$

et l'on prend Θ_ε par (5.33).

Pour <u>vérifier</u> que Θ_ε est un correcteur, il faut établir l'analogue de (5.35). Pour cela on approche M par M_η à partir d'une <u>régularisation</u>:

$$(5.44)\quad \begin{cases} \left(\dfrac{\partial M_\eta}{\partial t}, \varphi\right) + \hat{a}(M_\eta,\varphi) + g \int_\Gamma |M_\eta+u|^{\eta-1}(M_\eta+u)\varphi \, d\Gamma = 0 \ , \\ M_\eta(0) = 0 \ . \end{cases}$$

■

<u>Exemple 5.5.</u>

On se place dans le cadre de l'Exemple 3.7 , avec $\Omega = \{x|x_n > 0\}$. On cherche Θ_ε solution de

$$(5.45)\quad \begin{cases} \dfrac{\partial\Theta_\varepsilon}{\partial t} + \varepsilon \dfrac{\partial^4\Theta_\varepsilon}{\partial x_n^4} - \dfrac{\partial^2\Theta_\varepsilon}{\partial x_n^2} = 0 \ , \quad x_n > 0 \ , \\ \Theta_\varepsilon(x',0,t) = 0 \ , \quad \dfrac{\partial(\theta_\varepsilon+u)}{\partial x_n} = 0 \quad \text{si} \quad x_n = 0 \ , \\ \Theta_\varepsilon(x,0) = 0 \ , \quad \Theta_\varepsilon \in L^2(0,T;H^2_{x_n}(0,\infty)) \ , \quad x' = \text{paramètre}. \end{cases}$$

Définissons N_ε par

(5.46) $$\Theta_\varepsilon = \varepsilon^{1/2} \; N_\varepsilon(x',\varepsilon^{-1/2} \, x_n, \; \varepsilon^{-1} \; t).$$

Alors (5.45) équivaut à

(5.47) $$\left|\begin{array}{l} \dfrac{\partial N_\varepsilon}{\partial t} + \dfrac{\partial^4 N_\varepsilon}{\partial x_n^4} - \dfrac{\partial^2 N_\varepsilon}{\partial x_n^2} = 0 \quad , \\ N_\varepsilon(x',0,t) = 0 \; , \\ \dfrac{\partial N_\varepsilon}{\partial x_n} (x',0,t) + \dfrac{\partial u}{\partial x_n} (x',0,\varepsilon t) = 0 \; , \\ N_\varepsilon(x,0) = 0 \quad , \quad N_\varepsilon \in L^2(0,T;H^2_{x_n}(0,\infty)). \end{array}\right.$$

<u>Notons que</u> N_ε <u>ne dépend de</u> ε <u>que par la</u> $2^{\text{ème}}$ <u>condition aux limites</u>.

Vérifions que, sous des hypothèses convenables, Θ_ε ainsi défini est un correcteur.

On a :

$$\frac{\partial \Theta_\varepsilon}{\partial t} + \varepsilon \, \Delta^2 \Theta_\varepsilon - \Delta \, \Theta_\varepsilon = \varepsilon g_{\varepsilon 1} + \varepsilon^{1/2} g_{\varepsilon 2} \quad ,$$

$$g_{\varepsilon 1} = 2 \; \frac{\partial^2}{\partial x_n^2} \; \Delta' \, \Theta_\varepsilon \; , \quad g_{\varepsilon 2} = - \, \varepsilon^{-1/2} \; \Delta' \Theta_\varepsilon \; .$$

On a le résultat désiré si l'on montre que

$$\varepsilon^{-1/2} \; \Delta' \; \Theta_\varepsilon \quad \text{est borné dans} \quad L^2(Q).$$

Compte tenu de (5.46) , il s'agit de montrer que

$$\Delta'(N_\varepsilon(x',\varepsilon^{-1/2} \, x_n,\varepsilon^{-1} t)) \quad \text{est borné dans} \quad L^2(Q) \quad ,$$

ou encore que

(5.48) $$\varepsilon^{3/2} \int_{\Omega\times(0,+\infty)} |\Delta' N_\varepsilon|^2 \, dx \leqslant C \, .$$

Mais faisons l'hypothèse

(5.49) $$\frac{\partial u}{\partial x_1}(x',0,t) \in L^2(0,\infty;H^2(R^{n-1}))\ \ (^1)\ .$$

On a alors

$$\int_{\Omega\times(0,\infty)} |\Delta' N_\varepsilon|^2\, dx \leqslant C \int_0^\infty \left\|\frac{\partial u}{\partial x_n}(x',0,\varepsilon t)\right\|^2_{H^2(R^{n-1})} dt$$

$$\leqslant C\,\varepsilon^{-1}$$

de sorte que (5.48) est vérifié. ∎

5.3. CORRECTEURS D'ORDRE QUELCONQUE.

On va maintenant définir, assez rapidement, les correcteurs et les développements asymptotiques d'ordre quelconque. Il s'agit d'une adaptation au cas d'évolution du Chap.2, N°9 .

On considère la situation de l'inéquation (3.7) , avec K dense dans V_b , de sorte que u est défini par (5.2).

On suppose qu'il existe

(5.50)
$$\left|\begin{array}{l} u,u^1,\ \ldots\ ,u^N \in L^2(0,T;V_a) \quad \text{avec (5.3) et} \\[2ex] \dfrac{\partial u^i}{\partial t} \in L^2(0,T;V_a) \quad ,\ i = 1,\ \ldots\ ,N\ , \end{array}\right.$$

et

(5.51) $$L^1,\ L^2,\ \ldots\ ,\ L^N \in L^2(0,T;V_a')$$

tels que

(5.52) $$\left(\frac{d}{dt}(u+\varepsilon u^1+\ldots+\varepsilon^N u^N),v\right)+\varepsilon a(u+\varepsilon u^1+\ldots+\varepsilon^N u^N,v)+b(u+\varepsilon u^1+\ldots+\varepsilon^N u^N,v) =$$
$$= (f,v)+\varepsilon^{N+1}a(u^N,v) + (L^1+\varepsilon^2 L^2+\ldots+\varepsilon^N L^N,v)\quad \forall v\in V_a\ ,\ \ (^2)$$

(^{1}) On suppose, ce qui ne restreint pas la généralité, que u est défini $\forall\, t \geqslant 0$.

(^{2}) On peut aussi introduire L^o ; cf. Chap.2, Remarque 9.1.

avec

(5.53) $$u(0) = u_o \ , \quad u^1(0) = \ldots = u^N(0) = 0 \ .$$

Une fonction Θ_ε^N est dite correcteur d'ordre N si

(5.54)
$$\left| \begin{array}{l} \Theta_\varepsilon^N \in L^2(0,T;V_a) \ , \\ \Theta_\varepsilon^N(t) + u(t) + \varepsilon u^1(t) + \ldots + \varepsilon^N u^N(t) \in K \ , \quad \Theta_\varepsilon^N(0) = 0 \ , \end{array} \right.$$

(5.55)
$$\left| \begin{array}{l} (\frac{d}{dt}\Theta_\varepsilon^N , \varphi - \Theta_\varepsilon^N) + \varepsilon a(\Theta_\varepsilon^N, \varphi-\Theta_\varepsilon^N) + b(\Theta_\varepsilon^N, \varphi - \Theta_\varepsilon^N) \quad \geqslant \\ \qquad \geqslant - (\varepsilon L^1 + \ldots + \varepsilon^N L^N, \varphi - \Theta_\varepsilon^N) + \varepsilon^N(\varepsilon g_{\varepsilon 1} + \varepsilon^{1/2} g_{\varepsilon 2}, \varphi - \Theta_\varepsilon^N) \\ \forall \varphi \text{ avec } \quad \varphi + u(t) + \varepsilon u^1(t) + \ldots + \varepsilon^N u^N(t) \in K \ , \end{array} \right.$$

où $g_{\varepsilon 1}$, $g_{\varepsilon 2}$ satisfont à (5.7). ■

REMARQUE 5.4.

On a en fait la même situation que pour les correcteurs d'ordre 0 . On définit, par une formulation faible (1) , m_ε^N qui vaut formellement

(5.56) $$m_\varepsilon^N = \Theta_\varepsilon^N + u + \varepsilon u^1 + \ldots + \varepsilon^N u^N$$

puis l'on définit Θ_ε^N à partir de (5.56). ■

On démontre alors, par la même méthode qu'au Théorème 5.1, le

THEOREME 5.2. On se place dans les conditions du Théorème 5.1. On suppose en outre que (5.50) ... (5.53) ont lieu. Soit Θ_ε^N défini par (5.54)(5.55). Alors

(5.57) $$\| u_\varepsilon - (u + \varepsilon u^1 + \ldots + \varepsilon^N u^N + \Theta_\varepsilon^N) \|_{L^2(0,T;V_a)} \leqslant C\, \varepsilon^N \ ,$$

(5.58) $$\| u_\varepsilon - (u + \varepsilon u^1 + \ldots + \varepsilon^N u^N + \Theta_\varepsilon^N) \|_{L^2(0,T;V_b)} \leqslant C\, \varepsilon^{N+1/2} \ .$$ ■

---

(1). Qui n'utilise pas les hypothèses sur $\frac{\partial u}{\partial t}$, $\frac{\partial u^1}{\partial t}$, ... , $\frac{\partial u^N}{\partial t}$.

REMARQUE 5.5.

On définira de même, dans le cas du problème (3.28) , un correcteur Θ_ε^N d'ordre N par :

(5.59)
$$\left\{\begin{array}{l} (\frac{\partial \Theta_\varepsilon^N}{\partial t}, \varphi-\Theta_\varepsilon^N) + \varepsilon\, a(\Theta_\varepsilon^N, \varphi-\Theta_\varepsilon^N) + b(\Theta_\varepsilon^N, \varphi-\Theta_\varepsilon^N) + \\ \quad + j_a(\varphi+u+\varepsilon u^1+\ldots+\varepsilon^N u^N) - j_a(\Theta_\varepsilon+u+\varepsilon u^1+\ldots+\varepsilon^N u^N) \geq \\ \qquad \geq -(\varepsilon L^1+\ldots+\varepsilon^N L^N, \varphi-\Theta_\varepsilon^N) + \varepsilon^N(g_{\varepsilon 1}+\varepsilon^{1/2} g_{\varepsilon 2}, \varphi-\Theta_\varepsilon^N) \\ \forall\ \varphi \in V_a\ , \quad \Theta_\varepsilon^N(t) \in V_a\ , \end{array}\right.$$

(5.60)
$$\Theta_\varepsilon^N(0) = 0\ .$$
■

Donnons brièvement deux exemples.

Exemple 5.6. (Suite de l'Exemple 5.1). [Comparer au Chap.2, N°9.3].

On prend $L^i = 0\ \forall i$. Alors u^1 par ex. est défini par :

(5.61)
$$\frac{\partial u^1}{\partial t} - \Delta u = 0\ , \quad u^1(x,0) = 0\ ,$$

u étant défini par (3.46).

On calcule un correcteur Θ_ε^1 par

$$\Theta_\varepsilon^1 = \Psi_\varepsilon + \varepsilon\, \Psi_\varepsilon^1\ ,$$

$\Psi_\varepsilon = \Theta_\varepsilon$ étant donné par (5.28) (si $\Omega = \{x | x_n > 0\}$.

On a alors :

$$\frac{\partial \Psi_\varepsilon^1}{\partial t} - \varepsilon\, \Delta\, \Psi_\varepsilon = -\varepsilon\, \Delta'\, \Psi_\varepsilon$$

et l'on définit Ψ_ε par :

(5.62)
$$\left|\begin{array}{l} \dfrac{\partial\Psi^1_\varepsilon}{\partial t} - \varepsilon\,\dfrac{\partial^2\Psi^1}{\partial x_n^2} = \Delta'\,\Psi_\varepsilon \\[2ex] \Psi^1_\varepsilon(x',0,t) + u^1(x',0,t) = 0\;, \\[2ex] \Psi^1_\varepsilon(x,0) = 0\;. \end{array}\right.$$

On obtient ainsi un correcteur Θ^1_ε si $u^1(x',0,T)\in L^2(0,T;H^1(R^{n-1}))$.

■

<u>Exemple 5.7.</u> (Suite de l'Exemple 5.2) [Comparer au Chap.2, N°9.4] .

On définit cette fois L^1 par

(5.63) $$(L^1,v) = \int_\Gamma \frac{\partial u}{\partial \nu}\, v\, d\Gamma \quad ,$$

ce qui a un sens supposant par exemple u dans $L^2(0,T;H^2(\Omega))$.

Puis u^1 est défini par (5.61).

<u>On définit</u> , à titre de tentative , Θ^1_ε par :

(5.64) $$\Theta^1_\varepsilon = \varepsilon\,\Psi^1_\varepsilon \quad ,$$

où Ψ^1_ε est défini par :

(5.65)
$$\left|\begin{array}{l} \dfrac{\partial\Psi^1_\varepsilon}{\partial t} - \varepsilon\,\dfrac{\partial^2\Psi^1_\varepsilon}{\partial x_n^2} = 0\;, \qquad x_n > 0\;, \\[2ex] \varepsilon\,\dfrac{\partial\Psi^1}{\partial x_n} + \dfrac{\partial u}{\partial x_n} = 0 \;\text{ si }\; x_n = 0\;, \\[2ex] \Psi^1_\varepsilon(x,0) = 0\;,\quad \Psi^1_\varepsilon \in L^2(0,T;H^1_{x_n}(0,\infty))\;,\quad x' = \text{paramètre.} \end{array}\right.$$

Mais si l'on introduit N par

(5.66) $$\Psi^1(x,t) = \varepsilon^{-1/2}\, N(x',\, \varepsilon^{-1/2}\, x_n, t).$$

on trouve

$$(5.67)\quad \begin{cases} \dfrac{\partial N}{\partial t} - \dfrac{\partial^2 N}{\partial x_n^2} = 0 \ , \quad x_n > 0 \ , \\ \dfrac{\partial N}{\partial x_n} + \dfrac{\partial u}{\partial x_n} = 0 \ \text{si} \quad x_n = 0 \ , \quad N(x,0) = 0 \ , \\ N \in L^2(0,T;H^1_{x_n}(0,\infty)). \end{cases}$$

On obtient alors le résultat désiré si $\frac{\partial u}{\partial x_n}(x',0,t) \in L^2(0,T;H^2(\mathbb{R}^{n-1}))$.

■

6. PROBLEMES RAIDES AVEC CORRECTEURS.

6.1. OPERATEUR PARABOLIQUE - PARABOLIQUE DEGENERE.

Soit $\Omega \subset \mathbb{R}^n_x \times \mathbb{R}^m_y$, de frontière Γ.

On considère le problème

$$(6.1)\qquad \frac{\partial u_\varepsilon}{\partial t} - \Delta_x u_\varepsilon - \varepsilon \Delta_y u_\varepsilon = f \ \text{ dans } \ \Omega \times]0,T[= Q \ ,$$

$$(6.2)\qquad u_\varepsilon = 0 \ \text{ sur } \ \Sigma = \Gamma \times]0,T[\ ,$$

$$(6.3)\qquad u_\varepsilon(x,y,0) = u_o(x,y) \ \text{ dans } \ \Omega \ ,$$

où $\Delta_x = \sum_{i=1}^{n} \frac{\partial^2}{\partial x_i^2}$, $\Delta_y = \sum_{i=1}^{m} \frac{\partial^2}{\partial y_i^2}$ et où , pour fixer les idées $f \in L^2(Q)$, $u_o \in L^2(\Omega)$.

Le problème (6.1)(6.2)(6.3) admet une solution unique, telle que

$$(6.4)\qquad u_\varepsilon \in L^2(0,T;H^1_o(\Omega)) \ ,$$

$$(6.5)\qquad \frac{\partial u_\varepsilon}{\partial t} \in L^2(0,T;H^{-1}(\Omega)).$$

Si l'on fait <u>formellement</u> $\varepsilon = 0$ dans (6.1) on obtient l'équation limite :

$$(6.6)\qquad \frac{\partial u}{\partial t} - \Delta_x u = f$$

qui est dégénérée , y jouant le rôle de paramètre.

La condition aux limites attachée à (6.6) est, comme on va voir:

(6.7) $$\left| \begin{array}{l} p\,u = 0 \quad \text{sur } \Gamma , \\ p = \left(\sum_{i=1}^{n} \cos(\nu,x_i)^2 \right)^{1/2} . \end{array} \right.$$

La condition initiale est inchangée :

(6.8) $$u(x,y,0) = u_o(x,y) \quad \text{dans } \Omega .$$

Si $p \neq 0$, on a donc $u=0$ sur Γ . Mais si par exemple on prend

(6.9) $$\Omega = \Omega_o \times \Omega_1 \ , \ \Omega_o \text{ (resp. } \Omega_1) \text{ ouvert de } \mathbb{R}^n_x \text{ (resp. } \mathbb{R}^m_y),$$

alors $p=0$ sur $\Omega_o \times \partial\,\Omega_1$ et (6.7) équivaut à

(6.10) $$u = 0 \quad \text{sur } \partial\Omega_o \times \Omega_1 .$$ ■

Pour préciser tout cela, nous introduisons

$$V = H^1_o(\Omega) ,$$

$$W = \{v \mid v , \frac{\partial v}{\partial x_1} ,\ldots, \frac{\partial v}{\partial x_n} \in L^2(\Omega) , \quad pv = 0 \text{ sur } \Gamma \} ,$$

$$H = L^2(\Omega) ,$$

$$a_o(u,v) = \sum_{i=1}^{n} \int_\Omega \frac{\partial u}{\partial x_i} \frac{\partial v}{\partial x_i} \, dx\,dy , \quad a_1(u,v) = \sum_{i=1}^{m} \int \frac{\partial u}{\partial y_i} \frac{\partial v}{\partial y_i} \, dx\,dy.$$

Le problème en u_ε équivaut à :

(6.11) $$\left| \begin{array}{l} (u'_\varepsilon,v) + a_o(u_\varepsilon,v) + \varepsilon\, a_1(u_\varepsilon,v) = (f,v) , \quad \forall\, v \in V , \\ u_\varepsilon \in L^2(0,T;V) , \ u'_\varepsilon \in L^2(0,T;V') , \\ u_\varepsilon(0) = u_o . \end{array} \right.$$

Le problème en u équivaut à :

(6.12)
$$\left| \begin{array}{l} (u',v) + a_o(u,v) = (f,v) \quad \forall\, v \in W \,, \\ u \in L^2(0,T;W) \,, \quad u' \in L^2(0,T;W') \,, \\ u(0) = u_o \,. \end{array} \right.$$

On a le ([1])

<u>THEOREME 6.1.</u> <u>Lorsque</u> $\varepsilon \to 0$, <u>on a</u>

(6.13) $u_\varepsilon \to u$ dans $L^2(0,T;W)$.

<u>Démonstration.</u>

On déduit de (6.11) , en prenant $v = u_\varepsilon$, que

(6.14) u_ε demeure dans un borné de $L^2(0,T;W) \cap L^\infty(0,T;H)$,

(6.15) $\sqrt{\varepsilon}\, u_\varepsilon$ " " " $L^2(0,T;V)$.

Il en résulte, avec (6.11) , que

(6.16) u'_ε demeure dans un borné de $L^2(0,T;V')$.

On peut donc extraire une suite, encore notée u_ε , telle que

(6.17)
$$\left| \begin{array}{l} u_\varepsilon \to w \text{ dans } L^2(0,T;W) \text{ faible (et dans } L^\infty(0,T;H) \text{ faible étoile),} \\ u'_\varepsilon \to w' \text{ dans } L^2(0,T;V') \text{ faible.} \end{array} \right.$$

Passant à la limite dans (6.11), on a :

(6.18) $(w',v) + a_o(w,v) = (f,v) \quad \forall\, v \in V$

et (6.18) a aussi bien $\forall\, v \in W$.

D'après (6.17) , $u_\varepsilon(0) \to w(0)$ dans V' faible (par exemple), donc $w(0) = u_o$, donc $w = u$.

([1]) Il s'agit évidemment d'un résultat général, que nous exposons dans un cas particulier.

Pour montrer la convergence forte, on considère

(6.19) $$X_\varepsilon = \frac{1}{2}|u_\varepsilon(T) - u(T)|^2 + \int_0^T a_0(u_\varepsilon - u, u_\varepsilon - u)dt + \varepsilon\int_0^T a_1(u_\varepsilon, u_\varepsilon)dt.$$

D'après (6.11) et (6.12), on a :

$$X_\varepsilon = \int_0^T [(f,u_\varepsilon) + (f,u)]dt - \int_0^T (a_0(u_\varepsilon,u) + a_0(u,u_\varepsilon))dt$$
$$- (u_\varepsilon(T),u(T)).$$

D'après (6.17) et $w=u$, on a donc

$$X_\varepsilon \to 2\int_0^T (f,u)dt - 2\int_0^T a_0(u,u)dt - |u(T)|^2 = 0.$$ ■

<u>Correcteur.</u>

Si l'on fait <u>l'hypothèse de régularité</u>

(6.20) $$\frac{\partial u}{\partial y_i} \in L^2(0,T;L^2(\Omega)) = L^2(Q), \quad i = 1,\dots,m,$$

on a alors $u \in L^2(0,T;V)$ (et convergence dans cet espace) si $p \neq 0$ sur Γ.

Dans le cas (6.9), avec $\Omega_1 = \{y | y_m > 0\}$, on introduit un correcteur Θ_ε par :

(6.21) $$\left|\begin{array}{l} \dfrac{\partial\Theta_\varepsilon}{\partial t} - \Delta\,\Theta_\varepsilon - \varepsilon\dfrac{\partial^2\Theta_\varepsilon}{\partial y_m^2} = 0, \quad y_m > 0, \quad x \in \Omega_0, \\ \Theta_\varepsilon + u = 0 \text{ si } y_m = 0, \\ \Theta_\varepsilon = 0 \text{ si } x \in \partial\Omega_0, \\ \Theta_\varepsilon(x,y,0) = 0, \quad \Theta_\varepsilon \in L^2(Q), \ \dfrac{\partial\Theta_\varepsilon}{\partial x_i}, \ \dfrac{\partial\Theta_\varepsilon}{\partial y_m} \in L^2(Q). \end{array}\right.$$

On a : $\Theta_\varepsilon(x,y,t) = M(x,y',y_{m}/\sqrt{\varepsilon}, t)$, $y' = \{y_1,\dots,y_{m-1}\}$, où M satisfait aux conditions analogue à (6.21) avec $\varepsilon = 1$.

Si l'on suppose que

(6.22) $u(x,y',0,t) \in L^2(0,T;H^2(\Omega_o \times \mathbb{R}^{m-1}_{y'}))$,

on a alors

(6.23) $u_\varepsilon - (u+\Theta_\varepsilon) \to 0$ dans $L^2(0,T;V)$. ■

6.2. CHANGEMENT DE FORMULES DE RECURRENCE.

On se place dans une situation analogue à celle du Chap.3, N°3.3 , dont on garde les notations.

On considère le problème suivant :

(6.24)
$$\left| \begin{array}{l} \dfrac{\partial u_{\varepsilon o}}{\partial t} - \varepsilon\, \Delta u_{\varepsilon o} = f_o \quad \text{dans} \quad Q_o = \Omega_o \times]0,T[\ , \\ \varepsilon\, \dfrac{\partial u_{\varepsilon 1}}{\partial t} - \varepsilon\, \Delta u_{\varepsilon 1} = f_1 \quad \text{dans} \quad Q_1 = \Omega_1 \times]0,T[\ , \end{array} \right.$$

(6.25)
$$\left| \begin{array}{l} u_{\varepsilon 1} = 0 \quad \text{sur} \quad \Sigma = \Gamma \times]0,T[\ , \\ u_{\varepsilon o} = u_{\varepsilon 1} \ , \quad \dfrac{\partial u_{\varepsilon o}}{\partial \nu} = \dfrac{\partial u_{\varepsilon 1}}{\partial \nu} \quad \text{sur} \quad S \ , \end{array} \right.$$

(6.26) $u_\varepsilon(x,0) = u_o(x)$ dans $\Omega(= \overline{\Omega}_o \cup \Omega_1)$.

Ce problème équivaut à $(V = H^1_o(\Omega))$

(6.27)
$$\left| \begin{array}{l} b_o(u'_\varepsilon,v) + \varepsilon\, b_1(u'_\varepsilon,v) + a_1(u_\varepsilon,v) = (f,v) \quad \forall\, v \in V \ , \\ u_\varepsilon \in L^2(0,T;V), \quad u'_\varepsilon \in L^2(0,T;V') \ , \quad u_\varepsilon(0) = u_o \ . \end{array} \right.$$

On introduit Y_o par (3.21), Chap.3 . ■

Calcul de u^{-1} .

On définit u^{-1} par :

(6.28) $u_o^{-1} = 0$,

(6.29)
$$\left|\begin{array}{l} \dfrac{\partial u_1^{-1}}{\partial t} - \Delta u_1^{-1} = f_1 \quad \text{dans} \quad \Omega_1 \times]0,T[\ , \\ u_1^{-1} = 0 \quad \text{sur} \quad \Sigma \ , \quad u_1^{-1} = 0 \quad \text{sur} \quad S \times]0,T[\ , \\ u_1^{-1}(x,0) = 0 \quad \text{sur} \quad \Omega_1 \ . \end{array}\right.$$ ■

<u>Calcul de u^o</u> .

On calcule u^o par (comparer à (3.4), Chap.3) :

$$b_o(\frac{du^o}{dt},v) = b_o(f,v) \quad ,$$

$$u_1^o(x,0) = u_{oo}(x) \quad \text{dans} \quad \Omega_o \quad ,$$

i.e.

(6.30)
$$u_o^o(x,t) = u_{oo}(x) + \int_o^t f_o(x,\sigma)d\sigma \quad ,$$

puis

$$b_1(\frac{du^o}{dt},v) + a_1(u^o,v) = 0 \quad \forall\, v \in Y_o \ , \quad u_1^o(x,0) = u_{o1} \quad \text{dans} \quad \Omega_1 \ ,$$

d'où

(6.31)
$$\left|\begin{array}{l} \dfrac{\partial u_1^o}{\partial t} - \Delta u_1^o = 0 \quad \text{dans} \quad Q_1 \ , \\ u_1^o = u_o^o \quad \text{sur} \quad S \times]0,T[\quad , \quad u_1^o = 0 \quad \text{sur} \quad \Sigma \ , \\ u_1^o(x,0) = u_{o1}(x) \quad \text{dans} \quad \Omega_1 \ . \end{array}\right.$$ ■

<u>Calcul d'un correcteur</u> θ_ε^o <u>attaché à u^o</u> .

On définit <u>un</u> correcteur θ_ε^o attaché à u^o par :

(6.32)
$$\left|\begin{array}{l} b_o(\dfrac{d\theta_\varepsilon^o}{dt},v) + \varepsilon\,[b_1(\dfrac{d\theta_\varepsilon^o}{dt},v) + a_1(\theta_\varepsilon^o,v)] = \\ \qquad = b_1(f,v) - [b_1(\dfrac{du^{-1}}{dt},v) + a_1(u^{-1},v)] + (\varepsilon g_{\varepsilon 1} + \varepsilon^{1/2} g_{\varepsilon 2},v) \\ \qquad\qquad \forall\, v \in V \ , \\ \theta_\varepsilon^o(0) = 0 \quad , \quad \theta_\varepsilon^o(t) \in V \ , \end{array}\right.$$

avec $\|g_{\varepsilon 1}\|_{L^2(0,T;V)} + \|g_{\varepsilon 2}\|_{L^2(0,T;H)} \leq C$.

On déduit de (6.29) que le 2ème membre de (6.32) vaut

(6.33) $$\ldots = - \int_S \frac{\partial u_1^{-1}}{\partial \nu} v \, dS + (\varepsilon g_{\varepsilon 1} + \varepsilon^{1/2} g_{\varepsilon 2}, v) .$$

Dans le cas où $\Omega_o = \{x | x_n > 0\}$, $\Omega_1 = \{x | x_n < 0\}$, on calcule Θ_ε^o par :

(6.34) $$\begin{cases} \dfrac{\partial \Theta^o_{\varepsilon o}}{\partial t} - \dfrac{\partial^2 \Theta^o_{\varepsilon o}}{\partial x_n^2} = 0 , & x_n > 0 , \\ \dfrac{\partial \Theta^o_{\varepsilon 1}}{\partial t} - \dfrac{\partial^2 \Theta^o_{\varepsilon 1}}{\partial x_n^2} = 0 , & x_n < 0 , \end{cases}$$

(6.35) $$\Theta^o_{\varepsilon o} = \Theta^o_{\varepsilon 1} , \quad \varepsilon \frac{\partial}{\partial x_n} (\Theta^o_{\varepsilon o} - \Theta^o_{\varepsilon 1}) = \frac{\partial u^{-1}}{\partial x_n} \quad \text{si } x_n = 0 ,$$

(6.36) $$\Theta^o_{\varepsilon o} = 0 , \quad \Theta^o_{\varepsilon 1} = 0 \quad \text{si } t=0 .$$

On peut calculer la <u>transformée de Laplace en t</u> de Θ_ε^o soit

(6.37) $$\hat{\Theta}^o_\varepsilon(x,p) = \int_0^\infty e^{-pt} \, \Theta^o_\varepsilon(x,t) dt .$$

On trouve (comparer à (3.33), Chap.3) , en désignant par $\hat{u}^{-1}$ la transformée de Laplace en t de u^{-1} :

(6.38) $$\begin{cases} \hat{\Theta}^o_{\varepsilon o} = - \dfrac{1}{\sqrt{\varepsilon}(1+\sqrt{\varepsilon})} \dfrac{1}{\sqrt{p}} \left(\dfrac{\partial}{\partial x_n} \hat{u}_1^{-1} \right) \exp\left(-\sqrt{\dfrac{p}{\varepsilon}} x_n\right) , & x_n > 0 , \\ \hat{\Theta}^o_{\varepsilon 1} = - \dfrac{1}{\sqrt{\varepsilon}(1+\sqrt{\varepsilon})} \dfrac{1}{\sqrt{p}} \left(\dfrac{\partial}{\partial x_n} \hat{u}_1^{-1} \right) \exp(\sqrt{p} \, x_n) , & x_n < 0 . \end{cases}$$ ∎

7. <u>INEQUATIONS PARABOLIQUES - PARABOLIQUES DE 2ème ESPECE.</u>

7.1. <u>POSITION DU PROBLEME.</u>

<u>Les données.</u>

Les données sont celles du N°3.1 , en supposant

(7.1) les formes $a(u,v)$ et $b(u,v)$ sont symétriques sur V_a et V_b . ■

Le problème de $2^{\text{ème}}$ espèce.

Pour $\varepsilon > 0$ donné, on cherche u_ε solution de [1]

(7.2) $(u'_\varepsilon, v-u'_\varepsilon) + \varepsilon a(u_\varepsilon, v-u'_\varepsilon) + b(u_\varepsilon, v-u'_\varepsilon) \geq (f, v-u'_\varepsilon) \quad \forall v \in K$,

(7.3) $u_\varepsilon(0) = u_o$,

(7.4) $u'_\varepsilon(t) \in K$. ■

REMARQUE 7.1.

La différence essentielle entre (7.2) et (3.24) est que dans (7.2) $u'_\varepsilon(t)$ est dans K et non pas $u_\varepsilon(t)$ et que dans (7.2) apparait $v-u'_\varepsilon$ au lieu de $v-u_\varepsilon$ dans (3.24). Une inéquation du type (7.2) est dite "parabolique de $2^{\text{ème}}$ espèce", (3.14) étant de "$1^{\text{ère}}$ espèce". ■

REMARQUE 7.2.

Des exemples sont donnés au N°7.3 ci-après. ■

REMARQUE 7.3.

On ne considère que des solutions "fortes" de (7.2), comme dans Duvaut-Lions [1] , Chap.2 . Pour des solutions faibles [2] nous renvoyons à H.Brézis [2] . ■

On fait les hypothèses :

(7.5) $f\ ,\ f' \in L^2(0,T;V'_b)\ ,\ f(0) \in K\ ,\ u_o = 0\ ,\ 0 \in K$.

On a alors (cf. Duvaut-Lions, loc. cit.) l'existence et l'unicité de u_ε solution de (7.2)(7.3)(7.4) avec

---

[1] On précise plus loin les espaces où l'on prend u_ε.

[2] Pour lesquels l'analogue du Théorème 7.1 ci-après est valable.

(7.6) u_ε , $u'_\varepsilon \in L^\infty(0,T;V_a)$, $u''_\varepsilon \in L^2(0,T;H)$. ∎

Le problème limite.

On introduit l'adhérence $\bar{K}$ de K dans V_b . Soit u la solution de

(7.7) $u,u' \in L^\infty(0,T;V_b)$, $u'' \in L^2(0,T;H)$,

(7.8) $(u',v-u') + b(u,v-u') \geq (f,v-u') \quad \forall v \in \bar{K}$,

(7.9) $u(0) = 0$,

(7.10) $u'(t) \in \bar{K}$

On va montrer au N° suivant que $u_\varepsilon \to u$ (dans un sens que l'on précisera. ∎

7.2. UN RESULTAT GENERAL.

THEOREME 7.1. On se place dans les conditions du Théorème 3.1 , avec (7.1). On suppose que (7.5) a lieu. Soit u_ε (resp. u) la solution de (7.2)(7.3)(7.4)(7.6) (resp. (7.7)...(7.10)). Alors

(7.11) $u_\varepsilon \to u$, $u'_\varepsilon \to u'$ dans $L^\infty(0,T,V_b)$ faible étoile,

(7.12) $u''_\varepsilon \to u''$ dans $L^2(0,T;H)$ faible.

Démonstration.

On approche u_ε (par pénalisation) par $u_{\varepsilon\eta}$, solution [1] de

(7.13)
$$\left|\begin{array}{l}(u'_{\varepsilon\eta},v) + \varepsilon\, a(u_{\varepsilon\eta},v) + b(u_{\varepsilon\eta},v) + \frac{1}{\eta}(\beta(u'_{\varepsilon\eta}),v) = (f,v) \\ u_{\varepsilon\eta}(0) = 0 .\end{array}\right.$$

Prenant dans (7.13) $v = u'_{\varepsilon\eta}$ et utilisant la symétrie (7.1), on en déduit, comme $(\beta(u'_{\varepsilon\eta}),u'_{\varepsilon\eta}) \geq 0$:

---

[1] Cf. Duvaut-Lions [1], Chap.2, pour la démonstration de l'existence de $u_{\varepsilon\eta}$ et de la convergence de $u_{\varepsilon\eta}$ vers u_ε ($\varepsilon > 0$ fixé).

$$\|u_{\varepsilon\eta}\|_{L^\infty(0,T;V_b)} + \sqrt{\varepsilon}\,\|u_{\varepsilon\eta}\|_{L^\infty(0,T;V_a)} + \|u'_{\varepsilon\eta}\|_{L^2(0,T;H)} \leqslant C , \tag{7.14}$$

où C est indépendant de ε et de η .

On déduit de (7.13) que

$$u'_{\varepsilon\eta}(0) = f(0) . \tag{7.15}$$

On dérive (7.13) en t , ce qui donne

$$(u''_{\varepsilon\eta},v) + \varepsilon a(u''_{\varepsilon\eta},v) + b(u'_{\varepsilon\eta},v) + \frac{1}{\eta}\left((\beta(u'_{\varepsilon\eta}))',v\right) = (f',v) . \tag{7.16}$$

Prenant $v = u''_{\varepsilon\eta}$ dans (7.16) et tenant compte de ce que

$$(\beta(u'_{\varepsilon\eta})' , u''_{\varepsilon\eta}) \geqslant 0$$

on en déduit que

$$\|u'_{\varepsilon\eta}\|_{L^\infty(0,T;V_b)} + \sqrt{\varepsilon}\,\|u'_{\varepsilon\eta}\|_{L^\infty(0,T;V_a)} + \|u''_{\varepsilon\eta}\|_{L^2(0,T;H)} \leqslant C . \tag{7.17}$$

On déduit de (7.14) et (7.17) en faisant $\eta \to 0$:

$$\|u_\varepsilon\|_{L^\infty(0,T;V_b)} + \|u'_\varepsilon\|_{L^\infty(0,T;V_b)} + \|u''_\varepsilon\|_{L^2(0,T;H)} \leqslant C , \tag{7.18}$$

$$\sqrt{\varepsilon}\,\|u_\varepsilon\|_{L^\infty(0,T;V_a)} + \sqrt{\varepsilon}\,\|u'_\varepsilon\|_{L^\infty(0,T;V_a)} \leqslant C . \tag{7.19}$$

On peut donc extraire une suite, encore notée u_ε , telle que

$u_\varepsilon \to w$, $u'_\varepsilon \to w'$ dans $L^\infty(0,T;V_b)$ faible étoile ,

$u''_\varepsilon \to w''$ dans $L^2(0,T;H)$ faible , et $w(0) = 0$.

On prend une fonction $v \in L^2(0,T;V_a)$, $v(t) \in K$ p.p. et $v = v(t)$ dans (7.2). On en déduit que

$$\int_0^T [(u'_\varepsilon,v) + \varepsilon\, a(u_\varepsilon,v) + b(u_\varepsilon,v) - (f,v-u'_\varepsilon)]\, dt \geqslant \tag{7.20}$$

$$\geqslant \int_0^T |u'_\varepsilon|^2\, dt + \frac{1}{2}\,\varepsilon a(u_\varepsilon(T),u_\varepsilon(T)) + \frac{1}{2}\, b(u_\varepsilon(T),u_\varepsilon(T)).$$

La lim. inf. du $2^{\text{ième}}$ membre est $\geq \int_0^T |w'|^2 dt + \frac{1}{2} b(w(T),w(T)) =$

$= \int_0^T |w'|^2 dt + \int_0^T b(w,w')dt$, de sorte que (7.20) donne

$$(7.21) \quad \left| \begin{array}{l} \int_0^T [(w',v-w') + b(w,v-w') - (f,v-w')]dt \geq 0 , \\ \forall v \in L^2(0,T;V_a) , \quad v(t) \in K \text{ p.p. } . \end{array} \right.$$

L'inégalité (7.21) est alors vraie $\forall v \in L^2(0,T;V_b)$, $v(t) \in \overline{K}$ p.p. , et on en déduit que w est solution de (7.7)...(7.10) , donc $w = u$, d'où le Théorème. ■

REMARQUE 7.4.

Si l'on suppose que

$$(7.22) \quad \overline{K} = V_b ,$$

alors (7.8) coincide avec l'équation

$$(7.23) \quad (u',v) + b(u,v) = (f,v) ,$$

qui n'est autre que (5.2). Donc, sous l'hypothèse (7.22) , les solutions des inéquations de première ou deuxième espèce ont la même limite. ■

REMARQUE 7.5.

Toujours sous l'hypothèse (7.22) et en supposant que

$$(7.24) \quad u, u' \in L^2(0,T;V_a)$$

on introduit un correcteur d'ordre 0 par :

$$(7.25) \quad \left| \begin{array}{l} (\frac{\partial \Theta_\varepsilon}{\partial t}, \varphi - \Theta_\varepsilon') + \varepsilon a(\Theta_\varepsilon, \varphi - \Theta_\varepsilon') + b(\Theta_\varepsilon, \varphi - \Theta_\varepsilon') \geq (\varepsilon g_{\varepsilon 1} + \varepsilon^{1/2} g_{\varepsilon 2}, \varphi - \Theta_\varepsilon') \\ \forall \varphi \text{ avec } \quad \varphi + u'(t) \in K , \end{array} \right.$$

$$(7.26) \quad \Theta_\varepsilon'(t) + u'(t) \in K ,$$

(7.27) $$\Theta_\varepsilon(0) = 0 \quad ,$$

où $g_{\varepsilon 1}$ (resp. $g_{\varepsilon 2}$) est borné dans $L^2(0,T;V_a')$ (resp. $L^2(0,T;H)$) (il faut en fait introduire une forme faible du correcteur).

On montre alors que

(7.28) $$u_\varepsilon - (u+\Theta_\varepsilon) \to 0 \text{ dans } L^\infty(0,T;V_a) \text{ faible étoile ,}$$

(7.29) $$u_\varepsilon' - (u+\Theta_\varepsilon)' \to 0 \text{ dans } L^2(0,T;H) \text{ faible}$$

et que

(7.30) $$\|u_\varepsilon - (u+\Theta_\varepsilon)\|_{L^\infty(0,T;V_b)} \leqslant C\,\varepsilon^{1/2} \;.$$ ■

REMARQUE 7.6.

On peut encore introduire des correcteurs de tous les ordres. ■

REMARQUE 7.7.

On peut également traiter, par le même genre de méthode , les inéquations.

(7.31) $$(u_\varepsilon',v-u_\varepsilon') + \varepsilon a(u_\varepsilon,v-u_\varepsilon') + b(u_\varepsilon,v-u_\varepsilon') + \varepsilon[j_a(v) - j_a(u_\varepsilon')] + \\ + j_b(v) - j_b(u_\varepsilon') \geqslant (f,v-u_\varepsilon') \quad \forall\, v \in V_a \;.$$ ■

7.3. EXEMPLES.

Exemple 7.1.

Prenons V_a, V_b, K, a et b comme à l'Exemple 3.3.

Le problème correspondant est (comparer à (3.51)) :

(7.32) $$\left|\begin{array}{l} \dfrac{\partial u_\varepsilon}{\partial t} - \varepsilon\,\Delta u_\varepsilon = f \text{ dans } Q \;, \\ \dfrac{\partial u_\varepsilon}{\partial t} \geqslant 0 \;,\quad \dfrac{\partial u_\varepsilon}{\partial \nu} \geqslant 0 \;,\quad \dfrac{\partial u_\varepsilon}{\partial t}\,\dfrac{\partial u_\varepsilon}{\partial \nu} = 0 \text{ sur } \Sigma \;, \\ u_\varepsilon(x,0) = u_o(x) \text{ dans } \Omega \;. \end{array}\right.$$

On a $u_\varepsilon \to u$ dans $L^2(Q)$, u donné par (3.46).

Un <u>correcteur d'ordre</u> 0 est défini par (5.33) où M satisfait maintenant à

$$
(7.33)\quad \left|\begin{array}{l}
\dfrac{\partial M}{\partial t} - \dfrac{\partial^2 M}{\partial x_n^2} = 0 \ , \ x_n > 0 \ , \\[2ex]
\dfrac{\partial M}{\partial t} + \dfrac{\partial u}{\partial t} \geqslant 0 \ , \ \dfrac{\partial M}{\partial x_n} \leqslant 0 \ , \ \left(\dfrac{\partial M}{\partial t} + \dfrac{\partial u}{\partial t} \right) \dfrac{\partial M}{\partial x_n} = 0 \ \text{si} \ x_n = 0 \ , \\[2ex]
M(x,0) = 0 \ , \ M \in L^2(0,T;H^1_{x_n}(0,\infty)).
\end{array}\right.
$$

(Le raisonnement suivant (5.33) s'adapte au cas présent). ■

<u>Exemple 7.2.</u>

On prend V_a, V_b, a, b, j_a comme à l'Exemple 3.4 et on considère (au lieu de (7.31)) :

$$
(7.34)\quad (u'_\varepsilon, v-u'_\varepsilon) + \varepsilon\, a(u_\varepsilon, v-u'_\varepsilon) + j_a(v) - j_a(u'_\varepsilon) \geqslant (f, v-u'_\varepsilon) \quad \forall v \in V_a \ .
$$

Le problème correspondant est (comparer à (3.53)) :

$$
(7.35)\quad \left|\begin{array}{l}
\dfrac{\partial u_\varepsilon}{\partial t} - \varepsilon\, \Delta u_\varepsilon = f \ \text{dans} \ Q \ , \\[2ex]
\left|\dfrac{\partial u_\varepsilon}{\partial \nu}\right| \leqslant g \ , \ \dfrac{\partial u_\varepsilon}{\partial t} \dfrac{\partial u_\varepsilon}{\partial \nu} + g \left|\dfrac{\partial u_\varepsilon}{\partial t}\right| = 0 \ \text{sur} \ \Sigma \ , \\[2ex]
u_\varepsilon(x,0) = u_o(x) \ \text{dans} \ \Omega \ .
\end{array}\right.
$$

Un correcteur d'ordre 0 est défini par (5.33) où M satisfait maintenant à :

$$
(7.36)\quad \left|\begin{array}{l}
\dfrac{\partial M}{\partial t} - \dfrac{\partial^2 M}{\partial x_n^2} = 0 \ , \ x_n > 0 \\[2ex]
\left|\dfrac{\partial M}{\partial x_n}\right| \leqslant g \ , \ - \dfrac{\partial M}{\partial x_n} \dfrac{\partial}{\partial t}(M+u) + g \left|\dfrac{\partial}{\partial t}(M+u)\right| = 0 \ \text{si} \ x_n = 0 \ , \\[2ex]
M(x,o) = 0 \ , \ M \in L^2(0,T;H^1_{x_n}(0,\infty)) \ .
\end{array}\right.
$$

■

8. OPERATEURS DU TYPE PETROWSKY-PETROWSKY ($2^{\text{ème}}$ ordre en t).

8.1. RAPPELS.

Equation du $2^{\text{ème}}$ ordre en t .

Soient V , H donnés comme au N°1.1 et soit a(u,v) donnée avec

(8.1)
$$\begin{cases} a(u,v) = a(v,u) \quad \forall\, u,v \in V , \\ a(v,v) + \lambda|v|^2 \geqslant \alpha\|v\|^2 , \quad \alpha > 0 , \quad \forall\, v \in V \text{ et } \lambda \text{ convenable.} \end{cases}$$

REMARQUE 8.1.

Ce qui suit s'étend au cas où a(u,v) dépend de t :

(8.2)
$$\begin{cases} a(u,v) = a(t;u,v), \quad t \to a(t;u,v) \text{ est } C^1 \text{ dans } [0,T] \ \forall\, u,v \in V , \\ \text{et l'on a l'analogue de (8.1), uniformément pour } t \in [0,T] . \end{cases}$$

■

On considère le problème (comparer à (1.7)(1.6)) :

(8.3)
$$(u'',v) + a(u,v) = (f,v) \quad \forall\, v \in V ,$$

u étant à valeurs dans V , et vérifiant :

(8.4)
$$u(0) = u_o , \quad u'(0) = u_1 ,$$

u_o et u_1 donnés.

On montre (cf. Lions [1] , Lions-Magenes [1] , Chap.3) le

THEOREME 8.1. *On suppose que* (8.1) *a lieu ainsi que* (1.1) . *On suppose que*

(8.5)
$$f \in L^2(0,T;H) ,$$

(8.6)
$$u_o \in V , \quad u_1 \in H .$$

Il existe alors une fonction u *et une seule vérifiant*

(8.7) $u \in L^{\infty}(0,T;V)$, $u' \in L^{\infty}(0,T;H)$,

(8.8) $u'' \in L^{2}(0,T;V')$,

et satisfaisant à (8.3)(8.4). ■

REMARQUE 8.2.

Avec les notations du N°1 , (8.3) s'écrit aussi

(8.9) $$u'' + Au = f$$

d'où l'on tire $u'' = f - Au$, ce qui montre que (8.7) implique (8.8) et à vrai dire un peu mieux : $u'' \in L^{2}(0,T;H) + L^{\infty}(0,T;V')$. ■

Des exemples sont donnés plus loin. Auparavant signalons comment la situation précédente s'étend aux inéquations du 2ème ordre en t .

On se donne K avec

(8.10) K = ensemble convexe fermé non vide de V .

On considère le problème :

(8.11) $$(u'',v-u') + a(u,v-u') \geq (f,v-u') \qquad \forall v \in K ,$$

(8.12) $$u'(t) \in K ,$$

avec les données initiales (8.4) (où l'on prend $u_1 \in K$).

REMARQUE 8.3.

Si $K = V$, on retrouve (8.3) . ■

On montre (cf. Lions [3], Duvaut-Lions [1]) le résultat suivant, relatif aux "solutions fortes" de (8.11) :

THEOREME 8.2. On suppose que (8.1) a lieu et que

(8.13) $f , f' \in L^{2}(0,T;H)$,

(8.14) $u_o \in V$, $Au_o \in H$, $u_1 \in K$.

Il existe alors une fonction u et une seule , solution de (8.11)(8.12) , (8.4), avec

(8.15) $u,u' \in L^{\infty}(0,T;V)$, $u'' \in L^{\infty}(0,T;H)$. ∎

REMARQUE 8.4.

On peut introduire des solutions faibles de (8.11), ne nécessitant pas les hypothèses (8.13)(8.14). Cf. H.Brézis [2]. ∎

8.2. PROBLEMES "RAIDES".

On se place maintenant dans les conditions du N°2.2 et l'on cherche u_ε solution de (comparer à (2.22)(2.23)(2.24)) :

(8.16) $b_o(u''_\varepsilon,v) + a_o(u_\varepsilon,v) + \varepsilon[b_1(u''_\varepsilon,v) + a_1(u_\varepsilon,v)] = (f,v) \quad \forall v \in V$,

(8.17) $u_\varepsilon(0) = u_o$, $u'_\varepsilon(0) = u_1$, (u_o, u_1 donnés avec (8.6)) ,

(8.18) $u_\varepsilon \in L^{\infty}(0,T;V)$, $u'_\varepsilon \in L^{\infty}(0,T;H)$,

problème qui admet pour $\varepsilon > 0$ une solution unique.

On utilise Y_o défini par (2.21). On cherche u_ε sous la forme (2.25) ; on est ainsi conduit aux relations suivantes :

(8.19)
$$\left|\begin{array}{l} u^{-1}(t) \in Y_o \ , \\ b_1\left(\dfrac{d^2u^{-1}}{dt^2},v\right) + a_1(u^{-1},v) = (f,v) \quad \forall v \in Y_o \ , \\ u^{-1}(0) = 0 \ , \ \dfrac{d}{dt}u^{-1}(0) = 0 \ , \end{array}\right.$$

(8.20)
$$\left|\begin{array}{l} u^{o}(t) \in V \ , \\ b_o\left(\dfrac{d^2u^{o}}{dt^2}, v\right) + a_o(u^o,v) + b_1\left(\dfrac{d^2u^{-1}}{dt^2},v\right) + a_1(u^{-1},v) = (f,v) \quad \forall v \in V \ , \\ b_1\left(\dfrac{d^2u^{o}}{dt^2},v\right) + a_1(u^o,v) = 0 \quad \forall v \in Y_o, \\ u^o(0)=u_o, \ \dfrac{du^o}{dt}(0) = u_1 \ , \end{array}\right.$$

$$(8.21)\quad \left|\begin{array}{l} u^j(t) \in V , \\[4pt] b_o\left(\dfrac{d^2u^j}{dt^2}\right) + a_o(u^j,v) + b_1\left(\dfrac{d^2u^{j-1}}{dt^2},v\right) + a_1(u^{j-1},v) = 0 \quad \forall\ v \in V , \\[4pt] \qquad\qquad b_1\left(\dfrac{d^2u^j}{dt^2},v\right) + a_1(u^j , v) = 0 \quad \forall\ v \in Y_o, \\[4pt] u^j(0) = 0 , \quad \dfrac{du^j}{dt}(0) = 0 \quad , \ j = 1,\dots . \end{array}\right.$$

Le problème (8.19) admet une solution unique, qui vérifie :

$$(8.22)\qquad u^{-1} \in L^\infty(0,T;Y_o) , \quad \frac{du^{-1}}{dt} \in L^\infty(0,T;H) .$$

On fait l'hypothèse - que l'on vérifiera dans les applications - que les équations (8.20)(8.21) admettent une solution (nécessairement unique), qui vérifie :

$$(8.23)\quad \left|\begin{array}{l} u^k \in L^\infty(0,T;V) , \quad \dfrac{du^k}{dt} \in L^\infty(0,T;H) , \quad 0 \leqslant k \leqslant j+1 , \\[4pt] \dfrac{du^{j+1}}{dt} \in L^2(0,T;V) , \quad \dfrac{d^2u^{j+1}}{dt^2} \in L^2(0,T;H) \quad (^1) . \end{array}\right.$$

On a alors le

<u>THEOREME 8.3.</u> <u>On se place dans les hypothèses du Théorème</u> 2.2 , <u>avec</u> (8.5)(8.6)(8.23). <u>On a alors</u> :

$$(8.24)\qquad \left\| u_\varepsilon - \left(\frac{u^{-1}}{\varepsilon} + u^o + \varepsilon u^1 + \dots + \varepsilon^j u^j\right)\right\|_{L^\infty(0,T;V)} \leqslant C\, \varepsilon^{j+1} ,$$

$$(8.25)\qquad \left\| \frac{du_\varepsilon}{dt} - \frac{d}{dt}\left(\frac{u^{-1}}{\varepsilon} + u^o + \dots + \varepsilon^j u^j\right)\right\|_{L^\infty(0,T;H)} \leqslant C\, \varepsilon^{j+1} .$$

<u>Démonstration.</u>

On introduit $\varphi_\varepsilon = \dfrac{u^{-1}}{\varepsilon} + u^o + \dots + \varepsilon^j u^j + \varepsilon^{j+1}u^{j+1}$, $w_\varepsilon = u_\varepsilon - \varphi_\varepsilon$.

---

(1) En fait dans la démonstration on a besoin de l'hypothèse moins restrictive:

$$\int_o^T p_1\left(\frac{du^{j+1}}{dt}\right)^2 dt + \int_o^T q_1\left(\frac{d^2u^{j+1}}{dt^2}\right)^2 dt < \infty .$$

(8.26)
$$\begin{aligned} & b_o(w''_\varepsilon,v) + a_o(w_\varepsilon,v) + \varepsilon[b_1(w''_\varepsilon,v) + a_1(w_\varepsilon,v)] = \\ & = -\varepsilon^{j+2}[b_1(\frac{d^2u^{j+1}}{dt^2},v) + a_1(u^{j+1},v)] \end{aligned}$$

avec $w(0) = 0$, $w'(0) = 0$. Faisant $v = w'$ dans (8.26), on en déduit, en écrivant $a_o(v)$ au lieu de $a_o(v,v)$, etc... :

(8.27)
$$\begin{aligned} & \frac{1}{2}\frac{d}{dt}\{b_o(w'_\varepsilon) + a_o(w_\varepsilon) + \varepsilon[b_1(w'_\varepsilon) + a_1(w_\varepsilon)]\} = \\ & = -\varepsilon^{j+2}[b_1(\frac{d^2u^{j+1}}{dt^2},w'_\varepsilon) + a_1(u^{j+1},w'_\varepsilon)] . \end{aligned}$$

Par intégration en t , on en tire :

(8.28)
$$\begin{aligned} & b_o(w'_\varepsilon(t)) + a_o(w_\varepsilon(t)) + \varepsilon[b_1(w'_\varepsilon(t)) + a_1(w_\varepsilon(t))] = \\ & = -2\varepsilon^{j+2}\Big[\int_o^t b_1(\frac{d^2u^{j+1}}{dt^2},w'_\varepsilon)d\sigma + a_1(u^{j+1}(t),w_\varepsilon(t)) - \\ & \qquad - \int_o^t a_1(\frac{du^{j+1}}{dt},w_\varepsilon)d\sigma\Big] . \end{aligned}$$

Utilisant (8.23), on voit que le $2^{\text{ème}}$ membre de (8.28) est majoré par

$$C\,\varepsilon^{j+2}[(\int_o^t |w'_\varepsilon|^2 d\sigma)^{1/2} + (\int_o^t \|w_\varepsilon\|^2 d\sigma)^{1/2} + \|w_\varepsilon(t)\|]$$

d'où (8.14)(8.25). ∎

REMARQUE 8.5.

On traitera de la même façon, avec les notations du N°2.4 , le problème

(8.29)
$$\begin{aligned} & \sum_{j=}^{k} \varepsilon^j[b_j(u''_\varepsilon,v) + a_j(u_\varepsilon,v)] = (f,v) \qquad \forall v \in V , \\ & u_\varepsilon(0) = u_o , \quad u'_\varepsilon(0) = u_1 . \end{aligned}$$ ∎

Exemple 8.1.

Nous prenons V, H, a_i, b_i par (2.6)(2.7)(2.8). Alors le problème

(8.16) équivaut à

$$(8.30)\quad \begin{cases} \dfrac{\partial^2 u_{\varepsilon o}}{\partial t^2} - \Delta u_{\varepsilon o} = f_o \quad \text{dans} \quad Q_o = \Omega_o \times]0,T[\;, \\ \left(\dfrac{\partial^2 u_{\varepsilon 1}}{\partial t^2} - \Delta u_{\varepsilon 1} \right) = f_1 \quad \text{dans} \quad Q \;, \end{cases}$$

$$(8.31)\quad u_{\varepsilon o} = 0 \quad \text{sur} \quad \Sigma \;,$$

$$(8.32)\quad u_{\varepsilon o} = u_{\varepsilon 1} \;, \quad \frac{\partial u_{\varepsilon o}}{\partial \nu} = \varepsilon \frac{\partial u_{\varepsilon 1}}{\partial \nu} \quad \text{sur} \quad S \times]0,T[\; = \hat{S} \;,$$

$$(8.33)\quad u_\varepsilon(x,0) = u_o(x) \quad \text{dans } \Omega \;, \quad \frac{\partial u_\varepsilon}{\partial t}(x,0) = u_1(x) \quad \text{dans } \Omega \;.$$

Le terme u^{-1} est défini par : $u_o^{-1} = 0$ et

$$(8.34)\quad \begin{cases} \dfrac{\partial^2 u_1^{-1}}{\partial t^2} - \Delta u_1^{-1} = f_1 \quad \text{dans} \quad Q_1 \;, \\ u_1^{-1} = 0 \quad \text{sur} \quad \hat{S} \;, \\ u_1^{-1}(x,0) = 0 \;, \quad \dfrac{\partial u_1^{-1}}{\partial t}(x,0) = 0 \quad \text{dans} \quad \Omega_1 \;. \end{cases}$$

On calcule ensuite u_o^o par

$$(8.35)\quad \begin{cases} \dfrac{\partial^2 u_o^o}{\partial t^2} - \Delta u_o^o = f_o \quad \text{dans} \quad Q_o \;, \\ u_o^o = 0 \quad \text{sur} \quad \Sigma \;, \\ \dfrac{\partial u_o^o}{\partial \nu} = \dfrac{\partial u_1^{-1}}{\partial \nu} \quad \text{sur} \quad \hat{S} \;, \\ u_o^o(x,0) = u_{oo}(x) \;, \quad \dfrac{\partial u_o^o}{\partial t}(x,0) = u_{1o}(x) \quad \text{dans} \quad \Omega_o \;. \end{cases}$$

On fait l'<u>hypothèse de régularité</u>.

$$(8.36)\quad \frac{\partial}{\partial t}\left(\frac{\partial u_1^{-1}}{\partial \nu} \right) \in L^2(0,T;H^{-1/2}(S)) \quad (^1)$$

---

(1) <u>Par ex.</u> si $f_1, f_1', f_1'' \in L^2(Q_1)$, alors $\frac{\partial}{\partial t}\left(\frac{\partial u_1^{-1}}{\partial \nu} \right) \in L^\infty(0,T;H^{1/2}(S))$. Pour une étude systématique de ce genre de question, cf. Lions-Magenes [1],vol.2,Chap.5 .

On a alors l'existence et l'unicité de u_o^o solution de (8.35), avec

(8.37) $$u_o^o \in L^\infty(0,T;H^1(\Omega_o)) , \quad \frac{\partial u_o^o}{\partial t} \in L^\infty(0,T;L^2(\Omega_o)).$$

On définit ensuite u_1^o par

(8.38) $$\begin{cases} \dfrac{\partial^2 u_1^o}{\partial t^2} - \Delta u_1^o = 0 \quad \text{dans} \quad Q_1 , \\ u_1^o = u_o^o \quad \text{sur} \quad \hat{S} , \\ u_1^o(x,0) = u_{o1}(x) , \quad \dfrac{\partial u_1^o}{\partial t}(x,0) = u_{11}(x) \quad \text{dans} \quad \Omega_1 , \end{cases}$$

qui admet une solution unique ayant des propriétés analogues à (8.37).

On a ensuite u_o^1 défini par

(8.39) $$\begin{cases} \dfrac{\partial^2 u_o^1}{\partial t^2} - \Delta u_o^1 = 0 \quad \text{dans} \quad Q_o , \\ u_o^1 = 0 \quad \text{sur} \quad \Sigma , \\ \dfrac{\partial u_o^1}{\partial \nu} = \dfrac{\partial u_1^o}{\partial \nu} \quad \text{sur} \quad \hat{S} , \\ u_o^1(x,0) = 0 , \quad \dfrac{\partial u_o^1}{\partial t}(x,0) = 0 \quad \text{dans} \quad \Omega_o . \end{cases}$$

Cela définit u_o^1 avec des propriétés analogues à (8.37) si

(8.40) $$\frac{\partial}{\partial t} \frac{\partial u_1^o}{\partial \nu} \in L^2(0,T;H^{-1/2}(S)) ,$$

ce qui est par exemple réalisé si f_o, f_o', $f_o'' \in L^2(Q_o)$; et ainsi de suite.

■

Exemple 8.2.

Les notations sont celles de l'Exemple 3.2 , N°2.3 . Le problème (8.16) équivaut à :

(8.41)
$$\begin{cases} \varepsilon\left(\dfrac{\partial^2 u_\varepsilon}{\partial t^2} - \Delta u_\varepsilon\right) = f \quad \text{dans } Q , \\[2mm] \dfrac{\partial^2 u_\varepsilon}{\partial t^2} + \varepsilon \dfrac{\partial u_\varepsilon}{\partial \nu} = 0 \quad \text{sur } \Sigma , \\[2mm] u_\varepsilon(x,0) = u_o(x), \quad \dfrac{\partial u_\varepsilon}{\partial t}(x,0) = u_1(x), \text{ dans } \Omega . \end{cases}$$

On définit u^{-1} par

(8.42)
$$\frac{\partial^2 u^{-1}}{\partial t^2} - \Delta u^{-1} = f \text{ dans } Q, \quad u^{-1} = 0 \text{ sur } \Sigma , \quad u^{-1}(x,0) = 0, \quad \frac{\partial u^{-1}}{\partial t}(x,0) = 0 \text{ dans } \Omega;$$

on calcule ensuite u^o <u>sur Σ</u> par

(8.43)
$$\frac{\partial^2 u^o}{\partial t^2} + \frac{\partial u^{-1}}{\partial \nu} = 0 , \quad u^o(x,0) = u_o(x), \quad \frac{\partial u^o}{\partial t}(x,0) = u_1(x), \quad x \in \Gamma$$

puis u^o <u>dans</u> Q par :

(8.44)
$$\begin{cases} \dfrac{\partial^2 u^o}{\partial t^2} - \Delta u^o = 0 , \quad u^o \text{ donné par (8.43) sur } \Sigma , \\[2mm] u^o(x,0) = u_o(x) , \quad \dfrac{\partial u^o}{\partial t}(x,0) = u_1(x) \quad \text{dans } \Omega . \end{cases}$$

Une condition <u>suffisante</u> pour que ce problème ait une solution vérifiant $u^o \in L^\infty(0,T;H^1(\Omega))$, $\dfrac{\partial u^o}{\partial t} \in L^\infty(0,T;L^2(\Omega))$ est que

(8.45)
$$f, f', f'' \in L^2(Q) , \quad u_o|_\Gamma , \quad u_1|_\Gamma \in H^2(\Gamma).$$
■

REMARQUE 8.6.

Formellement, les méthodes précédentes se présentent donc de manière entièrement analogue au cas parabolique (N°2) ; <u>il faut seulement prendre garde aux hypothèses de régularité nécessaires pour la validité des estimations du Théorème</u> 8.3.

■

REMARQUE 8.7.

Si l'on se place dans le cas d'espaces hilbertiens complexes, on traitera par des méthodes analogues le cas des équations de Schroedinger :

(8.46) $$\left| \begin{array}{l} b_o(u'_\varepsilon,v) + i\ a_o(u_\varepsilon,v) + \varepsilon[b_1(u'_\varepsilon,v) + i\ a_1(u_\varepsilon,v)] = (f,v) , \\ u_\varepsilon(0) = u_o . \end{array} \right.$$ ■

8.3. PROBLEMES DE COUCHES LIMITES.

On se place maintenant dans la situation du N°3.1 , en supposant

(8.47) $a(u,v)$ et $b(u,v)$ sont symétriques sur V_a et sur V_b .

On considère alors l'inéquation variationnelle ([1])

(8.48) $$(u''_\varepsilon,v-u'_\varepsilon) + \varepsilon\ a(u_\varepsilon,v-u'_\varepsilon) + b(u_\varepsilon,v-u'_\varepsilon) \geqslant (f,v-u'_\varepsilon) , \quad \forall\ v \in K ,$$

(8.49) $$u_\varepsilon,\ u'_\varepsilon \in L^\infty(0,T;V_a) , \quad u''_\varepsilon \in L^\infty(0,T;H) ,$$

(8.50) $$u'_\varepsilon(t) \in K ,$$

(8.51) $$u_\varepsilon(0) = u_o , \quad u'_\varepsilon(0) = u_1 ,$$

qui admet une solution unique sous l'hypothèse (8.13) , et avec

(8.52) $$u_o \in V_a , \quad Au_o,\ Bu_o \in H , \quad u_1 \in K.$$

Soit encore $\overline{K}$ = adhérence de K dans V_b .

Le problème limite est le suivant : u est défini comme la solution de

(8.53) $$(u'',v-u') + b(u,v-u') \geqslant (f,v-u') \qquad \forall\ v \in \overline{K} ,$$

(8.54) $$u,u' \in L^\infty(0,T;V_b) , \quad u'' \in L^\infty(0,T;H) ,$$

(8.55) $$u'(t) \in \overline{K} ,$$

([1]) On ne donne que les formulations fortes.

(8.56) $u(0) = u_o \,, \quad u'(0) = u_1 \,.$

On a le

THEOREME 8.4. On se place dans les hypothèses du Théorème 3.1 , avec (8.47), (8.13), (8.52) . Soit u_ε (resp. u) la solution de (8.48)...(8.51) (resp. (8.53)...(8.56)). On a alors

(8.57)
$$\begin{aligned} & u_\varepsilon \to u \,, \quad u'_\varepsilon \to u' \quad \text{dans} \quad L^\infty(0,T;V_b) \quad \text{faible étoile} \,, \\ & u''_\varepsilon \to u'' \quad \text{dans} \quad L^\infty(0,T;H) \quad \text{faible étoile} \,, \end{aligned}$$

(8.58) $\sqrt{\varepsilon}\; u_\varepsilon \,, \quad \sqrt{\varepsilon}\; u'_\varepsilon$ demeurent dans un borné de $L^\infty(0,T;V_a)$.

Démonstration.

On utilise la pénalisation. On approche u_ε par $u_{\varepsilon\eta}$ solution de

(8.59)
$$\begin{aligned} & (u''_{\varepsilon\eta},v) + \varepsilon\, a(u_{\varepsilon\eta},v) + b(u_{\varepsilon\eta},v) + \frac{1}{\eta}\,(\beta(u'_{\varepsilon\eta}),v) = (f,v) \,, \\ & u_{\varepsilon\eta}(0) = u_o \,, \quad u'_{\varepsilon\eta}(0) = u_1 \,. \end{aligned}$$

On en déduit, en prenant $v = u'_{\varepsilon\eta}$, que

(8.60)
$$\|u'_{\varepsilon\eta}\|_{L^\infty(0,T;H)} + \|u_{\varepsilon\eta}\|_{L^\infty(0,T;V_b)} + \sqrt{\varepsilon}\, \|u_{\varepsilon\eta}\|_{L^\infty(0,T;V_a)} \leqslant C \,,$$

et que

(8.61)
$$u''_{\varepsilon\eta}(0) = f(0) - \varepsilon\, Au_o - Bu_o \,.$$

Dérivant (8.59) en t et utilisant (8.61) , on en déduit l'analogue de (8.60) en remplaçant $u_{\varepsilon\eta}$ par $u'_{\varepsilon\eta}$.

Passant à la limite en η on obtient donc

(8.62)
$$\begin{aligned} & \|u''_\varepsilon\|_{L^\infty(0,T;H)} + \|u'_\varepsilon\|_{L^\infty(0,T;V_b)} + \|u_\varepsilon\|_{L^\infty(0,T;V_b)} + \\ & \quad + \sqrt{\varepsilon}\, \|u'_\varepsilon\|_{L^\infty(0,T;V_a)} + \sqrt{\varepsilon}\, \|u_\varepsilon\|_{L^\infty(0,T;V_a)} \leqslant C \,, \end{aligned}$$

d'où l'on déduit le Théorème par les procédés habituels. ∎

REMARQUE 8.8.

On traitera de la même manière l'inéquation

$$(8.63)\qquad (u''_\varepsilon, v-u'_\varepsilon) + \varepsilon\, a(u_\varepsilon, v-u'_\varepsilon) + b(u_\varepsilon, v-u'_\varepsilon) + j_a(v) - j_a(u'_\varepsilon) \geq (f, v-u'_\varepsilon)$$

$$\forall\ v \in V_a ,$$

où $v \to j_a(v)$ est continue convexe ≥ 0 sur V_a, nulle sur un ensemble $\subset V_a$ dense dans V_b. ([1]) ∎

REMARQUE 8.9.

Dans le cas des équations ($K = V_o$) [ou des inéquations faibles] on supposera seulement

$f \in L^2(0,T;H)$, $u_o \in V_a$, $u_1 \in V_b$ (ou l'adhérence de K dans V_b).

On a alors :

$u_\varepsilon \to u$ dans $L^\infty(0,T;V_b)$ faible étoile,

$u'_\varepsilon \to u'$ dans $L^\infty(0,T;H)$ faible étoile ,

$\sqrt{\varepsilon}\, \|u_\varepsilon\|_{L^\infty(0,T;V_a)} \leq C$. ∎

Exemple 8.3.

On se place dans le cadre de l'Exemple 3.1 pour V_a, V_b, K, H, a et b.

Le problème correspondant est

$$(8.64)\qquad \left|\ \begin{aligned} & u''_\varepsilon - \varepsilon\, \Delta u_\varepsilon = f \ \text{ dans } Q , \qquad u_\varepsilon = 0 \ \text{ sur } \Sigma , \\ & u_\varepsilon(x,0) = u_o(x) , \quad \frac{\partial u_\varepsilon}{\partial t}(x,0) = u_1(x) \ \text{ dans } \Omega . \end{aligned}\right.$$

La limite u est caractérisée par

([1]) On peut aussi remplacer dans (8.63) j_a par $\varepsilon j_a + j_b$.

(8.65) $$u'' = f \quad , \quad u(x,0) = u_o(x) \quad , \quad \frac{\partial u}{\partial t}(x,0) = u_1(x).$$

Comme on a déjà vu dans les cas elliptiques (Chap. 2) et paraboliques, il y a perte de la condition aux limites sur Σ, d'où convergence plus régulière à l'intérieur qu'au bord. ■

Exemple 8.4.

On se place dans le cadre de l'Exemple 3.9, et, avec les notations de cet Exemple, on considère le problème

(8.66) $$\begin{cases} \langle u'',v\rangle + \varepsilon\, a(u_\varepsilon,v) = \langle f,v\rangle - \varepsilon \int_\Gamma g \dfrac{\partial(Gv)}{\partial\nu}\, d\Gamma \ , \ \forall\ v \in V_a \ , \\ u_\varepsilon(0) = u_o \quad , \quad u_\varepsilon'(0) = u_1 . \end{cases}$$

Les hypothèses sont :

(8.67) $$f \in L^2(0,T;H^{-1}(\Omega)) \quad , \quad g,g' \in L^2(0,T;H^{-1/2}(\Gamma)).$$

On a alors une solution unique, qui satisfait (dans un sens faible) à

(8.68) $$\begin{cases} \dfrac{\partial^2 u_\varepsilon}{\partial t^2} - \varepsilon\, \Delta u_\varepsilon = f \ \text{ dans } Q \ , \\ u_\varepsilon = g \ \text{ sur } \Sigma \ , \\ u_\varepsilon(x,0) = u_o(x) \ , \ \dfrac{\partial u_\varepsilon}{\partial t}(x,0) = u_1(x) \ \text{ dans } \Omega \ . \end{cases}$$

On a alors $u_\varepsilon \to u$ et $u_\varepsilon' \to u'$ dans $L^\infty(0,T;L^2(\Omega))$ faible étoile (Remarque 8.9), u étant défini par (8.65).

On a ici l'analogue de la remarque faite à propos de l'Exemple 3.2 relative à l'effet de peau. ■

Exemple 8.5.

Dans le cadre de l'Exemple 3.6, on obtient le problème (8.64) avec au lieu de la condition de Dirichlet "$u_\varepsilon = 0$ sur Σ" la condition de Neumann

(8.69) $$\frac{\partial u_\varepsilon}{\partial\nu} = 0 \ \text{ sur } \Sigma \ .$$

La limite u est encore caractérisée par (8.65). ■

Exemple 8.6.

Dans le cadre de l'Exemple 3.3 , on obtient le problème analogue à (8.64) avec les conditions aux limites :

(8.70) $$\frac{\partial u_\varepsilon}{\partial t} \geqslant 0 \, , \quad \frac{\partial u_\varepsilon}{\partial \nu} \geqslant 0 \, , \quad \frac{\partial u_\varepsilon}{\partial t} \frac{\partial u_\varepsilon}{\partial \nu} = 0 \quad \text{sur} \quad \Sigma \, .$$

La limite est encore caractérisée par (8.65). ∎

Exemple 8.7.

Dans le cadre de l'Exemple 3.4 , le problème (8.63) est l'analogue de (8.64) avec les conditions aux limites :

(8.71) $$\left|\frac{\partial u_\varepsilon}{\partial \nu}\right| \leqslant g \, , \quad \frac{\partial u_\varepsilon}{\partial t} \frac{\partial u_\varepsilon}{\partial \nu} + g \left|\frac{\partial u_\varepsilon}{\partial t}\right| = 0 \quad \text{sur} \quad \Sigma \, .$$

La limite est encore caractérisée par (8.65). ∎

Exemple 8.8.

Les opérateurs intervenant dans les exemples précédents étaient hyperboliques . Voici un exemple d'opérateurs de type Petrowsky , non hyperboliques. On se place dans le cadre de l'Exemple 3.7 . Le problème en u_ε est alors

(8.72) $$\left|\begin{array}{l} \dfrac{\partial^2 u_\varepsilon}{\partial t^2} + \varepsilon \, \Delta^2 u_\varepsilon - \Delta u_\varepsilon = f \quad \text{dans} \quad Q \, , \\[2ex] u_\varepsilon = 0 \, , \quad \dfrac{\partial u_\varepsilon}{\partial \nu} = 0 \quad \text{sur} \quad \Sigma \, , \\[2ex] u_\varepsilon(x,0) = u_0(x) \, , \quad \dfrac{\partial u_\varepsilon}{\partial t}(x,0) = u_1(x) \quad \text{dans} \quad \Omega \, , \end{array}\right.$$

dont la limite est donnée par (1)

(8.73) $$\left|\begin{array}{l} \dfrac{\partial^2 u}{\partial t^2} - \Delta u = f \, , \\[2ex] u = 0 \ \text{sur} \ \Sigma \, , \quad u(x,0) = u_0(x) \, , \quad \dfrac{\partial u}{\partial t}(x,0) = u_1(x) \ \text{dans} \ \Omega \, . \end{array}\right.$$ ∎

---

(1) La limite est donc un problème hyperbolique . Considéré comme Petrowsky-Petrowsky, il n'y a pas changement de type.

Exemple 8.9.

On traite par le même genre de méthode la variante suivante de (8.72) (correspondant à une variante faible de la théorie générale) :

$$(8.74)\qquad \frac{\partial^2 u_\varepsilon}{\partial t^2} + \varepsilon\,(\Delta^2 u_\varepsilon - \frac{\partial}{\partial t}\,\Delta u_\varepsilon) - \Delta u_\varepsilon = f\,,$$

les autres conditions dans (8.72) étant inchangées. La limite est encore donnée par (8.73). ∎

8.4. ESTIMATIONS.

THEOREME 8.5. On se place dans les hypothèses du Théorème 8.4. On suppose en outre que

$$(8.75)\qquad u' \in L^2(0,T;V_a)\,,\quad u'(t) \in K \text{ p.p.}$$

Si u_ε (resp. u) désigne la solution de (8.48)...(8.51) (resp. (8.53)...(8.56)), on a

$$(8.76)\qquad \|u_\varepsilon - u\|_{L^\infty(0,T;V_b)} + \|u'_\varepsilon - u'\|_{L^\infty(0,T;H)} \leqslant C\,\varepsilon^{1/2}\,.$$

Démonstration.

Grâce à (8.75) on peut prendre $v = u'(t)$ dans (8.48). On prend $v = u'_\varepsilon(t)$ dans (8.53). On en déduit le résultat par addition et par les procédés habituels. ∎

REMARQUE 8.10.

On a la même estimation (8.76) pour les solutions faibles, donc en particulier dans le cas des équations, sous les seules hypothèses (8.75) et

$$(8.77)\qquad f \in L^2(0,T;H)\,,\quad u_o \in V_a\,,\quad u_1 \in V_b\,. \qquad ∎$$

Appliquons le Théorème 8.5 dans le cas de l'Exemple 8.3. On considère l'application linéaire :

$$(8.78)\qquad \pi_\varepsilon : f,u_o,u_1 \to u'_\varepsilon - u'\,,$$

qui est bornée de $L^2(0,T;H) \times H^1_o(\Omega) \times L^2(\Omega) \to L^\infty(0,T;H)$ $(H = L^2(\Omega))$ et qui (par application du Théorème 8.5) est bornée par $C\,\varepsilon^{1/2}$ de $L^2(0,T;H_o^1(\Omega))\times H_o^1(\Omega)\times H_o^1(\Omega) \to L^\infty(0,T;H)$.

Par utilisation de la méthode du Théorème 4.2 , on en déduit le

THEOREME 8.6. Soit u_ε (resp. u) la solution de (8.64) (resp. (8.65)).

On suppose que

(8.79) $$f \in L^2(0,T;H^1(\Omega)) \;,\quad u_o \in H_o^1(\Omega) \quad,\quad u_1 \in H^1(\Omega)\;.$$

On a alors

(8.80) $$\|u_\varepsilon' - u'\|_{L^\infty(0,T;L^2(\Omega))} \leqslant C\,\varepsilon^{1/4}\;.$$ ∎

REMARQUE 8.11.

Toujours par le même type de démonstration, on obtient , dans la situation du Théorème 8.6 l'estimation analogue à (4.12). ∎

8.5. CORRECTEURS.

On donne uniquement la formulation "forte". On introduit directement les correcteurs d'ordre N . On suppose $\overline{K} = V_b$.

On suppose que l'on a trouvé des fonctions $u^1,\dots,u^N$ telles que

(8.81) $$u^1,\ \frac{du^1}{dt}\ ,\ \dots\ ,\ u^N,\ \frac{du^N}{dt}\ \in L^2(0,T;V_a)\ ,$$

des fonctions $L^1,\ \dots\ ,\ L^N$ telles que

(8.82) $$L^j \in L^2(0,T;V_a')\ ,\ 1 < j < N\ ,$$

de façon que

(8.83) $$\left|\begin{aligned} &\frac{d^2}{dt^2}(u+\varepsilon u^1+\dots+\varepsilon^N u^N),v) + \varepsilon\, a(u+\varepsilon u^1+\dots+\varepsilon^N u^N,v) \;+\\ &\quad + b(u+\varepsilon u^1+\dots+\varepsilon^N u^N,v) = (f,v) + \varepsilon^{N+1} a(u^N,v) \;+\\ &\qquad + (\varepsilon L^1+\dots+\varepsilon^N L^N,v) \quad \forall\ v\in V_a\ ,\ \forall\ \varepsilon>0\ ,\end{aligned}\right.$$

avec

(8.84) $$u^1(0) = \frac{du^1}{dt}(0) = \dots = u^N(0) = \frac{du^N}{dt}(0) = 0 .$$

On dira que Θ_ε^N est un <u>correcteur d'ordre</u> N si

(8.85)
$$\left|\begin{array}{l} \frac{d}{dt}\Theta_\varepsilon^N(t) - \frac{d}{dt}(u+\varepsilon u^1+\dots+\varepsilon^N u^N)(t) \in K \\ (\frac{d^2}{dt^2}\Theta_\varepsilon^N, \varphi - \frac{d\Theta_\varepsilon^N}{dt}) + \varepsilon\, a(\Theta_\varepsilon^N, \varphi - \frac{d\Theta_\varepsilon^N}{dt}) + b(\Theta_\varepsilon^N, \varphi - \frac{d\Theta_\varepsilon^N}{dt}) \geqslant \\ \qquad \geqslant \varepsilon^N(\varepsilon g_{\varepsilon 1} + \varepsilon^{1/2} g_{\varepsilon 2}, \varphi - \frac{d\Theta_\varepsilon^N}{dt}) \\ \forall\ \varphi \text{ avec } \varphi - \frac{d}{dt}(u+ u^1+\dots+\varepsilon^N u^N)(t) \in K , \end{array}\right.$$

(8.86) $$\Theta_\varepsilon^N(0) = 0 \quad , \quad \frac{d}{dt}\Theta_\varepsilon^N(0) = 0 ,$$

où

(8.87)
$$\left|\begin{array}{l} \left|\int_o^T (g_{\varepsilon 1}, \varphi)dt\right| \leqslant C\|\varphi\|_{L^2(0,T;V_a)} \quad , \quad \left|\int_o^T (g'_{\varepsilon 1}, \varphi)dt\right| \leqslant C\|\varphi\|_{L^2(0,T;V_a)} \\ \forall\ \varphi \in L^2(0,T;V_a) \text{ avec } \varphi(t) \in K-K , \end{array}\right.$$

et où

(8.88)
$$\left|\begin{array}{l} \left|\int_o^T (g_{\varepsilon 2}, \varphi)dt\right| \leqslant C\|\varphi\|_{L^2(0,T;H)} \quad , \\ \forall\ \varphi \in L^2(0,T;V_a) \text{ avec } \varphi(t) \in K-K . \end{array}\right.$$

[Il faut en fait donner une formulation faible des problèmes précédents] .

On a alors le

<u>THEOREME 8.7</u>. <u>On se place dans les hypothèses</u> (8.81) ... (8.88) . <u>On a alors</u> :

(8.89)
$$\left|\begin{array}{l} \|u_\varepsilon - (u+\varepsilon u^1+\dots+\varepsilon^N u^N + \Theta_\varepsilon^N)\|_{L^\infty(0,T;V_b)} + \\ + \left\|\frac{du_\varepsilon}{dt} - \frac{d}{dt}(u+\varepsilon u^1+\dots+\varepsilon^N u^N + \Theta_\varepsilon^N)\right\|_{L^\infty(0,T;H)} \leqslant C\,\varepsilon^{N+1/2} , \end{array}\right.$$

<u>et</u>

(8.90) $$\|u_\varepsilon-(u+\varepsilon u^1+ \ldots + \varepsilon^N u^N + \theta^N_\varepsilon)\|_{L^\infty(0,T;V_a)} \leqslant C\,\varepsilon^N \ .$$

Démonstration.

Posant $w_\varepsilon = u_\varepsilon-(u+\varepsilon u^1+\ldots+\varepsilon^N u^N+\theta^N_\varepsilon)$, on arrive à

(8.91) $$-(w''_\varepsilon,w'_\varepsilon)-\varepsilon\, a(w_\varepsilon,w'_\varepsilon)-b(w_\varepsilon,w'_\varepsilon) \geqslant \varepsilon^{N+1}a(u^N,w'_\varepsilon)+\varepsilon^N(\varepsilon g_{\varepsilon 1}+\varepsilon^{1/2}g_{\varepsilon 2},w'_\varepsilon) \ .$$

Donc

(8.92) $$\left| \begin{array}{l} |w'_\varepsilon(t)|^2 + \varepsilon\, a(w_\varepsilon(t),w_\varepsilon(t)) + b(w_\varepsilon(t),w_\varepsilon(t)) \leqslant \\ \leqslant -\varepsilon^{N+1}\displaystyle\int_0^T [\, a(u^N,w'_\varepsilon)+(g_{\varepsilon 1},w'_\varepsilon)\,]\,d\sigma - \varepsilon^{N+1/2}\int_0^T (g_{\varepsilon 2},w'_\varepsilon)d\sigma \ . \end{array} \right.$$

Le $2^{\text{ème}}$ membre de (8.92) vaut

$$\begin{array}{l} -\varepsilon^{N+1}\,[\, a(u^N(t),w_\varepsilon(t)) + (g_{\varepsilon 1}(t),w_\varepsilon(t))\,] + \\ +\varepsilon^{N+1}\displaystyle\int_0^t [\, a(\frac{du^N}{dt},w_\varepsilon) + (\frac{dg_{\varepsilon 1}}{dt},w_\varepsilon)]\,d\sigma - \varepsilon^{N+1/2}\int_0^t (g_{\varepsilon 2},w'_\varepsilon)d\sigma < \\ < C\,\varepsilon^{N+1}[\,\|w_\varepsilon(t)\|_a+(\displaystyle\int_0^t \|w_\varepsilon(\sigma)\|_a^2 d\sigma)^{1/2}] + C\varepsilon^{N+1/2}(\int_0^t \|w'_\varepsilon(\sigma)\|_b^2\, d\sigma)^{1/2}. \end{array}$$

Posons :

(8.93) $$\left| \begin{array}{l} \varphi_\varepsilon(t) = |w'_\varepsilon(t)|^2 + \varepsilon\|w_\varepsilon(t)\|_a^2 + \|w_\varepsilon(t)\|_b^2 \ , \\ \bar{\varphi}_\varepsilon(t) = \sup.\ \varphi_\varepsilon(t) \ , \quad t \in [0,s\,] \ . \end{array} \right.$$

Alors le $2^{\text{ème}}$ membre de (8.92) est majoré pour $t \in [0,s\,]$, par

$$C\,\varepsilon^{N+1/2}\ \bar{\varphi}_\varepsilon(s)^{1/2} \ .$$

Donc (8.92) donne , pour $t \in [0,s\,]$:

(8.94) $$\varphi_\varepsilon(t) - \lambda|w_\varepsilon(t)|^2 < C\,\varepsilon^{N+1/2}\ \bar{\varphi}_\varepsilon(s)^{1/2} \ .$$

Mais $|w_\varepsilon(t)|^2 \leqslant C \displaystyle\int_0^t |w'_\varepsilon(\sigma)|^2\, d\sigma$, donc (8.94) entraine

$$\overline{\varphi}_\varepsilon(s) \leqslant C \int_0^s |w'(\sigma)|^2 \, d\sigma + \frac{\overline{\varphi}_\varepsilon(s)}{} + C\, \varepsilon^{2N+1} .$$

Donc

(8.95) $$\overline{\varphi}_\varepsilon(s) \leqslant c \int_0^s |w'_\varepsilon(\sigma)|^2 d\sigma + C\, \varepsilon^{2N+1} .$$

on a donc en particulier

$$|w'_\varepsilon(s)|^2 \leqslant c \int_0^s |w'_\varepsilon(\sigma)|^2 \, d\sigma + C\, \varepsilon^{2N+1} ,$$

donc par le Lemme de Gronwall

$$|w'_\varepsilon(s)| \leqslant C\, \varepsilon^{N+1/2} .$$

On a alors $\overline{\varphi}\ (s) \leqslant C\, \varepsilon^{2N+1}$, d'où le résultat. ■

Exemple 8.10. [Suite de l'Exemple 8.3].

Dans le cas où $\Omega = \{x | x_n > 0\}$, on définit un correcteur d'ordre 0 par

(8.96)
$$\begin{cases} \dfrac{\partial^2\Theta_\varepsilon}{\partial t^2} - \dfrac{\partial^2\Theta_\varepsilon}{\partial x_n^2} = 0 , \quad x_n > 0 , \\[2ex] \Theta_\varepsilon(x',o,t) + u(x',o,t) = 0 , \quad \Theta_\varepsilon(x,o) = 0 , \quad \dfrac{\partial\Theta_\varepsilon}{\partial t}(x,o) = 0 ; \end{cases}$$

on trouve

(8.97)
$$\begin{aligned} \Theta_\varepsilon(x,t) &= 0 \quad \text{si} \quad x_n \geqslant t\sqrt{\varepsilon} , \\ &= -u(x',o,t - x_{n/\sqrt{\varepsilon}}) \quad \text{si} \quad x_n \leqslant + \sqrt{\varepsilon} . \end{aligned}$$

On obtient ainsi un correcteur si l'on suppose par exemple que

(8.98) $$u(x',o,t) \in L^2(0,T;H^2(\mathbb{R}_x^{n-1})).$$

■

REMARQUE 8.12.

On peut traiter, par les méthodes précédentes, les "analogues hyperboliques" des problèmes des N°6.1 et 6.2. ∎

9. UNE CLASSE DE PROBLEMES HYPERBOLIQUES-HYPERBOLIQUES.

9.1. ENONCE DU RESULTAT.

Notations.

On considère, comme au N°3, les espaces $V_a \subset V_b \subset H$. On se donne les formes $a(u,v)$, $b(u,v)$ avec

(9.1) a et b sont symétriques, $a(v) \geqslant \alpha\|v\|_a^2$, $b(v) \geqslant \beta\|v\|_b^2$ ([1]), $\alpha,\beta > 0$.

(9.2) $$a(v) - b(v) \geqslant \gamma\|v\|_a^2 \quad \forall\ v \in V_a, \quad \gamma > 0.$$

On se donne également

(9.3) $$f \in L^2(0,T;H),$$

(9.4) $$u_o, u_1 \in V_a, \quad u_2 \in H.$$

On considère le problème du $3^{\text{ème}}$ ordre en t ([2])

(9.5) $$\varepsilon[(u_\varepsilon''',v) + a(u_\varepsilon',v)] + (u_\varepsilon'',v) + b(u_\varepsilon,v) = (f,v) \quad \forall\ v \in V_a,$$

(9.6) $$u_\varepsilon(0) = u_o, \quad u_\varepsilon'(0) = u_1, \quad u_\varepsilon''(0) = u_2,$$

qui, comme nous verrons plus loin au cours de la démonstration du Théorème 9.1, admet une solution unique, $\forall\ \varepsilon > 0$, telle que

(9.7) $$u_\varepsilon, u_\varepsilon' \in L^\infty(0,T;V_a), \quad u_\varepsilon'', u_\varepsilon''' \in L^\infty(0,T;H).$$ ∎

Le problème limite, formellement pour l'instant, est

---

(1) On écrira $a(v)$, $b(v)$ au lieu de $a(v,v)$, $b(v,v)$.

(2) Problème qui n'est pas nécessairement hyperbolique, mais qui est du type Petrowsky.

(9.8) $(u'',v) + b(u,v) = (f,v) \quad \forall \; v \in V_b$,

(9.9) $u(0) = u_o \; , \; u'(0) = u_1$

qui admet une solution unique dans la classe

(9.10) $u \in L^\infty(0,T;V_b) \; , \; u' \in L^2(0,T;H)$. ■

Nous démontrons dans le N° suivant le

THEOREME 9.1. On se place dans les conditions (9.1)...(9.4) . Soit u_ε (resp. u) la solution de (9.5)(9.6)(9.7) , (resp. (9.8)(9.9)(9.10)). On a alors

(9.11) $u_\varepsilon \to u$ dans $L^\infty(0,T;V_b)$ faible étoile ,

(9.12) $u'_\varepsilon \to u'$ dans $L^\infty(0,T;H)$ faible étoile ,

(9.13) $\varepsilon u'_\varepsilon$ (resp. $\varepsilon u''_\varepsilon$) demeure dans un borné de $L^\infty(0,T;V_a)$ (resp. de $L^\infty(0,T;H)$). ■

REMARQUE 9.1.

D'après (9.8) on a ([1]) :

$$(u''(0),v) = (f(0),v) - b(u_o,v)$$

de sorte que, sauf dans le cas particulier où

(9.14) $(f(0),v) - b(u_o,v) = (u_2,v) \quad \forall \; v \in V_b$,

on a :

$$u''_\varepsilon(0) \not\to u''(0) .$$

Il y a donc une singularité (sur les dérivées secondes) pour t=0 ; l'étude au voisinage de t=0 relève des méthodes du Chap. 6 .

([1]) En supposant $f \in L^2(0,T;H)$, $f' \in L^2(0,T;H)$.

Il y a aussi (si $T = \infty$) une singularité pour $t=\infty$. Cela relève des méthodes du Chap. 7. ∎

9.2. DEMONSTRATION DU THEOREME 9.1.

On écrit (9.5) sous la forme :

(9.15) $$(\varepsilon\, u_\varepsilon''' + u_\varepsilon'',v) + \varepsilon\,[a(u_\varepsilon',v) - b(u_\varepsilon',v)] + b(\varepsilon u_\varepsilon' + u_\varepsilon, v) = (f,v)\ .$$

Prenant $v = \varepsilon u_\varepsilon'' + u_\varepsilon'$ dans (9.15) , il vient

(9.16) $$\frac{1}{2}\frac{d}{dt}\,[\,|\varepsilon u_\varepsilon'' + u_\varepsilon'|^2 + b(\varepsilon u_\varepsilon' + u_\varepsilon)] + \frac{\varepsilon^2}{2}\frac{d}{dt}\,[a(u_\varepsilon') - b(u_\varepsilon')] +$$
$$+\ \varepsilon\,[a(u_\varepsilon') - b(u_\varepsilon')] = (f,\ \varepsilon u_\varepsilon'' + u_\varepsilon')\ .$$

Intégrant (9.16) de 0 à t , il vient :

(9.17) $$\frac{1}{2}\,|\,\varepsilon u_\varepsilon''(t) + u_\varepsilon'(t)|^2 + \frac{1}{2}\,b(\varepsilon u_\varepsilon'(t) + u_\varepsilon(t)) +$$
$$+\ \frac{\varepsilon^2}{2}\,[a(u_\varepsilon'(t)) - b(u_\varepsilon'(t))] + \varepsilon\int_0^t [a(u_\varepsilon') - b(u_\varepsilon')]\,d\sigma =$$
$$= \frac{1}{2}\,|\,\varepsilon u_2 + u_1|^2 + \frac{1}{2}\,b(\varepsilon u_1 + u_0) + \frac{\varepsilon^2}{2}\,[a(u_1) - b(u_1)] + \int_0^t (f,\varepsilon u_\varepsilon'' + u_\varepsilon')\,d\sigma.$$

Compte tenu des hypothèses sur a et b , on en déduit :

$$\frac{1}{2}\,|\varepsilon u_\varepsilon''(t) + u_\varepsilon'(t)|^2 + \frac{1}{2}\,b(\varepsilon u_\varepsilon'(t) + u_\varepsilon(t)) + \frac{1}{2}\|\varepsilon u_\varepsilon'\|_a^2 +$$
$$+\ \varepsilon\int_0^t \|u_\varepsilon'\|_a^2\,d\sigma = 2^{\text{ème}}\ \text{membre de (9.17)}\ ,$$

d'où l'on déduit que :

(9.18) $u_\varepsilon + \varepsilon\, u_\varepsilon'$ demeure dans un borné de $L^\infty(0,T;V_b)$,

(9.19) $u_\varepsilon' + \varepsilon u_\varepsilon''$ demeure dans un borné de $L^\infty(0,T;H)$,

(9.20) $\varepsilon\, u_\varepsilon'$ demeure dans un borné de $L^\infty(0,T;V_a)$,

(9.21) $\sqrt{\varepsilon}\ u_\varepsilon'$ demeure dans un borné de $L^2(0,T;V_a)$.

De (9.20) et (9.18) on déduit que :

(9.22) u_ε demeure dans un borné de $L^\infty(0,T;V_b)$.

Mais prenant $v = \varepsilon u''_\varepsilon$ dans (9.5) on en déduit :

(9.23)
$$\frac{\varepsilon^2}{2} |u''_\varepsilon(t)|^2 + \frac{\varepsilon^2}{2} a(u'_\varepsilon(t)) + \varepsilon \int_0^t |u''_\varepsilon(\sigma)|^2 d\sigma =$$
$$= \frac{\varepsilon^2}{2} |u_2|^2 + \frac{\varepsilon^2}{2} a(u_1) - \varepsilon b(u_\varepsilon(t),u'_\varepsilon(t)) + \varepsilon b(u_o,u_1) + \varepsilon \int_o^t b(u'_\varepsilon)d\sigma +$$
$$+ \varepsilon \int_o^t (f,u''_\varepsilon)d\sigma .$$

Mais en tenant compte de (9.20)(9.21)(9.22), on voit que le 2ème membre de (9.23) est borné indépendamment de ε , d'où l'on déduit donc que

(9.24) $\varepsilon\, u''_\varepsilon$ est borné dans $L^\infty(0,T;H)$,

(9.25) $\sqrt{\varepsilon}\ \varepsilon u''_\varepsilon$ est borné dans $L^2(0,T;H)$.

De (9.19) et (9.24) on déduit que

(9.26) u'_ε est borné dans $L^\infty(0,T;H)$.

On peut donc extraire une suite, encore notée u_ε , telle que

$u_\varepsilon \to w$ dans $L^\infty(0,T;V_b)$ faible étoile ,

$u'_\varepsilon \to w'$ dans $L^\infty(0,T;H)$ faible étoile.

Prenons maintenant une fonction v telle que

(9.27) | v est dans $C^1([0,T];V_a)$,
| $v(T) = 0$.

Prenons dans (9.5) $v = v(t)$ et intégrons par parties. Il vient :

$$- (u_2,v(0)) - \varepsilon \int_o^T (u''_\varepsilon,v')dt + \varepsilon \int_o^T a(u'_\varepsilon,v)dt -$$
$$- (u_1,v(0)) - \int_o^T (u'_\varepsilon,v')dt + \int_o^T b(u_\varepsilon,v)dt = \int_o^T (f,v)dt ,$$

d'où l'on déduit que

(9.28) $$\left| \begin{array}{l} - \int_0^T (w',v')dt + \int_0^T b(w,v)dt = (u_1,v(0)) + \int_0^T (f,v)dt \\ \forall \; v \text{ avec } (9.27). \end{array} \right.$$

Comme V_a est dense dans V_b, on en déduit (9.28) $\forall \; v \in C^1([0,T];V_b)$, avec $v(T) = 0$ et donc $w = u$. ∎

9.3. EXEMPLES.

Exemple 9.1.

Nous prenons $V_a = V_b = H_o^1(\Omega)$, $H = L^2(\Omega)$,

$a(u,v) = \int_\Omega$ grad u grad v dx , $b(u,v) = \beta a(u,v)$, $0 < \beta < 1$.

On est dans les conditions du Théorème 9.1. Le problème en u_ε est :

(9.29) $$\left| \begin{array}{l} \varepsilon \left(\dfrac{\partial^3 u_\varepsilon}{\partial t^3} - \Delta \dfrac{\partial u_\varepsilon}{\partial t} \right) + \dfrac{\partial^2 u_\varepsilon}{\partial t^2} - \beta \, \Delta u_\varepsilon = f \text{ dans } Q, \\ u_\varepsilon = 0 \text{ sur } \Sigma, \\ u_\varepsilon(x,0) = u_o(x), \quad \dfrac{\partial u_\varepsilon}{\partial t}(x,0) = u_1(x), \quad \dfrac{\partial^2 u_\varepsilon}{\partial t^2}(x,0) = u_2(x) \text{ dans } \Omega, \end{array} \right.$$

et le problème limite est

(9.30) $$\left| \begin{array}{l} \dfrac{\partial^2 u}{\partial t^2} - \beta \, \Delta u = f \text{ dans } Q, \\ u = 0 \text{ sur } \Sigma, \; u(x,0) = u_o(x), \quad \dfrac{\partial u}{\partial t}(x,0) = u_1(x). \end{array} \right.$$

∎

Exemple 9.2.

Nous prenons $V_a = H_o^1(\Omega)$, $V_b = H = L^2(\Omega)$,

$a(u,v)$ comme dans l'Exemple 9.1 et (ce qui est loisible) $b=0$.

Cela revient à faire $\beta=0$ dans l'Exemple 9.1.

Dans le cas de l'Exemple 9.1 il n'y a de "couche limite" qu'au voisinage de $t=0$ (et aussi $t=\infty$, que nous évitons ici en prenant $T < \infty$). Dans le cas présent, il y a couche limite également sur Σ, On peut, pour traiter ce cas, introduire des correcteurs de différents ordres. Nous ne détaillerons pas cela ici.

■

Exemple 9.3.

Nous prenons

$$V_a = H_o^2(\Omega) \ , \quad V_b = H_o^1(\Omega) \ , \quad H = L^2(\Omega) \ ,$$

(9.31) $$a(u,v) = \int_\Omega \Delta u \, \Delta v \, dx \ , \quad b(u,v) = \beta \int_\Omega \text{grad } u \text{ grad } v \, dx.$$

Soit λ_1 la plus petite valeur propre (on suppose que Ω est borné) du problème

(9.32) $$\Delta^2 w = \lambda(-\Delta w) \ , \quad w = 0 \text{ sur } \Gamma \ , \quad \frac{\partial w}{\partial \nu} = 0 \text{ sur } \Gamma \ .$$

Alors on a :

(9.33) $$\text{si } 0 < \beta < \lambda_1 \ , \text{ on a : } \quad a(v) - b(v) \geq \gamma \|v\|_a^2 \ .$$

On est alors dans les conditions du Théorème 9.1. Le problème pour u_ε est

(9.34) $$\left| \begin{array}{l} \varepsilon \left(\dfrac{\partial^3 u_\varepsilon}{\partial t^2} + \Delta^2 \dfrac{\partial u_\varepsilon}{\partial t} \right) + \dfrac{\partial^2 u_\varepsilon}{\partial t^2} - \beta \, \Delta u_\varepsilon = f \text{ dans } Q \ , \\ u_\varepsilon = \dfrac{\partial u_\varepsilon}{\partial \nu} = 0 \text{ sur } \Sigma \ , \\ u_\varepsilon(x,0) = u_o(x) \ , \ \dfrac{\partial u_\varepsilon}{\partial t}(x,0) = u_1(x) \ , \ \dfrac{\partial^2 u_\varepsilon}{\partial t^2}(x,0) = u_2(x) \text{ dans } \Omega \ , \end{array} \right.$$

le problème limite étant donné par (9.30).

■

10. REMARQUES DIVERSES.

10.1. CORRECTEURS INTERNES.

Revenons aux problèmes du N°5 . Si K est dense dans V_b, (5.3) n'ayant pas lieu , on peut opérer de manière analogue à celle du Chapitre 2, N°10.

On introduit <u>une régularisée</u> r_ε <u>d'ordre</u> 0 <u>par</u>

(10.1)
$$\left|\begin{array}{l} \left(\dfrac{dr_\varepsilon}{dt},v\right) + \varepsilon a(r_\varepsilon,v) + b(r_\varepsilon,v) = (f,v) + (\varepsilon\rho_{\varepsilon 1} + \varepsilon^{1/2}\rho_{\varepsilon 2},v) \\ \forall\ v \in K\text{-}K , \end{array}\right.$$

(10.2)
$$r_\varepsilon(0) = u_o ,$$

où $\rho_{\varepsilon 1}$, $\rho_{\varepsilon 2}$ satisfont aux analogues de (5.7).

On introduit alors un <u>correcteur</u> Θ_ε <u>d'ordre</u> 0 par l'analogue d'évolution de (10.6) , Chap. 2.

On obtient alors

(10.3)
$$u_\varepsilon - (r_\varepsilon+\Theta_\varepsilon) \to 0 \quad \text{dans} \quad L^2(0,T;V_a) \text{ faible.}$$ ■

Dans un exemple analogue à celui du N°10.3 , Chap. 2, (auquel on se ramène par ex. par transformation de Laplace en t), r_ε apparait comme un <u>correcteur interne</u>. ■

<u>REMARQUE 10.1.</u>

On pourra procéder de manière analogue dans le cas des opérateurs de Petrowsky. ■

10.2. <u>PROBLEMES RAIDES ET PENALISES.</u>

Les notations sont celles du Chap.1 , N°10. On considère le problème suivant :

(10.4)
$$\left|\begin{array}{l} (u'_\varepsilon,v) + a_o(u_\varepsilon,v) + \varepsilon^{2\alpha}\, a_1(u_\varepsilon,v) + \varepsilon^{-2\beta}\, b_1(u_\varepsilon,v) = (f,v) \quad \forall\ v \in V , \\ u_\varepsilon(0) = u_o . \end{array}\right.$$

Cela équivaut à

(10.5)
$$\left|\begin{array}{l} \dfrac{\partial u_{\varepsilon o}}{\partial t} - \Delta u_{\varepsilon o} = f_o \quad \text{dans} \quad \Omega_o \times \,]0,T[\quad , \\ \dfrac{\partial u_{\varepsilon 1}}{\partial t} - \varepsilon^{2\alpha}\Delta u_{\varepsilon 1} + \varepsilon^{-2\beta} u_{\varepsilon 1} = f_1 \quad \text{dans} \quad \Omega_1 \times \,]0,T[\quad , \end{array}\right.$$

avec

$$(10.6)\quad \begin{cases} u_{\varepsilon o} = 0 \text{ sur } \Sigma , \\ u_{\varepsilon o} = u_{\varepsilon 1} , \dfrac{\partial u_{\varepsilon o}}{\partial \nu} = \varepsilon^{2\alpha} \dfrac{\partial u_{\varepsilon 1}}{\partial \nu} \text{ sur } S \times]0,T[, \\ u_{\varepsilon} \text{ donné sur } \Omega \text{ pour } t = 0 . \end{cases}$$

On montre alors ceci : $u_{\varepsilon} \to \bar{u}_o$ dans $L^2(0,T;H^1(\Omega_o))$ faible , $\bar{u}_o$ vérifiant dans $Q_o = \Omega_o \times]0,T[$:

$$(10.7)\quad \begin{cases} \dfrac{\partial \bar{u}_o}{\partial t} - \Delta \bar{u}_o = f_o , \\ \bar{u}_o = 0 \text{ sur } \Sigma , \quad \bar{u}_o(x,0) = u_o(x) \text{ sur } \Omega_o . \end{cases}$$

<u>La condition aux limites sur</u> S <u>dépend des valeurs relatives de</u> α <u>et</u> β :

Si $0 < \alpha < \beta$, $\bar{u}_o = 0$ sur $S \times]0,T[$;

Si $0 < \beta < \alpha$, $\dfrac{\partial \bar{u}_o}{\partial \nu} = 0$ sur $S \times]0,T[$;

Si $\alpha = \beta$, $\dfrac{\partial \bar{u}_o}{\partial \nu} = \bar{u}_o$ sur $S \times]0,T[$. ■

<u>REMARQUE 10.2.</u>

On a un résultat analogue dans le cas hyperbolique. ■

10.3. <u>PERTURBATIONS DES CONVEXES.</u>

Les notations sont celles du Chap.2 , N°11. On se donne donc une famille d'ensembles convexes K_{ε} non vides fermés de V_a ; on suppose que

(10.8) $\forall$ $v \in L^2(0,T;V_b)$ avec $v' \in L^2(0,T;V_b')$, $v(0) = u_o$ où u_o est donné dans V_a , $u_o \in K_{\varepsilon}$ $\forall \varepsilon$, il existe $v_{\varepsilon} \in L^2(0,T;V_a)$, $v_{\varepsilon}' \in L^2(0,T;V_b')$, $v_{\varepsilon}(t) \in K_{\varepsilon}$, $v_{\varepsilon}(0) = u_o$, et $v_{\varepsilon} \to v$ dans $L^2(0,T;V_b)$ faible , $v_{\varepsilon}' \to v'$ dans $L^2(0,T;V_b')$ faible.

Soit u_ε la solution dans $L^2(0,T;V_a)$ avec

(10.9)
$$\left|\begin{array}{l} u_\varepsilon(t) \in K_\varepsilon \text{ p.p. en } t , \\ \displaystyle\int_o^T [\, (v',v-u_\varepsilon) + \varepsilon a(u_\varepsilon,v-u_\varepsilon) + b(u_\varepsilon,v-u_\varepsilon) - (f,v-u_\varepsilon)\,]dt \geqslant 0 \\ \forall\ v \in L^2(0,T;V_a) ,\ v' \in L^2(0,T;V_a') ,\ v(t) \in K_\varepsilon ,\ v(0) = u_o . \end{array}\right.$$

On a alors :

(10.10) $u_\varepsilon \to u$ dans $L^2(0,T;V_b)$ faible (et dans $L^\infty(0,T;H)$ faible étoile)

où u est la solution de l'équation

(10.11)
$$\left|\begin{array}{l} (u',v) + b(u,v) = (f,v) \quad \forall\ v \in V_b , \\ u \in L^2(0,T;V_b) ,\ u(0) = u_o . \end{array}\right.$$

■

10.4. UN PROBLEME DE TYPE PARTICULIER.

Considérons le problème suivant , où $\Omega =]-1,1[$.

(10.12)
$$\left|\begin{array}{l} x\dfrac{\partial u_\varepsilon}{\partial t} - \varepsilon \dfrac{\partial^2 u_\varepsilon}{\partial x^2} + u_\varepsilon = f \text{ dans } Q = \Omega \times]0,T[, \\ u_\varepsilon = 0 \text{ sur } \Sigma \text{ (i.e. pour } x = \pm 1) , \\ u_\varepsilon(x,0) = 0 \text{ si } x > 0 , \\ u_\varepsilon(x,T) = 0 \text{ si } x < 0 . \end{array}\right.$$

On montre l'existence et l'unicité de la solution de ce problème , vérifiant

(10.13) $u_\varepsilon \in L^2(0,T;H_o^1(\Omega))$

(cf. Baouendi-Grisvard [1]).

Lorsque $\varepsilon \to 0$, on a :

(10.14) $u_\varepsilon \to u$ dans $L^2(Q)$

où u est la solution de

(10.15)
$$\left| \begin{array}{l} x \frac{\partial u}{\partial t} + u = f \quad \text{dans} \quad Q , \\ u(x,0) = 0 \quad \text{si} \quad x > 0 , \quad u(x,T) = 0 \quad \text{si} \quad x < 0 . \end{array} \right.$$

L'étude des <u>correcteurs</u> reste à faire .

Le résultat précédent s'étend à des problèmes non linéaires, tels que ceux considérés dans Lions [3] , Chap.3 , N°2.6. ∎

11. DEFAUT D'AJUSTEMENT.

Nous donnons ici une remarque qui est liée aux considérations du N°4.2.

Nous considérons le problème

(11.1) $$\frac{\partial u}{\partial t} - \Delta u = 0 \quad \text{dans} \quad Q = \Omega \times]0,T[\ ,$$

(11.2) $$u|_{\Sigma} = 0 \ ,$$

(11.3) $$u(x,0) = u_o(x) \ .$$

Notre objet est l'étude de la convergence de $u(t) = u(\cdot,t)$ vers u_o lorsque $t \to 0$ selon les hypothèses faites sur u_o . ∎

<u>Cas</u> "$u_o \in L^2(\Omega)$" .

La solution du problème (11.1)(11.2)(11.3) s'exprime par

(11.4) $$u(t) = G(t)u_o$$

où $t \to G(t)$ est un semi groupe continu de $t \geq 0 \to \mathcal{L}_S(L^2(\Omega);L^2(\Omega))$ (i.e. $t \to G(t)f$ est continu de $t \geq 0 \to L^2(\Omega)$ $\forall$ $f \in L^2(\Omega)$) et ce semi groupe est <u>analytique</u> (cf. Yosida [1]).

On a , si $u_o \in L^2(\Omega)$:

$G(t)u_o \in H^2(\Omega) \cap H^1_o(\Omega)$ (domaine de $-\Delta$ ([1]))

([1]) L'ouvert Ω est supposé à frontière régulière.

et, lorsque $t \to 0$:

(11.5) $$\|G(t)u_o\|_{H^2(\Omega)} \leqslant C\, t^{-1}\, \|u_o\|_{L^2(\Omega)} \quad .$$ ■

<u>Cas</u> "$u_o \in H^2(\Omega) \cap H^1_o(\Omega)$" .

Si u_o est dans le domaine de $-\Delta$, $G(t)u_o$ est également dans ce domaine et l'on a :

(11.6) $$\|G(t)u_o\|_{H^2(\Omega)} \leqslant C\, \|u_o\|_{H^2(\Omega)\cap H^1_o(\Omega)} \quad .$$ ■

Par interpolation, on déduit de (11.5)(11.6) que

(11.7) $$\|G(t)u_o\|_{H^2(\Omega)} \leqslant C\, t^{-1/2}\, \|u_o\|_{H^1_o(\Omega)} \quad , \quad \forall\ u_o \in H^1_o(\Omega).$$

<u>On pose la question de trouver une estimation du type précédent lorsque</u> $u_o \in H^1(\Omega)$, $u_o \notin H^1_o(\Omega)$.

On a alors le

<u>THEOREME 11.1.</u> <u>Si</u> $u_o \in H^1(\Omega)$, <u>on a</u>

(11.8) $$\|G(t)u_o\|_{H^2(\Omega)} \leqslant C\, t^{-3/4}\, \|u_o\|_{H^1(\Omega)} \quad .$$

<u>Démonstration.</u>

On utilise le Lemme 5.1 , Chap.2. On peut représenter u_o par

$$u_o = a(t) + b(t) \ , \quad \|a(t)\|_{L^2(\Omega)} \leqslant C\, t^{\alpha}\|u_o\|_{H^1(\Omega)} \, , b(t) \in H^1_o(\Omega) \ ,$$

$$\|b(t)\|_{H^1(\Omega)} \leqslant C\, t^{-\alpha}\|u_o\|_{H^1(\Omega)} \quad .$$

Alors

$$G(t)u_o = G(t)a(t) + G(t)b(t)$$

et utilisant (11.5)(11.7) on en tire

$$\|G(t)u_o\|_{H^2(\Omega)} \leq (C\, t^{\alpha-1} + C\, t^{-\alpha-1/2})\|u_o\|_{H^1(\Omega)}$$

Choisissant $\alpha = 1/4$, on en déduit le résultat. ■

REMARQUE 11.1.

Naturellement la méthode précédente est générale et est valable dans d'autres situations paraboliques. Cf. aussi le Problème 13.13. ■

12. PROBLEMES NON LINEAIRES.

12.1. PROBLEMES RAIDES.

Avec les notations du Chap. 1, N°9.1 , on considère le problème :

(12.1) $$b_o(u'_\varepsilon,v)+a_o(u_\varepsilon,v)+(\beta(u_\varepsilon),v)+\varepsilon\,[\,b_1(u'_\varepsilon,v)+a_1(u_\varepsilon,v)] = (f,v) \quad \forall\ v \in V\ ,$$

(12.2) $$u_\varepsilon(0) = u_o\ ;$$

il équivaut à

(12.3) $$\left|\begin{array}{l} \dfrac{\partial u_{\varepsilon o}}{\partial t} - \Delta u_{\varepsilon o} + (u_{\varepsilon o})^3 = f_o \quad \text{dans} \quad Q_o = \Omega_o \times]0,T[\ , \\[2mm] \varepsilon\left(\dfrac{\partial u_{\varepsilon 1}}{\partial t} - \Delta u_{\varepsilon 1}\right) = f_1 \quad \text{dans} \quad Q_1 = \Omega_1 \times]0,T[\ , \\[2mm] u_{\varepsilon o} = 0 \quad \text{sur} \quad \Sigma = \Gamma \times]0,T[\ , \\[2mm] u_{\varepsilon o} = u_{\varepsilon 1}\ ,\quad \dfrac{\partial u_{\varepsilon o}}{\partial \nu} = \varepsilon\,\dfrac{\partial u_{\varepsilon 1}}{\partial \nu} \quad \text{sur} \quad \hat{S} = S \times]0,T[\ , \\[2mm] u_{\varepsilon o}(x,0) = u_{oo}(x) \quad \text{dans} \quad \Omega_o\ ,\quad u_{\varepsilon 1}(x,0) = u_{o1}(x) \quad \text{dans} \quad \Omega_1\ . \end{array}\right.$$

On calcule le début d'un développement $u_\varepsilon = \dfrac{u^{-1}}{\varepsilon} + u^o + \ldots$ comme suit.

Tout d'abord $u^{-1}(t) \in Y_o$ et

(12.4) $$\left|\begin{array}{l} b_1\left(\dfrac{du^{-1}}{dt},v\right) + a_1(u^{-1},v) = (f,v) \quad \forall\ v \in Y\ , \\[2mm] u^{-1}(0) = 0, \end{array}\right.$$

ce qui coincide avec (2.45)

On définit ensuite u_o^o par le problème non linéaire (comparer à (2.47)) :

(12.5)
$$\left|\begin{array}{l} \frac{\partial u_o^o}{\partial t} - \Delta u_o^o + (u_o^o)^3 = f_o \quad \text{dans } Q_o , \\ u_o^o = 0 \quad \text{sur } \Sigma , \quad \frac{\partial u_o^o}{\partial \nu} = \frac{\partial u_1^{-1}}{\partial \nu} \quad \text{sur } \hat{S} , \\ u_o^o(x,0) = u_{oo}(x) , \quad x \in \Omega_o \end{array}\right.$$

puis u_1^o par la même formule que (2.49).

Moyennant l'hypothèse de régularité

(12.6)
$$\frac{\partial u_1^o}{\partial t} \in L^2(Q_1) , \quad Q_1 = \Omega_1 \times]0,T[,$$

on montre, par adaptation de la démonstration du Chap.1 , N°9.1, que

(12.7)
$$u_\varepsilon - \left(\frac{u^{-1}}{\varepsilon} + u^o \right) \to 0 \quad \text{dans } L^2(0,T;V) \text{ faible.}$$
■

12.2. PROBLEMES DE COUCHE LIMITE ; METHODE DE MONOTONIE.

On considère le problème suivant (qui admet une solution unique) :

(12.8)
$$\frac{\partial u_\varepsilon}{\partial t} - \varepsilon \Delta u_\varepsilon + \Phi(u_\varepsilon) = f ,$$

(12.9)
$$u_\varepsilon = 0 \quad \text{sur } \Sigma ,$$

(12.10)
$$u_\varepsilon(x,0) = u_o(x) \quad \text{dans } \Omega ,$$

où, pour fixer les idées

(12.11)
$$\Phi(v) = v^3 .$$

On a :

THEOREME 12.1. On suppose que $f \in L^2(0,T;H)$, $H = L^2(\Omega)$, et que $u_o \in H$. Lorsque $\varepsilon \to 0$, on a :

(12.12) $u_\varepsilon \to u$ <u>dans</u> $L^4(Q)$ <u>faible et dans</u> $L^\infty(0,T;H)$ <u>faible étoile</u>,

<u>où</u> u <u>est la solution de</u>

(12.13) $$\frac{\partial u}{\partial t} + \Phi(u) = f \quad , \quad u(x,0) = u_o(x).$$

<u>Démonstration.</u>

Posant $a(u,v) = \int_\Omega \text{grad } u \text{ grad } v \, dx$, $V = H_o^1(\Omega) \cap L^4(\Omega)$ (1) $H=L^2(\Omega)$, le problème (12.8)(12.9)(12.10) équivaut à

(12.14) $$\left| \begin{array}{l} (u_\varepsilon',v) + \varepsilon\, a(u_\varepsilon,v) + (\Phi(u_\varepsilon),v) = (f,v) \quad \forall\, v \in V , \\ u_\varepsilon(0) = u_o . \end{array} \right.$$

Prenant $v = u_\varepsilon$ dans (12.14) on obtient :

(12.15) $$\left| \begin{array}{l} \|u_\varepsilon\|_{L^4(Q)} + \|u_\varepsilon\|_{L^\infty(0,T;H)} \leqslant C , \\ \sqrt{\varepsilon}\, \|u_\varepsilon\|_{L^2(0,T;V)} \leqslant C . \end{array} \right.$$

On peut donc extraire une suite, encore notée u_ε , telle que

(12.16) $$\left| \begin{array}{l} u_\varepsilon \to w \quad \text{dans} \quad L^4(Q) \text{ faible et dans } L^\infty(0,T;H) \text{ faible étoile} , \\ u_\varepsilon^3 \to \chi \quad \text{dans} \quad L^{4/3}(Q) \quad \text{faible} \end{array} \right.$$

et on vérifie aussitôt que

(12.17) $$\frac{\partial w}{\partial t} + \chi = f \quad , \quad w(x,0) = u_o(x) .$$

La seule difficulté du problème (2) est donc de vérifier que

(12.18) $$\chi = w^3$$

(En effet on a alors $w = u$).

---

(1) Donc $V = H_o^1(\Omega)$ si $n \leqslant 4$ (d'après le Théorème de plongement de Sobolev).

(2) C'est l'<u>une</u> des difficultés fondamentales des problèmes non linéaires.

On utilise dans ce but <u>la méthode de monotonie</u> ([1]) .

Comme $|u_\varepsilon(T)| \leqslant C$, on peut supposer que

$$u_\varepsilon(T) \to \xi \text{ dans } H \text{ faible .}$$

On vérifie ensuite que $\xi = w(T)$. Donc

(12.19) $$u_\varepsilon(T) \to w(T) \text{ dans } H \text{ faible.}$$

On introduit alors, avec φ quelconque dans $L^4(Q)$:

(12.20) $$X_\varepsilon(\varphi) = \int_0^T (\Phi(u_\varepsilon)-\Phi(\varphi),\ u_\varepsilon-\varphi)dt + \varepsilon \int_0^T a(u_\varepsilon,u_\varepsilon)dt + \frac{1}{2}|u_\varepsilon(T)|^2 .$$

Grâce à la monotonie de la fonction $\lambda \to \lambda^3$, on a :

$$(\Phi(u_\varepsilon) - \Phi(\varphi),\ u_\varepsilon-\varphi) \geqslant 0 \quad ,$$

donc

(12.21) $$X_\varepsilon(\varphi) \geqslant \frac{1}{2}|u_\varepsilon(T)|^2$$

donc

(12.22) $$\text{lim. inf. } X(\varphi) \geqslant \frac{1}{2}|w(T)|^2 \quad .$$

Mais par ailleurs , $X_\varepsilon(\varphi)$ donné par (12.20) vaut

$$\frac{1}{2}|u_o|^2 + \int_o^T (f,u_\varepsilon)dt - \int_o^T (\Phi(u_\varepsilon),\varphi)dt - \int_o^T (\Phi(\varphi),u_\varepsilon-\varphi)dt$$

ce qui converge vers

$$\frac{1}{2}|u_o|^2 + \int_o^T (f,w)dt - \int_o^T (\chi,\varphi)dt - \int_o^T (\Phi(\varphi),w-\varphi)dt.$$

Combinant avec (12.22), on obtient donc

$$\frac{1}{2}|u_o|^2 + \int_o^T (f,w)dt - \frac{1}{2}|w(T)|^2 - \int_o^T (\chi,\varphi)dt - \int_o^T (\Phi(\varphi),w-\varphi)dt \geqslant 0$$

([1]) Pour un exposé systématique de laquelle nous renvoyons à Lions [3].

d'où, tenant compte de (12.17)

$$\int_0^T (\chi-\Phi(\varphi),w-\varphi)dt \geqslant 0 \quad \forall \varphi \in L^4(Q). \tag{12.23}$$

Nous utiliserons alors "l'artifice de Minty" (cf. Minty [1]) ; nous prenons dans (12.23)

$$\varphi = w - \lambda \Psi \quad , \quad \Psi \in L^4(Q) \ , \quad \lambda > 0 \ .$$

Il vient, après division par λ :

$$\int_0^T (\chi - \Phi(w-\lambda\Psi),\Psi)dt \geqslant 0 \quad \forall \ \Psi \in L^4(Q) \ . \tag{12.24}$$

Faisant tendre λ vers 0, on en déduit :

$$\int_0^T (\chi - \Phi(w),\Psi)dt \geqslant 0 \quad \forall \ \Psi \in L^4(Q) \ ,$$

d'où (12.18). ∎

REMARQUE 12.1.

La démonstration précédente est valable si l'on remplace dans (12.8) $-\Delta$ par un opérateur elliptique d'ordre quelconque, symétrique ou non. Dans le cas particulier où a est symétrique, on peut prendre $v = u'_\varepsilon$ dans (12.14). Il vient :

$$|u'_\varepsilon(t)|^2 + \frac{\varepsilon}{2}\frac{d}{dt}\, a(u_\varepsilon(t),u_\varepsilon(t)) + \frac{1}{4}\frac{d}{dt}\,\|u_\varepsilon(t)\|^4_{L^4(\Omega)} = (f,u'_\varepsilon) ,$$

d'où l'on tire [1]

$$\left| \begin{array}{l} u_\varepsilon \text{ borné dans } L^\infty(0,T;L^4(\Omega)) \ , \ u'_\varepsilon \text{ borné dans } L^2(0,T;H) \ , \\ \sqrt{\varepsilon}\, u_\varepsilon \text{ borné dans } L^\infty(0,T;H^1_0(\Omega)). \end{array} \right. \tag{12.25}$$

∎

---

[1] Sous l'hypothèse que $u_0 \in H^1_0(\Omega) \cap L^4(\Omega)$.

12.3. METHODE DE COMPACITE.

Nous indiquons maintenant une autre méthode (dite "de compacité" ([1])) de démonstration du Théorème 12.1 , valable sous des hypothèses plus restrictives ([2]):

(12.26) $$u_o \in H_o^1(\Omega) \cap L^4(\Omega) \;,\quad f \in L^2(0,T;H_o^1(\Omega)).$$

On prend $v = -\Delta u_\varepsilon$ dans (12.14) ([3]) . Il vient :

(12.27) $$\frac{1}{2}\frac{d}{dt}\, a(u_\varepsilon(t),u_\varepsilon(t)) + \varepsilon|\Delta u_\varepsilon(t)|^2 + 3\int_\Omega u_\varepsilon^2\, |\text{grad } u_\varepsilon|^2\, dx =$$
$$= (f,-\Delta u_\varepsilon) = a(f,u_\varepsilon)$$

d'où l'on déduit que

(12.28) u_ε est borné dans $L^\infty(0,T;H_o^1(\Omega))$,

(12.29) $\sqrt{\varepsilon}\; u_\varepsilon$ est borné dans $L^2(Q)$.

Mais de (12.25) et (12.28) il résulte en particulier que u_ε est borné dans $H^1(Q)$. Or (cf. Sobolev [1]) l'injection de $H^1(Q) \to L^2(Q)$ est compacte de sorte que l'on peut supposer, par extraction de sous-suite encore notée u_ε que $u_\varepsilon \to w$ dans $L^2(Q)$ fort , donc par nouvelle extraction éventuelle, que $u_\varepsilon(x,t) \to w(x,t)$ p.p. d'où résulte (12.18). ∎

12.4. CORRECTEURS.

Dans le cadre du N°12.2, on introduit un correcteur Θ_ε d'ordre 0

(12.30) $$\left|\begin{array}{l} \frac{\partial}{\partial t}(\Theta_\varepsilon+u) - \varepsilon\,\Delta(\Theta_\varepsilon+u) + (\Theta_\varepsilon+u)^3 = f + \varepsilon\, g_{\varepsilon 1} + \varepsilon^{1/2} g_{\varepsilon 2} \;, \\ \Theta_\varepsilon + u = 0 \text{ sur } \Sigma \;, \\ \Theta_\varepsilon(x,0) = 0 \text{ sur } \Omega \;, \end{array}\right.$$

([1]) Pour une étude systématique de laquelle nous renvoyons à Lions [3], Chap.1.

([2]) Mais de champ d'application différent.

([3]) Cela peut se justifier; par ex. avec la méthode de Galerkin et une "base spéciale" (cf. Lions [3]).

où

(12.31) $$\|g_{\varepsilon 1}\|_{L^2(0,T;H^{-1}(\Omega))} + \|g_{\varepsilon 2}\|_{L^2(\Omega)} \leq C .$$

Si l'on suppose en outre que

(12.32) $g_{\varepsilon 1}$ (resp. $g_{\varepsilon 2}$) $\to 0$ dans $L^2(0,T;H^1(\Omega))$ (**resp.** $L^2(Q)$) fort,

alors

(12.33) $u_\varepsilon - (u+\Theta_\varepsilon) \to 0$ dans $L^2(0,T;H_o^1(\Omega))$ fort.

En effet, si l'on pose $w_\varepsilon = u_\varepsilon - (u+\Theta_\varepsilon)$, on a

(12.34)
$$\left| \begin{array}{l} (w'_\varepsilon,\varphi) + \varepsilon\, a(w_\varepsilon,\varphi) + (\Phi(u_\varepsilon) - \Phi(\Theta_\varepsilon+u),\varphi) = \\ \qquad = -(\varepsilon\, g_{\varepsilon 1} + \varepsilon^{1/2} g_{\varepsilon 2},\varphi) \qquad \forall\ \varphi \in V , \\ w_\varepsilon(0) = 0 . \end{array} \right.$$

Prenant $v = w_\varepsilon$ dans (12.34) et utilisant la monotonie de Φ , on en déduit

$$\frac{1}{2} |w_\varepsilon(t)|^2 + \varepsilon \int_o^t a(w_\varepsilon,w_\varepsilon)d\sigma = - \int_o^t (\varepsilon g_{\varepsilon 1} + \varepsilon^{1/2} g_{\varepsilon 2},w_\varepsilon)d\sigma \leq$$
$$< C\sqrt{\varepsilon}\ \Big[\int_o^t |w_\varepsilon|^2\, d\sigma + \varepsilon \int_o^t a(w_\varepsilon,w_\varepsilon)d\sigma \Big]^{1/2} \times$$
$$\times \quad (\|g_{\varepsilon 1}\|_{L^2(0,T;H^{-1}(\Omega))} + \|g_{\varepsilon 2}\|_{L^2(Q)})$$

d'où l'on tire que

(12.35)
$$\|w_\varepsilon\|_{L^\infty(0,T;H)} + \sqrt{\varepsilon}\, \|w_\varepsilon\|_{L^2(0,T;H^1(\Omega))} \leq$$
$$\leq C\sqrt{\varepsilon}\ (\|g_{\varepsilon 1}\|_{L^2(0,T;H^{-1}(\Omega))} + \|g_{\varepsilon 2}\|_{L^2(Q)}) ,$$

d'où (12.33). ■

Naturellement toute la difficulté revient au calcul, ou à l'estimation, d'un correcteur θ_ε .

On suppose que $\Omega = \{x | x_n > 0\}$ et que u est une fonction "régulière" en toutes les variables. On pose

(12.36) $$q(x) = u(x',0,t) \quad , \quad r = u-q \; .$$

On définit θ_ε par :

(12.37) $$\begin{cases} \dfrac{\partial\theta_\varepsilon}{\partial t} - \dfrac{\partial^2\theta_\varepsilon}{\partial x_n^2} + \theta_\varepsilon^3 + 3q\,\theta_\varepsilon^2 + 3q^2\,\theta_\varepsilon = 0 \; , & x_n > 0 \; , \\ \theta_\varepsilon + q = 0 \text{ si } x_n = 0 \; , & \\ \theta_\varepsilon(x,0) = 0 \; , \quad \theta_\varepsilon \in L^2(0,T,H^1_{x_n}(0,\infty)) \; , & x' = \text{paramètre.} \end{cases}$$

Si l'on définit M par :

(12.38) $$\begin{cases} \dfrac{\partial M}{\partial t} - \varepsilon \dfrac{\partial^2 M}{\partial x_n^2} + M^3 + 3q\,M^2 + 3q^2\,M = 0 \; , \\ M + q = 0 \text{ si } x_n = 0 \; ; \quad M(x,0) = 0 \; , \\ M \in L^2(0,T;H^1_{x_n}(0,\infty)) \; , \end{cases}$$

alors

(12.39) $$\theta_\varepsilon(x,t) = M(x', \frac{x_n}{\sqrt{\varepsilon}}, t) \; .$$

On obtient par ailleurs

$$\frac{\partial}{\partial t}(\theta_\varepsilon+u) - \varepsilon\,\Delta(\theta_\varepsilon+u) + \Phi(\theta_\varepsilon+u)$$

$$= f - \varepsilon\,\Delta'\theta_\varepsilon - \varepsilon\,\Delta' u + 3\,\theta_\varepsilon^2\,r + 9\,\theta_\varepsilon\,qr + 3\,\theta_\varepsilon\,r^2 \; .$$

On prend $g_{\varepsilon 1} = 0$ et

(12.40) $$g_{\varepsilon 2} = -\sqrt{\varepsilon}\,\Delta'\theta_\varepsilon - \sqrt{\varepsilon}\,\Delta' u + \frac{3}{\sqrt{\varepsilon}}(\theta_\varepsilon^2 r + 3\theta_\varepsilon\,qr + \theta_\varepsilon\,r^2) \; .$$

Mais, u étant supposée "régulière", on peut écrire

(12.41) $r = x_n R$, R étant également régulière.

Si l'on suppose u assez régulier pour que $\Delta' M$ et $\Delta' u \in L^2(Q)$, on a :

(12.42) $$\|g_{\varepsilon 2}\|_{L^2(Q)} \leqslant C\sqrt{\varepsilon} + \frac{C}{\sqrt{\varepsilon}} \|\theta_\varepsilon^2 r + 3\,\theta_\varepsilon\, qr + \theta_\varepsilon r^2\|_{L^2(Q)} .$$

Estimons par exemple $\|\theta_\varepsilon^2\, r\|^2_{L^2(Q)} = \int_Q M^2(x', \frac{x_n}{\sqrt{\varepsilon}}, t) x_n^2\, R^2\, dx\, dt =$

$$= \varepsilon^{3/2} \int_Q M^2(x', y, t)\; y^2\; R(x', y\sqrt{\varepsilon}, t)\; dx'\, dy\, dt$$

d'où, avec des hypothèses convenables sur R , $\|\theta_\varepsilon^2 r\|_{L^2(Q)} \leqslant C\,\varepsilon^{3/4}$.

Alors (12.42) donne

$$\|g_{\varepsilon 2}\|_{L^2(Q)} \leqslant C\,\varepsilon^{1/4}$$

et (12.39) définit bien un correcteur. ■

13. PROBLEMES.

13.1. On peut très probablement étendre, en utilisant Brézis [4], le Théorème 3.1 au cas où l'on a une famille de convexes $K(t)$ dépendant (convenablement) de t, mais cela reste à détailler.

13.2. A-t-on convergence forte dans (3.37), Théorème 3.2. ?

13.3. Dans le Théorème 4.1 a-t-on l'estimation

$$\|u_\varepsilon - u\|_{L^\infty(0,T;H)} \leq C\,\varepsilon^{1/2} \quad ?$$

(c'est "immédiat" si l'on raisonne sur les solutions fortes).

13.4. Extension des résultats du type de ceux du N°3 aux équations "opérationnelles" générales, comme dans Grisvard [1] et Da Prato [1].

13.5. Extension des résultats du type de ceux du N°3 aux équations d'évolution

$$\frac{\partial u}{\partial t}\varepsilon + \varepsilon\, Au_\varepsilon + Bu_\varepsilon = f$$

au sens des distributions (ou des ultra-distributions), lorsque $-A$ et $-B$ sont générateurs infinitésimaux de semi groupes de distributions (ou d'ultra-distributions) (cf. Lions [13], Chazarain [1] et la bibliographie de ce travail).

13.6. Extension des résultats des N°3 et 4 au cas des problèmes paraboliques dans des ouverts non cylindriques.

13.7. Question analogue à la précédente mais relative aux résultats du N°2 et à tous les résultats de ce Chapitre (en particulier pour les opérateurs hyperboliques ou de Petrowsky).

13.8. Calcul de correcteurs dans les domaines $\Omega \times]0,T[$, Ω pouvant avoir des coins . [Il devrait être possible d'utiliser conjointement les méthodes de ce Chapitre et celles de P.Grisvard [2][3]].

13.9. Calcul des correcteurs dans les Exemples 5.3 à 5.5 avec des ouverts différents du demi-espace.

13.10. Soit u_ε la solution de (7.2) et $\tilde{u}_\varepsilon$ celle de (3.24). Supposant K dense dans V_b, u_ε et $\tilde{u}_\varepsilon$ ont même limite. Peut-on estimer $u_\varepsilon - \tilde{u}_\varepsilon$?

13.11. Dans l'Exemple 9.1, on voit facilement (avec les "domaines d'influence") qu'il n'y a pas de convergence si $\beta > 1$. [Dans le cas $\beta = 1$, on a

$$(\varepsilon \frac{\partial}{\partial t} + I)[\frac{\partial^2 u_\varepsilon}{\partial t^2} - \Delta u_\varepsilon] = f \text{ , d'où l'on tire } \frac{\partial^2 u_\varepsilon}{\partial t^2} - \Delta u_\varepsilon].$$ Quelle est la situation dans le cas de l'Exemple 9.3 si $\beta \geqslant \lambda_1$ (cf. (9.33)) ?

13.12. Etude des problèmes de perturbations singulières pour les problèmes mixtes hyperboliques résolus par Chazarain et Piriou [1].

13.13. Il a été montré par Iooss [1] l'analogue de (11.8) pour le problème linéaire de Stokes :

$$\frac{\partial u}{\partial t} - \Delta u = - \text{grad } p \text{ , } \text{Div } u = 0 \text{ , } u = 0 \text{ sur } \Sigma \text{ , } u(x,0) = u_0(x).$$

La démonstration de Iooss est d'un type absolument différent de celui du texte. Peut-on démontrer le résultat de Iooss par une démonstration analogue à celle du texte ? [La difficulté est dans l'analogue du Lemme 5.1, Chap.2, pour les vecteurs à divergence nulle ; la démonstration s'adapte si Ω est un demi-espace]. (Cf. D. BREZIS dans la bibliographie complémentaire).

13.14. Analogue d'évolution du Problème 11.4, Chap.1 : peut-on étendre, et comment, le résultat du N°12.1 au cas de problèmes "doublement non linéaires" en les variables d'espace ?

13.15. Etude de problèmes "doublement non linéaires" en les variables de temps et d'espace, de la forme

$$\Phi(\frac{\partial u}{\partial t}) + \varepsilon A(u) + B(u) = f \quad ;$$

pour des problèmes de ce type avec $\varepsilon = 1$, cf. en particulier O.Grange et F.Mignot [1], F.Mignot [1].

14. COMMENTAIRES.

Les inéquations d'évolution paraboliques ont été introduites dans Stampacchia et l'A. [1]. Elles ont fait l'objet de nombreux travaux (cf. H.Brezis [2][3], Lions [3] , Duvaut-Lions [1] et la bibliographie de ces travaux).

Le N°2 suit la 2ème note de Lions [7].

D'autres aspects que ceux du N°4 sont donnés dans A.Friedman [1][2]. Les N°3, 5, 7 suivent Lions [4][5].

Les inéquations du N°7 (avec $\varepsilon=1$) ont été introduites dans Duvaut-Lions [1] ; des résultats complémentaires, en particulier sur la régularité des solutions, sont donnés dans H. Brézis [2] .

Les inéquations d'évolution du 2ème ordre ont été introduites dans Lions [14] , puis Brézis-Lions [1] et H.Brézis [2] où l'on devra se reporter pour les solutions faibles.

Les résultats du N°9.3 , Exemple 9.1, sont des variantes de Roseman-Meyer [1] . Voir aussi Matkowsky et Reiss [1] , pour l'étude, par la méthode du "multiple-timing" (cf. aussi Chap.6) , du comportement pour $t \to \infty$. Consulter également Chaillou [1] , Genet et Pupion [1] , et le livre Maslov [1],2ème partie.

Le N°11 suit Lions [11] ; un résultat antérieur du type de celui du N°11 est dû à Iooss [1] pour les équations de Stokes; cf. aussi Problème 13.13, et D. BREZIS dans la bibliographie complémentaire.

Comme il a déjà été dit plusieurs fois, on a réduit au minimum (au N°12) l'étude des problèmes non linéaires.

Nous n'avons pas développé systématiquement l'usage des semi-groupes. Pour les perturbations, solutions <u>non singulières</u>, des semi-groupes, nous renvoyons aux ouvrages de T.Kato [1] et V.P.Maslov [1] .

CHAPITRE V

PROBLEMES STATIONNAIRES AVEC CHANGEMENT DE TYPE

INTRODUCTION

On étudie essentiellement dans ce Chapitre les problèmes stationnaires du type

(1) $\varepsilon A u_\varepsilon + B u_\varepsilon = f$

où A est elliptique et B un système du 1er ordre. D'autre problèmes seront étudiés au n°7 .

Il s'agit là d'un problème classique (Levinson [1] , Visik-Liousternik [1][2][3] , Eckhaus-de Jager [1] , Eckhaus [2][3]) lorsque B est un opérateur du 1er ordre et A un opérateur elliptique du 2ème ordre.

Nous étudions ici d'autres situations telles que :

(i) A est un système elliptique, B un système du 1er ordre (selon D. Brezis, H. Brezis et C. Bardos [1]) ;

(ii) les conditions aux limites peuvent correspondre à des inéquations ;

(iii) l'opérateur A peut être non linéaire.

Ce Chapitre peut alors être considéré comme une introduction à l'étude de par exemple Eckhaus-de Jager [1] , Eckhaus [2] [3] , Mauss [1] et comme une première étude des extensions signalées ci-dessus et relativement auxquelles se posent de nombreux problèmes, dont quelques-uns sont signalés au n°8.

Ce Chapitre suppose comme connu l'essentiel du Chapitre 2.

1. OPERATEURS DU 2ème ORDRE - 1er ORDRE.

1.1. Exemple modèle.

Dans un ouvert Ω borné du plan $\mathbb{R}^2$, dont les coordonnées sont désignées par x et y . On considère le problème

(1.1) $$- \varepsilon \Delta u_\varepsilon + \frac{\partial u_\varepsilon}{\partial y} = f , \qquad (\varepsilon > 0),$$

(1.2) $$u_\varepsilon = 0 \text{ sur } \Gamma$$

où f est donné dans $L^2(\Omega)$.

Formellement, il est naturel de penser que u_ε converge, dans une topologie convenable, vers u satisfaisant à

$$(1.3) \qquad \frac{\partial u}{\partial y} = f \quad \text{dans} \quad \Omega \ .$$

Mais la condition aux limites $u = 0$ sur Γ est, en général, <u>impossible à réaliser avec</u> (1.3). La première question est donc de voir si effectivement u_ε tend vers <u>une</u> solution de (1.3) et <u>laquelle</u>. ■

Soit ν la normale à Γ extérieure à Ω, la frontière Γ étant supposée régulière. On désigne par ν_x, ν_y les composantes du vecteur unitaire ν sur les axes des x et des y. On introduit :

$$(1.4) \qquad \Gamma_- = \{\{x,y\} \mid \{x,y\} \in \Gamma \ , \ \nu_y \leq 0\} \quad (^1) \ .$$

On donne sur les Fig.1 et 2 <u>deux exemples</u> d'ensembles Γ_-.

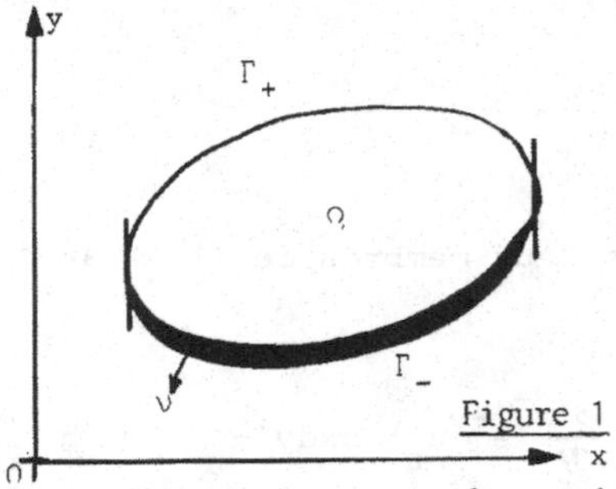

Figure 1

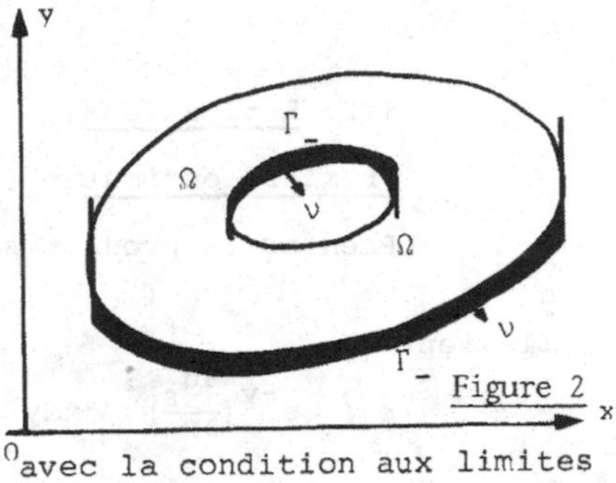

Figure 2

On considère maintenant le problème (1.3) avec la condition aux limites

$$(1.5) \qquad u = 0 \quad \text{sur} \quad \Gamma_- \ .$$

Le problème (1.3) (1.5) admet une solution unique.

On va montrer le

<u>Théorème 1.1</u>. <u>Si</u> u_ε (<u>resp</u>.u) <u>désigne la solution de</u> (1.1)(1.2) (<u>resp</u>. <u>de</u> (1.3)(1.5)) <u>on a</u> :

(1.6) $\quad u_\varepsilon \to u \quad$ <u>dans</u> $L^2(\Omega)$ <u>faible.</u>

La démonstration sera donnée au n° suivant ; elle repose sur des estimations a priori qui jouent, dans toute la suite du Chapitre, un rôle fondamental. ■

---

(1) Plus exactement, Γ_- est la fermeture dans Γ de l'ensemble des points où $\nu_y < 0$; définition analogue pour Γ_+.

Remarque 1.1 .
Le Théorème est également valable, avec la même démonstration, dans le cas de la Fig.3. ∎

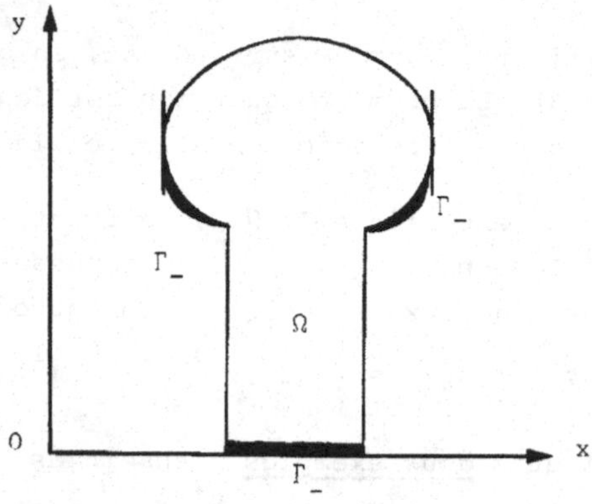

Fig. 3

1.2. Estimations.

Première estimation.

Prenons le produit scalaire des deux membres de (1.1) avec $e^{-y} u_\varepsilon$.
Il vient :

$$\varepsilon \int_\Omega e^{-y} \left(\frac{\partial u_\varepsilon}{\partial x}\right)^2 dxdy + \varepsilon \int_\Omega \frac{\partial u_\varepsilon}{\partial y} \frac{\partial}{\partial y} (e^{-y} u_\varepsilon)\, dxdy + $$
$$+ \int_\Omega e^{-y}\, u_\varepsilon \frac{\partial u_\varepsilon}{\partial y}\, dxdy = (f, e^{-y} u_\varepsilon)$$

donc

$$\varepsilon \int_\Omega e^{-y} \, |\text{grad } u_\varepsilon|^2 dxdy - \varepsilon \int_\Omega \frac{e^{-y}}{2} \frac{\partial}{\partial y} (u_\varepsilon^2)\, dxdy + $$
$$+ \int_\Omega \frac{e^{-y}}{2} \frac{\partial}{\partial y} (u_\varepsilon^2)\, dxdy = (f, e^{-y} u_\varepsilon)$$

d'où

$$\varepsilon \int_\Omega e^{-y} \, |\text{grad } u_\varepsilon|^2 dxdy + \frac{1-\varepsilon}{2} \int_\Omega e^{-y} |u_\varepsilon|^2 dxdy = (f, e^{-y} u_\varepsilon)$$

d'où l'on déduit que

(1.7) $$\varepsilon \; \|u_\varepsilon\|^2_{H^1(\Omega)} + \|u_\varepsilon\|^2_{L^2(\Omega)} \leq C . \blacksquare$$

Deuxième estimation.

On introduit maintenant une fonction $\varphi \in C^1(\bar{\Omega})$ telle que

(1.8) $$\begin{cases} \varphi = 0 & \text{dans un voisinage de } \Gamma_+ = \Gamma - \Gamma_- \\ \varphi \geq 0 & \text{sur } \Gamma_- . \end{cases}$$

On multiplie les deux membres de (1.1) par $\varphi\frac{\partial u_\varepsilon}{\partial y}$. Il vient (1)

$$(1.9)\quad -\varepsilon\int_\Gamma \frac{\partial u_\varepsilon}{\partial \nu}\,\varphi\frac{\partial u_\varepsilon}{\partial y}\,d\Gamma + \varepsilon\int_\Omega \operatorname{grad} u_\varepsilon\,.\,\operatorname{grad}(\varphi\frac{\partial u_\varepsilon}{\partial y})dxdy + \int_\Omega \varphi(\frac{\partial u_\varepsilon}{\partial y})^2\,dxdy = (f,\varphi\frac{\partial u_\varepsilon}{\partial y})\,.$$

La deuxième intégrale de (1.9) vaut :

$$(1.10)\quad \frac{\varepsilon}{2}\int_\Omega \varphi\,\frac{\partial}{\partial y}\,(\operatorname{grad} u_\varepsilon)^2\,dxdy + \varepsilon\int_\Omega(\operatorname{grad} u_\varepsilon\,.\,\operatorname{grad} u_\varepsilon)\,\varphi\,dxdy$$

D'après (1.7) la deuxième intégrale de (1.10) est $0(\sqrt{\varepsilon})$.

Alors (1.10) vaut

$$\frac{\varepsilon}{2}\int_\Gamma \varphi\nu_y(\operatorname{grad} u_\varepsilon)^2 d\Gamma - \frac{\varepsilon}{2}\int_\Omega \frac{\partial\varphi}{\partial y}\,(\operatorname{grad} u_\varepsilon)^2\,dxdy + 0(\sqrt{3})$$
$$= \frac{\varepsilon}{2}\int_\Gamma \varphi\;\nu_y\;(\operatorname{grad} u_\varepsilon)^2\,d\Gamma + 0(1)\,.$$

Portant cette estimation dans (1.9), il vient :

$$(1.11)\quad \varepsilon\int_\Gamma \varphi\,[\frac{1}{2}(\operatorname{grad} u_\varepsilon)^2\,\nu_y - \frac{\partial u_\varepsilon}{\partial \nu}\frac{\partial u_\varepsilon}{\partial y}]\,d\Gamma + \int_\Omega \varphi(\frac{\partial u_\varepsilon}{\partial y})^2\,dxdy = (f,\varphi\,\frac{\partial u_\varepsilon}{\partial y}) + 0(1)\,.$$

Mais comme $u_\varepsilon = 0$ sur Γ, on a, sur Γ

$$|\operatorname{grad} u_\varepsilon|^2 = (\frac{\partial u_\varepsilon}{\partial \nu})^2\quad,\quad \frac{\partial u_\varepsilon}{\partial y} = \frac{\partial u_\varepsilon}{\partial \nu}\,\nu_y$$

de sorte que le 1er terme de (1.11) vaut

$$(1.12)\quad \frac{\varepsilon}{2}\int_\Gamma \varphi(\frac{\partial u_\varepsilon}{\partial \nu})^2\,(-\nu_y)\,d\Gamma\,.$$

Or $\varphi(-\nu_y) \geq 0$ sur Γ (on a exactement fait ce qu'il fallait pour çà). Donc la quantité (1.12) est ≥ 0 et l'on déduit donc de (1.11) que

(1.13) $\varphi\,\frac{\partial u_\varepsilon}{\partial y}$ <u>est borné dans</u> $L^2(\Omega)$. ■

Remarque 1.2

Si f est régulière, on démontrera des estimations du type (1.13) et de même pour $\varphi\,\frac{\partial u_\varepsilon}{\partial x}$, $\varphi\,\frac{\partial^2 u_\varepsilon}{\partial y^2}$, etc, mais φ étant à support compact dans Ω . ■

---

(1) Les intégrations par parties sont justifiées lorsque $f \in L^2(\Omega)$.

Démonstration du Théorème 1.1.

D'après (1.7) (1.13) on peut extraire une sous suite, encore notée u_ε telle que :

(1.14)
$$\left|\begin{array}{l} u_\varepsilon \longrightarrow w \text{ dans } L^2(\Omega) \text{ faible,} \\ \varphi \dfrac{\partial u_\varepsilon}{\partial y} \longrightarrow \varphi \dfrac{\partial w}{\partial y} \text{ dans } L^2(\Omega) \text{ faible, pour } \varphi \text{ dans une} \\ \text{famille dénombrable de fonctions vérifiant (1.8).} \end{array}\right.$$

D'après (1.14), on a :

(1.15)
$$\left|\begin{array}{l} u_\varepsilon \longrightarrow w \text{ dans } L^2(S) \text{ faible, où } S \text{ est une partie quel-} \\ \text{conque contenue dans } \Gamma_- . \end{array}\right.$$

Donc, $w = 0$ sur Γ_- . Il résulte de (1.1) que

$$\frac{\partial w}{\partial y} = f \text{ , donc } w = u . \blacksquare$$

1.3. Remarques diverses.

Remarque 1.3.

La démonstration précédente s'étend sans peine au problème

(1.16)
$$- \varepsilon \sum_{i,j=1}^{n} \frac{\partial}{\partial x_i} (a_{ij}(x) \frac{\partial u_\varepsilon}{\partial x_j}) + \frac{\partial u_\varepsilon}{\partial x_n} = f ,$$

avec (1.2) , où $a_{ij} \in C^1(\bar{\Omega})$, $\sum_{i,j=1}^{n} a_{ij}(x) \xi_i \xi_j \geq \alpha \sum_{i=1}^{n} \xi_i^2$.

Plus généralement, on peut considérer l'équation

(1.17)
$$\left|\begin{array}{l} -\varepsilon \displaystyle\sum_{i,j=1}^{n} \frac{\partial}{\partial x_i} (a_{ij}(x) \frac{\partial u_\varepsilon}{\partial x_j}) + \sum_{i=1}^{n} a_i(x) \frac{\partial u_\varepsilon}{\partial x_i} + a_0 u_\varepsilon = f , \\ a_0, a_i \in C^1(\bar{\Omega}) , a_0 - \dfrac{1}{2} \displaystyle\sum_{i=1}^{n} \frac{\partial a_i}{\partial x_i} \geq f > 0 . \end{array}\right.$$

Le problème limite est alors

(1.18)
$$\sum_{i=1}^{n} a_i(x) \frac{\partial u}{\partial x_i} + a_0 u = f \text{ dans } \Omega ,$$

(1.19)
$$u = 0 \text{ sur } \Gamma_- .$$

où, cette fois,

(1.20) $\Gamma_- = \{x \mid x \in \Gamma \ , \ \sum_{i=1}^{n} a_i(x)\nu_i \leq 0\}$,

où $\{\nu_i\} = \nu$ désigne le vecteur normal à Γ en x , dirigé vers l'extérieur de Ω . Cf. C.Bardos [2] , O.A. Oleinik [1] . ■

Remarque 1.4.

Il est démontré dans le travail de D.Brezis, H.Brezis et C.Bardos [1] que, pour a_0 assez grand, la solution u_ε de (1.17) vérifie

(1.21) $\|u_\varepsilon\|_{W^{1,1}(\Omega)} \leq C \ \|f\|_{W^{1,1}(\Omega)}$

où $W^{1,1}(\Omega)$ est l'espace de Sobolev du 1er ordre construit sur $L^1(\Omega)$ i.e

(1.22) $W^{1,1}(\Omega) = \{v \mid v, \frac{\partial v}{\partial x_i} \in L^1(\Omega)\}$.

Il en résulte que

(1.23) la solution u de (1.18)(1.19) est, sous l'hypothèse que $f \in L^2(\Omega) \cap W^{1,1}(\Omega)$, à variation bornée.

On notera que, ici, la "régularisation" de (1.18) par (1.17) intervient comme procédé de démonstration. ■

1.4. Orientation.

Les questions naturelles sont maintenant :

(i) quelle est la "généralité maximum" que l'on peut atteindre dans le sens du Théorème 1.1 ?

(ii) comme il y a perte d'une condition aux limites sur Γ_+ il doit y avoir une couche limite au voisinage de Γ_+ ; comment peut-on la construire ?

Les n° suivants apportent, de façon non exhaustive, quelques éléments de réponse.

2. EQUATIONS DU 4ème ORDRE - 1er ORDRE. SYSTEMES - ENONCE GENERAL.

2.1. Equations du 4ème ordre - 1er ordre.

Les notations étant celles du n°1.1, on considère le problème

$$\varepsilon\, \Delta^2 u_\varepsilon + \frac{\partial u_\varepsilon}{\partial y} = f \quad \text{dans } \Omega , \tag{2.1}$$

$$u_\varepsilon = 0 , \quad \frac{\partial u_\varepsilon}{\partial \nu} = 0 \quad \text{sur } \Gamma . \tag{2.2}$$

On va démontrer le

Théorème 2.1 : Si u_ε (resp. u) désigne la solution de (2.1)(2.2)(resp. de (1.3)(1.5)) on a (1.6).

Démonstration.

Estimation (I).

Prenant le produit scalaire des deux membres de (2.2) avec $e^{-y}u_\varepsilon$, il vient :

$$\varepsilon\, (\Delta u_\varepsilon, \Delta(e^{-y}u_\varepsilon)) + \frac{1}{2}\int_\Omega e^{-y}\, u_\varepsilon^2\, dxdy = (f, e^{-y}u_\varepsilon) . \tag{2.3}$$

Posons de façon générale,

$$|f| = \|f\|_{L^2(\Omega)} .$$

On déduit de (2.3) que

$$\varepsilon\, |e^{-y/2}\Delta u_\varepsilon|^2 - 2\,\varepsilon \int_\Omega u_\varepsilon \frac{\partial u_\varepsilon}{\partial y} e^{-y}\, dxdy + \varepsilon \int_\Omega e^{-y}(\Delta u_\varepsilon)u_\varepsilon dxdy$$

$$+ \frac{1}{2}\int_\Omega e^{-y}\, u_\varepsilon^2\, dxdy = (f, e^{-y}u_\varepsilon)$$

et par conséquent

$$\varepsilon\, |\Delta u_\varepsilon|^2 + |u_\varepsilon|^2 \le C\,\varepsilon\, |\Delta u_\varepsilon|\, \left|\frac{\partial u_\varepsilon}{\partial y}\right| + C\,\varepsilon |\Delta u_\varepsilon||u_\varepsilon| + C|f||u_\varepsilon| . \tag{2.4}$$

Mais, $\forall\, v \in H_0^2(\Omega)$, on a

$$|\Delta v| \ge \alpha\, \|v\|_{H_0^2(\Omega)} , \qquad \alpha > 0$$

et de façon générale (cf. Lions - Magenes [1], Vol.1) :

$$\|v\|_{H_0^1(\Omega)} \le C\, \|v\|_{H_0^2(\Omega)}^{1/2}\, |v|^{1/2} .$$

On déduit donc de (2.4) que

$$\varepsilon\, |\Delta u_\varepsilon|^2 + |u_\varepsilon|^2 \le C\,\varepsilon\, |\Delta u_\varepsilon|^{3/2}|u_\varepsilon|^{1/2} + C\,\varepsilon\, |\Delta u_\varepsilon|\, |u_\varepsilon| + $$
$$+ C\, |f|\, |u_\varepsilon|$$
$$\le \frac{\varepsilon}{2}\, |\Delta u_\varepsilon|^2 + C\,\varepsilon\, |u_\varepsilon|^2 + \frac{1}{2}\, |u_\varepsilon|^2 + C\, |f|^2$$

et par conséquent, pour ε assez petit :

(2.5) $$\varepsilon\,|\Delta u_\varepsilon|^2 + |u_\varepsilon|^2 \leq C|f|^2 \ . \ \blacksquare$$

Estimation (II).

On introduit $\varphi \in L^2(\Omega)$ comme dans (1.8). On déduit de (2.1) que

(2.6) $$\varepsilon(\Delta^2 u_\varepsilon, \varphi\frac{\partial u_\varepsilon}{\partial y}) + \int_\Omega \varphi(\frac{\partial u_\varepsilon}{\partial y})^2\, dxdy = (f, \varphi\frac{\partial u_\varepsilon}{\partial y}) \ .$$

Par application de la formule de Green, le premier terme de (2.6) vaut, comme $u_\varepsilon \in H_0^2(\Omega) \cap H^4(\Omega)$:

(2.7) $$-\varepsilon\int_\Gamma \Delta u_\varepsilon \frac{\partial}{\partial\nu}(\varphi\frac{\partial u_\varepsilon}{\partial y})\,d\Gamma + \varepsilon(\Delta u_\varepsilon, \Delta(\varphi\frac{\partial u_\varepsilon}{\partial y}))$$

$$= -\varepsilon\int_\Gamma \varphi\Delta u_\varepsilon \frac{\partial}{\partial\nu}(\frac{\partial u_\varepsilon}{\partial y})\,d\Gamma + \varepsilon(\Delta u_\varepsilon, \varphi\frac{\partial}{\partial y}\Delta u_\varepsilon) +$$

$$+ \varepsilon(\Delta u_\varepsilon, 2\,\mathrm{grad}\,\varphi\,\mathrm{grad}\frac{\partial u_\varepsilon}{\partial y}) + \varepsilon(\Delta u_\varepsilon, \frac{\partial u_\varepsilon}{\partial y}\Delta\varphi) \ .$$

Grâce à (2.5), on en déduit que (2.7) vaut

(2.8) $$-\varepsilon\int_\Gamma \varphi\,\Delta u_\varepsilon \frac{\partial}{\partial\nu}(\frac{\partial u_\varepsilon}{\partial y})\,d\Gamma + \frac{\varepsilon}{2}\int_\Omega \varphi\frac{\partial}{\partial y}(\Delta u_\varepsilon)^2\,dxdy + 0(1),$$

ce qui vaut encore

(2.9) $$-\varepsilon\int_\Gamma \varphi\Delta u_\varepsilon \frac{\partial}{\partial\nu}(\frac{\partial u_\varepsilon}{\partial y})\,d\Gamma + \frac{\varepsilon}{2}\int_\Gamma \varphi\,(\Delta u_\varepsilon)^2\,\nu_y\,d\Gamma + 0(1).$$

Mais, $\frac{\partial}{\partial\nu}\frac{\partial u_\varepsilon}{\partial y} = \frac{\partial^2 u_\varepsilon}{\partial\nu^2}\nu_y$ et $\Delta u_\varepsilon = \frac{\partial^2 u_\varepsilon}{\partial\nu^2}$ sur Γ, de sorte que (2.9) vaut

(2.10) $$\frac{\varepsilon}{2}\int_\Gamma \varphi(\frac{\partial^2 u_\varepsilon}{\partial\nu^2})^2(-\nu_y)\,d\Gamma + 0(1) \ .$$

Portant dans (2.6), on a en fin de compte :

(2.11) $$\frac{\varepsilon}{2}\int_\Gamma \varphi(\frac{\partial^2 u_\varepsilon}{\partial\nu^2})^2(-\nu_y)\,d\Gamma + \int_\Omega \varphi(\frac{\partial u_\varepsilon}{\partial y})^2\,dxdy = (f, \varphi\frac{\partial u_\varepsilon}{\partial y}) + 0(1).$$

Comme $\varphi(-\nu_y) \geq 0$, on en déduit l'estimation (1.13) et on termine comme au Théorème 1.1. ■

Remarque 2.1.

Par la même méthode, on montrera que si A est un opérateur elliptique d'ordre 2m et si u_ε est la solution de

(2.12) $$\varepsilon\,A\,u_\varepsilon + \frac{\partial u_\varepsilon}{\partial y} = f \text{ dans } \Omega \ ,$$

avec

(2.13) $$u_\varepsilon\ ,\ \frac{\partial u_\varepsilon}{\partial \nu}\ ,\ \ldots,\ \frac{\partial^{m-1} u_\varepsilon}{\partial \nu^{m-1}} = 0 \quad \text{sur} \quad \Gamma\ ,$$

alors $u_\varepsilon \to u$ dans $L^2(\Omega)$ faible, u étant la solution de (1.3) (1.5).

2.2. Exemple d'un système.

On considère le système en u_ε, v_ε :

(2.14) $$\left|\begin{array}{l} -\varepsilon\,\Delta u_\varepsilon + \dfrac{\partial v_\varepsilon}{\partial y} = f\ , \\ -\alpha\varepsilon\Delta v_\varepsilon + \dfrac{\partial u_\varepsilon}{\partial y} = g\ , \qquad (\alpha > 0) \end{array}\right.$$

avec

(2.15) $$u_\varepsilon = v_\varepsilon = 0 \quad \text{sur} \quad \Gamma\ .$$

Ce problème admet une solution unique. En effet, multipliant la 1ère (resp. 2ème) équation (2.14) par u_ε (resp. v_ε) , on obtient

$$\varepsilon \int_\Omega (\text{grad}\ u_\varepsilon)^2\, dxdy + \varepsilon\,\alpha \int_\Omega (\text{grad}\ v_\varepsilon)^2\, dxdy +$$
$$+ \int_\Omega \left(\frac{\partial v_\varepsilon}{\partial y} u_\varepsilon + \frac{\partial u_\varepsilon}{\partial y} v_\varepsilon\right) dxdy = (f, u_\varepsilon) + (g, v_\varepsilon)$$

et comme

$$\int_\Omega \left(\frac{\partial v_\varepsilon}{\partial y} u_\varepsilon + \frac{\partial u_\varepsilon}{\partial y} v_\varepsilon\right) dxdy = \int_\Omega \frac{\partial}{\partial y} (u_\varepsilon v_\varepsilon)\, dxdy = 0\ ,$$

on a le résultat.

Le problème limite est :

(2.16) $$\frac{\partial v}{\partial y} = f\ ,\quad \frac{\partial u}{\partial y} = g\ ,$$

avec les conditions aux limites

(2.17) $$\left|\begin{array}{l} u + v\sqrt{\alpha} = 0 \quad \text{sur} \quad \Gamma_- \\ u - v\sqrt{\alpha} = 0 \quad \text{sur} \quad \Gamma_+\ , \end{array}\right.$$

qui admet une solution unique. On a le

Théorème 2.1. Si $\{u_\varepsilon, v_\varepsilon\}$ (resp. $\{u,v\}$) désigne la solution de (2.14) (2.15) (resp. de (2.16) (2.17)) on a :

(2.18) $$u_\varepsilon \to u\ ,\ u_\varepsilon \to v \quad \text{dans} \quad L^2(\Omega) \quad \text{faible}.$$

Démonstration.

On déduit de (2.14) que

$$(2.19) \qquad - \varepsilon \quad \Delta(u_\varepsilon + v_\varepsilon \sqrt{\alpha}) + \frac{1}{\sqrt{\alpha}} \frac{\partial}{\partial y} (u_\varepsilon + v_\varepsilon \sqrt{\alpha}) = f + g \frac{1}{\sqrt{\alpha}}$$

$$(2.20) \qquad - \varepsilon \quad \Delta(u_\varepsilon - v_\varepsilon \sqrt{\alpha}) - \frac{1}{\sqrt{\alpha}} \frac{\partial}{\partial y} (u_\varepsilon - v_\varepsilon \sqrt{\alpha}) = f - g \frac{1}{\sqrt{\alpha}} .$$

On applique le Théorème 1.1 à (2.19) avec l'inconnue $u_\varepsilon + v_\varepsilon \sqrt{\alpha}$, qui est nulle au bord, et on applique une variante évidente du Théorème 1.1 à (2.20) où l'inconnue est $u_\varepsilon - v_\varepsilon \sqrt{\alpha}$. On en déduit que

$$u_\varepsilon + v_\varepsilon \sqrt{\alpha} \to \varphi \qquad \text{dans } L^2(\Omega) \text{ faible,}$$

$$u_\varepsilon - v_\varepsilon \sqrt{\alpha} \to \Psi \qquad \text{dans } L^2(\Omega) \text{ faible,}$$

$$\frac{1}{\sqrt{\alpha}} \frac{\partial \varphi}{\partial y} = f + g \sqrt{\alpha} \qquad , \ \varphi = 0 \ \text{sur} \ \Gamma_- ,$$

$$- \frac{1}{\sqrt{\alpha}} \frac{\partial \Psi}{\partial y} = f - g \sqrt{\alpha} \qquad , \ \Psi = 0 \ \text{sur} \ \Gamma_+ ,$$

d'où le Théorème. ■

2.3. Enoncé général.

Les exemples qui précèdent conduisent naturellement à se poser la question générale suivante. Dans l'ouvert Ω borné de $\mathbb{R}^n$, de frontière régulière Γ, on considère le système de premier ordre :

$$(2.21) \qquad Bu = f$$

où

$$u = \{u_1, \ldots, u_m\} , \ f = \{f_1, \ldots, f_m\}$$

et où

$$(2.22) \qquad Bu = \sum_{i=1}^{n} B_i(x) \frac{\partial u}{\partial x_i} + B_0(x) u \ ;$$

on suppose que les matrices $B_0(x), B_1(x), \ldots, B_m(x)$ sont symétriques et que

$$(2.23) \qquad B_0(x) - \frac{1}{2} \sum_{i=1}^{n} \frac{\partial}{\partial x_i} B_i(x) \geq \beta I , \quad \beta > 0 , \ I = \text{identité.}$$

On pose :

$$(2.24) \qquad B_\nu = \sum_{i=1}^{n} \nu_i B_i \quad , \ \nu = \{\nu_i\} = \text{vecteur unitaire normal à } \Gamma \text{ dirigé vers l'extérieur de } \Omega .$$

Un sous-espace U de $\mathbb{R}^m$ est dit maximal positif pour B_ν si :

(i) il est <u>positif</u>, i.e $(B_\nu v,v) \geq 0 \quad \forall\, v \in U$,

(ii) il est <u>maximal</u>, i.e $\forall\, V \supset U$, V sous-espace de R^m ,

il existe $v \in V$ tel que $(B_\nu v,v) < 0$.

On montre alors (Friedrichs [2] , Lax-Phillips [1]) que si l'on considère le problème aux limites (2.21) et

(2.25) $\left| \begin{array}{l} u(x) \in \text{famille "régulière" de sous-espaces maximaux positifs} \\ \quad \text{de } B_\nu(x),\ x \in \Gamma , \end{array} \right.$

<u>il admet une solution unique</u>. ■

Soit maintenant A <u>un système elliptique d'ordre</u> 2μ :

(2.26) $$Au = (-1)^\mu \sum_{|\alpha|=2\mu} a_\alpha(x)\ D^\alpha u + \sum_{|\alpha|<2\mu} a_\alpha(x)\ D^\alpha u ,$$

à coefficients très réguliers dans $\bar{\Omega}$, $a_\alpha(x)$ étant des matrices de $R^m \to R^m$.

On suppose que :

(2.27) $$(A\varphi,\varphi) \geq C \quad \|\varphi\|^2_{(H^\mu(\Omega))^m} , \ C > 0 ,\ \forall \ \varphi \in (\mathcal{D}(\Omega))^m .$$

Dans ces conditions, $\forall\, \varepsilon > 0$, <u>il existe</u> $u_\varepsilon \in (H_0^\mu(\Omega) \cap H^{2\mu}(\Omega))^m$ <u>et un seul tel que</u>

(2.28) $$\varepsilon\, A\, u_\varepsilon + B\, u_\varepsilon = f .$$

S'il est à peu près clair (et en tout cas naturel) que u_ε converge (dans un sens convenable) vers <u>une</u> solution de (2.21), le problème est de voir <u>à quelle conditions aux limites satisfait</u> u . ■

On introduit (comme il est indispensable de le faire d'après les exemples déjà vus) <u>un opérateur frontière faisant intervenir à la fois</u> A <u>et</u> B;

on pose :

(2.29) $$(A,B)_\nu = A_\nu^{-1/2}\ B_\nu\ A_\nu^{-1/2}$$
où

(2.30) $$A_\nu = \sum_{|\alpha|=2\mu} a_\alpha\ \nu^\alpha \quad ;$$

[Naturellement, toutes ces matrices, définies sur Γ , dépendent de $x \in \Gamma$] .

On considère alors <u>la condition aux limites</u> :

(2.31) $\left| \begin{array}{l} A_\nu^{1/2}(x)u \in \text{ espace engendré par les vecteurs propres de} \\ (A,B)_\nu(x) \text{ qui sont associés aux valeurs propres } \geq 0 \ . \end{array} \right.$

<u>On définit ainsi une condition aux limites du type</u> (2.25) ; <u>la positivité</u> est évidente : si $A_\nu^{1/2}(x)u = v$, on a (en supprimant le "x") : $(B_\nu u,u) = (B_\nu A_\nu^{-1/2}v,\ A_\nu^{-1/2}v) = ((A,B)_\nu v,v) \geq 0$, car v est dans l'espace engendré par les vecteurs propres de $(A,B)_\nu$ associés aux valeurs propres ≥ 0 .

On démontre alors (cf. D.Brezis,H.Brezis et C.Bardos [1]) le

<u>Théorème 2.2</u>. <u>On se place dans les hypothèses</u> (2.23)(2.27). <u>Soit</u> u_ε (<u>resp</u>. u) <u>la solution de</u> (2.28) (<u>resp. de</u> (2.21)(2.31)). <u>Alors</u>

(2.32) $u_\varepsilon \to u$ <u>dans</u> $(L^2(\Omega))^\mu$ <u>faible</u>. ■

<u>L'idée</u> de la démonstration est simple ; on écrit l'équation localement ; désignant par $x_n = y$ la coordonnée normale, l'équation devient, si $\mu = 1$ (pour simplifier)

$$- \varepsilon A_\nu \frac{\partial^2 u_\varepsilon}{\partial y^2} + B_\nu \frac{\partial u_\varepsilon}{\partial y} = f + \text{termes tendant vers } 0 = f_\varepsilon \ ,$$

$$u_\varepsilon = 0 \quad \text{si} \quad y = 0 \ .$$

On introduit

$$v_\varepsilon = A_\nu^{1/2} u_\varepsilon \ ;$$

alors

$$- \varepsilon \frac{\partial^2 v_\varepsilon}{\partial y^2} + (A,B)_\nu \frac{\partial v_\varepsilon}{\partial y} = A_\nu^{-1/2} f_\varepsilon \ ,$$

et l'on obtient à la limite, si $v = \lim.\ v_\varepsilon$:
la projection de v sur l'espace engendré par les vecteurs propres correspondant aux valeurs propres < 0 est nulle pour $y = 0$. ■

Comme <u>application simple</u> retrouvrons le Théorème 2.1. Dans ce cas, $m = 2$ et le vecteur $u = \{u_1,u_2\}$ est en fait noté $\{u,v\}$. La matrice A_ν vaut $\begin{pmatrix} 1 & 0 \\ 0 & \alpha \end{pmatrix}$ et $B = \begin{pmatrix} 0 & \nu_y \\ \nu_y & 0 \end{pmatrix}$. Donc $(A,B)_\nu = \begin{pmatrix} 0 & \alpha^{-1/2}\nu_y \\ \alpha^{-1/2}\nu_y & 0 \end{pmatrix}$.

Un vecteur propre associé à la valeur propre positive $\alpha^{-1/2}|\nu_y|$ est $\{1,\ \text{sign}.\nu_y\}$ et (2.31) donne $u\ \text{sign}.\nu_y = \alpha^{1/2}v$, i.e (2.17). ■

2.4. Problèmes à limites incompatibles.

Considérons dans un ouvert Ω de $\mathbb{R}^2$ le problème

$$(2.33)\quad \begin{cases} -\varepsilon \Delta u_\varepsilon + \frac{\partial}{\partial y}(u_\varepsilon + v_\varepsilon) = f , \\ -\varepsilon \Delta v_\varepsilon + \frac{\partial}{\partial y}(u_\varepsilon + v_\varepsilon) = g , \\ u_\varepsilon = v_\varepsilon = 0 \quad \text{sur} \quad \Gamma , \end{cases}$$

qui admet une solution unique. Si $f \neq g$, il n'y a pas en général de limite.

Mais il est facile de vérifier ceci :

$$(2.34)\quad u_\varepsilon = \frac{1}{\varepsilon} u^{-1} + u_\varepsilon^0 , \; v_\varepsilon = \frac{1}{\varepsilon} v^{-1} + v_\varepsilon^0$$

où

$$(2.35)\quad -\Delta u^{-1} = \frac{1}{2}(f-g) \quad , \quad u^{-1} = 0 \quad \text{sur} \quad \Gamma ,$$

$$(2.36)\quad u^{-1} + v^{-1} = 0 \quad \text{dans} \quad \Omega ,$$

$$(2.37)\quad \begin{cases} -\varepsilon \Delta u_\varepsilon^0 + \frac{\partial}{\partial y} u_\varepsilon^0 = f \quad \text{dans} \quad \Omega , \\ u_\varepsilon^0 = 0 \quad \text{sur} \quad \Gamma . \end{cases}$$

On est ainsi ramené à la théorie précédente.

3. INEQUATIONS.

3.1. Position du problème. Enoncé du résultat.

Les notations sont celles du n°11. On considère le problème d'inéquations variationnelles suivant : on cherche u_ε solution de

$$(3.1)\quad -\varepsilon \Delta u_\varepsilon + \frac{\partial u_\varepsilon}{\partial y} + u_\varepsilon = f \quad \text{dans} \quad \Omega ,$$

$$(3.2)\quad u_\varepsilon = 0 \quad \text{sur} \quad \Gamma_+ ,$$

$$(3.3)\quad \begin{cases} u_\varepsilon - h \geq 0 , \; \varepsilon \frac{\partial u_\varepsilon}{\partial \nu} - u_\varepsilon \nu_y \geq 0 , \; (u_\varepsilon - h)(\varepsilon \frac{\partial u_\varepsilon}{\partial \nu} - u_\varepsilon \nu_y) = 0 \\ \text{sur} \quad \Gamma_- \end{cases}$$

où h est donné sur Γ (avec des conditions convenables de régularité qu'on précisera plus loin).

Notre objet est de montrer que, dans un sens convenable, u_ε converge vers __la__ solution u de

$$(3.4)\qquad \frac{\partial u}{\partial y} + u = f \quad \text{dans} \quad \Omega ,$$

$$(3.5)\qquad u = h^+ \quad \text{sur} \quad \Gamma_- \quad (h^+ = \sup(h,0)) .$$ ■

Vérifions d'abord que __le problème__ (3.1)(3.2)(3.3) __admet une solution unique__. On introduit à cet effet

$$(3.6)\qquad V = \{v \mid v \in H^1(\Omega) , v = 0 \text{ sur } \Gamma_+\}$$

$$(3.7)\qquad K = \{v \mid v \in V , v \geq h \text{ p.p. sur } \Gamma_-\} ,$$

$$(3.8)\qquad \begin{cases} a(u,v) = \int_\Omega \text{grad } u \text{ grad } v \, dx , \\ B = \dfrac{\partial}{\partial y} + I , \quad B^* = - \dfrac{\partial}{\partial y} + I . \end{cases}$$

On considère alors le problème : trouver $u_\varepsilon \in K$ tel que

$$(3.9)\qquad \varepsilon \; a(u_\varepsilon, v-u_\varepsilon) + (u_\varepsilon, B^*(v-u_\varepsilon)) \geq (f, v-u_\varepsilon) \quad \forall \, v \in K .$$

Ce problème admet une solution unique ; en effet ([1])

$$(3.10)\qquad \begin{aligned} &\varepsilon \; a(v,v) + (v,B^* v) = \varepsilon \, a(v,v) + |v|^2 - \frac{1}{2} \int_\Omega \frac{\partial}{\partial y}(v^2) dxdy \\ &= \varepsilon \, a(v,v) + |v|^2 + \frac{1}{2} \int_{\Gamma_-} v^2(-\nu_y) d\Gamma \geq \alpha_\varepsilon \|v\|^2_{H^1(\Omega)} \quad \forall \, v \in V . \end{aligned}$$

Si u_ε est solution de (3.9) alors on en déduit (3.1) ; la condition (3.2) est vraie car $u_\varepsilon \in V$; on déduit de (3.1) que

$$- \varepsilon \int_\Gamma \frac{\partial u_\varepsilon}{\partial \nu} (v-u_\varepsilon) d\Gamma + \int_\Gamma u_\varepsilon (v-u_\varepsilon) \nu_y d\Gamma + \varepsilon \, a(u_\varepsilon, v-u_\varepsilon) + (u_\varepsilon, B^* (v-v_\varepsilon))$$
$$= (f, v-u_\varepsilon)$$

d'où

$$\int_{\Gamma_-} (\varepsilon \frac{\partial u_\varepsilon}{\partial \nu} - u_\varepsilon \nu_y)(v-u_\varepsilon) d\Gamma \geq 0 \qquad \forall \, v \geq h \text{ sur } \Gamma_-$$

d'où (3.3), et réciproquement. Donc le problème (3.9) __équivaut à__ (3.1) (3.2)(3.3), __qui admet donc une solution unique__. ■

On conjecture que, sous des hypothèses de régularité convenables sur h, on a :

$$(3.11)\qquad u_\varepsilon \to u \quad \text{dans} \quad L^2(\Omega) \text{ faible.}$$

([1]) On pose $|v|^2 = \int_\Omega v^2 \, dxdy$.

Passage à la limite.

D'après les estimations (3.13)(3.14)(3.18), on peut extraire une sous-suite, encore notée u_ε, telle que

(3.19) $u_\varepsilon \to w$ dans $L^2(\Omega)$ faible ,

(3.20) $\frac{\partial u_\varepsilon}{\partial y} \to \frac{\partial w}{\partial y}$ dans $L^2(\Omega)$ faible,

(3.21) $u_\varepsilon \to \chi$ dans $L^2(\Gamma_-)$ faible $(-\nu_y = 1)$.

Mais d'après (3.19)(3.20) on a, en particulier

$u_\varepsilon(x,0) \to w(x,0)$ dans $H^{-1}(]0,1[)$ faible et par conséquent (3.21) donne

(3.22) $u_\varepsilon(x,0) \to w(x,0)$ dans $L^2(\Gamma_-)$ faible .

Comme $u_\varepsilon(x,0) \geq h(x)$ p.p. sur Γ_- , on a

(3.23) $w(x,0) \geq h(x)$ p.p. sur Γ_- .

Si maintenant k est quelconque dans K , prenons dans (3.9)

$v = u + k - \varphi\, u_\varepsilon$ (ce qui est loisible) ;

il vient :

$$\varepsilon\, a(u_\varepsilon, k - \varphi u_\varepsilon) + (u_\varepsilon, B^*(k-\varphi u_\varepsilon)) \geq (f, k-\varphi u_\varepsilon) ,$$

d'où

$$\varepsilon\, a(u_\varepsilon, k) + (u_\varepsilon, B^* k) - (f, k - \varphi u_\varepsilon) \geq$$

$$\geq \varepsilon\, a(u_\varepsilon, \varphi u_\varepsilon) + (u_\varepsilon, B^*(\varphi u_\varepsilon)) =$$

$$= \varepsilon \int_\Omega \varphi (\operatorname{grad} u_\varepsilon)^2 dxdy + \varepsilon \int_\Omega (\operatorname{grad} u_\varepsilon . \operatorname{grad} \varphi) u_\varepsilon\, dxdy +$$

$$+ \int_\Omega (\varphi - \frac{1}{2}\frac{d\varphi}{dy})\, u_\varepsilon\, dxdy + \frac{1}{2}\int_{\Gamma_-} u^2_\varepsilon(x,0)\, dx$$

$$\geq \varepsilon \int_\Omega (\operatorname{grad} u_\varepsilon . \operatorname{grad} \varphi)\, u_\varepsilon dxdy + \int_\Omega (\varphi - \frac{1}{2}\frac{d\varphi}{dy}) u^2_\varepsilon\, dxdy +$$

$$+ \frac{1}{2} \int_{\Gamma_-} u^2_\varepsilon(x,0)\, dx .$$

Le 1er terme du dernier membre tend vers 0 d'après (3.13) ; on peut supposer que $\frac{d\varphi}{dy} \leq 0$ et alors d'après (3.19)(3.22)

$$\text{lim.inf } [\int_\Omega (\varphi - \frac{1}{2}\frac{d\varphi}{dy}) u^2_\varepsilon\, dxdy + \frac{1}{2}\int_{\Gamma_-} u^2_\varepsilon(x,0)\, dx]$$

$$\geq \int_\Omega (\varphi - \frac{1}{2}\frac{d\varphi}{dy})\, w^2\, dxdy + \frac{1}{2} \int_{\Gamma_-} w^2(x,0)\, dx .$$

On en déduit donc :

(3.24) $$(w, B^* k) - (f, k - \varphi w) \geq \int_\Omega (\varphi - \frac{1}{2}\frac{d\varphi}{dy}) w^2\, dxdy + \frac{1}{2}\int_{\Gamma_-} w^2(x,0) dx \,, \quad \forall\, k \in K .$$

On va démontrer ce résultat dans le cas très particulier où

(3.12) $\Omega =]0,1[\times]0,1[$.

Alors $\Gamma_- =]0,1[$ sur l'axe des x . On a le :

Théorème 3.1. On suppose que Ω est donné avec (3.12) et l'on désigne par u_ε (resp. u) la solution de (3.1)(3.2)(3.3) (resp. de (3.4)(3.5)). Alors on a (3.11).

3.2. Démonstration du Théorème 3.1.

Estimations (I).

De (3.9)(3.10) on déduit, en désignant par $\|\ \|$ la norme dans V :

(3.13) $|u_\varepsilon| \leq C$, $\varepsilon \|u_\varepsilon\| \leq C$,

(3.14) $\int_{\Gamma_-} u_\varepsilon^2(-\nu_y)\,d\Gamma \leq C$. ■

Estimations (II).

On déduit de (3.1) que

(3.15) $$-\varepsilon \frac{\partial^2 u_\varepsilon}{\partial y^2} + \frac{\partial u_\varepsilon}{\partial y} + u_\varepsilon = F_\varepsilon \text{ .}$$

$$F_\varepsilon = f + \varepsilon \frac{\partial^2 u_\varepsilon}{\partial x^2}$$

D'après (3.13), si l'on pose $\mathcal{H} = H^{-1}(]0,1[)$, on a :

(3.16) F_ε borné dans $L^2(0,1;\mathcal{H})$ lorsque $\varepsilon \to 0$.

Soit alors $\varphi \in C^1([0,1])$, $\varphi(0) = 1$, φ nulle au voisinage de 1 . On prend le produit scalaire dans $\mathcal{H}$ de (3.15) avec $\varphi \frac{\partial u_\varepsilon}{\partial y}$.

Il vient :

(3.17) $$-\frac{\varepsilon}{2}\int_0^1 \varphi \frac{d}{dy}\|u_\varepsilon\|_{\mathcal{H}}^2\,dy + \int_0^1 \varphi \left\|\frac{\partial u_\varepsilon}{\partial y}\right\|_{\mathcal{H}}^2 dy + \int_0^1 \frac{\varphi}{2}\frac{d}{dy}\|u_\varepsilon\|_{\mathcal{H}}^2\,dy$$
$$= \int_0^1 \left(F_\varepsilon, \varphi \frac{\partial u_\varepsilon}{\partial y}\right)_{\mathcal{H}} dy \text{ .}$$

Utilisant (3.13) on en déduit aussitôt que

$$\frac{\varepsilon}{2}\varphi(0)\|u_\varepsilon(0)\|_{\mathcal{H}}^2 + \int_0^1 \varphi \left\|\frac{\partial u_\varepsilon}{\partial y}\right\|_{\mathcal{H}}^2 dy = O(1)$$

d'où

(3.18) $\varphi \frac{\partial u_\varepsilon}{\partial y}$ est borné dans $L^2(0,1;\mathcal{H})$. ■

Mais de (3.19)(3.1) il résulte que

(3.25) $$\frac{\partial w}{\partial y} + w = f$$

d'où résulte que

$$(f,k) = (w,\ B\ k) - \int_{\Gamma_-} w(x,0)\ k(x,0)\ dx\ ,$$

$$(f,\ \varphi w) = \int_\Omega (\varphi - \frac{1}{2}\frac{d\varphi}{dy})\ w^2 dxdy - \frac{1}{2}\int_{\Gamma_-} w^2(x,0)\ dx$$

de sorte que (3.24) se réduit à

$$\int_{\Gamma_-} w(x,0)\ [k(x,0) - w(x,0)]\ dx \geq 0 \qquad \forall\ k \text{ avec } k \geq h \text{ sur } \Gamma_-$$

i.e.

(3.26) $$w(x,0)\ \ [k - w(x,0)] \geq 0 \qquad \forall\ k \geq h(x)$$

ce qui, joint à (3.23) donne

$$w(x,0) = h^+(x) \quad \text{p.p. sur } \Gamma_-\ .$$

Donc $w = u$ et le Théorème suit.

4. CORRECTEURS (I).

4.1. Estimations d'erreur.

Considérons le problème du n°1.1, dans le cas de la Fig.1. Désignons par $x \to \gamma_-(x)$ (resp. $x \to \gamma_+(x)$) l'équation de Γ_- (resp. Γ_+) et supposons que f vérifie

(4.1) $$\frac{\partial}{\partial x} f \in L^2(\Omega)\ ,$$

(4.2) $$\int_{\gamma_-(x)}^{\gamma_+(x)} f(x,y)\ dy = 0\ , \quad \forall\ x\ .$$

On vérifie alors que $u \in H_0^1(\Omega)$ et que

(4.3) $$|u_\varepsilon - u| \leq C\ \varepsilon^{1/2}(|f| + |\frac{\partial f}{\partial x}|)\ .$$

On a par ailleurs, sous la seule hypothèse que $f \in L^2(\Omega)$:

(4.4) $$|u_\varepsilon - u| \leq C\ |f|\ .$$

Par interpolation (par des méthodes du genre de celles du Théorème 5.2, Chap.2) on ne pourra pas éliminer (4.2) et donc l'on n'obtiendra pas d'estimation du type

$$|u_\varepsilon - u| \leq C \quad \varepsilon^\theta \quad , \quad \theta > 0 \; ,$$

pour un deuxième membre f ne vérifiant que des propriétés locales. ∎

4.2. Généralités sur les correcteurs.

Les méthodes du type de celles du Chap.2, n°5, ne s'appliquant pas, il reste à voir comment étendre la méthode des correcteurs. Posons pour cela les problèmes des n° précédents dans un cadre général.

On se donne deux espaces de Hilbert V_a , H avec

(4.5) $\quad V_a \subset H$, V_a dense dans H , $V_a \to H$ continue.

On désigne par $|\;|$ (resp. $\|\;\|_a$) la norme dans H (resp. V_a) .

On se donne une forme bilinéaire continue $a(u,v)$ sur V_a , telle que

(4.6) $\quad a(v,v) \geq \alpha \|v\|_a^2 \quad , \quad \alpha > 0 \; , \; \forall\, v \in V_a$.

Soit par ailleurs B un opérateur linéaire fermé positif non borné dans H , de domaine $D(B)$ dense dans H . On suppose que l'équation

(4.7) $\quad u \in D(B) \quad , \quad Bu = f \quad , \quad f$ donné dans H ,

admet une solution unique.

Soit ensuite un ensemble K avec :

(4.8) $\quad K$ est convexe fermé non vide dans V_a ;

on suppose que

(4.9) $\quad V_a \subset D(B)$

de sorte que $K \subset D(B)$.

On considère l'inéquation variationnelle

(4.10) $$\left| \begin{array}{l} \varepsilon\; a(u_\varepsilon, v - u_\varepsilon) + (Bu_\varepsilon , v-u_\varepsilon) \geq (f, v-u_\varepsilon) \quad \forall\, v \in K \; , \\ u_\varepsilon \in K \end{array} \right.$$

qui admet une solution unique (d'après (4.6) et $B \geq 0$) .

On fait l'hypothèse

(4.11) $\quad u_\varepsilon \to u$ dans H faible lorsque $\varepsilon \to 0$. ∎

Exemple 4.1.

Prenons, avec les notations du n°11 ,

$$V_a = \{v \mid v \in H^1(\Omega) \ , \ v = 0 \text{ sur } \Gamma_-\} \ , \ H = L^2(\Omega),$$

$$a(u,v) = \int_\Omega \operatorname{grad} u \, . \operatorname{grad} v \, dxdy \ ,$$

$$K = H_0^1(\Omega) \ , \quad B = \partial/\partial y \ , \ D(B) = \{v \mid v \in L^2(\Omega), \ \frac{\partial v}{\partial y} \in L^2(\Omega) \ ,$$

$$v = 0 \text{ sur } \Gamma_- \} \ .$$

On retrouve le problème du n°1.1 et on a bien vérifié que (4.11) a lieu.■

Remarque 4.1.

Les résultats des n° antérieurs donnent des exemples de situations où (4.11) a lieu. Il semble assez difficile de trouver un résultat général où (4.11) a lieu et utile dans les applications ; la principale difficulté vient du fait, que, dans les applications, K n'est généralement pas dense dans $D(B)$ ([1]) . ■

On va dans ce n° étudier les correcteurs (d'ordre 0) sous l'hypothèse de régularité :

(4.12) $\quad u \in V_a$. ■

Exemple 4.2 (suite de l'Exemple 4.1).

Si l'on suppose que $f \ , \ \frac{\partial f}{\partial x} \in L^2(\Omega)$ (sans l'hypothèse globale (4.2)) alors $u \in V_a$. ■

Exemple 4.3.

Considérons la situation du n°2.1 et prenons :

$$V_a = \{v \mid v \in H^2(\Omega) \ , \ v = 0 \text{ sur } \Gamma_-\} \ , \ H = L^2(\Omega) \ ,$$

$$K = H_0^2(\Omega) \ , \ a(u,v) = (\Delta u, \Delta v) \ ,$$

B comme dans l'Exemple 4.1.

On retrouve le problème du n°2.1. Si l'on suppose que

(4.13) $\quad f, \ \frac{\partial f}{\partial x} \ , \ \frac{\partial^2 f}{\partial x^2} \ , \ \frac{\partial f}{\partial y} \in L^2(\Omega)$

alors $\quad u \in V_a$. ■

([1]) Muni de la norme du graphe $(|u|^2 + |Bv|^2)^{1/2}$.

Exemple 4.4 .

Considérons la situation du n°2.2. On prend cette fois :

(4.14) $\left| \begin{array}{l} V_a = \{v \mid v \in (H^1(\Omega))^2 \ , \ v = \{v_1, v_2\} \ , \ v_1 + v_2\sqrt{\alpha} = 0 \text{ sur } \Gamma_- \\ v_1 - v_2 \sqrt{\alpha} = 0 \text{ sur } \Gamma_+ \ \} , \end{array} \right.$

$$H = L^2(\Omega)^2 \ , \quad K = (H_0^1(\Omega))^2 \ ,$$

$$a(u,v) = \int_\Omega [\text{grad } u_1 . \text{ grad } v_1 + \alpha \text{ grad } u_2 . \text{ grad } v_2 \,]\, dxdy \ ,$$

$$Bu = \{\frac{\partial u_2}{\partial y} \ , \ \frac{\partial u_1}{\partial y} \ \} \ ,$$

$$D(B) = \{v \mid v \in (L^2(\Omega))^2, \ Bu \in (L^2(\Omega))^2 \ , \ v_1 + v_2\sqrt{\alpha} = 0 \text{ sur}$$
$$v_1 - v_2\sqrt{\alpha} = 0 \quad \text{sur} \quad \Gamma_+ \} \ .$$

On est dans les conditions du n°2.1. Si l'on suppose que

(4.15) $\qquad f, \ \frac{\partial f}{\partial x} \ , \ g, \ \frac{\partial g}{\partial x} \ \in L^2(\Omega)$

alors $\qquad u \in V_a$. ■

Définition d'un correcteur d'ordre 0.

Sous l'hypothèse (4.12) on dit que θ_ε est un correcteur d'ordre 0 si

(4.16) $\left| \begin{array}{l} \theta_\varepsilon \in K-u \ , \\ \varepsilon \ a(\theta_\varepsilon, \varphi - \theta_\varepsilon) + (B\theta_\varepsilon, \varphi - \theta_\varepsilon) \geq (\varepsilon g_{\varepsilon_1} + \varepsilon^{1/2} g_{\varepsilon_2} \ , \ \varphi - \theta_\varepsilon) \end{array} \right.$

$$\forall \ \varphi \in K-u \ ,$$

où

(4.17) $\qquad |(g_{\varepsilon_1}, \varphi) \leq C \ \|\varphi\|_a \qquad \forall \ \varphi \in K-K$

(4.18) $\qquad |(g_{\varepsilon_2}, \varphi)| \leq C \ |\varphi| \qquad \forall \ \varphi \in K-K$.

On a alors le

Théorème 4.1. On se place dans les hypothèses (4.5)...(4.12). Soit un correcteur d'ordre 0 défini par (4.16)(4.17)(4.18). On suppose que

(4.19) $\qquad (Bv,v) \geq \beta |v|^2, \quad \beta > 0, \quad \forall \ v \in D(B)$.

On a alors

(4.20) $\qquad u_\varepsilon - (u + \theta_\varepsilon) \to 0$ dans V_a faible

(4.21) $\qquad |u_\varepsilon - (u + \theta_\varepsilon)| \leq C \ \varepsilon^{1/2}$.

Démonstration.

On pose $w_\varepsilon = u_\varepsilon - (u+\theta_\varepsilon)$ et on prend $v = u_\varepsilon - w_\varepsilon$ dans (4.10), $= \theta_\varepsilon + w_\varepsilon$ dans (4.16) et on note que $(Bu, w_\varepsilon) = (f, w_\varepsilon)$; par addition, on obtient :

$$(4.22)\qquad \varepsilon\; a(w_\varepsilon, w_\varepsilon) + (Bw_\varepsilon, w_\varepsilon) \leq -\varepsilon\; a(u, w_\varepsilon) - \varepsilon(g_{\varepsilon_1}, w_\varepsilon) - \varepsilon^{1/2}(g_{\varepsilon_2}, w_\varepsilon).$$

Il en résulte que

$$\varepsilon \|w_\varepsilon\|_a^2 + |w_\varepsilon|^2 \leq C\,\varepsilon \|w_\varepsilon\|_a + C\,\varepsilon^{1/2}|w_\varepsilon| =$$

$$= C\,\varepsilon^{1/2}(\varepsilon^{1/2}\|w_\varepsilon\|_a + |w_\varepsilon|)$$

d'où

$$\varepsilon^{1/2}\|w_\varepsilon\|_a + |w_\varepsilon| \leq C\,\varepsilon^{1/2}$$

d'où le résultat suit. ■

Orientation.

Le problème est maintenant de calculer des correcteurs.

4.3. Calculs de correcteurs d'ordre 0 (I).

Exemple 4.5.

On se place dans l'ouvert $\Omega = \{x,y \mid y > 0\}$ et l'on considère l'équation

$$(4.23)\qquad -\varepsilon\,\Delta u_\varepsilon - \frac{\partial u_\varepsilon}{\partial y} + u_\varepsilon = f\,,$$

$$u_\varepsilon \in H_0^1(\Omega)\,.$$

Alors $u_\varepsilon \to u$ dans $L^2(\Omega)$ où u est la solution de

$$(4.24)\qquad -\frac{\partial u}{\partial y} + u = f\quad,\ u \in L^2(\Omega)$$

(sans conditions aux limites)

Si l'on suppose que $\frac{\partial f}{\partial x} \in L^2(\Omega)$ alors $u \in V_a = H^1(\Omega)$.

On définit une fonction θ_ε - dont on vérifiera ensuite si elle est bien un correcteur - par

$$(4.25)\qquad \left|\begin{aligned} & -\varepsilon\,\frac{\partial^2\theta_\varepsilon}{\partial^2 y} - \frac{\partial\theta_\varepsilon}{\partial y} = 0\,, \\ & \theta_\varepsilon(x,0) + u(x,0) = 0\,, \\ & \theta_\varepsilon \in L^2(\Omega)\,. \end{aligned}\right.$$

On a explicitement,

(4.26) $\theta_\varepsilon = - u(x,0) \exp(-y/\varepsilon)$.

Alors

$$- \varepsilon \Delta \theta_\varepsilon - \frac{\partial \theta_\varepsilon}{\partial y} + \theta_\varepsilon = - \varepsilon \frac{\partial^2 \theta_\varepsilon}{\partial x^2} + \theta_\varepsilon .$$

On définit $g_{\varepsilon_1} = - \frac{\partial^2 \theta_\varepsilon}{\partial x^2}$, $g_{\varepsilon_2} = \frac{1}{\sqrt{\varepsilon}} \theta_\varepsilon$. Si l'on suppose que

(4.27) $u(x,0) \in H^1(\mathbb{R}_x)$,

alors $\frac{\partial^2 \theta_\varepsilon}{\partial x^2}$ est borné dans $H^1(\Omega)$ (et même a une norme de l'ordre de $\varepsilon^{1/2}$ dans $L^2(0,\infty; H^{-1}(\mathbb{R}_x)))$ et $\frac{1}{\sqrt{\varepsilon}} \theta_\varepsilon$ est borné dans $L^2(\Omega)$. <u>Donc</u> (4.26) <u>définit un correcteur d'ordre</u> 0 . ■

<u>Exemple 4.6.</u>

On considère dans le plan la bande

$$\Omega = \{x,y| \quad 0 < y < 1 \}$$

et dans Ω le problème

(4.28)
$$\begin{cases} \varepsilon \Delta^2 u_\varepsilon - \frac{\partial u_\varepsilon}{\partial y} = f , \\ u_\varepsilon = 0 \text{ si } y = 0,1 \quad , \frac{\partial u_\varepsilon}{\partial \nu} = 0 \text{ si } y = 0,1 . \end{cases}$$

Le problème limite est

(4.29)
$$\begin{cases} - \frac{\partial u}{\partial y} = f , \\ u(x,1) = 0 . \end{cases}$$

On prend

$$V_a = \{v \mid v \in H^2(\Omega) , v = 0 \text{ si } y = 1\} ,$$

$K = H_0^2(\Omega)$, $H = L^2(\Omega)$, $B = - \partial/\partial y$ et

$$a(u,v) = (\Delta u, \Delta v) , D(B) = \{u| \ v, \frac{\partial v}{\partial y} \in L^2(\Omega), v(x,1) = 0\} .$$

Si l'on suppose que

$$f, \frac{\partial f}{\partial x} , \frac{\partial^2 f}{\partial x^2} , \frac{\partial f}{\partial y} \in L^2(\Omega)$$

alors $u \in V_a$.

On définit ψ_ε par :

$$(4.30)\quad \begin{cases} \varepsilon \dfrac{\partial^4 \psi_\varepsilon}{\partial y^4} - \dfrac{\partial \psi_\varepsilon}{\partial y} = 0 , \\ \psi_\varepsilon + u = 0 \ \text{ si } \ y = 0 , \ \dfrac{\partial \psi_\varepsilon}{\partial y} + \dfrac{\partial u}{\partial y} = 0 \ \text{ si } y = 0 \\ \psi_\varepsilon \ \text{ à décroissance aussi rapide que possible lorsque } y \to +\infty . \end{cases}$$

On trouve explicitement

$$(4.31)\quad \psi_\varepsilon = \exp\left(\frac{-\varepsilon^{-1/3} y}{2}\right)\left[c(x) \cos\left(y\frac{\sqrt{\varepsilon}}{2}\varepsilon^{-1/3}\right) + d(x) \sin\left(y\frac{\sqrt{\varepsilon}}{2}\varepsilon^{-1/3}\right)\right]$$

avec

$$(4.32)\quad \begin{cases} c(x) = -u(x,0) \\ d(x) = \dfrac{1}{\sqrt{\varepsilon}} u(x,0) + 2 \dfrac{\varepsilon^{1/3}}{\sqrt{\varepsilon}} \dfrac{\partial u}{\partial y}(x,0) . \end{cases}$$

On calcule alors

$$(4.33)\quad \begin{cases} \varepsilon \Delta^2 \psi_\varepsilon - \dfrac{\partial \psi_\varepsilon}{\partial y} = \varepsilon g_{\varepsilon_1} , \\ g_{\varepsilon_1} = 2 \dfrac{\partial^2}{\partial y^2} \dfrac{\partial^2 \psi_\varepsilon}{\partial x^2} + \dfrac{\partial^4 \psi_\varepsilon}{\partial x^4} . \end{cases}$$

Si l'on suppose que

$$(4.34)\quad u(x,0) \in H^2(R_x), \quad \frac{\partial u}{\partial y}(x,0) \in H^2(R_x) ,$$

alors

$$\|g_{\varepsilon_1}\|_{H^{-2}(\Omega)} \leq C$$

et l'on peut prendre comme correcteur

$$(4.35)\quad \begin{cases} \theta_\varepsilon = m(y) \ \psi_\varepsilon \\ m \ \text{ fonction } \in C^1([0,1]) , \text{ nulle au voisinage de } \ y = 1 . \ \blacksquare \end{cases}$$

4.4. Calcul de correcteurs d'ordre 0 (II). Couches paraboliques

Dans les exemples précédents, on a toujours supposé que la frontière de Ω n'est jamais caractéristique pour l'opérateur limite. On va maintenant examiner des situations où des parties de Γ sont caractéristiques pour l'opérateur B . ■

Exemple 4.7.

Dans le plan, on prend $\Omega = \{x,y \mid x > 0, y > 0\}$, et on considère le problème

$$(4.36)\quad \left|\begin{array}{l} -\varepsilon\,\Delta_\varepsilon\, u_\varepsilon - \dfrac{\partial u_\varepsilon}{\partial y} + u_\varepsilon = f\ , \\ u_\varepsilon = 0 \quad \text{sur} \quad \Gamma\ . \end{array}\right.$$

Le problème limite est

$$(4.37)\qquad -\frac{\partial u}{\partial y} + u = f \quad , \ u \in L^2(\Omega)$$

sans conditions aux limites.

Si $f, \frac{\partial f}{\partial x} \in L^2(\Omega)$ on a encore $u \in V_a = H^1(\Omega)$.

On définit un correcteur d'ordre 0 au voisinage de $x \geq \eta > 0,\ y = 0$, comme précédemment mais la méthode ci-dessus échoue au voisinage de $x = 0,\ y > 0$;

en effet, à l'équation réduite

$$-\varepsilon\,\frac{\partial^2 \psi_\varepsilon}{\partial y^2} - \frac{\partial \psi_\varepsilon}{\partial y} = 0$$

on ne peut associer une condition aux limites $\psi_\varepsilon(0,y) + u(0,y) = 0$.

On est donc conduit à introduire une équation réduite de type différent.

On définit θ_ε par

$$(4.38)\quad \left|\begin{array}{l} -\varepsilon\,\dfrac{\partial^2\theta_\varepsilon}{\partial x^2} - \dfrac{\partial\theta_\varepsilon}{\partial y} + \theta_\varepsilon = 0\ , \quad x,y > 0 \\ \theta_\varepsilon\,(0,y) + u(0,y) = 0 \\ \theta_\varepsilon\,(x,0) + u(x,0) = 0 \quad , \quad \theta_\varepsilon \in L^2(\Omega)\ . \end{array}\right.$$

C'est un problème non homogène parabolique, dont la solution s'écrit

$$(4.39)\qquad \theta_\varepsilon\,(x,y) = M(x/\sqrt{\varepsilon}\ ,y) \quad (^1)$$

où M est la solution de

$$(4.40)\quad \left|\begin{array}{l} -\dfrac{\partial^2 M}{\partial x^2} - \dfrac{\partial M}{\partial y} + M = 0 \quad , \ x,y > 0\ , \\ M(0,y) + u(0,y) = 0\ , \quad M(x,0) + u(x,0) = 0\ , \ M \in L^2(\Omega)\ . \end{array}\right.$$

On obtient alors

$$-\varepsilon\,\Delta\,\theta_\varepsilon - \frac{\partial\theta_\varepsilon}{\partial y} + \theta_\varepsilon = -\varepsilon\,\frac{\partial^2 M}{\partial y^2}\,(x/\sqrt{\varepsilon}\ ,\ y)$$

et l'on obtient donc un correcteur d'ordre 0 si par exemple

---

(1) On dit que θ_ε est un "correcteur parabolique" ou une "couche limite parabolique".

$\frac{\partial^2 M}{\partial y^2} \in L^2(\Omega)$. Il peut y avoir une difficulté au point $\{0,0\}$ où la solution M n'est pas nécessairement assez régulière, à moins que u ne vérifie la condition de compatibilité (qui correspond à des conditions globales sur f) :

$$- \frac{\partial^2 u}{\partial x^2}(0,0) - \frac{\partial u}{\partial y}(0,0) + u(0,0) = 0 \ . \blacksquare$$

Remarque 4.2.

Les considérations (rapides) qui précèdent montrent que, dans le cas de la Fig.1 par exemple, il doit y avoir des difficultés aux points où Γ est caractéristique pour B . C'est effectivement le cas ; nous renvoyons pour l'étude correspondante à Eckhaus-de Jager [1] , Frankena [1] , Eckhaus [2][3] , Mauss [1] . ■

Remarque 4.3.

Dans le cas du problème 3.1 dans $\Omega =]0,1[\times]0,1[$, il y a trois sortes de couches limites :

(i) les couches "elliptiques" usuelles si $y = 1$, $0 < x < 1$;

(ii) les couches "paraboliques" si $x = 0$, $x = 1$, $0 < y < 1$;

(iii) sur le segment $y = 0$, $0 < x < 1$, on passe de conditions d'inéquations à la condition $u = h^+$. Le problème de l'étude de la couche singulière correspondante semble ouvert. ■

4.5. Calcul de correcteurs d'ordre 0 (III). Cas de systèmes.

Exemple 4.8.

Nous considérons le problème du n°2.2 avec $\Omega = \{x,y \mid y > 0\}$.

On définit a priori θ_ε et ψ_ε par

$$(4.41) \quad \left| \begin{array}{l} - \dfrac{\partial^2 \theta_\varepsilon}{\partial y^2} + \dfrac{\partial \psi_\varepsilon}{\partial y} = 0 \ , \\ - \varepsilon \alpha \dfrac{\partial^2 \psi_\varepsilon}{\partial y^2} + \dfrac{\partial \theta_\varepsilon}{\partial y} = 0 \ , \\ \theta_\varepsilon + u = 0 \ , \ \psi_\varepsilon + v = 0 \ \text{ si } \ y = 0 \\ \theta_\varepsilon \text{ et } \psi_\varepsilon \text{ à décroissance la plus rapide possible lorsque} \\ \quad y \to +\infty \ . \end{array} \right.$$

On trouve ainsi (en n'oubliant pas que u et v satisfont à $u + v\sqrt{\alpha} = 0$ si $y = 0$) :

$$
(4.42)\qquad \left|\begin{array}{l} \theta_\varepsilon(x,y) = -\, u(x,0)\ \exp\left(\dfrac{-y}{\varepsilon\sqrt{\alpha}}\right) , \\ \psi_\varepsilon(x,y) = -\, v(x,0)\ \exp\left(\dfrac{-y}{\varepsilon\sqrt{\alpha}}\right) \end{array}\right.
$$

et l'on vérifie que si $u(x,0), v(x,0) \in H^1(\mathbb{R}_x)$, on définit bien ainsi des correcteurs d'ordre 0 . ■

4.6. Correcteurs d'ordre N. Exemples.

Nous allons nous borner au cas "N = 1", le cas général se traitant par des méthodes analogues.

On suppose connus

$$(4.43)\qquad u, u^1 \in V_a ,$$

$$(4.44)\qquad L^1 \in V_a'$$

avec $\forall\ \varepsilon > 0$,

$$
(4.45)\qquad \left|\begin{array}{l} \varepsilon\, a(u+\varepsilon u^1, v) + (B(u+\varepsilon u^1), v) = (f,v) + \varepsilon^2 a(u^1,v) + \varepsilon(L^1,v) \\ \qquad \forall\ v \in K-K. \end{array}\right.
$$

Donc, puisque

$$Bu = f$$

cette identité en ε équivaut à

$$(4.46)\qquad a(u,v) + (Bu^1,v) = (L^1,v) \qquad \forall\ v \in K-K .$$

On dit alors que θ_ε^1 est un <u>correcteur d'ordre</u> 1 si

$$
(4.47)\qquad \left|\begin{array}{l} \theta_\varepsilon^1 + (u+\varepsilon u^1) \in K , \\ \varepsilon\, a(\theta_\varepsilon^1, \varphi-\theta_\varepsilon^1) + (B\theta_\varepsilon^1, \varphi-\theta_\varepsilon^1) \geq \varepsilon(\varepsilon g_{\varepsilon_1} + \varepsilon^{1/2} g_{\varepsilon_2}, \varphi-\theta_\varepsilon^1) - \\ -\, (\varepsilon L^1, \varphi-\theta_\varepsilon^1) \qquad \forall\ \varphi \in K - (u+\varepsilon u^1) , \end{array}\right.
$$

où g_{ε_1} et g_{ε_2} satisfont à (4.17)(4.18).

On a alors le

<u>Théorème 4.2</u>. <u>On se place dans les conditions du Théorème</u> 4.1. <u>et on suppose que</u> (4.46) <u>a lieu, avec</u> (4.43)(4.44). <u>Soit</u> θ_ε^1 <u>défini par</u> (4.47). <u>On a alors</u>

$$(4.48)\qquad \| u_\varepsilon - (u+\varepsilon u^1+\theta_\varepsilon^1)\|_a \leq C\,\varepsilon ,$$

(4.49) $$|u_\varepsilon - (u+\varepsilon u^1 + \theta_\varepsilon^1)| \leq C\, \varepsilon^{3/2} .$$

Démonstration .

Posant $w_\varepsilon = u_\varepsilon - (u+\varepsilon u^1+\theta_\varepsilon^1)$ on a :

$$-\varepsilon\, a(w_\varepsilon,w_\varepsilon) - (Bw_\varepsilon,w_\varepsilon) \geq \varepsilon(\varepsilon g_{\varepsilon_1}+\varepsilon^{1/2} g_{\varepsilon_2}) - \varepsilon^2 a(u^1,w_\varepsilon).$$

Par conséquent

$$\varepsilon \|w_\varepsilon\|_a^2 + |w_\varepsilon|^2 \leq C\,\varepsilon^{3/2}(\varepsilon^{1/2}\|w_\varepsilon\|_a + |w_\varepsilon|)$$

d'où

$$\varepsilon^{1/2}\|w_\varepsilon\|_a + |w_\varepsilon| \leq C\,\varepsilon^{3/2},$$

d'où le Théorème. ∎

Exemple 4.9 (suite de l'Exemple 4.5).

On définit u^1 par

(4.50) $$-\frac{\partial u^1}{\partial y} + u^1 - \Delta u = 0,\ u^1 \in L^2(\Omega) .$$

Si $\frac{\partial}{\partial x}\Delta u \in L^2(\Omega)$ (ce qui est une hypothèse de régularité sur f, satisfaite si $\frac{\partial}{\partial x}\Delta f \in L^2(\Omega)$), on a : $u^1 \in V_a$ et on est dans les conditions d'application du Théorème 4.2, avec $L^1 = 0$.

On calcule θ_ε^1 sous la forme

(4.51) $$\theta_\varepsilon^1 = \psi_\varepsilon + \varepsilon\,\psi_\varepsilon^1 \quad ;\ \psi_\varepsilon = -u(x,0)\exp(-y/\varepsilon) \quad \text{(cf. (4.26))} .$$

On définit ψ_ε^1 par

(4.52) $$\left|\begin{array}{l} -\varepsilon\dfrac{\partial^2\psi_\varepsilon}{\partial y^2} - \dfrac{\partial\psi_\varepsilon^1}{\partial y} = \dfrac{\partial^2\psi}{\partial x^2} - \varepsilon^{-1}\psi_\varepsilon \\[2ex] \psi_\varepsilon^1(x,0) = 0 \ ,\quad \psi_\varepsilon^1 \text{ à décroissance la plus rapide possible} \\ \qquad\qquad\qquad\qquad \text{lorsque } y \to +\infty , \end{array}\right.$$

d'où

(4.53) $$\psi_\varepsilon^1 = \left[\varepsilon\frac{\partial^2 u}{\partial x^2}(x,0) - u(x,0)\right]\frac{y}{\varepsilon}\exp\left(-\frac{y}{\varepsilon}\right) .$$

On a alors, avec ces choix :

$$-\varepsilon\,\Delta\,\theta_\varepsilon^1 - \frac{\partial\theta_\varepsilon^1}{\partial y} + \theta_\varepsilon^1 = -\varepsilon^2\frac{\partial^2\psi_\varepsilon^1}{\partial x^2} + \varepsilon\,\psi_\varepsilon^1 = \varepsilon^2 g_{\varepsilon_1} + \varepsilon^{3/2} g_{\varepsilon_2}$$

avec

$$g_{\varepsilon_1} = -\frac{\partial^2\psi_\varepsilon^1}{\partial x^2},\quad g_{\varepsilon_2} = \frac{1}{\sqrt{\varepsilon}}\,\psi_\varepsilon^1 .$$

Mais si l'on suppose que

(4.54) $\quad u(x,0) \in H^3(R_x)$

on a $\|g_{\varepsilon_1}\|_{H^{-1}(\Omega)} \leq C$ et $|g_{\varepsilon_2}|_{L^2(\Omega)} \leq C$ dès que $u(x,0) \in H^2(R_x)$.
Donc sous l'hypothèse (4.54), un correcteur d'ordre 1 est défini par (4.51)(4.53). ■

Exemple 4.10.

On considère le problème

$$(4.55)\quad \begin{cases} -\varepsilon\,\Delta\, u_\varepsilon - \dfrac{\partial u_\varepsilon}{\partial y} + u_\varepsilon = f \quad \text{dans} \quad y > 0\ , \\ \dfrac{\partial u_\varepsilon}{\partial y}(x,0) = 0\ . \end{cases}$$

On vérifie sans peine que la limite u est encore donnée par

$$(4.56)\quad -\frac{\partial u}{\partial y} + u = f \quad , \quad u \in L^2(\Omega)$$

et il n'y a pas cette fois de correcteur d'ordre 0 . Si l'on prend en effet

$$V_a = H^1(\Omega)\ ,\ H = L^2(\Omega)\ ,\ K = V_a\ ,$$

alors si $f\ ,\ \dfrac{\partial f}{\partial x} \in L^2(\Omega)$ on a : $u \in K$.

On introduit ensuite u^1 et L^1 par

$$(4.57)\quad -\frac{\partial u^1}{\partial y} + u^1 - \Delta u = 0\ ,\ u^1 \in L^2(\Omega)\ ,$$

$$(4.58)\quad (L^1,v) = \int_\Gamma \frac{\partial u}{\partial v}\, v\, d\Gamma = -\int_\Gamma \frac{\partial u}{\partial y}(x,0)\, v(x,0)\, dx\ .$$

On définit alors θ_ε^1 par

$$(4.59)\quad -\varepsilon\,\frac{\partial^2\theta_\varepsilon^1}{\partial y^2} - \frac{\partial\theta_\varepsilon^1}{\partial y} = 0\ ,\ \frac{\partial\theta_\varepsilon^1}{\partial y}(x,0) + \frac{\partial u}{\partial y}(x,0) = 0$$

d'où

$$(4.60)\quad \theta_\varepsilon^1(x,y) = \frac{\partial u}{\partial y}(x,0)\ \varepsilon\ \exp(-y/\varepsilon)\ .$$

Si $\dfrac{\partial u}{\partial y}(x,0) \in H^1(R_x)$, on définit ainsi un correcteur d'ordre 1 . ■

5. CORRECTEURS (II).

5.1. Orientation. Couches limites libres.

Les résultats du n°4 supposent que u est dans V_a. On va maintenant examiner les cas où cette hypothèse n'a pas lieu. Nous commencerons par des généralités. On se place dans le cadre du n°4.2. On considère donc le problème (4.10). Le problème "limite" est

(5.1) $\quad Bu = f \quad , \quad u \in D(B)$

et on suppose que

(5.2) $\quad u \in V_a$.

On dit alors (comparer au Chap.2, n°10.2) que r_ε est une régularisée d'ordre 0 de u si r_ε satisfait à l'équation

(5.3) $$\left| \begin{array}{l} r_\varepsilon \in V_a \ , \\ \varepsilon\, a(r_\varepsilon, v) + (Br_\varepsilon, v) = (f,v) + (\varepsilon \rho_{\varepsilon_1} + \varepsilon^{1/2} \rho_{\varepsilon_2}, v) \quad \forall\, v \in K-K \ , \end{array} \right.$$

où ρ_{ε_1} et ρ_{ε_2} satisfont à des conditions analogues à (4.17)(4.18) :

(5.4) $\quad |(\rho_{\varepsilon_1}, v)| \le C \, \|v\|_a \qquad \forall\, v \in K-K$

(5.5) $\quad |(\rho_{\varepsilon_2}, v)| \le C \, |v| \qquad \forall\, v \in K-K$. ■

Remarque 5.1.

Il n'y a évidemment pas unicité de la régularisée. Dans les applications ρ_{ε_1}, ρ_{ε_2} sont pris de manière à avoir les calculs les plus simples possibles. ■

On dit ensuite que θ_ε est un correcteur d'ordre 0 si

(5.6) $$\left| \begin{array}{l} \theta_\varepsilon \in K - r_\varepsilon \ . \\ \varepsilon\, a(\theta_\varepsilon, \varphi - \theta_\varepsilon) + (B\theta_\varepsilon, \varphi - \theta_\varepsilon) \ge (\varepsilon g_{\varepsilon_1} + \varepsilon^{1/2} g_{\varepsilon_2}, \varphi - \theta_\varepsilon) \\ \forall\, \varphi \in K - r_\varepsilon \ , \end{array} \right.$$

où g_{ε_1}, g_{ε_2} satisfont à (4.17)(4.18). ■

On a alors la variante suivante du Théorème 4.1 :

Théorème 5.1. On suppose que (4.5)...(4.11) ont lieu. Soit r_ε une régularisée d'ordre 0 de u (cf. (5.3)(5.4)(5.5)) et soit θ_ε un correcrecteur d'ordre 0 défini par (5.6). Alors, en supposant que (4.19) a lieu :

(5.7) $u_\varepsilon - (r_\varepsilon+\theta_\varepsilon) \to 0$ dans V_a faible,

(5.8) $|u_\varepsilon - (r_\varepsilon+\theta_\varepsilon)| \leq C\,\varepsilon^{1/2}$.

Remarque 5.2.

Dans les applications, le correcteur θ_ε contient les couches limites et la régularisée r_ε vaut : u + correction par des couches internes, dites souvent "couches libres" ou "couches limites libres". ■

Remarque 5.3

On définira de la même façon des régularisées d'ordre N et des correcteurs d'ordre N. ■

Orientation.

On va maintenant donner des exemples. La situation (5.2) peut, en gros, être due (i) à une irrégularité de f ; (ii) au fait que le frontière de Ω a une partie caractéristique sur B . On va examiner successivement ces deux cas. ■

5.2. Irrégularité des données.

Nous considérons dans l'ouvert $\Omega = \{x,y \mid y > 0\}$, le problème :

(5.9) $$-\varepsilon\,\Delta\,u_\varepsilon + \frac{\partial u_\varepsilon}{\partial y} + u_\varepsilon = f\ ,\quad y > 0\ ;\ u_\varepsilon(x,0) = 0\ ;$$

lorsque $\varepsilon \to 0$, on a : $u_\varepsilon \to u$ dans $L^2(\Omega)$, u étant la solution de

(5.10) $$\frac{\partial u}{\partial y} + u = f\ ,\quad u(x,0) = 0\ .$$

On désigne par Ω^+ (resp. Ω^-) l'ouvert $x > 0,\ y > 0$ (resp. $x < 0, y > 0$) et de façon générale par f^+ (resp. f^-) la restriction de f à Ω^+ (resp. Ω^-). On fera l'hypothèse

(5.11) $f^+ \in H^2(\Omega^+)\ ,\ f^- \in H^2(\Omega^-)$,

avec des discontinuités sur x = 0 ; on posera de façon générale :

$$[f] = f^+(0,y) - f^-(0,y)\ ,$$
$$\left[\frac{\partial f}{\partial x}\right] = \frac{\partial f^+}{\partial x}(0,y) - \frac{\partial f^-}{\partial x}(0,y)\ ,\ \text{etc}.$$

La solution u de (5.10) n'est pas dans V_a si $[f] \neq 0$.

On aura, sous l'hypothèse (5.11),

(5.12) $u^{\pm} \in H^2(\Omega^{\pm})$

et, en général, $[u]$, $[\frac{\partial u}{\partial x}]$ <u>non nuls</u>.

On <u>définit</u> alors $\eta_\varepsilon^{\pm}$ (comparer au Chap.2, n°10.3) par :

(5.13) $$- \varepsilon \frac{\partial^2}{\partial x^2} \eta_\varepsilon^{\pm} + \frac{\partial \eta_\varepsilon^{\pm}}{\partial y} + \eta_\varepsilon^{\pm} = 0 \quad \text{dans} \quad \Omega^{\pm} ,$$

(5.14) $$\left| \begin{array}{l} [\eta_\varepsilon] + [u] = 0 , \\ [\frac{\partial \eta_\varepsilon}{\partial y}] + [\frac{\partial u}{\partial x}] = 0 , \quad \text{sur} \quad x = 0 \\ \eta_\varepsilon(x,0) = 0 , \end{array} \right.$$

ce qui est <u>un problème parabolique de transmission</u>, qui admet une solution unique ; l'on a :

(5.15) $$\eta_\varepsilon(x,y) = M^{\pm}(\frac{x}{\sqrt{\varepsilon}}, y)$$

avec

(5.16) $$\left| \begin{array}{l} - \frac{\partial^2 M^{\pm}}{\partial x^2} + \frac{\partial M^{\pm}}{\partial y} + M^{\pm} = 0 \quad \text{dans} \quad \Omega^{\pm} , \\ [M] + [u] = 0 , \\ [\frac{\partial M}{\partial x}] + \varepsilon [\frac{\partial u}{\partial x}] = 0 , \\ M^{\pm}(x,0) = 0 . \end{array} \right.$$

On prend alors

(5.17) $$r_\varepsilon = u + \eta_\varepsilon \quad (\text{i.e } r_\varepsilon^{\pm} = u^{\pm} + \eta_\varepsilon^{\pm}) .$$

Grâce à (5.14) on n'a pas de saut pour r_ε , $\frac{\partial r_\varepsilon}{\partial x}$ sur $x = 0$; si l'on désigne par $\{\frac{\partial^2 u}{\partial x^2}\}$ <u>la fonction</u> égale à $\frac{\partial^2 u^+}{\partial x^2}$ (resp. $\frac{\partial^2 u^-}{\partial x^2}$) dans Ω^+ (resp. Ω^-) , on a alors :

$$- \varepsilon \Delta r_\varepsilon + \frac{\partial r_\varepsilon}{\partial y} + r_\varepsilon = f - \varepsilon\{\frac{\partial^2 u}{\partial x^2}\} - \varepsilon \{\frac{\partial^2 u}{\partial y^2}\} - \varepsilon \{\frac{\partial^2 \eta_\varepsilon}{\partial y^2}\} .$$

Sous les hypothèses faites, $\{\frac{\partial^2 u}{\partial x^2}\}$, $\{\frac{\partial^2 u}{\partial y^2}\} \in L^2(\Omega)$ et $\{\frac{\partial^2 \eta_\varepsilon}{\partial y^2}\}$ demeure dans un borné de $L^2(\Omega)$, de sorte que r_ε défini par (5.17) <u>est une régularisée de</u> u <u>d'ordre</u> 0. ∎

puis l'on définit $\eta_\varepsilon^{\pm}$ dans Ω^- et Ω^+, $y > 1$, par :

(5.19)
$$\left|\begin{array}{l} -\varepsilon \dfrac{\partial^2 \eta_\varepsilon^{\pm}}{\partial x^2} + \dfrac{\partial \eta_\varepsilon^{\pm}}{\partial y} + \eta_\varepsilon^{\pm} = 0 \,, \\ \eta_\varepsilon^-(x,1) = 0, \quad \eta_\varepsilon^+(x,1) \text{ donné par la solution de (5.18)} \\ [\eta_\varepsilon] + [u] = 0 \,, \quad [\dfrac{\partial \eta_\varepsilon}{\partial x}] + [\dfrac{\partial u}{\partial x}] = 0 \end{array}\right.$$

et l'on prend ensuite

(5.20) $$r_\varepsilon = u + \eta_\varepsilon$$

(ce procédé donne une difficulté au voisinage de A, en général ; cf. alors J. Mauss [1]) . ■

6. OPERATEURS NON LINEAIRES.

6.1. Orientation.

Même si certains problèmes étudiés dans les n° précédents étaient non linéaires (cf. par ex. n°3), les opérateurs introduits étaient tous linéaires. Nous allons maintenant considérer des problèmes non linéaires. Nous nous bornons à des exemples simples. ■

6.2. Opérateurs du 2ème ordre - 1er ordre.

Soit p donné avec $1 < p < \infty$. On pose :

(6.1) $$A(u) = -\sum_{i=1}^{n} \frac{\partial}{\partial x_i}\left(\left|\frac{\partial u}{\partial x_i}\right|^{p-2} \frac{\partial u}{\partial x_i} \right),$$

$(A = -\Delta$ si $p = 2)$.

On considère le problème :

(6.2)
$$\left|\begin{array}{l} \varepsilon\, A(u_\varepsilon) + \dfrac{\partial u_\varepsilon}{\partial y} + u_\varepsilon = f \,, \qquad (y = x_n) \\ u = 0 \text{ sur } \Gamma \,. \end{array}\right.$$

On suppose que f est donné avec

(6.3) $$f \in L^2(\Omega) \cap W^{-1,p}(\Omega) \,.$$

Il existe alors une solution u_ε et une seule dans $W^{1,p}(\Omega) \cap L^2(\Omega)$ de (6.2).

On considère la solution u de

(6.4)
$$\begin{cases} \frac{\partial u}{\partial y} + u = f \ , \\ u|_{\Gamma_-} = 0 \end{cases}$$

où $\Gamma_- = \{x \mid x \in \Gamma,\ \nu_n = \nu_y \leq 0\}$.

On va démontrer le

Théorème 6.1. Lorsque $\varepsilon \to 0$, on a :

(6.5) $$u_\varepsilon \to u \ \text{dans} \ L^2(\Omega) \ \text{faible}.$$

Démonstration.

1) Comme $(A(v),v) = \sum_{i=1}^{n} \int_\Omega |\frac{\partial v}{\partial x_i}|^p \, dx$, on déduit de (6.2) que

(6.6) $$\varepsilon^{1/p} \| u_\varepsilon \| \leq C \ , \text{ où } \| \ \| = \text{norme dans } W^{1,p}(\Omega) \ ,$$

(6.7) $$|u_\varepsilon| \leq C \ .$$

2) Introduisant une fonction φ comme en (1.8), on a, à partir de (6.2) :

(6.8)
$$- \varepsilon \sum_{i=1}^{n} \int_\Gamma |\frac{\partial u_\varepsilon}{\partial x_i}|^{p-2} \frac{\partial u_\varepsilon}{\partial x_i} \varphi \frac{\partial u_\varepsilon}{\partial y} \nu_i \, d\Gamma \ +$$
$$+ \varepsilon \sum_{i=1}^{n} \int_\Omega |\frac{\partial u_\varepsilon}{\partial x_i}|^{p-2} \frac{\partial u_\varepsilon}{\partial x_i} \frac{\partial}{\partial x_i} (\varphi \frac{\partial u_\varepsilon}{\partial y}) \, dx \ +$$
$$+ \int_\Omega \varphi |\frac{\partial u_\varepsilon}{\partial y}|^2 dx + \int_\Omega \frac{\varphi}{2} \frac{\partial}{\partial y} u_\varepsilon^2 \, dx = (f, \varphi \frac{\partial u_\varepsilon}{\partial y}) \ .$$

La 2ème intégrale du 1er membre vaut

(6.9)
$$\varepsilon \sum_{i=1}^{n} \int_\Omega \frac{\partial}{\partial y} (|\frac{\partial u_\varepsilon}{\partial x_i}|^p) \, dx \ +$$
$$+ \varepsilon \sum_{i=1}^{n} \int_\Omega \frac{\partial}{\partial x_i} |\frac{\partial u_\varepsilon}{\partial x_i}|^{p-2} \frac{\partial u_\varepsilon}{\partial x_i} \frac{\partial u_\varepsilon}{\partial y} \, dx$$

et le 2ème terme est $0(1)$ d'après (6.6).

Le dernier terme du 1er membre de (6.8) vaut $- \int_\Omega \frac{1}{2} \frac{\partial}{\partial y} u_\varepsilon^2 \, dx = 0(1)$ (d'après (6.7)), de sorte que (6.8) donne

(6.10)
$$- \varepsilon \sum_{i=1}^{n} \int_\Gamma |\frac{\partial u_\varepsilon}{\partial x_i}|^{p-2} \frac{\partial u_\varepsilon}{\partial x_i} \varphi [\nu_i \frac{\partial u_\varepsilon}{\partial y} - \frac{1}{p} \frac{\partial u_\varepsilon}{\partial x_i} \nu_y] \, d\Gamma \ +$$
$$+ \int_\Omega \varphi |\frac{\partial u_\varepsilon}{\partial y}|^2 dx = (f, \varphi \frac{\partial u_\varepsilon}{\partial y}) + 0(1) \ .$$

Mais comme $u_\varepsilon = 0$ sur Γ on a, sur Γ :

$$\nu_i \frac{\partial u_\varepsilon}{\partial y} - \nu_y \frac{\partial u_\varepsilon}{\partial x_i} = 0 \quad \forall\, i ,$$

de sorte que le 1er terme de (6.10) vaut :

$$- \varepsilon \sum_{i=1}^{n} \int_\Gamma \left|\frac{\partial u_\varepsilon}{\partial x_i}\right|^{p-2} \frac{\partial u_\varepsilon}{\partial x_i} \varphi\, \nu_y \left(1-\frac{1}{p}\right) \frac{\partial u_\varepsilon}{\partial x_i}\, d\Gamma =$$

$$= - \varepsilon \sum_{i=1}^{n} \int_\Gamma \left|\frac{\partial u_\varepsilon}{\partial x_i}\right|^{p} \varphi\, \nu_y \left(1-\frac{1}{p}\right) d\Gamma$$

ce qui est ≥ 0 car $\nu_y \leq 0$ sur Γ .

On déduit donc de (6.10) que

$$\int_\Omega \varphi \left|\frac{\partial u_\varepsilon}{\partial y}\right|^2 dx = \left(f, \varphi \frac{\partial u_\varepsilon}{\partial y}\right) + 0(1)$$

d'où

$$\int_\Omega \varphi \left|\frac{\partial u_\varepsilon}{\partial y}\right|^2 dx \leq C . \tag{6.11}$$

3) On peut alors extraire de u_ε une suite, encore notée u_ε, telle que $u_\varepsilon \to w$ dans $L^2(\Omega)$ faible, $\varphi \frac{\partial u_\varepsilon}{\partial y} \to \varphi \frac{\partial w}{\partial y}$ dans $L^2(\Omega)$ faible pour une famille dénombrable de fonctions φ .

D'après (6.6), $\varepsilon A(u_\varepsilon) \to 0$ dans $W^{-1,p'}(\Omega)$, donc $\frac{\partial w}{\partial y} + w = f$, $w = 0$ sur Γ_- , et on a donc le Théorème. ■

<u>Remarque 6.1</u>.

Avec les notations précédentes, considérons le problème "<u>doublement non linéaire</u>"

$$\varepsilon A(u_\varepsilon) + \frac{\partial u_\varepsilon}{\partial y} + u_\varepsilon^3 = f , \quad u_\varepsilon = 0 \text{ sur } \Gamma , \tag{6.12}$$

qui admet une solution unique dans $W^{1,p}(\Omega) \cap L^4(\Omega)$.

Soit u <u>la</u> solution de

$$\frac{\partial u}{\partial y} + u^3 = f , \quad u|_{\Gamma_-} = 0 , \quad u \in L^4(\Omega) . \tag{6.13}$$

On a le

<u>Théorème 6.2</u>. <u>Lorsque</u> $\varepsilon \to 0$, <u>on a</u> :

(6.14) $u_\varepsilon \to u$ <u>dans</u> $L^4(\Omega)$ <u>faible</u>.

Démonstration .

1) On a les estimations

$$(6.15)\quad \left|\begin{array}{l} \varepsilon^{1/p}\, \|u_\varepsilon\| \leq C\ , \\ \|u_\varepsilon\|_{L^4} \leq C \end{array}\right.$$

et, par la même démonstration qu'au point 2) de la démonstration du Théorème 6.1, on a (6.11).

2) On peut donc extraire une sous-suite, encore notée u_ε , telle que

$$(6.16)\quad \left|\begin{array}{l} u_\varepsilon \to w \ \text{ dans } \ L^4(\Omega) \ \text{ faible,} \\ \varphi \dfrac{\partial u_\varepsilon}{\partial y} \to \varphi \dfrac{\partial w}{\partial y} \ \text{ dans } \ L^2(\Omega) \ \text{ faible,} \\ u_\varepsilon^2 \to \chi \ \text{ dans } \ L^{4/3}(\Omega) \ \text{ faible .} \end{array}\right.$$

On déduit de (6.12) que

$$(6.17)\quad \frac{\partial w}{\partial y} + \chi = f$$

et de (6.16) que

$$(6.18)\quad w = 0 \ \text{ sur } \ \Gamma_- \ .$$

On aura donc le Théorème si l'on montre que $\chi = w^3$. On introduit pour cela

$$(6.19)\quad X_\varepsilon(\psi) = \varepsilon(A(u_\varepsilon), \varphi u_\varepsilon) + (u_\varepsilon^3 - \psi^3, \varphi(u_\varepsilon - \psi))$$

où

$\psi \in L^4(\Omega)$, φ comme ci-dessus.

On a :

$$X_\varepsilon(\psi) = -\left(\frac{\partial u_\varepsilon}{\partial y}, \varphi u_\varepsilon\right) + (f, \varphi u_\varepsilon) - (u_\varepsilon^3, \varphi\psi) - (\psi^3, \varphi(u_\varepsilon - \psi))$$

et donc grâce à (6.15)(6.16) :

$$X_\varepsilon(\psi) \to X(\psi) = -\left(\varphi \frac{\partial w}{\partial y}, w\right) + (f, \varphi w) - (\chi, \varphi\psi) - (\psi^3, \varphi(w-\psi)) \ .$$

Mais d'après (6.17), $(f,\varphi w) - (\varphi \frac{\partial w}{\partial y}, w) = (\chi, \varphi w)$ d'où

$$(6.20)\quad X(\psi) = (\chi - \psi^3, \varphi(w-\psi)) \ .$$

Par ailleurs

$$(6.21)\quad \varepsilon\,(A(u_\varepsilon), \varphi u_\varepsilon) = \varepsilon \sum_{i=1}^{n} \int_\Omega \varphi \left|\frac{\partial u_\varepsilon}{\partial x_i}\right|^p dx \ +$$

$$+\ \varepsilon \sum_{i=1}^{n} \int_\Omega \frac{\partial \varphi}{\partial x_i} \left|\frac{\partial u_\varepsilon}{\partial x_i}\right|^{p-2} \frac{\partial u_\varepsilon}{\partial x_i}\, u_\varepsilon \, dx \ .$$

Le dernier terme de (6.21) est majoré par

$$C \quad \varepsilon \|u_\varepsilon\|^{p-1} \|u_\varepsilon\|_{L^p(\Omega)} \leq C \quad \varepsilon^{1/p} \|u_\varepsilon\|_{L^p(\Omega)} .$$

Si l'on suppose que $p \leq 4$, on a donc d'après (6.15), un terme majoré par $C\ \varepsilon^{1/p}$.

Si maintenant, $p > 4$, on utilise le théorème de plongement de Sobolev; si q est défini par

(6.22) $\qquad \frac{1}{q} = \frac{1}{p} - \frac{1}{n}$, ou q fini quelconque $> p$ si $\frac{1}{p} - \frac{1}{n} \leq 0$

on a donc

(6.23) $\qquad \varepsilon^{1/p} \|u_\varepsilon\|_{L^q(\Omega)} \leq C$,

et comme $4 < p < q$ on a, pour $0 < \theta < 1$, θ convenable,

$$\frac{1}{p} = \frac{1-\theta}{4} + \frac{\theta}{q}$$

donc $\qquad \|u_\varepsilon\|_{L^p(\Omega)} \leq C \|u_\varepsilon\|^{1-\theta}_{L^4(\Omega)} \|u_\varepsilon\|^{\theta}_{L^q(\Omega)} \leq$ (par (6.15) et (6.23))

$$\leq C \quad \varepsilon^{-\theta/p}$$

et par conséquent

$$C \ \varepsilon \|u_\varepsilon\|^{p-1} \|u_\varepsilon\|_{L^p(\Omega)} \leq C \quad \varepsilon^{\frac{1-\theta}{p}} .$$

Donc, dans tous les cas

(6.24) $\qquad X_\varepsilon(\psi) + O(\varepsilon^\delta) \geq 0$, $\quad \delta > 0$

d'où

$$\text{lim.inf.}\ X_\varepsilon(\psi) \geq 0$$

et par conséquent

(6.25) $\qquad X(\psi) \geq 0$.

Mais faisant tendre φ vers 1 dans Ω , on en déduit que

$$\int_\Omega (\chi-\psi_\varepsilon)\ (w-\psi)\ dx \geq 0 \qquad \forall \quad \psi \in L^4(\Omega)$$

d'où, par le procédé de monotonie $\chi = w^3$. ∎

6.3. Opérateurs du 4ème ordre -1er ordre.

On considère maintenant le problème

$$(6.26)\qquad \varepsilon\ \Delta(|\Delta u_\varepsilon|^{p-2}\ \Delta u_\varepsilon) + \frac{\partial u_\varepsilon}{\partial y} + u_\varepsilon = f \quad \text{dans}\ \Omega\ ,$$

$$(6.27)\qquad u_\varepsilon = 0\ ,\ \frac{\partial u_\varepsilon}{\partial \nu} = 0 \quad \text{sur}\ \Gamma\ .$$

Ce problème admet une solution unique dans l'espace $W_0^{2,p}(\Omega) \cap L^2(\Omega)$.

On va montrer le

<u>Théorème 6.3</u>. <u>Lorsque</u> $\varepsilon \to 0$, <u>la solution</u> u_ε <u>de</u> (6.26)(6.27) <u>converge dans</u> $L^2(\Omega)$ <u>faible vers la solution</u> u <u>du problème (6.4)</u>.

<u>Démonstration</u>.

1) Si l'on pose $A(v) = \Delta(|\Delta v|^{p-2}\Delta v)$, on a :

$$(6.28)\qquad (A(u),v) = \int_\Omega |\Delta u|^{p-2}\ \Delta u\ \Delta v\ dx.$$

Donc

$$(6.29)\qquad (A(v),v) = \|\Delta v\|^p_{L^p(\Omega)} \geq C\ \|v\|^p_{W^{2,p}(\Omega)} \qquad \forall\ v \in W^{2,p}(\Omega)$$

et on déduit donc de (6.26) que

$$(6.30)\qquad \varepsilon^{1/p}\|u_\varepsilon\|_{W^{2,p}(\Omega)} \leq C\ ,$$

et (6.7).

2) On prend le produit scalaire des deux membres de (6.26) avec $\varphi\ \frac{\partial u_\varepsilon}{\partial y}$, φ régulière et comme en (1.8). On obtient

$$(6.31)\qquad -\ \varepsilon \int_\Gamma |\Delta u_\varepsilon|^{p-2}\ \Delta u_\varepsilon\ \frac{\partial}{\partial \nu}\ (\varphi\ \frac{\partial u_\varepsilon}{\partial y})d\Gamma + \varepsilon \int_\Omega |\Delta u_\varepsilon|^{p-2}\Delta u_\varepsilon\ \Delta(\varphi\frac{\partial u_\varepsilon}{\partial y})dx$$
$$+ \int_\Omega \varphi(\frac{\partial u_\varepsilon}{\partial y})^2 dx + \int_\Omega \frac{\varphi}{2}\ \frac{\partial}{\partial y}\ (u_\varepsilon^2)\ dx = (f,\ \varphi\ \frac{\partial u_\varepsilon}{\partial y})\ .$$

Le 2ème terme du 1er membre de (6.31) vaut

$$\varepsilon \int_\Omega \frac{\varphi}{p}\ \frac{\partial}{\partial y}\ |\Delta u_\varepsilon|^p\ dx + \varepsilon \int_\Omega |\Delta u_\varepsilon|^{p-2}\ \Delta u_\varepsilon\ \text{grad}\varphi\ \text{grad}\ \frac{\partial u_\varepsilon}{\partial y}\ dx +$$
$$+\ \varepsilon \int_\Gamma |\Delta u_\varepsilon|^{p-2}\ \nu u_\varepsilon\ \frac{\partial u_\varepsilon}{\partial y}\ \Delta\varphi\ \ dx =$$
$$=\ \varepsilon \int_\Gamma \frac{\varphi}{p}\ |\Delta u_\varepsilon|^p\ \nu_y\ d\Gamma + O(1)\ .$$

de sorte que (6.31) donne

$$(6.32)\qquad -\ \varepsilon \int_\Gamma |\Delta u_\varepsilon|^{p-2}\ \ \Delta u_\varepsilon\ \frac{\partial}{\partial \nu}(\varphi\ \frac{\partial u_\varepsilon}{\partial y})\ d\Gamma + \varepsilon \int_\Gamma \frac{\varphi}{p}|\Delta u_\varepsilon|^p\ \nu_y\ d\Gamma +$$

$$+ \varepsilon \int_\Omega \varphi \left(\frac{\partial u_\varepsilon}{\partial y}\right)^2 dx = (f, \varphi \frac{\partial u_\varepsilon}{\partial y}) + 0(1) .$$

Mais $\frac{\partial}{\partial \nu}(\varphi \frac{\partial u_\varepsilon}{\partial y}) = \varphi \, \Delta u_\varepsilon$ sur Γ de sorte que les deux premiers termes de (6.32) donnent

$$- \varepsilon \int_\Gamma \varphi \, |\Delta u_\varepsilon|^p \, \nu_y (1 - \frac{1}{p}) \, d\Gamma \geq 0 .$$

et l'on termine comme précédemment. ■

Remarque 6.2 .

Les résultats précédents supposent que "l'opérateur limite" B est monotone (linéaire ou non). Si ce n'est pas le cas, il y a des difficultés considérables. L'exemple classique, et important, est celui des équations stationnaires de Navier-Stokes à grand nombre de Reynolds ; on cherche $u = \{u_{\varepsilon_i}\}$ solution de

$$(6.33) \quad \begin{cases} - \varepsilon \; \Delta u_\varepsilon + \sum_{i=1}^{n} u_{\varepsilon_i} \frac{\partial u_\varepsilon}{\partial x_i} = f - \text{grad } p_\varepsilon , \\ \text{Div } u_\varepsilon = 0 , \\ u_\varepsilon = 0 \text{ sur } \Gamma . \end{cases}$$

Le "problème limite" (d'Euler) est

$$(6.34) \quad \begin{cases} \sum_{i=1}^{n} u_i \frac{\partial u}{\partial x_i} = f - \text{grad } p , \\ \text{Div } u = 0 \\ u.\nu = 0 \text{ sur } \Gamma . \end{cases}$$

On peut "simplifier" le problème en ajoutant au premier membre de (6.31) et de (6.34) le terme λu_ε et λu , $\lambda > 0$ choisi assez grand. Même alors, on ne sait pas si "$u_\varepsilon \to u$" lorsque $\varepsilon \to 0$.

Pour le cas d'évolution cf. Chapitre 6. ■

Remarque 6.3.

Un peu dans le même ordre d'idée qu'à la remarque précédente, signalons le problème des fluides en rotation. On cherche u_ε solution du problème (linéarisé).

$$(6.35) \quad \begin{cases} - \varepsilon \, \Delta u_\varepsilon + k \wedge u_\varepsilon = f - \text{grad } p_\varepsilon , \\ \text{Div } u_\varepsilon = 0 , \\ u_\varepsilon = 0 \text{ sur } \Gamma , \end{cases}$$

$u_\varepsilon = \{u_{\varepsilon_1}, u_{\varepsilon_2}, u_{\varepsilon_3}\}$, k = vecteur donné.

Ce problème admet une solution unique mais le problème de la limite de u_ε lorsque $\varepsilon \to 0$ semble, en général, ouvert. Pour une étude approfondie, cf. Greenspan [1][2][3] , Baralon-Pedlovsky [1] , Stewartson[1] et la bibliographie de ces travaux. ∎

7. REMARQUES DIVERSES .

7.1. Opérateurs du 3ème ordre-2ème ordre et variantes.

Commençons par un exemple facile d'opérateur du 3ème ordre dont la limite est l'opérateur $-\Delta$.

On cherche u_ε solution de

(7.1) $$-\varepsilon \frac{\partial}{\partial y} \Delta u_\varepsilon - \Delta u_\varepsilon = f \quad , \quad f \text{ donné dans } H^{-1}(\Omega) ,$$

(7.2) $$u_\varepsilon = 0 \text{ sur } \Gamma \quad , \quad \frac{\partial u_\varepsilon}{\partial \nu} = 0 \text{ sur } \Gamma_- .$$

Nous allons vérifier le

Théorème 7.1. Le problème (7.1)(7.2) admet une solution unique. Lorsque $\varepsilon \to 0$, on a :

(7.3) $$u_\varepsilon \to u \quad \text{dans } H_0^1(\Omega) \text{ faible}$$

où

(7.4) $$-\Delta u = f \quad , \quad u \in H_0^1(\Omega) .$$

Démonstration .

1) Etablissons des estimations qui montrent, en même temps, l'existence d'une solution de (7.1)(7.2).

Prenant le produit scalaire des deux membres de (7.1) avec u_ε , on a :

(7.5) $$-\varepsilon \left(\Delta \frac{\partial u_\varepsilon}{\partial y}, u_\varepsilon\right) + \int_\Omega |\text{grad } u_\varepsilon|^2 dx = (f, u_\varepsilon) .$$

Mais

$$\left(-\Delta \frac{\partial u_\varepsilon}{\partial \nu}, u\right) = \sum \frac{1}{2} \int_\Omega \frac{\partial}{\partial y} \left(\frac{\partial u_\varepsilon}{\partial x_i}\right)^2 dx =$$

$$= \frac{1}{2} \int_\Gamma \left|\frac{\partial u_\varepsilon}{\partial \nu}\right|^2 \nu_y \, d\Gamma \geq 0 \quad \text{car} \quad \frac{\partial u_\varepsilon}{\partial \nu} = 0 \quad \text{si} \quad \nu_y \leq 0 .$$

On déduit donc de (7.5) que

$$\int_\Omega |\mathrm{grad}\, u_\varepsilon|^2 dx = (f, u_\varepsilon)$$

d'où le résultat suit facilement.

Remarque 7.1.
Il n'y aura pas de correcteur d'ordre 0 .
Un correcteur d'ordre 1 fera apparaître une couche limite au voisinage de Γ_+ .

Remarque 7.2.
On établira sans peine la variante non linéaire suivante de l'exemple précédent : le problème

$$(7.6) \quad \left| \begin{array}{l} - \varepsilon \frac{\partial}{\partial y} \sum_{i=1}^{n} \frac{\partial}{\partial x_i}\left(\left|\frac{\partial u_\varepsilon}{\partial x_i}\right|^{p-2} \frac{\partial u_\varepsilon}{\partial x_i}\right) - \sum_{i=1}^{n} \frac{\partial}{\partial x_i}\left(\left|\frac{\partial u_\varepsilon}{\partial x_i}\right|^{p-2} \frac{\partial u_\varepsilon}{\partial x_i}\right) = f \\ u_\varepsilon|_\Gamma = 0 \end{array} \right.$$

admet une solution unique qui converge dans $W_0^{1,p}(\Omega)$ faible, vers la solution u de

$$(7.7) \quad - \sum_{i=1}^{n} \frac{\partial}{\partial x_i}\left(\left|\frac{\partial u}{\partial x_i}\right|^{p-2} \frac{\partial u}{\partial x_i}\right) = f \quad , \quad u|_\Gamma = 0 .$$

7.2. Opérateur du 4ème ordre - 3ème ordre.

On considère maintenant le problème suivant :

$$(7.8) \quad \varepsilon \Delta^2 u_\varepsilon - \frac{\partial}{\partial y} \Delta u_\varepsilon + u_\varepsilon = f \quad \text{dans} \quad \Omega ,$$

$$(7.9) \quad u_\varepsilon, \frac{\partial u_\varepsilon}{\partial \nu} = 0 \quad \text{sur } \Gamma$$

qui admet une solution unique dans $H^2(\Omega)$, f étant donné par exemple dans $L^2(\Omega)$, et le problème limite qui est

$$(7.10) \quad - \frac{\partial}{\partial y} \Delta u + u = f ,$$

$$(7.11) \quad u = 0 \quad \text{sur } \Gamma \quad , \frac{\partial u}{\partial \nu} = 0 \quad \text{sur} \quad \Gamma_- .$$

On a le

Théorème 7.2. Lorsque $\varepsilon \to 0$, on a :

(7.12) $\quad u_\varepsilon \to u$ dans $L^2(\Omega)$ faible,

u étant la solution de (7.10)(7.11).

Démonstration.

1) On a d'abord facilement

(7.13) $\quad \varepsilon^{1/2}|\Delta u_\varepsilon| \leq C$,

(7.14) $\quad |u_\varepsilon| \leq C$.

2) On considère ensuite une fonction $\varphi \in C^2(\bar{\Omega})$, à support dans un voisinage d'une partie intérieure de Γ_- , $\varphi \geq 0$, $\Delta\varphi \leq 0$.

On multiplie (7.8) par $\varphi \dfrac{\partial u_\varepsilon}{\partial y}$. On pose

$$X = (\Delta^2 u_\varepsilon, \varphi \frac{\partial u_\varepsilon}{\partial y}) , \quad Y = (- \frac{\partial}{\partial y} \Delta u_\varepsilon, \varphi \frac{\partial u_\varepsilon}{\partial y}) .$$

Alors

(7.15) $$\varepsilon X + Y + \varepsilon\int_\Gamma \frac{\varphi}{2} \frac{\partial}{\partial y} u_\varepsilon^2 \, dx = (f, \varphi \frac{\partial u_\varepsilon}{\partial y}) .$$

On a :

$$\varepsilon X = - \varepsilon \int_\Gamma \Delta u_\varepsilon \frac{\partial}{\partial \nu}(\varphi \frac{\partial u_\varepsilon}{\partial y}) d\Gamma + \varepsilon (\Delta u_\varepsilon, \Delta(\varphi \frac{\partial u_\varepsilon}{\partial y}))$$

$$= - \varepsilon \int_\Gamma (\Delta u_\varepsilon)^2 \varphi \nu \, d\Gamma + \varepsilon(\Delta u_\varepsilon, \varphi \frac{\partial}{\partial y} \Delta u_\varepsilon) +$$

$$+ \varepsilon(\Delta u_\varepsilon, \text{grad } \varphi. \text{grad } \frac{\partial u_\varepsilon}{\partial y} + (\Delta\varphi) \frac{\partial u_\varepsilon}{\partial y}) .$$

$$= - \varepsilon \int_\Gamma (\Delta u_\varepsilon)^2 \varphi \nu_y \, d\Gamma + \varepsilon \int \frac{\varphi}{2} (\Delta u_\varepsilon)^2 \nu_y \, d\Gamma + 0(1)$$

$$= - \frac{\varepsilon}{2} \int_\Gamma \varphi \, \nu_y (\Delta u_\varepsilon)^2 \, d\Gamma + 0(1) \geq 0(1) .$$

Puis

$$Y = \int_\Omega \varphi \, |\text{grad } \frac{\partial u_\varepsilon}{\partial y}|^2 \, dx + \int_\Omega \sum_{i=1}^n \frac{\partial^2 u_\varepsilon}{\partial x_i \partial y} \frac{\partial \varphi}{\partial x_i} \frac{\partial u_\varepsilon}{\partial y}$$

$$= \int_\Omega |\text{grad } \frac{\partial u_\varepsilon}{\partial y}| \, dx + \int_\Omega \frac{1}{2} \sum_{i=1}^n \frac{\partial \varphi}{\partial x_i} \frac{\partial \varphi}{\partial x_i} (\frac{\partial u_\varepsilon}{\partial y})^2 \, dx$$

$$= \int_\Omega |\text{grad } \frac{\partial u_\varepsilon}{\partial y}|^2 dx - \int_\Omega \frac{1}{2} \Delta \varphi \, (\frac{\partial u_\varepsilon}{\partial y})^2 dx$$

de sorte que (7.15) donne

(7.16) $$\int_\Omega \varphi \, |\text{grad } \frac{\partial u_\varepsilon}{\partial y}|^2 \, dx - \int_\Omega (\frac{1}{2} \Delta\varphi) (\frac{\partial u_\varepsilon}{\partial y})^2 dx = (f, \varphi \frac{\partial u_\varepsilon}{\partial y}) + 0(. \text{`} .$$

d'où l'on déduit que

$$(7.17) \qquad \varphi \frac{\partial u_\varepsilon}{\partial y} \text{ demeure dans un borné de } H_0^1(\Omega)$$

On en déduit le Théorème. ■

8. PROBLEMES

8.1. A-t-on convergence forte dans le Théorème 2.2 ? (cf. D. Brézis, H. Brézis et C. Bardos [1]).

8.2. Comment peut-on étendre le Théorème 2.2 à des systèmes non symétriques ?

8.3. Peut-on étendre le Théorème 2.2 à des problèmes non linéaires ?

Par exemple, posons $\Delta_p v = \sum_{i=1}^{n} \frac{\partial}{\partial x_i}\left(\left|\frac{\partial v}{\partial x_i}\right|^{p-2}\frac{\partial v}{\partial x_i}\right)$. On considère le problème

$$(8.1)\quad \left|\begin{array}{l} -\varepsilon\,\Delta_p u_\varepsilon + \frac{\partial}{\partial x_n} v_\varepsilon = f\,, \\ -\alpha\,\varepsilon\;\Delta_p v_\varepsilon + \frac{\partial}{\partial x_n} u_\varepsilon = g\,, \end{array}\right.$$

$(1 < p < \infty)$, $u_\varepsilon, v_\varepsilon \in W_0^{1,p}(\Omega)$.

Les fonctions u_ε et v_ε convergent-elles, et vers quelle limite ?

8.4. Soient A_1 et A_2 deux opérateurs elliptiques du 2ème ordre, dans $\Omega \in \mathbb{R}^2$. On considère le problème

$$(8.2)\quad \begin{array}{l} \varepsilon\,A_1\,u_\varepsilon + \frac{\partial}{\partial y}(u_\varepsilon + v_\varepsilon) = f\,, \\ \varepsilon\,A_2\,v_\varepsilon + \frac{\partial}{\partial y}(u_\varepsilon + v_\varepsilon) = f\,, \end{array}$$

(donc avec même deuxième membre), $u_\varepsilon, v_\varepsilon \in H_0^1(\Omega)$.

Le problème limite formel est réduit à une seule équation :

$$(8.3)\quad \frac{\partial}{\partial y}(u+v) = f\,,$$

qui admet donc, même avec des conditions aux limites convenables, une infinité de solutions en général.

Si par exemple : $A_1 = -\Delta$, $A_2 = -\alpha\,\Delta$, alors on déduit aussitôt que $A_1(u_\varepsilon - \alpha v_\varepsilon) = 0$ donc $u_\varepsilon - \alpha v_\varepsilon = 0$ et donc $u - \alpha v = 0$, ce qui est la condition supplémentaire cherchée ; qu'en est-il dans le cas général ?

Notons ici le résultat de Stampacchia et l'A. [1] : dans un Hilbert V sur $\mathbb{R}$, soit K = convexe fermé non vide de V, $b(u,v)$ une forme bilinéaire continue ≥ 0 sur V, non définie positive. On considère l'inéquation

(8.4) $\quad b(u,v-u) \geq (f,v-u) \quad \forall\, v \in K \;,\; u \in K \;,\; f \in V'$,

dont on suppose qu'elle admet un ensemble non vide X de solutions. Alors X est nécessairement convexe et fermé dans V .

Soit maintenant $a(u,v)$ une forme bilinéaire continue sur V , telle que

(8.5) $\quad a(v,v) \geq \alpha \|v\|^2 \;,\; \alpha > 0$.

On considère, $\forall\, \varepsilon \in 0$, le problème :

(8.6) $$\left| \begin{array}{l} \varepsilon\, a(u_\varepsilon, v-u_\varepsilon) + b(u_\varepsilon, v-u_\varepsilon) \geq (f + \varepsilon g, v-u_\varepsilon) \quad \forall\, v \in K \;, \\ u_\varepsilon \in K \;,\; g \text{ donné dans } V' \;, \end{array} \right.$$

qui admet une solution unique.

Dans l'ensemble X des solutions de (8.4), on définit u_0 par

(8.7) $$\left| \begin{array}{l} u_0 \in X \;, \\ a(u_0, v-u_0) \geq (g, v-u_0) \quad \forall\, v \in X \;, \end{array} \right.$$

qui admet une solution unique. Alors

(8.8) $\quad u_\varepsilon \to u_0$ dans V .

8.5. La conjecture (3.11) est-elle correcte ?

8.6. Peut-on étendre le Théorème 3.1 à des inéquations relatives à des opérateurs d'ordre > 2 ?

8.7. Etude du problème posé à la Remarque 4.3.

8.8. Etude des correcteurs dans le cadre général du n°2.3.

8.9. Etude des correcteurs dans le cadre des problèmes non linéaires du n°6.

8.10. Etude des problèmes évoqués aux Remarques 6.2 et 6.3.

8.11. On considère le problème d'évolution

$$(8.9)\quad \begin{cases} -\dfrac{\partial}{\partial t} \displaystyle\sum_{i=1}^{n} \dfrac{\partial}{\partial x_i} \left(\left|\dfrac{\partial u}{\partial x_i}\right|^{p-2} \dfrac{\partial u}{\partial x_i}\right) + \dfrac{\partial u}{\partial y} = f(x) , \\ u = 0 \quad \text{sur } \Gamma \quad , t > 0 , \\ u(x,0) = u_0(x) \ , u_0 \ \text{donnée quelconque dans } W_0^{1,p}(\Omega) \ \text{par ex.} \end{cases}$$

Soit par ailleurs w la solution de $\frac{\partial w}{\partial y} = f$, $w = 0$ sur Γ_- .

A-t-on $\frac{1}{t} \int_0^t u(x,\sigma)\, d\sigma \to w(x)$ dans $L^2(\Omega)$ par ex. lorsque $t \to +\infty$?

8.12. Etude de systèmes où la partie elliptique est d'ordre différent suivant les composantes ; par ex.

$$(8.10)\quad \begin{cases} \varepsilon\, \Delta^2 u_1 + \dfrac{\partial u_2}{\partial y} + u_1 = f_1 , \\ -\varepsilon\, \Delta\, u_2 + \dfrac{\partial u_1}{\partial y} + u_2 = f_2 , \end{cases}$$

où

$$(8.11)\quad u_1 = 0, \ \frac{\partial u_1}{\partial \nu} = 0 \ , \ u_2 = 0 \quad \text{sur } \Gamma .$$

8.13. (Le problème suivant est dû à G.F.Carrier [1]) .

On considère le problème non linéaire ($\alpha > 0$)

$$(8.12)\quad \varepsilon\, \Delta^2 u + \alpha\left(\frac{\partial u_\varepsilon}{\partial y}\, \Delta \frac{\partial u_\varepsilon}{\partial x} - \frac{\partial u_\varepsilon}{\partial x}\, \Delta \frac{\partial u_\varepsilon}{\partial y}\right) - \frac{\partial u_\varepsilon}{\partial x} = \sin y$$

avec, sur le bord, des conditions du type Dirichlet ou Neumann où $u_\varepsilon = 0$, $\Delta u_\varepsilon = 0$, selon les parties du bord.

On a existence d'une solution.

A-t-on convergence de u_ε lorsque $\varepsilon \to 0$, $\alpha > 0$ fixé ?

Même question lorsque ε <u>et</u> $\alpha \to 0$. Comportement de u_ε selon les valeurs relatives de ε et α . Comme on a signalé dans les commentaires du Chap.2, les problèmes elliptiques linéaires à <u>plusieurs</u> petits paramètres sont étudiés dans Greenlee [2][3] ; l'étude analogue pour les problèmes <u>changeant de type</u>, et, a fortiori pour les problèmes <u>non linéaires</u> changeant de type, semble entièrement ouverte .

8.14. Le problème suivant est un problème d'<u>inéquation</u> relatif à l'écoulement stationnaire d'un fluide de Bingham conducteur de l'électricité.([1])

([1]) Ce problème, qui utilise les notions de Duvaut-Lions [1] , a été posé par G. Duvaut.

On cherche u_ε, B_ε solution de

(8.13) $\quad u_\varepsilon, B_\varepsilon \in H^1_0(\Omega)$, $\Omega \subset R^2$,

avec

(8.14) $$\varepsilon \, \Delta \, B_\varepsilon + \frac{\partial u_\varepsilon}{\partial y} = 0$$

et

(8.15) $$\varepsilon \, a(u_\varepsilon, v-u_\varepsilon) + j(v) - j(u_\varepsilon) - \left(\frac{\partial B_\varepsilon}{\partial y}, v-u_\varepsilon\right) \geq (f, v-u_\varepsilon) \quad \forall \, v \in H^1_0(\Omega)$$

où

(8.16) $$j(v) = k \int_\Omega |\text{grad } v| \, dx \, , \quad k > 0 \, .$$

On montre que ce problème admet une solution unique. Quel est le comportement de u_ε et B_ε lorsque $\varepsilon \to 0$?

9. COMMENTAIRES .

Les résultats du n°1 sont classiques, Levinson[1] , Oleinik [1] . L'idée d'introduire des fonctions du type φ avec (1.8) est dûe à Oleinik, qui l'utilise, ainsi que Bardos [1] pour le problème signalé à la Remarque 1.3. Nous signalons aussi les travaux basiques de Visik-Liousternik [1] , Eckhaus de Jager [1] . Nous renvoyons également à Franckena [1] , Grasman [1][2] , Mauss [1][2] .

L'obtention de la formule (2.10) est due à Lascaux [1] .

Les résultats du n°3 sont donnés dans Lions [5] .

D'autres résultats du type de ceux du n°7.1 et 7.2 sont donnés dans Visik et Liousternik [1] .

Comme on a déjà signalé, on peut utiliser la régularisation comme procédé de démonstration. En liaison avec le chapitre présent, signalons à ce propos les travaux de O.A. Oleinik [2] , Kohn-Nirenberg [1] Baouendi [1] , Baouendi et Goulaouic [1] , Derridj et Zuily [1] , Canfora [1] .

On obtient des estimations d'erreur du type (4.3) <u>sans</u> condition globale sur f si l'on prend des conditions aux limites du type Neumann sur Γ_+. Pour les problèmes où l'opérateur elliptique est dégénéré, cf. Livne et Schuss [1] .

La réponse au problème 8.11 est connue (et affirmative) si $p = 2$ (cf. Il' in [1][2] si Ω est un carré et un travail de Bardos dans le cas où Ω est "quelconque").

CHAPITRE VI

PROBLEMES D'EVOLUTION AVEC CHANGEMENT DE TYPE

On étudie dans ce Chapitre les problèmes où le temps intervient, soit par des dérivées en t (problèmes d'évolution), soit comme paramètre.

On examine l'essentiel des situations qui peuvent se présenter (il y a beaucoup de combinaisons possibles : "elliptiques-évolution", "parabolique-elliptique", etc..). Pour l'essentiel, les Numéros de ce Chapitre peuvent être lus indépendamment les uns des autres, de sorte que le lecteur ayant à résoudre un problème d'un type donné pourra se reporter au Numéro correspondant. La lecture de l'un quelconque des Numéros de ce Chapitre suppose connu l'essentiel des Chapitres 2 et 4. Les sections traitant de problèmes de type "raides" suppose connus l'essentiel des Chapitres 1, 3 et les sections correspondantes du Chapitre 4 ; ces sections peuvent être lues indépendamment du reste du Chapitre.

1. PROBLEMES "ELLIPTIQUES-EVOLUTION".

1.1. Approximation de problèmes paraboliques.

On se place dans le cadre du Chapitre 4, N° 1 ; on considère donc le problème

(1.1)
$$\left| \begin{array}{l} (u',v) + a(u,v) = (f,v) \quad \forall\, v \in L^2(0,T\,;\,V'), \\ u \in L^2(0,T\,;\,V) \quad , \quad u' \in L^2(0,T\,;\,V'), \\ u(o) = 0 \ , \end{array} \right.$$

qui est un problème d'évolution correspondant dans les exemples à des situations paraboliques, lorsque l'on suppose

(1.2)
$$a(v,v) \geqslant \alpha\|v\|^2 \ , \qquad \alpha > 0 \ , \ \forall\, v \in V \ . \qquad \blacksquare$$

Remarque 1.1.

Tout ce que l'on va faire s'étend sans difficulté essentielle au cas où $a(t;u,v)$ dépend de t. ∎

Remarque 1.2.

Si l'on suppose que $a(v,v)+\lambda|v|^2 \geqslant \alpha\|v\|^2$ pour un λ convenable, on se ramène à l'hypothèse (1.2) par le changement de fonction inconnue $u \to \exp(kt)\, u$, $k \geqslant \lambda$. ∎

A l'équation (1.1) on associe l'équation de caractère "elliptique" (cf. Remarque 1.3. ci-après) :

(1.3)
$$-\varepsilon(u''_\varepsilon,v) + (u'_\varepsilon v) + a(u_\varepsilon,v) = (f,v) \quad , \ t \in (0,T)$$

avec la condition à l'origine

(1.4)
$$u_\varepsilon(o) = 0$$

et à quoi il faut ajouter une condition aux limites pour $t = T$.

Il y a plusieurs possibilités (à vrai dire une infinité). Nous choisissons l'une des deux hypothèses suivantes :

(1.5) $$u'_\varepsilon(T) = 0 \qquad \text{(cas (I))}$$

ou

(1.6) $$u_\varepsilon(T) = 0 \qquad \text{(cas (II))}$$ ■

Formulation variationnelle (cas (I)).

On introduit :

(1.7) $$\mathcal{V} = \{v \mid v \in L^2(0,T;V),\ \ v' \in L^2(0,T;H),\ v(o)=0\}^{(1)}.$$

On considère l'équation

(1.8) $$\varepsilon \int_0^T (u'_\varepsilon, v')dt + \int_0^T [(u'_\varepsilon, v) + a(u_\varepsilon, v)]dt = \int_0^T (f, v)dt.$$

Le cas (I) correspond à trouver $u_\varepsilon \in \mathcal{V}$ tel que (1.8) ait lieu $\forall\ v \in \mathcal{V}$ (vérification immédiate). ■

Formulation variationnelle (cas (II)).

On introduit

(1.9) $$\mathcal{V}_o = \{v \mid v \in \mathcal{V},\ v(T) = 0\}.$$

Le cas (II) correspond à trouver $u_\varepsilon \in \mathcal{V}_o$ tel que (1.8) ait lieu $\forall\ v_o \in \mathcal{V}_o$. ■

Remarque 1.3.

Chacun des problèmes (I) ou (II) s'appelle "régularisé elliptique" du problème d'évolution (1.1).

Dans le cas du Chapitre 4, Exemple 1.1 , le problème (I) (resp(II)) est

$$-\varepsilon \frac{\partial^2 u_\varepsilon}{\partial t^2} + \frac{\partial u_\varepsilon}{\partial t} - \Delta u_\varepsilon = f, \text{ dans } \quad Q = \Omega \times]0,T[,$$

$$u_\varepsilon(x,o) = 0 \quad , \quad u_\varepsilon = 0 \text{ sur } \Sigma$$

(1) L'espace $\mathcal{V}$ est de Hilbert pour la norme $(\|v\|^2_{L^2(0,T;V)} + \|v'\|^2_{L^2(0,T;H)})^{\frac{1}{2}}$.

et

$$\frac{\partial u_\varepsilon}{\partial t}(x,T) = 0 \qquad (\text{resp. } u_\varepsilon(x,T) = 0) .$$

Il s'agit bien d'un problème elliptique.

Si le problème d'évolution (1.1) correspond à

$$\frac{\partial u}{\partial t} + \Delta^2 u = f \ , \ u, \frac{\partial u}{\partial \nu} = 0 \text{ sur } \Sigma \ , \quad u(x,o) = 0 \ ,$$

alors le problème (I) par exemple, correspond à

$$-\varepsilon \frac{\partial u_\varepsilon}{\partial t^2} + \frac{\partial u_\varepsilon}{\partial t} + \Delta^2 u_\varepsilon = f \ , \ u_\varepsilon, \frac{\partial u_\varepsilon}{\partial \nu} = 0 \text{ sur } \Sigma \ ,$$

$$u_\varepsilon(x,o) = 0, \quad \frac{\partial u_\varepsilon}{\partial t}(x,T) = 0$$

qui est un problème quasi-elliptique (cf. PINI [1], PAGNI [1], le livre de C. MIRANDA [1] et la bibliographie de ces travaux).

Mais on peut alors régulariser par addition d'un terme $\varepsilon \dfrac{\partial^4 u_\varepsilon}{\partial t^4}$;

cf. ci-après Remarque 1.5 . ∎

On va maintenant démontrer le

THEOREME 1.1

On suppose que (1.2) a lieu. Pour tout $\varepsilon > 0$ le problème (I) (resp.(II)) admet une solution u_ε unique telle que

(1.10) $$\|u_\varepsilon\|_{L^2(0,T;V)} + \sqrt{\varepsilon}\, \|u'_\varepsilon\|_{L^2(0,T;H)} \leqslant C.$$

Dans le cas (I) on a :

(1.11) $$\|u'_\varepsilon\|_{L^2(0,T;V')} \leqslant C \ ,$$

et dans le cas (II) on a :

(1.12) $$\|u'_\varepsilon\|_{L^2(0,T-\eta;V')} \leqslant C_\eta \qquad \forall\, \eta > 0.$$

Démonstration.

1) Faisant $v = u_\varepsilon$ dans (1.8), il vient :

(1.13) $$\varepsilon \int_0^T |u'_\varepsilon|^2 dt + \int_0^T a(u_\varepsilon, u_\varepsilon)dt + \frac{1}{2}|u_\varepsilon(T)|^2 = \int_0^T (f, u_\varepsilon)dt$$

(avec évidemment $u_\varepsilon(T) = 0$ dans le cas (II))
d'où l'on déduit (1.10).

2) La fonction u_ε vérifie (1.3), d'où

$$-\varepsilon\, u''_\varepsilon = f - Au_\varepsilon,$$

et grâce à (1.10) on a :

(1.14) $$g_\varepsilon = f - Au_\varepsilon \text{ demeure dans un borné de } L^2(0,T;V').$$

On considère donc l'équation

(1.15) $$-\varepsilon u''_\varepsilon + u'_\varepsilon = g_\varepsilon .$$

Dans le cas (I) on a (1.5) de sorte que (1.15) donne, en prenant le produit scalaire des deux membres dans V' par u'_ε :

$$-\frac{\varepsilon}{2}\frac{d}{dt}\|u'_\varepsilon\|^2_{V'} + \|u'_\varepsilon\|^2_{V'} = (g_\varepsilon, u'_\varepsilon)_{V'}$$

d'où

(1.16) $$\frac{\varepsilon}{2}\|u'_\varepsilon(0)\|^2_{V'} + \int_0^T \|u'_\varepsilon\|^2_{V'}\, dt = \int_0^T (g_\varepsilon, u'_\varepsilon)_{V'} dt$$

d'où l'on déduit (1.11). [On peut évidemment aussi intégrer explicitement l'équation (1.15)].

Dans le cas (II) l'analogue de (1.11) n'est pas vrai. On introduit une fonction $\varphi(t) \in C^1([0,T])$, $\varphi=1$ au voisinage de $t=0$ et $\varphi=0$ au voisinage de $t=T$. On prend cette fois le produit scalaire dans V' des deux membres de (1.15) par $\varphi u'_\varepsilon$. Il vient

(1.17) $$-\varepsilon\int_0^T \frac{\varphi}{2}\frac{d}{dt}\|u_\varepsilon'(t)\|^2_{V'}\,dt + \int_0^T \varphi\|u_\varepsilon'\|^2_{V'}\,dt = \int_0^T \varphi(g_\varepsilon, u_\varepsilon')_{V'}\,dt,$$

d'où pour le premier membre de (1.17)

(1.18) $$\frac{\varepsilon}{2}\,\varphi(o)\|u_\varepsilon'(o)\|^2_{V'} + \frac{\varepsilon}{2}\int_0^T \varphi'\|u_\varepsilon'(t)\|^2_{V'}\,dt + \int_0^T \varphi\|u_\varepsilon'\|^2_{V'}\,dt.$$

Le premier terme de (1.18) est $\geqslant 0$, le second est $O(1)$ (d'après (1.10)) et donc :

(1.19) $$\int_0^T \varphi\|u_\varepsilon'\|^2_{V'}\,dt = \int_0^T \varphi(g_\varepsilon, u_\varepsilon')_{V'}\,dt + O(1)$$

d'où l'on déduit (1.12). ■

On déduit du Théorème 1.1 le théorème de convergence suivant :

THEOREME 1.2.

Sous les hypothèses du Théorème 1.1, soit u_ε(resp. u) la solution du problème (I) ou (II) (resp. de (1.1)). On a, lorsque $\varepsilon \to 0$:

(1.20) $$u_\varepsilon \to u \text{ dans } L^2(0,T\,;\,V) \text{ faible},$$

et dans le cas (I) :

(1.21) $$u_\varepsilon' \to u' \text{ dans } L^2(0,T\,;\,V') \text{ faible}$$

alors que dans le cas (II)

(1.22) $$u_\varepsilon' \to u' \text{ dans } L^2(0,T-\eta;V') \text{ faible}, \quad \forall\eta > 0.$$

Démonstration.

D'après le Théorème 1.1 on peut extraire une suite encore notée u_ε telle que

(1.23) $$u_\varepsilon \to w \text{ dans } L^2(0,T\,;\,V) \text{ faible}$$

et, prenant le cas le moins simple (II) :

(1.24) $u'_\varepsilon \to w'$ dans $L^2(0,T-\eta;V')$ faible, $\eta > 0$ quelconque.

Si alors l'on prend dans (1.8) une fonction v nulle au voisinage de T, on peut passer à la limite et l'on obtient

$$\int_0^T [(w',v)+a(w,v)]dt = \int_0^T (f,v)dt$$

$\forall v \in \mathcal{V}_0$, v nulle au voisinage de T, d'où

$$(w',v)+a(w,v) = (f,v) \quad \forall v \in V.$$

Mais de (1.23)(1.24), il résulte que $u_\varepsilon(o) \to w(o)$ dans H faible, et donc $w(o) = 0$, donc $w = u$, d'où le résultat. ∎

Remarque 1.4.

Dans le cas (I), on a :

(1.25) $u_\varepsilon(T) \to u(T)$ dans H faible,

alors que cela n'est généralement pas vrai dans le cas (II) [sinon on obtiendrait $u(T) = 0$, ce qui évidemment n'est pas vrai en général] ∎

Remarque 1.5.

On peut considérer plus généralement au lieu de (1.3), l'équation

(1.26) $$(-1)^m \varepsilon \left(\frac{\partial^{2m}}{\partial t^{2m}} u_\varepsilon, v\right) + (u'_\varepsilon, v)+a(u_\varepsilon, v) = (f,v)$$

avec $u_\varepsilon(o) = 0$ et $(m-1)$ autres conditions aux limites pour $t=0$ et m conditions aux limites pour $t=T$. Prenant, par exemple, $m=2$ si $A=\Delta^2$ on arrive aussi à un problème elliptique (cf. Remarque 1.3). ∎

Pour étudier de plus près la Remarque 1.4, on va maintenant introduire des correcteurs par adaptation des méthodes du Chapitre 2. ∎

1.2. Correcteurs ; cas du problème (II).

On commence par le cas du problème (II), où il est nécessaire d'introduire un correcteur d'ordre 0.

On fait l'hypothèse de régularité

(1.27) $$u(T) \in V \;^{(1)}, \quad u' \in L^2(0,T;H),$$

et l'on dira qu'une fonction θ_ε est un correcteur d'ordre 0 si

(1.28) $$\left|\begin{array}{l} \varepsilon \int_0^T (\theta_\varepsilon', \varphi')dt + \int_0^T [(\theta_\varepsilon', \varphi) + a(\theta_\varepsilon, \varphi)]dt = \varepsilon^{\frac{1}{2}} \int_0^T (g_\varepsilon, \varphi)dt \quad \forall \varphi \in \mathcal{V}_0 , \\ \theta_\varepsilon(T) + u(T) = 0 , \\ \theta_\varepsilon \in L^2(0,T;V) , \quad \theta_\varepsilon' \in L^2(0,T;H), \end{array}\right.$$

où l'on suppose que

(1.29) $$\|g_\varepsilon\|_{L^2(0,T;V')} \leq C .$$

On a alors le :

THEOREME 1.3

On se place dans les hypothèses du Théorème 1.2. On désigne par u_ε la solution du problème (II). Soit θ_ε un correcteur d'ordre 0 défini par (1.18)(1.29). On a alors :

(1.30) $$\|u_\varepsilon - (u+\theta_\varepsilon)\|_{L^2(0,T;V)} \leq C \varepsilon^{\frac{1}{2}}$$

et

(1.31) $$\frac{d}{dt}[u_\varepsilon - (u+\theta_\varepsilon)] \to 0 \text{ dans } L^2(0,T;H) \text{ faible.}$$

---

(1) Il suffirait (avec les notations de LIONS-MAGENES [1], chap. 1) de l'hypothèse $u(T) \in [V,H]_{1/2}$, qui est conséquence de $u \in L^2(0,T;V)$, $u' \in L^2(0,T;H)$.

Démonstration.

Si $w_\varepsilon = u_\varepsilon-(u+\theta_\varepsilon)$, on a :

(1.32) $$\varepsilon \int_0^T (w'_\varepsilon,\varphi')dt + \int_0^T [(w'_\varepsilon,\varphi) + a(w_\varepsilon,\varphi)]dt =$$

$$= - \varepsilon \int_0^T (u',\varphi')dt - \varepsilon^{\frac{1}{2}} \int_0^T (g_\varepsilon,\varphi)dt \qquad \forall \varphi \in V_0 .$$

Prenant, ce qui est loisible, $\varphi = w_\varepsilon$, on en déduit, en ilisant (1.27) et (1.29) que

(1.33) $$\varepsilon \int_0^T |w'_\varepsilon|^2 dt + \int_0^T \|w_\varepsilon\|^2 dt \leqslant$$

$$\leqslant C\, \varepsilon^{\frac{1}{2}} \, [\varepsilon^{\frac{1}{2}} (\int_0^T |w'_\varepsilon|^2 dt)^{\frac{1}{2}} + (\int_0^T \|w_\varepsilon\|^2 dt)^{\frac{1}{2}}]$$

d'où l'on déduit que l'on a (1.30) et

$$\|w'_\varepsilon\|_{L^2(0.T\,;\,H)} \leqslant C \text{ , d'où l'on déduit (1.30)(1.31).} \blacksquare$$

Calcul d'un correcteur.

On définit φ_ε par :

$$-\varepsilon\, \varphi''_\varepsilon + \varphi'_\varepsilon = 0,$$

$\varphi_\varepsilon(T) = -u(T)$, φ_ε à décroissance aussi rapide que possible lorsque $t \to -\infty$, d'où

(1.34) $$\varphi_\varepsilon(t) = - u(T) \exp - (\frac{T-t}{\varepsilon}) .$$

Si l'on suppose que $u(T) \in V$ (cf.(1.27) qu'on utilise cette fois complètement), la fonction

(1.35) | $\theta_\varepsilon = m\, \varphi_\varepsilon$, $m = 1$ au voisinage de $t = T$, $m = 0$ au voisinage de $t = 0$

est un correcteur d'ordre 0.

On vérifie en effet (1.28) ; le terme essentiel est

$$- m\ Au(T) \exp -\left(\frac{T-t}{\varepsilon}\right) = \varepsilon^{1/2} h_\varepsilon \quad .$$

Sous les hypothèses faites, on a :

$$\int_0^T \|h_\varepsilon\|_{V'}^2\, dt \leqslant C\varepsilon^{-1} \int_0^T \exp - \frac{2(T-t)}{\varepsilon}\, dt = O(1). \quad \blacksquare$$

1.3. Correcteurs : cas du problème (I).

Dans le cas du problème (I), il n'y a pas de correcteur d'ordre 0. On va définir un correcteur d'ordre 1.

Comme dans le Chapitre 2, on définit u, u^1, par l'identité en ε et v

(1.36)
$$\left|\begin{aligned} &\varepsilon \int_0^T \left(\frac{du}{dt} + \varepsilon\frac{du^1}{dt}, v'\right)dt + \int_0^T \left[\left(\frac{du}{dt} + \varepsilon\frac{du^1}{dt}, v\right) + a(u+\varepsilon u^1, v)\right]dt = \\ &= \int_0^T (f,v)dt + \varepsilon^2 \int_0^T \left(\frac{du^1}{dt}, \frac{dv}{dt}\right) dt + \varepsilon(L^1, v) \\ &\forall\, v \in \mathcal{V}, \quad u, u^1 \in \mathcal{V}, \end{aligned}\right.$$

(1.37)
$$(L^1, v) = (u\ (T), v(T)).$$

Par conséquent

(1.38)
$$\left|\begin{aligned} &\left(\frac{du^1}{dt}, v\right) + a(u^1, v) = \left(\frac{d^2u(t)}{dt^2}, v\right), \\ &u^1(o) = 0 \end{aligned}\right.$$

ce qui admet une solution unique dans l'espace $L^2(0,T;V)$, sous l'hypothèse de régularité ([1]) :

(1.39)
$$\frac{d^2u}{dt^2} \in L^2(0,T;V').$$

([1]) Il n'est pas difficile de donner des conditions suffisantes sur f pour que (1.39) ait lieu.

On dit alors que θ_ε^1 est <u>un correcteur d'ordre</u> 1 si

$$(1.40)\quad \begin{cases} \varepsilon \displaystyle\int_0^T \left(\frac{d\theta_\varepsilon^1}{dt}, \varphi'\right)dt + \int_0^T \left[\left(\frac{d\theta_\varepsilon^1}{dt}, \varphi\right) + a(\theta_\varepsilon^1, \varphi)\right] dt = \\ = -\varepsilon(L^1, \varphi) + \varepsilon^{3/2} \displaystyle\int_0^T (g_\varepsilon, \varphi)dt, \qquad \forall\ \varphi \in V, \\ \theta_\varepsilon^1 \in V , \end{cases}$$

où

$$(1.41)\qquad \|g_\varepsilon\|_{L^2(0,T;V')} \leqslant C.$$

On a alors le :

THEOREME 1.4.

On se place dans les hypothèses du Théorème 1.2. On désigne par u_ε la solution du problème (I). Soit θ_ε^1 un correcteur d'ordre 1 défini par (1.40),(1.41), u^1 étant défini par (1.38), avec (1.39) et vérifiant $\frac{du^1}{dt} \in L^2(0,T;H)$. On a alors :

$$(1.42)\qquad \|u_\varepsilon-(u+\varepsilon u^1+\theta_\varepsilon^1)\|_{L^2(0,T;V)} \leqslant C\ \varepsilon^{3/2} ,$$

$$(1.43)\qquad \left\|\frac{d}{dt}(u_\varepsilon-(u+\varepsilon u^1+\theta_\varepsilon^1))\right\|_{L^2(0,T;H)} \leqslant C\ \varepsilon .$$

Démonstration.

Si l'on pose : $w_\varepsilon = u_\varepsilon-(u+\varepsilon u^1+\theta_\varepsilon^1)$, on a :

$$\varepsilon \int_0^T (w_\varepsilon', v')dt + \int_0^T [(w_\varepsilon', v)+a(w_\varepsilon, v)]dt = -\varepsilon^2\int_0^T \left(\frac{du^1}{dt}, \frac{d\varphi}{dt}\right) dt +$$

$$+ \varepsilon \int_0^T (g_\varepsilon, \varphi)dt$$

d'où l'on tire

$$\varepsilon \int_0^T |w_\varepsilon'|^2 dt + \int_0^T \|w_\varepsilon\|^2 dt \leq C\, \varepsilon^{3/2} \left(\varepsilon^{1/2} \left(\int_0^T |w_\varepsilon'|^2 dt \right)^{1/2} + \left(\int_0^T \|w_\varepsilon\|^2 dt \right)^{1/2} \right)$$

d'où l'on déduit (1.42)(1.43). ∎

Calcul d'un correcteur.

Une fonction m étant définie comme en (1.35), on prendra

(1.44) $$\theta_\varepsilon^1(t) = -\, \varepsilon m\, u^1(T)(1-\exp-(\tfrac{T-t}{\varepsilon})).$$

On obtient, comme terme principal dans le calcul de $-\varepsilon\theta_\varepsilon'' + \theta_\varepsilon' + A\theta_\varepsilon$, la fonction

$$-\varepsilon\, m\, Au^1(T)\,(1-\exp-(\tfrac{T-t}{\varepsilon})) = \varepsilon^{3/2}\, h_\varepsilon$$

et

$$\|h_\varepsilon\|_{L^2(0,T;V')} \leq C$$ si l'on suppose que

(1.45) $$u\,(T) \in V.$$ ∎

1.4. Cas des inéquations.

On se place maintenant dans le cadre du Chapitre 4, N° 1.3. Soit donc

(1.46) $$K \subset V\,.\quad K \text{ convexe fermé non vide de } V$$

et soit u la solution dans $L^2(0,T;V)$, $u(t) \in K$ p.p, de

(1.47) $$\int_0^T [(v',v-u) + a(u,v-u) - (f,v-u)]dt \geq 0 \quad \forall\, v \in \mathcal{K}$$

où

(1.48) $$\mathcal{K} = \{v \mid v \in L^2(0,T;V),\ v' \in L^2(0,T;V'),\ v(o) = 0\}.$$

On considère le problème : trouver u_ε telle que

(1.49) $$u_\varepsilon \in L^2(0,T;V)\ ,\ u_\varepsilon' \in L^2(0,T;H),\ \ u_\varepsilon(t) \in K \text{ p.p.}\ ,$$

Remarque 5.4.

La fonction η_ε apparait comme un correcteur interne de caractère parabolique.

Remarque 5.5.
Considérons encore le problème (5.9), la fonction f ayant cette fois des discontinuités sur S (cf. Fig.4). ■

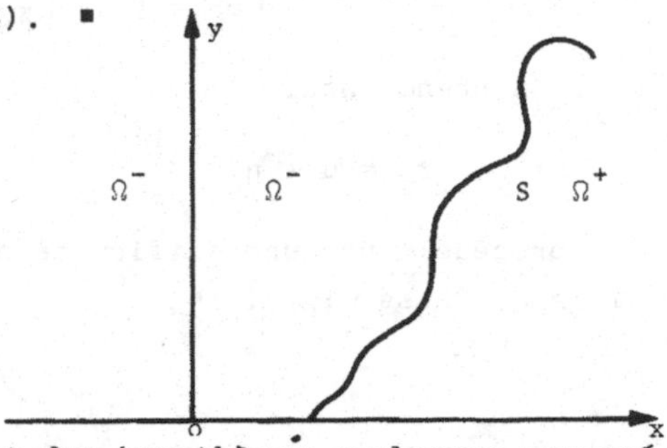

Fig. 4

Avec les notations de la Figure 4, et des hypothèses analogues aux précédentes, on définira un correcteur interne η_ε par (5.13) avec les conditions de saut (5.14) sur S , le reste étant inchangé.

5.3. Couches internes dues au bord.

[Pour une étude approfondie du cas esquissé ici, cf. Mauss [1]] .

On se place dans la situation de la Fig.5, où l'on considère encore le problème (5.9).

Quelle que soit la régularité locale de f , la solution u de (5.10) aura en général des discontinuités sur l'axe des y , à cause du fait que la partie OA de Γ est caractéristique pour $B = \partial/\partial y + I$. [On n'aura pas de discontinuité si f satisfait une condition globale :

$$\int_0^1 e^y f(0,y)\, dy = 0] .$$

On a donc, avec les notations du n°5.2

$$[u] \quad , \ [\frac{\partial u}{\partial x}] \neq 0 \quad ,$$

où $[u]$ = saut sur $\{x = 0, y > 1\}$.

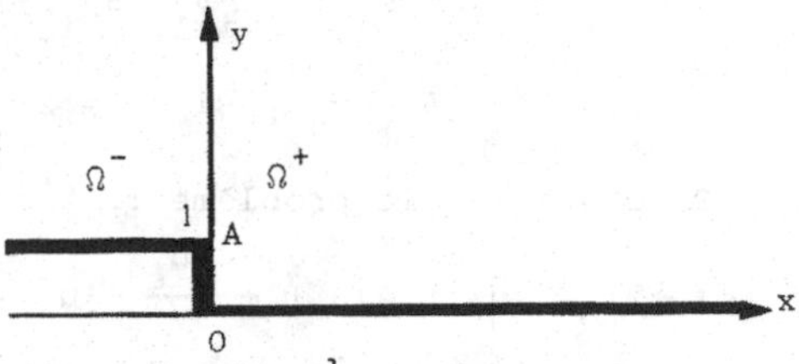

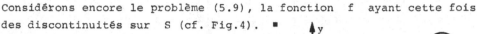

Fig. 5

On commence par définir η_ε^+ dans $0 < y < 1$ par ([1])

$$(5.18) \quad \left| \begin{array}{l} -\varepsilon \dfrac{\partial^2 \eta_\varepsilon^+}{\partial x^2} + \dfrac{\partial \eta_\varepsilon^+}{\partial y} + \eta_\varepsilon^+ = 0 \ , \ x > 0, \ 0 < y < 1 \ , \\ \eta_\varepsilon^+(x,0) = 0 \ , \quad \eta_\varepsilon^+(0,y) + u(0,y) = 0 \end{array} \right.$$

([1]) En fait, il s'agit ici d'un correcteur.

$$(1.50)\quad \left|\begin{array}{l} \varepsilon \int_0^T (u'_\varepsilon, v'-u'_\varepsilon)dt + \int_0^T [a(u_\varepsilon, v-u_\varepsilon) + (v', v-u_\varepsilon)]dt \geqslant \\ \qquad \geqslant \int_0^T (f, v-u_\varepsilon)dt \qquad \forall\ v \in L^2(0,T;V),\quad v' \in L^2(0,T;V'), \\ v(t) \in K,\quad v(o) = 0, \end{array}\right.$$

$$(1.51)\qquad u_\varepsilon(o) = 0 .$$

C'est ce qui correspond au cas (I) du N° 1.1. Le problème qui correspond au cas (II) du N° 1.1. s'obtient en ajoutant dans l'énoncé précédent :

$$(1.52)\qquad v(T) = 0 \ ,\ u_\varepsilon(T) = 0 .$$

Chacun des problèmes précédents admet une solution unique. On a le :

THEOREME 1.5.

Soit u_ε la solution de (1.49)(1.50)(1.51) (cas (I)) et (1.52) (cas (II)) ; soit u la solution de l'inéquation (1.47). On a alors :

$$(1.53)\qquad u_\varepsilon \to u \ \text{ dans } L^2(0,T,V) \text{ faible.}$$

Démonstration.

Prenant, ce qui est loisible, $v = u_\varepsilon$ dans (1.50), on en déduit (1.10)[1]. On peut donc extraire une suite, encore notée u_ε, telle que

$$(1.54)\qquad u_\varepsilon \to w \ \text{ dans } L^2(0,T;V) \text{ faible ;}$$

par ailleurs, on déduit de (1.50) que

$$(1.55)\quad \varepsilon \int_0^T (u'_\varepsilon, v')dt + \int_0^T [a(u_\varepsilon, v)+(v', v-u_\varepsilon)-(f, v-u_\varepsilon)]dt \geqslant$$

$$\geqslant \varepsilon \int_0^T |u'_\varepsilon|^2\, dt + \int_0^T a(u_\varepsilon, u_\varepsilon) \geqslant \int_0^T a(u_\varepsilon, u_\varepsilon)\, dt.$$

(1) Noter que l'on peut écrire indifféremment dans (1.50) $\int_0^T (v', v-u_\varepsilon)dt$ ou $\int_0^T (u'_\varepsilon, v-u_\varepsilon)dt$.

On en déduit que :

$$\int_0^T [a(w,v)+(v',v-w)-(f,v-w)]dt \geq \text{lim.inf} \int_0^T a(u_\varepsilon,u_\varepsilon)dt \geq$$

$$\geq \int_0^T a(w,w)dt$$

d'où le résultat. ∎

Remarque 1.6.

La démonstration précédente redémontre (1.20), Théorème 1.2., sans usage des estimations (1.11)(1.12) ; cela tient à l'usage des solutions faibles définies par (1.47). ∎

Remarque 1.7.

On a le même type de résultat pour l'inéquation

$$(1.56) \quad \begin{cases} (u',v-a) + a(u,v-u) + j(v)-j(u) \geq (f,v-u) \quad \forall\, v \in V \\ u(o) = 0 \,, \end{cases}$$

une "régularisée elliptique" étant :

$$(1.57) \quad \begin{cases} \varepsilon \int_0^T (u_\varepsilon, v'-u'_\varepsilon)dt + \int_0^T [(v',v-u_\varepsilon) + a(u_\varepsilon,v-u_\varepsilon) + j(v)-j(u_\varepsilon)]dt \geq \\ \geq \int_0^T (f,v-u)dt \qquad \forall\, v \in \mathcal{V} \text{ (ou } \mathcal{V}_0). \end{cases}$$ ∎

Exemple 1.1

Considérons l'inéquation :

$$(1.58) \quad \begin{cases} \dfrac{\partial u}{\partial t} - \Delta u = f, \\ u \geq 0 \,, \quad \dfrac{\partial u}{\partial \nu} \geq 0 \,, \quad u \dfrac{\partial u}{\partial \nu} = 0 \text{ sur } \Sigma \,, \\ u(x,o) = 0 \quad ; \end{cases}$$

On l'approche par :

(1.59)
$$\left|\begin{array}{l} -\varepsilon \dfrac{\partial^2 u_\varepsilon}{\partial t^2} + \dfrac{\partial u_\varepsilon}{\partial t} - \Delta u_\varepsilon = f \\ u_\varepsilon \geqslant 0 \,, \quad \dfrac{\partial u_\varepsilon}{\partial \nu} \geqslant 0 \,, \quad u_\varepsilon \dfrac{\partial u_\varepsilon}{\partial \nu} = 0 \text{ sur } \Sigma \\ u_\varepsilon(x,o) = 0 \text{ et } u_\varepsilon(x,T) = 0 \ \underline{\text{ou}} \ \dfrac{\partial u_\varepsilon}{\partial t}(x,T) = 0 \,. \ \blacksquare \end{array}\right.$$

1.5. Double approximation.

On se place maintenant dans le cadre du Chapitre 4, N° 3. On a donc :

(1.60) $$K \subset V_a \subset V_b \subset H$$

et, pour simplifier l'exposé, on va supposer que

(1.61) $$K = \text{sous espace fermé de } V_a, \quad K \text{ dense dans } V_b.$$

On considère maintenant $a(u,v)$, $b(u,v)$ avec

(1.62) $$a(v,v) \geqslant \alpha \|v\|_a^2 \quad \forall\, v \in V_a, \quad b(v,v) \geqslant \beta \|v\|_b^2 \quad \forall\, v \in V_b, \quad \alpha, \beta > 0,$$

et on désigne par u <u>la</u> solution de

(1.63)
$$\left|\begin{array}{l} (u',v) + b(u,v) = (f,v) \quad \forall\, v \in V_b, \\ u \in L^2(0,T;V_b) \,, \quad f \text{ donné dans } L^2(0,T;V_b'), \\ u(o) = 0. \end{array}\right.$$

On considère ensuite le problème (cas (I)) :

(1.64)
$$\left|\begin{array}{l} \varepsilon \displaystyle\int_o^T [(u_\varepsilon',v')+a(u_\varepsilon,v)]dt + \int_o^T [(u_\varepsilon',v)+b(u_\varepsilon,v)]dt = \int_o^T (f,v)dt \\ \forall\, v \in \mathcal{V} \,, \ u_\varepsilon \in \mathcal{V} \,, \end{array}\right.$$

où

(1.65) $$\mathcal{V} = \{v \mid v \in L^2(0,T;K) \,, \ v' \in L^2(0,T;H), \ v(o) = 0 \}.$$

Une variante (cas (II)) est de prendre dans (1.64) $v \in \mathcal{V}_o$ et $u_\varepsilon \in \mathcal{V}_o$ où

(1.66) $$\mathcal{V}_o = \{v \mid v \in \mathcal{V},\ v(T) = 0\}\ .$$ ■

Remarque 1.8.

Le problème (1.64) est doublement régularisé par rapport à (1.63), en les variables de temps et d'espace. Donnons un exemple. ■

Exemple 1.2.

Prenons :

$$V_b = H_o^1(\Omega)\ ,\ H = L^2(\Omega)\ ,\quad V_a = H^2(\Omega) \cap H_o^1(\Omega),\quad K = H_o^2(\Omega)\ ,$$

$$a(u,v) = (\Delta u, \Delta v)\ ,\ b(u,v) = \int_\Omega \text{grad } u \text{ grad } v\, dx.$$

Alors le problème (1.63) correspond à

(1.67) $$\frac{\partial u}{\partial t} - \Delta u = f\quad ,\quad u = o \text{ sur } \Sigma\ ,\ u(x,o) = 0$$

tandis que le problème (1.64) correspond à :

(1.68) $$\left|\begin{array}{l} -\varepsilon \dfrac{\partial^2 u_\varepsilon}{\partial t^2} + \varepsilon\, \Delta^2 u_\varepsilon + \dfrac{\partial u_\varepsilon}{\partial t} - \Delta u_\varepsilon = f, \\ u_\varepsilon = 0\ ,\quad \dfrac{\partial u_\varepsilon}{\partial \nu} = 0 \text{ sur } \Sigma\ ,\quad u_\varepsilon(x,o) = 0 \text{ et} \\ \dfrac{\partial u_\varepsilon}{\partial t}(x,T) = 0 \text{ (cas (I)) } \underline{\text{ou}}\ u_\varepsilon(x,T) = 0 \text{ (cas (II))}. \end{array}\right.$$ ■

Remarque 1.9.

On peut également considérer :

(1.69) $$\varepsilon \int_o^T \left(\frac{d^m u_\varepsilon}{dt^m}\ ,\ \frac{d^m v}{dt^m}\right)dt + \varepsilon \int_o^T a(u_\varepsilon, v)dt + \int_o^T [(u'_\varepsilon, v) + b(u_\varepsilon, v)]dt = \int_o^T (f,v)dt\ ;$$

cf. Remarque 1.5. ■

On a le :

THEOREME 1.6.

On suppose que (1.60)(1.61)(1.62) ont lieu. Soit u_ε la solution de (1.64) avec $\mathcal{V}$ (cas (I)) ou $\mathcal{V}_0$ (cas (II)), et soit u la solution de (1.63). Alors :

(1.70) $$u_\varepsilon \to u \text{ dans } L^2(0,T;V_b) \text{ faible},$$

(1.71) $$u'_\varepsilon \to u' \text{ dans } L^2(0,T;V'_a) \text{ faible (cas (I))}$$

ou

(1.72) $$u'_\varepsilon \to u' \text{ dans } L^2(0,T-\eta;V'_a) \text{ faible (cas (II))} \ \forall \eta > 0.$$

Démonstration.

Prenant $v = u_\varepsilon$ dans (1.64) on en déduit aussitôt que

(1.73) $$\|u_\varepsilon\|_{L^2(0,T,V_b)} + \sqrt{\varepsilon}\,\|u_\varepsilon\|_{L^2(0,T;V_a)} + \sqrt{\varepsilon}\,\|u'_\varepsilon\|_{L^2(0,T;H)} \leqslant C .$$

Par ailleurs

$$-\varepsilon u''_\varepsilon + u'_\varepsilon = g_\varepsilon ,$$

où $g_\varepsilon = f - \varepsilon A u_\varepsilon - B u_\varepsilon$ demeure dans un borné de $L^2(0,T;V'_a)$. On en déduit les estimations analogues à (1.11)(1.12) avec $V' = V'_a$, d'où le Théorème. ∎

Correcteur d'ordre 0 (cas (II)).

On fait l'hypothèse de régularité :

(1.74) $$u \in L^2(0,T;V_a) \quad , \quad u' \in L^2(0,T;H) .$$

Par exemple, dans le cas de l'Exemple 1.2., on aura (1.74) si l'on suppose que $f \in L^2(0,T;H)$.

On dira que θ_ε est un correcteur d'ordre 0 si :

$$
(1.75)\quad \left|\begin{array}{l}
\theta_\varepsilon + u \in L^2(0,T;K)\ , \\
\varepsilon \displaystyle\int_0^T [(\theta'_\varepsilon, v') + a(\theta_\varepsilon, v)]dt + \int_0^T (\theta'_\varepsilon, v) + b(\theta_\varepsilon, v)]dt = \\
\qquad = \displaystyle\int_0^T (\varepsilon g_{\varepsilon 1} + \varepsilon^{\frac{1}{2}} g_{\varepsilon 2}, v)dt\ , \\
\theta_\varepsilon(o) = 0\ , \qquad \theta_\varepsilon(T) + u(T) = 0\ ,
\end{array}\right.
$$

où

$$
(1.76)\quad \left|\begin{array}{l}
\left|\displaystyle\int_0^T (g_{\varepsilon 1}, \varphi)dt\ \right| \leqslant c\left(\int_0^T \|\varphi\|_a^2 dt\right)^{\frac{1}{2}}, \quad \varphi(t) \in K - K\ , \\
\left|\displaystyle\int_0^T (g_{\varepsilon 2}, \varphi)dt\ \right| \leqslant c\left(\int_0^T \|\varphi\|_b^2 dt\right)^{\frac{1}{2}}, \quad \varphi(t) \in K - K.
\end{array}\right.
$$

On a alors le

THEOREME 1.7.

<u>On se place dans les hypothèses du Théorème</u> 1.6. <u>On suppose que</u> u_ε <u>est solution de</u> (1.64) <u>avec</u> V_o(<u>cas(II)</u>). <u>Soit</u> θ_ε <u>un correcteur d'ordre</u> 0 <u>défini par</u> (1.75)(1.76). <u>On a alors</u>

$$
(1.77)\quad \left(\int_0^T \|w_\varepsilon\|_b^2 dt\right)^{\frac{1}{2}} \leqslant C\,\varepsilon^{\frac{1}{2}}\ , \qquad w_\varepsilon = u_\varepsilon - (u + \theta_\varepsilon),
$$

$$
(1.78)\quad \left|\begin{array}{l}
w_\varepsilon \rightarrow 0 \text{ dans } L^2(0,T;V_o) \text{ faible}, \\
w'_\varepsilon \rightarrow 0 \text{ dans } L^2(0,T;H) \text{ faible}.
\end{array}\right.
$$

Démonstration.

On a en effet :

$$(1.79)\quad \left|\begin{aligned} &\varepsilon \int_0^T [(w'_\varepsilon, \varphi') + a(w_\varepsilon, \varphi)]dt + \int_0^T [(w'_\varepsilon, \varphi) + b(w_\varepsilon, \varphi)]dt = \\ &= -\varepsilon \int_0^T [(u', \varphi') + a(u, \varphi)]dt - \int_0^T (\varepsilon\, g_{\varepsilon 1} + \varepsilon^{\frac{1}{2}} g_{\varepsilon 2}, \varphi)dt \\ &\forall\ \varphi \in \mathcal{V}_0. \end{aligned}\right.$$

Prenant $\varphi = w_\varepsilon$, on en déduit que

$$\varepsilon \int_0^T (|w'_\varepsilon|^2 + \|w_\varepsilon\|_a^2)dt + \int_0^T \|w_\varepsilon\|_b^2 dt \leqslant$$

$$\leqslant C\ \varepsilon^{\frac{1}{2}} \left[\varepsilon^{\frac{1}{2}} \left(\int_0^T (|w'_\varepsilon|^2 + \|w_\varepsilon\|_a^2)dt\right)^{\frac{1}{2}} + \left(\int_0^T \|w_\varepsilon\|_b^2 dt\right)^{\frac{1}{2}}\right]$$

d'où l'on déduit le résultat. ∎

1.6. Problèmes non linéaires.

Orientation.

On trouvera dans LIONS [3], Chapitre 3, un résultat général sur l'approximation de problèmes d'évolution non linéaires paraboliques.

$$\frac{\partial u}{\partial t} + \mathcal{A}(u) = f$$

par les solutions de

$$-\varepsilon \frac{\partial^2 u_\varepsilon}{\partial t^2} + \frac{\partial u_\varepsilon}{\partial t} + \mathcal{A}(u_\varepsilon) = f.$$

Nous allons nous borner ici à un cas très particulier simple, mais dans lequel nous allons calculer un correcteur. ∎

On considère donc le problème

$$(1.80)\quad \left|\begin{aligned} &-\varepsilon \frac{\partial^2 u_\varepsilon}{\partial t^2} + \frac{\partial u_\varepsilon}{\partial t} - \Delta u_\varepsilon + u_\varepsilon^3 = f, \\ &u_\varepsilon = 0 \text{ sur } \Sigma \\ &u_\varepsilon(x,o) = 0 \quad , \quad u_\varepsilon(x,T) = 0 \end{aligned}\right.$$

qui admet une solution unique telle que

$$(1.81)\quad \left|\begin{array}{ll} u_\varepsilon \in L^2(0,T;V) , & V = H_0^1(\Omega) , \\ u'_\varepsilon \in L^2(0,T;H) , & H = L^2(\Omega) , \end{array}\right.$$

$$\text{et}\quad u_\varepsilon \in L^4(\Omega \times]0,T[= L^4(Q) \text{ (}^1\text{)} .$$

Soit par ailleurs u la solution de

$$(1.82)\quad \left|\begin{array}{l} \frac{\partial u}{\partial t} - \Delta u + u^3 = f , \\ u = 0 \text{ sur } \Sigma , \quad u(x,o) = 0 \end{array}\right.$$

qui est unique dans $L^2(0,T;V) \cap L^\infty(0,T;H)$.

On va faire les hypothèses (inutilement restrictives mais simplifiant l'exposé) :

$$(1.83)\quad u \in L^\infty(Q) , \quad u(x,T) \in H_0^1(\Omega) .$$

Alors on définit

$$(1.84)\quad \left|\begin{array}{l} \theta_\varepsilon = - m(t)\, u(x,T) \exp -(\frac{T-t}{\varepsilon}) , \\ m \in \mathcal{C}^1([0,T]) , \quad m = 1 \text{ au voisinage de } t = 1 \text{ et } = 0 \text{ au voisinage de } t = 0 . \end{array}\right.$$

On va démontrer le :

THEOREME 1.8.

Soit u_ε (resp. u) la solution de (1.80)(resp.(1.82)). On suppose que (1.83) a lieu et soit θ_ε défini par (1.84). Alors

$$(1.85)\quad \|u_\varepsilon-(u+\theta_\varepsilon)\|_{L^2(0,T;H_0^1(\Omega))} \leqslant C\, \varepsilon^{\frac{1}{2}},$$

$$\frac{\partial}{\partial t}(u_\varepsilon-(u+\theta_\varepsilon)) \to 0 \text{ dans } L^2(0,T;H) \text{ faible.}$$

---

(1) Ce qui est conséquence de (1.81) si la dimension de $\mathbb{R}^n$ est $n \leqslant 3$ (car $u_\varepsilon \in H^1(Q)$).

Démonstration.

On pose $a(u,v) = \int_\Omega \text{grad } u \text{ grad } v \, dx.$

La solution u_ε vérifie

$$(1.86)\quad \left| \begin{array}{l} \varepsilon\int_0^T (u'_\varepsilon, v')dt + \int_0^T [(u'_\varepsilon, v) + a(u_\varepsilon, v) + (u^3_\varepsilon, v)]dt = \int_0^T (f,v)dt \\ \forall\, v \in \mathcal{V}_0 \;,\; u_\varepsilon \in \mathcal{V}_0 . \end{array}\right.$$

où, cette fois $\mathcal{V}_0$ est défini par

$$\mathcal{V}_0 = \{v \mid v \in L^2(0,T;V) \cap L^4(Q),\ v' \in L^2(0,T;H),\ v(o) = v(T) = 0\}.$$

On considère maintenant

$$(1.87)\quad X = \varepsilon\int_0^T ((u+\theta_\varepsilon)', v')dt + \int_0^T [((u+\theta_\varepsilon)', v) + a(u+\theta_\varepsilon, v) + ((u+\theta_\varepsilon)^3, v)]dt.$$

En développant, on a, tenant compte de (1.82) :

$$X = \varepsilon\int_0^T (u', v')dt + \int_0^T (-\varepsilon\theta''_\varepsilon + \theta'_\varepsilon, v)dt + \int_0^T (f,v)dt + Y(v) \quad ,$$

$$Y(v) = \int_0^T (3\theta^2_\varepsilon u + 3\theta_\varepsilon u^2 + \theta^3_\varepsilon , v)\, dt.$$

Mais :

$$(1.88)\quad -\varepsilon\, \theta''_\varepsilon + \theta'_\varepsilon = -\, 2\varepsilon m'\varphi'_\varepsilon - \varepsilon m''\varphi_\varepsilon, \qquad \varphi_\varepsilon = -u(x,T)\exp-(\frac{T-t}{\varepsilon})$$

et par conséquent, si l'on pose

$$w_\varepsilon = u_\varepsilon - (u+\theta_\varepsilon),$$

on a :

$$(1.89)\quad \begin{array}{l} \varepsilon\int_0^T (w'_\varepsilon, v')dt + \int_0^T [(w'_\varepsilon, v) + a(w_\varepsilon, v) + (u^3_\varepsilon - (u+\theta_\varepsilon)^3, v]dt = \\ = -\varepsilon\int_0^T (u', v')dt + \varepsilon\int_0^T (2m'\varphi'_\varepsilon + m''\varphi_\varepsilon, v)dt - Y(v). \end{array}$$

On prend $v = w_\varepsilon$ dans (1.89) et on note que $(u_\varepsilon^3 - (u+\theta_\varepsilon)^3, w_\varepsilon) \geq 0$, donc :

$$(1.90)\quad \varepsilon\int_0^T |w'_\varepsilon|^2 dt + \int_0^T \|w_\varepsilon\|^2 dt \leq C\,\varepsilon\Big(\int_0^T |w'_\varepsilon|^2 dt\Big)^{\frac{1}{2}} + C\int_0^T |u(x,T)|\exp\Big(-\frac{T-t}{\varepsilon}\Big)|w_\varepsilon|\,dt +$$

$$+ C\,\varepsilon\Big(\int_0^T |w_\varepsilon|^2 dt\Big)^{\frac{1}{2}} + |Y(w_\varepsilon)|.$$

Mais grâce à (1.83),

$$|Y(w_\varepsilon)| \leq C\left(\int_0^T |w_\varepsilon|^2 dt\right)^{\frac{1}{2}}\left(\int_Q (\theta_\varepsilon^2 + \theta_\varepsilon^4 + \theta_\varepsilon^6)\,dx\,dt\right)^{\frac{1}{2}}$$

$$\leq C\,\varepsilon^{\frac{1}{2}}\left(\int_0^T |w_\varepsilon|^2 dt\right)$$

et par conséquent (1.90) donne

$$\Big(\varepsilon\int_0^T |w'_\varepsilon|^2 dt + \int_0^T \|w_\varepsilon\|^2 dt\Big) \leq C\,\varepsilon^{\frac{1}{2}}\,\varepsilon\left(\int_0^T |w'_\varepsilon|^2 dt + \int_0^T \|w_\varepsilon\|^2 dt\right)^{\frac{1}{2}}$$

d'où l'on déduit (1.85). ∎

1.7. Problèmes de type raide.

On se place maintenant dans le cadre du Chapitre 4, N° 2.1., dont on utilise les notations.

On considère le problème suivant : on cherche u_ε telle que

$$(1.91)\quad \begin{cases} u_\varepsilon \in L^2(0,T;V)\ , \\ u'_{\varepsilon 1} \in L^2(Q_1)\ ,\ u'_{\varepsilon 0} \in L^2(0,T;H^{-1}(\Omega_0)), \end{cases}$$

$$(1.92)\quad u_\varepsilon(0) = 0\ ,$$

$$(1.93)\quad u_{\varepsilon 1}(x,T) = 0 \text{ sur } \Omega_1,$$

$$(1.94)\quad \begin{cases} \int_0^T [-b_0(u_\varepsilon, v') + a_0(u_\varepsilon, v)]\,dt + \varepsilon\int_0^T [b_1(u'_\varepsilon, v') + a_1(u_\varepsilon, v)]\,dt = \\ \qquad = \int_0^T (f,v)\,dt \\ \forall\ v \text{ tel que} \end{cases}$$

$$(1.95)\quad v \in L^2(0,T;V)\ ,\ v' \in L^2(0,T;H)\ ,\ v(T) = 0\ ,\ v(x,0) = 0 \text{ sur } \Omega_1.$$

Ce problème <u>equivaut</u> au suivant :

$$
(1.96)\quad \left|\begin{array}{ll}
\dfrac{\partial u_{\varepsilon o}}{\partial t} - \Delta u_{\varepsilon o} = 0 & \text{dans } Q_o \,. \\[2ex]
- \varepsilon \dfrac{\partial^2 u_{\varepsilon 1}}{\partial t^2} - \varepsilon \,\Delta u_{\varepsilon 1} = 0 & \text{dans } Q_1 \,, \\[2ex]
u_{\varepsilon o}(x,o) = 0 \,, u_{\varepsilon 1}(x,o) = 0, \quad u_{\varepsilon 1}(x,T) = 0 \,, & \\[2ex]
u_{\varepsilon o} = u_{\varepsilon 1} \text{ sur } \hat{S} = S \times]0,T[\text{ et } \dfrac{\partial u_{\varepsilon o}}{\partial \nu} = \varepsilon \dfrac{\partial u_{\varepsilon 1}}{\partial \nu} \text{ sur } \hat{S}. &
\end{array}\right.
$$

On peut donner <u>un développement asymptotique</u> de u_ε par les méthodes du Chapitre 1 et du Chapitre 4, N° 2.

<u>Calcul de u^{-1}</u> :

L'élément $u^{-1}(t) \in Y_o$ est caractérisé par

$$
(1.97)\quad \int_o^T [b_1(\frac{du^{-1}}{dt}, v') + a_1(u^{-1}, v)]dt = \int_o^T (f,v)dt
$$

$\forall$ v avec (1.95) et $v(t) \in Y_o$. Par conséquent $u_o^{-1} = 0$ et

$$
(1.98)\quad \left|\begin{array}{l}
- \dfrac{\partial^2 u_1^{-1}}{\partial t^2} - \Delta u_1^{-1} = f_1 \quad \text{dans } Q_1 \,, \\[2ex]
u_1^{-1} = 0 \text{ sur } \hat{S}, \quad u_1^{-1}(x,o) = 0 \,, \quad u_1^{-1}(x,T) = 0 \,,
\end{array}\right.
$$

problème <u>elliptique</u> (de Dirichlet dans Q_1). ∎

<u>Calcul de u^o</u>

On a les relations nécessaires :

$$
(1.99)\quad \int_o^T [-b_o(u^o, v') + a_o(u^o, v)]dt + \int_o^T [b_1(\frac{du^{-1}}{dt}, v') + a_1(u^{-1}, v)]dt =
$$
$$
= \int_o^T (f,v)dt \quad \forall \text{ v avec } (1.95) \,,
$$

(1.100) $$\int_0^T [b_1(\frac{du^o}{dt}, v') + a_1(u^o, v)]\, dt = 0$$ pour tout v à valeurs dans Y_o .

Mais on déduit de (1.98) que

$$\int_0^T [b_1(\frac{du^{-1}}{dt}, v') + a_1(u^{-1}, v)]dt - \int_{\hat{S}} \frac{\partial u_1^{-1}}{\partial \nu} v \, d\hat{S} = \int_0^T b_1(f, v)dt$$

de sorte que (1.99) équivaut à

(1.101) $$\int_0^T [-b_o(u^o, v') + a_o(u^o, v)]dt = \int_0^T b_o(f, v)dt - \int_{\hat{S}} \frac{\partial u_1^{-1}}{\partial \nu} v \, dS$$

d'où le problème

(1.102) $$\left| \begin{array}{l} \dfrac{\partial u_o^o}{\partial t} - \Delta u_o^o = f_o \text{ dans } Q_o , \\ u_o^o = 0 \text{ sur } \Sigma , \\ \dfrac{\partial u_o^o}{\partial \nu} = \dfrac{\partial u_1^{-1}}{\partial \nu} \text{ sur } \hat{S} , \\ u_o^o (x, o) = 0 ; \end{array} \right.$$

l'équation (1.100) donne ensuite :

(1.103) $$\left| \begin{array}{l} \dfrac{\partial^2 u_1^o}{\partial t^2} - \Delta u_1^o = 0 \text{ dans } Q_1 , \\ u_1^o(x, o) = 0 , \quad u_1^o(x, T) = 0 , \\ u_1^o(x, t) = u_o^o(x, t) \text{ sur } \hat{S}. \end{array} \right.$$

Il y a des conditions de compatibilité "dans les coins" , lorsque par exemple $t = T$ et $x \in S$ (il n'y en a pas au voisinage de $t = 0$ et $x \in S$ car $u_o^o(x, o) = 0$). ∎

On définit ainsi de proche en proche $u^1, u^2, \ldots, u^j$. On a alors l'estimation suivante :

(1.104)
$$\left[\begin{array}{l}\|u_\varepsilon-(\frac{u^{-1}}{\varepsilon}+u^o+\ldots+\varepsilon^j u^j)\|_{L^2(0,T;H_o^1(\Omega))}+\|u_\varepsilon-(\frac{u^{-1}}{\varepsilon}+\ldots+\varepsilon^j u^j)\|_{L^2(Q_1)}\leqslant \\ \qquad\leqslant C\,\varepsilon^{j+1}\ .\end{array}\right.$$

En effet introduisons :

$$\varphi_\varepsilon = \frac{u^{-1}}{\varepsilon}+u^o+\varepsilon u^1+\ldots+\varepsilon^{j+1}u^{j+1}\ ,$$

$$w_\varepsilon = u_\varepsilon - \varphi_\varepsilon\ .$$

On a :

$$\int_o^T[-b_o(\varphi_\varepsilon,v')+a_o(\varphi_\varepsilon,v)]dt+\varepsilon\int_o^T[b_1(\varphi_\varepsilon',v')+a_1(\varphi_\varepsilon,v)]dt =$$
$$= \varepsilon^{j+2}\int_o^T[b_1(\frac{du^{j+1}}{dt},v')+a_1(u^{j+1},v)]dt+\int_o^T(f,v)dt$$

d'où

$$\int_o^T[-b_o(w_\varepsilon,v')+a_o(w_\varepsilon,v)]dt+\varepsilon\int_o^T[b_1(w_\varepsilon',v')+a_1(w_\varepsilon,v)]dt =$$
(1.105)
$$= -\varepsilon^{j+2}\int_o^T[b_1(\frac{du^{j+1}}{dt},v')+a_1(u^{j+1},v)]dt\ ;$$

soit $q(t)\in \mathcal{C}^1([0,T])$, $q'\leqslant 0$, $q(T)=0$, $q=1$ dans $[0,T-\eta]$ et prenons dans (1.105) $v=qw_\varepsilon$. On note que

$$\int_o^T -b_o(w_\varepsilon,(qw_\varepsilon)')dt = -\int_o^T q'b_o(w_\varepsilon,w_\varepsilon)dt-\int_o^T\frac{q}{2}\frac{d}{dt}b_o(w_\varepsilon,w_\varepsilon)dt =$$
$$= -\int_o^T\frac{q'}{2}b_o(w_\varepsilon,w_\varepsilon)dt\geqslant 0\ .\quad \text{Donc}$$
$$\int_o^T a_o(w_\varepsilon,qw_\varepsilon)dt+\varepsilon\int_o^T[b_1(w_\varepsilon',(qw_\varepsilon)')+a_1(w_\varepsilon,qw_\varepsilon)]dt =$$
$$= -\varepsilon^{j+2}\int_o^T[b_1(\frac{du^{j+1}}{dt},(qw_\varepsilon)')+a_1(u^{j+1},qw_\varepsilon)]\,dt.$$

Faisant tendre η vers 0, on obtient :

(1.106)
$$\int_o^T a_o(w_\varepsilon,w_\varepsilon)dt+\varepsilon\int_o^T[b_1(w_\varepsilon',w_\varepsilon')+a_1(w_\varepsilon,w_\varepsilon)]dt =$$
$$= -\varepsilon^{j+2}\int_o^T[b_1(\frac{du^{j+1}}{dt},w_\varepsilon')+a_1(u^{j+1},w_\varepsilon)]dt\ .$$ On en déduit (1.104)

■

1.8. Variantes.

Remarque 1.10.

On peut étudier par le même genre de méthodes les problèmes elliptiques pour $\varepsilon > 0$ qui se réduisent à des problèmes hyperboliques (ou bien posés de PETROWSKI) pour $\varepsilon = 0$. Pour la "régularisation elliptique" de problèmes hyperboliques, cf. W. STRAUSS [1] , LIONS-MAGENES [1].

Entre dans ce cadre, le problème

$$
(1.107) \quad \left| \begin{array}{l} - \varepsilon\left(\frac{\partial^2}{\partial x^2} + \frac{\partial^2}{\partial t^2}\right)u_\varepsilon + \frac{\partial u_\varepsilon}{\partial t} + \frac{\partial u_\varepsilon}{\partial x} = f , \\ u_\varepsilon = 0 \text{ au bord ,} \end{array} \right.
$$

problème qui entre également dans le cadre du Chapitre 5. ∎

Donnons un exemple de nature un peu différente.

Exemple 1.3.

On considère u_ε solution de

$$
(1.108) \quad \left| \begin{array}{l} - \varepsilon \frac{\partial^2 u_\varepsilon}{\partial t^2} - \Delta u_\varepsilon = 0 \text{ dans } Q = \Omega \times]0,t[, \\ u_\varepsilon(x,o) = 0 , \quad u_\varepsilon(x,T) = 0 , \quad x \in \Omega , \\ \frac{\partial u_\varepsilon}{\partial t} + \frac{\partial u_\varepsilon}{\partial \nu} = f \text{ sur } \Sigma = \Gamma \times]0,T[. \end{array} \right.
$$

On va voir que u_ε converge, dans un sens que l'on précisera, vers <u>la</u> solution u du problème

$$
(1.109) \quad \left| \begin{array}{l} - \Delta u = 0 \text{ dans } Q = \Omega \times]0,T[, \\ \frac{\partial u}{\partial t} + \frac{\partial u}{\partial \nu} = f \text{ sur } \Sigma , \\ u(x,o) = 0 , \quad x \in \Gamma. \end{array} \right.
$$

On introduit les notations suivantes :

$$V = H^1(\Omega)\ ,\ H = L^2(\Omega)\ ,\ a(u,v) = \int_\Omega \text{grad } u \text{ grad } v\, dx\ ,$$
$$(u,v)_\Gamma = \int_\Gamma uv\, d\Gamma\ ,$$
$$\mathcal{V}_0 = \{v \mid v \in L^2(0,T;V)\ ,\ v' \in L^2(0,T;H)\ ,\ \frac{\partial}{\partial t}(v|_\Gamma) \in L^2(\Sigma)\ ,\ v(\sigma) = 0, v(T) = 0\}\ .$$

On vérifie alors que le problème (1.108) équivaut à :

(1.110)
$$\varepsilon \int_0^T (u_\varepsilon', v')dt + \int_0^T [a(u_\varepsilon, v) + (u_\varepsilon', v)_\Gamma]dt = \int_0^T (f,v)_\Gamma\, dt,$$
$$\forall\, v \in \mathcal{V}_0\ ,\ u_\varepsilon \in \mathcal{V}_0\ .$$

On vérifie que ce problème admet une solution unique.
Par ailleurs u est solution de

(1.111)
$$u \in L^2(0,T;V)\ ,$$
$$\int_0^T [a(u,v) - (u,v')_\Gamma]dt = \int_0^T (f,v)_\Gamma dt$$
$$\forall\, v \in L^2(0,T;V)\ ,\ \frac{\partial}{\partial t}(v|_\Gamma) \in L^2(\Sigma)\ ,\ v(T) = 0 \text{ sur } \Gamma.$$

Alors :

(1.112) $u_\varepsilon \longrightarrow u$ dans $L^2(0,T;V)$ faible.

Il serait semble-t-il intéressant d'étudier les structures des correcteurs sur cet exemple. ∎

2. PROBLEMES "PARABOLIQUES-ELLIPTIQUES".

2.1. Un résultat de convergence.

Nous nous plaçons dans le cadre du N° 1, Chapitre 4 et nous considérons le problème (très simple) suivant :

(2.1) $$\varepsilon(u'_\varepsilon, v) + a(u_\varepsilon, v) = (f, v) \ , \ t \in [o,T] \ , \ f \in L^2(0,T;V').$$

(2.2) $$u_\varepsilon(o) = u_o \in H \ ,$$

qui admet évidemment une solution unique (il s'agit simplement par rapport au cas du Chapitre 4, N° 1, d'un <u>changement d'échelle de temps</u>).

Soit par ailleurs le problème <u>de caractère elliptique</u> (où t joue simplement le rôle <u>de paramètre</u>) :

(2.3) $$a(u(t), v) = (f(t), v) \qquad \forall \ v \in V.$$

On a le :

THEOREME 2.1.

<u>On suppose que</u>

(2.4) $$a(v,v) \geqslant \alpha \ \|v\|^2 \ , \ \alpha > 0 \ , \qquad \forall \ v \in V_a \ .$$

<u>On a alors, lorsque</u> $\varepsilon \to 0$

(2.5) $$u_\varepsilon \to u \ \underline{\text{dans}} \ L^2(0,T;V).$$

Démonstration .

On déduit aussitôt de (2.1) que

(2.6) $$\|u_\varepsilon\|_{L^2(0,T;V)} + \sqrt{\varepsilon} \ \|u_\varepsilon\|_{L^\infty(0,T;H)} \leqslant C.$$

On peut extraire une suite, encore notée u_ε, telle que $u_\varepsilon \to w$ dans $L^2(0,T;V)$ faible et on vérifie aussitôt que $w = u$. On note ensuite que :

(2.7) $$X_\varepsilon = \frac{\varepsilon}{2}|u_\varepsilon(T)|^2 + \int_0^T a(u_\varepsilon - u\ ,\ u_\varepsilon - u)dt$$

vaut

$$X_\varepsilon = \int_0^T [(f,u_\varepsilon) - a(u_\varepsilon,u) - a(u,u_\varepsilon - u)]dt \longrightarrow 0$$

d'où (2.5). ∎

Plus généralement, avec les notations du Chapitre 4, N° 3, on considère le problème suivant :

(2.8) $$\varepsilon[(u'_\varepsilon, v-u_\varepsilon) + a(u_\varepsilon, v-u_\varepsilon)] + b(u_\varepsilon, v-u_\varepsilon) \geqslant (f, v-u_\varepsilon)$$

$$\forall\ v \in K\ ,$$

(2.9) $$\left|\begin{array}{l} u_\varepsilon(o) = u_o \in K \\ u_\varepsilon(t) \in K \end{array}\right.$$

où $$K \subset V_a \subset V_b \subset H.$$

En fait, on prend dans (2.8) la forme faible :

(2.10) $$\left|\begin{array}{l} \varepsilon\int_0^T[(v',v-u_\varepsilon)+a(u_\varepsilon,v-u_\varepsilon)]dt + \int_0^T b(u_\varepsilon,v-u_\varepsilon)dt \geqslant \int_0^T (f,v-u_\varepsilon)dt \\ \forall\ v \in L^2(0,T;V_a)\ ,\quad v' \in L^2(0,T;H), \\ v(t) \in K\ ,\ v(o) = u_o\ . \end{array}\right.$$

Le problème limite est une famille d'inéquations variationnelles elliptiques dépendant du paramètre t :

(2.11) $$\left|\begin{array}{ll} b(u(t),v-u(t)) \geqslant (f(t),v-u(t)) & \forall\ v \in \overline{K} = \text{adhérence de } K \text{ dans } V_b, \\ u(t) \in \overline{K}\ . & \end{array}\right.$$

On a alors le

THEOREME 2.2 .

On suppose que

(2.12) $$a(v,v) \geq \alpha\|v\|_a^2 \quad , \quad b(v,v) \geq \beta\|v\|_b^2 \ , \ \alpha,\beta > 0 \ ^{(1)} .$$

On a, si u_ε (resp u) désigne la solution de (2.8)(2.9) (resp.(2.11)):

(2.13) $$u_\varepsilon \longrightarrow u \text{ dans } L^2(0,T;V_b).$$

Démonstration.

On démontre d'abord la convergence faible après vérification des estimations

(2.14) $$\|u_\varepsilon\|_{L^2(0,T;V_b)} + \sqrt{\varepsilon}\,\|u_\varepsilon\|_{L^2(0,T;V_a)} \leq C .$$

Puis, supposant pour un peu simplifier, que $0 \in K$, on introduit

$$X_\varepsilon = \frac{\varepsilon}{2}|u_\varepsilon(T)|^2 + \varepsilon\int_0^T a(u_\varepsilon,u_\varepsilon)dt + \int_0^T b(u_\varepsilon-u,u_\varepsilon-u)dt.$$

Prenant $v = 0$ dans (2.8), on obtient

$$X_\varepsilon \leq \int_0^T (f,u_\varepsilon)dt - \int_0^T [b(u_\varepsilon,u) + b(u,u_\varepsilon-u)]dt$$

d'où

$$\limsup X_\varepsilon \leq \int_0^T [(f,u)-b(u,u)]dt \leq 0$$ (prenant $v=0$ dans (2.11)). ∎

Exemple 2.1.

$$V_a = H^1(\Omega) \ , \ V_b = H = L^2(\Omega) \ , \ K = H_0^1(\Omega) \ ,$$

$$a(u,v) = \int_\Omega \text{grad } u \text{ grad } v \, dx \ , \ b(u,v) = \int_\Omega u\, v\, dx .$$

---

(1) Il suffit de $a(v,v) \geq \alpha \|v\|_a^2 \quad \forall\, v \in K$.

Alors

$$(2.15)\quad \begin{cases} \varepsilon \dfrac{\partial u_\varepsilon}{\partial t} - \varepsilon\, \Delta u_\varepsilon + u_\varepsilon = f\,, \\ u_\varepsilon(x,o) = u_o(x)\quad,\quad u_\varepsilon = 0 \text{ sur } \Sigma \ (^1). \end{cases}$$

La limite est $u = f$. ∎

Exemple 2.2.

$$V_a = H^2(\Omega) \cap H_o^1(\Omega)\ ,\quad V_b = H_o^1(\Omega)\ ,\ H = L^2(\Omega)\ ,\ K = H_o^2(\Omega)\ ,$$

$$a(u,v) = (\Delta u, \Delta v)\ ,\quad b(u,v) = \int_\Omega \text{grad } u \text{ grad } v \, dx.$$

Alors

$$(2.16)\quad \begin{cases} \varepsilon \dfrac{\partial u_\varepsilon}{\partial t} + \varepsilon\, \Delta^2 u_\varepsilon - \Delta u_\varepsilon = f, \\ u_\varepsilon(x,o) = u_o(x)\ ,\quad u_\varepsilon = 0 \text{ sur } \Sigma\ ,\ \dfrac{\partial u_\varepsilon}{\partial \nu} = 0 \text{ sur } \Sigma\ . \end{cases}$$

Le problème limite est :

$$(2.17)\qquad -\Delta u = f\ ,\ u|_\Gamma = 0\ ,\ t = \text{paramètre}\ .$$ ∎

Exemple 2.3.

Soient V_a, V_b, a,b comme dans l'Exemple 2.1 et

$$K = \{v \mid v \in V_a\ ,\ v \geqslant 0 \text{ sur } \Gamma\}\ .$$

Alors

$$(2.18)\quad \begin{cases} \varepsilon \dfrac{\partial u_\varepsilon}{\partial t} - \varepsilon \Delta u_\varepsilon + u_\varepsilon = f\,, \\ u_\varepsilon \geqslant 0\ ,\ \dfrac{\partial u_\varepsilon}{\partial \nu} \geqslant 0\ ,\ u_\varepsilon \dfrac{\partial u_\varepsilon}{\partial \nu} = 0 \text{ sur } \Sigma\ , \\ u_\varepsilon(x,o) = u_o(x). \end{cases}$$

La limite est encore $u = f$. ∎

---

(1) On peut varier à l'infini les conditions aux limites.

Exemple 2.4.

Soient V_a, V_b, a, b comme dans l'exemple précédent et

$$K = \{ v | v \in V_a , v \geq 0 \text{ p.p. sur } \Omega , v = 0 \text{ sur } \Gamma \} .$$

Alors

$$(2.19) \quad \left| \begin{array}{l} \varepsilon \frac{\partial u_\varepsilon}{\partial t} - \varepsilon \Delta u_\varepsilon - f \geq 0 , \quad u_\varepsilon \geq 0 , \\ u_\varepsilon (\varepsilon \frac{\partial u_\varepsilon}{\partial t} - \varepsilon \Delta u_\varepsilon + u_\varepsilon - f) = 0 , \\ u_\varepsilon = 0 \text{ sur } \Sigma , \quad u_\varepsilon(x,o) = u_o(x) \text{ dans } \Omega. \end{array} \right.$$

La limite est

$$(2.20) \qquad u = f^+ . \qquad \blacksquare$$

Remarque 2.1.

On établira des résultats analogues pour les inéquations

$$(2.21) \quad \varepsilon[(u'_\varepsilon, v-u_\varepsilon) + a(u_\varepsilon, v-u_\varepsilon)] + b(u_\varepsilon, v-u_\varepsilon) + \varepsilon[j_a(v) - j_a(u_\varepsilon)] + \\ + j_b(v) - j_b(u_\varepsilon) \geq (f, v-u_\varepsilon) , \quad \forall v \in V_a$$

dont la solution converge (dans $L^2(0,T;H)$) vers la solution u de

$$(2.22) \quad b(u,v-u) + j_b(v) - j_b(u) \geq (f,v-u) \qquad \forall v \in V_b . \qquad \blacksquare$$

Remarque 2.2.

On peut également considérer le cas des inéquations paraboliques de $2^{\text{ème}}$ espèce (cf. Chapitre 4, N° 7) ; on obtient ici le problème suivant :

$$(2.23) \quad \left| \begin{array}{l} \varepsilon[(u'_\varepsilon, v-u'_\varepsilon) + a(u_\varepsilon, v-u'_\varepsilon)] + b(u_\varepsilon, v-u'_\varepsilon) \geq (f, v-u'_\varepsilon) \qquad \forall v \in K , \\ u_\varepsilon(o) = 0 \quad , u'_\varepsilon(t) \in K \cdot \quad (o \in K) . \end{array} \right.$$

On suppose que :

(2.24) $f,\ f',\ f'' \in L^2(0,T;V_b')\ ,\quad f(o) = 0\ .$

On va montrer qu'il existe alors une fonction u et une seule telle telle que

(2.25)
$$\left|\begin{array}{l} u,\ u' \in L^\infty(0,T;V_b)\ , \\ u(o) = 0\ ,\quad u'(t) \in \overline{K}\ \text{p.p.}\ , \\ b(u(t),v-u'(t)) \geq (f(t),v-u'(t)) \quad \forall v \in \overline{K}\ . \end{array}\right.$$

On a le :

THEOREME 2.3.

On se place dans les hypothèses du Théorème 2.2, avec $a(u,v)$ et $b(u,v)$ symétriques et avec (2.24). Soit u_ε la solution de (2.23) (cf. Chapitre 4, N° 7). Alors le problème (2.25) admet une solution unique et

(2.26) $u_\varepsilon \to u\ ,\ u_\varepsilon' \to u'$ dans $L^\infty(0,T;V_b)$ faible étoile.

Démonstration.

Par les mêmes méthodes qu'au Chapitre 4, N° 7.2., on établit les estimations

$$\|u_\varepsilon\|_{L^\infty(0,T;V_b)} + \|u_\varepsilon'\|_{L^\infty(0,T;V_b)} \leq C\ ,$$

$$\sqrt{\varepsilon}\, u_\varepsilon' \text{ borné dans } L^\infty(0,T;V_a)\ ,\quad \sqrt{\varepsilon}\, u_\varepsilon'' \text{ borné dans } L^2(0,T;H).$$

On extrait alors $u_\varepsilon \to w$ au sens (2.26) et on vérifie facilement que w est solution de (2.25). Reste donc seulement à montrer l'unicité de la solution de (2.25). Si u est u^* sont deux solutions éventuelles alors prenant $v = (u^*)'$ (resp $v = u'$) dans l'inéquation relative à u (resp à u^*), il vient

$$\frac{d}{dt}\, b(u-u^*,\ u-u^*) \leq 0$$

d'où le résultat . ∎

Remarque 2.3

Si $\overline{K} = V_b$, alors (2.25) équivaut au problème stationnaire

$$b(u(t),v) = (f(t),v) \qquad \forall\, v \in V_b . \tag{2.27}$$

■

Exemple 2.5.

On se place dans le cadre de l'Exemple 2.4 pour a, b, V_a, V_b, H, K. On obtient :

$$(2.28) \quad \left| \begin{array}{l} \frac{\partial u_\varepsilon}{\partial t} \geqslant 0 , \quad \varepsilon(\frac{\partial u_\varepsilon}{\partial t} - \Delta u_\varepsilon) + u_\varepsilon - f \geqslant 0 , \\ \frac{\partial u_\varepsilon}{\partial t}(\varepsilon(\frac{\partial u_\varepsilon}{\partial t} - \Delta u_\varepsilon) + u_\varepsilon - f) = 0 , \\ u_\varepsilon = 0 \quad \text{sur } \Sigma , \quad u_\varepsilon(x,o) = 0 , \end{array} \right.$$

et comme limite (au sens (2.26)) :

$$(2.29) \quad \left| \begin{array}{l} \frac{\partial u}{\partial t} \geqslant 0 \quad , \quad u-f \geqslant 0 , \quad \frac{\partial u}{\partial t}(u-f) = 0 , \\ u(x,o) = 0 . \end{array} \right.$$

■

Exemple 2.6.

Nous prenons :

$$V_a = H^2(\Omega) , \; V_b = H^1(\Omega) , \quad H = L^2(\Omega) ,$$

$$K = \{v |\; v \in V_a , \quad v \geqslant 0 \text{ sur } \Gamma , \quad \frac{\partial v}{\partial \nu} = 0 \text{ sur } \Gamma \} ,$$

$$\overline{K} = \{v |\; v \in V_b , \quad v \geqslant 0 \text{ sur } \Gamma\},$$

$$a(u,v) = (\Delta u, \Delta v) \quad , \; b(u,v) = \int_\Omega (\text{grad } u \text{ grad } v + uv)dx.$$

On obtient ainsi

(2.30)
$$\left|\begin{array}{l} \varepsilon(\frac{\partial u_\varepsilon}{\partial t} + \Delta^2 u_\varepsilon) - \Delta u_\varepsilon + u_\varepsilon = f \text{ dans } Q \,, \\ \frac{\partial u_\varepsilon}{\partial t} \geqslant 0 \;,\; -\frac{\partial}{\partial \nu}\Delta u_\varepsilon \geqslant 0 \;,\; \frac{\partial u_\varepsilon}{\partial t} - \frac{\partial}{\partial \nu}\Delta u_\varepsilon = 0 \,, \\ \frac{\partial u_\varepsilon}{\partial \nu} = 0 \text{ sur } \Sigma \,, \\ u_\varepsilon(x,o) = 0. \end{array}\right.$$

Le problème limite est

(2.31)
$$\left|\begin{array}{l} -\Delta u + u = f \,, \\ \frac{\partial u}{\partial t} \geqslant 0 \,,\; \frac{\partial u}{\partial \nu} \geqslant 0 \,,\; \frac{\partial u}{\partial t}\frac{\partial u}{\partial \nu} = 0 \quad \text{sur } \Gamma \,, \\ u(x,o) = 0 \,. \end{array}\right.$$
■

2.2. Correcteurs.

On se place dans le cadre du Théorème 2.2 avec

(2.32) $$K \text{ dense dans } V_b \,.$$

Alors on suppose que la solution u du problème (2.27) satisfait à

(2.33) $$u \in L^2(0,T;V_a).$$

On dira que θ_ε est <u>un correcteur d'ordre</u> 0 si

(2.34)
$$\left|\begin{array}{l} \theta_\varepsilon(t) + u(t) \in K \,, \\ \theta_\varepsilon(o) + u(o) = 0 \,, \\ \varepsilon[(\theta'_\varepsilon,\varphi-\theta_\varepsilon) + a(\theta_\varepsilon,\varphi-\theta_\varepsilon)] + b(\theta_\varepsilon,\varphi-\theta_\varepsilon) \geqslant (\varepsilon g_{\varepsilon 1} + \varepsilon^{\frac{1}{2}} g_{\varepsilon 2},\varphi-\theta_\varepsilon) \\ \qquad\qquad \forall\, \varphi \text{ avec } \varphi + u(t) \in K \,, \end{array}\right.$$

où

$$(2.35)\quad \left|\begin{array}{ll} \left|\int_0^T (g_{\varepsilon 1},\varphi)dt\right| \leqslant c\,\|\varphi\|_{L^2(0,T;V_a)}, & \varphi(t)\in K-K\,, \\ \left|\int_0^T (g_{\varepsilon 2},\varphi)dt\right| \leqslant c\,\|\varphi\|_{L^2(0,T;V_b)}, & \varphi(t)\in K-K\,. \end{array}\right.$$

Comme on a vu au Chapitre 4, N° 3, il s'agit là en fait d'une inéquation pour $\theta_\varepsilon+u$ et que l'on énonce sous forme faible.

On montre alors, par le même genre de méthode que précédemment et qu'au Chapitre 4, que :

$$(2.36)\quad \|u_\varepsilon-(u+\theta_\varepsilon)\|_{L^2(0,T;V_b)} \leqslant C\,\varepsilon^{1/2}\,,$$

et que

$$(2.37)\quad u_\varepsilon-(u+\theta_\varepsilon)\rightarrow 0 \text{ dans } L^2(0,T;V_a) \text{ faible.}$$ ∎

Calcul d'un correcteur dans un cas particulier.

On se place dans le cadre du Théorème 2.1 [qui est équivalent au cas où $V_a = V_b$, $a=b$].

On introduit alors un opérateur $\hat{A}$ avec

$$(2.38)\quad \left|\begin{array}{l} \hat{A} \text{ est un isomorphisme de } V_a \rightarrow V'_a\,, \\ (\hat{A}v,v) \geqslant \hat{\alpha}\|v\|_a^2\,, \quad \forall\, v\in V_a\,,\quad \hat{\alpha}>0,\ D(\hat{A}) = D(A) \end{array}\right.$$ (1)

et on définit θ_ε par :

$$(2.39)\quad \left|\begin{array}{l} \varepsilon \dfrac{d\theta_\varepsilon}{dt} + \hat{A}\,\theta_\varepsilon = 0, \\ \theta_\varepsilon(0) + u(0) = 0\,, \\ \theta_\varepsilon \in L^2(0,\infty;V_a)\,. \end{array}\right.$$

(1) Où par exemple $D(A) = \{v \mid v\in V_a = V\,,\ Av\in H\}$.

On a évidemment

$$(2.40) \qquad \theta_\varepsilon(t) = -\hat{G}(t/_\varepsilon)\, u(o)$$

si $\hat{G}(t)$ <u>est le semi groupe</u>(analytique) <u>dont</u> $-\hat{A}$ <u>est le générateur infinitésimal</u>.

<u>Vérifions que dans ces conditions</u>, <u>si</u> $u(o) \in D(A)$ <u>alors</u> θ_ε <u>est un correcteur d'ordre</u> 0.

En effet

$$(2.41) \qquad \varepsilon\, \theta'_\varepsilon + A\theta_\varepsilon = (A-\hat{A})\theta_\varepsilon \;;$$

mais $\quad |(A-\hat{A})\theta_\varepsilon| \leqslant c\, \|\theta_\varepsilon(t)\|_{D(\hat{A})} \leqslant c\, [\,|\hat{G}(t/_\varepsilon)u(o)| + |\hat{G}(t/_\varepsilon)Au(o)|\,].$

Donc $\quad \displaystyle\int_0^T |(A-\hat{A})\theta_\varepsilon|^2\, dt \leqslant c\, \varepsilon \int_0^\infty [\,|\hat{G}(s)u_o|^2 + |\hat{G}(s)Au_o|^2]\, ds \leqslant$

$$\leqslant c_\varepsilon \quad , \text{ donc}$$

$$(A-\hat{A})\theta_\varepsilon = \varepsilon^{1/2}\, g_{\varepsilon 2} \text{ , avec la } 2^{\text{ème}} \text{condition (2.35).}$$

Donc on a le résultat. ∎

<u>Exemple 2.7</u>.

Prenons

$$\left|\begin{array}{l} V_a = H_o^1(\Omega) \;, \\ a(u,v) = \displaystyle\sum_{i,j=1}^{n} \int_\Omega a_{ij}(x)\, \frac{\partial u}{\partial x_j}\, \frac{\partial v}{\partial x_i}\, dx \;,\quad a_{ij} \in \mathcal{C}^1(\bar{\Omega}) \;, \\ \displaystyle\sum_{i,j=1}^{n} a_{ij}(x)\, \xi_i\, \xi_j \geqslant \alpha \sum_{i=1}^{n} \xi_i^2 \;. \end{array}\right.$$

Le problème est

$$(2.42) \qquad \left|\begin{array}{l} \varepsilon\, \dfrac{\partial u_\varepsilon}{\partial t} - \displaystyle\sum_{i,j=1}^{n} \frac{\partial}{\partial x_i}\Big(a_{ij}(x)\, \frac{\partial u_\varepsilon}{\partial x_j}\Big) = f \;, \\ u_\varepsilon = 0 \text{ sur } \Sigma \;,\; u_\varepsilon(x,o) = 0 \end{array}\right.$$

et le cas limite est

$$(2.43) \qquad -\sum_{i,j=1}^{n} \frac{\partial}{\partial x_i}\Big(a_{ij}(x)\, \frac{\partial u}{\partial x_j}\Big) = f \;, \qquad\qquad u = 0 \text{ sur } \Sigma.$$

On a : $D(A) = H^2(\Omega) \cap H_o^1(\Omega)$ et l'on peut prendre $\hat{A} = -\Delta$.
Donc si $u(o) \in H^2(\Omega) \cap H_o^1(\Omega)$ (ce qui est réalisé si $f(o) \in L^2(\Omega)$), un correcteur d'ordre 0 est fourni par (2.40) où $\hat{G}$ est le semi groupe dont l'opposé du générateur infinitésimal est $-\Delta$ dans $H^2(\Omega) \cap H_o^1(\Omega)$. ■

2.3. Un problème non linéaire du type Navier Stokes.

On considère le problème suivant : soit dans $\Omega \in \mathbb{R}^2$, $u_\varepsilon = \{u_{\varepsilon 1}, u_{\varepsilon 2}\}$ solution de

$$(2.44)\quad \left|\begin{array}{l} \varepsilon\left(\dfrac{\partial u_\varepsilon}{\partial t} + \displaystyle\sum_{i=1}^{2} u_{\varepsilon i} \dfrac{\partial u_\varepsilon}{\partial x_i}\right) - \Delta u_\varepsilon = f - \operatorname{grad} p_\varepsilon, \\ \operatorname{Div} u_\varepsilon = 0, \\ u_\varepsilon = 0 \text{ sur } \Gamma,\ t > 0, \\ u_\varepsilon(x,o) = u_o(x). \end{array}\right.$$

Si l'on introduit

$$V = \{ v \mid v \in H_o^1(\Omega))^2,\ \operatorname{Div} v = 0\},$$

$$H = \text{adhérence de } V \text{ dans } (L^2(\Omega))^2,$$

$$a(u,v) = \sum_{i,j=1}^{2} \int_\Omega \frac{\partial u_i}{\partial x_j}\frac{\partial v_i}{\partial x_j}\,dx, \quad (u,v) = \int_\Omega (u_1 v_1 + u_2 v_2)dx,$$

$$b(u,v,w) = \int_\Omega \sum_{i,j=1}^{2} u_i \frac{\partial v_j}{\partial x_i} w_j\,dx,$$

le problème (2.44) équivaut à :

$$(2.45)\quad \left|\begin{array}{l} \varepsilon[(u_\varepsilon', v) + b(u_\varepsilon, u_\varepsilon, v)] + a(u_\varepsilon, v) = (f,v) \quad \forall v \in V, \\ u_\varepsilon \in L^2(0,T;V),\ u_\varepsilon' \in L^2(0,T;V'), \\ u_\varepsilon(o) = u_o, \quad u_o \text{ donné dans } H, \end{array}\right.$$

où $f \in L^2(0,T;V')$.

On montre (cf. LIONS-PRODI [1], LADYZENSKAYA [1]) que ce problème admet une solution unique.

On vérifie sans peine, par les mêmes méthodes que précédemment, que [1]

(2.46) u_ε est borné dans $L^2(0,T;V)$,

(2.47) $\sqrt{\varepsilon}\, u_\varepsilon$ est borné dans $L^\infty(0,T;H)$.

Soit u la solution du problème elliptique

(2.48) $$a(u,v) = (f,v) \qquad \forall\, v \in V \ , \quad u \in V$$

qui équivaut à

(2.49) $$-\Delta u = f - \text{grad } p \ , \quad \text{Div } u = 0 \ , \quad u = 0 \text{ sur } \Gamma \ .$$

On vérifie que

(2.50) $$u_\varepsilon \to u \text{ dans } L^2(0,T;V).$$ ∎

Notre objet est maintenant la construction d'un correcteur θ_ε tel que

(2.51) $$\|u_\varepsilon-(u+\theta_\varepsilon)\|_{L^2(0,T;V)} \leq C\, \varepsilon^{1/2} \ .$$ ∎

Soit θ_ε solution du problème linéaire :

(2.52) $$\left|\begin{array}{l} \varepsilon(\theta'_\varepsilon,v) + a(\theta_\varepsilon,v) = \varepsilon^{1/2}(g_\varepsilon,v) \qquad \forall\, v \in V \ , \\ \theta_\varepsilon(o) + u(o) = u_o \ , \\ \theta_\varepsilon \in L^2(0,T;V) \end{array}\right.$$

où

(2.53) $$\|g_\varepsilon\|_{L^2(0,T;V)} \leq C.$$

(1) Noter que $b(v,v,v) = 0$.

On va montrer que l'on a alors (2.51), si $f, f' \in L^2(0,T;V')$.
On écrit (2.45) sous la forme

(2.54) $$\varepsilon(u'_\varepsilon,v) + a(u_\varepsilon,v) = (f,v) + \varepsilon(h_\varepsilon,v) ,$$

(2.55) $$(h_\varepsilon,v) = b(u_\varepsilon,u_\varepsilon,v) = -b(u_\varepsilon,v,u_\varepsilon) .$$

Alors si l'on pose : $w_\varepsilon = u_\varepsilon - (u+\theta_\varepsilon)$, on a :

(2.56) $$\varepsilon(w'_\varepsilon,v) + a(w_\varepsilon,v) = \varepsilon(h_\varepsilon,v) - \varepsilon^{1/2}(g_\varepsilon,v) - \varepsilon(u',v).$$

Comme $f' \in L^2(0,T;V')$, on a : $a(u',v) = (f',v)$ et

(2.57) $$u' \in L^2(0,T;V).$$

Mais
$$|(h_\varepsilon,v)| \leqslant C \|u_\varepsilon\|^2_{L^4(\Omega)} \|v\| \quad (^1)$$
$$\leqslant C |u_\varepsilon| \|u_\varepsilon\|\|v\| \text{ (en utilisant (2.47))} \leqslant$$
$$\leqslant C\, \varepsilon^{1/2} \|u_\varepsilon\|\|v\|$$

donc
$$\varepsilon(h_\varepsilon,v) = \varepsilon^{1/2}(k_\varepsilon,v) , \quad \|k_\varepsilon\|_{L^2(0,T;V')} \leqslant C .$$

Par conséquent

(2.58) $$\begin{cases} \varepsilon(w'_\varepsilon,v) + a(w_\varepsilon,v) = \varepsilon^{1/2}(\rho_\varepsilon,v) - \varepsilon(u',v) , \quad v \in V , \\ \|\rho_\varepsilon\|_{L^2(0,T;V')} \leqslant C , \quad w_\varepsilon(o) = 0. \end{cases}$$

Prenant $v = w_\varepsilon$ dans (2.58), on en déduit (2.51). ∎

(^{1}) On a : $\|v\|_{L^4(\Omega)} \leqslant C |v|^{1/2} \|v\|^{1/2}$ car $H^{1/2}(\Omega) \subset L^4(\Omega)$ si $n = 2$.

On peut vérifier cette inégalité de façon élémentaire. Cf. par ex. LADYZENSKAYA [1] , DUVAUT-LIONS [1].

Exemple 2.8.

Si l'on suppose que

(2.59) $$u_o \in V$$

alors on peut prendre

(2.60) $$\theta_\varepsilon = \exp(-t/_\varepsilon)\ (u_o - u(o)).$$

On a en effet

$$\varepsilon(\theta'_\varepsilon, v) + a(\theta_\varepsilon, v) = \exp(-t/_\varepsilon)[a(u_o - u(o), v) - (u_o - u(o), v)]$$

$$= \varepsilon^{1/2}(g_\varepsilon, v)$$

et $\|g_\varepsilon(t)\|_{V'} \leqslant C \exp(-t/_\varepsilon)\ \varepsilon^{-1/2}$ d'où (2.53). ∎

2.4. Problèmes de type raide (I).

On se place dans une situation du type du Chapitre 4, N° 2.2, dont on conserve les notations. Le problème examiné est

(2.61) $$a_o(u_\varepsilon, v) + \varepsilon[a_1(u_\varepsilon, v) + (u'_\varepsilon, v)] = (f, v) \quad \forall\, v \in V,$$

(2.62) $$u_\varepsilon(o) = u_o \ , \quad u_o \text{ donné dans } H .$$

C'est un problème de type parabolique, qui admet une solution unique:

$$u_\varepsilon \in L^2(0,T;V) \ , \quad u'_\varepsilon \in L^2(0,T;V')$$

pour f donné dans $L^2(0,T;V')$. Pour $\varepsilon = 0$ le problème se réduit formellement au problème

(2.63) $$a_o(u, v) = (f, v) \qquad \forall\, v \in V$$

qui est mal posé puisque a_o s'annule sur $Y_o \neq \{o\}$, et qui est en tous cas, de caractère elliptique. ∎

Exemple 2.9.

Notations du Chapitre 4, N° 2.1. Le problème correspondant est

$$
(2.64)\qquad \left|\begin{array}{l}
\varepsilon \dfrac{\partial u_{\varepsilon o}}{\partial t} - \Delta u_{\varepsilon o} = f_o \;, \\
\varepsilon \dfrac{\partial u_{\varepsilon 1}}{\partial t} - \varepsilon\Delta u_{\varepsilon 1} = f_1 \;, \\
u_{\varepsilon o} \;=\; 0 \text{ sur } \Sigma \;, \\
u_{\varepsilon o} \;=\; u_{\varepsilon 1} \;,\quad \dfrac{\partial u_{\varepsilon o}}{\partial \nu} = \varepsilon \dfrac{\partial u_{\varepsilon 1}}{\partial \nu} \text{ sur } \hat{S} \;, \\
u_{\varepsilon o}(x,o) = u_{oo}(x) \;,\; u_{\varepsilon 1}(x,o) = u_{o1}(x).
\end{array}\right.
$$

■

Développement aymptotique formel.

Si l'on cherche, formellement, u_ε sous la forme $\frac{u^{-1}}{\varepsilon}+u^o+\varepsilon u^1+\ldots$, u^{-1} à valeurs dans Y_o, on est conduit aux formules suivantes (analogues, mais non identiques, à celles du Chapitre 4, N° 2.2).

Calcul de u^{-1}.

On a :

$$
(2.65)\qquad \left|\begin{array}{ll}
u^{-1}(t) \in Y_o \;, & \\
\left(\dfrac{du^{-1}}{dt}, v\right) + a_1(u^{-1},v) = (f,v) & \forall\, v \in Y_o \;, \\
u^{-1}(o) = 0. &
\end{array}\right.
$$

Ce problème admet une solution unique. ■

Calcul de u^o.

On a le système d'équations suivant :

$$
(2.66)\qquad \begin{array}{ll}
a_o(u^o,v) + \left(\dfrac{du^{-1}}{dt}, v\right) + a_1(u^{-1},v) = (f,v) & \forall\, v \in V \;, \\
\left(\dfrac{du^o}{dt}, v\right) + a_1(u^o,v) = 0 & \forall\, v \in Y_o,
\end{array}
$$

(2.67) $$(u^o(o),v) = (u_o,v) \qquad \forall v \in Y_o \ .$$

Ce système admet une solution unique. En effet la première équation (2.66) donne

(2.68) $$a_o(u^o(t),v) = (f(t),v) - (\frac{du^{-1}}{dt}(t),v) - a_1(u^{-1}(t),v)$$

et le $2^{\text{ème}}$ membre de (2.68) est <u>nul sur</u> Y_o (d'après (2.65)), donc (2.68) définit $u^o(t)$ modulo l'addition d'un élément de Y_o, dépendant de t, et qui est déterminé par la $2^{\text{ème}}$ équation (2.66).

<u>Notons tout de suite que l'on n'a pas en général</u> $u^o(o) = u_o$, <u>mais seulement</u> (2.67). <u>Il faudra donc introduire un correcteur attaché à</u> u^o ; <u>cf. ci-après</u>. ∎

<u>Calcul de u^1, u^2</u>, ...

Les formules générales pour u^j, $j \geqslant 1$, sont :

(2.69) $$\left|\begin{array}{ll} a_o(u^j,v) + (\frac{du^{j-1}}{dt},v) + a_1(u^{j-1},v) = 0 & \forall\ v \in V\ , \\ (\frac{du^j}{dt},v) + a_1(u^j,v) \ = \ 0 & \forall\ v \in Y_o, \end{array}\right.$$

avec

(2.70) $$(u^j(o),v) = 0 \quad \forall\ v \in Y_o.$$

On note que l'on n'a pas en général $u^j(o) = 0$ mais seulement (2.70). ∎

<u>Correcteurs</u>.

On dira que θ^o_ε <u>est un correcteur attaché à</u> u^o si

(2.71) $$\left|\begin{array}{l} a_o(\theta^o_\varepsilon,v) + \varepsilon\,[(\frac{d\theta^o_\varepsilon}{dt},v) + a_1(\theta^o_\varepsilon,v)] = \varepsilon(g^o_\varepsilon,v) \ \forall\ v \in V\ , \\ \theta^o_\varepsilon(o) + u^o(o) = u_o\ , \end{array}\right.$$

et de façon générale que θ_ε^j est un correcteur attaché à u^j $(j \geq 1)$ si

(2.72)
$$\left|\begin{aligned} & a_o(\theta_\varepsilon^j, v) + \varepsilon[(\frac{d\theta_\varepsilon^j}{dt}, v) + a_1(\theta_\varepsilon^j, v)] = -(g_\varepsilon^{j-1}, v) + \varepsilon(g_\varepsilon^j, v) \\ & \qquad\qquad\qquad\qquad\qquad\qquad \forall\, v \in V, \\ & \theta_\varepsilon^j(o) + u^j(o) = 0 \end{aligned}\right.$$

où

(2.73)
$$\|g_\varepsilon^j\|_{L^2(0,T;V')} \leq C \;, \qquad \forall\, j \geq 0 \,. \qquad \blacksquare$$

On a alors le :

THEOREME 2.4.

On se place dans les hypothèses du Théorème 2.1., Chapitre 4. Soit u_ε la solution de (2.61)(2.62) ; soient u^k, $-1 \leq k \leq j$, définis par (2.65) ... (2.70) et soient des correcteurs θ_ε^k, $0 \leq k \leq j$, définis par (2.71)(2.72)(2.73). On a alors, si l'on pose

(2.74)
$$w_\varepsilon = u_\varepsilon - (\frac{u^{-1}}{\varepsilon} + u^o + \theta_\varepsilon^o + \varepsilon(u + \theta_\varepsilon) + \ldots + \varepsilon_j(u^j + \theta_\varepsilon^j)) \,,$$

les estimations

(2.75)
$$\|w_\varepsilon\|_{L^2(0,T;V)} \leq C\,\varepsilon^j \,, \; \|w_\varepsilon\|_{L^\infty(0,T;H)} \leq C\,\varepsilon^j \,.$$

Démonstration.

On vérifie sans peine que

(2.76)
$$a_o(w_\varepsilon, v) + \varepsilon[(\frac{dw_\varepsilon}{dt}, v) + a_1(w_\varepsilon, v)] = -\,\varepsilon^{j+1}(g_\varepsilon^j, v)$$

d'où l'on tire, en prenant $v = w_\varepsilon$ et en notant que $w_\varepsilon(o) = 0$ (on a fait ce qu'il fallait pour cela avec les correcteurs !) :

(2.77)
$$\frac{\varepsilon}{2}|w_\varepsilon(t)|^2 + \int_o^t [a_o(w_\varepsilon, w_\varepsilon) + \varepsilon a_1(w_\varepsilon, w_\varepsilon)]\, d\sigma =$$
$$= -\,\varepsilon^{j+1}\int_o^t (g_\varepsilon^j, w_\varepsilon)\, d\sigma$$ d'où l'on déduit (2.75). $\blacksquare$

Remarque 2.4.

On déduit également de (2.77) l'estimation supplémentaire :

(2.78) $$\left(\int_0^T a_o(w_\varepsilon, w_\varepsilon)\, d\sigma\right)^{1/2} \leq C\, \varepsilon^{j+1/2} .$$ ∎

Remarque 2.5.

Une variante qui peut être utile est de remplacer dans les formules (2.71)(2.72) $\varepsilon(g_\varepsilon^o, v)$ par $\varepsilon^{1/2} a_o(g_\varepsilon^o, v)$,

$- (g_\varepsilon^{j-1}, v) + \varepsilon(g_\varepsilon^j, v)$ par $-\varepsilon^{1/2} a_o(g_\varepsilon^{j-1}, v) + \varepsilon^{1/2} a_o(g_\varepsilon^j, v)$,

avec $$\int_0^T a_o(g_\varepsilon^k, g_\varepsilon^k)\, dt \leq C .$$ ∎

Exemple 2.10 (suite de l'Exemple 2.9).

On rappelle que $Y_o = \{v \mid v \in H_o^1(\Omega)\ ,\ v=0 \text{ sur } \Omega_o\}$. Alors (2.65) donne :

(2.79) $$\left|\begin{array}{l} u_o^{-1} = 0 \text{ dans } Q_o , \\ \dfrac{\partial u_1^{-1}}{\partial t} - \Delta u_1^{-1} = f_1 \text{ dans } Q_1 , \\ u_1^{-1} = 0 \text{ sur } \hat{S} ,\ u_1^{-1}(x,o) = 0 \text{ dans } \Omega_1 . \end{array}\right.$$

Le système (2.66)(2.67) donne les relations suivantes : on déduit de (2.79) que

$$\left(\frac{du_1^{-1}}{dt}, v\right) + a_1(u^{-1}, v) - \int_S \frac{\partial u_1^{-1}}{\partial \nu} v_1\, dS = \int_{\Omega_1} f_1 v_1 dx \qquad \forall\, v \in V$$

de sorte que la 1ère équation (2.66) donne :

$$a_o(u^o, v) = \int_{\Omega_o} f_o v_o dx - \int_S \frac{\partial u_1^{-1}}{\partial \nu} v_1\, dS \qquad \forall\, v \in V$$

d'où

$$(2.80)\quad \begin{cases} -\Delta u_0^0 = f_0 , \\ u_0^0 = 0 \text{ sur } \Gamma , \quad \dfrac{\partial u_0^0}{\partial \nu} = \dfrac{\partial u_1^{-1}}{\partial \nu} \text{ sur } S , \end{cases}$$

problème où t joue le rôle de paramètre.

Ensuite, la 2ème équation (2.66) donne :

$$(2.81)\quad \begin{cases} \dfrac{\partial u_1^0}{\partial t} - \Delta u_1^0 = f_1 \text{ dans } Q_1 , \\ u_1^0 = u_0^0 \text{ sur } \hat{S} , \\ u_1^0(x,o) = u_{o1}(x,o). \end{cases}$$

Un correcteur attaché à u^0 doit vérifier (2.71) ; comme u_1^0 satisfait à la condition initiale désignée, on prendra

$$(2.82)\quad \theta_{\varepsilon 1}^0 = 0$$

et (2.71) se réduit à

$$(2.83)\quad \begin{cases} \varepsilon \displaystyle\int_{\Omega_0} \frac{\partial \theta_{\varepsilon o}^0}{\partial t} v_0 \, dx + \int_{\Omega_0} \operatorname{grad} \theta_{\varepsilon o}^0 \operatorname{grad} v_0 \, dx = \varepsilon (g_\varepsilon^0 , v) \quad \forall v \in H_0^1(\Omega), \\ \theta_{\varepsilon o}^0 (x,o) = u_{oo}(x) - u_0^0(x,o) , \end{cases}$$

ou encore :

$$(2.84)\quad \begin{cases} \varepsilon \dfrac{\partial \theta_{\varepsilon o}^0}{\partial t} - \Delta \theta_{\varepsilon o}^0 = \varepsilon \, g_\varepsilon^0 \text{ (à support dans } \overline{\Omega}_0) , \quad (^1) \\ \theta_{\varepsilon o}^0 = 0 \text{ sur } \Sigma , \\ \dfrac{\partial \theta_{\varepsilon o}}{\partial \nu} = 0 \text{ sur } \hat{S} \quad (^2) \\ \theta_{\varepsilon o}^0(x,o) = u_{oo}(x) - u_0^0(x,o). \end{cases}$$

---

(1) Ou $\varepsilon^{1/2} g_\varepsilon^0$, cf. Remarque 2.5.

(2) Ou $\dfrac{\partial \theta_{\varepsilon o}^0}{\partial \nu} = \varepsilon h_\varepsilon^0$, h_ε^0 borné dans $L^2(0,T;H^{-1/2}(S))$.

Si l'on prend $g_\varepsilon^o = 0$, on trouve

$$\theta_{\varepsilon o}^o = G(t/\varepsilon)(u_{oo}-u_o^o) \ , \tag{2.85}$$

où G est le semi groupe dont l'opposé du générateur infinitésimal est $-\Delta$ pour la condition de Dirichlet sur Γ et de Neumann sur S. ∎

Pour le calcul de u^1 on trouve

$$\left| \begin{array}{l} -\Delta u_o^1 = 0 \ , \\ u_o^1 = 0 \text{ sur } \Gamma \ , \ \dfrac{\partial u_o^1}{\partial \nu} = \dfrac{\partial u_1^o}{\partial \nu} \text{ sur } S \ , \end{array} \right. \tag{2.86}$$

puis

$$\left| \begin{array}{l} \dfrac{\partial u_1^1}{\partial t} - \Delta u_1^1 = 0 \ , \\ u_1^1 = u_o^1 \text{ sur } \hat{S} \ , \\ u_1^1(x,o) = 0 \ . \end{array} \right. \tag{2.87}$$

On introduit un correcteur $\theta_\varepsilon^1 = \{\theta_{\varepsilon o}^1 , 0\}$ avec des équations analogues à (2.84) et comme condition initiale

$$\theta_{\varepsilon o}^1(x,o) = - u_o^1(x,o) \ , \tag{2.88}$$

et ainsi de suite. ∎

Remarque 2.6.

On pourra considérer par le même genre de méthode les équations du type :

$$\left| \begin{array}{l} a_o(u_\varepsilon,v)+\varepsilon a_1(u_\varepsilon,v)+ \ \dots \ +\varepsilon^{k-1}a_{k-1}(u_\varepsilon,v)+\varepsilon^k[(\dfrac{du_\varepsilon}{dt},v)+a_k(u_\varepsilon,v)]= (f,v) \\ \qquad\qquad\qquad \forall \ v \in V \ , \\ u_\varepsilon(o) = u_o \ . \end{array} \right. \tag{2.89}$$

On cherchera un développement sous la forme

(2.90) $$u_\varepsilon = \frac{u^{-k}}{\varepsilon^k} + \frac{u^{-k+1} + \theta_\varepsilon^{-k+1}}{\varepsilon^{k-1}} + \ldots + \frac{u^{-1}+\theta_\varepsilon^{-1}}{\varepsilon} + u^o + \theta_\varepsilon^o + \ldots$$

où

$$u^{-k}(t) \in Y_{k-1} ,$$

$u^{-k+1}(t) \in Y_{k-2}$ et $\theta_\varepsilon^{-k+1}$ est un correcteur à l'origine pour u^{-k+1}, et ainsi de suite. ∎

Remarque 2.7.

Une variante, où il n'est pas nécessaire d'introduire des correcteurs, est la suivante (toujours avec les notations du Chapitre 4, N°2.2): on cherche u_ε solution de

(2.91) $$\left| \begin{array}{ll} a_o(u_\varepsilon,v) + \varepsilon[a_1(u_\varepsilon,v) + b_1(\frac{du_\varepsilon}{dt},v)] = (f,v) & \forall\, v \in V , \\ b_1(u_\varepsilon(o),v) = b_1(u_o,v) \quad \forall\, v \in V . & \end{array} \right.$$

Alors u^{-1} est défini par l'équation analogue à (2.65) :

$$\left| \begin{array}{ll} b_1(\frac{du^{-1}}{dt},v) + a_1(u^{-1},v) = (f,v) & \forall\, v \in Y_o, \\ u^{-1}(t) \in Y_o , \quad u^{-1}(o) = 0 , & \end{array} \right.$$

puis u^o est défini par

(2.93) $$\left| \begin{array}{ll} a_o(u^o,v) + b_1(\frac{du^{-1}}{dt},v) + a_1(u^{-1},v) = (f,v) & \forall\, v \in V , \\ b_1(\frac{du^o}{dt},v) + a_1(u^o,v) = 0 & \forall\, v \in Y_o, \\ b_1(u^o(o),v) = b_1(u_o,v) & \forall\, v \in Y_o \end{array} \right.$$

et ainsi de suite.

Si l'on peut trouver u^o de manière que la condition initiale ait lieu $\forall\, v \in V$ (et non seulement $\forall\, v \in Y_o$) alors il n'est pas nécessaire d'introduire de correcteurs. ∎

Exemple 2.11

On se place dans le cadre de l'Exemple 2.9. Le problème correspondant à la remarque précédente est :

$$(2.94)\quad \left|\begin{array}{l} -\Delta\, u_{\varepsilon o} = f_o\ , \\[2mm] \varepsilon\, \dfrac{\partial u_{\varepsilon 1}}{\partial t} - \varepsilon \Delta u_{\varepsilon 1} = f_1\ , \\[2mm] u_{\varepsilon 1}(x,o) = u_{o1}(x) \text{ dans } \Omega_1\ , \\[2mm] u_{\varepsilon o} = 0 \text{ sur } \Sigma\ , \\[2mm] u_{\varepsilon o} = u_{\varepsilon 1}\ ,\quad \dfrac{\partial u_{\varepsilon o}}{\partial \nu} = \varepsilon\, \dfrac{\partial u_{\varepsilon 1}}{\partial \nu} \text{ sur } \hat{S}\ . \end{array}\right.$$

L'élément u^{-1} est défini comme en (2.79) , u_o^o comme en (2.80), u_1^o comme en (2.81), etc.. , et il n'y a pas de correcteurs à introduire.■

2.5. Problèmes de type raide (II).

Orientation.

On va maintenant considérer des problèmes "paraboliques-elliptiques" de type raide où les formules qui précèdent doivent être ou bien prises dans des espaces plus grands (comme au Chapitre 4, N° 6.1) ou bien après modification de structure (comme au Chapitre 4, N° 6.2). ■

Formules dans un espace plus grand.

On considère encore le problème (2.61)(2.62), des formes $a_i(u,v)$ étant définies et continues sur un espace $W \supset V$, comme au Chapitre 3, N° 1.2.

On définit u^{-1} comme en (2.65).

On considère ensuite le système (2.66)(2.67) et on suppose que ce système admet une solution unique dans W :

$$(2.95)\qquad u^o \in L^2(0,T;W)\ ,$$

et ainsi de suite de proche en proche :

(2.96) $$u^j \in L^2(0,T;W) \ , \quad j = 1,2,\ldots \quad .$$

On doit maintenant introduire des correcteurs θ_ε^k attachés à u^k $(k \geqslant 0)$ et remplissant <u>un double rôle</u> :

(i) θ_ε^k "corrige" le comportement à l'origine, par :

(2.97) $$\left| \begin{aligned} &\theta_\varepsilon^k(o) + u^k(o) = 0 \quad \text{si} \quad k \geqslant 1 \\ &\qquad\qquad\qquad = u_o \quad \text{si} \quad k = 0 , \end{aligned} \right.$$

(ii) θ_ε^k "corrige" la non-appartenance à V par

(2.98) $$\theta_\varepsilon^k(t) + u^k(t) \in V .$$

On ajoute à (2.97)(2.98) l'équation :

(2.99) $$\left| \begin{aligned} &a_o(\theta_\varepsilon^k ,v) + \varepsilon[a_1(\theta_\varepsilon^k,v) + (\frac{d\theta_\varepsilon^k}{dt},v)] = -(g_\varepsilon^{k-1},v)+\varepsilon(g_\varepsilon^k,v) \\ &\qquad\qquad\qquad\qquad\qquad\qquad\qquad \forall\, v \in V , \end{aligned} \right.$$ [1]

avec les conditions analogues à (2.73).

<u>On a alors un résultat analogue au Théorème</u> 2.4. ∎

<u>Exemple 2.12</u>.

Soit $\Omega = \Omega_o \times \Omega_1$, $\Omega_o \subset \mathbb{R}_x^n$, $\Omega_1 =]0,1[\subset \mathbb{R}_y$; on prend (cf. Chapitre 3, N° 2.1) $V \subset W$, définis par (2.4)(2.5), Chapitre 3, N°2.1, et a_o et a_1 par (2.6)(2.7).

Le problème correspondant est :

(2.100) $$\left| \begin{aligned} &\varepsilon(\frac{\partial u_\varepsilon}{\partial t} - \frac{\partial^2 u_\varepsilon}{\partial y^2}) - \Delta_x u_\varepsilon = f , \\ &u_\varepsilon = 0 \text{ sur } \Omega_o \times \partial\Omega_1 , \\ &\frac{\partial u_\varepsilon}{\partial \nu_x} = 0 \text{ sur } \partial\Omega_o \times \Omega_1 , \\ &u_\varepsilon(x,y,o) = u_o(x,y) \quad , \quad x,y \in \Omega . \end{aligned} \right.$$

---

(1) $g_\varepsilon^{k-1} = 0$ si $k = 0$.

L'espace Y_o est donné par (2.8) Chapitre 3. Alors

$$(2.101)\quad \left|\begin{array}{l} u^{-1} = u^{-1}(y,t) \text{ ne dépend pas de } x \,, \\ \dfrac{\partial u^{-1}}{\partial t} - \dfrac{\partial^2 u^{-1}}{\partial y^2} = \dfrac{1}{\text{mes}.\Omega_o} \displaystyle\int_{\Omega_o} f(x,y,t)dx \,, \; y \in \Omega_1 \,, \; t \in [0,T], \\ u^{-1} = 0 \text{ sur } \partial\Omega_1 \,, \\ u^{-1}(y,o) = 0. \end{array}\right.$$

Les équations pour u^o donnent

$$(2.102)\quad \left|\begin{array}{l} -\Delta_x u^o = f - \dfrac{1}{\text{mes } \Omega_o} \displaystyle\int_{\Omega_o} f\, dx \,, \\ \dfrac{\partial u^o}{\partial \nu_x} = 0 \text{ sur } \partial\Omega_o \end{array}\right.$$

ce qui admet une solution $\tilde{u}^o(x,y,t)$, la solution générale étant donnée par

$$(2.103)\qquad u^o = \tilde{u}^o + \eta^o \quad , \quad \eta^o = \eta^o(y,t).$$

On doit avoir ensuite

$$(\frac{du^o}{dt},v) + a_1(u^o,v) = 0 \qquad\qquad \forall\, v \in Y_o$$

i.e. si l'on introduit

$$(2.104)\qquad \hat{u}_o(y,t) = \int_{\Omega_o} u^o(x,y,t)dx \quad ,$$

l'équation

$$(2.105)\quad \left|\begin{array}{l} \dfrac{\partial \hat{u}_o}{\partial t} - \dfrac{\partial^2}{\partial y^2} \hat{u}_o = 0 \,, \\ \hat{u}_o = 0 \text{ sur } \partial\Omega_1 \,, \quad \hat{u}_o(y,o) = \displaystyle\int_{\Omega_o} u_o(x,y)dx. \end{array}\right.$$

Cela définit de manière unique u^o .

Un correcteur θ_ε^o attaché à u^o doit alors vérifier :

(2.106)
$$\left|\begin{aligned}
&\varepsilon\left(\frac{\partial\theta_\varepsilon^o}{\partial t} - \frac{\partial^2\theta_\varepsilon^o}{\partial y^2}\right) - \Delta_x\theta_\varepsilon^o = \varepsilon\, g_\varepsilon^o ,\\
&\theta_\varepsilon^o + u^o = 0 \quad \text{sur} \quad \Omega_o \times \partial\Omega_1 ,\\
&\frac{\partial\theta_\varepsilon^o}{\partial\nu_x} = 0 \quad \text{sur} \quad \partial\Omega_o \times \Omega_1 ,\\
&\theta_\varepsilon^o(x,y,o) = u_o(x,y) - u^o(x,y,o).
\end{aligned}\right.$$

On peut construire un tel correcteur comme suit. On définit $M_o(x,y,t)$ pour $x \in \Omega_o$, $y > 0$, $t \in (0,T)$ par

(2.107)
$$\left|\begin{aligned}
&\frac{\partial M_o}{\partial t} - \frac{\partial^2 M_o}{\partial y^2} - \Delta_x M_o = 0 ,\\
&M_o(x,o,t) + u^o(x,o,t) = 0 ,\\
&\frac{\partial M_o}{\partial\nu_x} = 0 \text{ sur } \partial\Omega_o \times \mathbb{R}_y^+ ,\\
&M_o(x,y,o) = q_o(y)[u_o - u^o(x,y,o)] ,\\
&M_o \in L^2(0,T;H^1(\Omega_o \times \mathbb{R}_y^+)) ,
\end{aligned}\right.$$

où $q_o \in \mathcal{C}^1([o,1])$, $q_o = 1$ au voisinage de 0 et $= 0$ au voisinage de 1.

On définit de même M_1 pour $x \in \Omega_o$, $y < 1$, $t \in [0,T]$,

$$M_1(x,1,t) + u^1(x,1,t) = 0$$

$$M_1(x,y,o) = q_1(y)\,[u_o - u^o(x,y,o)] ,$$

$$q = 1 - q_o .$$

On pourra alors prendre

(2.108)
$$\theta_\varepsilon^o = q_o\, M_o(x, {}^y/\sqrt{\varepsilon}, {}^t/\varepsilon) + q_1\, M_1(x, \frac{1-y}{\sqrt{\varepsilon}}). \qquad \blacksquare$$

<u>Exemple 2.13.</u>

Prenons $V = (H_o^1(\Omega))^2$, $a_o(u,v) = \int_\Omega (u_1+u_2)(v_1+v_2)dx$,

$a_1(u,v) = \int_\Omega (\text{grad } u_1 \text{ grad } v_1 + \text{grad } u_2 \text{ grad } v_2)\, dx.$

Le problème correspondant est :

$$(2.109)\quad \left| \begin{array}{l} \varepsilon\, (\frac{\partial u_{\varepsilon 1}}{\partial t} - \Delta u_{\varepsilon 1}) + u_{\varepsilon 1} + u_{\varepsilon 2} = f_1 \;, \\ \varepsilon\, (\frac{\partial u_{\varepsilon 2}}{\partial t} - \Delta u_{\varepsilon 2}) + u_{\varepsilon 1} + u_{\varepsilon 2} = f_2 \;, \\ u_{\varepsilon i} = 0 \text{ sur } \Sigma \;, \\ u_{\varepsilon i}(x,o) = u_{oi}(x) \;, \quad i = 1,2. \end{array} \right.$$

On a :

$$(2.110)\qquad Y_o = \{v \mid v \in V \;,\; v_1+v_2 = 0\} \;.$$

Alors u^{-1} est défini par :

$$(2.111)\quad \left| \begin{array}{l} \frac{\partial u_1^{-1}}{\partial t} - \Delta u_1^{-1} = \frac{1}{2}(f_1-f_2) \;, \\ u_1^{-1} = 0 \text{ sur } \Gamma \times \,]0,T[\;, \quad u_1^{-1}(x,o) = 0 \end{array} \right.$$

et

$$(2.112)\qquad u_1^{-1} + u_2^{-1} = 0.$$

Les équations pour u^o conduisent à :

$$(2.113)\qquad u_1^o + u_2^o = \frac{1}{2}(f_1 + f_2) \;,$$

$$(2.114)\quad \left| \begin{array}{l} \frac{\partial (u_1^o - u_2^o)}{\partial t} - \Delta(u_1^o - u_2^o) = 0 \;, \\ u_1^o - u_2^o = 0 \text{ sur } \Gamma \times \,]0,T[\;, \\ (u_1^o - u_2^o)|_{t=0} = u_{o1} - u_{o2} \end{array} \right.$$

ce qui définit $u^o \in L^2(0,T;W)$ où

(2.115) $$W = \{v \mid v \in H^1(\Omega)|^2 , v_1 - v_2 = 0 \text{ sur } \Gamma\}.$$

Un correcteur θ_ε^o attaché à u^o doit alors vérifier

(2.116)
$$\left|\begin{array}{l} \varepsilon(\frac{\partial\theta_{\varepsilon 1}^o}{\partial t} - \Delta\theta_{\varepsilon 1}^o) + \theta_{\varepsilon 1}^o + \theta_{\varepsilon 2}^o = \varepsilon g_{\varepsilon 1}^o , \\ \varepsilon(\frac{\partial\theta_{\varepsilon 2}^o}{\partial t} - \Delta\theta_{\varepsilon 2}^o) + \theta_{\varepsilon 1}^o + \theta_{\varepsilon 2}^o = \varepsilon g_{\varepsilon 2}^o , \\ \theta_{\varepsilon 1}^o + u_1^o = 0 , \quad \theta_{\varepsilon 2}^o + u_2^o = 0 \text{ sur } \Gamma \times]0,T[, \\ \theta_{\varepsilon 1}^o(x,o) = u_1^o(x,o) - u_{o1}(x) , \\ \theta_{\varepsilon 2}^o(x,o) = u_2^o(x,o) - u_{o2}(x) . \end{array}\right.$$

Grâce à (2.113) il est possible de prendre

(2.117) $$\theta_{\varepsilon 1}^o = \theta_{\varepsilon 2}^o = \theta_\varepsilon^o$$

avec, par conséquent :

(2.118)
$$\left|\begin{array}{l} \varepsilon(\frac{\partial\theta_\varepsilon^o}{\partial t} - \Delta\theta_\varepsilon^o) + 2\,\theta_\varepsilon^o = \varepsilon g_\varepsilon^o , \\ \theta_\varepsilon^o + u_1^o = 0 \quad \text{sur } \Gamma \times]0,T[, \\ \theta_\varepsilon^o(x,o) = u_1^o(x,o) - u_{o1}(x) . \end{array}\right.$$ ∎

Remarque 2.8.

Considérons brièvement le cas où l'on doit changer quelque peu les formules pour u^{-1}, u^o, ... On prend les notations du Chapitre 3, Nos 3.2 , 3.3.

On considère donc le problème ;

(2.119)
$$\left|\begin{array}{l} a_o(u_\varepsilon,v) + \varepsilon[u_\varepsilon^1,v) + a_1(u_\varepsilon,v)] = b_o(f,v) + b_1(f,v) , \\ u_\varepsilon(o) = u_o . \end{array}\right.$$

On détermine u^{-1} à valeurs dans Y_o par

(2.120)
$$\left|\begin{array}{ll} (\frac{du^{-1}}{dt},v) + a_1(u^{-1},v) = b_1(f,v) & \forall\, v \in Y_o\ , \\ u^{-1}(o) = 0 & \end{array}\right.$$

puis u^o par

(2.121)
$$\left|\begin{array}{ll} a_o(u^o,v) = b_o(f,v) & \forall\, v \in V\ , \\ a_1(u^o,v) + (\frac{du^o}{dt},v) = 0 & \forall\, v \in Y_o \\ (u^o(o),v) = (u_o,v) & \forall\, v \in Y_o. \end{array}\right.$$

On introduit un correcteur θ_ε^o attaché à u^o par :

(2.122)
$$a_o(\theta_\varepsilon^o,v)+\varepsilon[(\frac{d\theta_\varepsilon^o}{dt},v)+a_1(\theta_\varepsilon^o,v)] - b_1(f,v)-(\frac{du^{-1}}{dt},v)-a_1(u^{-1},v),$$
$$\theta_\varepsilon^o(o) + u^o(o) = u_o.$$

Donnons un exemple simple. ∎

Exemple 2.14.

Les notations sont celles du Chapitre 3, N° 3.3.
Le problème correspondant est :

(2.123)
$$\left|\begin{array}{l} \varepsilon(\frac{\partial u_\varepsilon}{\partial t} - \Delta u_\varepsilon) + \chi_o\, u_\varepsilon = f\ , \\ u_\varepsilon = 0 \text{ sur } \Gamma \times]0,T[\ ,\ u_\varepsilon(x,o) = u_o(x)\ ; \end{array}\right.$$

on obtient :

(2.124)
$$\left|\begin{array}{l} u_o^{-1} = 0\ , \\ \frac{\partial u_1^{-1}}{\partial t} - \Delta u_1^{-1} = f_1\ ,\ u_1^{-1} = 0 \text{ sur } \Gamma \text{ et sur } S\ , \\ u_1^{-1}(x,o) = 0\ ; \end{array}\right.$$

puis

(2.125) $$u_0^0 = f_0$$

(2.126) $$\left|\begin{array}{l} \dfrac{\partial u_1^0}{\partial t} - \Delta u_1^0 = 0 \ , \ u_1^0 = 0 \text{ sur } \Gamma \ , \ u_1^0 = u_0^0 \text{ sur } S \ , \\ u_1^0 \ (x,o) = u_0(x) \text{ dans } \Omega_1 \ . \end{array}\right.$$

Un correcteur $\theta_\varepsilon^0 = \{\theta_{\varepsilon o}^0 \ , \ \theta_{\varepsilon 1}^0\}$ doit vérifier :

(2.127) $$\left|\begin{array}{l} \varepsilon(\dfrac{\partial \theta_{\varepsilon o}^0}{\partial t} - \Delta \theta_{\varepsilon o}^0) + \theta_{\varepsilon o}^0 = \varepsilon \ g_{\varepsilon o}^0 \text{ dans } \Omega_0 \times]0,T[, \\ \varepsilon(\dfrac{\partial \theta_{\varepsilon 1}^0}{\partial t} - \Delta \theta_{\varepsilon 1}^0) = \varepsilon \ g_{\varepsilon 1}^0 \text{ dans } \Omega_1 \times]0,T[\ , \\ \theta_{\varepsilon o}^0 \ (x,o) = u_0(x) - u_0^0(x,o) \ , \ x \in \Omega_0 , \\ \theta_{\varepsilon 1}^0 \ (x,o) = 0 \ , \ x \in \Omega_1 \ , \\ \theta_{\varepsilon o}^0 = 0 \text{ sur } \Gamma \ , \\ \theta_{\varepsilon o}^0 = \theta_{\varepsilon 1}^0 \ , \ \varepsilon(\dfrac{\partial \theta_{\varepsilon o}^0}{\partial \nu} - \dfrac{\partial \theta_{\varepsilon 1}^0}{\partial \nu}) = \dfrac{\partial u_1^{-1}}{\partial \nu} \text{ sur } S \ . \end{array}\right.$$

Comparer au Chapitre 3, N° 3.3. ∎

2.6. Une variante.

Une variante souvent utile des problèmes examinés dans ce Numéro est la suivante : on considère N couples d'espaces hilbertiens :

(2.128) $$V_i \subset H_i \ , \ V_i \text{ dense dans } H_i, \text{ l'injection } V_i \to H_i \text{ étant continue,}$$

(2.129) $$V = \prod_{i=1}^{N} V_i \subset H = \prod_{i=1}^{N} H_i \ .$$

On désigne par (f,g) le produit scalaire dans H :

$$(f,g) = \sum_{i=1}^{N} (f_i,g_i)_i \quad ,$$

où $(\, , \,)_i$ = produit scalaire dans H_i .

On considère une forme bilinéaire continue sur V , soit $a(u,v)$ et une famille d'opérateurs

(2.130) $\quad C_\varepsilon \in \mathcal{L}(H \, ; \, H) \, , \quad C_\varepsilon = C_\varepsilon^* \, , \; (C_\varepsilon f,f) \geq \gamma_\varepsilon |f|^2 \, , \; \gamma_\varepsilon > 0 \, ,$

avec :

(2.131) $\quad \left| \begin{array}{l} \forall \, f \in H \, , \; C_\varepsilon f \to C_o f \quad \text{lorsque} \quad \varepsilon \to 0 \, , \\ C_o \text{ étant dégénéré dans } H. \end{array} \right.$

Exemple type : on prendra :

(2.132) $$C_\varepsilon = \begin{pmatrix} \varepsilon \; I_p & 0 \\ 0 & I_q \end{pmatrix}$$

où I_p(resp. I_q) est l'identité dans $\prod_{i=1}^{p} H_i$ (resp $\prod_{i=p+1}^{N} H_i$, $p+q = N$).

On considère alors le problème

(2.133) $\quad (C_\varepsilon u'_\varepsilon,v) + a(u_\varepsilon,v) = (f,v) \qquad \forall \, v \in V$

avec

(2.134) $\quad u_\varepsilon(o) = u_o \in H$

ce qui équivaut à

(2.134bis) $\quad C_\varepsilon u_\varepsilon(o) = C_\varepsilon \, u_o.$

Ce problème admet une solution unique, qui vérifie :

(2.135) $\quad u_\varepsilon \in L^2(0,T;V)$

et

(2.136) $$u'_\varepsilon \in L^2(0,T;V')$$

ou encore

(2.136bis) $$C_\varepsilon\, u'_\varepsilon \in L^2(0,T;V').$$

Le problème limite est

(2.137)
$$\left|\begin{array}{l}(C_o\, u',v) + a(u,v) = (f,v)\\ u \in L^2(0,T;V) \quad , \; C_o\, u' \in L^2(0,T;V') \; ,\\ (C_o u)(o) = C_o u_o \; .\end{array}\right.$$

Dans le cas (2.132) le problème (2.137) est partiellement parabolique" et "partiellement elliptique".

On a :

(2.138) $$u_\varepsilon \rightarrow u \text{ dans } L^2(0,T;V) \text{ faible}$$

et il faut introduire un correcteur à l'origine, qui dans le cas (2.132) portera sur les q dernières composantes de u . ∎

Remarque 2.9.

On trouvera d'autres considérations sur les systèmes "faiblement couplés" au Chapitre 8, N° 3 . ∎

3. PROBLEMES "PARABOLIQUES-PETROWSKI".

3.1. Résultat de convergence.

Considérons la situation du N° 1.5. avec, pour commencer, les hypothèses (1.60) et (1.61). On suppose en outre que

(3.1) $$b(u,v) \text{ est symétrique sur } V_b.$$

Le problème considéré est :

(3.2) $$(u''_\varepsilon,v)+ \varepsilon\, a(u'_\varepsilon,v)+ b(u_\varepsilon,v) = (f,v) \quad \forall\, v \in K\,,\ f \in L^2(0,T;H),$$

(3.3) $$\left|\begin{array}{l} u_\varepsilon \in L^\infty(0,T;V_b)\,, \\ u'_\varepsilon \in L^\infty(0,T;H)\,, \\ u'_\varepsilon \in L^2(0,T;K)\,, \end{array}\right.$$

et

(3.4) $$u_\varepsilon(o) = u_o\,,\ u'_\varepsilon(o) = u_1\,,\ u_o \text{ donné dans } K\,,\ u_1 \text{ donné dans } H.$$

Ce problème admet une solution unique.

Le problème limite est :

(3.5) $$(u'',v) + b(u,v) = (f,v) \qquad \forall v \in V_b,$$

(3.6) $$u \in L^\infty(0,T;V_b), \quad u' \in L^\infty(0,T;H)\,.$$

(3.7) $$u(o) = u_o\,,\ u'(o) = u_1\,.$$

Le résultat suivant est immédiat :

THEOREME 3.1.

On se place dans les hypothèses (1.60)(1.61)(1.62) *et* (3.1). *Soit* u_ε (resp.u) *la solution de* (3.2)(3.3)(3.4) (resp. de (3.5)(3.6)(3.7)).
On a alors

(3.8) $$u_\varepsilon \longrightarrow u \text{ dans } L^\infty(0,T;V_b) \text{ faible étoile}$$

(3.9) $u'_\varepsilon \longrightarrow u'$ <u>dans</u> $L^\infty(0,T;H)$ <u>faible étoile</u>.

<u>Démonstration</u>.

Prenant $v = u'_\varepsilon$ dans (3.2), on voit tout de suite que

(3.10) u_ε (resp. u'_ε) demeure dans un borné de $L^\infty(0,T;V_b)$ (resp. de $L^\infty(0,T;H)$)

et que

(3.11) $\sqrt{\varepsilon}\, u'_\varepsilon$ demeure dans un borné de $L^2(0,T;K)$.

On passe alors à la limite sans peine. ∎

<u>Extension au cas des inéquations</u>.

Supposons maintenant que

(3.12) K = ensemble fermé convexe non vide de V_a .

On considère l'inéquation :

(3.13)
$$\left|\begin{array}{l} (u''_\varepsilon, v-u'_\varepsilon) + \varepsilon\, a(u'_\varepsilon, v-u'_\varepsilon) + b(u_\varepsilon, v-u'_\varepsilon) \geqslant (f, v-u'_\varepsilon) \quad \forall\, v \in K\ , \\ u'_\varepsilon(t) \in K\ , \end{array}\right.$$

avec (3.3) et (3.4) (où $u_1 \in K$) . On suppose que

(3.14) $f, f' \in L^2(0,T;H)$, $u_0 \in D(B)$, $u_1 \in K \cap D(A)$.

Alors on peut trouver une solution "forte" de (3.13) :

(3.15)
$$\left|\begin{array}{l} u'_\varepsilon \in L^\infty(0,T;V_b)\ , \quad u''_\varepsilon \in L^\infty(0,T;H)\ , \\ \sqrt{\varepsilon}\, u''_\varepsilon \in L^2(0,T;V_a). \end{array}\right.$$

L'inéquation limite est :

(3.16)
$$\left|\begin{array}{l} (u'', v-u') + b(u, v-u') \geqslant (f, v-u') \qquad \forall v \in K \\ u,\ u' \in L^\infty(0,T,V_b)\ , \quad u'' \in L^\infty(0,T;H)\ , \\ u'(t) \in K\ , \quad u(o) = u_0\ , \quad u'(o) = u_1. \end{array}\right.$$

On a alors un résultat analogue à celui du Théorème 3.1 . ∎

Remarque 3.1.

On a également un résultat analogue pour l'inéquation

$$(3.17)\quad \left| \begin{array}{l} (u''_\varepsilon, v-u'_\varepsilon) + \varepsilon a(u'_\varepsilon, v-u'_\varepsilon) + b(u_\varepsilon, v-u'_\varepsilon) + j_b(v) - j_b(u'_\varepsilon) \geqslant \\ \qquad \geqslant (f, v-u'_\varepsilon) \end{array} \right.$$

où j_b est une fonction convexe continue $\geqslant 0$ non différentiable sur V_b, avec les conditions initiales (3.4) . ∎

Exemple 3.1.

On prend $V_a = H^1(\Omega)$, $V_b = L^2(\Omega) = H$, $a(u,v) = \int_\Omega \text{grad}u.\text{grad}v\, dx$, $b(u,v) = \int_\Omega uv\, dx$, $K = H_o^1(\Omega)$.

Alors les problèmes correspondants sont

$$(3.18)\quad \left| \begin{array}{l} \dfrac{\partial^2 u_\varepsilon}{\partial t^2} - \varepsilon\, \Delta\, \dfrac{\partial u_\varepsilon}{\partial t} + u_\varepsilon = f , \\ u_\varepsilon = 0 \text{ sur } \Sigma ,\ u_\varepsilon(x,o) = u_o(x) ,\ \dfrac{\partial u_\varepsilon}{\partial t}(x,o) = u_1(x) \end{array} \right.$$

et

$$(3.19)\quad \frac{\partial^2 u}{\partial t^2} + u = f \quad , \quad u(x,o) = u_o(x) ,\quad \frac{\partial u}{\partial t}\,(x,o) = u_1(x).$$

On note que (3.18) est simplement un problème parabolique perturbé ; en effet, par intégration en t , il est équivalent à

$$(3.20)\quad \left| \begin{array}{l} \dfrac{\partial u_\varepsilon}{\partial t} - \varepsilon\, \Delta u_\varepsilon + \displaystyle\int_0^t u_\varepsilon(\sigma) d\sigma = u_1 - \varepsilon\, \Delta\, u_o + \int_0^t f(\sigma)\, d\sigma , \\ u_\varepsilon = 0 \text{ sur } \Sigma \quad , \quad u_\varepsilon(x,o) = u_o . \end{array} \right.$$

∎

Exemple 3.2.

On prend $V_a = H^2(\Omega) \cap H_o^1(\Omega)$, $V_b = H_o^1(\Omega)$, $H = L^2(\Omega)$, $K = H_o^2(\Omega)$,

$a(u,v) = (\Delta u, \Delta v)$, $b(u,v) = \int_\Omega \text{grad } u.\text{grad } v\, dx.$

Les problèmes correspondants sont :

$$
(3.21)\quad \left|\begin{array}{l}
\dfrac{\partial^2 u_\varepsilon}{\partial t^2} + \varepsilon\,\Delta^2\,\dfrac{\partial u_\varepsilon}{\partial t} - \Delta u_\varepsilon = f\,, \\[2ex]
u_\varepsilon = 0\,,\ \dfrac{\partial u_\varepsilon}{\partial \nu} = 0 \text{ sur } \Sigma\,, \\[2ex]
u_\varepsilon(x,o) = u_o(x)\,,\quad \dfrac{\partial u_\varepsilon}{\partial t}(x,o) = u_1(x) \text{ sur } \Omega
\end{array}\right.
$$

et

$$
(3.22)\quad \left|\begin{array}{l}
\dfrac{\partial^2 u}{\partial t^2} - \Delta u = f, \\[2ex]
u = 0 \text{ sur } \Sigma, \\[1ex]
u(x,o) = u_o(x)\,,\ \dfrac{\partial u}{\partial t}(x,o) = u_1(x) \text{ sur } \Omega.
\end{array}\right.
$$

■

Exemple 3.3.

Les données sont connues dans l'Exemple 3.1 mais avec

$$
K = \{v \mid\ v \geqslant 0 \text{ sur } \Gamma\}.
$$

Alors

$$
(3.23)\quad \left|\begin{array}{l}
\dfrac{\partial^2 u_\varepsilon}{\partial t^2} - \varepsilon\,\Delta\,\dfrac{\partial u_\varepsilon}{\partial t} + u_\varepsilon = f, \\[2ex]
\dfrac{\partial u_\varepsilon}{\partial t} \geqslant 0\,,\ \dfrac{\partial}{\partial \nu}\,\dfrac{\partial u_\varepsilon}{\partial t} \geqslant 0\,,\ \dfrac{\partial u_\varepsilon}{\partial t}\cdot\dfrac{\partial}{\partial \nu}\Big(\dfrac{\partial u_\varepsilon}{\partial t}\Big) = 0 \text{ sur } \Sigma\,, \\[2ex]
u_\varepsilon(x,o) = u_o(x)\,,\quad \dfrac{\partial u_\varepsilon}{\partial t}(x,o) = u_1(x) \text{ sur } \Omega,
\end{array}\right.
$$

le problème aux limites étant (3.19). ■

3.2. Une estimation.

Par les méthodes du Chapitre 4, N° 4, on va montrer le résultat suivant :

soit u_ε (resp. u) la solution de (3.18) (resp. (3.19)). Alors

$$
(3.24)\quad \left|\begin{array}{l}
\|u_\varepsilon - u\|_{L^\infty(0,T;L^2(\Omega))} + \|u'_\varepsilon - u'\|_{L^\infty(0,T;L^2(\Omega))} \leqslant C\,\varepsilon^{1/4}\Big[\|f\|_{L^2(0,T;H^1(\Omega))} + \\[2ex]
\qquad + \|u_o\|_{H_o^1(\Omega)} + \|u_1\|_{H^1(\Omega)}\Big]
\end{array}\right. .
$$

En effet si $f \in L^2(0,T;H)$, $(H = L^2(\Omega))$, $u_o \in H_o^1(\Omega)$, $u_1 \in L^2(\Omega)$, on a :

$$(3.25) \qquad X_\varepsilon \leqslant C\left[\|f\|_{L^2(0,T;H)} + \|u_o\|_{H_o^1(\Omega)} + |u_1|\right]$$

où X_ε désigne le premier membre de (3.24).

Si l'on suppose que $f \in L^2(0,T;H_o^1(\Omega))$, $u_o \in H_o^1(\Omega)$, $u_1 \in H_o^1(\Omega)$ alors

$$(3.26) \qquad u, u', u'' \in L^2(0,T;H_o^1(\Omega)).$$

Si l'on pose $w_\varepsilon = u_\varepsilon - u$ on a alors :

$$\frac{\partial^2 w_\varepsilon}{\partial t^2} - \varepsilon\,\Delta w_\varepsilon' + w_\varepsilon = \varepsilon\,\Delta u' \ , \ w_\varepsilon(o) = w_\varepsilon'(o) = 0 \ ,$$

d'où

$$\begin{aligned}\frac{1}{2}\frac{d}{dt}[|w_\varepsilon'(t)|^2 + |w_\varepsilon(t)|^2] + \varepsilon\, a(w_\varepsilon', w_\varepsilon') &= \varepsilon(\Delta u', w_\varepsilon') \\ &= -\varepsilon\, a(u', w_\varepsilon)\end{aligned}$$

d'où

$$\int_o^T \|w_\varepsilon'\|^2 dt \leqslant C$$

et

$$(3.27) \qquad X_\varepsilon \leqslant C\,\varepsilon^{1/2}\left[\|f\|_{L^2(0,T;H_o^1(\Omega))} + \|u_o\|_{H_o^1(\Omega)} + \|u_1\|_{H_o^1(\Omega)}\right] .$$

On utilise maintenant le "procédé d'interpolation" du Lemme 5.1, Chapitre 2, pour obtenir (3.24). ∎

3.3. Correcteurs.

On se place dans le cadre du Théorème 3.1 et on fait l'hypothèse de régularité :

(3.28) $$u, u' \in L^2(0,T;V_a).$$

On dit que θ_ε est un correcteur d'ordre 0 si

(3.29)
$$\begin{cases} (\theta''_\varepsilon, v) + \varepsilon\, a(\theta'_\varepsilon, v) + b(\theta_\varepsilon, v) = (\varepsilon g_{\varepsilon 1} + \varepsilon^{1/2} g_{\varepsilon 2}, v) \quad \forall\, v \in K, \\ \theta_\varepsilon + u \in K, \\ \theta_\varepsilon(o) = 0, \quad \theta'_\varepsilon(o) = 0, \end{cases}$$

où

(3.30)
$$\begin{cases} \|g_{\varepsilon 1}\|_{L^2(0,T;K')} \leq C, \\ \|g_{\varepsilon 2}\|_{L^2(0,T;V'_b)} \leq C. \end{cases}$$

On a donc le :

THEOREME 3.2.

Les hypothèses sont celles du Théorème 3.1. ainsi que (3.28). On suppose θ_ε défini avec (3.29)(3.30). On a alors, si l'on pose

(3.31) $$w_\varepsilon = u_\varepsilon - (u+\theta_\varepsilon),$$

les estimations

(3.32) $$\|w_\varepsilon\|_{L^\infty(0,T;V_b)} + \|w'_\varepsilon\|_{L^\infty(0,T;H)} \leq C\, \varepsilon^{1/2},$$

(3.33) $$w'_\varepsilon \to 0 \text{ dans } L^2(0,T;V_a) \text{ faible},$$

(3.34) $$\|w_\varepsilon\|_{L^\infty(0,T;[V_a,V_b]_\theta)} \leq C\, \varepsilon^{\theta/2}, \quad 0 < \theta < 1 \quad (^1).$$

(1) On utilise l'interpolation des espaces hilbertiens, comme dans LIONS-MAGENES [1], Chapitre 1 ; cette estimation peut être passée.

Démonstration.

On a :

$$(w''_\varepsilon, v) + \varepsilon a(w'_\varepsilon, v) + b(w_\varepsilon, v) = -\varepsilon a(u', v) - (\varepsilon g_{\varepsilon 1} + \varepsilon^{1/2} g_{\varepsilon 2}, v) \quad \forall v \in K,$$

$$w_\varepsilon(o) = 0 \quad , \quad w'_\varepsilon(o) = 0.$$

On en déduit, en faisant $v = w'_\varepsilon$:

$$|w'_\varepsilon(t)|^2 + \|w_\varepsilon\|_b^2 + \varepsilon \int_o^t \|w'_\varepsilon\|_a^2 \, d\sigma \leqslant C\, \varepsilon^{\frac{1}{2}} (\varepsilon^{\frac{1}{2}} (\int_o^t \|w'_\varepsilon\|_a^2 \, d\sigma)^{\frac{1}{2}} + (\int_o^t \|w_\varepsilon\|_b^2 \, d\sigma)^{\frac{1}{2}})$$

d'où (3.32) et

$$\int_0^T \|w'_\varepsilon\|_a^2 \, dt \leqslant C .$$

On en déduit (3.33). On obtient alors

(3.35) $$\|w_\varepsilon\|_{L^\infty(0,T;V_a)} \leqslant C \quad ;$$

on déduit (3.34) par interpolation de (3.32) et (3.35), en notant que

$$\|v\|_{[V_a, V_b]} \leqslant C\, \|v\|_a^{1-\theta} \, \|v\|_b^{\theta} \quad .$$ ∎

Application.

Dans le cadre de l'Exemple 3.2. , $[V_a , V_b]_\theta = H^{2-\theta}(\Omega)$ et donc

(3.36) $$\|w_\varepsilon\|_{L^\infty(0,T;H^{2-\theta}(\Omega))} \leqslant C\, \varepsilon^{\theta/2} , \qquad 0 \leqslant \theta \leqslant 1 .$$

Supposons que la dimension n est $\leqslant 3$. Alors

$$H^{2-\theta}(\Omega) \subset L^\infty(\Omega) \quad \text{si} \quad \frac{1}{2} - \frac{2-\theta}{n} < 0 \quad \text{i.e.} \quad \theta < 2 - \frac{n}{2} .$$

Par conséquent

(3.37) $$\|w_\varepsilon\|_{L^\infty(Q)} \leqslant C\, \varepsilon^{1-n/4-\eta} \quad , \eta > 0 \, , \text{ si } \; n \leqslant 3.$$

On obtient ainsi une estimation dans $L^\infty(Q)$ en l'absence de principe du maximum. ∎

Exemple 3.4.

Si $\Omega = \{x | x_n > 0\}$, dans le cadre de l'Exemple 3.1., on prendra :

(3.38) $$\theta_\varepsilon(x', x_n t) = M(x', \frac{x_n}{\sqrt{\varepsilon}}, t) ,$$

où

(3.39) $$\left| \begin{array}{l} \frac{\partial^2 M}{\partial t^2} - \frac{\partial^2}{\partial x_n^2} \frac{\partial M}{\partial t} + M = 0, \\ M(x, o) = 0 \quad , \quad \frac{\partial M}{\partial t}(x, o) = 0 , \\ M(x', o, t) + u(x', o, t) = 0 . \end{array} \right.$$ ∎

3.4. Variantes.

Remarque 3.2.

On se place dans le cadre du Chapitre 5, N° 2.3., dont on adopte les notations en supposant que A correspond à la forme $a(u,v)$ sur V_a. Donc soit :

(3.40) $$\left| \begin{array}{l} K \subset V_a \subset D(B) \subset H , \\ K = \text{espace vectoriel (fermé) dans } V_a . \end{array} \right.$$

On considère le problème parabolique

(3.41) $$\left| \begin{array}{l} (u_\varepsilon', v) + \varepsilon a(u_\varepsilon, v) + (Bu_\varepsilon, v) = (f, v) , \\ u_\varepsilon(o) = u_o \end{array} \right.$$

dont la limite est le problème hyperbolique

(3.42) $$\left| \begin{array}{l} (u', v) + (Bu, v) = (f, v) \\ u(o) = u_o . \end{array} \right.$$

On a :

(3.43) $$u_\varepsilon \longrightarrow u \text{ dans } L^\infty(0,T;H) \text{ faible étoile.}$$

On peut introduire des correcteurs d'ordre 0 et obtenir des estimations analogues aux précédentes.

Pour un exemple où B = opérateur du 1er ordre en dimension 1, et où $a(u,v) = a \int_\Omega \frac{\partial u}{\partial x}\frac{\partial v}{\partial x}\,dx$, cf. BOBISUD [1]. ∎

Remarque 3.3.

On pourra construire des correcteurs d'ordre quelconque. ∎

Remarque 3.4.

Avec les notations du Chapitre 4, N° 2.1., considérons le problème

(3.44)
$$\left|\begin{array}{l} b_o(u_\varepsilon'',v)+a_o(u_\varepsilon,v)+\varepsilon[b_1(u_\varepsilon'',v)+a_1(u_\varepsilon',v)] = (f,v)\ , \\ u_\varepsilon(o) = u_o\ ,\ u_\varepsilon'(o) = u_1\ , \end{array}\right.$$

qui admet une solution unique dans $L^2(0,T;V)$ avec $u_\varepsilon' \in L^\infty(0,T;H)$.

On interprète (3.44) comme suit :

(3.45)
$$\left|\begin{array}{l} \dfrac{\partial^2 u_{\varepsilon o}}{\partial t^2} - \Delta u_{\varepsilon o} = f_o\ , \\ \varepsilon\,\dfrac{\partial^2 u_{\varepsilon 1}}{\partial t^2} - \varepsilon\,\dfrac{\partial}{\partial t}\Delta u_{\varepsilon 1} = f_1\ , \\ u_{\varepsilon o} = 0 \text{ sur } \Sigma\ , \\ u_{\varepsilon o} = u_{\varepsilon 1}\ ,\ \dfrac{\partial u_{\varepsilon o}}{\partial \nu} = \varepsilon\,\dfrac{\partial}{\partial t}\dfrac{\partial u_{\varepsilon 1}}{\partial \nu} \text{ sur } \hat{S}\ , \\ u_\varepsilon(x,o) = u_o(x)\ ,\ \dfrac{\partial u_\varepsilon}{\partial t}(x,o) = u_1(x)\ ,\quad x \in \Omega\ . \end{array}\right.$$

On définit un développement $\frac{u^{-1}}{\varepsilon}+u^o+\ldots$ comme suit. D'abord

(3.46)
$$\left|\begin{array}{l} u^{-1}(t) \in Y_o\ ,\ u^{-1}(o) = 0\ ,\ \dfrac{d}{dt}u^{-1}(o) = 0\ , \\ b_1\!\left(\dfrac{d^2}{dt^2}u^{-1},v\right) + a_1\!\left(\dfrac{du^{-1}}{dt},v\right) = (f,v) \qquad \forall\, v \in Y_o\ , \end{array}\right.$$

ce qui donne :

$$(3.47)\quad \left|\begin{array}{l} u_o^{-1} = 0 \ , \\ \dfrac{\partial^2 u_1^{-1}}{\partial t^2} - \dfrac{\partial}{\partial t}\Delta\, u_1^{-1} = f_1 \quad , \\ u_1^{-1} = 0 \text{ sur } \hat{S}\ , \quad u_1^{-1}(x,o) = 0 \quad , \dfrac{\partial u_1^{-1}}{\partial t}(x,o) = 0 \text{ sur } \Omega_1 \ . \end{array}\right.$$

Ensuite u^o vérifie

$$(3.48)\quad \left|\begin{array}{l} b_o(\dfrac{d^2u^o}{dt^2},v) + a_o(u^o,v) + b_1(\dfrac{d^2u^{-1}}{dt^2},v) + a_1(\dfrac{du^{-1}}{dt},v) = (f,v) \ \forall v \in V, \\ \qquad\qquad b_1(\dfrac{d^2u^o}{dt^2},v) + a_1(\dfrac{du^o}{dt},v) = 0 \quad \forall v \in Y_o \\ u^o(o) = u_o \quad , \quad \dfrac{du^o}{dt}(o) = u_1 \end{array}\right.$$

d'où

$$(3.49)\quad \left|\begin{array}{l} \dfrac{\partial^2 u_o^o}{\partial t^2} - \Delta\, u_o^o = f_o \ , \\ u_o^o = 0 \text{ sur } \Sigma \ , \\ \dfrac{\partial u_o^o}{\partial \nu} = \dfrac{\partial}{\partial t}\dfrac{\partial u_1^{-1}}{\partial \nu} \text{ sur } \hat{S}\ , \\ u_o^o(x,o) = u_{oo}(x) \quad , \dfrac{\partial u_o^o}{\partial t}(x,o) = u_{1o}(x)\ , \end{array}\right.$$

(problème hyperbolique) ,

puis, pour u_1^o

(3.50)
$$\left|\begin{array}{l} \dfrac{\partial^2}{\partial t^2} u_1^o - \dfrac{\partial}{\partial t} \Delta u_1^o = f_1 \, . \\ u_1^o = u_o^o \text{ sur } \hat{S} \, , \\ u_1^o(x,o) = u_{o1}(x) \quad , \quad \dfrac{\partial u_1^o}{\partial t}(x,o) = u_{11}(x) \end{array}\right.$$

(problème parabolique)

et ainsi de suite. On obtiendra des estimations du même type que pour les autres problèmes "raides". ∎

3.5. Sur les équations de Navier-Stokes.

Nous utiliserons les notations du N° 2.3. On considère le problème

(3.51)
$$\left|\begin{array}{ll} (u'_\varepsilon, v) + \varepsilon \, a(u_\varepsilon, v) + b(u_\varepsilon, u_\varepsilon, v) = (f, v) & \forall \, v \in V \, , \\ u_\varepsilon \in L^2(0,T;V) \, , & \\ u_\varepsilon(o) = u_o \, . & \end{array}\right.$$

Il s'agit là d'un problème classique de Navier-Stokes sous la formulation faible introduite par LERAY [2] [3] [4].

On connaît l'existence d'une solution en dimension $n \geqslant 3$ de (3.51) , l'unicité étant un problème ouvert. En dimension $n = 2$, on a existence et unicité (comme on a déjà signalé au N° 2.3.).

Un problème classique (et essentiellement non résolu) est d'étudier le comportement de la (ou éventuellement des) solution(s) lorsque $\varepsilon \to 0$.

Le problème limite est, formellement, le problème d'Euler :

(3.52)
$$\left|\begin{array}{l} (u', v) + b(u,u,v) = (f,v) \, , \\ u(o) = u_o \, , \\ u \text{ à valeurs dans } H \end{array}\right.$$ (1).

(1) Donc vérifiant la condition $u.\nu = 0$ sur Γ .

Le problème est de savoir si, dans un sens convenable, $u_\varepsilon \to u$, est ouvert.

Les estimations a priori (évidentes) que l'on obtient en faisant $v = u_\varepsilon$ dans (3.51) sont :

(3.53) $$\|u_\varepsilon\|_{L^\infty(0,T;H)} \leq C$$

(3.54) $$\sqrt{\varepsilon}\,\|u_\varepsilon\|_{L^2(0,T;V)} \leq C .$$

Ces estimations sont insuffisantes pour passer à la limite dans les termes non linéaires $b(u_\varepsilon, u_\varepsilon, v)$. ∎

Nous allons introduire une équation modifiée pour laquelle le passage à la limite est possible.

On définit de manière générale :

$$\mathcal{V} = \{v \mid v \in (\mathcal{D}(\Omega))^n \text{ , Div } v = 0\} \text{ ,}$$

$$V_s = \text{adhérence de } \mathcal{V} \text{ dans } (H^s(\Omega))^n \text{ ;}$$

donc $V_1 = V$, $V_0 = H$. Si $s < 1 < \sigma$ et si l'on identifie H à son dual, on a :

(3.55) $$V_\sigma \subset V \subset V_s \subset H \subset V'_s \subset V' \subset V'_\sigma .$$

On désigne par $[u,v]_s$ le produit scalaire sur V_s et par Λ_s l'opérateur correspondant :

(3.56) $$\Lambda_s \in \mathcal{L}(V_s \,;\, V'_s) \quad , \quad (\Lambda_s u, v) = [u,v]_s \text{ .}$$

On considère alors le problème suivant, "régularisation" de (3.51):

(3.57)
$$\left|\begin{array}{l} (u'_\varepsilon, v) + \varepsilon a(u_\varepsilon, v) + b(u_\varepsilon, u_\varepsilon, v) + [u_\varepsilon, v]_s = (f,v) \quad \forall\, v \in V \\ \text{où } s \text{ est pris } > 0 \text{ arbitrairement petit (et en particulier } s < 1\text{) ,} \\ u_\varepsilon(o) = u_o. \end{array}\right.$$

On a alors (3.53)(3.54) et en outre

(3.58) $$\|u_\varepsilon\|_{L^2(0,T;V_s)} \leq C .$$

Choisissons, ce qui est possible, σ de manière que

(3.59) $$H^\sigma(\Omega) \subset W^{1,n/s}(\Omega) .$$

On va vérifier que, dans ces conditions :

(3.60) u'_ε demeure dans un borné de $L^2(0,T;V'_\sigma)$.

En effet, si l'on pose

$$b(u,u,v) = (B(u,u),v)$$

on déduit de (3.57) que

$$u'_\varepsilon = f - \varepsilon A u_\varepsilon - B(u_\varepsilon,u_\varepsilon) - \Lambda_s u_\varepsilon ;$$

d'après (3.54)(3.58) $f - \varepsilon\, A u_\varepsilon - \Lambda_s u_\varepsilon$ demeure dans un borné de $L^2(0,T;V')$ et on aura donc (3.60) si l'on montre que

(3.61) $B(u_\varepsilon,u_\varepsilon)$ demeure dans un borné de $L^2(0,T;V'_\sigma)$.

On déduit de (3.53) et (3.58) que

(3.62) u_ε est borné dans $L^4(0,T;V_{s/2})$.

D'après le Théorème de plongement de Sobolev "fractionnaire" (PEETRE [1]) on en déduit que

(3.63) $$\left| \begin{array}{l} u_{\varepsilon i} \text{ est borné dans } L^4(0,T;L^q(\Omega)) \qquad \forall\, i , \\ \frac{1}{q} = \frac{1}{2} - \frac{s}{2n} . \end{array} \right.$$

Mais $|b(u_\varepsilon,u_\varepsilon,v)| = |b(u_\varepsilon,v,u_\varepsilon)| \leqslant \sum_{i,j} \|u_{\varepsilon i}\|^2_{L^q(\Omega)} \|\frac{\partial v_i}{\partial x_j}\|_{L^{n/s}(\Omega)} \leqslant$

$$\leqslant C\left(\sum_i \|u_{\varepsilon i}\|^2_{L^q(\Omega)}\right)\|v\|_{H^\sigma(\Omega)} \quad \text{d'après (3.59))}$$

et (3.61) résulte alors de (3.63).

Mais de (3.58)(3.60) et du fait que l'injection de $V_s \to H$ est compacte, il résulte, en utilisant un Lemme de Compacité (cf. AUBIN [3], LIONS [3], Chapitre 1) que l'on peut extraire une suite u_ε telle que

(3.64) $\qquad u_\varepsilon \to u$ dans $L^2(0,T;H)$ <u>fort</u> ,

et $\qquad u_\varepsilon \to u$ dans $L^2(0,T;V_s)$ faible et dans $L^\infty(0,T;H)$ faible étoile. Grâce à (3.64) on peut maintenant passer à la limite dans les termes non linéaires. ∎

Si l'on revient au cas "non modifié", le passage à la limite éventuel ne peut se faire que si l'on obtient des estimations supplémentaires (du type de (3.58)). Cela a été fait <u>dans les cas où Ω est sans bord</u> GOLOVKIN [1], Mc GRATH [1], T. KATO [2], SWANN [1]), ou bien <u>en changeant la nature des conditions aux limites</u> (YUDOVICH [1], EBIN-MARSDEN [2], cf. aussi BARDOS [3]).

<u>Remarque 3.5</u>.

Les écoulements de fluides de Bingham conduisent à des inéquations variationnelles qui contiennent les équations de Navier Stokes comme cas particulier. Cf. DUVAUT-LIONS [1], Chapitre 6. Nous avons dans LIONS [6] partiellement étendu à ce cas le résultat de YUDOVICH [1]∎

4. PROBLEMES "PETROWSKI-ELLIPTIQUES".

4.1. Un résultat de convergence.

On se place dans les hypothèses du Théorème 2.3., N° 2. On considère l'inéquation variationnelle

$$(4.1)\qquad \begin{cases} \varepsilon[(u''_\varepsilon, v-u'_\varepsilon)+a(u_\varepsilon, v-u'_\varepsilon)] + b(u_\varepsilon, v-u'_\varepsilon) \geq (f, v-u'_\varepsilon) & \forall\, v \in K, \\ u'_\varepsilon(t) \in K, \quad u_\varepsilon(o) = 0, \quad u'_\varepsilon(o) = u_1 \in K \end{cases}$$

qui admet une solution unique telle que (1)

$$(4.2)\qquad u_\varepsilon,\ u'_\varepsilon \in L^\infty(0,T;V_a), \quad u''_\varepsilon \in L^\infty(0,T;H).$$

On a le :

THEOREME 4.1.

On se place dans les hypothèses du Théorème 2.3. Soit u_ε (resp u) la solution de (4.1)(4.2) (resp. de (2.25)). On a :

$$(4.3)\qquad u_\varepsilon \to u, \quad u'_\varepsilon \to u' \quad \text{dans } L^\infty(0,T;V_b) \text{ faible étoile.}$$

Démonstration.

Par les méthodes du Chapitre 4, N° 7.2., on établit les estimations:

$$\|u_\varepsilon\|_{L^\infty(0,T;V_b)} + \|u'_\varepsilon\|_{L^\infty(0,T;V_b)} \leq C,$$

$\sqrt{\varepsilon}\, u'_\varepsilon$ (resp. $\sqrt{\varepsilon}\, u''_\varepsilon$) est borné dans $L^\infty(0,T;V_a)$ (resp. dans $L^\infty(0,T;H)$). On en déduit le résultat. ∎

Remarque 4.1.

Si $\overline{K} = V_b$ alors (2.25) se réduit au problème elliptique où t joue le rôle de paramètre :

---

(1) On peut aussi considérer des solutions faibles. Cf. H. BREZIS [2].

(4.4) $$b(u,v) = (f,v) \qquad \forall\ v \in V_b.$$ ∎

Remarque 4.2.

On construira des exemples analogues aux Exemples 2.5, 2.6, en remplaçant dans l'opérateur aux dérivées partielles $\frac{\partial}{\partial t}$ par $\frac{\partial^2}{\partial t^2}$ et en ajoutant une condition initiale. ∎

Remarque 4.3.

Dans le cas des équations, il est facile de travailler avec des solutions faibles. On considère

(4.5) $$\varepsilon[(u''_\varepsilon, v)+a(u_\varepsilon, v)] + b(u_\varepsilon, v) = (f,v) \quad , \quad v \in K$$

où $f \in L^2(0,T;H)$, avec $u_\varepsilon(o) = u_o \in V$, $u'_\varepsilon(o) = u_1 \in H$; il y a existence et unicité de u_ε avec

(4.6) $$u_\varepsilon \in L^\infty(0,T;V_a) \ , \quad u'_\varepsilon \in L^\infty(0,T;H)$$

et si u est la solution de (4.4), on a

(4.7) $$u_\varepsilon \to u \text{ dans } L^\infty(0,T;V_b) \text{ faible étoile.}$$ ∎

Exemple 4.1.

Nous appliquons la Remarque 4.3 avec $V_a = H^1(\Omega)$, $V_b=L^2(\Omega) = H$, $K = H_0^1(\Omega)$, $a(u,v) = \int_\Omega \text{grad } u \text{ grad } v \, dx$, $b(u,v) = \int_\Omega u \, v \, dx$. Alors

(4.8) $$\left| \begin{array}{l} \varepsilon(\frac{\partial^2 u_\varepsilon}{\partial t^2} - \Delta u_\varepsilon) + u_\varepsilon = f \ , \\ u_\varepsilon = 0 \text{ sur } \Sigma \ , \ u_\varepsilon(x,o) = u_o(x) \ , \ \frac{\partial u_\varepsilon}{\partial t}(x,o) = u_1(x) \end{array} \right.$$

et $u_\varepsilon \to u = f$ dans $L^\infty(0,T;L^2(\Omega))$ faible étoile. ∎

Exemple 4.2.

Nous prenons $V_a = V_b = H_0^1(\Omega)$, a=0 (c'est loisible) ,

$$b(u,v) = \int_\Omega \operatorname{grad} u \operatorname{grad} v \, dx , \quad H = L^2(\Omega).$$

Alors

$$(4.9)\quad \left| \begin{array}{l} \varepsilon \dfrac{\partial^2 u_\varepsilon}{\partial t^2} - \Delta u_\varepsilon = f , \\ u_\varepsilon = 0 \text{ sur } \Sigma , \quad u_\varepsilon(x,o) = u_o(x) , \quad \dfrac{\partial u_\varepsilon}{\partial t}(x,o) = u_1(x) , \end{array} \right.$$

et le problème limite est :

$$(4.10)\qquad -\Delta u = f , \quad u=0 \text{ sur } \Gamma .$$

On a : $u_\varepsilon \to u$ dans $L^\infty(0,T; H_0^1(\Omega))$ faible étoile. ∎

Remarque 4.4.

Si dans (4.9) on remplace la condition de Dirichlet par la condition de Neumann :

$$\frac{\partial u_\varepsilon}{\partial \nu} = 0 \text{ sur } \Sigma ,$$

alors le problème "limite" est formellement :

$$(4.11)\qquad -\Delta u = f , \quad \frac{\partial u}{\partial \nu}=0 \text{ sur } \Gamma,$$

qui n'admet pas en général de solution. Il y a donc une "partie singulière" dans le développement de u_ε ; cf. N° 4.3. ci-après . ∎

Exemple 4.3.

Soient $V_a = H^2(\Omega) \cap H_0^1(\Omega)$, $V_b = H_0^1(\Omega)$, $H = L^2(\Omega)$, $K = H_0^2(\Omega)$,

$$a(u,v) = (\Delta u, \Delta v), \quad b(u,v) = \int_\Omega \operatorname{grad} u . \operatorname{grad} v \, dx.$$

Alors

$$(4.12)\quad \left| \begin{array}{l} \varepsilon(\dfrac{\partial^2 u_\varepsilon}{\partial t^2} + \Delta^2 u_\varepsilon) - \Delta u_\varepsilon = f , \\ u_\varepsilon = 0 , \quad \dfrac{\partial u_\varepsilon}{\partial \nu} = 0 \text{ sur } \Sigma , \\ u_\varepsilon(x,o) = u_o(x) , \quad \dfrac{\partial u_\varepsilon}{\partial t}(x,o) = u_1(x) \text{ sur } \Omega , \end{array} \right.$$

le problème limite étant (4.10). ∎

4.2. Correcteurs.

On introduit de manière générale des correcteurs comme dans les Nos précédents. Considérons le cas particulier de (4.5) :

$$(4.13)\quad \left|\begin{array}{ll} \varepsilon(u''_\varepsilon, v) + b(u_\varepsilon, v) = (f, v) & \forall\, v \in V_b \\ u_\varepsilon(o) = u_o\,, \quad u'_\varepsilon(o) = u_1\,. & \end{array}\right.$$

Un correcteur d'ordre 0 est une fonction θ_ε définie comme suit: on suppose que la solution u de (4.4) vérifie

$$(4.14)\quad u,\ u'\,,\ u'' \in L^2(0,T;V_b)$$

(ce qui a lieu si $f,\ f'\,,\ f'' \in L^2(0,T;V'_b)$) ; alors

$$(4.15)\quad \left|\begin{array}{ll} \varepsilon(\theta''_\varepsilon, v) + b(\theta_\varepsilon, v) = \varepsilon(g_\varepsilon, v) & \forall\, v \in V_b\,, \\ \theta_\varepsilon(o) = u_o - u(o)\,, \quad \theta'_\varepsilon(o) = u_1 - u'(o)\,, & \end{array}\right.$$

où

$$(4.16)\quad \|g_\varepsilon\|_{L^2(0,T;H)} \leqslant C.$$

On a alors, par les procédés habituels

$$(4.17)\quad \|u_\varepsilon - (u+\theta_\varepsilon)\|_{L^\infty(0,T;V_b)} \leqslant C\,\varepsilon^{1/2}\,,$$

$$(4.18)\quad u'_\varepsilon - (u+\theta_\varepsilon)' \to 0 \text{ dans } L^\infty(0,T;H) \text{ faible étoile.}$$ ∎

Exemple 4.4 .

Dans le cadre de l'Exemple 4.2 , on peut construire un correcteur θ_ε avec g_ε en utilisant les fonctions propres :

$$(4.19)\quad -\Delta w_j = \lambda_j\, w_j\,, \quad |w_j| = 1\,, \quad w_j\big|_\Gamma = 0\,, \quad j=1,2,\ldots\,.$$

Si

(4.20) $$u_o - u(o) = \sum_{j=1}^{\infty} \alpha_j w_j , \quad u_1 - u'(o) = \sum_{j=1}^{\infty} \beta_j w_j$$

on trouve

(4.21) $$\theta_\varepsilon = \sum_{j=1}^{\infty} \left(\alpha_j \cos t\sqrt{\frac{\lambda_j}{\varepsilon}} + \beta_j \sqrt{\frac{\varepsilon}{\lambda_j}} \sin t\sqrt{\frac{\lambda_j}{\varepsilon}} \right) w_j .$$

Il n'y a plus, cette fois, de décroissance exponentielle en t au voisinage de $t=0$. ∎

Remarque 4.5.

Lorsque l'on est dans le cadre (4.5), un correcteur θ_ε contient une correction en t au voisinage de $t=0$ (comme dans l'Exemple précédent) et une correction en les variables d'espace. Par exemple dans le cadre de l'Exemple 4.1. et si $\Omega = \{x | x_n > 0\}$, on peut définir θ_ε par

(4.22) $$\left| \begin{array}{l} \varepsilon\left(\dfrac{\partial^2\theta_\varepsilon}{\partial t^2} - \dfrac{\partial^2\theta_\varepsilon}{\partial x_n^2} \right) + \theta_\varepsilon = 0 \text{ si } x_n > 0 , \quad t > 0 , \\ \theta_\varepsilon(x',o,t) + u(x',o,t) = 0 , \\ \theta_\varepsilon(x,o) = u_o - u(o), \quad \dfrac{\partial\theta_\varepsilon}{\partial t}(x,o) = u_1 - u'(o). \end{array} \right.$$

On a :

(4.23) $$\theta_\varepsilon(x',x_n,t) = M\left(x', \frac{x_n}{\sqrt{\varepsilon}} , \frac{t}{\sqrt{\varepsilon}}\right)$$

où

(4.24) $$\left| \begin{array}{l} \dfrac{\partial^2 M}{\partial t^2} - \dfrac{\partial^2 M}{\partial x_n^2} + M = 0 , \\ M(x',o,t) + u(x',o,t) = 0 , \\ M(x,o) = u_o(x) - u(x,o) , \quad \dfrac{\partial M}{\partial t}(x,o) = u_1(x) - \dfrac{\partial u}{\partial t}(x,o). \end{array} \right.$$ ∎

4.3. Problèmes de type raide (I).

Nous considérons le problème suivant

(4.25)
$$\left| \begin{array}{l} \varepsilon(u''_\varepsilon, v) + a_o(u_\varepsilon, v) = (f,v) \\ u_\varepsilon(o) = u_o \in V \;,\; u'_\varepsilon(o) = u_1 \in H \end{array} \right.$$

où $a_o(u,v)$ est une forme bilinéaire symétrique continue sur V, telle que

(4.26)
$$a_o(v,v) + |v|^2 \geqslant \alpha \|v\|^2 \;,\quad \alpha > 0$$

(4.27)
$$a_o(v,v) \geqslant 0 \;,\quad a_o(v,v) = 0 \text{ si } v \in Y_o \,.$$

Exemple 4.5. [suite de la Remarque 4.4].

On prend
$$V = H^1(\Omega) \;,\; H = L^2(\Omega) \;,\; a(u,v) = \int_\Omega \operatorname{grad} u . \operatorname{grad} v \, dx.$$

Alors (Ω étant supposé connexe) on a :

(4.28)
$$Y_o = \mathbb{R},$$

et le problème (4.25) est :

(4.29)
$$\left| \begin{array}{l} \varepsilon \dfrac{\partial^2 u_\varepsilon}{\partial t^2} - \Delta u_\varepsilon = f \;,\quad \dfrac{\partial u_\varepsilon}{\partial \nu} = 0 \text{ sur } \Sigma \,, \\ u_\varepsilon(x,o) = u_o(x) \;,\quad \dfrac{\partial u_\varepsilon}{\partial t}(x,o) = u_1(x) \text{ sur } \Omega \,. \end{array} \right. \qquad \blacksquare$$

On cherche un, développement sous la forme $\frac{u^{-1}}{\varepsilon} + u^o + \ldots$. ; on trouve pour u^{-1} :

(4.30)
$$\left| \begin{array}{ll} u^{-1}(t) \in Y_o \,, & \\ \left(\dfrac{d^2 u^{-1}(t)}{dt^2}, v\right) = (f(t),v) & \forall\, v \in Y_o \,, \\ u^{-1}(o) = 0 \,,\quad \dfrac{du^{-1}}{dt}(o) = 0 \,. & \end{array} \right.$$

Les équations pour u^o sont ensuite :

(4.31) $$a_o(u^o,v) + \frac{d^2u^{-1}(t)}{dt^2},v) = (f(t),v) \qquad \forall\, v \in V\,,$$

(4.32) $$\left|\begin{array}{l} (\frac{d^2u^o(t)}{dt^2},v) = 0 \qquad \forall\, v \in Y_o, \\ (u^o(o),v) = (u_o,v)\,,\ (\frac{du^o}{dt}(o),v) = (u_1,v)\ \forall\, v \in Y_o\,. \end{array}\right.$$

La première équation (4.31) s'écrit :

(4.33) $$a_o(u^o(t),v) = (f(t) - \frac{d^2u^{-1}(t)}{dt^2},v) \qquad \forall\, v \in V$$

et l'on fait <u>l'hypothèse</u> que cette équation admet une solution lorsque <u>le $2^{\text{ème}}$ membre s'annule sur</u> Y_o - ce qui est le cas ici - Donc (4.33) définit $u^o(t)$ à l'addition d'un élément $\eta^o(t) \in Y_o$; on détermine ensuite η^o par (4.32).

Il faut introduire, <u>à cause des conditions initiales,</u> un correcteur θ^o_ε attaché à u^o ; on le définit par :

(4.34) $$\left|\begin{array}{l} \varepsilon(\frac{d^2}{dt^2}\,\theta^o_\varepsilon,v) + a_o(\theta^o_\varepsilon,v) = \varepsilon(g^o_\varepsilon,v) \qquad \forall\, v \in V\,, \\ \theta^o_\varepsilon(o) + u^o_o = u_o\,,\quad \frac{d\theta^o_\varepsilon}{dt}(o) + \frac{du^o}{dt}(o) = u_1, \end{array}\right.$$

où

(4.35) $$g^o_\varepsilon \to 0 \ \text{ dans } L^2(0,T;H) \text{ faible}\,.$$

On fait l'hypothèse que $f,\ f',\ f'' \in L^2(0,T;V_b')$.

On pose :

(4.36) $$w_\varepsilon = u_\varepsilon - (\frac{u^{-1}}{\varepsilon} + u^o + \theta^o_\varepsilon).$$

On a alors :

(4.37) $$w'_\varepsilon \to 0 \ \text{ dans } L^\infty(0,T;H) \text{ faible étoile,}$$

(4.38) $$a_o(w_\varepsilon(t)) \leq C\,\varepsilon^{1/2}.$$

En effet

(4.39) $$\left|\begin{array}{l} \varepsilon(w_t'',v) + a_o(w_\varepsilon,v) = -\varepsilon(\frac{d^2u^o}{dt^2},v) - \varepsilon(g_\varepsilon^o,v) \quad \forall\, v \in V\,, \\ w_\varepsilon(o) = 0 \quad , \quad w_\varepsilon'(o) = 0 \end{array}\right.$$

d'où

(4.40) $$\varepsilon|w_\varepsilon'(t)|^2 + a_o(w_\varepsilon(t),\, w_\varepsilon(t)) = -\,2\varepsilon\int_o^t(\frac{d^2u^o}{dt^2}+g_\varepsilon^o,w_\varepsilon')dt.$$

On en déduit que

$$\|w_\varepsilon'\|_{L^\infty(0,T;H)} \leq C \text{ et } (4.38).$$

On extrait une sous-suite telle que $w_\varepsilon' \to w'$ dans $L^\infty(0,T;H)$ faible étoile,

et donc d'après (4.38)

(4.41) $$w(t) \in Y_o$$

et comme $w_\varepsilon(o) = 0$, on a :

(4.42) $$w(o) = 0.$$

Prenant $v \in Y_o$ dans (4.39), il vient, en utilisant (4.32) :

(4.43) $$(w_\varepsilon'',v) = -(g_\varepsilon^o,v) \qquad v \in Y_o\ .$$

Utilisant (4.35) ([1]) on en déduit que

$$(w_\varepsilon'',v) \to (w'',v) = 0 \qquad\qquad \forall\, v \in Y_o$$

et

$$(w_\varepsilon'(o),v) \to (w'(o),v) = 0 \qquad\qquad \forall\, v \in Y_o.$$

Donc on a : (4.41)(4.42), $(w'',v) = 0\ \forall\, v \in Y_o$, $(w'(o),v)=0$ $\forall\, v \in Y_o$, donc $w = 0$ d'où (4.37)(4.38). ∎

([1]) Il suffit de $\|g_\varepsilon^o\|_{L^2(0,T;H)} \leq C$ et $(g_\varepsilon^o,v)\to 0$ dans $L^2(0,T)$ faible $\forall v\in Y_o$.

Exemple 4.6 (suite de l'Exemple 4.5).

L'équation (4.30) jointe à (4.28) donne :

(4.44)
$$\left|\begin{array}{l} \dfrac{d^2}{dt^2}\, u^{-1}(t) = \dfrac{1}{\text{mes}.\Omega} \displaystyle\int_\Omega f(x,t)\, dx\,, \\ u^{-1}(o) = 0\,,\ \dfrac{du^{-1}}{dt}(o) = 0. \end{array}\right.$$

Ensuite (4.31) donne

(4.45)
$$\left|\begin{array}{l} -\Delta u^o = f(x,t) - \dfrac{1}{\text{mes}.\Omega} \displaystyle\int_\Omega f(x,t)dx, \\ \dfrac{\partial u^o}{\partial \nu} = 0 \end{array}\right.$$

ce qui définit $u^o = \tilde{u}^o + \eta^o(t)$, $\tilde{u}^o$ étant une solution particulière et η^o étant déterminé par (4.32), ou encore :

(4.46)
$$\left|\begin{array}{l} \dfrac{d^2}{dt^2}\left(\displaystyle\int_\Omega u^o dx\right) = 0\,, \qquad \displaystyle\int_\Omega u^o dx\ \Big|_{t=0} = \int_\Omega u_o\, dx\,, \\ \dfrac{d}{dt}\displaystyle\int_\Omega u^o dx\ \Big|_{t=0} = \int_\Omega u_1\, dx. \end{array}\right.$$

On construira par exemple θ^o_ε comme dans l'Exemple 4.4. ∎

Remarque 4.6.

On peut introduire des éléments d'ordre supérieur u^1, θ^1_ε , etc.∎

4.4. Problèmes de type raide (II).

On considère, avec les notations du Chapitre 5, N° 2.3., le système

(4.47)
$$\varepsilon\left[\frac{\partial u_\varepsilon}{\partial t} + Bu_\varepsilon\right] + A_o u_\varepsilon = f\,.$$

où

(4.48)
$$B\, u_\varepsilon = \sum_{i=1}^{n} B_i(x)\, \frac{\partial u_\varepsilon}{\partial x_i}\,,$$

(4.49) $$(A_o u_\varepsilon)_i = a \sum_{j=1}^{m} u_{\varepsilon j} \quad \forall\ i,\ a{>}0. \qquad \forall\ i\ ,\ a > 0.$$

Les conditions aux limites sont du type Chapitre 5, (2.25) et on a la condition initiale $u_\varepsilon(o) = u_o$. ∎

Exemple 4.7.

On prend $m = 2$, $\Omega =]0,1[$, et le système

(4.50) $$\begin{cases} \varepsilon\left(\dfrac{\partial u_{\varepsilon 1}}{\partial t} + \dfrac{\partial u_{\varepsilon 1}}{\partial x}\right) + \frac{1}{2}(u_{\varepsilon 1}+u_{\varepsilon 2}) = f_1 , \\ \varepsilon\left(\dfrac{\partial u_{\varepsilon 2}}{\partial t} - \dfrac{\partial u_{\varepsilon 2}}{\partial x}\right) + \frac{1}{2}(u_{\varepsilon 1}+u_{\varepsilon 2}) = f_2 , \end{cases}$$

avec

(4.51) $$u_{\varepsilon 1}(o,t) = 0 \quad , \quad u_{\varepsilon 2}(1,t) = 0,$$

(si $\Omega = \mathbb{R}$, on ne prendra pas de conditions aux limites, mais $u_{\varepsilon i} \in L^2(\mathbb{R}_x)$ pour tout $t \geqslant 0$), et les conditions initiales. ∎

Le problème limite (formel) :

(4.52) $$A_o u = f$$

est mal posé.

On introduit $H = (L^2(\Omega))^m$,

(4.53) $$a_o(u,v) = a \int_\Omega \left(\sum_{j=1}^{m} u_j\right)\left(\sum_{j=1}^{m} v_j\right) dx.$$

La formulation variationnelle du problème est :

(4.54) $$\begin{cases} \varepsilon[(u'_\varepsilon,v) + (Bu_\varepsilon,v)] + a_o(u_\varepsilon,v) = (f,v) \quad \forall\ v \in V . \\ u_\varepsilon(o) = u_o. \end{cases}$$

On cherche alors un développement sous la forme

$$u_\varepsilon = \frac{u^{-1}}{\varepsilon} + u^o + \dots \ .$$

On obtient :

$$(4.55) \qquad \left| \begin{array}{l} u^{-1}(t) \in Y_o \ , \\ (\frac{du^{-1}}{dt}, v) + (Bu^{-1}, v) = (f, v) \qquad \forall\, v \in Y_o \ , \ u^{-1}(o) = 0. \end{array} \right.$$

Puis :

$$(4.56) \qquad a_o(u^o, v) + (\frac{du^{-1}}{dt}, v) + (Bu^{-1}, v) = (f, v) \qquad \forall\, v \in V \ ,$$

et

$$(4.57) \qquad \left| \begin{array}{ll} (\frac{du^o}{dt}, v) + (Bu^o, v) = 0 & \forall\, v \in Y_o \ , \\ (u^o(o), v) \ = \ (u_o, v) & \forall\, v \in Y_o \ . \end{array} \right.$$

Exemple 4.8 (suite de l'Exemple 4.7).

On a :

$$(4.58) \qquad Y_o = \{ v | \ v_1 + v_2 = 0 \}$$

de sorte que (4.55) équivaut à :

$$(4.59) \qquad \left| \begin{array}{l} u_1^{-1} + u_2^{-1} = 0 \ , \\ \frac{\partial u_1^{-1}}{\partial t} = \frac{1}{2}(f_1 - f_2) \ , \qquad u_1^{-1}(x, o) = 0 \ . \end{array} \right.$$

On suppose que $\Omega = \mathbb{R}$ (sinon il faut introduire un correcteur attaché à u^{-1} pour "corriger" les conditions aux limites).

Alors (4.56) devient :

$$a_o(u^o, v) = (f_1, v_1) + (f_2, v_2) - \frac{1}{2}(f_1 - f_2, v_1 - v_2) = \frac{1}{2}(f_1 + f_2, v_1 + v_2)$$

d'où

$$(4.60) \qquad u_1^o + u_2^o = f_1 + f_2 \ ,$$

et (4.57) donne :

$$(4.61) \qquad \left| \begin{array}{l} \frac{\partial}{\partial t}(u_1^o - u_2^o) + \frac{\partial}{\partial x}(u_1^o + u_2^o) = 0 \quad \text{i.e.} \\ \frac{\partial}{\partial t}(u_1^o - u_2^o) = - \frac{\partial}{\partial x}(f_1 + f_2) \ , \\ u_1^o - u_2^o \Big|_{t=0} = u_{o1} - u_{o2} \ . \end{array} \right.$$

Il faut introduire <u>un correcteur attaché à</u> u^o pour tenir compte des conditions initiales. On prend

$$(4.62) \qquad \left| \begin{array}{l} \varepsilon\left[\left(\frac{\partial \theta_\varepsilon^o}{\partial t}, v\right) + (B\theta_\varepsilon^o, v)\right] + a_o(\theta_\varepsilon^o, v) = \varepsilon(g_\varepsilon^o, v) \qquad \forall\, v \in V \ , \\ \\ \theta_\varepsilon^o(o) + u^o(o) = u_o \ , \end{array} \right.$$

où

$$(4.63) \qquad \|g_\varepsilon^o\|_{L^2(0,T;H)} \leq C \ , \quad (g_\varepsilon^o, v) \to 0 \ .$$

On a alors

$$(4.64) \qquad w_\varepsilon = u_\varepsilon - \left(\frac{u^{-1}}{\varepsilon} + u^o + \theta_\varepsilon^o\right) \to 0 \ \text{ dans } L^\infty(0,T;H) \text{ faible}$$

et

$$(4.65) \qquad \left(\int_0^T a_o(w_\varepsilon; w_\varepsilon)\, dt\right)^{1/2} \leq C\, \varepsilon^{1/2} \ .$$

<u>Exemple 4.9</u>. (suite de l'Exemple 4.8).

On prendra θ_ε^o défini par ([1])

([1]) C'est loisible <u>lorsqu'il n'y a pas de conditions aux limites</u>.

$$(4.66)\quad \begin{cases} \varepsilon(\frac{\partial\theta^o_\varepsilon}{\partial t}, v) + a_o(\theta^o_\varepsilon, v) = 0 \\ \theta^o_\varepsilon(o) + u^o(o) = u_o \, . \end{cases}$$

On peut alors prendre :

$$(4.67)\quad \theta^o_{\varepsilon 1} = \theta^o_{\varepsilon 2}$$

et

$$(4.68)\quad \theta^o_{\varepsilon 1} = (u_{1o} - u^o_1(o)) \exp(-t/\varepsilon) \, .$$

[Dans le cas particulier où $f_1 = f_2$, on a : $u^{-1} = 0$ et l'on retrouve les formules de SMITH et PALMER [1]]. ■

Remarque 4.7.

Pour des systèmes du type

$$\varepsilon(\frac{\partial}{\partial t} u_{\varepsilon 1} + \frac{\partial u_{\varepsilon 1}}{\partial x}) + F(u_{\varepsilon 1}, u_{\varepsilon 2}) = 0 \, ,$$

$$\frac{\partial u_{\varepsilon 2}}{\partial t} + \frac{\partial u_{\varepsilon 2}}{\partial x} + G(u_{\varepsilon 1}, u_{\varepsilon 2}) = 0 \, ,$$

nous renvoyons à K.A. KASIMOV [1][2][3]. ■

5. PROBLEMES "PETROWSKI-PARABOLIQUES".

5.1. Orientation.

On va maintenant considérer les équations

$$(5.1)\quad \left| \begin{array}{ll} \varepsilon[(u''_\varepsilon,v)+a(u_\varepsilon,v)]+(u'_\varepsilon,v)+b(u_\varepsilon,v) = (f,v) & \forall\, v \in K\,, \\ u_\varepsilon(o) = u_o\,,\quad u'_\varepsilon(o) = u_1\,, & \end{array} \right.$$

où

$$(5.2)\qquad K \subset V_a \subset V_b \subset H\,,\quad K = \text{espace vectoriel fermé dans } V_a\,, \text{ dense dans } V_b,$$

dont la forme limite est

$$(5.3)\quad \left| \begin{array}{ll} (u',v) + b(u,v) = (f,v) & \forall\, v \in V_b\,. \\ u(o) = u_o\,. & \end{array} \right.$$

A cause d'estimations un peu différentes selon les cas, nous allons commencer par le cas où $a = 0$, $V_a = V_b = V = K$.

5.2. Estimations dans le cas "a=0".

On considère donc le problème

$$(5.4)\quad \left| \begin{array}{ll} \varepsilon(u''_\varepsilon,v) + (u'_\varepsilon,v) + b(u_\varepsilon,v) = (f,v) & \forall\, v \in V\,, \\ u_\varepsilon(o) = u_o\,,\quad u'_\varepsilon(o) = u_1. & \end{array} \right.$$

Remarque 5.1.

Tout ce qu'on va faire s'étend sans difficulté au cas :

$$(5.5)\quad \left| \begin{array}{ll} \varepsilon(u''_\varepsilon,v) + (C(t)u'_\varepsilon,v) + b(t;u_\varepsilon,v) = (f,v) & \\ C(t) \in \mathcal{L}(H;H)\,,\ C^*(t)=C(t),\ (C(t)v,v) \geq \gamma|v|^2\,,\ \gamma > 0\,, & \\ t \to b(t;u,v) \text{ étant } C^1([0,T]) & \forall\, u\,,\ v \in V_b \text{ et} \\ b(t;v,v) \geq \beta\|v\|^2.\quad \beta > 0 & \forall\, v \in V_b = V. \end{array} \right.$$ ∎

On suppose pour commencer que

(5.6) $$f \in L^2(0,T;H)\ ,\quad u_o \in V,\ u_1 \in H\ .$$

Alors, faisant $v = u'_\varepsilon$ dans (5.4), on obtient aussitôt

(5.7) $$\|u_\varepsilon\|_{L^\infty(0,T;V)} + \|u'_\varepsilon\|_{L^2(0,T;H)} \leqslant C\ ,$$

(5.8) $$\sqrt{\varepsilon}\|u'_\varepsilon\|_{L^\infty(0,T;H)} \leqslant C\ .$$

On vérifie que, u <u>désignant la solution de</u> (5.3), on a :

(5.9) $$\left|\begin{array}{l} u_\varepsilon \rightarrow u \text{ dans } L^\infty(0,T;V) \text{ faible étoile,} \\ u'_\varepsilon \rightarrow u' \text{ dans } L^2(0,T;H) \text{ faible.} \end{array}\right.$$

Il y a naturellement en général <u>perte d'une condition initiale</u>, puisque, en général, $u'(o) \neq u_1$.

On introduit alors <u>un correcteur d'ordre</u> 0 . <u>On définit a priori</u> θ_ε par

(5.10) $$\varepsilon\, \theta''_\varepsilon + \theta'_\varepsilon = 0\ ,\quad \theta_\varepsilon(o) = 0\ ,\quad \theta'_\varepsilon(o) = u_1 - u'(o)\ ,$$

i.e.

(5.11) $$\theta_\varepsilon(t) = \varepsilon(u_1 - u'(o))\ (1 - \exp - t/\varepsilon).$$

Alors si l'on pose

$$\varphi_\varepsilon = u + \theta_\varepsilon$$

on a :

$$\varepsilon(\varphi''_\varepsilon, v) + (\varphi'_\varepsilon, v) + b(\varphi_\varepsilon, v) = \varepsilon(u'', v) + b(\theta_\varepsilon, v) + (f, v).$$

Si donc l'on pose

(5.12) $$w_\varepsilon = u_\varepsilon - (u+\theta_\varepsilon)$$

on a :

(5.13) $$\begin{cases} \varepsilon(w''_\varepsilon, v) + (w'_\varepsilon, v) + b(w_\varepsilon, v) = -\varepsilon(u'', v) - b(\theta_\varepsilon, v) \\ w_\varepsilon(o) = 0 \ , \ w'_\varepsilon(o) = 0 \ . \end{cases}$$

On fait maintenant <u>les hypothèses de régularité suivantes</u>

(5.14) $$u'' \in L^2(0,T;H) \quad ,$$

(5.15) $$v_1 - u'(o) \in D(B).$$

Alors le 2ème membre de (5.13) s'écrit

(5.16) $$\begin{cases} -\varepsilon(u'' + B(u_1 - u'(o))(1 - e^{-t/\varepsilon}), \ v) = -\ \varepsilon(g_\varepsilon, v) \\ \|g_\varepsilon\|_{L^2(0,T;H)} \leq C \ . \end{cases}$$

Prenant $v = w'_\varepsilon$ dans (5.13), on obtient

(5.17) $$\varepsilon|w'_\varepsilon(t)|^2 + \|w_\varepsilon(t)\|^2 + \int_o^t |w'_\varepsilon(\sigma)|^2 d\sigma \leq C\ \varepsilon\left(\int_o^t |w'_\varepsilon(\sigma)|^2 d\sigma\right)^{1/2}$$

d'où l'on déduit

(5.18) $$\left(\int_0^T |w'_\varepsilon(\sigma)|^2\right)^{1/2} \leq C\ \varepsilon \quad ,$$

puis

(5.19) $$\|w_\varepsilon(t)\| \leq C\ \varepsilon \ , \quad t \in [0,T]$$

(5.20) $$|w'_\varepsilon(t)| \leq C\ \varepsilon^{1/2}, \ t \in [0,T] \ .$$

On a donc démontré le

THEOREME 5.1.

Soit u_ε (resp u) la solution de (5.4) (resp (5.3)). On suppose que (5.14)(5.15) ont lieu. Soit θ_ε défini par (5.11) et $w_\varepsilon = u_\varepsilon - (u+\theta_\varepsilon)$. On a alors :

(5.21) $$\|u_\varepsilon(t) - u(t)\| \leqslant C\,\varepsilon \qquad \forall\, t \in [0,T]\ (^1),$$

et (5.18)(5.20). ∎

Remarque 5.2.

Supposons que

(5.22) $$u''' \in L^2(0,T;H) .$$

On peut alors dériver (5.13), puis faire $v = w''_\varepsilon$. On trouve ainsi :

(5.23) $$\|w'_\varepsilon(t)\| \leqslant C\,\varepsilon^{1/2} ,$$

(5.24) $$\left(\int_0^T |w''_\varepsilon|^2 dt\right)^{1/2} \leqslant C\,\varepsilon^{1/2} .$$ ∎

Exemple 5.1.

Prenons $V_b = H_0^1(\Omega)$, $H = L^2(\Omega)$, $b(u,v) = \sum_{i,j=1}^{n} \int_\Omega b_{ij}(x) \frac{\partial u}{\partial x_j} \frac{\partial v}{\partial x_i}\, dx$,

$b_{ij} = b_{ji}\ \forall\, i,j,\quad \sum_{i,j=1}^{n} b_{ij}(x)\,\xi_i \xi_j \geqslant \alpha \sum_{i=1}^{n} \xi_i^2 ,\quad \forall\, \xi \in \mathbb{R}^n .$

Le problème (5.4) est

(5.25) $$\left|\begin{array}{l} \varepsilon \dfrac{\partial^2 u_\varepsilon}{\partial t^2} + \dfrac{\partial u_\varepsilon}{\partial t} + B u_\varepsilon = f , \qquad B u_\varepsilon = -\displaystyle\sum_{i,j=1}^{n} \frac{\partial}{\partial x_i}\left(b_{ij}\frac{\partial u_\varepsilon}{\partial x_j}\right) , \\ u_\varepsilon(x,0) = u_0(x) , \quad \dfrac{\partial u_\varepsilon}{\partial t}(x,0) = u_1(x) \quad \text{dans } \Omega \\ u_\varepsilon = 0 \text{ sur } \Sigma . \end{array}\right.$$

---

(1) Il suffit en effet d'observer que θ_ε est inutile dans (5.19).

On peut, dans ce cas (cf. ZLAMAL [1][4])remplacer $\varepsilon^{1/2}$ par ε dans (5.20) sous des hypothèses de régularité convenables ; ZLAMAL, loc. cit., donne également des estimations dans les espaces de Sobolev d'ordre quelconque. ■

Exemple 5.2.

Prenons $V_b = H_0^2(\Omega)$, $H = L^2(\Omega)$, $b(u,v) = (\Delta u, \Delta v)$. Alors

(5.26)
$$\left| \begin{array}{l} \varepsilon \dfrac{\partial^2 u_\varepsilon}{\partial t^2} + \dfrac{\partial u_\varepsilon}{\partial t} + \Delta^2 u_\varepsilon = f , \\ u_\varepsilon = 0 , \quad \dfrac{\partial u_\varepsilon}{\partial \nu} = 0 \text{ sur } \Sigma , \\ u_\varepsilon(x,o) = u_o(x) , \quad \dfrac{\partial u_\varepsilon}{\partial t}(x,o) = u_1(x). \end{array} \right.$$

Le problème limite est

(5.27)
$$\left| \begin{array}{l} \dfrac{\partial u}{\partial t} + \Delta^2 u = f , \quad u = 0 , \quad \dfrac{\partial u}{\partial \nu} = 0 \text{ sur } \Sigma , \\ u(x,o) = u_o(x) \text{ dans } \Omega . \end{array} \right.$$

On peut prendre comme correcteur (5.11) , i.e.:

(5.28)
$$\theta_\varepsilon(t) = \varepsilon(u_1 - f(o) + \Delta^2 u_o)\ (1-\exp - \frac{t}{\varepsilon}) .$$

On notera que si $n \leqslant 4$, $H^2(\Omega) \subset L^\infty(\Omega)$ de sorte que (5.21) entraîne l'estimation dans la norme uniforme.

(5.29)
$$\sup_{x,t} . |u_\varepsilon(x,t) - u(x,t) - \theta_\varepsilon(x,t)| \leqslant C \varepsilon .$$ ■

5.3. Estimation dans le cas "$a \neq 0$" .

On considère maintenant le problème (5.1). On a alors les estimations :

(5.30)
$$\|u'_\varepsilon\|_{L^2(0,T;H)} + \|u_\varepsilon\|_{L^\infty(0,T;V_b)} \leqslant C ,$$

(5.31) $$\sqrt{\varepsilon}\,\|u'_\varepsilon\|_{L^\infty(0,T;H)} + \sqrt{\varepsilon}\|u_\varepsilon\|_{L^\infty(0,T;V_a)} \leqslant C .$$

On en déduit aussitôt l'analogue de (5.9) (remplacer V par V_b).

Cette fois un correcteur doit "corriger" à la fois la perte d'une condition initiale et la perte de conditions aux limites. On introduit θ_ε par

(5.32) $$\begin{cases} \varepsilon[(\theta''_\varepsilon, v)+a(\theta_\varepsilon, v)] + (\theta'_\varepsilon, v)+b(\theta_\varepsilon, v) = \varepsilon(g_\varepsilon, v) & \forall\, v \in K , \\ \theta_\varepsilon+u \in K , & \\ \theta_\varepsilon(o) = 0 , \quad \theta'_\varepsilon(o) = u_1-u'(o) , & \end{cases}$$

où

(5.33) $$\|g_\varepsilon\|_{L^2(0,T;H)} \leqslant C .$$

On a alors, sous l'<u>hypothèse de régularité</u> :

(5.34) $$u, u' \in L^2(0,T,V_a) , \quad u'' \in L^2(0,T;H)$$

<u>les estimations</u> :

(5.35) $$\left(\int_0^T |w'_\varepsilon|^2 \, d\sigma\right)^{1/2} \leqslant C\, \varepsilon^{1/2} ,$$

(5.36) $$\|w_\varepsilon(t)\|_b \leqslant C\, \varepsilon^{1/2}$$

<u>où l'on a encore défini</u> w_ε <u>par</u> (5.12). ■

<u>Remarque</u> 5.3.

Cela s'étend au cas des inéquations, lorsque K est dense dans V_b. Cf. LIONS [16]. ■

5.4. Problèmes de type raide.

Avec les notations du Chapitre 4, N° 2.2, on considère l'équation

(5.37) $$\varepsilon[b_1(u_\varepsilon'',v)+a_1(u_\varepsilon,v)] + b_o(u_\varepsilon',v)+a_o(u_\varepsilon,v) = (f,v) \qquad \forall\, v \in V ,$$

(5.38) $$\begin{cases} u_\varepsilon(o) = u_o , \\ b_1(u_\varepsilon'(o),v) = b_1(u_1,v) & \forall\, v \in V . \blacksquare \end{cases}$$

Exemple 5.3.

Dans le cadre du Chapitre 4, N° 2.1, le problème précédent équivaut à :

(5.39) $$\begin{cases} \dfrac{\partial u_{\varepsilon o}}{\partial t} - \Delta u_{\varepsilon o} = f_o \quad \text{dans} \quad Q_o , \\ \varepsilon\left(\dfrac{\partial^2 u_{\varepsilon 1}}{\partial t^2} - \Delta u_{\varepsilon 1}\right) = f_1 \quad \text{dans} \quad Q_1 , \\ u_{\varepsilon o}(x,o) = u_{oo}(x) \quad , \quad u_{\varepsilon 1}(x,o) = u_{o1}(x) , \\ \dfrac{\partial u_{\varepsilon 1}}{\partial t}(x,o) = u_{11}(x) \quad \text{dans} \quad \Omega_1 , \\ u_{\varepsilon o} = 0 \text{ sur } \Sigma , \\ u_{\varepsilon o} = u_{\varepsilon 1} , \quad \dfrac{\partial u_{\varepsilon 1}}{\partial \nu} = \varepsilon \dfrac{\partial u_{\varepsilon 1}}{\partial \nu} \text{ sur } \hat{S} . \end{cases} \blacksquare$$

On cherche un développement $u_\varepsilon = \dfrac{u^{-1}}{\varepsilon} + u^o + \dots$.

On définit u^{-1} par

(5.40) $$\begin{cases} b_1\left(\dfrac{d^2u^{-1}}{dt^2} ,v\right) + a_1(u^{-1},v) = (f,v) & \forall\, v \in Y_o , \\ u^{-1}(t) \in Y_o , \\ u^{-1}(o) = 0 \quad , \quad \dfrac{du^{-1}}{dt}(o) = 0 \end{cases}$$

puis u^o par le système d'équations

$$(5.41)\quad \left|\begin{array}{l} b_o(\frac{du^o}{dt},v)+ a_o(u^o,v)+b_1(\frac{d^2u^{-1}}{dt^2},v)+a_1(u^{-1},v) = (f,v) \quad \forall\, v \in V\,, \\ b_1(\frac{d^2u^o}{dt^2},v) +a_1(u^o,v) = 0 \quad \forall\, v \in Y_o, \\ u^o(o) = u_o\,, \quad b_1(\frac{du^o(o)}{dt},v) = b_1(u_1,v) \quad \forall\, v \in Y_o\,, \end{array}\right.$$

et ainsi de suite. ∎

Exemple 5.4 (suite de l'Exemple 5.3).

On trouve :

$$(5.42)\quad \left|\begin{array}{l} u_o^{-1} = 0\,, \\ \frac{\partial^2 u_1^{-1}}{\partial t^2} - \Delta u_1^{-1} = f_1\,, \quad u_1^{-1} = 0 \text{ sur } \hat{S}, \\ u_1^{-1}(x,o) = 0, \quad \frac{\partial}{\partial t} u_1^{-1}(x,o) = 0 \text{ dans } \Omega_1\,; \end{array}\right.$$

puis

$$(5.43)\quad \left|\begin{array}{l} \frac{\partial u_o^o}{\partial t} - \Delta u_o^o = f_o\,, \\ u_o^o = 0 \text{ sur } \Sigma\,, \\ \frac{\partial u_o^o}{\partial \nu} = \frac{\partial u_1^{-1}}{\partial \nu} \text{ sur } \hat{S}\,, \\ u_o^o(x,o) = u_{oo}(x) \end{array}\right.$$

et ensuite

$$(5.44)\quad \left|\begin{array}{l} \frac{\partial^2 u_1^o}{\partial t^2} - \Delta u_1^o = 0\,, \\ u_1^o = u_o^o \text{ sur } \hat{S}\,, \quad u_1^o(x,o) = u_{o1}(x)\,, \quad \frac{\partial u_1^o}{\partial t}(x,o) = u_{11}(x)\,, \end{array}\right.$$

et ainsi de suite. ∎

On obtient l'estimation, si $w_\varepsilon = u_\varepsilon - (\frac{u^{-1}}{\varepsilon} + u^0 + \dots + \varepsilon^j u^j)$:

(5.45) $$\|w_\varepsilon\|_{L^\infty(0,T;V)} + \|w'_\varepsilon\|_{L^2(0,T;H)} \leqslant C\,\varepsilon^{j+1} .$$ ■

6. COMPORTEMENT A L'INFINI. ECHELLES MULTIPLES.

6.1. Position du problème.

Nous reprenons la situation du N° 3.1 en nous plaçant cette fois sur l'intervalle $(0, +\infty)$. On va voir que, dans certaines conditions, il faut introduire un correcteur à l'infini en t.

Nous prenons (3.2) avec $f = 0$, donc

(6.1) $$(u''_\varepsilon, v) + \varepsilon a(u'_\varepsilon, v) + b(u_\varepsilon, v) = 0$$

avec

(6.2) $$u_\varepsilon(o) = u_o \quad , \quad u'_\varepsilon(o) = u_1 .$$

On suppose que $a(u,v)$ et $b(u,v)$ sont définies et continues sur le même espace de Hilbert V, avec

(6.3) $$a(u,v) = a(v,u) \quad , \quad b(u,v) = b(v,u)$$

(6.4) $$a(v,v) \geqslant \alpha |v|^2 \quad \forall\, v \in V \;\text{(1)} , \quad \alpha > 0 ,$$

(6.5) $$b(v,v) \geqslant \beta \|v\|^2 \quad \forall\, v \in V \quad , \quad \beta > 0 .$$

On va vérifier que dans ces conditions on a le résultat suivant : introduisons $k(\varepsilon) > 0$ tel que

(6.6) $$\varepsilon a(v,v) - 2k(\varepsilon)|v|^2 \geqslant 0 \qquad \forall\, v \in V ,$$

(6.7) $$b(v,v) - \varepsilon k(\varepsilon)\, a(v,v) + k(\varepsilon)^2 |v|^2 \geqslant \beta_1 \|v\|^2 , \beta_1 > 0, \ \forall v \in V ;$$

un tel $k(\varepsilon)$ existe d'après (6.4)(6.5) ; alors :

(1) Dans (6.4) c'est bien $|v|$ = (norme de v dans H) qui apparaît au 2ème membre.

(6.8) $\qquad \exp(k(\varepsilon)t)\, u_\varepsilon \in L^\infty(0,\infty;V)$,

(6.9) $\qquad \exp(k(\varepsilon)t)\, u'_\varepsilon \in L^\infty(0,\infty;H)$.

En effet, si l'on pose de façon générale :

$$u_\varepsilon = \exp(-kt)w_\varepsilon ,$$

alors w_ε vérifie

(6.10) $\qquad (w''_\varepsilon,v) + \varepsilon a(w'_\varepsilon,v) - 2k(w'_\varepsilon,v) + b(w_\varepsilon,v) - \varepsilon k a(w_\varepsilon,v) + k^2(w_\varepsilon,v)=0$

avec

(6.11) $\qquad w_\varepsilon(o) = u_o \ , \quad w'_\varepsilon(o) = u_1 + ku_o$.

Prenant dans (6.10) $v = w'_\varepsilon$, il vient

$$\frac{1}{2}\frac{d}{dt}|w'_\varepsilon(t)|^2 + \varepsilon a(w'_\varepsilon,w'_\varepsilon) - 2k|w'_\varepsilon|^2 + \frac{1}{2}\frac{d}{dt}[b(w_\varepsilon,w_\varepsilon)-\varepsilon k a(w_\varepsilon,w_\varepsilon) + $$
$$+ k^2|w_\varepsilon|^2] = 0$$

d'où, en prenant $k = k(\varepsilon)$ et en utilisant (6.6)(6.7) :

$$|w'_\varepsilon(t)|^2 + \beta_1\|w_\varepsilon(t)\|^2 \leqslant \text{constante} ,$$

d'où (6.8)(6.9). ■

Si donc l'on <u>définit</u>

(6.12) $\qquad \mathcal{V}_\varepsilon = \{\varphi |\ \exp(k(\varepsilon)t)\varphi \in L^\infty(0,\infty;V) \ , \ \exp(k(\varepsilon)t)\varphi' \in L^\infty(0,\infty;H)\}$;

on a

(6.13) $\qquad u_\varepsilon \in \mathcal{V}_\varepsilon$.

<u>L'espace</u> $\mathcal{V}_\varepsilon$ <u>dépend de</u> ε , <u>par son comportement à l'infini en</u> t . La solution u du problème limite :

(6.14) $$(u'',v) + b(u,v) = 0 \ ,$$

(6.15) $$u(o) = u_0 \quad , \ u'(o) = u_1 \ ,$$

vérifie une condition analogue avec $k(\varepsilon) = 0$. Il y a donc un correcteur pour $t \to +\infty$; sous certaines conditions, la méthode des échelles multiples, brièvement exposée ci-après, va donner un procédé de calcul d'une approximation uniforme sur $t \geqslant 0$.

6.2. Echelles de temps multiples.

On introduit les opérateurs A, $B \in \mathcal{L}(V;V')$ par

(6.16) $$a(u,v) = (Au,v) \quad , \ b(u,v) = (Bu,v) \ .$$

On suppose que

(6.17) $$a(v,v) \geqslant \underline{\alpha} \ \|v\|_W^2 \ ,$$

où $\|v\|_W$ est la norme dans un espace de Hilbert W tel que

(6.18) $V \subset W \subset H$, les inclusions étant strictes ou non.

Grâce aux hypothèses de symétrie sur $a(u,v)$ et $b(u,v)$ les opérateurs A et B non bornés dans H sont auto-adjoints. On utilisera dans la suite les domaines $D(A^\lambda)$, $D(B^\lambda)$ des puissances de A et B. On fait l'hypothèse

(6.19) A et B commutent

(i.e. leurs résolvantes commutent).

On va maintenant donner les règles de calcul d'une approximation uniforme, d'ordre 2 (pour fixer les idées).

On introduit

(6.20) $$t_1 = \varepsilon t$$

et l'on définit l'approximation d'ordre 2 $\varphi_\varepsilon(t)$ par :

(6.21) $$\varphi_\varepsilon = u^o(t,t_1) + \varepsilon\, u^1(t,t_1)$$

où u^o et u^1 sont définis comme suit. On désigne de façon générale par ψ_t, ψ_{t_1} les dérivées $\frac{\partial\psi}{\partial t}$, $\frac{\partial\psi}{\partial t_1}$. Alors :

(6.22) $$u^o_{tt} + Bu^o = 0 ,$$

(6.23) $$u^1_{tt} + Bu^1 = 0$$

avec les conditions initiales" (noter que dans les équations "hyperboliques" (6.22)(6.23), t_1 est considéré comme un paramètre);

(6.24) $$u^o(o,t) = \alpha_o(t_1) \quad , \quad u^o_t(o,t_1) = \beta_o(t_1) ,$$

(6.25) $$u^1(o,t_1) = \alpha_1(t_1) \quad , \quad u^1_t(o,t_1) = \beta_1(t_1)$$

les fonctions α_i, β_i étant définies par les équations suivantes :

(6.26) $$2\,\frac{d\alpha_o}{dt_1} + A\,\alpha_o = 0 , \qquad \alpha_o(o) = u_o ,$$

(6.27) $$2\,\frac{d\beta_o}{dt_1} + A\,\beta_o = 0 , \qquad \beta_o(o) = u_1 ,$$

(6.28) $$2\,\frac{d\alpha_1}{dt_1} + A\,\alpha_1 = \frac{1}{2}\,B^{-1}A\left(\frac{d\beta_o}{dt_1}\right) , \quad \alpha_1(o) = 0 ,$$

(6.29) $$2\,\frac{d\beta_1}{dt_1} + A\,\beta_1 = -\frac{1}{2}\,A\left(\frac{d\alpha_o}{dt_1}\right) , \quad \beta_1(o) = 0 .$$ ∎

Remarque 6.1.

Les équations (6.26) ... (6.29) sont de nature parabolique.

On intègre donc, de façon approchée, l'équation (6.1) par une méthode du type des méthodes de décomposition de l'Analyse Numérique (splitting up ; cf. G.I. MARCHOUK [1], N.N.YANENKO [1], R. TEMAM [5] et la bibliographie de ces travaux) ou encore des méthodes du type "formule de Trotter" (cf. TROTTER [1]). On trouvera également une remarque sur la méthode de décomposition en présence de perturbations singulières dans BENSOUSSAN-LIONS-TEMAM [1]. ∎

On va maintenant démontrer le :

THEOREME 6.1.

On suppose que (6.3)(6.4)(6.5)(6.16)(6.17)(6.18)(6.19) ont lieu. On suppose que :

(6.30) $$u_o \in D(A^3) \quad , \quad u_1 \in D(A^{5/2}).$$

Soit u_ε la solution de (6.1)(6.2) et soit φ_ε définie par (6.21) (où l'on remplace t_1 par εt) avec (6.22) ...(6.29). Si l'on pose

(6.31) $$m_\varepsilon = u_\varepsilon - \varphi_\varepsilon$$

on a

(6.32) $$\|m_\varepsilon(t)\| + |m'_\varepsilon(t)| \leqslant C\,\varepsilon^2 \qquad \forall\, t \geqslant 0\,.$$

Démonstration.

1). On effectue d'abord un calcul formel, qui va montrer que

(6.33) $$\left|\begin{array}{l} \varphi''_\varepsilon + \varepsilon A\varphi'_\varepsilon + B\varphi_\varepsilon \;=\; \varepsilon^3\, r^\varepsilon\,, \\ r^\varepsilon(t) \;=\; Au^1_{t_1}(t,t_1) + u^1_{t_1 t_1}(t,t_1)\quad. \end{array}\right.$$

On a en effet

$$\varphi'_\varepsilon = u^o_t + \varepsilon(u^o_{t_1} + u^1_t) + \varepsilon^2\, u^1_{t_1}\,,$$

$$\varphi''_\varepsilon = u^o_{tt} + \varepsilon(2u^o_{tt_1} + u^1_{tt}) + \varepsilon^2(u^o_{t_1t_1} + 2u^1_{tt_1}) + \varepsilon^3\, u^1_{t_1t_1}$$

d'où

$$\varphi''_\varepsilon + \varepsilon A\varphi'_\varepsilon + B\varphi_\varepsilon = u^o_{tt} + Bu^o + \varepsilon[u^1_{tt} + Bu^1 + 2u^o_{tt_1} + Au^o_t] +$$

$$+ \varepsilon^2[u^o_{t_1t_1} + Au^o_{t_1} + 2u^1_{tt_1} + Au^1_t] + \varepsilon^3[u^1_{t_1t_1} + Au^1_{t_1}]\,.$$

Grâce à (6.22)(6.23) on a donc :

(6.34) $$\varphi''_\varepsilon + \varepsilon A\varphi'_\varepsilon + B\varphi_\varepsilon = \varepsilon X + \varepsilon^2 Y + \varepsilon^3 r^\varepsilon ,$$

où $$X = 2 u^o_{tt_1} + Au^o_t \quad , \quad Y = u^o_{t_1t_1} + Au^o_{t_1} + 2u^1_{tt_1} + Au^1_t .$$

Grâce à la commutabilité de A et B on a :

$$X_{tt} + BX = 0 \quad , \quad Y_{tt} + BY = 0$$

et l'on aura donc $X = 0$, $Y = 0$ (et donc (6.33)) si l'on montre que

$$X(o,t_1) = 0 \quad , \quad X_t(o,t_1)=0 \quad , \quad Y(o,t_1) = 0 \; , \; Y_t(o,t_1)=0$$

Or :

$$X(o,t_1) =(2 \frac{d}{dt_1}+ A)u^o_t(o,t_1) = (2\frac{d}{dt} + A)\beta_o(t_1) = 0$$

d'après (6.27).

Puis $$X_t(o,t_1)=(2 \frac{d}{dt_1} + A) u^o_{tt}\Big|_{t=0} = -(2 \frac{d}{dt_1} + A) Bu^o\Big|_{t=0} =$$

$$= -B(2\frac{d}{dt_1} + A) u^o(o,t_1) = 0 \text{ d'après (6.26).}$$

On a ensuite :

$$Y(o,t_1) = \left(\frac{d^2}{dt_1^2} + \frac{d}{dt_1} A\right)\alpha_o(t_1) + (2 \frac{d}{dt_1} + A) \beta_1(t_1) =$$

$$= \frac{1}{2} \frac{d}{dt_1} A \alpha_o(t_1) + (2 \frac{d}{dt_1} + A) \beta_1(t_1) = 0$$

d'après (6.29) et enfin :

$$Y_t(o,t_1)=\left(\frac{d^2}{dt_1^2} + \frac{d}{dt_1} A\right)\beta_o(t_1) + (2 \frac{d}{dt_1} + A)u^1{}_{tt}\Big|_{t=0} =$$

$$= \frac{1}{2} \frac{d}{dt_1} A\beta_o(t_1) - B(2\frac{d}{dt_1} + A) \alpha_1(t_1) = 0$$

d'après (6.28).

On note que, par ailleurs :

(6.35) $$\varphi_\varepsilon(o) = u_o \quad , \quad \varphi'_\varepsilon(o) = u_1 .$$

2). La différence m_ε donnée par (6.31) vérifie alors

(6.36) $$\left| \begin{array}{l} m''_\varepsilon + \varepsilon A m'_\varepsilon + B m_\varepsilon = -\varepsilon^3 r^\varepsilon , \\ \\ m_\varepsilon(o) = 0 \quad , \quad m'_\varepsilon(o) = 0 . \end{array} \right.$$

Par conséquent, en prenant le produit scalaire avec m'_ε et en posant $a(\varphi,\varphi) = a(\varphi)$, $b(\varphi,\varphi) = b(\varphi)$:

(6.37) $$\frac{1}{2}\frac{d}{dt}[|m'_\varepsilon|^2 + b(m_\varepsilon)] + \varepsilon\, a(m'_\varepsilon) = -\varepsilon^3(r^\varepsilon, m'_\varepsilon) = \\ = -\varepsilon^3(A^{1/2} m'_\varepsilon , A^{-1/2} r^\varepsilon) .$$

Le deuxième membre de (6.37) est majoré en module par :

$$\frac{1}{2}\varepsilon\, a(m'_\varepsilon) + C\,\varepsilon^5 |A^{-1/2} r^\varepsilon(t)|^2$$

et par conséquent (6.37) donne :

(6.38) $$|m'_\varepsilon(t)|^2 + b(m_\varepsilon(t)) + \varepsilon \int_o^t a(m'_\varepsilon(\sigma))d\sigma \leq C\,\varepsilon^5 \int_o^t |A^{-\frac{1}{2}} r^\varepsilon(\sigma)|^2 d\sigma$$

ce qui montre (6.32) si l'on vérifie que

(6.39) $$\int_o^\infty |A^{-\frac{1}{2}} r^\varepsilon(t)|^2\, dt \leq C\,\varepsilon^{-1} .$$

3). Posons donc :

(6.40) $$s^\varepsilon = A^{-\frac{1}{2}} r^\varepsilon = A^{\frac{1}{2}} u^1_{t_1}(t,t_1) + A^{-\frac{1}{2}} u^1_{t_1 t_1}(t,t_1) = s^\varepsilon(t,t_1).$$

On a :

(6.41) $$s^\varepsilon_{tt} + B\, s^\varepsilon = 0 ,$$

d'où en prenant le produit scalaire des deux membres avec $B^{-1} s^\varepsilon_t$:

$$|s^{\varepsilon}(t,t_1)|^2 + |B^{-\frac{1}{2}} s^{\varepsilon}_t(t,t_1)|^2 = |s^{\varepsilon}(o,t_1|^2 + |B^{-\frac{1}{2}} s^{\varepsilon}_t(o,t_1)|^2$$

de sorte que

$$\int_o^{\infty} |s^{\varepsilon}(t,\varepsilon t)|^2 \, dt \leqslant \frac{1}{\varepsilon} \int_o^{\infty} \left[|s^{\varepsilon}(o,t_1)|^2 + |B^{-\frac{1}{2}} s^{\varepsilon}_t(o,t_1)|^2 \right] dt_1 \; .$$

Par conséquent, on aura démontré (6.39) si l'on vérifie que

$$\int_o^{\infty} \left[|s^{\varepsilon}(o,t_1)|^2 + |B^{-\frac{1}{2}} s^{\varepsilon}_t(o,t_1)|^2 \right] dt_1 \leqslant C \; . \tag{6.42}$$

Mais l'on a :

$$s^{\varepsilon}(o,t_1) = A^{-\frac{1}{2}} \left(A \frac{d\alpha_1}{dt_1} + \frac{d^2\alpha_1}{dt_1^2} \right) = \text{(en tenant compte de (6.28))} =$$

$$= A^{-\frac{1}{2}} \left(\frac{1}{2} A \frac{d\alpha_1}{dt_1} + \frac{1}{4} B^{-1} A \frac{d^2\beta_o}{dt^2} \right) \quad ,$$

$$B^{-\frac{1}{2}} s^{\varepsilon}_t(o,t_1) = B^{-\frac{1}{2}} A^{-\frac{1}{2}} \left(\frac{1}{2} A - \frac{d\beta_1}{dt_1} - \frac{1}{4} A \frac{d^2\alpha_o}{dt_1^2} \right) .$$

Mais

$$\alpha_o = \exp\left(-\frac{t_1}{2} A\right) u_o \; , \qquad \beta_o = \exp\left(-\frac{t_1}{2} A\right) u_1 \quad ,$$

de sorte que

$$A^{-\frac{1}{2}} B^{-1} A \; \frac{d^2\beta_o}{dt_1^2} = \frac{1}{4} \exp\left(-\frac{t_1}{2} A\right) B^{-1} A \, A^{3/2} u_1 \in L^2(0,\infty;H) \text{ si}$$

$u_1 \in D(A^{3/2})$ et

$$B^{-\frac{1}{2}} A^{-\frac{1}{2}} A \; \frac{d^2\alpha_o}{dt_1^2} = \frac{1}{4} B^{-\frac{1}{2}} A^{-\frac{1}{2}} A \exp\left(-\frac{t_1}{2} A\right) A^2 u_o \in L^2(0,\infty;H) \text{ si}$$

$u_o \in D(A^2)$. On a donc (6.42) sous réserve de vérifier que

$$A^{\frac{1}{2}} \frac{d\alpha_1}{dt_1} \in L^2(o,\infty;H) \quad , \tag{6.43}$$

$$\frac{d\beta_1}{dt_1} \in L^2(0,\infty;H) \tag{6.44}$$

(car $B^{-\frac{1}{2}} A^{\frac{1}{2}}$ est borné dans $\mathcal{L}(H;H)$).

Or on déduit de (6.28) et (6.27) que

$$2\,\frac{d^2}{dt_1^2}\,\alpha_1 + A\,\frac{d\alpha_1}{dt_1} = \frac{1}{2}\,B^{-1}A\,\Big(\frac{d^2\beta_o}{d\,t_1^2}\Big)\quad,\quad \frac{d\alpha_1}{dt_1}(o) = \frac{1}{8}\,B^{-1}\,A^2\,u_1\,,$$

d'où l'on déduit que :

$$\frac{d\alpha_1}{dt_1}(t_1) = \frac{1}{8}\,B^{-1}\,A^2\,\exp\Big(-\,\frac{t_1}{2}\,A\Big)u_1 + \frac{1}{4}\,t_1\,B^{-1}A\,\exp\Big(\frac{t_1 A}{2}\Big)\,A^2u_1$$

d'où (6.43) si $u_1 \in D(A^{5/2})$ et l'on déduit de même (6.44) si $u_o \in D(A^3)$. ∎

Remarque 6.2.

On peut évidemment calculer par le même genre de méthode des approximations uniformes d'ordre quelconque (pourvu que les données initiales soient assez régulières). ∎

Remarque 6.3.

On peut introduire également trois échelles de temps, en cherchant des approximations sous la forme

$$u^o(t,t_1,t_2) + \varepsilon\,u^1(t,t_1,t_2) + \dots\;,$$

$$t_1 = \varepsilon\,t\;\;,\;\;t_2 = \varepsilon^2\,t.$$

Le passage à N échelles, $N \geqslant 3$, ne donnerait pas, dans la situation présente, d'amélioration possible (cf., pour le cas des équations différentielles ordinaires, E.L. REISS [1]). ∎

7. PROBLEMES.

7.1. Etude des correcteurs dans le cas de l'Exemple 1.1 et les exemples analogues dans le cas notamment de (1.56)(1.57).

7.2. Etude analytique des correcteurs dans le cas de l'Exemple 1.2.

7.3. Même question relativement à l'Exemple 1.3, N° 1.8.

7.4. Etude de tous les problèmes étudiés dans ce Chapitre dans le cas d'ouverts non cylindriques. [Signalons en outre le cas d'ouverts à frontière "lentement variable" dans le temps ; cf. HOPPENSTEADT [4]].

7.5. Etude du problème (classique) du comportement de u_ε, solution des équations de Navier Stokes, lorsque $\varepsilon \to 0$. (Cf. N° 3.5).

7.6. Etude du problème de la Remarque 4.4 avec une dérivée oblique au lieu de la dérivée normale. [Pour le problème de dérivée oblique pour l'équation des ondes, on consultera CHAZARAIN [1], IKAWA [1]].

7.7. Considérons le "modèle de Carleman" (cf. KOLODNER [1], TEMAM [3], TARTAR [5], GODUNOV et SULTANGAZIN [1] (où l'on trouvera beaucoup d'autres modèles de type un peu voisin)) :

$$\varepsilon\left(\frac{\partial u_{\varepsilon 1}}{\partial t} + \frac{\partial u_{\varepsilon 1}}{\partial x}\right) + u_{\varepsilon 1}^2 - u_{\varepsilon 2}^2 = f_1 ,$$

$$\varepsilon\left(\frac{\partial u_{\varepsilon 2}}{\partial t} - \frac{\partial u_{\varepsilon 2}}{\partial x}\right) + u_{\varepsilon 2}^2 - u_{\varepsilon 1}^2 = f_2 ,$$

pour $x \in \Omega$ borné ou non, $u_{\varepsilon i}(x,o) = u_i(x)$, $u_i \geqslant 0$, $f_i \geqslant 0$. Etudier le comportement de u_ε lorsque $\varepsilon \to 0$.

7.8. Etude des equations aux dérivées partielles non linéaires du type

$$\frac{\partial u_\varepsilon}{\partial t} - \Delta_x u_\varepsilon - \varepsilon\, \Delta_y\, u_\varepsilon + F(u_\varepsilon) = f ,$$

avec des conditions aux limites et initiales, $x \in \Omega$, $y \in \mathcal{O}$.

Une difficulté liée au problème précédent est de trouver une solution mesurable en le paramètre pour des équations non linéaires où les données dépendent (mesurablement) d'un paramètre (y dans l'exemple ci-dessus). Cela est lié aux équations aux dérivées partielles stochastiques, pour lesquelles nous renvoyons à BENSOUSSAN et TEMAM [1].

8. COMMENTAIRES.

La convergence de la solution d'un problème parabolique vers un problème elliptique du $2^{\underline{\text{ème}}}$ ordre est dûe à KRZYZANSKI [1]. L'étude de la couche limite a été faite par ZLAMAL [2]. Pour les opérateurs généraux d'évolution, on a utilisé la régularisation elliptique comme outil de démonstration dans LIONS [15] pour les équations linéaires, LIONS-STAMPACCHIA [1] pour les inéquations et dans LIONS [3], Chapitre 3, pour des équations non linéaires assez générales. Des résultats généraux sur les couches limites sont amorcés pour les équations linéaires dans EFFENDIEV [1] qui adapte les méthodes de VISIK et LIOUSTERNIK [1].

Les problèmes abordés au N° 2 sont nouveaux pour les inéquations étudiées au N° 2.1. La théorie est considérablement développée pour les équations d'évolution. Nous renvoyons au livre de S. KREIN [1] et à la bibliographie de cet ouvrage et aux travaux de HOPPENSTEADT [1]... [4]. Le résultat du N° 2.3. semble nouveau; dans le cas unidimensionnel, des estimations supplémentaires peuvent être obtenues par le principe du maximum ; cf. HOPPENSTEADT [4]. Le calcul systématique des correcteurs dans le cas des inéquations est un problème ouvert.

Les $N^{\underline{os}}$ 2.4 et 2.5 développent la note (II) de LIONS [7].

Pour une étude de la situation de la Remarque 3.2. sur un exemple à une dimension d'espace, cf. L. BOBISUD [1]. Consulter également D.G. ARONSON [1], J.A. GOLDSTEIN [1], L.BOBISUD et R. HERSH [1] S.L. KAMENOMOSTSKAYA [1].

L'étude du cas où la viscosité tend vers 0 dans les équations de Navier Stokes est classique en Hydrodynamique et a donné lieu à des travaux innombrables. Nous renvoyons à O.A. OLEINIK [3] pour l'étude en particulier des équations de PRANDTL. Nous référons également à J. COLE [1], C. FRANCOIS [1], VAN DYKE [1]. Consulter aussi DARROZES [1] et la bibliographie de ce travail.

On trouvera des estimations du type de celles du N° 5.2 dans les travaux de ZLAMAL cités dans le texte, ainsi que dans J. KISYNSKI [1], M. KOPACKOVA-SUCKA [1], A.Y. SCHOENE [1], M. SOVA [1]. Dans l'article de SCHOENE, loc.cit., cet Auteur utilise la théorie des semi groupes et des arguments de GRIEGO et HERSH [1].

La méthode des échelles multiples, brièvement introduite au N° 6, a été utilisée par COLE [1], KEVORKIAN [1] dans le cas des équations différentielles ordinaires. Consulter aussi G. SANDRI [1], KLIMAS, RAMNATH et SANDRI [1]. Pour des équations hyperboliques non linéaires nous renvoyons à CHIKWENDU et KEVORKIAN [1], J.B. KELLER et S. KOGELMAN [1], CHOW [1].

Les liens entre les méthodes de temps multiples et de moyennes de BOGOLIUBOV et MITROPOLSKY [1] sont étudiés dans J.A. MORRISON [1] (pour le cas des équations différentielles). Des extensions de la méthode de BOGOLIUBOV à des problèmes d'équations aux dérivées partielles non linéaires sont données dans I.V. SIMONENKO [1][2]. Cf. également KRASNOCELSKII, BOURD et KOLECOV [1].

La méthode des "variables multiples" a également été utilisée dans des problèmes elliptiques ; cf. N.D. FOWKES [1][2], C. COMSTOCK [1]. Une propriété de moyenne, dans une situation différente (encore pour une équation d'évolution, dont la moyenne limite est solution d'un système du 1er ordre) est donnée dans A.M. IL'IN [2][3].

Dans le cas des équations différentielles ordinaires, les perturbations des solutions presque périodiques sont étudiées dans S. CERNEAU [1]. Il serait intéressant d'étudier, du point de vue des perturbations singulières, les situations résolues dans L. AMERIO et G. PROUSE [1].

Pour les relations entre les perturbations singulières et les développements asymptotiques à l'infini, cf. également les travaux de ARONSON [1], MAZ'JA et PLAMENEVSKII [1], N. MEYERS [1], A. PAZY [1], Z. SCHUSS [1].

Il peut arriver qu'un problème bien posé ait pour "limite" un problème mal posé ; c'est le cas des méthodes de quasi-réversibilité (cf. LATTES-LIONS [1], CARASSO [1], K. MILLER [1]).

On rencontre également des problèmes de perturbations singulières et de couches limites (le long de la surface libre) dans des problèmes de surface libre. Nous renvoyons à COLE [1], H. COHEN et W.L. MIRANKER [1].

CHAPITRE VII

CONTROLE OPTIMAL DE SYSTEMES DISTRIBUES SINGULIERS

INTRODUCTION

Une idée basique de la théorie du contrôle optimal de systèmes distribués est leur "simplification". Or précisément l'idée directrice de la théorie des perturbations singulières est celle de la simplification de systèmes, en tenant compte du fait que des paramètres sont "petits". Le but du présent Chapitre est alors de voir ce que donne cette idée appliquée à la théorie du contrôle optimal déterministe [1].

1. ETATS STATIONNAIRES SINGULIERS

1.1. Orientation.

Comme on a déjà dit dans l'Introduction de ce Chapitre, on étudie le contrôle optimal de systèmes dont l'équation d'état est une équation aux dérivées partielles contenant de "petits paramètres". On peut dire en abrégé que le système est "distribué singulier".

L'idée naturelle est alors évidemment de remplacer l'état $y_\varepsilon(v)$, où v désigne le contrôle et ε le "petit paramètre", par un état approché plus simple, correspondant à l'équation limite, complété éventuellement par un correcteur.

Nous commençons par ce N° par l'étude des systèmes stationnaires.

1.2. Théorème général de convergence.

Notations.

On se donne, avec les notations du Chapitre 2 :

(1.1) $\quad \left| \begin{array}{l} K \subset V_a \subset V_b, \\ K = \text{sous-espace vectoriel fermé de } V_a, \ K \text{ dense dans } V_b. \end{array} \right.$

---

(1) Nous étudions le cas stochastique avec A. Bensoussan dans des travaux séparés (cf. A. Bensoussan et J.L. Lions [1].

Pour le contrôle optimal stochastique de systèmes distribués, cf. Bensoussan [1].

Remarque 1.1.

On pourrait, plus généralement, considérer le cas où K = ensemble convexe fermé non vide quelconque de V_a. Le Théorème 1.1. ci-après est encore valide dans ce cas, les équations étant remplacées par des inéquations. Toutefois nous ignorons comment étendre alors les résultats du N° 1.4. ■

L'espace des contrôles est un espace de Hilbert noté $\mathcal{U}$, le produit scalaire dans cet espace étant noté $(u,v)_{\mathcal{U}}$ et la norme $\|v\|_{\mathcal{U}}$.

On se donne

(1.2) $$\mathcal{U}_{ad} = \text{ensemble convexe fermé non vide de } \mathcal{U}$$

(l'ensemble des contrôles admissibles).

On se donne un opérateur D :

(1.3) $$D \in \mathcal{L}(\mathcal{U};V'_b)$$

et les formes bilinéaires continues $a(\phi,\psi)$, $b(\phi,\psi)$ comme au Chap. 2, donc avec les hypothèses ;

(1.4) $$a(\phi,\phi) \geqslant \alpha\|\phi\|_a^2, \quad b(\phi,\phi) \geqslant \beta\|\phi\|_b^2, \quad \alpha,\beta > 0$$

[on peut plus généralement supposer que

(1.5) $$a(\phi,\phi) + \|\phi\|_b^2 \geqslant \alpha\|\phi\|^2$$

sans changer la validité des résultats ci-après]. ■

L'état du système est défini, $\forall\, v \in V$, par

(1.6) $$\left| \begin{array}{l} y_\varepsilon(v) \in K, \\ \varepsilon a(y_\varepsilon(v),\phi) + b(y_\varepsilon(v),\phi) = (f+Dv,\phi) \quad \forall\, \phi \in K \end{array} \right.$$

où f est donné avec

(1.7) $$f \in V'_b.$$

Des exemples de cette situation sont donnés au N°1.3 suivant. ■

L'observation du système.

On se donne un espace de Hilbert $\mathcal{H}$ et un opérateur C (l'opérateur de mesure) avec

(1.8) $$C \in \mathcal{L}(V_b;\mathcal{H}).$$

Remarque 1.2.

Pour $\varepsilon > 0$, on peut supposer que $C \in \mathcal{L}(V_a;\mathcal{H})$, mais on ne peut pas alors passer à la limite en ε. ■

L'observation du système est alors $Cy_\varepsilon(v)$ et <u>la fonction coût</u> est donné par :

(1.9) $$J_\varepsilon(v) = \| Cy_\varepsilon(v) - z_d \|^2_{\mathcal{H}} + (Nv,v)_{\mathcal{U}} \quad ,$$

où :

(1.10) z_d est donné dans $\mathcal{H}$,

(1.11) N est donné dans $\mathcal{L}(\mathcal{U};\mathcal{U})$, $N^* = N$, $(Nv,v)_{\mathcal{U}} \geq N_0 \|v\|^2_{\mathcal{U}}$, $N_0 > 0$. ∎

<u>Remarque 1.3.</u>

La fonction coût dépend de ε puisque $y_\varepsilon(v)$ dépend de ε. ∎

<u>Remarque 1.4.</u>

L'élément z_d est un élément dont on désire s'approcher (état <u>désiré</u>) et le terme $(Nv,v)_{\mathcal{U}}$ correspond au <u>coût</u> du contrôle. ∎

<u>Le problème de contrôle optimal</u> est :

(1.12) $$\text{trouver inf. } J_\varepsilon(v), \ v \in \mathcal{U}_{ad} \cdot$$ ∎

La fonction $v \to J_\varepsilon(v)$ est continue sur $\mathcal{U}_{ad}$, infinie à l'infini, strictement convexe, et donc le problème (1.12) <u>admet une solution unique, que l'on désigne par</u> u_ε. On dit que u_ε est le <u>contrôle optimal</u>.

Nous allons voir que u_ε converge dans $\mathcal{U}$ lorsque $\varepsilon \to 0$. ∎

<u>Etat limite, fonction coût limite.</u>

On définit l'état limite, $\forall \ v \in \mathcal{U}$, par

(1.13) $$\begin{cases} y(v) \in V_b, \\ b(y(v),\phi) = (f+Dv,\phi) \ \forall \ \phi \in V_b \end{cases}$$

et la fonction coût limite par

(1.14) $$J(v) = \| Cy(v) - z_d \|^2_{\mathcal{H}} + (Nv,v)_{\mathcal{U}} \quad .$$

Le problème de contrôle optimal limite est

(1.15) $$\text{trouver inf. } J(v), \ v \in \mathcal{U}_{ad}.$$

Ce problème admet une solution unique, soit u. ∎

On va démontrer le

<u>THEOREME 1.1</u>. <u>On suppose que</u> (1.1)...(1.4), (1.10)(1.11) <u>ont lieu</u>. <u>Soit</u> u_ε (resp. u) <u>la solution de</u> (1.12) (resp. (1.15)). <u>On pose</u>

(1.16) $$y_\varepsilon(u_\varepsilon) = y_\varepsilon, \quad y(u) = y.$$

<u>On a alors</u> :

(1.17) $$u_\varepsilon \to u \text{ dans } \mathcal{U},$$

(1.18) $$y_\varepsilon \to y \text{ dans } V_b,$$

(1.19) $$J_\varepsilon(u_\varepsilon) = \inf.J_\varepsilon(v) \to J(u) = \inf.J(v),\ v \in \mathcal{U}_{ad}.$$

<u>Démonstration.</u>

1/ D'après le Théorème 3.1, Chap. 2, on sait que :

(1.20) $$\forall\ v \in\ ,\ y_\varepsilon(v) \to y(v) \text{ dans } V_b.$$

Par conséquent

(1.21) $$J_\varepsilon(v) \to J(v),\quad \forall\ v \in \mathcal{U}.$$

Comme $J_\varepsilon(u_\varepsilon) \leqslant J_\varepsilon(v)$, $\forall\ v \in \mathcal{U}_{ad}$, on en déduit que

(1.22) $$\limsup J_\varepsilon(u_\varepsilon) \leqslant J(v),\ \forall\ v \in \mathcal{U}_{ad},$$

donc $$\limsup J_\varepsilon(u_\varepsilon) \leqslant \inf J(v),\ v \in \mathcal{U}_{ad}$$

donc

(1.23) $$\limsup J_\varepsilon(u_\varepsilon) \leqslant J(u).$$

2/ Comme $J_\varepsilon(v) \geqslant (Nv,v)_{\mathcal{U}} \geqslant N_0 \|v\|^2_{\mathcal{U}}$, on a donc

(1.24) $$\|u_\varepsilon\|_{\mathcal{U}} \leqslant C$$

d'où résulte que

(1.25) $$\sqrt{\varepsilon}\, \|y_\varepsilon\|_a + \|y_\varepsilon\|_b \leqslant C.$$

On peut donc extraire une suite, encore notée u_ε, y_ε, telle que

(1.26) $$u_\varepsilon \to w \text{ dans } \mathcal{U} \text{ faible, et alors } w \in \mathcal{U}_{ad},$$

(1.27) $$y_\varepsilon \to y(w) \text{ dans } V_b \text{ faible.}$$

Mais alors

(1.28) $$\liminf J_\varepsilon(u_\varepsilon) \geqslant \|Cy(w)-z_d\|^2_{\mathcal{H}} + (Nw,w)_{\mathcal{U}} = J(w).$$

Comparant à (1.23), on voit que nécessairement $w = u$, donc $y(w) = y$ et (1.23)(1.28) donnent (1.19).

3/ Pour montrer qu'il y a convergence <u>forte</u> dans (1.17)(1.18), on introduit

(1.29) $$X_\varepsilon = (N(u_\varepsilon-u),u_\varepsilon-u)_{\mathcal{U}} + \|Cy_\varepsilon-Cy\|^2_{\mathcal{H}}\ .$$

On a :

$$X_\varepsilon = J_\varepsilon(u_\varepsilon) - (Nu_\varepsilon,u)_{\mathcal{U}} - (Nu,u_\varepsilon-u)_{\mathcal{U}} - (Cy_\varepsilon - d, Cy-z_d)_{\mathcal{H}} - (Cy-z_d, C(y_\varepsilon-y))_{\mathcal{H}}$$

donc

$$X_\varepsilon \to J(u) - (Nu,u)_{\mathcal{U}} - \|Cy-z_d\|^2_{\mathcal{H}} = 0,$$

d'où le résultat. ∎

1.3. Exemples.

Exemple 1.1.

On considère un système dont l'état est donné par :

(1.30)
$$\left|\begin{aligned} -\varepsilon\Delta y_\varepsilon(v) + y_\varepsilon(v) &= f+v, \\ y_\varepsilon(v)\big|_\Gamma &= 0 \end{aligned}\right.$$

où $f \in L^2(\Omega)$ et $v \in \mathcal{U}_{ad}$ = ensemble convexe fermé de $\mathcal{U}$ $(= L^2(\Omega))$.

On prend comme fonction coût

(1.31)
$$J_\varepsilon(v) = \int_\Omega |y_\varepsilon(v)-z_d|^2 dx + N\alpha\int_\Omega v^2 dx .$$

Cela entre dans la théorie générale qui précède, avec :

$$V_a = H^1(\Omega),\ V_b = L^2(\Omega),\ K = H_0^1(\Omega),$$
$$a(u,v) = \int_\Omega \operatorname{grad} u \operatorname{grad} v\, dx,\ b(u,v) = \int_\Omega u\, v\, dx.$$

L'état limite est

(1.32)
$$y(v) = f+v$$

de sorte que la fonction coût limite est

(1.33)
$$J(v) = \int_\Omega |f+v-z_d|^2 dx + N\alpha\int_\Omega v^2 dx.$$

Le problème (1.15) est donc trivial. ■

Exemple 1.2.

Une variante immédiate de l'Exemple 1.1 est :

(1.34)
$$\left|\begin{aligned} -\varepsilon\Delta y_\varepsilon(v) + y_\varepsilon(v) &= f+v, \\ \frac{\partial}{\partial\nu} y_\varepsilon(v) &= 0. \end{aligned}\right.$$

Ce problème limite est le même que dans l'exemple précédent. ■

Exemple 1.3.

On suppose que l'état du système est défini par

(1.35)
$$\left|\begin{aligned} &\varepsilon\Delta^2 y_\varepsilon(v) - \Delta y_\varepsilon(v) + y_\varepsilon(v) = f, \\ &-\varepsilon \frac{\partial}{\partial\nu}\Delta y_\varepsilon(v) + \frac{\partial y_\varepsilon}{\partial\nu}(v) = v \text{ sur } \Gamma, \\ &\Delta y_\varepsilon(v) = 0 \text{ sur } \Gamma \end{aligned}\right.$$

la fonction coût étant

(1.36)
$$J_\varepsilon(v) = \int_\Gamma |y_\varepsilon(v)-z_d|^2 d\Gamma + N\alpha\int_\Gamma v^2 d\Gamma.$$

On applique la théorie générale dans les conditions suivantes :

$V_a = \{v \mid v \in H^1(\Omega),\ \Delta v \in L^2(\Omega)\}$, $V_b = H^1(\Omega)$, $K = V_a$;

$a(u,v) = (\Delta u, \Delta v)$, $b(u,v) = \int_\Omega [\text{grad } u \text{ grad } v + u\, v\,] dx$;

$\mathcal{U} = L^2(\Gamma)$, $D \in \mathcal{L}(\mathcal{U}\,; V_b)$ étant défini par

(1.37) $$(Du,\phi) = \int_\Gamma u\, \phi\, d\Gamma.$$

<u>Alors</u> (1.35) <u>équivaut</u> à (1.6).

On prend ensuite :

$\mathcal{H} = L^2(\Gamma)$, C = opérateur de trace de $H^1(\Omega) \to L^2(\Gamma)$

$N = N_0$(Identité) dans $\mathcal{U}$,

et (1.9) coïncide avec (1.36).

<u>Le problème limite</u> est

(1.38) $$-\Delta y(v) + y(v) = f,\ \frac{\partial y}{\partial \nu}(v) = v$$

et

(1.39) $$J(v) = \int_\Gamma |y(v) - z_d|^2 d\Gamma + N_0 \int_\Gamma v^2 d\Gamma.$$ ■

<u>Exemple 1.4.</u>

(Comparer au Chap. 2, N° 12.2).

On prend

$K = V_a = H^1(\Omega)$, $V_b = L^2(\Omega)$,

$a(\phi,\psi) = \int_\Omega \text{grad } \phi \text{ grad } \psi\, dx$, $b(\phi,\psi) = \int_\Omega \phi\, \psi\, dx + \int_\Omega \phi\, G\psi\, dx$,

où

(1.40) $$-\Delta(G\psi) = \psi,\ G\psi|_\Gamma = 0.$$

On considère le problème

(1.41 $$\left| \begin{array}{l} \varepsilon a(y_\varepsilon(v),\phi) + b(y_\varepsilon(v),\phi) = (f, G\phi) - \int_\Gamma v \frac{\partial G\phi}{\partial \nu} d\Gamma \\ f \in L^2(\Omega),\ v \in L^2(\Gamma)\ (= \mathcal{U}). \end{array} \right.$$

On est dans les conditions de la théorie générale avec D définie par

(1.42) $$(Dv,\phi) = -\int_\Gamma v \frac{\partial(G\phi)}{\partial \nu} d\Gamma.$$

La fonction coût est

(1.43) $$J_\varepsilon(v) = \int_\Omega |y_\varepsilon(v) - z_d|^2 dx + N_0 \int_\Gamma v^2 d\Gamma.$$

Le problème correspondant est, comme nous allons le vérifier, le suivant :

(1.44) $$\left| \begin{array}{l} \varepsilon \Delta^2 y_\varepsilon(v) - \Delta y_\varepsilon(v) + y_\varepsilon(v) = f, \\ -\varepsilon \Delta y_\varepsilon(v) + y_\varepsilon(v) = v \text{ sur } \Gamma, \\ \dfrac{\partial y_\varepsilon(v)}{\partial \nu} = 0 \text{ sur } \Gamma. \end{array} \right.$$

En effet si l'on prend $\phi = -\Delta\theta$, $\theta \in \mathcal{D}(\Omega)$, dans (1.41). On a $G\phi = \theta$ et il vient :

$$\varepsilon\left(\Delta^2 y_\varepsilon(v),\theta\right) + \left(y_\varepsilon(v),-\Delta\theta\right) + \left(y_\varepsilon(v),\theta\right) = (f,\theta)$$

d'où la 1ère équation (1.44). La formule de Green donne, après multiplication par $G\phi$:

$$-\varepsilon\int_\Gamma \Delta y_\varepsilon(v) \frac{\partial(G\phi)}{\partial\nu} d\Gamma + \varepsilon\int_\Gamma \frac{\partial y_\varepsilon(v)}{\partial\nu} \phi \, d\Gamma + \varepsilon \, a\left(y_\varepsilon(v),\phi\right) +$$

$$+ \int_\Gamma y_\varepsilon(v) \frac{\partial(G\phi)}{\partial\nu} d\Gamma + b\left(y_\varepsilon(v),\phi\right) = (f,G\phi)$$

d'où l'on déduit les conditions aux limites de (1.44) en utilisant (1.41). Le problème limite est :

(1.45) $$\left| \begin{aligned} &-\Delta y(v) + y(v) = f, \\ &y(v)\big|_\Gamma = v \end{aligned} \right.$$

(1.46) $$J(v) = \int_\Omega |y(v)-z_d|^2 dx + N_0\int_\Gamma v^2 d\Gamma.$$ ∎

Exemple 1.5.

Nous considérons le système dont l'état $y_\varepsilon = \{y_{\varepsilon 1}, y_{\varepsilon 2}\}$ est défini par

(1.47) $$\left| \begin{aligned} &-\Delta y_{1\varepsilon}(v) + y_{1\varepsilon}(v) + y_{2\varepsilon}(v) = f_1 + v_1, \\ &-\varepsilon\Delta y_{2\varepsilon}(v) + y_{2\varepsilon}(v) - y_{1\varepsilon}(v) = f_2 + v_2, \\ &y_{i\varepsilon}(v) = 0 \text{ sur } \Gamma,\ i = 1,2. \end{aligned} \right.$$

Cela entre encore dans la théorie générale; on prend :

$$V_a = H_0^1(\Omega)\times H^1(\Omega),\ V_b = H_0^1(\Omega)\times L^2(\Omega),\ K = H_0^1(\Omega)\times H_0^1(\Omega),$$

$$a(\phi,\psi) = \int_\Omega \operatorname{grad}\phi_2 \operatorname{grad}\psi_2 \, dx,\ b(\phi,\psi) = \int_\Omega [\operatorname{grad}\phi_1 \operatorname{grad}\psi_1 + (\phi_1+\phi_2)\psi_1 + (\phi_2-\phi_1)\psi_2]dx.$$

Supposons la fonction coût donnée par

(1.48) $$J_\varepsilon(v) = \int_\Omega [|y_{1\varepsilon}(v)-z_{1d}|^2 + |y_{2\varepsilon}(v)-z_{2d}|^2]dx + N_1\int_\Omega v_1^2 dx + N_2\int_\Omega v_2^2 dx,\ N_i > 0.$$

Le problème limite est :

(1.49 $$\left| \begin{aligned} &-\Delta y_1(v) + y_1(v) + y_2(v) = f_1 + v_2 \\ &y_2(v) - y_1(v) = f_2 + v_2, \\ &y_1(v)_\Gamma = 0 \end{aligned} \right.$$

avec

$$J(v) = \int_\Omega [|y_1(v)-z_{1d}|^2 + |y_2(v)-z_{2d}|^2] dx + N_1\int_\Omega v_1^2 dx + N_2\int_\Omega v_2^2 dx.$$ ∎

Exemple 1.6.

Donnons seulement un exemple "d'inéquation d'état" (cf. Remarque 1.1). On prend l'état donné par :

$$(1.50)\quad \begin{cases} -\varepsilon\Delta y_\varepsilon(v) + y_\varepsilon(v) = f + v, \\ y_\varepsilon(v) \geqslant 0,\ \frac{\partial y_\varepsilon}{\partial \nu}(v) \geqslant 0,\ y_\varepsilon(v)\, \frac{\partial}{\partial \nu} y_\varepsilon(v) = 0 \text{ sur } \Gamma, \end{cases}$$

avec la fonction coût donnée par (1.31). On applique la théorie générale comme dans l'Exemple 1.1., avec cette fois

$$K = \{ v \mid v \in H^1(\Omega),\ v \geqslant 0 \text{ sur } \Gamma\}.$$

Le problème limite est encore défini par (1.32)(1.33). ■

1.4. Développements asymptotiques.

Orientation.

L'étape suivant naturellement le Théorème 1.1 est d'essayer d'obtenir des représentations approchées pour u_ε, y_ε au moyen de u,y et des estimations d'erreurs. La première possibilité est d'essayer d'utiliser la théorie développée dans les premiers chapitres du livre à $y_\varepsilon(v)$; on va voir que en général ce point de vue n'est pas le bon, puis développer ensuite la théorie des développements asymptotiques à partir des conditions nécessaires et suffisantes d'optimalité. ■

Exemple 1.7.

Nous prenons l'Exemple 1.1 avec $\Omega = \{ x \mid x_n > 0\}$. Alors (cf. Chap. 2) une approximation d'ordre 0 de $y_\varepsilon(v)$ est :

$$(1.51)\quad \hat{y}_\varepsilon(v) = f+v - \big(f(x',0) + v(x',0)\big)\exp\left(- \frac{x_n}{\sqrt{\varepsilon}} \right).$$

Si l'on définit alors

$$(1.52)\quad \hat{J}_\varepsilon(v) = \int_\Omega |\hat{y}_\varepsilon(v)-z_d|^2 dx + N_0\int_\Omega v^2 dx$$

le problème inf $\hat{J}_\varepsilon(v)$, $v \in L^2(\Omega)$, n'est pas bien posé. ■

Exemple 1.8.

Nous donnons toutefois un exemple - construit, il est vrai, de manière ad hoc - où l'on peut utiliser une approximation de $y_\varepsilon(v)$. On considère l'état donné par ($\Omega = \{ x \mid x_n > 0\}$):

$$(1.53)\quad \begin{cases} -\varepsilon\Delta y_\varepsilon(v) + y_\varepsilon(v) = v(x')g(x_n) \\ y_\varepsilon(v)\big|_\Gamma = 0 \end{cases}$$

où

(1.54) $$v \in \mathcal{U} = H^1(R^{n-1})$$

et où g est donnée dans $H^1(0,+\infty)$ avec $g(0) = 1$.

Considérons la fonction coût

(1.55) $$J_\varepsilon(v) = \int_\Omega |y_\varepsilon(v) - z_d|^2 dx + N_0 \|v\|^2_{\mathcal{U}},\ N_0 > 0,$$

où

$$\|v\|^2_{\mathcal{U}} = \int_{R^{n-1}} [v^2 + \sum_{i=1}^{n-1} (\frac{\partial v}{\partial x_i})^2] dx.$$

On peut alors prendre comme approximation d'ordre 0 de $y_\varepsilon(v)$:

(1.56) $$\hat{y}_\varepsilon(v) = vg - v \exp(-x_n/\sqrt{\varepsilon})$$

de sorte que, avec la notation analogue à (1.52) :

(1.57) $$\hat{J}_\varepsilon(v) = c_\varepsilon |v|^2 + N_0 \|v\|^2_{\mathcal{U}},\ c_\varepsilon = \int_0^\infty |g - e^{-x_n/\sqrt{\varepsilon}}|^2 dx_n.$$

Le problème : inf $\hat{J}_\varepsilon(v)$, $v \in \mathcal{U}_{ad}$, est cette fois bien posé et définit de façon unique un élément $\hat{u}_\varepsilon$. On va vérifier que

(1.58) $$|J_\varepsilon(u_\varepsilon) - \hat{J}_\varepsilon(\hat{u}_\varepsilon)| \leq C\sqrt{\varepsilon}.$$

On note d'abord que $\|u_\varepsilon\|_{\mathcal{U}}, \|\hat{u}_\varepsilon\|_{\mathcal{U}} \leq C$. Alors d'après le Théorème 6.1, Chap. 2, on a :

(1.59) $$|\hat{y}_\varepsilon(u_\varepsilon) - y_\varepsilon(u_\varepsilon)| \leq C\sqrt{\varepsilon},\ |\hat{y}_\varepsilon(\hat{u}_\varepsilon) - y_\varepsilon(\hat{u}_\varepsilon)| \leq C\sqrt{\varepsilon}.$$

Par conséquent

$$\hat{J}_\varepsilon(u_\varepsilon) = J_\varepsilon(u_\varepsilon) + O(\sqrt{\varepsilon}),\ \hat{J}_\varepsilon(\hat{u}_\varepsilon) = J_\varepsilon(\hat{u}_\varepsilon) + O(\sqrt{\varepsilon})$$

d'où (1.58) résulte. ■

Remarque 1.5.

Un correcteur d'ordre 1 de $y_\varepsilon(v)$ fait intervenir (cf. (9.30), Chap. 2) $\Delta' v$ et donc la norme de v dans $H^2(\Omega)$. Si donc $\bar{y}_\varepsilon(v)$ est une approximation du 1er ordre et si l'on introduit

$$\bar{J}_\varepsilon(v) = \int_\Omega |\bar{y}_\varepsilon(v) - z_d|^2 dx + N_0 \|v\|^2_{\mathcal{U}}$$

le problème : inf $\bar{J}_\varepsilon(v)$, $v \in \mathcal{U}_{ad}$, est en général mal posé. ■

Conditions d'optimalité.

On reprend le problème général du N°12. On introduit a^*, b^* par

(1.60) $$a^*(\phi,\psi) = a(\psi,\phi),\ b^*(\phi,\psi) = b(\psi,\phi)$$

et l'on définit l'état adjoint p_ε par :

$$(1.61)\quad \begin{cases} p_\varepsilon \in K, \\ \varepsilon a^*(p_\varepsilon,\phi) + b^*(p_\varepsilon,\phi) = (Cy_\varepsilon - z_d, C\phi)_{\mathcal{H}} \quad \forall \phi \in K \end{cases}$$

(où $y_\varepsilon = y_\varepsilon(u_\varepsilon)$).

Alors (cf. Lions [8], Chap. 2) u_ε est <u>caractérisé</u> par

$$(1.62)\quad \begin{cases} (Nu_\varepsilon, v-u_\varepsilon)_{\mathcal{U}} + (p_\varepsilon, D(v-u_\varepsilon)) \geq 0 \quad \forall v \in \mathcal{U}_{ad}. \\ u_\varepsilon \in \mathcal{U}_{ad}. \end{cases}$$

Si l'on introduit :

$$(1.63)\quad \begin{cases} D^* \in \mathcal{L}(V_b;\mathcal{U}'),\ D^* = \text{Adjoint de } D, \\ \Lambda_{\mathcal{U}} = \text{isomorphisme canonique de } \mathcal{U} \to \mathcal{U}' \end{cases}$$ [1]

alors (1.61) équivaut à

$$(1.64)\quad (\Lambda_{\mathcal{U}} Nu_\varepsilon + D^* p_\varepsilon, v-u_\varepsilon) \geq 0 \ \forall v \in \mathcal{U}_{ad}.$$

<u>En résumé le système de l'optimalité</u> est :

$$(1.65)\quad \begin{cases} \varepsilon a(y_\varepsilon,\phi) + b(y_\varepsilon,\phi) = (f + Du_\varepsilon,\phi) \quad \forall \phi \in K, \\ \varepsilon a^*(p_\varepsilon,\phi) + b^*(p_\varepsilon,\phi) = (Cy_\varepsilon - z_d, C\phi) \quad \forall \phi \in K, \\ (\Lambda_{\mathcal{U}} Nu_\varepsilon + D^* p_\varepsilon, v-u_\varepsilon) \geq 0 \quad \forall v \in \mathcal{U}_{ad}, \\ y_\varepsilon, p_\varepsilon \in K,\ u_\varepsilon \in \mathcal{U}_{ad}. \end{cases}$$ ■

Le système de l'optimalité pour le problème limite est :

$$(1.66)\quad \begin{cases} b(y,\phi) = (f+Du,\phi) \quad \forall \phi \in V_b, \\ b^*(p,\phi) = (Cy-zd, C\phi) \quad \forall \phi \in V_b, \\ (\Lambda_{\mathcal{U}} Nu + D^*p, v-u) \geq 0 \quad \forall v \in \mathcal{U}_{ad}, \\ y,p \in V_b,\ u \in \mathcal{U}_{ad}. \end{cases}$$

<u>On va maintenant donner le développement asymptotique de</u> (1.65).

<u>Remarque 1.6.</u>

Chacun des systèmes (1.65) ou (1.66) admet une solution unique, puisqu'il est respectivement <u>équivalent</u> au problème initial qui admet une solution unique. ■

Commençons par une transformation simple de la formulation de l'inéquation dans (1.66); soit Ψ_{ad} la fonction égale à $+\infty$ sur $\mathcal{U}_{ad}$ et à 0 sur $\mathcal{U}_{ad}$ dans $\mathcal{U}$; <u>alors m est dans le sous différentiel</u> de Ψ_{ad} en u si

[1] I.e. $(\Lambda u,v) = (u,v)_{\mathcal{U}}$ où $(\Lambda u,v)$ désigne le produit scalaire entre $\Lambda u \in \mathcal{U}'$ et $v \in \mathcal{U}$.

(1.67) $$\Psi_{ad}(v) - \Psi_{ad}(u) - (m,v-u) \geq 0 \quad \forall\, v \in \mathcal{U} ,$$

en abrégé :

(1.67 bis) $$m \in \partial\Psi_{ad}(u).$$

Alors l'inéquation (1.66) équivaut à

(1.68) $$\Lambda_{\mathcal{U}} N u + D^* p + m = 0,\ m \in \partial\Psi_{ad}(u).$$

On suppose connus :

(1.69) $$\left| \begin{array}{l} y, y^1, y^2, \ldots, y^M \in V_a \\ p, p^1, p^2, \ldots, p^M \in V_a, \end{array} \right.$$

(1.70) $$L^1, L^2, \ldots, L^M, \mathcal{L}^1, \mathcal{L}^2, \ldots, \mathcal{L}^M \in V'_a$$

tels que, $\forall\ \varepsilon > 0$, on ait :

(1.71) $$\left| \begin{array}{l} \varepsilon a(y+\varepsilon y^1+\ldots+\varepsilon^M y^M,\phi) + b(y+\varepsilon y^1+\ldots+\varepsilon^M y^M,\phi) = \\ \quad = (\varepsilon L^1+\ldots+\varepsilon^M L^M,\phi) + \varepsilon^{M+1} a(y^M,\phi) + (f+Du,\phi) \quad \forall\ \phi \in K, \end{array} \right.$$

(1.72) $$\left| \begin{array}{l} \varepsilon a^*(p+\varepsilon p^1+\ldots+\varepsilon^M p^M,\phi) + b^*(p+\varepsilon p^1+\ldots+\varepsilon^M p^M,\phi) = \\ \quad = (\varepsilon \mathcal{L}^1+\ldots+\varepsilon^M \mathcal{L}^M,\phi) + \varepsilon^{M+1} a^*(p^M,\phi) + \\ \quad + (C(y+\varepsilon y^1+\ldots+\varepsilon^M y^M) C\phi)_{\mathcal{H}} - (z_d, C\phi)_{\mathcal{H}} \quad \forall\ \phi \in K; \end{array} \right.$$

naturellement, par identification terme en terme en ε, le système (1.71)(1.72) équivaut aux deux équations de (1.66) et à

(1.73) $$\left| \begin{array}{l} a(y^{j-1},\phi) + b(y^j,\phi) = (L^j,\phi), \quad \forall\ \phi \in K, \\ a^*(p^{j-1},\phi) + b^*(p^j,\phi) = (\mathcal{L}^j,\phi) + (Cy^j, C\phi)_{\mathcal{H}} \quad \forall\ \phi \in K, \end{array} \right.$$

pour $1 \leq j \leq M$.

Notons que les hypothèses (1.69) sont <u>des hypothèses de régularité</u>. ■

On dira maintenant que <u>le triplet $\{\eta_\varepsilon, \pi_\varepsilon, \theta_\varepsilon\}$ est un correcteur d'ordre</u> M [1] <u>pour</u> $\{y_\varepsilon, p_\varepsilon, u_\varepsilon\}$, si les conditions suivantes ont lieu :

(1.74) $$\left| \begin{array}{l} \varepsilon a(\eta_\varepsilon, \phi-\eta_\varepsilon) + b(\eta_\varepsilon, \phi-\eta_\varepsilon) - (D\theta_\varepsilon, \phi-\eta_\varepsilon) \geq \\ \quad \geq -(\varepsilon L^1+\ldots+\varepsilon^M L^M, \phi-\eta_\varepsilon) + \varepsilon^M(\varepsilon g_{\varepsilon 1} + \varepsilon^{\frac{1}{2}} g_{\varepsilon 2}, \phi-\eta_\varepsilon) \\ \forall\ \phi \in K-(y+\varepsilon y^1+\ldots+\varepsilon^M y^M), \text{ et où } \eta_\varepsilon \in K-(y+\varepsilon y^1+\ldots+\varepsilon^M y^M), \end{array} \right.$$

---

[1] On écrit η_ε, ... au lieu de η_ε^M, ...

$$(1.75)\quad \left|\begin{array}{l}\varepsilon a^*(\pi_\varepsilon,\psi-\pi_\varepsilon)+b^*(\pi_\varepsilon,\psi-\pi_\varepsilon)-(C\eta_\varepsilon,C(\psi-\pi_\varepsilon))_{\mathcal{H}}\geq\\ \geq-(\varepsilon\mathcal{L}^1+\ldots+\varepsilon^M\mathcal{L}^M,\psi-\pi_\varepsilon)+\varepsilon^M(\varepsilon h_{\varepsilon 1}+\varepsilon^{1/2}h_{\varepsilon 2},\psi-\pi_\varepsilon)\\ \forall\,\psi\in K-(p+\varepsilon p^1+\ldots+\varepsilon^M p^M),\text{ et où }\pi_\varepsilon\in K-(p+\varepsilon p^1+\ldots+\varepsilon^M p^M),\end{array}\right.$$

$$(1.76)\quad \left|\begin{array}{l}(\Lambda_{\mathcal{U}}N\theta_\varepsilon+D^*\pi_\varepsilon,v-\theta_\varepsilon)\geq(m,v-\theta_\varepsilon)-(D^*(\varepsilon p^1+\ldots+\varepsilon^M p^M),v-\theta_\varepsilon)+\\ \quad+\varepsilon^{M+1/2}(h_\varepsilon,v-\theta_\varepsilon)\quad\forall\,v\in\mathcal{U}_{ad}-u,\ \theta_\varepsilon\in\mathcal{U}_{ad}-u,\end{array}\right.$$

où dans les inéquations précédentes :

$$(1.77)\quad \left|\begin{array}{l}|(g_{\varepsilon 1},\phi)|\leq c\|\phi\|_a,\ |(g_{\varepsilon 2},\phi)|\leq c\|\phi\|_b,\\ |(h_{\varepsilon 1},\phi)|\leq c\|\phi\|_a,\ |(h_{\varepsilon 2},\phi)|\leq c\|\phi\|_b,\ \forall\,\phi\in K\text{-}K\ ^{(1)}\end{array}\right.$$

et

$$(1.78)\qquad \|k_\varepsilon\|_{\mathcal{U}'}\leq c.$$

Montrons que, pour $g_{\varepsilon i}$, $h_{\varepsilon i}$, k_ε donnés, il existe un triplet (d'ailleurs unique) satisfaisant à (1.74)(1.75)(1.76).

On introduit :

$$(1.79)\quad \left|\begin{array}{l}\hat{\eta}_\varepsilon=\eta_\varepsilon+(y+\varepsilon y^1+\ldots+\varepsilon^M g^M),\\ \hat{\pi}_\varepsilon=\pi_\varepsilon+(p+\varepsilon p^1+\ldots+\varepsilon^M p^M),\\ \hat{\theta}_\varepsilon=\theta_\varepsilon+u\,.\end{array}\right.$$

Alors, comme K est un espace vectoriel, les inéquations (1.74) (1.75) (1.76) donnent respectivement, en tenant compte de (1.71) (1.72) et (1.68)

$$(1.80)\quad \left|\begin{array}{l}\varepsilon a(\hat{\eta}_\varepsilon,\phi)+b(\hat{\eta}_\varepsilon,\phi)-(D\hat{\theta}_\varepsilon,\phi)=(f,\phi)+\varepsilon^{M+1}a(y^M,\phi)+\\ \quad+\varepsilon^M(\varepsilon g_{\varepsilon 1}+\varepsilon^{1/2}g_{\varepsilon 2},\phi)\quad\forall\,\phi\in K,\end{array}\right.$$

$$(1.81)\quad \left|\begin{array}{l}\varepsilon a^*(\hat{\pi}_\varepsilon,\phi)+b^*(\hat{\pi}_\varepsilon,\phi)-(C\eta_\varepsilon,C\phi)_{\mathcal{H}}=-(z_d,C\phi)_{\mathcal{H}}+\\ \quad+\varepsilon^{M+1}a^*(p^M,\phi)+\varepsilon^M(\varepsilon h_{\varepsilon 1}+\varepsilon^{1/2}h_{\varepsilon 2},\phi)\quad\forall\,\phi\in K,\end{array}\right.$$

$$(1.82)\quad (\Lambda_{\mathcal{U}}N\hat{\theta}_\varepsilon+D^*\hat{\pi}_\varepsilon,v-\hat{\theta}_\varepsilon)\geq\varepsilon^{M+1/2}(k_\varepsilon,v-\hat{\theta}_\varepsilon)\quad\forall\,v\in\mathcal{U}_{ad}.$$

On va en déduire l'existence et l'unicité du triplet $\{\hat{\eta}_\varepsilon,\hat{\pi}_\varepsilon,\hat{\theta}_\varepsilon\}$, car on va voir qu'il s'agit là des conditions d'optimalité d'un problème de contrôle : on introduit T_1, $T_2\in V'_a$ par

(1) I.e. $\phi\in K$, mais on donne ici un énoncé formellement valable pour les inéquations.

$$(1.83)\quad \left| \begin{array}{l} (T_1,\phi) = \varepsilon^{M+1}\,[a(y^M,\phi) + (g_{\varepsilon 1},\phi)] + \varepsilon^{M+1/2}(g_{\varepsilon 2},\phi), \\ \\ (T_2,\phi) = \varepsilon^{M+1}\,[a^*(p^M,\phi) + (h_{\varepsilon 1},\phi)] + \varepsilon^{M+1/2}(h_{\varepsilon 2},\phi) \end{array} \right.$$

et on pose

$$S = \varepsilon^{M+1/2} k_\varepsilon \,.$$

On définit <u>l'état</u> $z(v) \in K$ d'un système par

$$(1.84)\qquad \varepsilon\, a(z,\phi) + b(z,\phi) = (f+Dv,\phi) + (T_1,\phi), \quad \forall\, \phi \in K$$

et la fonction coût (que l'on minimise sur $\mathcal{U}_{ad}$) par :

$$(1.85)\qquad \mathcal{J}(v) = \| Cz(v)-z_d \|^2_{\mathcal{H}} + 2(T_2,z(v)) - 2(S,v)\cdot$$

Ce problème admet une solution unique $\tilde{u}$ et l'on pose $z(\tilde{u})=z$. On introduit alors <u>l'état adjoint</u> q par :

$$(1.86)\qquad \varepsilon\, a^*(q,\phi) + b^*(q,\phi) = (Cz-z_d,\phi) + (T_2,\phi) \quad \forall\, \phi \in K\cdot$$

La condition nécessaire et suffisante pour que $\tilde{u}$ soit solution est alors

$$(\Lambda_{\mathcal{U}} N\tilde{u} + D^* q - S,\ v - \tilde{u}) \geq 0 \quad \forall\, v \in \mathcal{U}_{ad}$$

d'où $z = \hat{\eta}_\varepsilon$, $q = \hat{\pi}_\varepsilon$ $\hat{\Theta}_\varepsilon = \tilde{u}$. ∎

On est maintenant en mesure de démontrer le résultat suivant :

<u>THEOREME 1.2</u>. <u>On se place dans les conditions du Théorème 1.2</u>. <u>On suppose connus</u> $y, y^1, \ldots, \mathcal{L}^M$ <u>avec</u> (1.69)...(1.72). Soit $\{\eta_\varepsilon,\pi_\varepsilon,\Theta_\varepsilon\}$ <u>un correcteur d'ordre M pour</u> $\{y_\varepsilon,p_\varepsilon,u_\varepsilon\}$ <u>avec</u> (1.74)...(1.78). <u>On a alors</u> :

$$(1.87)\qquad \| y_\varepsilon-(y+\varepsilon y^1+\ldots+\varepsilon^M y^M +\eta_\varepsilon) \|_b + \| p_\varepsilon-(p+\varepsilon p^1+\ldots+\varepsilon^M p^M+\pi_\varepsilon) \|_b \leq C\varepsilon^{M+1/2},$$

$$(1.88)\qquad \| y_\varepsilon-(y+\varepsilon y^1+\ldots+\eta_\varepsilon) \|_a + \| p_\varepsilon-(p+\varepsilon p^1+\ldots+\pi_\varepsilon) \|_a \leq C\varepsilon^M$$

$$(1.89)\qquad \| u_\varepsilon-(u+\Theta_\varepsilon) \|_{\mathcal{U}} \leq C\varepsilon^{M+1/2},$$

$$(1.90)\qquad |J_\varepsilon(u_\varepsilon)-J(u+\theta_\varepsilon)| \leq C\varepsilon^{2M+1}\,.$$

<u>Démonstration</u>.

Posons :

$$z_\varepsilon = y_\varepsilon-\hat{\eta}_\varepsilon,\ q_\varepsilon = p_\varepsilon-\hat{\pi}_\varepsilon,\ w_\varepsilon = u_\varepsilon-\hat{\Theta}_\varepsilon.$$

On déduit de (1.65) et (1.80)(1.81) que

$$(1.91)\quad \varepsilon a(z_\varepsilon,\phi) + b(z_\varepsilon,\phi) - (Dw_\varepsilon,\phi) = -\varepsilon^{M+1}[a(y^M,\phi) + (g_{\varepsilon 1},\phi)] - \varepsilon^{M+1/2}(g_{\varepsilon 2},\phi),$$

$$(1.92)\quad \varepsilon a^*(q_\varepsilon,\phi) + b^*(q_\varepsilon,\phi) - (Cz_\varepsilon,C\phi)_{\mathcal{H}} = -\varepsilon^{M+1}[a^*(p^M,\phi) + (h_{\varepsilon 1},\phi)] - \varepsilon^{M+1/2}(h_{\varepsilon 2},\phi);$$

par ailleurs on prend $v = u+\theta_\varepsilon$ dans l'inéquation de (1.65) et $v = u_\varepsilon$ dans (1.82); il vient

$$-(\Lambda_{\mathcal{U}} Nw_\varepsilon, w_\varepsilon) - (D^* q_\varepsilon, w_\varepsilon) \geq \varepsilon^{M+1/2}(k_\varepsilon, w_\varepsilon)$$

d'où

(1.93) $$(Nw_\varepsilon, w_\varepsilon)_{\mathcal{U}} + (D^* q_\varepsilon, w_\varepsilon) \leq -\varepsilon^{M+1/2}(k_\varepsilon, w_\varepsilon).$$

Mais si l'on prend $\phi = q_\varepsilon$ dans (1.91) et $\phi = -z_\varepsilon$ dans (1.92), il vient par addition :

$$\|Cz_\varepsilon\|^2_{\mathcal{H}} - (Dw_\varepsilon, q_\varepsilon) = -\varepsilon^{M+1}(a(y^M, q_\varepsilon) - a^*(p^M, z_\varepsilon))$$
$$-\varepsilon^{M+1}((g_{\varepsilon 1}, q_\varepsilon) - (h_{\varepsilon 1}, z_\varepsilon)) - \varepsilon^{M+1/2}((g_{\varepsilon 2}, q_\varepsilon) - (h_{\varepsilon 2}, z_\varepsilon))$$

de sorte que (1.93) donne :

(1.94) $$(Nw_\varepsilon, w_\varepsilon)_{\mathcal{U}} + \|Cz_\varepsilon\|^2_{\mathcal{H}} \leq \varepsilon^{M+1}(a(y^M, q_\varepsilon) - a^*(p^M, z_\varepsilon)) +$$
$$+ \varepsilon^{M+1}((g_{\varepsilon 1}, q_\varepsilon) - (h_{\varepsilon 1}, z_\varepsilon)) + \varepsilon^{M+1/2}((g_{\varepsilon 2}, q_\varepsilon) -$$
$$- (h_{\varepsilon 2}, z_\varepsilon) - (k_\varepsilon, w_\varepsilon)).$$

Posons alors :

$$X^2 = \|z_\varepsilon\|_a^2 + \|q_\varepsilon\|_a^2, \quad Y^2 = \|z_\varepsilon\|_b^2 + \|q_\varepsilon\|_b^2, \quad Z^2 = \|w_\varepsilon\|_{\mathcal{U}}^2 + \|Cz_\varepsilon\|_{\mathcal{H}}^2.$$

On déduit de (1.94) que

$$Z^2 \leq C\varepsilon^{M+1/2}\|w_\varepsilon\| + C\varepsilon^{M+1/2}(\sqrt{\varepsilon}X+Y)$$
$$\leq \frac{Z^2}{2} + C\varepsilon^{2M+1} + C\varepsilon^{M+1/2}(\sqrt{\varepsilon}X+Y) \quad \text{d'où}$$

(1.95) $$Z^2 \leq C\varepsilon^{2M+1} + \varepsilon^{M+1/2}(\sqrt{\varepsilon}X+Y).$$

Mais prenant $\phi = z_\varepsilon$ dans (1.91) et $\phi = q_\varepsilon$ dans (1.92) on obtient :

$$\varepsilon X^2 + Y^2 \leq CYZ + C\varepsilon^{M+1/2}(\sqrt{\varepsilon}X+Y)$$
$$\leq \frac{1}{2}Y^2 + CZ^2 + C\varepsilon^{M+1/2}(\sqrt{\varepsilon}X+Y)$$

d'où en utilisant (1.95) :

(1.96) $$\varepsilon X^2 + Y^2 \leq C\varepsilon^{2M+1} + C\varepsilon^{M+1/2}(\sqrt{\varepsilon}X+Y)$$

d'où

$$\sqrt{\varepsilon}\,X+Y \leq C\varepsilon^{M+1/2}, \quad Z \leq C\varepsilon^{M+1/2}$$

ce qui donne (1.87)(1.88)(1.89).

On note maintenant que

(1.97) $$\|y(u+\theta_\varepsilon) - \hat{\eta}_\varepsilon\|_b \leq C\varepsilon^{M+1/2}.$$

En effet on écrit (1.80) :

$$\varepsilon a(\hat{\eta}_\varepsilon,\phi) + b(\hat{\eta}_\varepsilon,\phi) = (f+D(u+\theta_\varepsilon),\phi) + \varepsilon^{M+1}[a(y^M,\phi) + (g_{\varepsilon 1},\phi)] + \varepsilon^{M+1/2}(g_{\varepsilon 2},\phi)$$

et par définition

$$b(y(u+\theta_\varepsilon),\phi) = (f+D(u+\theta_\varepsilon),\phi)$$

d'où (1.97) par les procédés habituels. Alors

$$J_\varepsilon(u_\varepsilon) = \| Cy_\varepsilon - z_d \|^2_{\mathcal{H}} + (Nu_\varepsilon, u_\varepsilon)_{\mathcal{U}}$$

vaut, en utilisant (1.87) (1.89)

$$J_\varepsilon(u_\varepsilon) = \| C\hat{\eta}_\varepsilon - z_d \|^2_{\mathcal{H}} + (N(u+\theta_\varepsilon), u+\theta_\varepsilon)_{\mathcal{U}} + O(\varepsilon^{2M+1}) =$$

$$= (\text{d'après } (1.97)) = \| Cy(u+\theta_\varepsilon) - z_d \|^2_{\mathcal{H}} + (N(u+\theta_\varepsilon), u+\theta_\varepsilon)_{\mathcal{U}} + O(\varepsilon^{2M+1})$$

$$= J(u+\theta_\varepsilon) + O(\varepsilon^{2M+1}).$$ ■

1.5. Exemples de développements asymptotiques.

Exemple 1.9.

Nous considérons la situation de l'Exemple 1.1 sans contrainte; i.e. avec $\mathcal{U}_{ad} = \mathcal{U}$. Le système de l'optimalité est :

$$(1.98)\quad \begin{cases} -\varepsilon\Delta y_\varepsilon + y_\varepsilon + \frac{1}{N_0} p_\varepsilon = f \\ -\varepsilon\Delta p_\varepsilon + p_\varepsilon - y_\varepsilon = -z_d, \\ y_\varepsilon = p_\varepsilon = 0 \text{ sur } \Gamma \end{cases}$$

et le système limite est

$$(1.99)\quad \begin{cases} y + \frac{1}{N_0} p = f, \\ p - y = -z_d . \end{cases}$$

Nous appliquons la théorie générale et calculons un correcteur d'ordre 0 lorsque Ω est le demi-espace $x_n > 0$

On remplace, dans le cas sans contraintes, (1.76) par

$$\Lambda_{\mathcal{U}} N\theta_\varepsilon + D^* \pi_\varepsilon = 0$$

et on élimine θ_ε. On obtient ainsi :

$$(1.100)\quad \begin{cases} -\varepsilon\Delta \eta_\varepsilon + \eta_\varepsilon + \frac{1}{N_0}\pi_\varepsilon = \varepsilon g_{\varepsilon 1} + \varepsilon^{1/2} g_{\varepsilon 2}, \\ -\varepsilon\Delta \pi_\varepsilon + \pi_\varepsilon - \eta_\varepsilon = \varepsilon h_{\varepsilon 1} + \varepsilon^{1/2} h_{\varepsilon 2} \\ \eta_\varepsilon + y(x',0) = 0 \text{ si } x_n = 0, \\ \pi_\varepsilon + p(x',0) = 0 \text{ si } x_n = 0. \end{cases}$$

Comme on a toujours fait dans les calculs antérieurs, on définit a priori η_ε, π_ε (par suppression des dérivations tangentielles) par :

$$(1.101)\quad \left|\begin{array}{l} -\varepsilon \dfrac{\partial^2 \eta_\varepsilon}{\partial x_n^2} + \eta_\varepsilon + \dfrac{1}{N_0}\pi_\varepsilon = 0, \\ -\varepsilon \dfrac{\partial^2 \pi_\varepsilon}{\partial x_n^2} + \pi_\varepsilon - \eta_\varepsilon = 0,\ \eta_\varepsilon + y(x',0) = 0,\ \pi_\varepsilon + p(x',0) = 0 \\ \qquad\qquad\qquad\qquad\qquad\qquad \text{si } x_n = 0, \\ \eta_\varepsilon,\ \pi_\varepsilon \in L^2(\Omega). \end{array}\right.$$

Les racines caractéristiques sont données par

$$(-\varepsilon r^2+1)^2 + \frac{1}{N_0} = 0$$

Les racines à partie réelle < 0 sont :

$$r_1 = \frac{1}{\sqrt{\varepsilon}}(-\lambda-i\mu),\ r_2 = \frac{1}{\sqrt{\varepsilon}}(-\lambda+i\mu) = \overline{r_1},\ \lambda,\mu > 0,$$

où $\quad (-\lambda-i\mu)^2 = 1 + \dfrac{i}{\sqrt{N_0}}$ i.e. $\lambda^2-\mu^2 = 1,\ 2\lambda\mu = \dfrac{1}{\sqrt{N_0}}$ et donc

$$(1.102)\quad \lambda^2 = \frac{1}{2}\left(\sqrt{1+\frac{1}{N_0}}+1\right),\quad \mu^2 = \frac{1}{2}\left(\sqrt{1+\frac{1}{N_0}}-1\right).$$

On trouve alors

$$(1.103)\quad \left|\begin{array}{l} \eta_\varepsilon(x) = -\dfrac{1}{\sqrt{N_0}}\exp\left(-\dfrac{\lambda x_n}{\sqrt{\varepsilon}}\right)\left[p(x',0)\sin\dfrac{\mu x_n}{\sqrt{\varepsilon}} + y(x',0)\sqrt{N_0}\cos\dfrac{\varepsilon x_n}{\sqrt{\varepsilon}}\right], \\ \pi_\varepsilon(x) = \exp\left(-\dfrac{\lambda x_n}{\sqrt{\varepsilon}}\right)\left[-p(x',0)\cos\dfrac{\mu x_n}{\sqrt{\varepsilon}} + y(x',0)\sqrt{N_0}\sin\dfrac{\mu x_n}{\sqrt{\varepsilon}}\right]. \end{array}\right.$$

Le contrôle optimal corrigé à l'ordre 0 est donné par :

$$(1.104)\quad u + \theta_\varepsilon = -\frac{1}{N_0}(p+\pi_\varepsilon).$$

On vérifie que η_ε, π_ε donnés par (1.103) définissent un correcteur d'ordre 0 si

$$y(x',0),\ p(x',0) \in H^1(R^{n-1}_{x'})$$

ce qui, compte tenu de (1.99) revient à supposer que l'on peut définir $f(x',0)$, $z_d(x',0)$ et que

$$(1.105)\quad f(x',0),\ z_d(x',0) \in H^1(R^{n-1}_{x'}).$$

■

Exemple 1.10.

Nous considérons encore la situation de l'Exemple 1.1 avec cette fois

(1.106) $$\mathcal{U}_{ad} = \{ v \mid v \in \mathcal{U} \ , v \geq 0 \text{ p.p. sur } \Omega \}.$$

Le système de l'optimalité est

(1.107)
$$\left|\begin{array}{l} -\varepsilon\Delta y_\varepsilon + y_\varepsilon = f + u_\varepsilon, \\ -\varepsilon\Delta p_\varepsilon + p_\varepsilon = y_\varepsilon - z_d, \\ u_\varepsilon \geq 0,\ N_0 u_\varepsilon + p_\varepsilon \geq 0,\ u_\varepsilon(N_0 u_\varepsilon + p_\varepsilon) = 0 \text{ dans } \Omega, \\ y_\varepsilon = p_\varepsilon = 0 \text{ sur } \Gamma . \end{array}\right.$$

Le système limite est

(1.108)
$$\left|\begin{array}{l} y = f + u, \\ p = y - z_d, \\ u \geq 0,\ N_0 u + p \geq 0,\ u(N_0 u + p) = 0. \end{array}\right.$$

On déduit de (1.107) et (1.108) que

(1.109)
$$\left|\begin{array}{l} N_0 u_\varepsilon = \sup(0,-p_\varepsilon) = p_\varepsilon^-, \\ N_0 u = \sup(0,-p) = p^- \end{array}\right.$$

Alors

(1.110) $$N_0 u + p + m = 0 \text{ avec } m = p^+.$$

On applique la théorie générale pour le calcul d'un correcteur d'ordre 0 en prenant $k_\varepsilon = 0$ dans (1.76). On obtient le système :

(1.111)
$$\left|\begin{array}{l} -\varepsilon\Delta\eta_\varepsilon + \eta_\varepsilon - \theta_\varepsilon = g_{\varepsilon 1} + \varepsilon^{\frac{1}{2}} g_{\varepsilon 2}, \\ -\varepsilon\Delta\pi_\varepsilon + \pi_\varepsilon - \eta_\varepsilon = h_{\varepsilon 1} + \varepsilon^{1/2} h_{\varepsilon 2}, \\ \theta_\varepsilon + \pi_\varepsilon - m \geq 0,\ \theta_\varepsilon + u \geq 0,\ (\theta_\varepsilon + \pi_\varepsilon - m)(\theta_\varepsilon + u) = 0, \\ \eta_\varepsilon + y = 0,\ \pi_\varepsilon + p = 0 \text{ sur } \Gamma. \end{array}\right.$$

On déduit de (1.111) que

$$\theta_\varepsilon = \sup(m - \pi_\varepsilon, -u)$$

d'où finalement

$$(1.112)\quad \left|\begin{array}{l} -\varepsilon\Delta\eta_\varepsilon + \eta_\varepsilon - \sup(m-\pi_\varepsilon, -u) = \varepsilon g_{\varepsilon 1} + \varepsilon^{1/2} g_{\varepsilon 2}, \\ -\varepsilon\Delta\pi_\varepsilon + \pi_\varepsilon - \eta_\varepsilon = \varepsilon h_{\varepsilon 1} + \varepsilon^{1/2} h_{\varepsilon 2}, \\ \eta_\varepsilon + y = 0 \text{ sur } \Gamma, \quad \pi_\varepsilon + p = 0 \text{ sur } \Gamma. \end{array}\right.$$

Dans le cas particulier du demi espace $x_n > 0$, on définit a priori :

$$(1.113)\quad \left|\begin{array}{l} -\varepsilon \dfrac{\partial^2\eta_\varepsilon}{\partial x_n^2} + \eta_\varepsilon - \sup(m-\pi_\varepsilon, -u) = 0, \\ -\varepsilon \dfrac{\partial^2\pi_\varepsilon}{\partial x_n^2} + \pi_\varepsilon - \eta_\varepsilon = 0, \\ \eta_\varepsilon + y(x',0) = 0, \ \pi_\varepsilon + p(x',0) = 0 \text{ si } x_n = 0. \end{array}\right.$$

On calcule π_ε en fonction de η_ε :

$$(1.114)\quad \pi_\varepsilon = -p(x',0)\exp\left(-\frac{x_n}{\sqrt{\varepsilon}}\right) + G_\varepsilon(\eta_\varepsilon),$$

G_ε = noyau de Green de $-\varepsilon \dfrac{d^2}{dx_n^2} + I$ sur $(0,\infty)$ pour Dirichlet, d'où en portant dans la 1ère équation (1.113), <u>l'équation intégro différentielle non linéaire</u> :

$$(1.115)\quad \left|\begin{array}{l} -\varepsilon \dfrac{d^2\eta_\varepsilon}{dx_n^2} + \eta_\varepsilon - \sup(m+p(x',0)e^{-x_n/\sqrt{\varepsilon}} - G_\varepsilon(\eta_\varepsilon), -u) = 0, \\ \eta_\varepsilon \in L^2(0,\infty) \ (x' = \text{paramètre}), \\ \eta_\varepsilon(0) + y(x',0) = 0 . \end{array}\right.$$

■

<u>Exemple 1.11.</u>

Nous considérons la situation de l'Exemple 1.2, avec $\mathcal{U}_{ad} = \mathcal{U}$. Le système de l'optimalité est :

$$(1.116)\quad \left|\begin{array}{l} -\varepsilon\Delta y_\varepsilon + y_\varepsilon + \frac{1}{N_0} p_\varepsilon = f, \\ -\varepsilon\Delta p_\varepsilon + p_\varepsilon - y_\varepsilon = -z_d, \\ \dfrac{\partial y_\varepsilon}{\partial \nu} = 0, \ \dfrac{\partial p_\varepsilon}{\partial \nu} = 0 \text{ sur } \Gamma \end{array}\right.$$

dont le système limite est (1.99).

On va calculer <u>un correcteur d'ordre</u> 1 (les correcteurs d'ordre 0 sont nuls), dans le cas du demi espace $x_n > 0$.

On définit y^1, p^1 par :

(1.117) $$\left| \begin{aligned} & -\Delta y + y^1 + \frac{1}{N_0} p^1 = 0, \\ & -\Delta p + p^1 - y^1 = 0, \end{aligned} \right.$$

sous l'hypothèse :

(1.118) $$f,\ \Delta f,\ z_d,\ \Delta z_d \in L^2(\Omega).$$

On a L^1 et $\mathcal{L}^1$ donnés par

(1.119) $$(L^1,\phi) = \int_\Gamma \frac{\partial y}{\partial \nu} \phi d\Gamma,\quad (\mathcal{L}^1,\phi) = \int_\Gamma \frac{\partial p}{\partial \nu} \phi d\Gamma.$$

Un couple de correcteurs η_ε^1, π_ε^1 d'ordre 1 satisfait alors à :

(1.120) $$\left| \begin{aligned} & -\varepsilon\Delta\eta_\varepsilon^1 + \eta_\varepsilon^1 + \frac{1}{N_0}\pi_\varepsilon^1 = \varepsilon^2 g_{\varepsilon 1} + \varepsilon^{3/2} g_{\varepsilon 2}, \\ & -\varepsilon\Delta\pi_\varepsilon^1 + \pi_\varepsilon^1 - \eta_\varepsilon^1 = \varepsilon^2 h_{\varepsilon 1} + \varepsilon^{3/2} h_{\varepsilon 2}, \\ & \frac{\partial \eta_\varepsilon^1}{\partial x_n} + \frac{\partial y}{\partial x_n} = 0,\ \frac{\partial \pi_\varepsilon^1}{\partial x_n} + \frac{\partial p}{\partial x_n} = 0 \quad \text{si } x_n = 0. \end{aligned} \right.$$

On définit a priori η_ε^1, π_ε^1 par :

(1.121) $$\left| \begin{aligned} & -\varepsilon \frac{\partial^2 \eta_\varepsilon^1}{\partial x_n^2} + \eta_\varepsilon^1 + \frac{1}{N_0}\pi_\varepsilon^1 = 0, \\ & -\varepsilon \frac{\partial^2 \pi_\varepsilon^1}{\partial x_n^2} + \pi_\varepsilon^1 - \eta_\varepsilon^1 = 0, \\ & \frac{\partial \eta_\varepsilon^1}{\partial x_n} + \frac{\partial y}{\partial x_n} = 0,\ \frac{\partial \pi_\varepsilon^1}{\partial x_n} + \frac{\partial p}{\partial x_n} = 0 \quad \text{si } x_n = 0, \\ & \eta_\varepsilon^1,\ \pi_\varepsilon^1 \in L^2(0,\infty) \qquad (x' = \text{paramètre}) \end{aligned} \right.$$

d'où l'on déduit :

(1.122) $$\left| \begin{aligned} \eta_\varepsilon^1 = {} & \frac{\sqrt{\varepsilon}}{\sqrt{1+N_0}}\, e^{-\lambda x_n/\sqrt{\varepsilon}} \frac{\partial p}{\partial x_n}(x',0)\, [\, \lambda \sin \frac{\mu x_n}{\sqrt{\varepsilon}} + \mu \cos \frac{\mu x_n}{\sqrt{\varepsilon}}\,] - \\ & - \frac{\sqrt{\varepsilon}\sqrt{N_0}}{\sqrt{1+N_0}}\, \varepsilon^{-\lambda x_n/\sqrt{\varepsilon}} \frac{\partial y}{\partial x_n}(x',0)\, [\, -\lambda \cos \frac{\mu x_n}{\sqrt{\varepsilon}} + \mu \sin \frac{\mu x_n}{\sqrt{\varepsilon}}\,] \end{aligned} \right.$$

(1.122 suite)

$$\pi^1_\varepsilon = -\frac{\sqrt{\varepsilon}\sqrt{N_0}}{\sqrt{1+N_0}}\, e^{-\lambda x_n/\sqrt{\varepsilon}} \frac{\partial p}{\partial x_n}(x',0)\,[-\lambda \cos \frac{\mu x_n}{\sqrt{\varepsilon}} + \mu \sin \frac{\mu x_n}{\sqrt{\varepsilon}}] - $$
$$ - \frac{\sqrt{\varepsilon}}{\sqrt{1+N_0}}\, e^{-\lambda x_n/\sqrt{\varepsilon}} \frac{\partial y}{\partial x_n}(y',0)\,[\lambda \sin \frac{\mu x_n}{\sqrt{\varepsilon}} + \mu \cos \frac{\mu x_n}{\sqrt{\varepsilon}}].$$

On vérifie que η^1_ε, π^1_ε définis par (1.122) donnent un couple de correcteurs d'ordre 1 si

(1.123) $$\frac{\partial y}{\partial x_n}(x',0),\ \frac{\partial p}{\partial x_n}(x',0) \in H^2(R^{n-1}_{x'});$$

(on pourra prendre $g_{\varepsilon 1} = 0$ et $h_{\varepsilon 1} = 0$ dans (1.120)).

On a alors le <u>contrôle optimal corrigé à l'ordre</u> 1 donné par :

(1.124) $$u + \theta^1_\varepsilon = -\frac{1}{N_0} p^1_\varepsilon = -\frac{1}{N_0}(p + \varepsilon p^1 + \varepsilon\, \pi^1_\varepsilon).$$ ∎

1.6. <u>Etats stationnaires avec changement de type</u>.

On considère maintenant les systèmes dont l'état est donné par une équation stationnaire elliptique pour $\varepsilon > 0$ et de type hyperbolique pour $\varepsilon = 0$. [Pour l'étude, indépendamment du contrôle, de cette situation, cf. Chap. 5].

Nous allons nous borner ici à un exemple simple. ∎

Dans le plan (x_1,x_2) on considère un ouvert Ω de frontière Γ régulière. Soit ν la normale extérieure à Ω sur Γ. On désigne par Γ la fermeture dans Γ de l'ensemble des points où $\nu_2 < 0$ ($\nu = \{\nu_1, \nu_2\}$) et par Γ_+ la fermeture dans Γ de l'ensemble des points où $\nu_2 > 0$.

<u>L'état</u> $y_\varepsilon(v)$ est donné par

(1.125)
$$\begin{cases} -\varepsilon\Delta y_\varepsilon(v) + \dfrac{\partial}{\partial x_2} y_\varepsilon(v) = f + v, \\ y_\varepsilon(v) = 0 \text{ sur } \Gamma \end{cases}$$

et la <u>fonction coût</u> par :

(1.126) $$J_\varepsilon(v) = \int_\Omega |y_\varepsilon(v) - z_d|^2 dx + N_0 \int_\Omega v^2 dx.$$

On suppose que $v \in \mathcal{U}_{ad} \subset \mathcal{U} = L^2(\Omega)$, $\mathcal{U}_{ad}$ = ensemble convexe fermé non vide.

L'équation d'état limite est :

$$(1.127)\quad \begin{cases} \dfrac{\partial y}{\partial x_2}(v) = f + v \text{ dans } \Omega, \\ y(v) = 0 \text{ sur } \Gamma_- \end{cases}$$

et la fonction coût limite est alors

$$(1.128)\qquad J(v) = \int_\Omega |y(v)-z_d|^2 dx + N_0 \int_\Omega v^2 dx.$$

Le problème : inf $J_\varepsilon(v)$, $v \in \mathcal{U}_{ad}$ [resp. inf $J(v)$, $v \in \mathcal{U}_{ad}$] <u>admet une solution unique</u> u_ε (resp. u). On pose

$$y_\varepsilon(u_\varepsilon) = y_\varepsilon,\ y(u) = y.$$

Utilisant le Chapitre 5, Théorème 1.1, on a : $y_\varepsilon(v) \to y(v)$ dans $L^2(\Omega)$ $\forall\ v \in \mathcal{U}$ d'où l'on déduit, comme pour le Théorème 1.1 du présent N° que

$$(1.129)\quad \begin{cases} y_\varepsilon \to y \text{ dans } L^2(\Omega), \\ u_\varepsilon \to u \text{ dans } L^2(\Omega), \\ J_\varepsilon(u_\varepsilon) \to J(u). \end{cases}$$

■

<u>Le système de l'optimalité.</u>

On introduit l'<u>état adjoint</u> (resp. l'<u>état adjoint limite</u>) soit p_ε (resp. p) par:

$$(1.130)\quad \begin{cases} -\varepsilon\Delta p_\varepsilon - \dfrac{\partial p_\varepsilon}{\partial x_2} = y_\varepsilon - z_d, \\ p_\varepsilon = 0 \text{ sur } \Gamma \end{cases}$$

(resp.

$$(1.131)\quad \begin{cases} -\dfrac{\partial p}{\partial x_2} = y - z_d, \\ p = 0 \text{ sur } \Gamma_+ \end{cases}\quad).$$

Alors u_ε (resp. u) est contrôle optimal si et seulement si

$$(1.132)\qquad u_\varepsilon \in \mathcal{U}_{ad},\ (p_\varepsilon + N_0 u_\varepsilon,\ v - u_\varepsilon) \geq 0 \quad \forall\ v \in \mathcal{U}_{ad}$$

(resp.

$$(1.133)\qquad u \in \mathcal{U}_{ad},\ (p + N_0 u,\ v - u) \geq 0 \quad \forall\ v \in \mathcal{U}_{ad}).$$

■

<u>Exemple 1.12.</u>

Si $\mathcal{U}_{ad} = \mathcal{U}$ (cas "sans contrainte") on obtient

$$(1.134)\qquad p_\varepsilon + N_0 u_\varepsilon = 0,\ p + N_0 u = 0$$

d'où les systèmes :

$$(1.135)\qquad \left|\begin{array}{l} -\varepsilon\Delta y_\varepsilon + \dfrac{\partial y_\varepsilon}{\partial x_2} + \dfrac{1}{N_0}\, p_\varepsilon = f, \\ -\varepsilon\Delta p_\varepsilon - \dfrac{\partial p_\varepsilon}{\partial x_2} - y_\varepsilon \quad = -z_d, \\ y_\varepsilon = p_\varepsilon = 0 \text{ sur } \Gamma, \end{array}\right.$$

et

$$(1.136)\qquad \left|\begin{array}{l} \dfrac{\partial y}{\partial x_2} + \dfrac{1}{N_0} p = f, \\ -\dfrac{\partial p}{\partial x_2} - y \quad = -z_d, \\ y = 0 \text{ sur } \Gamma_-,\ p = 0 \text{ sur } \Gamma_+. \end{array}\right.$$

■

Exemple 1.13.

Si $\mathcal{U}_{ad} = \{v \mid v \geqslant 0 \text{ p.p} \quad \text{dans } \Omega\}$ on obtient

$$(1.137)\qquad u_\varepsilon = \frac{1}{N_0}\, p_\varepsilon^- \;,\; u = \frac{1}{N_0}\, p^-$$

d'où les systèmes (non linéaires) :

$$(1.138)\qquad \left|\begin{array}{l} -\varepsilon\Delta y_\varepsilon + \dfrac{\partial y_\varepsilon}{\partial x_2} - \dfrac{1}{N_0}\, p_\varepsilon^- = f, \\ -\varepsilon\Delta p_\varepsilon - \dfrac{\partial p_\varepsilon}{\partial x_2} - y_\varepsilon = -z_d,\ y_\varepsilon = p_\varepsilon = 0 \text{ sur } \Gamma \end{array}\right.$$

et

$$(1.139)\qquad \left|\begin{array}{l} \dfrac{\partial y}{\partial x_2} - \dfrac{1}{N_0}\, p^- = f, \\ -\dfrac{\partial p}{\partial x_2} - y = -z_d, \\ y = 0 \text{ sur } \Gamma_-,\ p = 0 \text{ sur } \Gamma_+. \end{array}\right.$$

■

Correcteurs.

Bornons-nous au cas sans contrainte de l'Exemple 1.12. On dira que le couple $\{\eta_\varepsilon, \pi_\varepsilon\}$ est un correcteur d'ordre 0 si

$$(1.140)\qquad \left|\begin{array}{l} -\varepsilon\Delta\eta_\varepsilon + \dfrac{\partial}{\partial x_2}\eta_\varepsilon + \dfrac{1}{N_0}\,\pi_\varepsilon = \varepsilon g_{\varepsilon 1} + \varepsilon^{1/2} g_{\varepsilon 2}, \\ -\varepsilon\Delta\pi_\varepsilon - \dfrac{\partial}{\partial x_2}\pi_\varepsilon - \eta_\varepsilon = \varepsilon h_{\varepsilon 1} + \varepsilon^{1/2} h_{\varepsilon 2}, \\ \eta_\varepsilon + y = 0 \text{ sur } \Gamma,\ \pi_\varepsilon + p = 0 \text{ sur } \Gamma, \end{array}\right.$$

où $g_{\varepsilon 1}$, $h_{\varepsilon 1}$ (resp. $g_{\varepsilon 2}$, $h_{\varepsilon 2}$) sont bornés dans $H^{-1}(\Omega)$ (resp. $L^2(\Omega)$).

Comme $y = 0$ sur Γ_- (resp. $p = 0$ sur Γ_+) on voit que η_ε (resp. π_ε) est une couche limite au voisinage de $\Gamma-\Gamma_-$ (resp. de $\Gamma-\Gamma_+$).

Dans le cas particulier où Ω est la bande $0 < x_2 < 1$, on introduit une fonction $m(x_2) \in C^1([0,1])$, $m = 1$ au voisinage de 0 et $m = 0$ au voisinage de 1; on introduit alors

(1.141)
$$\left|\begin{array}{l} \eta_\varepsilon(x) = -(1-m(x_2))\ \ y(x_1,1) \exp - \left(\frac{1-x_2}{\varepsilon}\right), \\ \pi_\varepsilon(x) = -m(x_2)\ \ p(x_1,0) \exp - \frac{x_2}{\varepsilon}, \end{array}\right.$$

et l'on vérifie que si $y(x_1,1)$, $p(x_1,0) \in H^1(R^1_{x_1})$ on a là des correcteurs d'ordre 0.

On obtient alors le <u>contrôle corrigé</u> à l'ordre 0 :

$$-\frac{1}{N_0}(p-m(x_2)\ p(x_1,0) \exp - \frac{x_2}{\varepsilon}).$$ ∎

1.7. <u>Remarques sur les systèmes non linéaires</u>.

Considérons un exemple où l'équation d'état est non linéaire :

(1.142)
$$\left|\begin{array}{l} -\varepsilon\Delta y_\varepsilon(v) + y_\varepsilon(v)^3 = f+v, \\ y_\varepsilon(v) = 0 \text{ sur } \Gamma \end{array}\right.$$

qui admet une solution unique : $y_\varepsilon(v) \in H^1_0(\Omega) \cap L^4(\Omega)$ si par exemple $f, v \in L^2(\Omega)$. Supposons la fonction coût donnée par

(1.143)
$$J_\varepsilon(v) = \int_\Omega |y_\varepsilon(v)-z_d|^2 dx + N_0 \int_\Omega v^2 dx.$$

On vérifie alors [1] <u>qu'il existe</u> un contrôle optimal, qui peut être non unique; soit u_ε un tel contrôle. On pose encore : $y_\varepsilon(u_\varepsilon) = y_\varepsilon$.

L'équation d'état limite est

(1.144)
$$y(v)^3 = f+v,$$

et la fonction coût limite est donc

(1.145)
$$J(v) = \int_\Omega |(f+v)^{1/3}-z_d|^2 dx + N_0 \int_\Omega v^2 dx.$$

---

[1] Pour des résultats très généraux sur l'<u>existence</u> et la <u>non</u> existence de contrôle optimal dans des systèmes non linéaires, nous renvoyons à J. Baranger [1], M.F. Bidaut [1], L. Cesari [1], I. Ekeland [1], F. Murat [1], J.L. Lions [17].

On vérifie que $u_\varepsilon \to u$ dans $L^2(\Omega)$ où u est une solution du problème limite : $\inf J(v), v \in \mathcal{U}_{ad}$.

Si $\mathcal{U}_{ad} = \mathcal{U} = L^2(\Omega)$ et si $f = 0$, le problème limite admet une solution unique, donnée pour presque tout x par la racine dans R de

(1.146) $$N_0 w^5 + \frac{1}{3} w - z_d(x) = 0, w = u^{1/3}.$$

Le système de l'optimalité est, en général, si $\mathcal{U}_{ad} = \mathcal{U}$:

(1.147) $$\left| \begin{array}{l} -\varepsilon\Delta y_\varepsilon + y_\varepsilon^3 + \frac{1}{N_0} p_\varepsilon = f, \\ -\varepsilon\Delta p_\varepsilon + 3y_\varepsilon^2 p_\varepsilon - y_\varepsilon = -z_d, \\ y_\varepsilon = p_\varepsilon = 0 \text{ sur } \Gamma. \end{array} \right.$$

Il est raisonnable de penser que, dans le cas où le problème (1.145) admet une solution unique, le système (1.147) admet, pour ε assez petit une solution unique. Une étude systématique de ce genre de problème reste à faire. Cf. Problème 3 à la fin de ce Chapitre. ■

2. ETATS D'EVOLUTION SINGULIERS.

2.1. Orientation.

On peut considérer des problèmes analogues à ceux du N° précédent mais pour des problèmes d'évolution - qui sont ceux qui se posent en général dans les applications. Il y a alors une très grande variété de situations possibles (cf. Lions [8], Chap. 3, pour le seul cas des équations d'état linéaires ; pour d'autres exemples, avec des équations d'état non linéaires, nous renvoyons à G. Duff [1], J.P. Kernevez [1], J.P. Yvon [1], Brauner et Penel [1], et la bibliographie de ces travaux). Nous allons nous borner à l'étude de quelques cas types, les méthodes introduites étant assez générales.

2.2. Enoncé général.

On se place dans les conditions du N° 1.2 avec

(2.1) $$\left| \begin{array}{l} K \subset V_a \subset V_b \subset H, \\ K = \text{espace vectoriel fermé dans } V_a, \text{ dense dans } V_b. \end{array} \right.$$

On se donne a,b comme au N° 1.2. On considère (1) l'espace des contrôles donné par

(2.2) $$\mathcal{U} = L^2(0,T;\hat{\mathcal{U}}),\ \hat{\mathcal{U}} = \text{espace de Hilbert},$$

et on se donne D avec (2)

(2.3) $$D \in \mathcal{L}(\hat{\mathcal{U}};V'_b).$$

<u>L'état du système</u> est alors défini par $y_\varepsilon(v)$ donné par

(2.4) $$\left|\begin{array}{l} y_\varepsilon(v) = y_\varepsilon(t;v) \in L^2(0,T;K), \\ (\frac{d}{dt}y_\varepsilon(v),\phi) + \varepsilon a(y_\varepsilon(v),\phi) + b(y_\varepsilon(v),\phi) = (f+Dv,\phi) \quad \forall\phi \in K, \\ y_\varepsilon(0;v) = y_0,\ y_0 \text{ donné dans } H \end{array}\right.$$

où f est donné dans $L^2(0,T;V'_b)$.

Pour l'<u>observation du système</u>, on se donne

(2.5) $$C \in \mathcal{L}(\mathcal{V}_b;\mathcal{H}),$$

où

$$\mathcal{V}_b = \{\phi \mid \phi \in L^2(0,T;V_b),\ \phi' \in L^2(0,T;V'_b)\},$$
$$= \text{espace de Hilbert}.$$

La <u>fonction coût</u> est alors donnée par

(2.6) $$J_\varepsilon(v) = \|Cy_\varepsilon(v)-z_d\|^2_{\mathcal{H}} + (Nv,v)_{\mathcal{U}}$$

avec (1.10) (1.11).

Si $\mathcal{U}_{ad}$ = ensemble convexe fermé de $\mathcal{U}$, le problème de contrôle optimal est

(2.7) $$\inf J_\varepsilon(v),\ v \in \mathcal{U}_{ad};$$

<u>il admet une solution unique</u>, soit u_ε.

<u>L'état limite</u> et la <u>fonction coût limite</u> sont donnés par

(2.8) $$\left|\begin{array}{l} y(v) \in L^2(0,T;V_b), \\ (\frac{dy(v)}{dt},\phi) + b(y(v),\phi) = (f+Dv,\phi) \quad \forall\phi \in V_b, \\ y(0;v) = y_0, \end{array}\right.$$

et

(2.9) $$J(v) = \|Cy(v)-z_d\|^2_{\mathcal{H}} + (Nv,v)_{\mathcal{U}} \quad ;$$

---

(1) Beaucoup d'autres cas sont possibles. On pourra se reporter à Lions [3], Chap 3.

(2) On pourrait prendre une famille d'opérateurs D(t) de manière que si $u \in L^2(0,T;\hat{\mathcal{U}})$ la fonction $t \to D(t)u(t)$ soit dans $L^2(0,T;V'_b)$.

le problème de contrôle optimal limite est

$$(2.10) \qquad \inf J(v),\ v \in \mathcal{U}_{ad};$$

<u>il admet une solution unique</u> u. ∎

Utilisant les résultats du Chapitre 4, on démontre exactement comme pour le Théorème 1.1 que :

$$(2.11) \qquad \begin{cases} y_\varepsilon = y_\varepsilon(u_\varepsilon) \to y = y(u) \text{ dans } L^2(0,T;V_b), \\ u_\varepsilon \to u \text{ dans } \mathcal{U}, \\ J_\varepsilon(u_\varepsilon) \to J(u). \end{cases}$$ ∎

2.3. <u>Exemples.</u>

<u>Exemple 2.1.</u>

Soit l'état défini par

$$(2.12) \qquad \begin{cases} \dfrac{\partial y_\varepsilon(v)}{\partial t} - \varepsilon \Delta y_\varepsilon(v) = f+v \quad \text{dans } Q = \Omega \times]0,T[\,, \\ y_\varepsilon(v) = 0 \text{ sur } \Sigma, \\ y_\varepsilon(x,0;v) = y_0(x) \text{ sur } \Omega \end{cases}$$

et la fonction coût donnée par

$$(2.13) \qquad J_\varepsilon(v) = \int_Q |y_\varepsilon(v)-z_d|^2 dxdt + N_0 \int_Q v^2 dxdt,\ N_0 > 0.$$

Ce problème entre dans la théorie générale en prenant :

$$V_a = H^1(\Omega),\ K = H_0^1(\Omega),\ V_b = H = L^2(\Omega),$$

$$a(\phi,\psi) = \int_\Omega \operatorname{grad}\phi \operatorname{grad}\psi\, dx,\ b = 0 \text{ (c'est loisible)},$$

$$\mathcal{H} = L^2(0,T;H),\ D = \text{identité dans } H,\ C = D,\ \mathcal{H} = \mathcal{U}\ ,$$

$$N = N_0 \text{ (Identité)}.$$

Le problème limite est

$$(2.14) \qquad \frac{\partial y(v)}{\partial t} = f+v,\ y(x,0;v) = y_0(x),$$

$$(2.15) \qquad J(v) = \int_Q |y(v)-z_d|^2 dxdt + N_0 \int_Q v^2 dxdt.$$ ∎

<u>Exemple 2.2.</u>

L'état est donné par (2.12).

On prend comme fonction coût

$$(2.16) \qquad J_\varepsilon(v) = \int_\Omega |y_\varepsilon(x,T;v)-z_d(x)|^2 dx + N_0 \int_Q v^2 dxdt.$$

Ce problème entre encore dans la théorie générale, en prenant cette fois $\mathcal{H} = H$, C = opérateur $\phi \to \phi(T)$ de $\mathcal{V}_b \to H$. ∎

Exemple 2.3.

Si dans l'Exemple 2.1 on remplace la condition de Dirichlet par celle de Neumann :

$$\frac{\partial y_\varepsilon(v)}{\partial \nu} = 0 \text{ sur } \Sigma,$$

la théorie s'applique avec $K = V'_a = H^1(\Omega)$ et le problème limite est encore (2.14) (2.15). ∎

Remarque 2.1.

On pourra construire des exemples "analogues d'évolution" de ceux des Exemples 1.3, 1.4, 1.5. ∎

2.4. Développements asymptotiques.

On va introduire l'état adjoint.

Pour fixer les idées et un peu simplifier l'exposé, on suppose que

$$(2.17) \quad \begin{cases} \mathcal{H} = L^2(0,T;\hat{\mathcal{H}}), \\ C \in \mathcal{L}(V_b;\hat{\mathcal{H}}). \end{cases}$$

On introduit alors l'état adjoint p_ε par

$$(2.18) \quad \begin{cases} -\left(\frac{\partial p_\varepsilon}{\partial t},\phi\right) + \varepsilon a^*(p_\varepsilon,\phi) + b^*(p_\varepsilon,\phi) = (Cy_\varepsilon - z_d, C\phi) \quad \forall \phi \in K, \\ p_\varepsilon(T) = 0, \\ p_\varepsilon \in L^2(0,T;K). \end{cases}$$

∎

Remarque 2.2.

Dans le cas de l'Exemple 2.2 on n'a pas (2.17). L'état adjoint sera alors défini par

$$(2.19) \quad \begin{cases} -\left(\frac{\partial p_\varepsilon}{\partial t}, \phi\right) + \varepsilon a(p_\varepsilon,\phi) + b^*(p_\varepsilon,\phi) = 0, \quad \forall \phi \in K \\ p_\varepsilon(T) = y_\varepsilon(T) - z_d, \end{cases}$$

ce qui correspond à

$$(2.20) \quad \begin{cases} -\frac{\partial p_\varepsilon}{\partial t} - \varepsilon\Delta p_\varepsilon = 0, \\ p_\varepsilon = 0 \text{ sur } \Sigma, \quad p_\varepsilon(x,T) = y_\varepsilon(x,T) - z_d(x) \text{ sur } \Omega. \end{cases}$$

∎

La condition d'optimalité est alors :

$$(2.21)\quad \begin{cases} (Nu_\varepsilon, v-u_\varepsilon)_{\mathcal{U}} + \int_0^T (p_\varepsilon, D(v-u_\varepsilon))dt \geqslant 0 \quad \forall\, v \in \mathcal{U}_{ad}, \\ u_\varepsilon \in \mathcal{U}_{ad}. \end{cases}$$

Le <u>système d'optimalité</u> est donc

$$(2.22)\quad \begin{cases} \left(\frac{\partial y_\varepsilon}{\partial t}, \phi\right) + \varepsilon a(y_\varepsilon,\phi) + b(y_\varepsilon,\phi) = (f+Du_\varepsilon,\phi) \quad \forall\, \phi \in K, \\ -\left(\frac{\partial p_\varepsilon}{\partial t}, \phi\right) + \varepsilon a^*(p_\varepsilon,\phi) + b^*(p_\varepsilon,\phi) = (Cy_\varepsilon - z_d, C\phi)_{\hat{\mathcal{H}}} \quad \forall\, \phi \in K, \\ y_\varepsilon(0) = y_0,\ p_\varepsilon(T) = 0,\ y_\varepsilon,\ p_\varepsilon \in L^2(0,T;K), \end{cases}$$

et (2.21).

<u>Le système limite</u> est :

$$(2.23)\quad \begin{cases} \left(\frac{\partial y}{\partial t}, \phi\right) + b(y,\phi) = (f+Du,\phi) \quad \forall\, \phi \in V_b, \\ -\left(\frac{\partial p}{\partial t}, \phi\right) + b^*(p,\phi) = (Cy-z_d, C\phi)_{\hat{\mathcal{H}}} \quad \forall\, \phi \in V_b, \\ y(0) = y_0,\ p(T) = 0,\ y,p \in L^2(0,T;V_b) \end{cases}$$

et

$$(2.24)\quad (Nu,v-u)_{\mathcal{U}} + \int_0^T (p,D(v-u))dt \geqslant 0 \quad \forall\, v \in \mathcal{U}_{ad},\ u \in \mathcal{U}_{ad}.$$

On écrira encore (2.24) (comme pour 1.68)) :

$$(2.25)\quad \Lambda_{\mathcal{U}} Nu + D^* p + m = 0,\ m \in \partial\Psi_{ad}(u).$$

On suppose connus

$$(2.26)\quad \begin{cases} y, y^1, \dots, y^M \in L^2(0,T;V_a),\ \frac{\partial y}{\partial t}, \dots, \frac{\partial y^M}{\partial t_M} \in L^2(0,T;V'_a), \\ p, p^1, \dots, p^M \in L^2(0,T;V_a),\ \frac{\partial p}{\partial t}, \dots, \frac{\partial p^M}{\partial t} \in L^2(0,T;V'_a), \end{cases}$$

$$(2.27)\quad L^1, L^2, \dots, L^M,\ \mathcal{L}^1, \dots, \mathcal{L}^M \in L^2(0,T;V'_a)$$

tels que, $\forall\, \varepsilon > 0$, on ait les identités :

$$(2.28)\quad \begin{cases} \left(\frac{\partial}{\partial t}(y+\varepsilon y^1+\dots+\varepsilon^M y^M),\phi\right) + \varepsilon a(y+\varepsilon y^1+\dots+\varepsilon^M y^M,\phi) + \\ \quad + b(y+\varepsilon y^1+\dots+\varepsilon^M y^M,\phi) = (\varepsilon L^1+\dots+\varepsilon^M L^M,\phi) + \varepsilon^{M+1} a(y^M,\phi) + \\ \quad + (f+Du,\phi) \quad \forall\, \phi \in K, \\ y(0) = y_0,\ y^1(0) = \dots = y^M(0) = 0, \end{cases}$$

$$(2.29)\quad \begin{cases} \left(-\frac{\partial}{\partial t}(p+\varepsilon p^1+\dots+\varepsilon^M p^M),\phi\right) + \varepsilon a^*(p+\varepsilon p^1+\dots+\varepsilon^M p^M,\phi) + \\ \quad + b^*(p+\varepsilon p^1+\dots+\varepsilon^M p^M,\phi) = (\varepsilon \mathcal{L}^1+\dots+\varepsilon^M \mathcal{L}^M,\phi) + \varepsilon^{M+1} a(p^M,\phi) + \\ \quad + (C(y+\varepsilon y^1+\dots+\varepsilon^M y^M),C\phi)_{\hat{\mathcal{H}}} - (z_d,C\phi)_{\hat{\mathcal{H}}}, \\ p(T) = p^1(T) = \dots = p^M(T) = 0; \end{cases}$$

on dit alors que le <u>triplet</u> $\{\eta_\varepsilon,\pi_\varepsilon,\theta_\varepsilon\}$ <u>est un correcteur d'ordre</u> M (on écrit ici encore η_ε, ... au lieu de η_ε^M, ...) si

(2.30)
$$\left|\begin{array}{l} \left(\frac{\partial\eta_\varepsilon}{\partial t},\phi-\eta_\varepsilon\right)+\varepsilon a(\eta_\varepsilon,\phi-\eta_\varepsilon)+b(\eta_\varepsilon,\phi-\eta_\varepsilon)-(D\theta_\varepsilon,\phi-\eta_\varepsilon)\geq \\ \quad \geq -(\varepsilon L^1+\ldots+\varepsilon^M L^M,\phi-\eta_\varepsilon)+\varepsilon^M(\varepsilon g_{\varepsilon 1}+\varepsilon^{1/2}g_{\varepsilon 2},\phi-\eta_\varepsilon) \\ \forall\,\phi\in K-(y(t)+\varepsilon y^1(t)+\ldots+\varepsilon^M y^M(t)),\ \text{et où} \\ \eta_\varepsilon\in L^2(0,T;V_a),\ \eta_\varepsilon(t)\in K-(y(t)+\ldots+\varepsilon^M y^M(t))\ \text{p.p.}, \\ \quad \eta_\varepsilon(0)=0, \end{array}\right.$$

(2.31)
$$\left|\begin{array}{l} -\left(\frac{\partial\pi_\varepsilon}{\partial t},\phi-\pi_\varepsilon\right)+\varepsilon a^*(\pi_\varepsilon,\phi-\pi_\varepsilon)+b^*(\pi_\varepsilon,\phi,\pi_\varepsilon)-(C\eta_\varepsilon,C(\phi-\pi_\varepsilon))_{\mathcal{H}}\geq \\ \quad \geq -(\varepsilon\mathcal{L}^1+\ldots+\varepsilon^M\mathcal{L}^M,\phi-\pi_\varepsilon)+\varepsilon^M(\varepsilon h_{\varepsilon 1}+\varepsilon^{1/2}h_{\varepsilon 2},\phi-\pi_\varepsilon) \\ \forall\,\phi\in K-(p(t)+\varepsilon p^1(t)+\ldots+\varepsilon^M p^M(t)),\ \text{et où} \\ \pi_\varepsilon\in L^2(0,T;V_a),\ \pi_\varepsilon(t)\in K-(p(t)+\ldots+\varepsilon^M p^M(t))\ \text{p.p.}, \\ \quad \pi_\varepsilon(T)=0, \end{array}\right.$$

et

(2.32)
$$\left|\begin{array}{l} (\Lambda_{\mathcal{U}}N\theta_\varepsilon,v-\theta_\varepsilon)+\int_0^T(\pi_\varepsilon,D(v-\theta_\varepsilon))dt\geq \\ \quad \geq (m,v-\theta_\varepsilon)-\int_0^T(\varepsilon p^1+\ldots+\varepsilon^M p^M,D(v-\theta_\varepsilon))dt+\varepsilon^{M+1/2}(k_\varepsilon,v-\theta_\varepsilon) \\ \forall\,v\in\mathcal{U}_{ad}-u,\ \theta_\varepsilon\in\mathcal{U}_{ad}-u, \end{array}\right.$$

où

(2.33)
$$\left|\begin{array}{l} \left|\int_0^T(g_{\varepsilon 1},\phi)dt\right|+\left|\int_0^T(h_{\varepsilon 1},\phi)dt\right|\leq C\,\|\phi\|_{L^2(0,T;V_a)}, \\ \left|\int_0^T(g_{\varepsilon 2},\phi)dt\right|+\left|\int_0^T(h_{\varepsilon 2},\phi)dt\right|\leq C\,\|\phi\|_{L^2(0,T;V_b)}, \\ \forall\,\phi\in L^2(0,T;V_a),\ \phi(t)\in K-K\ (^1) \end{array}\right.$$

et

(2.34)
$$\|k_\varepsilon\|_{\mathcal{U}'}\leq C.$$

---

(1) I.e. $\phi(t)\in K$ mais on donne un énoncé formellement valable pour les inéquations.

On vérifie, par un raisonnement semblable à celui du cas stationnaire que, pour $g_{\varepsilon 1}, \ldots, k_\varepsilon$ donnés, le système précédent admet une solution unique et on montre les estimations suivantes :

$$(2.35)\quad \left| \begin{array}{l} \| y_\varepsilon - (y + \varepsilon y^1 + \ldots + \varepsilon^M y^M) - \eta_\varepsilon \|_{L^2(0,T;V_b)} + \\ + \| p_\varepsilon - (p + \ldots + \varepsilon^M p^M) - \pi_\varepsilon \|_{L^2(0,T;V_b)} \leq C \; \varepsilon^{M+1/2}, \end{array} \right.$$

$$(2.36)\quad \left| \begin{array}{l} \| y_\varepsilon - (y + \varepsilon y^1 + \ldots + \varepsilon^M y^M) - \eta_\varepsilon \|_{L^2(0,T;V_a)} + \\ + \| p_\varepsilon - (p + \varepsilon p^1 + \ldots + \varepsilon^M p^M) - \pi_\varepsilon \|_{L^2(0,T;V_a)} \leq C \, \varepsilon^{M+1/2} \end{array} \right.$$

$$(2.37)\quad \| u_\varepsilon - (u + \theta_\varepsilon) \|_{\mathcal{U}} \leq C \, \varepsilon^{M+1/2}$$

$$(2.38)\quad | J_\varepsilon(u_\varepsilon) - J(u + \theta_\varepsilon) | \leq C \; \varepsilon^{2M+1}.$$

■

<u>Exemple 2.4.</u>

Plaçons-nous dans le cadre de l'Exemple 2.1, avec $\mathcal{U}_{ad} = \mathcal{U}$. Le système de l'optimalité est

$$(2.39)\quad \left| \begin{array}{l} \frac{\partial y_\varepsilon}{\partial t} - \varepsilon \, \Delta y_\varepsilon + \frac{1}{N_0} \, p_\varepsilon = f, \\ - \frac{\partial p_\varepsilon}{\partial t} - \varepsilon \, \Delta p_\varepsilon - y_\varepsilon = -z_d, \\ y_\varepsilon = p_\varepsilon = 0 \text{ sur } \Sigma, \; y_\varepsilon(x,0) = y_0(x), \; p_\varepsilon(x,T) = 0, \; x \in \Omega . \end{array} \right.$$

Le système limite est

$$(2.40)\quad \left| \begin{array}{l} \frac{\partial y}{\partial t} + \frac{1}{N_0} \, p = f \\ - \frac{\partial p}{\partial t} - y = -z_d, \\ y(x,0) = y_0(x), \; p(x,T) = 0, \; x \in \Omega \end{array} \right.$$

où x joue le rôle de paramètre.

Un correcteur $\{\eta_\varepsilon, \pi_\varepsilon\}$ d'<u>ordre</u> 0 doit satisfaire à

$$(2.41)\quad \left| \begin{array}{l} \frac{\partial \eta_\varepsilon}{\partial t} - \varepsilon \Delta \eta_\varepsilon + \frac{1}{N_0} \, \pi_\varepsilon = \varepsilon g_{\varepsilon 1} + \varepsilon^{1/2} g_{\varepsilon 2}, \\ - \frac{\partial \pi_\varepsilon}{\partial t} - \varepsilon \Delta \pi_\varepsilon - \eta_\varepsilon = \varepsilon h_{\varepsilon 1} + \varepsilon^{1/2} h_{\varepsilon 2}, \\ \eta_\varepsilon(x,0) = 0, \; \pi_\varepsilon(x,T) = 0 \text{ sur } \Omega, \\ \eta_\varepsilon + y = 0 \text{ sur } \Sigma, \; \pi_\varepsilon + p = 0 \text{ sur } \Sigma. \end{array} \right.$$

Dans le cas où Ω est le demi-espace $x_n > 0$, on définira $\eta_\varepsilon, \pi_\varepsilon$ par

(2.42)
$$\left|\begin{array}{l} \frac{\partial \eta_\varepsilon}{\partial t} - \varepsilon \frac{\partial^2 \eta_\varepsilon}{\partial x_n^2} + \frac{1}{N_0} \pi_\varepsilon = 0, \\ -\frac{\partial \pi_\varepsilon}{\partial t} - \varepsilon \frac{\partial^2 \pi_\varepsilon}{\partial x_n^2} - \eta_\varepsilon = 0, \\ \eta_\varepsilon(x,0) = 0,\ \pi_\varepsilon(x,T) = 0, \\ \eta_\varepsilon(x\ ,0,t) + y(x',0,t) = 0,\ \pi_\varepsilon(x',0,t) + p(x',0,t) = 0, \\ \eta_\varepsilon, \pi_\varepsilon \in L^2(R^+_{x_n} \times]0,T[\,),\ x' = \text{paramètre}. \end{array}\right.$$

On peut prendre

(2.43)
$$\eta_\varepsilon(x,t) = M(x', \frac{x_n}{\sqrt{\varepsilon}}, t),\ \pi_\varepsilon(x,t) = P(x', \frac{x_n}{\sqrt{\varepsilon}}, t)$$

où

(2.44)
$$\left|\begin{array}{l} \frac{\partial M}{\partial t} - \frac{\partial^2 M}{\partial x_n^2} + \frac{1}{N_0} P = 0, \\ -\frac{\partial P}{\partial t} - \frac{\partial^2 P}{\partial x_n^2} - M = 0, \\ M(x,0) = 0,\ P(x,T) = 0, \\ M(x',0,t) + y(x',0,t) = 0,\quad P(x',0,t) + p(x',0,t) = 0, \\ M,\ P \in L^2(R^+_{x_n} \times]0,T[\,). \end{array}\right.$$

■

<u>Exemple 2.5.</u>

On se place dans le cadre de l'Exemple 2.3 avec $\mathcal{U}_{ad} = \mathcal{U}$.

Le système de l'optimalité est (2.39) avec les conditions de Neumann

$$\frac{\partial y_\varepsilon}{\partial \nu} = \frac{\partial p_\varepsilon}{\partial \nu} = 0 \text{ sur } \Sigma$$

au lieu des conditions de Dirichlet.

Le système limite est inchangé.

Il n'y a pas à introduire de correcteur d'ordre 0; un correcteur d'ordre 1 est construit comme suit. On définit d'abord y^1, p^1 par :

(2.45)
$$\left|\begin{array}{l} -\Delta y + \frac{\partial y^1}{\partial t} + \frac{1}{N_0} p^1 = 0, \\ -\Delta p - \frac{\partial p^1}{\partial t} - y^1 = 0, \\ y^1(x,0) = 0,\quad p^1(x,T) = 0 \end{array}\right.$$

en supposant que y et p, donnés par (2.4o), satisfont à

(2.46)
$$\Delta y,\ \Delta p \in L^2(Q).$$

On a alors, avec les notations de la théorie générale

(2.47) $$(L^1,\phi) = \int_\Gamma \frac{\partial y}{\partial \nu}\phi\, d\Gamma,\quad (\mathcal{L}^1,\phi) = \int_\Gamma \frac{\partial p}{\partial \nu}\phi\, d\Gamma .$$

<u>Un correcteur</u> $\{\eta_\varepsilon^1,\pi_\varepsilon^1\}$ <u>d'ordre</u> 1 doit alors satisfaire à

(2.48) $$\left|\begin{aligned} &\frac{\partial \eta_\varepsilon^1}{\partial t} - \varepsilon\Delta\eta_\varepsilon^1 + \frac{1}{N_0}\pi_\varepsilon^1 = \varepsilon^2 g_{\varepsilon 1} + \varepsilon^{3/2} g_{\varepsilon 2},\\ &-\frac{\partial \pi_\varepsilon^1}{\partial t} - \varepsilon\Delta\pi_\varepsilon^1 - \eta_\varepsilon^1 = \varepsilon^2 h_{\varepsilon 1} + \varepsilon^{3/2} h_{\varepsilon 2},\end{aligned}\right.$$

avec les conditions aux limites et initiales

(2.49) $$\left|\begin{aligned} &\frac{\partial \eta_\varepsilon^1}{\partial \nu} + \frac{\partial y}{\partial \nu} = 0,\quad \frac{\partial \pi_\varepsilon^1}{\partial \nu} + \frac{\partial p}{\partial \nu} = 0 \text{ sur } \Sigma,\\ &\eta_\varepsilon^1(x,0) = 0,\quad \pi_\varepsilon^1(X,T) = 0.\end{aligned}\right.$$

Si Ω est le demi-espace $x_n > 0$, on pourra prendre

(2.50) $$\eta_\varepsilon^1(x,t) = \sqrt{\varepsilon}\, M^1(x', \frac{x_n}{\sqrt{\varepsilon}}, t),\quad \pi_\varepsilon^1(x,t) = \sqrt{\varepsilon}\, P^1(x', \frac{x_n}{\sqrt{\varepsilon}}, t)$$

avec

(2.51) $$\left|\begin{aligned} &\frac{\partial M^1}{\partial t} - \frac{\partial^2 M^1}{\partial x_n^2} + \frac{1}{N_0}P^1 = 0,\\ &\frac{\partial P^1}{\partial t} - \frac{\partial^2 P^1}{\partial x_n^2} - M^1 = 0\\ &\frac{\partial M^1}{\partial x_n}(x',0,t) + \frac{\partial y}{\partial x_n}(x',0,t) = 0,\quad \frac{\partial P^1}{\partial x_n}(x',0,t) + \frac{\partial p}{\partial x_n}(x',0,t) = 0\\ &M^1(x,0) = 0,\quad P^1(x,T) = 0\\ &M^1, P^1 \in L^2(R^+_{x_n} \times]0,T[).\end{aligned}\right.$$

sous les hypothèses :

(2.52) $$\frac{\partial y}{\partial x_n}(x',0,t),\ \frac{\partial p}{\partial x_n}(x',0,t) \in L^2(0,T;\ H^2(R^{n-1}_{x'})).$$ ■

<u>Exemple 2.6.</u>

On se place maintenant dans le cadre de l'Exemple 2.2. et la Remarque 2.2. avec $\mathcal{U}_{ad} = \mathcal{U}$. Le système d'optimalité est

$$(2.53)\quad \left|\begin{array}{l} \dfrac{\partial y_\varepsilon}{\partial t} - \varepsilon\Delta y_\varepsilon + \dfrac{1}{N_0}\, p_\varepsilon = f, \\ -\dfrac{\partial p_\varepsilon}{\partial t} - \varepsilon\Delta p_\varepsilon = 0, \\ y_\varepsilon(x,0) = y_0(x),\ p_\varepsilon(x,T) = y_\varepsilon(x,T)-z_d(x),\ x \in \Omega \\ y_\varepsilon = p_\varepsilon = 0 \text{ sur } \Sigma . \end{array}\right.$$

Le système limite est :

$$(2.54)\quad \left|\begin{array}{l} \dfrac{\partial y}{\partial t} + \dfrac{1}{N_0}p = f,\ \dfrac{\partial p}{\partial t} = 0, \\ y(x,0) = y_0(x),\ p(x,T) = y(x,T)-z_d(x). \end{array}\right.$$

Dans le cas du demi-espace on pourra prendre alors comme correcteur d'ordre 0 :

$$(2.55)\quad \eta_\varepsilon = M(x', \frac{x_n}{\sqrt{\varepsilon}}, t),\ \pi_\varepsilon = P(x', \frac{x_n}{\sqrt{\varepsilon}}, t)$$

avec

$$(2.56)\quad \left|\begin{array}{l} \dfrac{\partial M}{\partial t} - \dfrac{\partial^2 M}{\partial x_n^2} + \dfrac{1}{N_0}\ P = 0, \\ -\dfrac{\partial P}{\partial t} - \dfrac{\partial^2 P}{\partial x_n^2} = 0, \\ M(x,0) = 0,\ P(x,T) = 0, \\ M(x',0,t) + y(x',0,t) = 0,\ P(x',0,t) + p(x',0,t) = 0. \end{array}\right.$$

■

2.5. <u>Equations intégro différentielles de Riccati.</u>

Revenons au cas général <u>sans contraintes</u>, i.e. $\mathcal{U}_{ad} = \mathcal{U}$, d'où

$$(2.57)\quad \Lambda_{\mathcal{U}} N u_\varepsilon + D^* p_\varepsilon = 0.$$

Le système de l'optimalité s'écrit alors :

$$(2.58)\quad \left|\begin{array}{l} \left(\dfrac{\partial y_\varepsilon}{\partial t}, \phi\right) + \varepsilon a(y_\varepsilon,\phi) + b(y_\varepsilon,\phi) + (DN^{-1}\Lambda^{-1}D^* p_\varepsilon,\phi) = (f,\phi), \\ -\left(\dfrac{\partial p_\varepsilon}{\partial t}, \phi\right) + \varepsilon a^*(p_\varepsilon,\phi) + b^*(p_\varepsilon,\phi) - (Cy_\varepsilon, C\phi)_{\hat{\mathcal{H}}} = -(z, C\phi)_{\hat{\mathcal{H}}} \\ y_\varepsilon(0) = y_0,\ p_\varepsilon(T) = 0. \end{array}\right.$$

On peut alors calculer y_ε, p_ε par <u>découplage</u> (cf. Lions [8], Chap. 3). On montre que

$$(2.59)\quad p_\varepsilon = P_\varepsilon y_\varepsilon + r_\varepsilon$$

où

$$(2.60)\quad \begin{cases} P_\varepsilon(t) \in \mathcal{L}(H;H),\ P_\varepsilon(t)^* = P_\varepsilon(t),\ P_\varepsilon(t) \geq 0, \\ P_\varepsilon(t) \in \mathcal{L}(K;K), \\ -(P'_\varepsilon(t)\phi,\psi) + \varepsilon[a(\phi,P_\varepsilon\psi) + a^*(P_\varepsilon\phi,\psi)] + b(\phi,P_\varepsilon\psi) + b^*(P_\varepsilon\phi,\psi) + \\ \quad + (\mathcal{B}P_\varepsilon\phi,P_\varepsilon\psi) = (C\phi,C\psi)_{\hat{\mathcal{H}}} \quad \forall\ \phi,\ \psi \in K, \\ P_\varepsilon(T) = 0, \qquad \mathcal{B} = DN^{-1}\Lambda^{-1}D^*, \end{cases}$$

et

$$(2.61)\quad \begin{cases} -(r'_\varepsilon,\phi) + \varepsilon a^*(r_\varepsilon,\phi) + b^*(r_\varepsilon,\phi) + (\mathcal{B}r_\varepsilon,P_\varepsilon\phi) = (f,P_\varepsilon\phi) - \\ \qquad - (z_d,\ C\phi)_{\hat{\mathcal{H}}} \quad \forall\ \phi \in K, \\ r_\varepsilon(T) = 0. \end{cases}$$

Le système (2.60) est <u>une équation intégro différentielle de Riccati</u>.

Donnons un exemple (pour d'autres exemples, cf. Lions [8]).

<u>Exemple 2.7</u>. (suite de l'Exemple 2.4).

L'opérateur $P_\varepsilon(t)$ a un <u>noyau</u> distribution $P_\varepsilon(x,\xi,t)$ sur $\Omega_x \times \Omega_\xi$ (cf. L. Schwartz [2] pour le "<u>théorème des noyaux</u>"), qui est caractérisé par

$$(2.62)\quad \begin{cases} -\dfrac{\partial P_\varepsilon}{\partial t} - \varepsilon(\Delta_x+\Delta_\xi)P_\varepsilon + \dfrac{1}{N_0}\displaystyle\int_\Omega P_\varepsilon(x,\lambda,t)P_\varepsilon(\lambda,\xi,t)d\lambda = \\ \qquad = \delta(x-\xi), \\ P_\varepsilon(x,\xi,t) = P_\varepsilon(\xi,x,t), \\ \displaystyle\int_{\Omega\times\Omega} P_\varepsilon(x,\xi,t)\phi(x)\phi(\xi)dxd\xi \geq 0, \\ P_\varepsilon = 0 \text{ si } x \in \partial\Omega,\ \xi \in \Omega \text{ et } x \in \Omega,\ \xi \in \partial\Omega, \\ P_\varepsilon(x,\xi,T) = 0. \end{cases}$$

■

On peut évidemment <u>découpler aussi le système limite</u>

$$(2.63)\quad \begin{cases} \left(\dfrac{\partial y}{\partial t},\ \phi\right) + b(y,\phi) + (\mathcal{B}p,\phi) = (f,\phi), \\ -\left(\dfrac{\partial p}{\partial t},\ \phi\right) + b^*(p,\phi) - (Cy,C\phi)_{\hat{\mathcal{H}}} = -(z_d,C\phi)_{\hat{\mathcal{H}}}\ , \\ y(0) = y_0,\ p(T) = 0, \end{cases}$$

par

(2.64) $$p = Py + r,$$

où

(2.65)
$$\left|\begin{array}{l} P(t) \in \mathcal{L}(H;H) \cap \mathcal{L}(V_b;V_b), \\ P^*(t) = P(t) \text{ dans } \mathcal{L}(H;H),\ (P(t)\phi,\phi) \geq 0, \\ -(P'(t)\phi,\psi) + b(\phi,P\psi) + b^*(P\phi,\psi) + (\mathcal{B}P\phi, P\psi) = (C\phi,C\psi) \quad \forall\ \phi,\psi \in V_b, \\ P(T) = 0, \end{array}\right.$$

et r est donné par l'analogue de (2.61) avec $\varepsilon = 0$. ■

<u>Exemple 2.8</u>. (suite de l'Exemple 2.7).

Pour le système limite (2.40) on calcule <u>explicitement</u> P, <u>soit</u> par application de la construction générale de P_ε, P qui va suivre, <u>soit</u> par <u>intégration directe</u> de l'équation correspondant à (2.65), soit :

(2.66)
$$\left|\begin{array}{l} -\dfrac{\partial P}{\partial t} + \dfrac{1}{N_0} \displaystyle\int_\Omega P(x,\lambda,t)P(\lambda,\xi,t)d\lambda = \delta(x-\xi), \\ P(x,\xi,T) = 0. \end{array}\right.$$

On trouve

(2.67) $$P(x,\xi,t) = \sqrt{N_0} \quad \text{th.}\left(\frac{T-t}{\sqrt{N_0}}\right) \delta(x-\xi).$$ ■

<u>Construction de</u> P_ε <u>et de</u> P.

On peut construire P_ε de la façon suivante : on considère le système <u>homogène</u> (i.e. avec $f = 0$, $z_d = 0$) associé à (2.58) sur l'intervalle (S,T), soit :

(2.68)
$$\left|\begin{array}{l} \left(\dfrac{\partial z_\varepsilon}{\partial t},\phi\right) + \varepsilon a(z_\varepsilon,\phi) + b(z_\varepsilon,\phi) + (\mathcal{B}q_\varepsilon,\phi) = 0 \quad \forall\ \phi \in K, \\ -\left(\dfrac{\partial q_\varepsilon}{\partial t},\phi\right) + \varepsilon a^*(q_\varepsilon,\phi) + b^*(q_\varepsilon,\phi) - (Cz_\varepsilon,C\phi)_{\hat{\mathcal{H}}} = 0,\ t \in (S,T) \\ z_\varepsilon(S) = h,\ q_\varepsilon(T) = 0, \end{array}\right.$$

où h est un élément donné de H.

Ce système (qui est encore un "système d'optimalité" pour un problème de contrôle optimal convenable) admet une solution unique, donc définit $q_\varepsilon(S) \in H$ de manière unique, l'<u>application</u> $h \to q_\varepsilon(S)$ <u>étant linéaire continue</u> de $H \to H$. On montre (Lions [8]) que cette application n'est autre que $P_\varepsilon(S)$, i.e.

(2.69) $$P_\varepsilon(S)h = q_\varepsilon(S).$$

On a une définition analogue pour P(S). Mais on vérifie, par les méthodes du début de ce N°, que

(2.70)
$$\left| \begin{array}{l} z_\varepsilon, q_\varepsilon \to z, q \text{ dans } L^2(0,T;V_b), \\ z'_\varepsilon, q'_\varepsilon \to z', q' \text{ dans } L^2(0,T;V'_b) \end{array} \right.$$

où

(2.71)
$$\left| \begin{array}{l} \left(\frac{\partial z}{\partial t}, \phi\right) + b(z,\phi) + (\mathcal{B}q,\phi) = 0 \quad \forall \phi \in V_b, \\ -\left(\frac{\partial q}{\partial t}, \phi\right) + b^*(q,\phi) - (Cz, C\phi)_{\hat{H}} = 0 \quad \forall \phi \in V_b,\ t \in (S,T), \\ z(s) = h,\ q(T) = 0 \end{array} \right.$$

et par conséquent $q_\varepsilon(s) = P_\varepsilon(s)h \to q(s) = P(s)h$ dans H, donc

(2.72)
$$\left| \begin{array}{l} \forall t \in [0,T],\ \forall h \in H, \text{ on a :} \\ P_\varepsilon(t)h \to P(t)h \text{ dans } H. \end{array} \right.$$ ▪

<u>Exemple 2.9</u> (suite de l'Exemple 2.8).

Dans la situation de l'Exemple 2.7, 2.8 on a donc :

(2.73)
$$\left| \begin{array}{l} \int_\Omega P_\varepsilon(x,\xi,t)h(\varepsilon)d\xi \to \sqrt{N_0}\ \text{th}\ \frac{T-t}{\sqrt{N_0}}\ h(x) \text{ dans } L^2(\Omega), \\ \forall h \in L^2(\Omega). \end{array} \right.$$ ▪

<u>Correcteur d'ordre 0.</u>

On peut introduire un correcteur d'ordre 0 soit ζ_ε, χ_ε pour le système (2.68), soit :

(2.74)
$$\left| \begin{array}{l} \left(\frac{\partial \zeta_\varepsilon}{\partial t}, \phi\right) + \varepsilon a(\zeta_\varepsilon,\phi) + b(\zeta_\varepsilon,\phi) + (\mathcal{B}\chi_\varepsilon,\phi) = \\ \qquad\qquad = (\varepsilon g_{\varepsilon 1} + \varepsilon^{1/2} g_{\varepsilon 2},\phi) \quad \forall \phi \in K, \\ -\left(\frac{\partial \chi_\varepsilon}{\partial t}, \phi\right) + \varepsilon a^*(\chi_\varepsilon,\phi) + b^*(\chi_\varepsilon,\phi) - (C\zeta_\varepsilon, C\phi)_{\hat{H}} = (\varepsilon h_{\varepsilon 1} + \varepsilon^{1/2} h_{\varepsilon 2},\phi) \\ \qquad\qquad \forall \phi \in K, \\ \zeta_\varepsilon(s) = 0,\ \chi_\varepsilon(T) = 0, \\ \zeta_\varepsilon + z \in K,\ \chi_\varepsilon + q \in K. \end{array} \right.$$

<u>On aura alors l'estimation</u>

(2.75)
$$|q_\varepsilon(s) - q(s) - \chi_\varepsilon(s)| \leq C\ \varepsilon^{1/2}\ (^1).$$

(1) Où C dépend de h.

Pour en déduire une estimation utile sur $P_\varepsilon(s)-P(s)$, il faut construire un couple de correcteurs ζ_ε, χ_ε dépendant linéairement et continûment de z et q, i.e. de h.

On introduit pour cela (cf. Chap. 2, N°7, pour des exemples) la "partie principale" $\bar{a}$ de a et on définit ζ_ε, χ_ε par :

$$
(2.76)\quad \begin{cases} \left(\frac{\partial \zeta_\varepsilon}{\partial t}, \phi\right) + \varepsilon \bar{a}(\zeta_\varepsilon, \phi) + b(\zeta_\varepsilon,\phi) + (\mathcal{B}\chi_\varepsilon, \phi) = 0 \quad \forall\, \phi \in K, \\ -\left(\frac{\partial \chi_\varepsilon}{\partial t}, \phi\right) + \varepsilon \bar{a}^*(\chi_\varepsilon,\phi) + b^*(\chi_\varepsilon,\phi) - (C\zeta_\varepsilon, C\phi)_{\hat{\mathcal{H}}} = 0 \quad \forall\, \phi \in K, \\ \zeta_\varepsilon(s) = 0,\ \chi_\varepsilon(T) = 0, \\ \zeta_\varepsilon + z \in K,\ \chi_\varepsilon + q \in K \end{cases}
$$

et l'on vérifie ensuite que, pour un choix convenable de $\bar{a}$, on a bien là un couple de correcteurs d'ordre 0.

On a alors

$$
(2.77)\qquad \chi_\varepsilon(s) = Q_\varepsilon^0(s)h
$$

et (2.75) donne

$$
(2.78)\qquad |(P_\varepsilon(s)-P(s)-Q_\varepsilon^0(s))h| \leq C\, \varepsilon^{1/2}|h|. \qquad \blacksquare
$$

Exemple 2.10 (suite de l'Exemple 2.9).

Dans le cas de l'Exemple 2.7, 2.8, 2.9 et si $\Omega = \{\, x \mid x_n > 0\}$, on définit ζ_ε, χ_ε par :

$$
(2.79)\quad \begin{cases} \frac{\partial \zeta_\varepsilon}{\partial t} - \varepsilon \frac{\partial^2 \zeta_\varepsilon}{\partial x_n^2} + \frac{1}{N_0}\chi_\varepsilon = 0, \\ -\frac{\partial \chi_\varepsilon}{\partial t} - \varepsilon \frac{\partial^2 \chi_\varepsilon}{\partial x_n^2} - \zeta_\varepsilon = 0, \\ \zeta_\varepsilon(x,s) = 0,\ \chi_\varepsilon(x,T) = 0, \\ \zeta_\varepsilon(x',0,t) + h(x',0)\, \frac{\mathrm{ch}(T-t)N_0^{-1/2}}{\mathrm{ch}(T-s)N_0^{-1/2}} = 0\,, \\ \chi_\varepsilon(x',0,t) + h(x',0)\sqrt{N_0}\, \frac{\mathrm{ch}(T-t)N_0^{-1/2}}{\mathrm{ch}(T-s)N_0^{-1/2}} = 0\,. \end{cases}
$$

Si l'on définit Z et X par :

$$(2.80)\quad \left|\begin{array}{l} \frac{\partial Z}{\partial t} - \frac{\partial^2 Z}{\partial x_n^2} + \frac{1}{N_0} X = 0, \\ -\frac{\partial X}{\partial t} - \frac{\partial^2 X}{\partial x_n^2} - Z = 0, \\ Z(x,s) = 0,\ X(x,T) = 0, \\ Z(x',0,t) = -\frac{ch(T-t)N_0^{-1/2}}{ch(T-s)N_0^{-1/2}}\ ; \\ X(x',0,t) = -\sqrt{N_0}\,\frac{ch(T-t)N_0^{-1/2}}{ch(T-s)N_0^{-1/2}}\ ; \\ Z,X \in L^2(R^+_{x_n} x(s,T)) \end{array}\right.$$

alors :

$$(2.81)\quad \left|\begin{array}{l} \zeta_\varepsilon(x,t) = h(x',0)\ Z(x', \frac{x_n}{\sqrt{\varepsilon}}, t) \\ \chi_\varepsilon(x,t) = h(x',0)\ X(x', \frac{x_n}{\sqrt{\varepsilon}}, t) \end{array}\right.$$

et donc

$$(2.82)\quad \chi_\varepsilon(x,s) = h(x',0)\ X(x', \frac{x_n}{\sqrt{\varepsilon}}, t).$$

Le noyau de l'application $h \to \chi_\varepsilon(x,s)$ est donc

$$(2.83)\quad X(x', \frac{x_n}{\sqrt{\varepsilon}}, t)\ \ \delta(x'-\xi')\ \delta(\xi_n-0).$$

On obtient ainsi, pour l'approximation d'ordre 0 du noyau $P_\varepsilon(x,\xi,t)$ ("approximation" au sens de (2.75)), la formule

$$(2.84)\quad \sqrt{N_0}\ \ th\left(\frac{T-t}{\sqrt{N_0}}\right)\ \delta(x-\xi) + X(x', \frac{x_n}{\sqrt{\varepsilon}}, t)\ \ \delta(x'-\xi')\ \ \delta(\xi_n-0).$$ ■

L'approximation (2.84) introduira un correcteur non symétrique, mais symétrique à $O(\varepsilon^{1/2})$ près (au sens de (2.75)). ■

Remarque 2.3.

On peut évidemment introduire des corrections d'ordre supérieur. Par exemple, dans le cadre de l'Exemple 2.10, on définira, z^1, q^1 par :

$$(2.85)\quad \left|\begin{array}{l} -\Delta z + \frac{\partial z^1}{\partial t} + \frac{1}{N_0} q^1 = 0, \\ -\Delta q - \frac{\partial q^1}{\partial t} - z^1 = 0, \\ \quad z^1(s) = 0,\ \ q^1(T) = 0. \end{array}\right.$$

Comme

$$z = h \frac{\mathrm{ch}\,(T-t)N_0^{-1/2}}{\mathrm{ch}\,(T-s)N_0^{-1/2}},$$

$$q = h\sqrt{N_0}\,\frac{\mathrm{sh}(T-t)N_0^{-1/2}}{\mathrm{ch}(T-s)N_0^{-1/2}},$$

on a donc :

$$(2.86)\quad \left| \begin{array}{l} \dfrac{dz^1}{dt} + \dfrac{1}{N_0}\,q^1 = (\Delta h)\,\dfrac{\mathrm{ch}\,(T-t)N_0^{-1/2}}{\mathrm{ch}\,(T-s)N_0^{-1/2}} \\[2ex] \dfrac{dq^1}{dt} + z^1 = -\,(\Delta h)\sqrt{N_0}\,\dfrac{\mathrm{sh}(T-t)N_0^{-1/2}}{\mathrm{ch}(T-s)N_0^{-1/2}} \end{array}\right.$$

d'où l'on déduit

$$(2.87)\quad q^1(s) = \frac{N_0}{2}\,\Delta h(x)\,[\,3\,\mathrm{th}^2(T-s)N_0^{-1/2} + N_0^{1/2}\,\mathrm{th}(T-s)N_0^{-1/2} - \\ -\,(T-s)\mathrm{ch}^{-2}(T-s)N_0^{-1/2}]$$

ce qui donne un terme de l'approximation de la forme

$$(2.88)\quad \left| \begin{array}{l} \varepsilon P^1(x,\xi,t), \text{ avec} \\[1ex] P^1(x,\xi,t) = \dfrac{N_0}{2}\,[\,3\,\mathrm{th}^2(T-t)N_0^{-1/2} + N_0^{1/2}\,\mathrm{th}(T-t)N_0^{-1/2} - \\ \qquad -\,(T-t)\mathrm{ch}^{-2}(T-t)N_0^{-1/2}]\,\Delta_x\delta(x-\xi). \end{array}\right.$$

Il faut ensuite calculer un correcteur d'ordre 1 pour le système correspondant à (2.68). ∎

Remarque 2.4.

On a examiné, dans Lions [9], ce que donnent les équations de Riccati lorsque le contrôle v ne dépend que de t. On peut étudier la situation analogue dans le cadre des perturbations singulières. On obtient aussi des développements asymptotiques pour les équations de Riccati du type (7.32), (7.36), (7.39), Lions [9], où $-\Delta$ est remplacé par $-\varepsilon\Delta$. ∎

2.6. Variantes.

Les considérations des N° précédents s'étendent aux systèmes gouvernés par des équations de type Petrowski ou de type hyperbolique :

$$(2.89)\quad \left| \begin{array}{l} (y''_\varepsilon(v),\phi) + \varepsilon a(y_\varepsilon(v),\phi) + b(y_\varepsilon(v),\phi) = (f+Dv,\phi) \quad \forall\ \phi \in K, \\ y_\varepsilon(v)\big|_{t=0} = y_0,\ \ y'_\varepsilon(v)\big|_{t=0} = y_1, \end{array}\right.$$

avec $J_\varepsilon(v)$ donné par le même type de formule que précédemment [cf. Lions [8], Chap. 4, pour les situations analogues sans perturbations singulières].

Bornons-nous à un exemple modèle très simple.

Exemple 2.11.

On suppose que l'état $y_\varepsilon(v)$ est donné par :

$$(2.90)\quad \left|\begin{array}{l} \dfrac{\partial^2 y_\varepsilon(v)}{\partial t^2} - \varepsilon\Delta y_\varepsilon(v) = f+v, \\ y_\varepsilon(v) = 0 \text{ sur } \Sigma,\ y_\varepsilon(v)\Big|_{t=o} = y_0,\ \dfrac{\partial y_\varepsilon(v)}{\partial t}\Big|_{t=o} = y_1, \end{array}\right.$$

et que la fonction coût est donnée par

$$(2.91)\quad J_\varepsilon(v) = \int_Q |y_\varepsilon(v)-z_d|^2 dxdt + N_0\int_Q v^2 dxdt .$$

Alors le système de l'optimalité est :

$$(2.92)\quad \left|\begin{array}{l} \dfrac{\partial^2 y_\varepsilon}{\partial t^2} - \varepsilon\Delta y_\varepsilon = f+u_\varepsilon, \\ -\dfrac{\partial^2 p_\varepsilon}{\partial t^2} - \varepsilon\Delta p_\varepsilon = y_\varepsilon - z_d, \\ y_\varepsilon = p_\varepsilon = 0 \text{ sur } \Sigma, \\ y_\varepsilon(x,0) = y_0(x),\ \dfrac{\partial y_\varepsilon}{\partial t}(x,0) = y_1(x), \\ p_\varepsilon(x,T) = 0,\ \dfrac{\partial p_\varepsilon}{\partial t}(x,T) = 0, \\ u_\varepsilon \in \mathcal{U}_{ad},\ \int_Q (p_\varepsilon + N_0 u_\varepsilon)(v-u_\varepsilon)dxdt \geq 0 \quad \forall\, v \in \mathcal{U}_{ad}. \end{array}\right.$$

Le système limite est :

$$(2.93)\quad \left|\begin{array}{l} \dfrac{\partial^2 y}{\partial t^2} = f+u, \quad -\dfrac{\partial^2 p}{\partial t^2} = y - z_d, \\ y(x,0) = y_0(x),\ \dfrac{\partial y}{\partial t}(x,0) = y_1(x),\ p(x,T) = 0,\ \dfrac{\partial p}{\partial t}(x,T) = 0, \\ u \in \mathcal{U}_{ad},\ \int_Q (p+N_0 u)(v-u)dxdt \geq 0 \quad \forall\, v \in \mathcal{U}_{ad}. \end{array}\right.$$

On a :

$$y_\varepsilon \to y,\ p_\varepsilon \to p \text{ dans } L^2(Q),$$

$$y'_\varepsilon \to y',\ p'_\varepsilon \to p' \text{ dans } L^2(Q),$$

$$u_\varepsilon \to u \text{ dans } L^2(Q) \text{ et } J_\varepsilon(u_\varepsilon) \to J(u).$$

On peut introduire des <u>correcteurs</u> de façon analogue à ce qui précède. ■

<u>Remarque 2.5.</u>

On pourra étudier de la même manière des problèmes du type

$$(2.94)\quad \left|\begin{array}{l} \dfrac{\partial y_\varepsilon(v)}{\partial t} - \varepsilon\Delta y_\varepsilon(v) + \displaystyle\sum_{i=1}^{n} a_i \frac{\partial y_\varepsilon(v)}{\partial x_i} = f+v \\ y_\varepsilon(v) = 0 \text{ sur } \Sigma,\ y_\varepsilon(x,0;v) = y_0(x) \end{array}\right.$$

avec par exemple

$$J_\varepsilon(v) = \int_Q |y_\varepsilon(v)-z_d|^2 dxdt + N_0\int_Q v^2 dxdt \,.$$

Le système limite sera

$$(2.95)\quad \left|\begin{array}{l} \dfrac{\partial y(v)}{\partial t} + \displaystyle\sum_{i=1}^{n} a_i \frac{\partial y(v)}{\partial x_i} = f+v, \\ y(v) = 0 \text{ sur } \Gamma_- \text{ où } \Gamma_- \text{ est l'adhérence dans } \Gamma \text{ des points où } \displaystyle\sum_{i=1}^{n} a_i \nu_i < 0, \\ \text{et } y(x,0;v) = y_0(x). \end{array}\right.$$

■

<u>Remarque 2.6.</u>

On peut étudier également par le même genre de méthode les systèmes [1]

$$(2.96)\quad \left|\begin{array}{l} \left(\dfrac{\partial}{\partial t} y_\varepsilon(v),\phi\right) + \varepsilon a\left(y_\varepsilon(v),\phi\right) + b\left(y_\varepsilon(v),\phi\right) = (f,\phi) \quad \forall\ \phi \in K, \\ y_\varepsilon(0;v) = v,\ v \in H = \mathcal{U}\,. \end{array}\right.$$

cf. Bensoussan-Lions [1]. ■

<u>Remarque 2.7.</u>

On peut également étudier des problèmes <u>non linéaires</u>; on arrive d'ailleurs alors à des problèmes ouverts du type de ceux du N° 1.7. ■

2.7. <u>Remarque sur les problèmes d'identification.</u>

Considérons un système (non entièrement identifié), dont l'état est donné par :

---

(1) Importants pour la théorie du <u>filtrage</u>.

$$(2.97)\quad \left|\begin{array}{l} \dfrac{\partial y_\varepsilon}{\partial t} - \varepsilon\Delta y_\varepsilon + v y_\varepsilon = 0,\ v = v(x), \\ \dfrac{\partial y_\varepsilon}{\partial \nu} = 0 \text{ sur } \Sigma,\ y_\varepsilon(x,0) = y_0(x) \text{ dans } \Omega \end{array}\right.$$

et supposons que l'on mesure

$$(2.98)\quad y_\varepsilon\Big|_\Sigma = m\ .$$

Sachant que $v \in \mathcal{U}_{ad}$ ($\mathcal{U}_{ad} \subset L^2(\Omega)$) (par ex. $\alpha \leqslant v(x) \leqslant \beta$, α et β étant données) on cherche à déterminer v "au mieux".

On désigne par $y_\varepsilon(v)$ la solution de (2.97) pour v choisi, et on peut alors poser le problème précédent (d'identification, cf G. Chavent [1], G.A. Phillipson [1] et la bibliographie de ces travaux) de la manière suivante : minimiser sur $\mathcal{U}_{ad}$ la fonctionnelle

$$(2.99)\quad J_\varepsilon(v) = \int_\Sigma |y_\varepsilon(v)-m|^2\, d\Sigma.$$

Or le problème limite est trivial. En effet, pour v fixé, $y_\varepsilon(v) \to y(v)$ où

$$(2.100)\quad \frac{\partial y(v)}{\partial t} + v\, y(v) = 0,\ y(v)\Big|_{t=0} = y_0(x),$$

i.e.

$$(2.101)\quad y(v) = y_0 \exp(-tv(x)).$$

Le problème limite est de minimiser sur $\mathcal{U}_{ad}$ la fonction

$$(2.102)\quad J(v) = \int_\Sigma |y_0(x) \exp(-tv(x))-m|^2 d\Sigma$$

qui ne fait intervenir que les valeurs de v sur Σ ([1])

Si l'on suppose que $\mathcal{U}_{ad}$ est un ensemble convexe fermé borné de $L^2(\Omega)$, on vérifie qu'il existe $u_\varepsilon \in \mathcal{U}_{ad}$ tel que

$$(2.103)\quad J_\varepsilon(u_\varepsilon) = \inf J_\varepsilon(v),\ v \in \mathcal{U}_{ad}$$

et qu'il existe $u \in \mathcal{U}_{ad}$ tel que

$$(2.104)\quad J(u) = \inf J(v),\ v \in \mathcal{U}_{ad}.$$

On a toujours

$$(2.105)\quad \limsup J_\varepsilon(u_\varepsilon) \leqslant J(u)$$

mais, assez curieusement, il ne semble pas évident de vérifier que $J_\varepsilon(u_\varepsilon) \to J(u)$.

([1]) Si donc ε est "petit", il sera impossible d'identifier numériquement le système à l'intérieur de Ω, ce qui est physiquement naturel.

3. SYSTEMES CHANGEANT DE TYPE.

3.1. Orientation.

Nous avons dans les N° précédents étudié le contrôle de systèmes singuliers dont les équations d'état sont de même type lorsque $\varepsilon > 0$ et $\varepsilon = 0$. On va maintenant examiner des cas où ces équations d'état sont de types différents.

On va essentiellement se borner à un type de situation, correspondant à des systèmes dont l'état est à deux composantes, pour lesquelles les échelles de temps sont différentes.

3.2. Un résultat de convergence.

On se place dans le cadre du Chap. 6, N° 2.6. On introduit

(3.1) $$V = V_1 \times V_2 \subset H = H_1 \times H_2,$$

(3.2) $$C_\varepsilon = \begin{vmatrix} \varepsilon I & 0 \\ 0 & I \end{vmatrix}, \quad a(\phi,\psi) \text{ forme bilinéaire continue sur } V,$$

(3.3) $$\begin{cases} \mathcal{U} = L^2(0,T;\hat{\mathcal{U}}) & \text{(espace des contrôles)}, \\ D \in \mathcal{L}(\hat{\mathcal{U}};V'); \end{cases}$$

on suppose que

(3.4) $$a(\phi,\phi) + \lambda(C_0\phi,\phi) \geq \alpha \|\phi\|^2, \ \alpha > 0, \ \forall \phi \in V, \text{ pour } \lambda \text{ convenable.}$$

L'état du système est donné par

(3.5) $$\big(C_\varepsilon y'_\varepsilon(v),\phi\big) + a\big(y_\varepsilon(v),\phi\big) = (f+Dv,\phi) \quad \forall \phi \in V, \ f \in L^2(0,T;V')$$

(3.6) $$y_\varepsilon(v)\Big|_{t=o} = y_0, \text{ ou } C_\varepsilon y_\varepsilon(v)\Big|_{t=o} = C_\varepsilon y_0, \ y_0 \in H,$$

(3.7) $$y_\varepsilon(v) \in L^2(0,T;V), \ C_\varepsilon\big(y'_\varepsilon(v)\big) \in L^2(0,T;V') \quad (^1).$$

L'état limite (cf. Chap. 6, N° 2.6) est donné par

(3.8) $$\big(C_0 y'(v),\phi\big) + a\big(y(v),\phi\big) = (f+Dv,\phi) \quad \forall \phi \in V,$$

(3.9) $$C_0 y(v)\Big|_{t=o} = C_0 y_0,$$

i.e.

(3.9 bis) $$y(v) = \{y_1(v),y_2(v)\}, \ y_2(0;v) = y_{02}.$$

On sait que :

---

(1) Ce qui équivaut à $y'_\varepsilon(v) \in L^2(0,T;V')$.

(3.10) $$y_\varepsilon(v) \to y(v) \text{ dans } L^2(0,T;V).$$ ∎

Fonction coût.

On considère

(3.11) $$\left| \begin{array}{l} \mathcal{H} = L^2(0,T;\hat{\mathcal{H}}), \\ C \in \mathcal{L}(V;\hat{\mathcal{H}}) \quad (^1) \end{array} \right.$$

et la fonction coût

(3.12) $$J_\varepsilon(v) = \int_0^T \|Cy_\varepsilon(t;v)-z_d(t)\|^2_{\hat{\mathcal{H}}}dt + (Nv,v)_{\mathcal{U}}$$

où z_d est donné dans $\mathcal{H}$.

La fonction coût limite est

(3.13) $$J(v) = \int_0^T \|Cy(t;v)-z_d(t)\|^2_{\hat{\mathcal{H}}}dt + (Nv,v)_{\mathcal{U}} .$$

Soit $\mathcal{U}_{ad}$ = ensemble convexe fermé non vide de $\mathcal{U}$.

Il existe u_ε (resp. u) unique dans $\mathcal{U}_{ad}$ tel que

(3.14) $$J_\varepsilon(u_\varepsilon) = \inf J_\varepsilon(v),\ v \in \mathcal{U}_{ad},$$

(resp.

(3.15) $$J(u) = \inf J(v),\ v \in \mathcal{U}_{ad}),$$

et l'on vérifie comme au N°1 que, lorsque $\varepsilon \to 0$:

(3.16) $$u_\varepsilon \to u \text{ dans } \mathcal{U} ,$$

(3.17) $$J_\varepsilon(u_\varepsilon) \to J(u),$$

(3.18) $$y_\varepsilon(u_\varepsilon) = y_\varepsilon \to y(u) = y \text{ dans } L^2(0,T;V).$$ ∎

3.3. Exemples.

Exemple 3.1.

Nous considérons le système

(3.19) $$\left| \begin{array}{l} \varepsilon \dfrac{\partial y_{\varepsilon 1}(v)}{\partial t} - \Delta y_{\varepsilon 1}(v) + y_{\varepsilon 2}(v) = f_1+v_1, \\ \dfrac{\partial y_{\varepsilon 2}(v)}{\partial t} - \Delta y_{\varepsilon 2}(v) + y_{\varepsilon 1}(v) = f_2+v_2 \end{array} \right.$$

(3.20) $$\left| \begin{array}{l} y_{\varepsilon i}(v) = 0 \text{ sur } \Sigma,\ i = 1,2, \\ y_{\varepsilon i}(x,0;v) = y_{0i}(x) \text{ sur } \Omega,\ i = 1,2. \end{array} \right.$$

---

(1) A ne pas confondre avec C_ε et C_0 .

On suppose que

$$v = \{v_1, v_2\} \in \mathcal{U} = (L^2(Q))^2 \quad (\text{donc } \hat{\mathcal{U}} = (L^2(\Omega))^2).$$

La fonction coût étant donnée par :

$$(3.21) \qquad J_\varepsilon(v) = \int_Q [\,|y_{\varepsilon 1}(v)-z_{1d}|^2 + |y_{\varepsilon 2}(v)-z_{2d}|^2]\,dxdt + N_0\int_Q [\,v_1^2+v_2^2]dxdt,$$

le N° 3.2 s'applique. On prendra :

$V = H_0^1(\Omega)\times H_0^1(\Omega)$, $H = L^2(\Omega)\times L^2(\Omega)$,

$a(\phi,\psi) = \int_\Omega [\text{grad } \phi_1 \text{ grad } \psi_1 + \text{grad } \phi_2 \text{ grad } \psi_2 + \phi_2\psi_1 + \phi_1\psi_2]\,dx$,

D = identité.

Le système limite est donné par :

$$(3.22) \qquad \left|\begin{array}{l} -\Delta y_1(v) + y_2(v) = f_1+v_1, \\ \dfrac{\partial y_2(v)}{\partial t} - \Delta y_2(v) + y_1(v) = f_2+v_2, \\ y_i(v) = 0 \text{ sur } \Sigma, \\ y_2(x,0;v) = y_{02}(x), \text{ sans condition initiale pour } y_1(v). \end{array}\right.$$

■

Exemple 3.2.

On peut dans l'Exemple 3.1 remplacer la condition de Dirichlet par celle de Neumann - ou par des conditions mêlées (Dirichlet sur une partie de Γ, Neumann sur le reste de Γ). ■

Exemple 3.3.

Le système est donné par :

$$(3.23) \qquad \left|\begin{array}{l} \varepsilon \dfrac{\partial y_{\varepsilon 1}(v)}{\partial t} - \Delta y_{\varepsilon 1}(v) + y_{\varepsilon 2}(v) = f_1, \\ \dfrac{\partial y_{\varepsilon 2}(v)}{\partial t} - \Delta y_{\varepsilon 2}(v) + y_{\varepsilon 1}(v) = f_2, \\ \dfrac{\partial y_{\varepsilon 1}(v)}{\partial \nu} = v_1, \ \dfrac{\partial y_{\varepsilon 2}(v)}{\partial \nu} = v_2 \text{ sur } \Sigma, \\ y_{\varepsilon i}(x,0,v) = y_{0i}(x), \ i = 1,2 \end{array}\right.$$

et la fonction coût par :

$$(3.24) \qquad J_\varepsilon(v) = \int_\Sigma [\,|y_{\varepsilon 1}(v)-z_{1d}|^2 + |y_{\varepsilon 2}(v)-z_{2d}|^2]\,d\Sigma + N_0 \int_\Sigma [\,v_1^2+v_2^2]\,d\Sigma.$$

On prend

$V = H^1(\Omega)^2$, $H = L^2(\Omega)^2$, $a(\phi,\psi)$ comme à l'Exemple 3.1 et D donné par :

(3.25) $$(Dv,\phi) = \int_\Gamma [v_1\phi_1+v_2\phi_2]d\Gamma .$$

Le N° 3.2 s'applique alors. ∎

Remarque 3.1.

On peut également considérer dans le cadre des Exemples précédents les fonctions coût de la forme

(3.26) $$J_\varepsilon(v) = \int_\Omega |y_\varepsilon(x,T,v)-z_d(x)|^2dx + (Nv,v) \quad .$$ ∎

Remarque 3.2.

On peut également étudier les situations où l'état est donné par

(3.27) $$\begin{vmatrix} (C_\varepsilon y'_\varepsilon(v),\phi) + \varepsilon a(y_\varepsilon(v),\phi) + b(y_\varepsilon(v),\phi) = (f+Dv,\phi) \quad \forall \phi \in K, \\ y_\varepsilon(v) \in L^2(0,T;K),\ C_\varepsilon y_\varepsilon(v)\Big|_{t=0} = C_\varepsilon y_0. \end{vmatrix}$$

L'état limite est alors $y(v) \in L^2(0,T;V_b)$, donné par

(3.28) $$\begin{vmatrix} (C_0 y'(v),\phi) + b(y(v),\phi) = (f+Dv,\phi) \ \forall \phi \in V_b, \\ C_0 y(v)\Big|_{t=0} = C_0 y_0. \end{vmatrix}$$ ∎

3.4. Développements asymptotiques.

Si l'on veut aller plus loin et introduire des correcteurs, comme dans les N° précédents, on doit introduire le système de l'optimalité. Pour cela on définit l'état adjoint p_ε par :

(3.29) $$\begin{vmatrix} -(C_\varepsilon p'_\varepsilon,\phi) + a^*(p_\varepsilon,\phi) = (Cy_\varepsilon-z_d,C\phi)_{\mathcal{H}} \quad \forall \phi \in V, \\ C_\varepsilon p_\varepsilon(T) = 0 \ \text{(i.e. } p_\varepsilon(T) = 0 \ , \ p_\varepsilon \in L^2(0,T;V), \end{vmatrix}$$

et l'état adjoint limite par :

(3.30) $$\begin{vmatrix} -(C_0 p',\phi) + a^*(p,\phi) = (Cy-z_d,C\phi)_{\hat{\mathcal{H}}} \quad \forall \phi \in V, \\ C_0 p(T) = 0,\ p \in L^2(0,T;V). \end{vmatrix}$$

Alors le système de l'optimalité est donné par :

(3.31) $$\begin{vmatrix} (C_\varepsilon y'_\varepsilon,\phi) + a(y_\varepsilon,\phi) = (f+Du_\varepsilon,\phi), \\ -(C_\varepsilon p'_\varepsilon,\phi) + a^*(p_\varepsilon,\phi) = (Cy_\varepsilon-z_d,C\phi)_{\mathcal{H}} \ , \\ C_\varepsilon y_\varepsilon(0) = C_\varepsilon y_0,\ C_\varepsilon p_\varepsilon(T) = 0, \\ (Nu_\varepsilon,v-u_\varepsilon)_{\mathcal{U}} + \int_0^T(p_\varepsilon,D(v-u_\varepsilon))dt \geq 0 \ \forall v \in \mathcal{U}_{ad}, \\ u_\varepsilon \in \mathcal{U}_{ad}, \end{vmatrix}$$

et le système de l'optimalité limite est

$$(3.32)\quad \left| \begin{array}{l} (C_0y',\phi) + a(y,\phi) = (f+Du,\phi), \\ -(C_0p',\phi) + a^*(p,\phi) = (Cy-z_d,C\phi)_{\hat{H}} \quad , \\ C_0y(0) = C_0y_0,\ C_0p(T) = 0, \\ (Nu,v-u)_{\mathcal{U}} + \int_0^T(p,D(v-u))dt \geq 0 \quad \forall\ v \in \mathcal{U}_{ad}, \\ u \in \mathcal{U}_{ad}. \end{array} \right.$$

On peut alors introduire des <u>correcteurs</u> $\{\eta_\varepsilon,\ \pi_\varepsilon,\ \theta_\varepsilon\}$ attachés à (3.31) et obtenir des résultats semblables à ceux des N° précédents.

Pour simplifier considérons <u>les cas sans contraintes</u> ($\mathcal{U}_{ad} = \mathcal{U}$), et où $(Nu,v) = N_0\int_0^T(u,v)_{\hat{\mathcal{U}}}\ dt = N_0\int_0^T(\Lambda_{\hat{\mathcal{U}}}\ u,v)dt.$

Alors

$$(3.33)\qquad N_0\,\Lambda_{\hat{\mathcal{U}}}\,u_\varepsilon + D^*p_\varepsilon = 0$$

et si l'on pose

$$(3.34)\qquad \mathcal{D} = D\,N_0^{-1}\,\Lambda_{\hat{\mathcal{U}}}^{-1}\,D^*$$

on obtient

$$(3.35)\quad \left| \begin{array}{l} (C_\varepsilon y'_\varepsilon,\phi) + a(y_\varepsilon,\phi) + (\mathcal{D}p_\varepsilon,\phi) = (f,\phi), \\ -(C_\varepsilon p'_\varepsilon,\phi) + a^*(p_\varepsilon,\phi) = (Cy_\varepsilon-z_d,C\phi)_{\hat{H}} \quad \forall\ \phi \in V \\ C_\varepsilon y_\varepsilon(0) = C_\varepsilon y_0,\ C_\varepsilon p_\varepsilon(T) = 0 \end{array} \right.$$

et le système limite

$$(3.36)\quad \left| \begin{array}{l} (C_0y',\phi) + a(y,\phi) + (\mathcal{D}p,\phi) = (f,\phi), \\ -(C_0p',\phi) + a^*(p,\phi) = (Cy-z_d,C\phi)_{\hat{H}} \quad \forall\ \phi \in V, \\ C_0y(0) = C_0y_0,\ C_0p(T) = 0. \end{array} \right.$$

Un <u>correcteur d'ordre</u> 0 $\{\eta_\varepsilon,\ \pi_\varepsilon\}$ satisfait alors à :

$$(3.37)\quad \left| \begin{array}{l} (C_\varepsilon\eta'_\varepsilon,\phi) + a(\eta_\varepsilon,\phi) + (\mathcal{D}\pi_\varepsilon,\phi) = (\varepsilon g_{\varepsilon 1} + \varepsilon^{1/2}g_{\varepsilon 2},\phi) \\ -(C_\varepsilon\pi'_\varepsilon,\phi) + a^*(\pi_\varepsilon,\phi) - (C\eta_\varepsilon,C\phi)_{\hat{H}} = (\varepsilon h_{\varepsilon 1} + \varepsilon^{1/2}h_{\varepsilon 2},\phi) \quad \forall\ \phi \in V, \end{array} \right.$$

$$(3.38)\quad \left| \begin{array}{l} C_\varepsilon\big(\eta_\varepsilon(0)+y(0)\big) = C_\varepsilon y_0 \\ C_\varepsilon(\pi_\varepsilon(T)+p(T)) = 0 \end{array} \right.$$

ou encore

(3.38 bis) $$\left| \begin{array}{l} \eta_{\varepsilon 1}(0) + y_1(0) = y_{01},\ \eta_{\varepsilon 2}(0) = 0, \\ \pi_{\varepsilon 1}(T) + p_1(T) = 0,\ \pi_{\varepsilon 2}(T) = 0 \end{array} \right.$$

et où dans (3.37),

(3.39) $$\left| \begin{array}{l} \| g_{\varepsilon 1} \|_{L^2(0,T;V')} + \| h_{\varepsilon 1} \|_{L^2(0,T;V')} + \| g_{\varepsilon 2} \|_{L^2(0,T;H)} + \\ \qquad + \| h_{\varepsilon 2} \|_{L^2(0,T;H)} \leqslant C. \end{array} \right.$$ ■

On va donner une construction de correcteurs d'ordre 0 sous les hypothèses suivantes. On écrit explicitement :

(3.40) $$\left| \begin{array}{l} a(\phi,\psi) = a_{11}(\phi_1,\psi_1) + a_{12}(\phi_2,\psi_1) + a_{21}(\phi_1,\psi_2) + a_{22}(\phi_2,\psi_2), \\ \mathcal{B} = \begin{pmatrix} \mathcal{B}_{11} & \mathcal{B}_{12} \\ \mathcal{B}_{21} & \mathcal{B}_{22} \end{pmatrix},\quad C^*C = E = \begin{pmatrix} E_{11} & E_{12} \\ E_{21} & E_{22} \end{pmatrix},\quad \hat{\mathcal{U}} = \hat{\mathcal{U}}_1 \times \hat{\mathcal{U}}_2 \\ \qquad \hat{\mathcal{H}} = \hat{\mathcal{H}}_1 \times \hat{\mathcal{H}}_2 . \end{array} \right.$$

On suppose que (1)

(3.41) $$|a_{21}(\phi_1,\psi_2)| \leqslant C \| \phi_1 \| \, |\psi_2| ,$$

(3.42) $$\mathcal{B}_{21},\ E_{21} \in \mathcal{L}(V'_1;\ H_2).$$

On définit alors

(3.43) $$\left| \begin{array}{l} \eta_\varepsilon = \{\eta_\varepsilon, 0\},\ \pi_\varepsilon = \{\pi_\varepsilon, 0\}, \\ \varepsilon(\eta'_{\varepsilon 1},\phi_1) + a_{11}(\eta_{\varepsilon 1},\phi_1) + (\mathcal{B}_{11}\pi_{\varepsilon 1},\phi_1) = 0, \\ -\varepsilon(\pi'_{\varepsilon 1},\phi_1) + a^*_{11}(\pi_{\varepsilon 1},\phi_1) - (E_{11}\eta_{\varepsilon 1},\phi_1) = 0, \\ \eta_{\varepsilon 1}(0) = y_{01} - y_1(0),\ \pi_{\varepsilon 1}(T) = -p_1(T). \end{array} \right.$$

On va montrer le

<u>THEOREME 3.1. On suppose que</u> (3.1) ... (3.4), (3.40) ... (3.42) <u>ont lieu</u>. <u>L'état est défini par</u> (3.5) ... (3.7) <u>et la fonction coût par</u> (3.13), <u>avec</u> $N = N_0 \times$ (Identité), $N_0 > 0$, <u>et sans contraintes</u>. <u>Alors</u> (3.43) <u>définit un couple de correcteurs d'ordre</u> 0, i.e. <u>tels que</u>

(3.44) $$\| y_\varepsilon - (y+\eta_\varepsilon) \|_{L^2(0,T;V)} + \| p_\varepsilon - (p+\pi_\varepsilon) \|_{L^2(0,T;V)} \leqslant C\,\varepsilon^{1/2}.$$

---

(1) Pour simplifier l'écriture $\| \ \|$ désigne la norme dans V_i et $| \ |$ dans H_i et aussi dans V et H.

Démonstration.

Il s'agit de voir que le système (3.43) admet bien une solution unique et que l'on a alors (3.37) ... (3.39).

1/ On va d'abord vérifier que le système en $\{\eta_{\varepsilon 1},\pi_{\varepsilon 1}\}$ dans (3.43) est le système de l'optimalité pour le problème de contrôle suivant; on suppose que l'état $z_\varepsilon(v)$ est donné par

(3.45) $$\left|\begin{array}{l} \varepsilon(z'_\varepsilon(v),\phi) + a_{11}(z_\varepsilon(v),\phi) = (D_{11}v,\phi) \quad \forall\,\phi\in V_1, \\ v\in L^2(0,T;\,\hat{\mathcal{U}}_1),\quad z_\varepsilon(v)\big|_{t=0} = z_0 = y_{01}-y_1(0); \end{array}\right.$$

considérons la fonction coût

(3.46) $$\mathcal{J}_\varepsilon(v) = \int_0^T (E_{11}z_\varepsilon(v),z_\varepsilon(v))dt + N_0\int_0^T \|v\|^2_{\hat{\mathcal{U}}_1}\,dt$$

et le problème $\inf \mathcal{J}_\varepsilon(v)$, sans contraintes.

Ce problème admet une solution unique, soit w et si

$$z_\varepsilon(w) = z_\varepsilon,\ q_\varepsilon = \text{état adjoint},$$

on a : $\quad \eta_{\varepsilon 1} = z_\varepsilon,\ \pi_{\varepsilon 1} = q_\varepsilon.$

2/ On calcule alors

(3.47) $$\left|\begin{array}{l} (C_\varepsilon\eta'_\varepsilon,\phi) + a(\eta_\varepsilon,\phi) + (\mathcal{B}\pi_\varepsilon,\phi) = a_{21}(\eta_{\varepsilon 1},\phi_2) + (\mathcal{B}_{21}\pi_{\varepsilon 1},\phi_2), \\ -(C_\varepsilon\pi'_\varepsilon,\phi) + a^*(\pi_\varepsilon,\phi) - (C\eta_\varepsilon,C\phi)_{\hat{H}} = a^*_{12}(\pi_{\varepsilon 1},\phi_2) - (E_{21}\eta_{\varepsilon 1},\phi_2); \end{array}\right.$$

les conditions aux limites (3.38) ont lieu.

On définit $\quad g_{\varepsilon 1} = h_{\varepsilon 1} = 0$ et

(3.48 $$\left|\begin{array}{l} (g_{\varepsilon 2},\phi) = \varepsilon^{-1/2}\,[a_{21}(\eta_{\varepsilon 1},\phi_2) + (\mathcal{B}_{21}\pi_{\varepsilon 1},\phi_2)] \\ (h_{\varepsilon 2},\phi) = \varepsilon^{-1/2}\,[a^*_{12}(\pi_{\varepsilon 1},\phi_2) - (E_{21},\eta_{\varepsilon 1},\phi_2)]. \end{array}\right.$$

Tenant compte des hypothèses (3.41) (3.42), on a :

(3.49) $$\|g_{\varepsilon 2}\|_{L^2(0,T;H)} \leq C\,\varepsilon^{-1/2}[\|\eta_{\varepsilon 1}\|_{L^2(0,T;V_1)} + \|\pi_{\varepsilon 1}\|_{L^2(0,T;V_1)}]$$

et une estimation analogue pour $h_{\varepsilon 2}$. On a donc le résultat désiré si l'on montre que

(3.50) $$\|\eta_{\varepsilon 1}\|_{L^2(0,T;V_1)} + \|\pi_{\varepsilon 1}\|_{L^2(0,T;V_1)} \leq C\,\varepsilon^{1/2}.$$

3/ Si l'on pose :

(3.51) $$\eta_{\varepsilon 1}(t) = M_\varepsilon(t/\varepsilon),\ \pi_{\varepsilon 1}(t) = Q_\varepsilon(t/\varepsilon),$$

alors

$$(3.52)\quad \left|\begin{array}{l} (M'_\varepsilon,\phi_1) + a_{11}(M_\varepsilon,\phi_1) + (\mathcal{D}_{11}Q_\varepsilon,\phi_1) = 0 \\ -(Q'_\varepsilon,\phi_1) + a^*_{11}(Q_\varepsilon,\phi_1) - (E_{11}M_\varepsilon,\phi_1) = 0 \text{ dans }]0,T/\varepsilon[\,, \\ M_\varepsilon(0) = y_{01}-y_1(0),\ Q_\varepsilon(T/\varepsilon) = 0. \end{array}\right.$$

On a là le système de l'optimalité pour le problème dont l'état est donné pour $t > 0$, par

$$(3.53)\quad \left|\begin{array}{l} (z'(v),\phi) + a_{11}(z(v),\phi) = (D_{11}v,\phi) \quad \forall\ \phi \in V_1, \\ z(v)|_{t=0} = z_0 \end{array}\right.$$

et la fonction coût par

$$(3.54)\quad K_\varepsilon(v) = \int_0^{T/\varepsilon} (E_{11}z(v),z(v))dt + N_0\int_0^{T/\varepsilon} \|v\|^2_{\mathcal{U}_1}\, dt.$$

Alors $\inf K_\varepsilon(v) = K_\varepsilon(w_\varepsilon)$ et

$$\int_0^{T/\varepsilon} \|w_\varepsilon\|^2_{\mathcal{U}_1}\, dt \leqslant C \text{ (indépendant de } \varepsilon\text{).}$$

Donc $\|z(w_\varepsilon)\|_{L^2(0,T/\varepsilon;V)} \leqslant C$ et une estimation analogue pour l'état adjoint $q(w_\varepsilon)$ a lieu. Mais $z_\varepsilon(w_\varepsilon) = M_\varepsilon$, $q_\varepsilon(w_\varepsilon) = Q_\varepsilon$ et donc

$$(3.55)\quad \|M_\varepsilon\|_{L^2(0,T/\varepsilon;V_1)} + \|Q_\varepsilon\|_{L^2(0,T/\varepsilon;V_1)} \leqslant C.$$

Alors (3.50) résulte de (3.51) (3.55). ∎

<u>Exemple 3.4.</u>

Supposons l'état défini par

$$(3.56)\quad \left|\begin{array}{l} \varepsilon\dfrac{\partial y_{\varepsilon 1}(v)}{\partial t} - \Delta y_{\varepsilon 1}(v) + \sum\limits_{i=1}^{n} b^i_{11}\dfrac{\partial y_{\varepsilon 1}(v)}{\partial x_i} + \sum\limits_{i=1}^{n} b^i_{12}\dfrac{\partial y_{\varepsilon 2}(v)}{\partial x_i} = f_1+v_1, \\ \dfrac{\partial y_{\varepsilon 2}(v)}{\partial t} - \Delta y_{\varepsilon 2}(v) + \sum\limits_{i=1}^{n} b^i_{21}\dfrac{\partial y_{\varepsilon 1}}{\partial x_i}(v) + \sum\limits_{i=1}^{n} b^i_{22}\dfrac{\partial y_{\varepsilon 2}(v)}{\partial x_i} = f_2+v_2, \\ y_{\varepsilon 1}(v) = y_{\varepsilon 2}(v) = 0 \text{ sur } \Sigma, \\ y_{\varepsilon 1}(v)|_{t=0} = y_{01},\ y_{\varepsilon 2}(v)|_{t=0} = y_{02}. \end{array}\right.$$

On suppose que $b^i_{jk} \in R$ et que

$$(3.57)\quad b^i_{12} = b^i_{21} \text{ \underline{ou} } b^i_{12} = 0\,.$$

On prend

$$(3.58) \qquad a(\phi,\psi) = \int_\Omega (\text{grad } \phi_1 \text{ grad } \psi_1 + \text{grad } \phi_2 \text{ grad } \psi_2)\, dx + $$
$$+ \sum_{\substack{1\leq i\leq n \\ 1\leq j,k\leq 2}} b^i_{jk} \int_\Omega \frac{\partial \phi_j}{\partial x_i} \psi_k dx$$

et si (3.57) a lieu, on a (3.4) et (3.41). Si la fonction coût est par exemple donnée par (3.21), on peut appliquer le Théorème 3.1. Un correcteur peut alors être calculé par

$$(3.59) \qquad \left| \begin{array}{l} \varepsilon \dfrac{\partial \eta_{\varepsilon 1}}{\partial t} - \Delta \eta_{\varepsilon 1} + \sum\limits_{i=1}^{n} b^i_{11} \dfrac{\partial \eta_{\varepsilon 1}}{\partial x_i} = 0, \\ - \varepsilon \dfrac{\partial \pi_{\varepsilon 1}}{\partial t} - \Delta \pi_{\varepsilon 1} - \sum\limits_{i=1}^{n} b^i_{11} \dfrac{\partial \pi_{\varepsilon 1}}{\partial x_i} = 0 \\ \eta_{\varepsilon 1}(x,0) = y_1(x,0) - y_{01}(x),\ \pi_{\varepsilon 1}(x,T) = 0, \\ \eta_{\varepsilon 1} = \pi_{\varepsilon 1} = 0 \text{ sur } \Sigma . \end{array} \right.$$

■

3.5. <u>Equations du type Riccati.</u>

On peut "découpler" le système (3.35); il existe $P_\varepsilon(t)$ et $r_\varepsilon(t)$ tels que

$$(3.60) \qquad p_\varepsilon(t) = P_\varepsilon(t) y_\varepsilon(t) + r_\varepsilon(t)$$

et où $P_\varepsilon(t)$ est donné par :

$$(3.61) \qquad \left| \begin{array}{l} P_\varepsilon(t) \in \mathcal{L}(H;H),\ (C_\varepsilon P_\varepsilon(t)\phi,\psi) = (\phi, C_\varepsilon P_\varepsilon(t)\psi) \quad \forall\ \phi,\ \psi \in H, \\ -(C_\varepsilon P'_\varepsilon(t)\phi,\psi) + a(\phi,P_\varepsilon\psi) + a^*(P_\varepsilon\phi,\psi) + (\mathcal{B} P_\varepsilon\phi, P_\varepsilon\psi) = (C\phi,C\psi)_{\hat{H}}\ \forall\ \phi,\ \psi \in V \\ C_\varepsilon P_\varepsilon(T) = 0, \end{array} \right.$$

et r_ε est donné par une équation parabolique linéaire.

Le "<u>Système de Riccati</u>" (3.61) admet, lorsque $\varepsilon \to 0$, une limite au sens

$$(3.62) \qquad \forall\ h \in H,\ P_\varepsilon(t)h \to P(t)h \text{ dans } H,$$

où P(t) est donné par

$$(3.63) \qquad \left| \begin{array}{l} P(t) \in \mathcal{L}(H;H),\ (C_o P(t)\phi,\psi) = (\phi, C_o P(t)\psi) \quad \forall\ \phi,\psi \in H, \\ -(C_o P'(t)\phi,\psi) + a(\phi,P\psi) + a^*(P\phi,\psi) + (\mathcal{B} P\phi, P\psi) = (C\phi,C\psi)_{\hat{H}} \quad \forall\ \phi,\psi \in H \\ C_o P(T) = 0. \end{array} \right.$$

■

Dans le cas de l'Exemple 3.1 sans contraintes on arrive ainsi aux systèmes suivants : le noyau de P_ε s'exprime par

$$(3.64) \qquad P_\varepsilon(x,\xi,t) = \| P_{\varepsilon ij}(x,\xi,t) \|,\ i,j = 1,2,$$

avec

(3.65)
$$\left|\begin{array}{l} P_{\varepsilon 11}(x,\xi,t) = P_{\varepsilon 11}(\xi,x,t),\ P_{\varepsilon 22}(x,\xi,t) = P_{\varepsilon 22}(\xi,x,t), \\ \varepsilon\, P_{\varepsilon 12}(x,\xi,t) = P_{\varepsilon 21}(\xi,x,t) \end{array}\right.$$

et

(3.66)
$$\left|\begin{array}{l} -\varepsilon \dfrac{\partial P_{\varepsilon 11}}{\partial t} - (\Delta_x+\Delta_\xi)P_{\varepsilon 11}(x,\xi,t) + P_{\varepsilon 21}(x,\xi,t) + P_{\varepsilon 21}(\xi,x,t) + \\ \qquad + P_{\varepsilon 11} \circ P_{\varepsilon 11} + P_{\varepsilon 21} \circ P_{\varepsilon 21} = 0, \\ -\varepsilon \dfrac{\partial P_{\varepsilon 12}}{\partial t} - \Delta_x P_{\varepsilon 12}(x,\xi,t) - \Delta_x P_{\varepsilon 21}(\xi,x,t) + P_{\varepsilon 11}(x,\xi,t) + \\ \qquad + P_{\varepsilon 22}(x,\xi,t) + P_{\varepsilon 12} \circ P_{\varepsilon 11} + P_{\varepsilon 22} \circ P_{\varepsilon 21} = 0, \\ -\dfrac{\partial P_{\varepsilon 22}}{\partial t} - (\Delta_x+\Delta_\xi)P_{\varepsilon 22}(x,\xi,t) + P_{\varepsilon 12}(x,\xi,t) + P_{\varepsilon 12}(\xi,x,t) + \\ \qquad + P_{\varepsilon 12} \circ P_{\varepsilon 12} + P_{\varepsilon 22} \circ P_{\varepsilon 22} = 0, \end{array}\right.$$

où $P \circ Q(x,\xi,t) = \int_\Omega P(x,\lambda,t)Q(\lambda,\xi,t)d\lambda$,

avec les conditions aux limites et initiales :

(3.67)
$$\left|\begin{array}{l} P_{\varepsilon ij} = 0 \text{ sur } \partial(\Omega\times\Omega), \\ P_{\varepsilon ij}(x,\xi,T) = 0. \end{array}\right.$$

On a convergence (au sens de (3.63)) de P_ε vers $P = \| P_{ij} \|$ dont les équations s'obtiennent en faisant $\varepsilon = 0$ dans (3.66). ∎

3.6. Variantes.

Remarque 3.3. On peut étendre ce qui vient d'être fait aux systèmes dont l'équation d'état est

(3.68) $$(C_\varepsilon y''_\varepsilon(v),\phi) + a(y_\varepsilon(v),\phi) = (f+Dv,\phi) \quad \forall\ \phi \in V$$

avec $y_\varepsilon(v)$ et $y'_\varepsilon(v)$ donnés à l'origine. ∎

Remarque 3.4. Dans tout ce qui a été fait, aux N° 2 et 3, on peut considérer des opérateurs $a(t;\phi,\psi)$, $b(t;\phi,\psi)$, $C_\varepsilon(t)$, $D(t)$, $C(t)$ dépendant de t. ∎

Remarque 3.5. On pourra aussi considérer des problèmes non linéaires (mais l'analogue du 'système de Riccati" est alors très compliqué: il s'agit, comme on a signalé dans Lions [8] d'équations fonctionnelles, aux dérivées partielles, du type de celles étudiées par Donsker-Lions [1]). ∎

4. PROBLEMES PARTICULIERS RELATIFS AUX EQUATIONS AUX DERIVEES PARTIELLES DU TYPE RICCATI.

4.1. Orientation.

Nous allons maintenant utiliser certaines des méthodes des N° précédents pour des problèmes qui ne sont pas issus de la théorie du contrôle optimal mais qui conduisent à des équations aux dérivées partielles non linéaires du type de Riccati pour lesquelles on peut donner quelques indications sur le comportement asymptotique de la solution.

4.2. Perturbations singulières pour un système linéaire.

Dans l'ouvert $Q = \Omega \times]0,T[$ on considère *a priori* le système suivant :

$$(4.1) \quad \begin{cases} \dfrac{\partial y_\varepsilon}{\partial t} - \varepsilon \Delta y_\varepsilon + \dfrac{\partial p_\varepsilon}{\partial x_n} + y_\varepsilon = 0, \\ -\dfrac{\partial p_\varepsilon}{\partial t} - \varepsilon \Delta p_\varepsilon + \dfrac{\partial y_\varepsilon}{\partial x_n} + p_\varepsilon = 0, \end{cases}$$

avec les conditions aux limites

$$(4.2) \quad \begin{cases} y_\varepsilon = p_\varepsilon = 0 \text{ sur } \Sigma, \\ y_\varepsilon(x,0) = y_0(x),\ p_\varepsilon(x,T) = 0,\ x \in \Omega. \end{cases}$$

Vérifions d'abord que ce problème admet une solution unique telle que

$$(4.3) \quad y_\varepsilon,\ p_\varepsilon \in L^2(0,T;H_0^1(\Omega)),$$

$$(4.4) \quad y'_\varepsilon,\ p'_\varepsilon \in L^2(0,T;H^{-1}(\Omega)).$$

En effet, on multiplie les équations (4.1) respectivement par y_ε et p_ε. On note que

$$\int_\Omega \left(\frac{\partial p_\varepsilon}{\partial x_n} y_\varepsilon + \frac{\partial y_\varepsilon}{\partial x_n} p_\varepsilon\right) dx = \int_\Omega \frac{\partial}{\partial x_n}(y_\varepsilon p_\varepsilon)\, dx = 0,$$

d'où

$$(4.5) \quad \frac{1}{2}|y_\varepsilon(T)|^2 + \frac{1}{2}|p_\varepsilon(0)|^2 + \varepsilon \int_0^T [a(y_\varepsilon,y_\varepsilon) + a(p_\varepsilon,p_\varepsilon)]dt + \int_0^T [|y_\varepsilon|^2 + |p_\varepsilon|^2]dt = \frac{1}{2}|y_0|^2$$

où $a(\phi,\psi) = \int_\Omega \text{grad}\,\phi\ \text{grad}\,\psi\ dx$.

On en déduit facilement le résultat, et en outre les estimations

$$(4.6) \quad y_\varepsilon,\ p_\varepsilon \text{ demeurent dans un borné de } L^2(0,T;H),\ H = L^2(\Omega),$$

$$(4.7) \quad \sqrt{\varepsilon}\ y_\varepsilon,\ \sqrt{\varepsilon}\ p_\varepsilon \text{ demeurent dans un borné de } L^2(0,T;V),\ V = H_0^1(\Omega).$$

On va démontrer le

THEOREME 4.1. On suppose que $y_0 \in V$. Lorsque $\varepsilon \to 0$, on a :

(4.8) $$y_\varepsilon \to y,\ p_\varepsilon \to p \quad \text{dans } L^2(Q) \text{ faible},$$

(4.9) $$y'_\varepsilon \to y',\ p'_\varepsilon \to p' \quad \text{dans } L^2(Q) \text{ faible},$$

où y,p est la solution de

(4.10) $$\left| \begin{array}{l} \dfrac{\partial y}{\partial t} + \dfrac{\partial p}{\partial x_n} + y = 0, \\ -\dfrac{\partial p}{\partial t} + \dfrac{\partial y}{\partial x_n} + p = 0, \end{array}\right.$$

avec

(4.11) $$\left| \begin{array}{l} y + p = 0 \text{ sur } \Gamma_-, \\ y - p = 0 \text{ sur } \Gamma_+ \end{array}\right.$$

où Γ_- (resp. Γ_+) est l'adhérence dans Γ de l'ensemble des points où $\nu_{x_n} < 0$ (resp. $\nu_{x_n} > 0$).

Démonstration.

1/ On multiplie les équations (4.1) respectivement par y'_ε et $-p'_\varepsilon$; il vient :

$$|y'_\varepsilon(t)|^2 + |p'_\varepsilon(t)|^2 + \frac{\varepsilon}{2}\frac{d}{dt}[a(y_\varepsilon,y_\varepsilon) - a(p_\varepsilon,p_\varepsilon)] +$$
$$+ \int_\Omega \left(\frac{\partial p_\varepsilon}{\partial x_n}\frac{\partial y_\varepsilon}{\partial t} - \frac{\partial p_\varepsilon}{\partial t}\frac{\partial y_\varepsilon}{\partial x_n}\right)dx + \frac{1}{2}\frac{d}{dt}[\,|y_\varepsilon|^2 - |p_\varepsilon|^2] = 0$$

d'où, comme $\int_\Omega \left(\frac{\partial p_\varepsilon}{\partial x_n}\frac{\partial y_\varepsilon}{\partial t} - \frac{\partial p_\varepsilon}{\partial t}\frac{\partial y_\varepsilon}{\partial x_n}\right)dx = 0$,

$$\int_0^T [\,|y'_\varepsilon(t)|^2 + |p'_\varepsilon(t)|^2]dt + \frac{\varepsilon}{2}[a(y_\varepsilon(T),y_\varepsilon(T)) + a(p_\varepsilon(0),p_\varepsilon(0))] +$$
$$+ \frac{1}{2}[\,|y_\varepsilon(T)|^2 + |p_\varepsilon(0)|^2] = \frac{\varepsilon}{2}a(y_0,y_0) + \frac{1}{2}|y_0|^2$$

d'où l'on déduit que

(4.12) $$y'_\varepsilon,\ p'_\varepsilon \text{ demeurent dans un borné de } L^2(0,T;H).$$

2/ On déduit alors de (4.1) (4.12) que

(4.13) $$-\varepsilon\Delta(y_\varepsilon+p_\varepsilon) + \frac{\partial}{\partial x_n}(y_\varepsilon+p_\varepsilon) + (y_\varepsilon+p_\varepsilon) = p'_\varepsilon - y'_\varepsilon \in \text{borné de } L^2(Q),$$

(4.14) $$-\varepsilon\Delta(y_\varepsilon-p_\varepsilon) - \frac{\partial}{\partial x_n}(y_\varepsilon-p_\varepsilon) + (y_\varepsilon-p_\varepsilon) = -p'_\varepsilon - y'_\varepsilon \in \text{borné de } L^2(Q)$$

d'où l'on déduit, comme au Chap. 5, N° 12, que, si ϕ (resp. ψ) désigne une fonction nulle au voisinage de Γ_+ (resp. de Γ_-) on a :

(4.15) $\quad \phi \frac{\partial}{\partial x_n}(y_\varepsilon+p_\varepsilon),\ \psi \frac{\partial}{\partial x_n}(y_\varepsilon+p_\varepsilon)$ demeurent dans un borné de $L^2(Q)$.

Le théorème en résulte. ∎

4.3. Application à une équation du type Riccati.

On considère maintenant le découplage du problème (4.1) et du problème (4.10), par la méthode de Lions [8], Chap. 3. On considère le problème analogue à (4.1) (4.2) dans l'intervalle $[S,T]$:

$$
(4.16)\quad \left|\begin{array}{l}
\frac{\partial\phi_\varepsilon}{\partial t} - \varepsilon\Delta\phi_\varepsilon + \frac{\partial\psi_\varepsilon}{\partial x_n} + \phi_\varepsilon = 0, \\
-\frac{\partial\psi_\varepsilon}{\partial t} - \varepsilon\Delta\psi_\varepsilon + \frac{\partial\phi_\varepsilon}{\partial x_n} + \psi_\varepsilon = 0,\ x \in \Omega,\ t \in]S,T[\,, \\
\phi_\varepsilon(x,s) = h(x),\ \psi_\varepsilon(x,T) = 0,\ \phi_\varepsilon = \psi_\varepsilon = 0 \text{ sur } \Gamma \times]S,T[\,,
\end{array}\right.
$$

qui admet une solution unique. Donc $\psi_\varepsilon(x,S)$ est défini de façon unique dans H et l'application $h \mapsto \psi_\varepsilon(_o,S)$ est linéaire continue de $H \to H$. Donc:

$$\psi_\varepsilon(_o,S) = P_\varepsilon(S).h,\ P_\varepsilon(S) \in \mathcal{L}(H;H)$$

On vérifie par ailleurs que :

$$
(4.17)\quad \left|\begin{array}{l}
\text{si } h \in H_0^1(\Omega) \text{ alors } P_\varepsilon(S)\,h \in H_0^1(\Omega) \text{ et} \\
P_\varepsilon(S) \in \mathcal{L}(H_0^1(\Omega);\, H_0^1(\Omega)) \cap \mathcal{L}(H;H)
\end{array}\right.
$$

et

(4.18) $\quad \forall\, h \in H$, la fonction $S \to P_\varepsilon(S)h$ est dérivable de $[0,T] \to H$.

Nous allons par ailleurs vérifier que

(4.19) $\quad (P_\varepsilon(S)h,\tilde{h}) + (h,P_\varepsilon(S)\tilde{h}) = 0 \quad \forall\, h,\ \tilde{h} \in H$.

En effet soit $\tilde{\phi}_\varepsilon$, $\tilde{\psi}_\varepsilon$ la solution de (4.16) où l'on a remplacé h par $\tilde{h}$. Alors prenant le produit scalaire de la 2ème équation (4.16) avec $\tilde{\phi}_\varepsilon$ il vient :

$$\left(\psi_\varepsilon(S),\tilde{\phi}_\varepsilon(S)\right) + \int_S^T [\,(\psi_\varepsilon,\tilde{\phi}_\varepsilon') + \varepsilon a(\psi_\varepsilon,\tilde{\phi}_\varepsilon) + \left(\frac{\partial\phi_\varepsilon}{\partial x_n},\tilde{\phi}_\varepsilon\right) + (\psi_\varepsilon,\tilde{\phi}_\varepsilon)]\,dt = 0$$

ou encore

$$\left(\psi_\varepsilon(S),\tilde{\phi}_\varepsilon(S)\right) + \int_S^T\int_\Omega \left(\frac{\partial\tilde{\phi}_\varepsilon}{\partial t} - \varepsilon\,\Delta\tilde{\phi}_\varepsilon + \tilde{\phi}_\varepsilon\right)\psi_\varepsilon\,dx\,dt + \int_Q \frac{\partial\phi_\varepsilon}{\partial x_n}\tilde{\phi}_\varepsilon\,dx\,dt = 0$$

et tenant compte de la 1ère équation (4.16) pour $\tilde{\phi}_\varepsilon$

$$\left(P_\varepsilon(S)h,\tilde{h}\right) = \int_Q [\psi_\varepsilon \frac{\partial\tilde{\psi}_\varepsilon}{\partial x_n} - \frac{\partial\phi_\varepsilon}{\partial x_n}\tilde{\phi}_\varepsilon]\,dxdt \qquad (Q = \Omega\times\,]S,T[\,),$$

expression antisymétrique d'où (4.19). ∎

On va démontrer que le noyau $P_\varepsilon(x,\xi,t)$ de $P_\varepsilon(t)$ satisfait à

$$(4.20)\qquad -\frac{\partial P_\varepsilon}{\partial t} - \varepsilon(\Delta_x+\Delta_\xi)P_\varepsilon + \int_\Omega P_\varepsilon(x,\lambda,t)\frac{\partial}{\partial x_n}P_\varepsilon(\lambda,\xi,t)d\lambda + 2P_\varepsilon = -\frac{\partial}{\partial x_n}\delta(x-\xi).$$

En effet, si l'on prend dans (4.16) $h(x) = y_\varepsilon(x,S)$, alors la solution de (4.16) coïncide avec la restriction de y_ε, p_ε à $\Omega\times\,]S,T[$, et par conséquent

$$\psi_\varepsilon(x,S) = p_\varepsilon(x,S)$$

d'où <u>l'identité</u> :

$$(4.21)\qquad P_\varepsilon(x,S) = P_\varepsilon(S).y_\varepsilon(x,S),\ \text{valable pour tout } S.$$

On porte alors (4.21) dans la 2ème équation (4.1). Il vient :

$$(4.22)\qquad -P'_\varepsilon y_\varepsilon - P_\varepsilon y'_\varepsilon - \varepsilon\Delta P_\varepsilon y_\varepsilon + \frac{\partial y_\varepsilon}{\partial x_n} + P_\varepsilon y_\varepsilon = 0$$

et remplaçant dans (4.22) y'_ε par sa valeur tirée de (4.1) :

$$(4.23)\qquad -P'_\varepsilon y_\varepsilon - P_\varepsilon\left(\varepsilon\Delta y_\varepsilon - \frac{\partial p_\varepsilon}{\partial x_n} - y_\varepsilon\right) - \varepsilon\Delta P_\varepsilon y_\varepsilon + \frac{\partial y_\varepsilon}{\partial x_n} + P_\varepsilon y_\varepsilon = 0,$$

et remplaçant dans (4.23) p_ε par (4.21), et tenant compte de ce qu'on a une <u>identité</u> en y_ε, il vient :

$$(4.24)\qquad -P'_\varepsilon - \varepsilon P_\varepsilon\Delta - \varepsilon\Delta P_\varepsilon + P_\varepsilon\circ\frac{\partial}{\partial x_n}P_\varepsilon + 2P_\varepsilon = -\text{"noyau de } h \longrightarrow \frac{\partial h}{\partial x_n}\text{"}$$

et en passant aux <u>noyaux</u> des applications (cf. L. Schwartz [2]) on obtient (4.20). ∎

Comme $p_\varepsilon(T) = 0$, on doit avoir

$$(4.25)\qquad P_\varepsilon(x,\xi,T) = 0\ .$$

En résumé :

(4.26)
| <u>le noyau</u> $P_\varepsilon(x,\xi,t)$ <u>satisfait à</u> (4.20) <u>avec</u> (4.25), <u>et</u>
| $P_\varepsilon(x,\xi,t) = -P_\varepsilon(\xi,x,t)$
| $P_\varepsilon(x,\xi,t) = 0$ sur $\partial(\Omega\times\Omega)$
| et (4.17) (4.18).

Réciproquement, si P_ε satisfait à (4.26), alors si y_ε satisfait à

$$(4.27)\qquad \frac{\partial y_\varepsilon}{\partial t} - \varepsilon\Delta y_\varepsilon + \frac{\partial}{\partial x_n}(P_\varepsilon y_\varepsilon) + y_\varepsilon = 0,\ y_\varepsilon\in L^2(0,T;V),\ y_\varepsilon(x,0) = y_o(x),$$

la fonction $p_\varepsilon = P_\varepsilon y_\varepsilon$ satisfait à la 2ème équation (4.1) et on a (4.2) de sorte que P_ε est unique. ∎

On considère maintenant le "découplage" analogue de (4.10) (4.11). On obtient l'identité

$$p(S) = P(S)y(S),$$

où le noyau P est caractérisé par :

$$(4.28)\quad \begin{cases} P(x,\xi,t) + P(\xi,x,t) = 0, \\ P(S) \in \mathcal{L}(H;H), \\ -\dfrac{\partial P}{\partial t} + \int_\Omega P(x,\lambda,t)\dfrac{\partial P}{\partial x_n}(\lambda,\xi,t)d\lambda + 2P = -\dfrac{\partial}{\partial x_n}\delta(x-\xi), \end{cases}$$

$$(4.29)\quad \begin{cases} P = -\delta(x-\xi) \text{ si } x \in \Gamma_-, \\ P = +\delta(x-\xi) \text{ si } x \in \Gamma_+. \end{cases}$$

(Les conditions aux limites (4.29) correspondent à (4.11)). ∎

D'après le Théorème 4.1 on a :

$$(4.30)\quad \psi_\varepsilon(\circ,S) \to \psi(\circ,S) \text{ dans } L^2(\Omega) \text{ faible}$$

où ψ correspond à la solution du problème

$$(4.31)\quad \begin{cases} \dfrac{\partial\phi}{\partial t} + \dfrac{\partial\psi}{\partial x_n} + \phi = 0, \\ -\dfrac{\partial\psi}{\partial t} + \dfrac{\partial\phi}{\partial x_n} + \psi = 0, \\ \phi(x,S) = h(x),\ \psi(x,T) = 0, \\ \phi + \psi = 0 \text{ sur } \Gamma_- \times]S,T[,\ \phi - \psi = 0 \text{ sur } \Gamma_+ \times]S,T[\end{cases}$$

et donc (comme $\psi(\circ,S) = P(s)h$) on a le

<u>THEOREME 4.2</u>. <u>Soit</u> P_ε (resp. P) <u>la solution de</u> (4.26) (resp. de (4.28) (4.29)). <u>Alors</u> $P_\varepsilon \to P$ <u>au sens</u>

$$(4.32)\quad \forall\, h \in H,\ P_\varepsilon(S)h \to P(S)h \text{ dans } L^2(\Omega) \text{ faible}.$$ ∎

<u>Remarque 4.1.</u>

On notera une certaine analogie entre (4.20) et l'équation de Navier-Stokes.

La particularité peut être inattendue du Théorème 4.2 est que l'on passe des conditions aux limites <u>homogènes</u> ($P_\varepsilon = 0$ sur $\partial(\Omega\times\Omega)$) sur P_ε <u>à des conditions non homogènes sur</u> P (à savoir (4.29)). ∎

Remarque 4.2.

On trouvera dans Lions [18] des variantes des résultats précédents. ∎

5. PROBLEMES RAIDES D'EVOLUTION ET THEORIE DU CONTROLE.

5.1. Orientation.

On considère maintenant le contrôle optimal de systèmes "raides". On peut reprendre tous les exemples traités dans les Chapitres antérieurs dans le cadre du contrôle optimal. On se borne dans la suite à quelques cas très particuliers, les méthodes étant par contre assez générales.

5.2. Problèmes raides paraboliques.

On se place dans le cadre de l'Exemple du Chapitre 4, n° 2.1, dont on garde les notations. L'état du système est donc donné par

(5.1) $b_0(y'_\varepsilon(v),\phi) + a_0(y_\varepsilon(v),\phi) + \varepsilon[b_1(y'_\varepsilon(v),\phi) + a_1(y_\varepsilon(v),\phi)] = (f+v,\phi) \ \forall\ \phi \in V$

(5.2) $y_\varepsilon(0;v) = y_0,\ y_0 \in H,$

où l'on a pris :

$$f \in L^2(0,T;H),$$
$$v \in \mathcal{U} = L^2(0,T;H).$$

La fonction coût est donnée par :

(5.3)
$$J_\varepsilon(v) = \int_0^T b_0(y_\varepsilon(v)-z_d)dt + \varepsilon\int_0^T b_1(y_\varepsilon(v)-z_d)dt + N_0 \int_0^T b_0(v)dt + \frac{N_0}{\varepsilon}\int_0^T b_1(v)dt$$

où l'on a posé

$$b_i(\phi) = b_i(\phi,\phi),\ i = 0,1.$$

Soit :

$$\mathcal{U}_{ad} = \text{ensemble convexe fermé non vide de } \mathcal{U}\ ;$$

On considère le problème

(5.4) $\quad \operatorname{Inf} J_\varepsilon(v),\ v \in \mathcal{U}_{ad};$

pour chaque $\varepsilon > 0$, il admet une solution unique u_ε.

Notre objet est l'étude de u_ε et de $J_\varepsilon(u_\varepsilon)$ lorsque $\varepsilon \to 0$. ∎

On va considérer (cf. Problème 6.8) le cas sans contraintes.

On introduit l'état adjoint p_ε par

$$(5.5)\quad \left|\begin{array}{l} - b_o(p'_\varepsilon,\phi) + a_o(p_\varepsilon,\phi) + \varepsilon[-b_1(p'_\varepsilon,\phi) + a_1(p_\varepsilon,\phi)] = \\ \qquad = b_o(y_\varepsilon - z_d,\phi) + \varepsilon b_1(y_\varepsilon - z_d,\phi)\ \forall\ \phi \in V, \\ p_\varepsilon(T) = 0 \end{array}\right.$$

où l'on a posé

$$(5.6)\qquad y_\varepsilon = y_\varepsilon(u_\varepsilon).$$

Mais u_ε est contrôle optimal si et seulement si

$$(5.7)\quad \int^T b_o(y_\varepsilon - z_d, y_\varepsilon(v) - y_\varepsilon(0))dt + \varepsilon\int_0^T b_1(y_\varepsilon - z_d, y_\varepsilon(v) - y_\varepsilon(0))dt +$$

$$+ N_0 \int_0^T b_o(u_\varepsilon,v)dt + \frac{N_0}{\varepsilon}\int_0^T b_1(u_\varepsilon,v)dt = 0 \quad \forall\ v \in \mathcal{U}$$

et, en tenant compte de (5.5) cela s'écrit

$$\int_0^T (p_\varepsilon,v)dt + N_0\int_0^T b_o(u_\varepsilon,v)dt + \frac{N_0}{\varepsilon}\int_0^T b_1(u_\varepsilon,v)dt = 0 \quad \forall\ v \in \mathcal{U}$$

i.e.

$$(5.8)\quad \left|\begin{array}{l} p_\varepsilon + N_0 u_\varepsilon = 0 \text{ dans } Q_o \\ p_\varepsilon + \dfrac{N_0 u_\varepsilon}{\varepsilon} = 0 \text{ dans } Q_1 . \end{array}\right.$$

On peut alors <u>éliminer</u> u_ε <u>et le système de l'optimalité</u> est

$$(5.9)\quad \left|\begin{array}{l} b_o(y'_\varepsilon,\phi) + a_o(y_\varepsilon,\phi) + \frac{1}{N_0}b_o(p_\varepsilon,\phi) + \\ \qquad + \varepsilon\,[b_1(y'_\varepsilon,\phi) + a_1(y_\varepsilon,\phi) + \frac{1}{N_0}b_1(p_\varepsilon,\phi)] = (f,\phi) \quad \forall\ \phi \in V, \\ - b_o(p'_\varepsilon,\phi) + a_o(p_\varepsilon,\phi) - b_o(y_\varepsilon,\phi) + \\ \qquad + \varepsilon\,[-b_1(p'_\varepsilon,\phi) + a_1(p_\varepsilon,\phi) - b_1(y_\varepsilon,\phi)] = b_o(z_d,\phi) - b_1(z_d,\phi) \\ \qquad\qquad \forall\ \phi \in V, \\ y_\varepsilon(0) = y_o,\ p_\varepsilon(T) = 0. \end{array}\right.$$

On cherche un <u>développement asymptotique</u> de la solution $\{y_\varepsilon, p_\varepsilon\}$ du système (5.9) par les méthodes du Chapitre 1. On cherche donc

$$(5.10)\quad \left|\begin{array}{l} y_\varepsilon = \dfrac{y^{-1}}{\varepsilon} + y^o + \varepsilon y^1 + \ldots, \\ p_\varepsilon = \dfrac{p^{-1}}{\varepsilon} + p^o + \varepsilon p^1 + \ldots, \end{array}\right.$$

où $y^{-1}(t),\ p^{-1}(t) \in Y_o$. ■

Calcul de y^{-1}, p^{-1}.

Par les méthodes du Chapitre 1, on trouve les formules :

$$(5.11)\quad \left|\begin{array}{l} b_1\left(\frac{dy^{-1}}{dt}, \phi\right) + a_1(y^{-1},\phi) + \frac{1}{N_0} b_1(p^{-1},\phi) = (f,\phi)\ \forall\ \phi \in Y_o \\ - b_1\left(\frac{dp^{-1}}{dt}, \phi\right) + a_1(p^{-1},\phi) - b_1(y^{-1},\phi) = 0 \quad \forall\ \phi \in Y_o, \\ y^{-1}(0) = 0,\ p^{-1}(t) = 0, \\ y^{-1}(t) \in Y_o,\ p^{-1}(t) \in Y_o. \end{array}\right.$$

Ce problème admet une solution unique. Il équivaut en effet au système de l'optimalité par le problème dont l'état est donné par

$$b_1\left(\frac{dz}{dt}(v),\phi\right) + a_1\left(z(v),\phi\right) = (f,\phi) + b_1(v,\phi),$$
$$z(0;v) = 0,$$

et la fonction coût par

$$\int_0^T b_1\left(z(v)\right)dt + N_0 \int_0^T b_1(v)dt. \qquad \blacksquare$$

Si l'on explicite le système (5.11), on trouve :

$$(5.12)\quad \left|\begin{array}{l} y_o^{-1} = p_o^{-1} = 0, \\ \frac{\partial y_1^{-1}}{\partial t} - \Delta y_1^{1} + \frac{1}{N_0} p_1^{-1} = f_1, \\ -\frac{\partial p_1^{-1}}{\partial t} - \Delta p_1^{-1} - y_1^{-1} = 0, \text{ dans } Q_1 = \Omega_1 \times]0,T[, \\ y_1^{-1} = p_1^{-1} = 0 \text{ sur } \Sigma,\ y_1^{-1}(x,0) = 0,\ p_1^{-1}(x,T) = 0. \end{array}\right. \qquad \blacksquare$$

Calcul de y^{o}, p^{o}.

On arrive aux formules suivantes :

$$(5.13)\quad \left|\begin{array}{l} b_o\left(\frac{dy^o}{dt},\phi\right) + a_o(y^o,\phi) + \frac{1}{N_0} b_o(p^o,\phi) + b_1\left(\frac{dy^{-1}}{dt},\phi\right) + \frac{1}{N_0} b_o(p^{-1},\phi) = \\ \qquad = (f,\phi), \\ - b_o\left(\frac{dp^o}{dt},\phi\right) + a_o(p^o,\phi) - b_o(y^o,\phi) + [-b_1\left(\frac{dp^{-1}}{dt},\phi\right)+a_1(p^{-1},\phi)-b_1(y^{-1},\phi)] = \\ \qquad = -b_o(z_d,\phi), \end{array}\right.$$

$$(5.14)\quad \left|\begin{array}{l} b_1\left(\frac{dy^o}{dt},\phi\right) + a_1(y^o,\phi) + \frac{1}{N_0} b_o(p^o,\phi) = 0 \quad \forall\, \phi \in Y_o, \\ - b_1\left(\frac{dp^o}{dt},\phi\right) + a_1(p^o,\phi) - b_1(y^o,\phi) = - b_1(z_d,\phi) \quad \forall\, \phi \in Y_o \end{array}\right.$$

et

$$(5.15)\qquad y^o(0) = y_o,\ p^o(T) = 0.$$

Tenant compte de (5.12), on voit que (5.13) <u>équivaut</u> à

$$(5.16)\quad \left|\begin{array}{l} b_o\left(\frac{dy^o}{dt},\phi\right) + a_o(y^o,\phi) + \frac{1}{N_0}\, b_o(p^o,\phi) = b_o(f,\phi) - \int_S \frac{\partial y_1^{-1}}{\partial \nu}\, \phi\, dS, \\ - b_o\left(\frac{dp^o}{dt},\phi\right) + a_o(p^o,\phi) - b_o(y^o,\phi) = - b_o(z_d,\phi) - \int_S \frac{\partial p_1^{-1}}{\partial \nu}\, \phi\, dS, \\ y_o^o(x,0) = y_{oo}(x),\ p_o^o(x,T) = 0 \text{ sur } \Omega_o. \end{array}\right.$$

Ensuite le système (5.14) équivaut à

$$(5.17)\quad \left|\begin{array}{l} \frac{\partial y_1^o}{\partial t} - \Delta y_1^o + \frac{1}{N_0}\, p_1^o = 0, \\ - \frac{\partial p_1^o}{\partial t} - \Delta p_1^o - y_1^o = - z_{1d}, \\ y_1^o = y_o^o,\ p_1^o = p_o^o \text{ sur } \Sigma, \\ y_1^o(x,0) = y_{o1}(x),\ p_1^o(x,T) = 0 \text{ sur } \Omega_1. \end{array}\right.$$

Le système (5.16) équivaut au système de l'optimalité du problème de contrôle suivant. <u>L'état du système</u> est donné par

$$(5.18)\quad \left|\begin{array}{l} b_o\big(z'(v),\phi\big) + a_o\big(z(v),\phi\big) = b_o(f,\phi) - \int_S \frac{\partial y_1^{-1}}{\partial \nu}\, \phi\, dS + b_o(v,\phi), \\ z(0;v) = y_{oo} \end{array}\right.$$

et la fonction coût est donnée par

$$\int_o^T b_o\big(z(v)-z_d\big)dt - 2 \int_S \frac{\partial p_1^{-1}}{\partial \nu} \big(z(v)-z(0)\big)dS + N_0 \int_0^T b_o(v)dt.$$

On définit alors l'état adjoint par

$$- b_o(p',\phi) + a_o(p,\phi) = b_o(z-z_d,\phi) - \int_S \frac{\partial p_1^{-1}}{\partial \nu}\, \phi\, dS$$

et on arrive à (5.16). <u>Donc le système</u> (5.16) <u>admet une solution unique</u>.

De même le système (5.17) admet une solution unique. Pour cela, on se ramène à un problème homogène, et on vérifie qu'il est équivalent à un système d'optimalité. ∎

Calcul de y^1, p^1.

On obtient

$$(5.19)\quad \begin{cases} b_o\left(\frac{dy^1}{dt},\phi\right) + a_o(y^1,\phi) + \frac{1}{N_0} b_o(p^1,\phi) + b_1\left(\frac{dy^o}{dt},\phi\right) + a_1(y^o,\phi) + \\ \qquad + \frac{1}{N_0} b_1(p^o,\phi) = 0 \quad \forall\, \phi \in V, \\ - b_o\left(\frac{dp^1}{dt},\phi\right) + a_o(p^1,\phi) - b_o(y^1,\phi) + \left[-b_1\left(\frac{dp^o}{dt},\phi\right) + a_1(p^o,\phi) - b_1(y^o,\phi)\right] = \\ \qquad = -b_1(z_d,\phi), \end{cases}$$

$$(5.20)\quad \begin{cases} b_1\left(\frac{dy^1}{dt},\phi\right) + a_1(y^1,\phi) + \frac{1}{N_0} b_1(p^1,\phi) = 0 \quad \forall\, \phi \in Y_o, \\ - b_1\left(\frac{dp^1}{dt},\phi\right) + a_1(p^1,\phi) - b_1(y^1,\phi) = 0 \quad \forall\, \phi \in Y_o, \end{cases}$$

$$(5.21)\quad y^1(0) = 0,\ p^1(T) = 0.$$

Le système (5.19) équivaut à

$$(5.22)\quad \begin{cases} b_o\left(\frac{dy^1}{dt},\phi\right) + a_o(y^1,\phi) + \frac{1}{N_0} b_o(p^1,\phi) = -\int_S \frac{\partial y_1^o}{\partial\nu}\,\phi\, dS, \\ - b_o\left(\frac{dp^1}{dt},\phi\right) + a_o(p^1,\phi) - b_o(y^1,\phi) = - b_1(z_d,\phi) - \int_S \frac{\partial p_1^o}{\partial\nu}\,\phi\, dS, \\ y_o^1(x,0) = 0,\ p_o^1(x,T) = 0 \end{cases}$$

et le problème (5.20) équivaut ensuite à un problème non homogène. Chacun de ces problèmes admet une solution unique et ainsi de suite. ∎

On va maintenant démontrer le

THEOREME 5.1. On a les estimations

$$(5.23)\quad \left\| y_\varepsilon - \left(\frac{y^{-1}}{\varepsilon} + y^o + \dots + \varepsilon^j y^j\right)\right\|_{L^2(0,T;V)} \leq C\,\varepsilon^{j+1},$$

$$(5.24)\quad \left\| p_\varepsilon - \left(\frac{p^{-1}}{\varepsilon} + p^o + \dots + \varepsilon^j p^j\right)\right\|_{L^2(0,T;V)} \leq C\,\varepsilon^{j+1}.$$

Démonstration.

On introduit

$$\phi_\varepsilon = y_\varepsilon - \left(\frac{y^{-1}}{\varepsilon} + y^o + \dots + \varepsilon^j y^j + \varepsilon^{j+1} y^{j+1}\right),$$

$$\psi_\varepsilon = p_\varepsilon - \left(\frac{p^{-1}}{\varepsilon} + p^o + \dots + \varepsilon^j p^j + \varepsilon^{j+1} p^{j+1}\right).$$

On vérifie que

$$(5.25)\quad b_o(\phi'_\varepsilon,\phi) + a_o(\phi_\varepsilon,\phi) + \frac{1}{N_0} b_o(\psi_\varepsilon,\phi) + \varepsilon[b_1(\phi'_\varepsilon,\phi) + a_1(\phi_\varepsilon,\phi) + \frac{1}{N_0} b_1(\psi_\varepsilon,\phi)] = - \varepsilon^{j+2}[b_1(\frac{dy^{j+1}}{dt},\phi) + a_1(y^{j+1},\phi) + \frac{1}{N_0} b_1(p^{j+1},\phi)],$$

$$(5.26)\quad - b_o(\psi'_\varepsilon,\phi) + a_o(\psi_\varepsilon,\phi) - b_o(\phi_\varepsilon,\phi) + \varepsilon[-b_1(\psi'_\varepsilon,\phi) + a_1(\psi_\varepsilon,\phi) - b_1(\phi_\varepsilon,\phi)] = - \varepsilon^{j+2}[-b_1(\frac{dp^{j+1}}{dt},\phi) + a_1(p^{j+1},\phi) - b_1(y^{j+1},\phi)],$$

$$(5.27)\quad \phi_\varepsilon(0) = 0,\ \psi_\varepsilon(T) = 0.$$

On remplace dans (5.25) (resp.(5.26)) ϕ par ϕ_ε (resp. ϕ par $\frac{1}{N_0}\psi_\varepsilon$). On additionne et on intègre de 0 à T en t. Il vient :

$$(5.28)\quad \frac{1}{2} b_o(\phi_\varepsilon(T)) + \frac{1}{2N_0} b_o(\psi_\varepsilon(0)) + \int_0^T [a_o(\phi_\varepsilon) + \frac{1}{N_0} a_o(\psi_\varepsilon)]dt + \varepsilon\{\frac{1}{2} b_1(\phi_\varepsilon(T)) + \frac{1}{2N_0} b_1(\psi_\varepsilon(0)) + \int_0^T [a_1(\phi_\varepsilon) + \frac{1}{N_0} a_1(\psi_\varepsilon)]dt\} =$$
$$= - \varepsilon^{j+2}\int_0^T [b_1(\frac{dy^{j+1}}{dt},\phi_\varepsilon) + a_1(y^{j+1},\phi_\varepsilon) + \frac{1}{N_0} b_1(p^{j+1},\phi_\varepsilon)]dt - \frac{\varepsilon^{j+2}}{N_0}\int_0^T [-b_1(\frac{dp^{j+1}}{dt},\psi_\varepsilon) + a_1(p^{j+1},\psi_\varepsilon) - b_1(y^{j+1},\psi_\varepsilon)]dt.$$

On en déduit <u>en particulier</u> que

$$\int_0^T (\|\phi_\varepsilon\|^2 + \|\psi_\varepsilon\|^2)dt \le C\,\varepsilon^{j+1}\left(\int_0^T (\|\phi_\varepsilon\|^2 + \|\psi_\varepsilon\|^2)dt\right)^{1/2}$$

d'où l'on déduit le Théorème. ∎

Remarque 5.1.

On obtient l'estimation supplémentaire, que l'on tire de (5.28) :

(5.29) $\left(\int_0^T \| y_\varepsilon - \left(\frac{y^{-1}}{\varepsilon} + y^o + \ldots + \varepsilon^j y^j\right) \|^2_{H^1(\Omega_o)} dt\right)^{1/2} \leq C\,\varepsilon^{j+3/2}$,

et l'estimation analogue pour $p_\varepsilon - \left(\frac{p^{-1}}{\varepsilon} + \ldots + \varepsilon^j p^j\right)$. ∎

COROLLAIRE 5.1. Le contrôle optimal u_ε peut être approché de la manière suivante :

(5.30) $\| u_\varepsilon - \left(- \frac{1}{N_0}(p^o + \varepsilon p^1 + \ldots + \varepsilon^j p^j)\right) \|_{L^2(0,T;H^1(\Omega_o))} \leq C\,\varepsilon^{j+3/2}$,

et

(5.31) $\| u_\varepsilon - \left(- \frac{1}{N_0}(p^{-1} + \varepsilon p^o + \ldots + \varepsilon^{j-1} p^{j-1})\right) \|_{L^2(0,T;H^1(\Omega_1))} \leq C\,\varepsilon^{j+1}$.

Démonstration.

On applique en effet (5.8), le Théorème 5.1 et la Remarque 5.1. ∎

5.3. Variantes.

Les variantes sont très nombreuses. Donnons en quelques-unes sous forme de Remarques.

Remarque 5.2.

On peut découpler le système de l'optimalité et obtenir une équation de Riccati de type raide, que l'on peut approcher par les méthodes précédentes, en découplant chaque système d'approximation. ∎

Remarque 5.3.

La méthode précédente s'adapte aux systèmes raides elliptiques (Chap. I) ou de Petrowski (Chap. 4). ∎

Remarque 5.4.

On peut utiliser le même genre de méthodes dans beaucoup d'autres situations que l'Exemple donné au N° 5.2. Par exemple, on peut considérer un système dont l'état est donné par

(5.32) $(y'_\varepsilon(v),\phi)_\Gamma + \varepsilon\,[(y'_\varepsilon(v),\phi) + a(y_\varepsilon(v),\phi)] = (f+v,\phi)$, $y_\varepsilon(0,v) = y_o$,

où $(\phi,\psi)_\Gamma = \int_\Gamma \phi\psi\, d\Gamma$ et $a(\phi,\psi) = \int_\Omega \text{grad}\,\phi\;\text{grad}\,\psi\, dx$.

Cela équivaut à

$$\varepsilon\left(\frac{\partial y_\varepsilon(v)}{\partial t} - \Delta y_\varepsilon(v)\right) = f+v,$$

$$\frac{\partial y_\varepsilon(v)}{\partial t} + \varepsilon\,\frac{\partial y_\varepsilon(v)}{\partial \nu} = 0,$$

$$y_\varepsilon(0;v) = y_0 .$$

Si l'on prend comme fonction coût

(5.33) $$J_\varepsilon(v) = \varepsilon \int_0^T |y_\varepsilon(v)-z_d|^2 dt + \frac{N_0}{\varepsilon}\int_Q v^2 dxdt,$$

on aura des développements analogues aux précédents. ■

Remarque 5.5.

On peut également traiter les systèmes où l'état est donné par une équation raide qui comporte diverses puissances de ε (cf. Chap. 1, Chap. 4). ■

Remarque 5.6.

Dans tous ces exemples, il serait intéressant de voir ce que l'on obtient avec des fonctions coût à structure différente. ■

6. PROBLEMES.

6.1. Peut-on mettre sur pieds une théorie analogue à celle de ce Chapitre lorsque l'état est défini par une inéquation ?

6.2. Il serait intéressant de donner les formules analogues à celles de l'Exemple 1.9 et des suivants pour un ouvert Ω quelconque, et non seulement un demi-espace.

6.3. Etude du système (1.147) pour ε assez petit. Le nombre de solutions est-il égal alors au nombre des solutions du problème limite (qui est algébrique) ? Etude des correcteurs. Pour des problèmes un peu liés (mais sans théorie du contrôle), nous renvoyons à D.S. Cohen [1], Sattinger [1] [2].

6.4. Montrer directement (i.e. sans utiliser la théorie du contrôle optimal) des résultats du type (2.72) (d'ailleurs très probablement valables pour les équations plus générales étudiées directement (sans perturbations singulières) dans Da Prato [2], Temam [4], Tartar [6]).

6.5. Question analogue pour les résultats du N° 3.5.

6.6. Démonstration directe des résultats du N° 4.3.

6.7. Peut-on étendre les équations du N° 4.3 à des non linéarités d'ordre quelconque, par des compositions d'opérateurs du type

$$P \circ \frac{\partial P}{\partial x_1} \circ \frac{\partial P}{\partial x_1} \quad \text{ou} \quad P \circ P \circ \frac{\partial P}{\partial x_1} \ ?$$

6.8. Peut-on étendre, et comment, les résultats du N°5 au cas de contrôle optimal de systèmes raides avec contraintes ?

7. COMMENTAIRES.

Les problèmes du type de ceux des N° 1 et 2 ont été introduits dans Lions [9]. De très nombreux problèmes restent encore à résoudre dans les directions de ces N°. Pour le cas des systèmes gouvernés par des équations différentielles ordinaires, les problèmes du type de ceux du N° 3 ont été étudiés par plusieurs auteurs; citons N.H. Bagirova, Vasileva et Amanaliev [1], Haddad et Kokotovic [1], Hadlock [1], Hadlock, Jamshidi et Kokotovic [1], Kokotovic et Yackel [1], R. O'Malley [3] [4], Sannuti et Kokotovic [1]; l'étude amorcée ici pour les systèmes distribués semble nouvelle (cf. déjà Lions [9]). Les problèmes du type de ceux du N°4 ont été introduits dans Lions [18].

Pour une étude mathématique directe (i.e. sans passer par le contrôle) des équations du type de (2.6o) (et d'autres équations plus générales), nous renvoyons à Da Prato [2], Temam [4], Tartar [6].

Des résultats du type de ceux du N° 4 ont été donnés dans Lions [18]. Les résultats du N° 4.2 ne font pas intervenir la théorie du contrôle optimal mais utilisent seulement les méthodes du Chap. 5. Les résultats du N° 4.3 utilisent l'idée du découplage telle que donnée dans Lions [8].

La théorie des perturbations non singulières peut être utile (et non banale !) dans le cadre du contrôle optimal des systèmes distribués, en particulier non linéaires cf. Brauner et Penel [2].

CHAPITRE VIII

CONTROLE OPTIMAL DE SYSTEMES A FONCTION COÛT SINGULIERE

INTRODUCTION

On considère dans ce Chapitre des systèmes dont l'état est fourni par une équation aux dérivées partielles sans "petit paramètre" mais dont la fonction coût fait intervenir un ou plusieurs "petits paramètres".

Des problèmes de ce type se rencontrent lorsque le contrôle est "bon marché".

Ce Chapitre suppose connus le Chapitre 7 et l'étude des problèmes "raides" faite au Chapitre 1 .

1. PROBLEMES ELLIPTIQUES (I).

1.1. EXEMPLE.

Soit Ω un ouvert borné de $\mathbb{R}^n$ de frontière Γ (règulière). On suppose que l'état du système que l'on désire contrôler est donné par

(1.1) $$- \Delta y(v) + y(v) = f \quad \text{dans} \quad \Omega \quad , \; f \in L^2(\Omega) \; ,$$

(1.2) $$\frac{\partial y(v)}{\partial \nu} = v \text{ sur } \Gamma \; ,$$

où $v \in \mathcal{U} = L^2(\Gamma)$, espace des contrôles.

Ce problème admet une solution unique et l'on peut considérer la trace de $y(v)$ sur Γ ; on a d'ailleurs (cf. Lions-Magenes [1] , Chap.2) :

(1.3) $$y(v)|_{\Gamma} \in H^1(\Gamma) \; .$$

On considère alors la fonction coût

(1.4) $$J_\varepsilon(v) = \int_\Gamma |y(v) - z_d|^2 \, d\Gamma + \varepsilon \int_\Gamma v^2 \, d\Gamma$$

où z_d est donné dans $L^2(\Gamma)$ et où $\varepsilon > 0$ est "petit" , ce qui correspond à un contrôle "bon marché" .

Si l'on prend

(1.5) $$\mathcal{U}_{ad} = \text{ensemble convexe fermé de } \mathcal{U} \, (=L^2(\Gamma)) \; ,$$

le problème considéré est :

(1.6) $$\text{Inf. } J_\varepsilon(v) \; , \; v \in \mathcal{U}_{ad} \; .$$

Il admet une solution unique , soit u_ε , et notre objet essentiel est d'étudier le comportement de u_ε lorsque $\varepsilon \to 0$. ■

Voyons tout de suite que, si $\mathcal{U}_{ad} = \mathcal{U}$, u_ε ne converge pas en général dans $L^2(\Gamma)$. En effet considérons le problème limite formel ; il s'agit de trouver

(1.7) $\quad \text{Inf. } J_o(v) \quad , \quad v \in L^2(\Gamma) \quad ,$

où

(1.8) $\quad J_o(v) = \int_\Omega |y(v) - z_d|^2 \, d\Gamma \quad .$

Il est facile de voir que

(1.9) $\quad \text{Inf. } J_o(v) = 0 \quad , \quad v \in L^2(\Gamma).$

En effet soient $z_{jd} \in H^1(\Gamma)$, $z_{jd} \to z_d$ dans $L^2(\Gamma)$ (une telle suite existe puisque $H^1(\Gamma)$ est dense dans $L^2(\Gamma)$) ; considérons le problème

(1.10)
$$\left| \begin{array}{l} - \Delta \Phi_j + \Phi_j = f \ , \\ \Phi_j = z_{jd} \quad \text{sur } \Gamma \end{array} \right.$$

et définissons

(1.11) $\quad v_j = \dfrac{\partial \Phi_j}{\partial \nu} \quad .$

Comme $z_{jd} \in H^1(\Gamma)$ on a : $v_j \in L^2(\Gamma)$ et $y(v_j) = \Phi_j$, donc $J_o(v_j) = \int_\Gamma |z_{jd} - z_d|^2 \, d\Gamma \to 0$, d'où (1.9).

Mais en général il n'existe pas de $u \in L^2(\Gamma)$ tel que $J_o(u) = 0$. En effet on aurait alors $y(u) = z_d$ sur Γ , donc $y(u) = y$ serait solution de

(1.12) $\quad - \Delta y + y = f \quad , \quad y = z_d \quad \text{sur } \Gamma$

qui existe et est unique, mais pour laquelle (cf. Lions-Magenes [1], chap.2) :

(1.13) $\quad \dfrac{\partial y}{\partial \nu} \in H^{-1}(\Gamma) \quad$, et (en général ([1])) $\dfrac{\partial y}{\partial \nu} \notin L^2(\Gamma)$.

Il en résulte que, en général, u_ε ne converge pas dans $L^2(\Gamma)$. Si l'on avait en effet $u_\varepsilon \to u$ dans $L^2(\Gamma)$ faible, alors $y(u_\varepsilon)|_\Gamma \to y(u)|_\Gamma$ dans $L^2(\Gamma)$ (fort) et

---

([1]) i.e. sans hypothèses de régularité sur z_d .

(1.14) $$\liminf_{\varepsilon \to 0} J_\varepsilon(u_\varepsilon) \geq \int_\Gamma |y(u) - z_d|^2 \, d\Gamma = J(u).$$

Par ailleurs $J_\varepsilon(u_\varepsilon) \leq J_\varepsilon(v) \quad \forall v$ entraîne

$$\limsup J_\varepsilon(u_\varepsilon) \leq J_\varepsilon(v) \quad \forall v \text{ , donc}$$
$$\limsup J_\varepsilon(u_\varepsilon) \leq 0$$

donc $J(u) = 0$, $u \in L^2(\Gamma)$, ce qui est impossible. ■

L'exemple précédent montre deux choses :

(i) en général u_ε <u>ne converge pas</u> dans l'espace des contrôles $\mathcal{U}$;

(ii) par contre, sur l'exemple , u_ε <u>converge dans un espace plus grand que</u> $\mathcal{U}$.

Ce sont ces propriétés que nous allons préciser dans les sections suivantes, en essayant également d'estimer, dans un sens convenable, la différence $u_\varepsilon - u$.

■

1.2. UN RESULTAT DE CONVERGENCE.

On considère l'opérateur elliptique :

(1.15) $$A\varphi = -\sum_{i,j=1}^{n} \frac{\partial}{\partial x_i}\left(a_{ij} \frac{\partial \varphi}{\partial x_j}\right) + a_o \varphi ,$$

où les coefficients a_o , a_{ij} sont réguliers dans $\bar{\Omega}$ [on peut évidemment préciser les hypothèses nécessaires dans chaque énoncé, en utilisant, par exemple, Lions-Magenes [1], chap.2] ; on suppose que

(1.16) $$\left| \begin{aligned} &\sum_{i,j=1}^{n} a_{ij}(x)\xi_i\xi_j > \alpha \sum_{i=1}^{n} \xi_i^2 \quad , \quad \alpha > 0 \ , \\ &a_o(x) \geq \alpha \ . \end{aligned} \right.$$

On considère le système dont l'<u>état</u> $y(v)$ est donné par

(1.17) $$A\, y(v) = f ,$$

(1.18) $$\frac{\partial y(v)}{\partial \nu} = v \text{ sur } \Gamma \quad , \quad v \in L^2(\Gamma) ,$$

où

$$\frac{\partial \varphi}{\partial \nu} = \sum_{i,j=1}^{n} a_{ij}(x) \frac{\partial \varphi}{\partial x_j} \nu_i \ .$$

La fonction coût est

(1.19) $$J_\varepsilon(v) = \int_\Gamma |y(v) - z_d|^2 \, d\Gamma + \varepsilon \int_\Gamma v^2 \, d\Gamma .$$

Soit $\mathcal{U}_{ad}$ avec (1.5) et u_ε la solution du problème (1.6) . ■

Condition d'optimalité.

Le contrôle optimal u_ε est caractérisé par

(1.20) $$\left| \begin{array}{l} \int_\Gamma (y(u_\varepsilon)-z_d)(y(v)-y(u_\varepsilon))d\Gamma + \varepsilon \int_\Gamma u_\varepsilon (v-u_\varepsilon) d\Gamma \geqslant 0 \quad \forall\, v \in \mathcal{U}_{ad} , \\ u_\varepsilon \in \mathcal{U}_{ad} , \end{array} \right.$$

ou encore

(1.21) $$\int_\Gamma (y(u_\varepsilon)-y(0))(y(v)-y(u_\varepsilon))d\Gamma + \varepsilon \int_\Gamma u_\varepsilon (v-u_\varepsilon) d\Gamma \geqslant$$

$$\geqslant \int_\Gamma (z_d - y(0))(y(v)-y(u_\varepsilon))d\Gamma \quad \forall\, v \in \mathcal{U}_{ad} . \quad ■$$

Transformation de (1.21 . Opérateur $\mathcal{A}$.

Considérons , pour φ donné sur Γ , par ex. dans $H^1(\Gamma)$, le problème

(1.22) $$A\,\Phi = 0 \text{ dans } \Omega \;, \quad \Phi = \varphi \text{ sur } \Gamma .$$

On définit alors $\mathcal{A}$ par

(1.23) $$\mathcal{A}\,\varphi = \frac{\partial \Phi}{\partial \nu} .$$

D'après Lions-Magenes [1] , Chap. 2, on a :

(1.24) $\mathcal{A}$ est un isomorphisme de $H^s(\Gamma)$ sur $H^{s-1}(\Gamma)$, $\forall\, s \in \mathbb{R}$.

L'isomorphisme inverse est construit par résolution du problème de Neumann : si l'on résout

(1.25) $$A\,\Psi = 0 \;, \quad \frac{\partial \Psi}{\partial \nu} = \psi \text{ sur } \Gamma$$

alors

(1.26) $$\Psi|_\Gamma = \mathcal{A}^{-1} \psi .$$

Posons alors :

(1.27) $$\mathcal{A}^{-1} u_\varepsilon = \varphi_\varepsilon \quad , \quad \mathcal{A}^{-1} v = \varphi \quad ,$$

(1.28) $\mathcal{K} = \{ \varphi \mid \varphi \in H^1(\Gamma) \ , \ \mathcal{A}\varphi \in \mathcal{U}_{ad} \}$.

On note que

(1.29) $\mathcal{K}$ = ensemble convexe fermé non vide de $H^1(\Gamma)$.

Comme l'on a :

(1.30) $y(v) - y(0)|_\Gamma = \mathcal{A}^{-1} v = \varphi$

on voit que (1.21) <u>équivaut</u> à :

(1.31)
$$\left| \begin{array}{l} \int_\Gamma \varphi_\varepsilon (\varphi-\varphi_\varepsilon) d\Gamma + \varepsilon \int_\Gamma \varphi_\varepsilon (\varphi-\varphi_\varepsilon) d\Gamma \geqslant \int_\Gamma (z_d - y(0))(\varphi-\varphi_\varepsilon) d\Gamma \\ \forall \varphi \in \mathcal{K} \ , \ \varphi_\varepsilon \in \mathcal{K} \ . \end{array} \right.$$

Posons alors , $\forall \varphi$, $\in H^1(\Gamma)$:

(1.32) $a_o(\varphi,\Psi) = \int_\Gamma \varphi\Psi \, d\Gamma$, $a_1(\varphi,\Psi) = \int_\Gamma \mathcal{A}\varphi \, \mathcal{A}\Psi \, d\Gamma$.

Le problème (1.31) est équivalent à :

(1.33) $a_o(\varphi_\varepsilon,\varphi-\varphi_\varepsilon)+\varepsilon a_1(\varphi_\varepsilon,\varphi-\varphi_\varepsilon) \geqslant \int_\Gamma (z_d-y(0))(\varphi-\varphi_\varepsilon) d\Gamma$, $\forall \varphi \in \mathcal{K}$.

La forme a_1 vérifie

$$a_1(\varphi,\varphi) = \int_\Gamma |\mathcal{A}\varphi|^2 \, d\Gamma \geqslant \alpha_1 \|\varphi\|^2_{H^1(\Gamma)}$$

et $a_o(\varphi,\varphi) = \|\varphi\|^2_{L^2(\Gamma)}$.

On peut donc appliquer le Théorème 3.1 , Chap. 2. On introduit

(1.34) $\bar{\mathcal{K}}$ = adhérence de $\mathcal{K}$ dans $L^2(\Gamma)$,

et soit φ_o défini par

(1.35)
$$\left| \begin{array}{l} \varphi_o \in \bar{\mathcal{K}} \ , \\ a_o(\varphi_o,\varphi-\varphi_o) \geqslant \int_\Gamma (z_d-y(0))(\varphi-\varphi_o) d\Gamma \quad , \quad \forall \varphi \in \bar{\mathcal{K}} \ . \end{array} \right.$$

On a donc démontré le

<u>THEOREME 1.1.</u> <u>Lorsque</u> $\varepsilon \to 0$, <u>on a</u> :

(1.36) $\varphi_\varepsilon = \mathcal{A}^{-1} u_\varepsilon \to \varphi_o$ dans $L^2(\Gamma)$, où φ_o est la solution de (1.35) . ■

Corollaire 1.1. Lorsque $\varepsilon \to 0$, on a

(1.37) $u_\varepsilon \to u = \mathcal{A}\varphi_o$ dans $H^{-1}(\Gamma)$. ■

Exemple 1.1. Cas sans contraintes : $\mathcal{U}_{ad} = \mathcal{U} = L^2(\Gamma)$.

On a alors : $\mathcal{K} = H^1(\Gamma)$, $\bar{\mathcal{K}} = L^2(\Gamma)$ et donc

$$\varphi_o = z_d - y(0) .$$

Alors $u = \mathcal{A}\varphi_o$ est donné par

$$A\Phi = 0 \quad , \quad \Phi = z_d - y(0) \quad \text{sur } \Gamma \quad , \quad u = \frac{\partial\Phi}{\partial\nu}$$

i.e.

$$A(\Phi+y(0)) = f \quad , \quad \Phi + y(0) = z_d \quad \text{sur } \Gamma \quad ,$$

$$u = \frac{\partial}{\partial\nu}(\Phi+y(0)) .$$

On retrouve (si $A = -\Delta + I$) les formules (1.12) (1.13). ■

Exemple 1.2.

Soit $\mathcal{L}$ une variété de dimension n-2 , régulière, contenue dans Γ .

Supposons alors que

(1.38) $\mathcal{U}_{ad} = \{v \mid \mathcal{A}^{-1}v = 0 \text{ sur } \mathcal{L}\}$

i.e.

(1.39) $\mathcal{K} = \{\varphi \mid \varphi = 0 \text{ sur } \mathcal{L}\} \subset H^1(\Gamma)$.

On a :

$$\bar{\mathcal{K}} = L^2(\Gamma)$$

de sorte que dans ce cas la limite u est la même que dans l'Exemple 1.1. ■

REMARQUE 1.1.

Dans le cas sans contrainte on peut donner un développement asymptotique pour u_ε . On verra cela dans un cadre un peu plus général au N°2 . ■

REMARQUE 1.2.

Dans le cas de l'exemple 1.2 , $\varphi_\varepsilon - \varphi_o$ fait intervenir des couches limites au voisinage de $\mathcal{L}$. On notera d'ailleurs qu'il s'agit là d'un problème de perturbation singulière pour des opérateurs pseudo-différentiels; cf. pour cette théorie A.S.Demidov [2], L.L.Pokrovski [1] . ∎

1.3. UN EXEMPLE NON LINEAIRE.

On peut poser des problèmes analogues pour des équations d'état non linéaires. Par exemple si l'on considère l'état défini par

$$(1.40)\quad \left|\begin{array}{l} -\Delta y(v) + y(v)^3 = f \quad , \quad f \in L^2(\Omega) \ , \\ \dfrac{\partial y(v)}{\partial \nu} = v \quad \text{sur} \quad \Gamma \quad , \quad v \in L^2(\Gamma) \ , \end{array}\right.$$

et la fonction coût

$$(1.41)\qquad J_\varepsilon(v) = \int_\Gamma |y(v) - z_d|^2 \, d\Gamma + \varepsilon \int_\Gamma v^2 \, d\Gamma \quad ,$$

le problème : inf. $J_\varepsilon(v)$, $v \in L^2(\Gamma)$, admet une solution u_ε et, en général, u_ε ne converge pas dans $L^2(\Gamma)$ lorsque $\varepsilon \to 0$ (même démonstration qu'au N°1.1.).

Le problème limite (comparer à (1.12)(1.13)) est

$$(1.42)\qquad -\Delta y + y^3 = f \quad , \quad y = z_d \quad \text{sur} \quad \Gamma \quad ;$$

il s'agit d'un problème non linéaire non homogène.

Faisons l'hypothèse (de régularité sur z_d) que la solution de (1.42) définit

$$(1.43)\qquad u = \frac{\partial y}{\partial \nu} \in L^2(\Gamma) \ .$$

On a alors

(1.44) si u_ε est une solution quelconque , on a : $u_\varepsilon \to u$ dans $L^2(\Gamma)$.

En effet

$$J_\varepsilon(u_\varepsilon) \leqslant J_\varepsilon(u) = \varepsilon \int_\Gamma u^2 \, d\Gamma$$

donc

(1.45) $$|u_\varepsilon|_{L^2(\Gamma)} \leqslant |u|_{L^2(\Gamma)} ,$$

(1.46) $$|y(u_\varepsilon) - z_d|_{L^2(\Gamma)} \leqslant C\sqrt{\varepsilon} .$$

Si l'on pose $y(u_\varepsilon) = y_\varepsilon$, on a :

(1.47) $$- \Delta y_\varepsilon + y_\varepsilon^3 = f \quad , \quad \frac{\partial y_\varepsilon}{\partial \nu} = u_\varepsilon$$

de sorte que, d'après (1.45) ,

(1.48) $$\|y_\varepsilon\|_{H^1(\Omega)\cap L^4(\Omega)} \leqslant C .$$

On peut alors extraire une suite, notée encore u_ε , y_ε , telle que

(1.49) $$\left| \begin{array}{l} u_\varepsilon \to w \quad \text{dans} \quad L^2(\Gamma) \text{ faible,} \\ y_\varepsilon \to \hat{y} \quad \text{dans} \quad H^1(\Omega) \cap L^4(\Omega) \quad \text{faible} \end{array} \right.$$

et l'on vérifie (par monotonie ou par compacité) que

$$- \Delta\hat{y} + \hat{y}^3 = f \quad , \quad \hat{y} = z_d .$$

Donc $\hat{y} = y$ et donc $w = u$. Alors lim. inf. $|u_\varepsilon|_{L^2(\Gamma)} \geqslant |u|_{L^2(\Gamma)}$ ce qui joint à (1.45) montre que $|u_\varepsilon|_{L^2(\Gamma)} \to |u|_{L^2(\Gamma)}$ d'où (1.44). ■

2. PROBLEMES ELLIPTIQUES (II) .

2.1. POSITION DU PROBLEME.

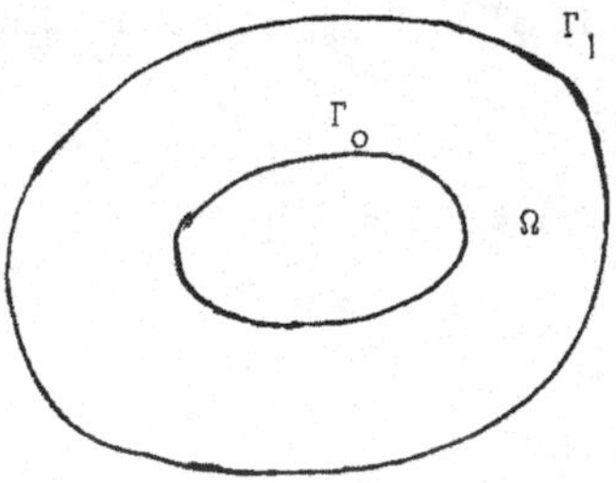

Figure 1.

Soit Ω un ouvert de frontière $\Gamma = \Gamma_o \cup \Gamma_1$ (cf. Fig. 1).

L'opérateur A étant défini par (1.15)(1.16) on suppose que l'état est donné par (1.17)(1.18) et que la fonction coût est donnée par

(2.1) $$\left| \begin{array}{l} J_\varepsilon(v) = \int_{\Gamma_o} |y(v) - z_d|^2 \, d\Gamma_o + \varepsilon \int_\Gamma v^2 \, d\Gamma - 2 \int_{\Gamma_1} g \, y(v) d\Gamma \quad , \\ g \text{ donné dans } L^2(\Gamma) . \end{array} \right.$$

Cela correspond à un problème où l'observation se fait seulement sur une partie Γ_o de Γ.

On considère le cas sans contraintes :

(2.2) $$\mathcal{U}_{ad} = \mathcal{U} = L^2(\Gamma) .$$

Alors

(2.3) $$\inf. J_\varepsilon(v) = J_\varepsilon(u_\varepsilon) \ , \ u_\varepsilon \text{ unique.}$$

On va donner un développement asymptotique pour u_ε . ■

REMARQUE 2.1.

Le cas du N°1 qui correspond à $\Gamma_o = \Gamma$ et $g = 0$ est plus simple, comme on verra dans la suite. ■

2.2. TRANSFORMATION DU PROBLEME. PROBLEME RAIDE.

Avec l'opérateur $\mathcal{A}$ défini par (1.22) (1.23) , le problème N°2.1 va se mettre sous la forme d'un problème raide.

On note que la solution u_ε est caractérisée par

(2.4) $$\int_{\Gamma_o} (y(u_\varepsilon)-y(0))(y(v)-y(0))d\Gamma + \varepsilon \int_\Gamma u_\varepsilon v d\Gamma = \int_{\Gamma_o} (z_d-y(0))(y(v)-y(0))d\Gamma + \int_{\Gamma_1} g(y(v)-y(0))d\Gamma .$$

On introduit φ_ε , φ par (1.27) et l'on pose pour φ , $\Psi \in H^1(\Gamma)$:

(2.5) $$a_o(\varphi,\Psi) = \int_{\Gamma_o} \varphi \Psi \, d\Gamma ,$$

(2.6) $$a_1(\varphi,\Psi) = \int_\Gamma \mathcal{A}\varphi \mathcal{A}\Psi \, d\Gamma .$$

Alors (2.4) équivaut à

(2.7) $$a_o(\varphi_\varepsilon,\varphi) + \varepsilon \, a_1(\varphi_\varepsilon,\varphi) = (L,\varphi) \quad , \quad \forall \varphi \in H^1(\Gamma)$$

où

(2.8) $$(L,\varphi) = \int_{\Gamma_o} (z_d-y(0))\varphi \, d\Gamma + \int_{\Gamma_1} g \, \varphi \, d\Gamma \quad .$$ ■

REMARQUE 2.2.

La forme a_1 est coercive sur $H^1(\Gamma)$, au sens

(2.9) $$a_1(\varphi,\varphi) \geq \alpha_1 \|\varphi\|^2_{H^1(\Gamma)} \quad , \quad \alpha_1 > 0 \ ,$$

mais la forme a_o est nulle sur Y_o :

(2.10) $$Y_o = \{ \varphi | \varphi \in H^1(\Gamma) \ , \varphi = 0 \ \text{sur} \ \Gamma_o \} \ .$$

Il s'agit donc d'un problème de type "raide" , comme au Chap. 1. ■

2.3. CALCUL FORMEL D'UN DEVELOPPEMENT ASYMPTOTIQUE.

Nous considérons un développement (formel) :

(2.11) $$\varphi_\varepsilon = \frac{\varphi^{-1}}{\varepsilon} + \varphi^o + \varepsilon \varphi^1 + \ldots$$

où $\varphi^{-1} \in Y_o$.

On obtient les formules suivantes :

(2.12) $$\left| \begin{array}{l} \varphi^{-1} \in Y_o \\ a_1(\varphi^{-1},\varphi) = \int_{\Gamma_1} g \varphi \, d\Gamma \quad \forall \varphi \in Y_o \ , \end{array} \right.$$

(2.13) $$\left| \begin{array}{ll} a_o(\varphi^o,\varphi) + a_1(\varphi^{-1},\varphi) = (L,\varphi) & \forall \varphi \in V = H^1(\Gamma) \ (^1) \ , \\ \qquad a_1(\varphi^o,\varphi) = 0 & \forall \varphi \in Y_o \end{array} \right.$$

et ainsi de suite :

(2.14) $$\left| \begin{array}{ll} a_o(\varphi^j,\varphi) + a_1(\varphi^{j-1},\varphi) = 0 & \forall \varphi \in V(^1) \ , \quad (j \geq 1) \\ \qquad a_1(\varphi^j,\varphi) = 0 & \forall \varphi \in Y_o \ . \end{array} \right.$$

Introduisant l'adjoint $\mathcal{A}^*$ de $\mathcal{A}$, et désignant de façon générale par φ_i la restriction de φ à Γ_i , i = 0,1, on voit que les équations précédentes équivalent à

(2.15) $$\varphi_o^{-1} = 0 \ , \quad \mathcal{A}^*\mathcal{A}\, \varphi^{-1} = g \ \text{sur} \ \Gamma_1 \ ,$$

(2.16) $$\left| \begin{array}{l} \varphi_o^o = z_d - y(0) - (\mathcal{A}^*\mathcal{A}\, \varphi^{-1})_o \quad \text{sur} \ \Gamma_o \ , \\ \mathcal{A}^*\mathcal{A}\varphi^o = 0 \quad \text{sur} \ \Gamma_1 \ , \end{array} \right.$$

et , pour $j \geq 1$,

---

(1) Ceci est formel. On va voir qu'il faut prendre φ dans un espace <u>plus petit</u>. On a de toutes façons les égalités écrites $\forall \varphi \in \mathcal{D}(\Gamma)$, si Γ est une variété C^∞ .

$$(2.17) \quad \left| \begin{array}{l} \varphi_o^j = -(\mathcal{A}^* \mathcal{A} \varphi^{j-1})_o \quad \text{sur} \quad \Gamma_o \ , \\ \mathcal{A}^* \mathcal{A} \varphi^j = 0 \quad \text{sur} \quad \Gamma_1 \ . \end{array} \right.$$

C'est évident pour (2.15). On écrit (2.13) sous la forme :

$a_o(\varphi^o,\varphi) = \int_{\Gamma_o}(z_d - y(0))\varphi d\Gamma + \int_{\Gamma_1} g\, \varphi\, d\Gamma - \int_\Gamma (\mathcal{A}^*\mathcal{A}\varphi^{-1})\varphi d\Gamma$, d'où (2.16) en tenant compte de (2.15). On vérifie (2.17) de la même manière. ∎

Les équations (2.15)(2.16)(2.17) sont du type suivant: trouver φ définie sur Γ de manière que , $\Psi = \{\Psi_o, \Psi_1\}$ étant donné sur Γ , on ait :

$$(2.18) \qquad \{\varphi_o, (\mathcal{A}^*\mathcal{A}\varphi)_1\} = \{\Psi_o, \Psi_1\} \ .$$

On va démontrer le

<u>Lemme 2.1</u>. <u>L'application</u> $\varphi \to \{\varphi_o, (\mathcal{A}^*\mathcal{A}\varphi)_1\}$ <u>est un isomorphisme de</u> $H^s(\Gamma)$ <u>sur</u> $H^s(\Gamma_o) \times H^{s-2}(\Gamma_1)$.

<u>Démonstration</u>.

1) Comme $\mathcal{A}^*\mathcal{A}$ est un isomorphisme de $H^s(\Gamma)$ sur $H^{s-2}(\Gamma)$, il est évident que l'application $\varphi \xrightarrow{M} \{\varphi_o, (\mathcal{A}^*\mathcal{A}\varphi)_1\}$ envoie $H^s(\Gamma)$ <u>dans</u> $H^s(\Gamma_o) \times H^{s-2}(\Gamma_1)$.

Comme évidemment $\varphi_o = \Psi_o$, on se ramène au cas $\Psi_o = 0$ et le problème équivaut à résoudre

$$(2.19) \qquad \mathcal{A}^*\mathcal{A}\{0,\varphi_1\} = \{0,\Psi_1\} \ .$$

Posons :

$$(2.20) \qquad \mathcal{A}^*\mathcal{A}\{0,\varphi_1\} = \mathcal{M}\varphi_1 \ .$$

L'opérateur $\mathcal{M}$ est défini comme suit ; on résout d'abord

$$(2.21) \qquad A\,\Phi = 0 \ , \quad \Phi|_{\Gamma_o} = 0 \ , \quad \Phi|_{\Gamma_1} = \varphi_1$$

puis

$$(2.22) \qquad A^*\,\Psi = 0 \ , \quad \Psi = \frac{\partial\Phi}{\partial\nu} \quad \text{sur} \quad \Gamma \ ;$$

alors

$$(2.23) \qquad \mathcal{M}\varphi_1 = \frac{\partial\Psi}{\partial\nu_*}\Big|_{\Gamma_1} \ .$$

On a :

(2.24) $$\mathcal{M} \in \mathcal{L}(H^s(\Gamma_1);H^{s-2}(\Gamma_1))$$

et tout revient à montrer que

(2.25) $\mathcal{M}$ est un isomorphisme de $H^s(\Gamma_1)$ sur $H^{s-2}(\Gamma_1)$, $\forall s \in \mathbb{R}$.

2) Comme il est immédiat que $\mathcal{M}^* = \mathcal{M}$; il suffit de vérifier (2.25) pour $s \geqslant 1$.

Le résultat est vrai pour $s=1$. En effet

$$(\mathcal{M}\varphi_1,\varphi_1)_{\Gamma_1} = \int_{\Gamma_1} (\mathcal{M}\varphi_1)\varphi_1 \, d\Gamma = \int_{\Gamma_1} \frac{\partial\Psi}{\partial\nu_*} \Phi \, d\Gamma = \int_\Gamma \Psi^2 \, d\Gamma = \int_\Gamma \left(\frac{\partial\Phi}{\partial\nu}\right)^2 d\Gamma \geqslant$$

$$\geqslant \alpha\|\varphi_1\|^2_{H^1(\Gamma_1)} \quad , \quad \alpha > 0 \quad ,$$

(d'après Lions-Magenes [1]) .

Si maintenant $s > 1$, et si ψ_1 est donnée dans $H^{s-2}(\Gamma_1) \subset H^{-1}(\Gamma_1)$ il existe $\varphi_1 \in H^1(\Gamma_1)$ unique tel que $\mathcal{M}\varphi_1 = \psi_1$ et donc tout revient à montrer que $\varphi_1 \in H^s(\Gamma_1)$. Or c'est un résultat de régularité pour les problèmes elliptiques. En effet $A^*\Psi = 0$ et $\frac{\partial\Psi}{\partial\nu_*}\Big|_{\Gamma_1} \in H^{s-2}(\Gamma_1)$ entrainant que $\Psi \in H^{s-1}(\Gamma_1)$ et ensuite $A\Phi = 0$ et $\frac{\partial\Phi}{\partial\nu}\Big|_{\Gamma_1} \in H^{s-1}(\Gamma_1)$ entrainant que $\Phi|_{\Gamma_1} \in H^s(\Gamma_1)$, d'où le résultat.

■

<u>Conséquence</u> :

Les formules (2.15)(2.16)(2.17) définissent φ^{-1} , φ^o , φ^j de manière unique. Si l'on part de $g \in L^2(\Gamma_1)$ on a donc

(2.26) $$\varphi^{-1} \in H^2(\Gamma) \quad ;$$

alors $\mathcal{A}^*\mathcal{A}\varphi^{-1} \in H^o(\Gamma) = L^2(\Gamma)$ donc (2.16) donne $\varphi^o \in H^o(\Gamma)$ et alors $\mathcal{A}^*\mathcal{A}\varphi^o \in H^{-2}(\Gamma)$ donc $\varphi^1 \in H^{-2}(\Gamma)$ et , de manière générale :

(2.27) $$\varphi^j \in H^{-2j}(\Gamma) \ , \ j = 0,1,\ldots \ .$$ ■

2.4. <u>ESTIMATIONS D'ERREUR.</u>

On va démontrer le

THEOREME 2.1. Soit u_ε la solution du problème (2.3) . Soit

(2.28) $$\varphi_\varepsilon = \mathcal{A}^{-1} u_\varepsilon \quad ,$$

où $\mathcal{A}$ est défini comme suit : partant de φ sur Γ , on résout

$$A\ \Phi = 0 \quad , \Phi|_\Gamma = \varphi \quad ;$$

alors $\mathcal{A}\varphi = \frac{\partial \Phi}{\partial \nu}$. Soient φ^{-1} , φ^{o} ,... , φ^{j} définis par (2.15)(2.16)(2.17). On a alors

(2.29) $$\| u_\varepsilon - \mathcal{A}(\frac{\varphi^{-1}}{\varepsilon} + \varphi^{o} + \ldots + \varepsilon^{j} \varphi^{j})\|_{H^{-2j-3}(\Gamma)} \leq C\ \varepsilon^{j+1} \ .$$

Démonstration.

1) D'après (2.28) il est équivalent de montrer que

(2.30) $$\| \varphi_\varepsilon - (\frac{\varphi^{-1}}{\varepsilon} + \varphi^{o} + \ldots + \varepsilon^{j} \varphi^{j})\|_{H^{-2j-2}(\Gamma)} \leq C\ \varepsilon^{j+1} \ .$$

Si l'on pose

(2.31) $$\chi = \varphi_\varepsilon - (\frac{\varphi^{-1}}{\varepsilon} + \varphi^{o} + \ldots + \varepsilon^{j} \varphi^{j} + \varepsilon^{j+1} \varphi^{j+1})$$

il est encore équivalent de montrer que

(2.32) $$\| \chi \|_{H^{-2j-2}(\Gamma)} \leq C\ \varepsilon^{j+1} \ .$$

2) Mais

$$a_o(\chi,\varphi) + \varepsilon\ a_1(\chi,\varphi) = - \varepsilon^{j+2}\ a_1(\varphi^{j+1},\varphi) \qquad \forall \varphi \in \mathcal{D}(\Gamma)$$

ou encore

(2.33) $$(\Pi_o + \varepsilon \mathcal{A}^* \mathcal{A})\chi = - \varepsilon^{j+2}\ \mathcal{A}^* \mathcal{A} \varphi^{j+1}$$

où $\Pi_o\ \varphi = \{\varphi_o, 0\}$. Donc

(2.34) $$\chi = - \varepsilon^{j+1}\ (\mathcal{A}^* \mathcal{A} + \varepsilon \Pi_o)^{-1}\ \mathcal{A}^* \mathcal{A}\ \varphi^{j+1}$$

et comme $(\mathcal{A}^* \mathcal{A} + \varepsilon\ \Pi_o)^{-1}\ \mathcal{A}^* \mathcal{A}$ est borné de $H^s(\Gamma) \to H^s(\Gamma)$, $\forall s$, on déduit (2.32) de (2.34) .

■

Interprétation de (2.29) .

On peut introduire l'état adjoint p_ε par

(2.35)
$$\begin{cases} A^* p_\varepsilon = 0 , \\ \dfrac{\partial p_\varepsilon}{\partial \nu_*} = y_\varepsilon - z_d \text{ sur } \Gamma_o , \ \dfrac{\partial p_\varepsilon}{\partial \nu_*} = - g \text{ sur } \Gamma_1 \ (\text{où } y(u_\varepsilon) = y_\varepsilon). \end{cases}$$

Alors (2.4) s'écrit de manière équivalente :

$$\int_\Gamma (p_\varepsilon + \varepsilon\, u_\varepsilon) v \, d\Gamma = 0 \quad \forall\, v$$

donc

(2.36)
$$p_\varepsilon + \varepsilon\, u_\varepsilon = 0 .$$

Le système de l'optimalité est donc :

(2.37)
$$\begin{cases} A\, y_\varepsilon = f , \quad A^* p_\varepsilon = 0 , \\ \varepsilon \dfrac{\partial y_\varepsilon}{\partial \nu} + p_\varepsilon = 0 \text{ sur } \Gamma , \ \dfrac{\partial p_\varepsilon}{\partial \nu_*} = y_\varepsilon - z_d \text{ sur } \Gamma_o , \ \dfrac{\partial p_\varepsilon}{\partial \nu_*} = - g \text{ sur } \Gamma_1 . \end{cases}$$

On introduit, de manière formelle pour l'instant, le développement asymptotique

(2.38)
$$\begin{cases} y_\varepsilon = \dfrac{1}{\varepsilon} y^{-1} + y^o + \varepsilon\, y^1 + \dots , \\ p_\varepsilon = p^o + \varepsilon\, p^1 + \dots \end{cases}$$

Par identification, on trouve les formules

(2.39)
$$\begin{cases} A\, y^{-1} = 0 \ , \ A\, y^o = f \ , \ A\, y^j = 0 \text{ pour } j \geqslant 1 , \\ A^* p^j = 0 \quad \forall\, j \geqslant 0 , \end{cases}$$

(2.40)
$$\begin{cases} \dfrac{\partial y^{-1}}{\partial \nu} + p^o = 0 , \ \dfrac{\partial y^o}{\partial \nu} + p^1 = 0 , \dots , \dfrac{\partial y^{j-1}}{\partial \nu} + p^j = 0 \text{ sur } \Gamma \\ y^{-1} = 0 , \ \dfrac{\partial p^o}{\partial \nu_*} = y^o - z_d , \ \dfrac{\partial p^j}{\partial \nu_*} = y^j , \ j \geqslant 1 , \text{ sur } \Gamma_o , \\ \dfrac{\partial p^o}{\partial \nu_*} = - g , \ \dfrac{\partial p^j}{\partial \nu_*} = 0 , \ j \geqslant 1 , \text{ sur } \Gamma_1 . \end{cases}$$

Cela permet de définir successivement les couples

$$\{y^{-1},p^{o}\} \quad , \quad \{y^{o},p^{1}\} \quad , \quad \text{etc...}$$

On obtient ensuite, à partir de (2.36) :

(2.41) $$u_\varepsilon = -\frac{1}{\varepsilon}(p^{o} + \varepsilon\, p^{1} + \dots) .$$

Ce développement coïncide avec (2.29).

En effet, en explicitant $\mathcal{A}^*\mathcal{A}$, (2.15) équivaut au système

(2.42) $$\left|\begin{array}{l} A\,\Phi^{-1} = 0 \quad , \quad A^*\,\Psi^{-1} = 0 \, , \\ \Phi^{-1} = 0 \text{ sur } \Gamma_o \quad , \quad \frac{\partial \Phi^{-1}}{\partial \nu} = \Psi^{-1} \text{ sur } \Gamma \quad , \\ \frac{\partial \Psi^{-1}}{\partial \nu_*} = g \text{ sur } \Gamma_1 \end{array}\right.$$

donc $\Phi^{-1} = y^{-1}$, $\Psi^{-1} = -\,p^{o}$ et donc $-\,p^{o}|_\Gamma = \varphi^{-1}$.

Puis (2.16) équivaut au système

$$\begin{array}{l} A\,\Phi^{o} = 0 \quad , \quad A^*\,\Psi^{o} = 0 \, , \\ \Phi^{o} = z_d - y(0) - \frac{\partial \Psi^{-1}}{\partial \nu_*} \text{ sur } \Gamma_o \quad , \\ \frac{\partial \Phi^{o}}{\partial \nu} = \Psi^{o} \text{ sur } \Gamma \quad , \quad \frac{\partial \Psi^{o}}{\partial \nu_*} = 0 \text{ sur } \Gamma_1 \end{array}$$

d'où

$$\begin{array}{l} A(\Phi^{o} + y(0)) = f \quad , \quad A^*\,\Psi^{o} = 0 \, , \\ \Phi^{o} + y(0)|_{\Gamma_o} = z_d - \frac{\partial \Psi^{-1}}{\partial \nu_*} \text{ sur } \Gamma_o \quad , \\ \frac{\partial}{\partial \nu}(\Phi^{o} + y(0)) = \Psi^{o} \text{ sur } \Gamma \quad , \quad \frac{\partial \Psi^{o}}{\partial \nu_*} = 0 \text{ sur } \Gamma_1 \end{array}$$

et donc

$$\Phi^{o} + y(0) = y^{o} \quad , \quad \Psi^{o} = -\,p^{1}$$

et ainsi de suite. ∎

REMARQUE 2.3.

Si $g = 0$ et $\Gamma_o = \Gamma$ on obtient $y^{-1} = 0$, $p^{o} = 0$,

puis l'on calcule y^{o} par

(2.43) $\qquad A\, y^o = f \quad , \quad y^o = z_d \quad \text{sur } \Gamma$

puis p^1 par

(2.44) $\qquad A^* p^1 = 0 \quad , \quad p^1 = - \frac{\partial y^o}{\partial \nu} \quad \text{sur } \Gamma$

et de proche en proche :

(2.45) $\qquad A\, y^j = 0 \quad , \quad y^j = \frac{\partial p^j}{\partial \nu_*} \quad \text{sur } \Gamma \quad ,$

puis

(2.46) $\qquad A^* p^{j+1} = 0 \quad , \quad p^{j+1} = - \frac{\partial y^j}{\partial \nu} \quad \text{sur } \Gamma \quad .$

L'estimation (2.29) donne

(2.47) $\qquad \| u_\varepsilon - (p^1 + \varepsilon\, p^2 + \ldots + \varepsilon^j\, p^{j+1}) \|_{H^{-2j-3}(\Gamma)} \leqslant C\, \varepsilon^{j+1} \quad .$ ■

2.5. REMARQUES DIVERSES.

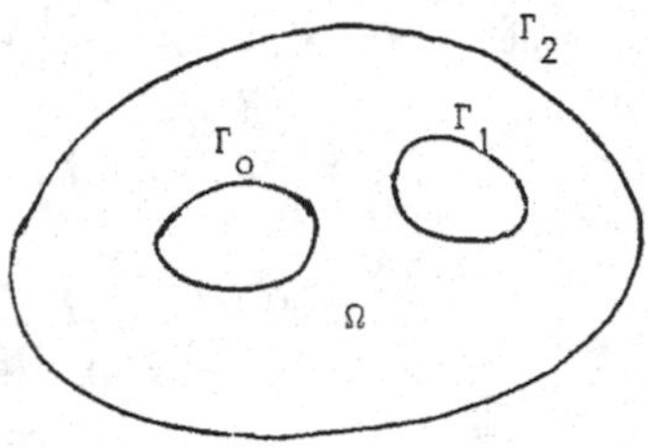

Figure 2.

REMARQUE 2.4.

Voici d'abord une variante de ce qui précède. Soit Ω comme indiqué Fig.2 . L'état du système est encore donné par (1.17) (1.18) et la fonction coût par

(2.48)
$$\left|\begin{aligned} J_\varepsilon(v) = \int_{\Gamma_o} |y(v)-z_{od}|^2\, d\Gamma_o + \varepsilon \int_{\Gamma_1} |y(v)-z_{1d}|^2\, d\Gamma_1 + \varepsilon^2 \int_\Gamma v^2\, d\Gamma - \\ - 2 \int_{\Gamma_1} g_1\, y(v) d\Gamma_1 - 2 \int_{\Gamma_2} g_2\, y(v) d\Gamma_2 \quad , \end{aligned}\right.$$

où z_{id} , g_i sont donnés dans $L^2(\Gamma_i)$.

Soit u_ε la solution de $J_\varepsilon(u_\varepsilon) = \inf.\ J_\varepsilon(v), v \in L^2(\Gamma)$. Si l'on introduit encore :

$$\varphi_\varepsilon = \mathcal{A}^{-1}\, u_\varepsilon \ , \qquad \varphi = \mathcal{A}^{-1}\, v$$

et si l'on pose :

(2.49) $\quad a_o(\varphi,\Psi) = \int_{\Gamma_o} \varphi \Psi d\Gamma_o \ , \ a_1(\varphi,\Psi) = \int_{\Gamma_1} \varphi \Psi d\Gamma \ , \ a_2(\varphi,\Psi) = \int_\Gamma \mathcal{A}\varphi\, \mathcal{A}\Psi\; d\Gamma \quad ,$

on a la condition nécessaire et suffisante :

$$(2.50)\qquad a_o(\varphi_\varepsilon,\varphi) + \varepsilon a_1(\varphi_\varepsilon,\varphi) + \varepsilon^2 a_2(\varphi_\varepsilon,\varphi) = \int_{\Gamma_o}(z_{od} - y(0))\varphi\, d\Gamma_o + \int_{\Gamma_1}(z_{1d} - y(0))\varphi\, d\Gamma_1 + \int_{\Gamma_1} g_1\varphi d\Gamma_1 + \int_{\Gamma_2} g_2\varphi d\Gamma_2 .$$

On a alors le développement

$$(2.51)\qquad \varphi = \frac{\varphi^{-2}}{\varepsilon^2} + \frac{\varphi^{-1}}{\varepsilon} + \varphi^o + \dots$$

déterminé comme suit.

On a , avec les notations du Chap.1 ([1])

$$(2.52)\qquad Y_o = \{\varphi | \varphi_o = 0\} \quad , \quad Y_1 = \{\varphi | \varphi_o = 0 \ , \ \varphi_1 = 0\} .$$

Alors

$$(2.53)\qquad \varphi_o^{-2} = 0 \ , \ \varphi_1^{-2} = 0 \ , \ \mathcal{A}^*\mathcal{A}\varphi^{-2} = g_2 \ \text{ sur } \ \Gamma_2 ,$$

$$(2.54)\qquad \varphi_o^{-1} = 0 \ , \ \varphi_1^{-1} = g_1 - \mathcal{A}^*\mathcal{A}\varphi^{-2} \ \text{ sur } \ \Gamma_1 \ , \ \mathcal{A}^*\mathcal{A}\varphi^{-1} = 0 \ \text{ sur } \ \Gamma_2 ,$$

$$(2.55)\qquad \left| \begin{array}{l} \varphi_o^o = z_{od} - y(0) - \mathcal{A}^*\mathcal{A}\varphi^{-2} \ \text{ sur } \ \Gamma_o , \\ \varphi_1^o = z_{1d} - y(0) - \mathcal{A}^*\mathcal{A}\varphi^{-1} \ \text{ sur } \ \Gamma_1 \ , \ \mathcal{A}^*\mathcal{A}\varphi^o = 0 \ \text{ sur } \ \Gamma_2 \end{array} \right.$$

et ainsi de suite. On vérifie, par les mêmes méthodes que précédemment , que

$$(2.56)\qquad \|\varphi_\varepsilon - \left(\frac{\varphi^{-2}}{\varepsilon^2} + \frac{\varphi^{-1}}{\varepsilon} + \varphi^o + \dots + \varepsilon^j \varphi^j \right)\|_{H^{-2j-4}} \leqslant C\, \varepsilon^{j+1}$$

d'où résulte que

$$(2.57)\qquad \|u_\varepsilon - \mathcal{A}\left(\frac{\varphi^{-2}}{\varepsilon^2} + \frac{\varphi^{-1}}{\varepsilon} + \varphi^o + \dots + \varepsilon^j \varphi^j \right)\|_{H^{-2j-5}} \leqslant C\, \varepsilon^{j+1} .$$ ■

<u>REMARQUE 2.5.</u>

On peut considérer les problèmes analogues <u>avec contrôle distribué</u>. Soit donc l'état $y(v)$ défini par

$$(2.58)\qquad A\, y(v) = f+v \quad , \quad \frac{\partial y(v)}{\partial \nu} = 0$$

([1]) Et où l'on pose $\varphi = \{\varphi_o,\varphi_1,\varphi_2\}$, φ_i défini sur Γ_i .

où $f,v \in L^2(\Omega)$. Soit par exemple la fonction coût :

(2.59) $$J_\varepsilon(v) = \int_\Gamma |y(v) - z_d|^2 \, d\Gamma + \varepsilon \int_\Gamma v^2 \, dx .$$

On considère le problème : $\text{Inf.} J_\varepsilon(v)$, $v \in L^2(\Omega)$, qui admet une solution unique, soit u_ε .

Posons :

(2.60) $$y(v) - y(0)|_\Gamma = Mv \quad ;$$

donc Mv est donné par la résolution de

(2.61) $$A\,\Phi = v \quad , \quad \frac{\partial\Phi}{\partial\nu} = 0 \quad \text{sur} \quad \Gamma$$

et

(2.62) $$Mv = \Phi|_\Gamma \quad .$$

Le contrôle optimal u_ε est caractérisé alors par

(2.63) $$a_o(u_\varepsilon,v) + \varepsilon\, a_1(u_\varepsilon,v) = \int_\Gamma g\, Mv \, d\Gamma \quad , \qquad g = z_d - y(0)|_\Gamma \quad ,$$

où l'on a posé

(2.64) $$a_o(u,v) = \int_\Gamma Mu\, Mv \, d\Gamma \quad , \quad a_1(u,v) = \int_\Omega u\, v \, dx \; .$$

On a :

$$Y_o = \{v | Mv = 0\}$$

donc avec (2.61) $v = A\Phi$ pour $\Phi|_\Gamma = 0$, $\frac{\partial\Phi}{\partial\nu} = 0$ sur Γ , i.e.

(2.65) $$Y_o = A\, H_o^2(\Omega) \; .$$

Si $Y_o^\perp$ = orthogonal de Y_o dans $L^2(\Omega)$, on a :

$f \in Y_o^\perp$ si et seulement si $(f, A\varphi) = 0 \quad \forall \varphi \in \mathcal{D}(\Omega)$, donc

(2.66) $$Y_o^\perp = \{ f | f \in L^2(\Omega) \; , \; A^* f = 0 \} \; .$$

Dans ces conditions le développement de u_ε est :

$$u_\varepsilon = u^o + \varepsilon\, u^1 + \ldots$$

avec

(2.67) $$\left|\begin{array}{ll} a_o(u^o,v) = \int_\Gamma g\, Mv \, d\Gamma & \forall v \in L^2(\Omega) \; , \\ a_1(u^o,v) = 0 & \forall v \in Y_o \quad , \end{array}\right.$$

(2.68) $$\left| \begin{array}{ll} a_o(u^j,v) + a_1(u^{j-1},v) = 0 & \forall v \in L^2(\Omega) , \\ a_1(u^j , v) = 0 & \forall v \in Y_o , \quad j \geq 1 . \end{array} \right.$$

Par conséquent :

(2.69) $$u^o , u^1 , \dots \in Y_o^{\perp} .$$

Comme M est surjectif de $L^2(\Omega)$ sur $H^{3/2}(\Gamma)$, la première équation (2.67) équivaut à

(2.70) $$M u^o = g$$

et si M^* est l'adjoint de $M \in \mathcal{L}(L^2(\Omega);L^2(\Gamma))$, on a :

(2.71) $$M^*Mu^j + u^{j-1} = 0 , \qquad j = 1,2,\dots$$

On définit alors Φ^j par :

(2.72) $$A \Phi^j = u^j , \frac{\partial\Phi^j}{\partial\nu} = 0 \text{ sur } \Gamma .$$

La condition (2.70) signifie $\Phi^o = g$ sur Γ et donc, comme $u^o \in Y_o^{\perp}$:

(2.73) $$A^*A \Phi^o = 0 , \quad \Phi^o = g , \quad \frac{\partial\Phi^o}{\partial\nu} = 0 \text{ sur } \Gamma .$$

On vérifie que (2.71) équivaut à

$$\Phi^j + \frac{\partial}{\partial\nu_*} A \Phi^{j-1} = 0$$

d'où

(2.74) $$A^*A \Phi^j = 0 , \quad \Phi^j = - \frac{\partial}{\partial\nu_*} A \Phi^{j-1} , \quad \frac{\partial\Phi^j}{\partial\nu} = 0 \text{ sur } \Gamma , \quad j = 1, \dots$$

<u>Les équations</u> (2.73) (2.74) <u>définissent</u> $\Phi^o , \Phi^1 , \dots$ <u>de façon unique</u>.

Si l'on part de $g \in L^2(\Gamma)$, on obtient $\Phi^o \in H^{1/2}(\Omega)$ et

$$\frac{\partial}{\partial\nu_*} A \Phi^o \in H^{-3}(\Gamma)$$

d'où $\Phi^1 \in H^{-3+1/2}(\Omega)$ et $\frac{\partial}{\partial\nu_*} A \Phi^1 \in H^{-5}(\Gamma)$ etc ...

On arrive ainsi au résultat :

(2.75) $$\| u_\varepsilon - (u^o + \varepsilon u^1 + \dots + \varepsilon^j u^j) \|_{H^{-2-3j+1/2}(\Omega)} \leq C \varepsilon^{j+1} .$$ ■

REMARQUE 2.6.

Plaçons nous dans le cadre de la Fig.1 et supposons que le coût du contrôle soit différent sur Γ_o et sur Γ_1. On suppose l'état toujours donné par (1.17) (1.18) et la fonction coût donnée par :

(2.76) $$J_\varepsilon(v) = \int_{\Gamma_o} |y(v)-z_d|^2 \, d\Gamma_o + \varepsilon \int_{\Gamma_o} v^2 \, d\Gamma_o + \varepsilon^2 \int_{\Gamma_1} v^2 \, d\Gamma_1 .$$

On va voir que ce problème conduit à une difficulté (cf. aussi la Remarque 2.7 ci-après).

Si φ est donnée sur Γ, soit Φ la solution de

(2.77) $$A\,\Phi = 0 \quad , \quad \Phi|_\Gamma = \varphi$$

et posons

(2.78) $$\begin{cases} \dfrac{\partial\Phi}{\partial\nu}\Big|_{\Gamma_o} = \mathcal{A}_o\,\varphi \;, \quad \dfrac{\partial\Phi}{\partial\nu}\Big|_{\Gamma_1} = \mathcal{A}_1\,\varphi \;, \\ a_o(\varphi,\Psi) = \int_{\Gamma_o} \varphi\,\Psi\,d\Gamma_o \;, \quad a_1(\varphi,\Psi) = \int_{\Gamma_o} \mathcal{A}_o\varphi\,\mathcal{A}_o\Psi\,d\Gamma_o \\ a_2(\varphi,\Psi) = \int_{\Gamma_1} \mathcal{A}_1\varphi\,\mathcal{A}_1\Psi\,d\Gamma_1 \;. \end{cases}$$

Le problème : $\inf.J_\varepsilon(v) = J_\varepsilon(u_\varepsilon)$ est alors équivalent, si l'on pose :

(2.79) $$\varphi_\varepsilon = y(u_\varepsilon) - y(0) \quad \text{sur } \Gamma_o \;,$$

à

(2.80) $$a_o(\varphi_\varepsilon,\varphi) + \varepsilon\, a_1(\varphi_\varepsilon,\varphi) + \varepsilon^2 a_2(\varphi_\varepsilon,\varphi) = \int_{\Gamma_o} (z_d - y(0))\varphi \, d\Gamma \;.$$

On a :

(2.81) $$Y_o = \{\varphi | \varphi = 0 \text{ sur } \Gamma_o\}$$

et

$$Y_1 = \{\varphi|\varphi \in Y_o \;,\; \mathcal{A}_o\,\varphi = 0 \text{ sur } \Gamma_o\} \;, \text{ d'où}$$

(2.82) $$Y_1 = \{0\} \;.$$

En effet si Φ est défini par (2.77), on trouve

$$A\,\Phi = 0 \quad , \quad \Phi = 0 \text{ sur } \Gamma_o \quad , \quad \frac{\partial\Phi}{\partial\nu} = 0 \text{ sur } \Gamma_o$$

et donc $\Phi = 0$ dans Ω (unicité du problème de Cauchy).

Les conditions <u>nécessaires</u> pour le 1er terme du développement de φ_ε , soit φ^o , sont :

(2.83)
$$\left| \begin{aligned} & a_o(\varphi^o,\varphi) = \int_{\Gamma_o} (z_d - y(0))\varphi \, d\Gamma \ , \\ & a_1(\varphi^o,\varphi) = 0 \quad \forall \varphi \in Y_o \ . \end{aligned} \right.$$

Mais lorsque φ parcourt Y_o , $\mathcal{A}\varphi_o$ parcourt un ensemble dense dans $L^2(\Gamma_o)$ par exemple; en effet soit h défini sur Γ telle que

$$\int_{\Gamma_o} h \frac{\partial \Phi}{\partial \nu} \, d\Gamma_o = 0 \qquad \forall \varphi \in Y_o \ .$$

On introduit Ψ par $A^*\Psi = 0$, $\Psi|_{\Gamma_o} = h$, $\Psi|_{\Gamma_1} = 0$. Alors

$$(A^*\Psi,\Phi) = 0 = - \int_\Gamma \frac{\partial \Psi}{\partial \nu_*} \Phi \, d\Gamma + \int_{\Gamma_o} h \frac{\partial \Phi}{\partial \nu} d\Gamma_o = - \int_{\Gamma_1} \frac{\partial \Psi}{\partial \nu_*} \Phi \, d\Gamma$$

donc $\frac{\partial \Psi}{\partial \nu_*} = 0$ sur Γ et donc $\Psi = 0$, donc $h = 0$.

Alors la 2ème équation (2.83) équivaut à $\mathcal{A}_o \varphi^o = 0$, d'où finalement les conditions

(2.84)
$$A \Phi^o = 0 \quad , \quad \Phi^o|_{\Gamma_o} = z_d - y(0)|_{\Gamma_o} \quad , \quad \frac{\partial \Phi^o}{\partial \nu} = 0 \ \text{ sur } \Gamma_o \ .$$

Il s'agit là d'<u>un problème de Cauchy pour</u> Φ^o, <u>qui est mal posé</u>. ■

<u>REMARQUE 2.7.</u>

On considère encore le problème où l'état est donné par (1.17)(1.18) et la fonction est supposée cette fois donnée (comparer à (2.76)) par :

(2.85)
$$J_\varepsilon(v) = \int_{\Gamma_o} |y(v)-z_d|^2 \, d\Gamma_o + \varepsilon \int_{\Gamma_1} v^2 \, d\Gamma_1 + \varepsilon^2 \int_{\Gamma_o} v^2 \, d\Gamma_o \ .$$

Introduisons $\mathcal{A}_o$, $\mathcal{A}_1$ comme en (2.78) ; on pose cette fois

(2.86)
$$\left| \begin{aligned} & a_o(\varphi,\Psi) = \int_{\Gamma_o} \varphi \, \Psi \, d\Gamma_o \ , \qquad a_1(\varphi,\Psi) = \int_{\Gamma_1} \mathcal{A}_1 \varphi \, \mathcal{A}_1 \Psi \, d\Gamma_1 \ , \\ & a_2(\varphi,\Psi) = \int_{\Gamma_o} \mathcal{A}_o \varphi \, \mathcal{A}_o \Psi \, d\Gamma_o \ . \end{aligned} \right.$$

Le problème s'énonce encore sous la forme (2.80). On a :

(2.87) $Y_o = \{\varphi | \varphi = 0 \text{ sur } \Gamma_o\}$,

$Y_1 = \{\varphi | \varphi = 0 \text{ sur } \Gamma_o \text{ et } \mathcal{A}_1 \varphi = 0 \text{ sur } \Gamma_1\}$

donc

(2.88) $$Y_1 = \{0\} .$$

En effet Φ étant défini par (2.77) on a les conditions aux limites

$$\Phi = 0 \text{ sur } \Gamma_o \text{ , } \frac{\partial \Phi}{\partial \nu} = 0 \text{ sur } \Gamma_1 \text{ donc } \Phi = 0 .$$

Alors le calcul du 1er terme φ^o donne :

(2.89) $$\begin{cases} a_o(\varphi^o, \varphi) = \int_{\Gamma_o} (z_d - y(0))\varphi \, d\Gamma_o , \\ a_1(\varphi^o, \varphi) = 0 \quad \forall \varphi \in Y_o \end{cases}$$

ce qui conduit au problème cette fois bien posé :

(2.90) $$A \, \Phi^o = 0 \text{ , } \Phi^o = z_d - y(0) \text{ sur } \Gamma_o \text{ , } \frac{\partial \Phi^o}{\partial \nu} = 0 \text{ sur } \Gamma_1 .$$

On obtient ensuite

(2.91) $$\varphi^1 = 0 .$$

On définit φ^2 par :

(2.92) $$A \, \Phi^2 = 0 \text{ , } \Phi^2 = - \mathcal{A}_o^* \frac{\partial \Phi^o}{\partial \nu} \text{ sur } \Gamma_o \text{ , } \frac{\partial \Phi^2}{\partial \nu} = 0 \text{ sur } \Gamma_1$$

et $\varphi^2 = \Phi^2$ sur Γ et ainsi de suite. ■

3. PROBLEMES D'EVOLUTION.

3.1. OBSERVATION FRONTIERE.

Ici encore on se borne à des exemples simples, mais les méthodes sont assez générales. On considère un système dont l'état est donné par :

(3.1) $$\frac{\partial y(v)}{\partial t} - \Delta \, y(v) = f \text{ dans } Q = \Omega \times]0,T[\text{ , } f \in L^2(Q)$$

(3.2) $$\frac{\partial y(v)}{\partial \nu} = v \text{ sur } \Sigma = \Gamma \times]0,T[\text{ ,}$$

(3.3) $$y(x,o;v) = y_o(x) \ , \quad x \in \Omega \ .$$

On suppose dans (3.2) que

(3.4) $$v \in \mathcal{U}_{ad} \ , \ \mathcal{U}_{ad} = \text{ensemble convexe fermé non vide de } \mathcal{U} \ , \quad \mathcal{U} = L^2(\Sigma) \ .$$

La <u>fonction coût</u> est donnée par :

(3.5) $$J_\varepsilon(v) = \int_\Sigma |y(v) - z_d|^2 \, d\Sigma + \varepsilon \int_\Sigma v^2 \, d\Sigma \ ,$$

où z_d est donné dans $L^2(\Sigma)$.

Le problème :

(3.6) $$\text{Inf.} J_\varepsilon(v) \ , \quad v \in \mathcal{U}_{ad}$$

<u>admet une solution unique</u> u_ε . ∎

Lorsque $\varepsilon \to 0$, on peut faire une remarque tout à fait analogue à celle du N°1.1 . Si l'on fait formellement $\varepsilon = 0$ dans (3.5), soit

(3.7) $$J_o(v) = \int_\Sigma |y(v) - z_d|^2 \, d\Sigma \ ,$$

et si $\mathcal{U}_{ad} = \mathcal{U}$, alors

(3.8) $$\text{inf.} J_o(v) = 0 \ ,$$

et en général , il n'existe pas de u <u>dans</u> $L^2(\Sigma)$ tel que $J_o(u) = 0$.

Si cet élément u existe il est donné de la façon suivante : on résout

(3.9) $$\frac{\partial y}{\partial t} - \Delta y = f \ , \quad y = z_d \text{ sur } \Sigma \ , \quad y(x,o) = y_o(x)$$

puis l'on définit

(3.10) $$u = \frac{\partial y}{\partial \nu} \ .$$

Mais cette formule ne donne pas en général u dans $L^2(\Sigma)$, mais

(3.11) $$u \in H^{-1}(\Sigma) \quad (^1) \ .$$ ∎

---

(1) Ici et dans la suite on n'utilise pas les <u>espaces optimaux</u> sur Σ , qui sont des espaces de Sobolev <u>d'ordres différents</u> sur les variables d'espace et de temps et pour lesquels nous renvoyons à Lions-Magenes [1] , Chap.4.

On va maintenant donner un résultat de convergence analogue au Théorème 1.1.

Le contrôle optimal u_ε est caractérisé, en posant

(3.12) $$y(u_\varepsilon) = y_\varepsilon$$

par l'inéquation :

(3.13) $$\int_\Sigma (y_\varepsilon - z_d)(y(v)-y_\varepsilon)d\Sigma + \varepsilon \int_\Sigma u_\varepsilon(v-u_\varepsilon)d\Sigma \geq 0 \quad \forall\, v \in \mathcal{U}_{ad} .$$

On transforme (3.13) en utilisant un opérateur $\mathcal{A}$ (analogue de celui introduit au N°1.2) : si φ est donnée sur Σ , on résout

(3.14) $$\frac{\partial\Phi}{\partial t} - \Delta\Phi = 0 \;, \quad \Phi = \varphi \quad \text{sur } \Sigma \;, \quad \Phi(x,o) = 0 \quad \text{sur } \Omega \;,$$

et l'on pose

(3.15) $$\mathcal{A}\varphi = \frac{\partial\Phi}{\partial\nu} .$$

On définit ainsi par exemple une application linéaire contenue de $L^2(\Sigma) \to H^{-1}(\Sigma)$.

Alors, si l'on introduit

(3.16) $$\varphi_\varepsilon = \mathcal{A}^{-1} u_\varepsilon \;, \quad \varphi = \mathcal{A}^{-1} v \;,$$

l'opérateur $\mathcal{A}^{-1}$ étant, en particulier, dans $\mathcal{L}(L^2(\Sigma);L^2(\Sigma))$, on obtient

(3.17) $$\left| \begin{array}{l} \int_\Sigma \varphi_\varepsilon(\varphi-\varphi_\varepsilon)d\Sigma + \varepsilon \int_\Sigma \mathcal{A}\varphi_\varepsilon\, \mathcal{A}(\varphi-\varphi_\varepsilon)d\Sigma \geq \int_\Sigma (z_d - y(0))(\varphi-\varphi_\varepsilon)d\Sigma \\ \forall\, \varphi \in \mathcal{A}^{-1}\mathcal{U}_{ad} = \mathcal{K} . \end{array} \right.$$

On entre alors dans le cadre du Théorème 3.1 , Chapitre 2 . On introduit

(3.18) $$\tilde{\mathcal{K}} = \text{adhérence de } \mathcal{K} \;(= \mathcal{A}^{-1}\mathcal{U}_{ad}) \text{ dans } L^2(\Sigma) \;,$$

et soit φ_o la solution de

(3.19) $$\left| \begin{array}{l} \varphi_o \in \mathcal{K} \;, \\ \int_\Sigma \varphi_o(\varphi-\varphi_o)d\Sigma \geq \int_\Sigma (z_d-y(0))(\varphi-\varphi_o)d\Sigma \quad \forall\, \varphi \in \mathcal{K} . \end{array} \right.$$

Alors

(3.20) $$\varphi_\varepsilon \to \varphi_o \quad \text{dans } L^2(\Sigma) \text{ lorsque } \varepsilon \to 0 .$$

Par conséquent, on en déduit en particulier que

$$(3.21) \qquad u_\varepsilon = \mathcal{A}\varphi_\varepsilon \to u = \mathcal{A}\varphi_o \quad \text{dans} \quad H^1(\Sigma) .$$ ■

REMARQUE 3.1.

On a le même type de résultat pour les systèmes gouvernés par des équations hyperboliques . Si l'on suppose que $\Omega =]0,+\infty[$, et que l'état est donné par

$$(3.22) \qquad \left| \begin{array}{l} \dfrac{\partial^2 y(v)}{\partial t^2} - \dfrac{\partial^2 y(v)}{\partial x^2} = 0 \\[2ex] y(v)|_{t=o} = 0 \quad , \quad \dfrac{\partial}{\partial t} y(v)|_{t=o} = 0 \; , \\[2ex] - \dfrac{\partial}{\partial x} y(0,t;v) = v(t) \qquad , \end{array} \right.$$

c'est-à-dire, explicitement par

$$(3.23) \qquad y(x,t;v) = \{ \int_o^{t-x} v(\sigma)d\sigma \quad \text{si} \quad t \geqslant x \; , \; 0 \text{ si } \; t < x \; \} \; ,$$

considérons la fonction coût

$$(3.24) \qquad \int_o^T |y(0,t;v) - z_d(t)|^2 \, dt + \varepsilon \int_o^T v^2 \, d\Sigma = J_\varepsilon(v) .$$

Si l'on introduit

$$(3.25) \qquad w = \int_o^t v(\sigma)d\sigma \quad ,$$

on a :

$$(3.26) \qquad J_\varepsilon(v) = \mathcal{J}_\varepsilon(w) = \int_o^T |w-z_d|^2 \, dt + \varepsilon \int_o^T (w')^2 \, dt .$$

Si l'on cherche :

$$\text{Inf. } J_\varepsilon(v) \; , \quad v \in L^2(\Sigma_i) \; ,$$

qui admet une solution unique soit u_ε , il est équivalent de chercher

$$(3.27) \qquad \text{inf. } \mathcal{J}_\varepsilon(w) \; , \quad w \in H^1(0,T) \; , \; w(0) = 0$$

dont la solution unique, $w_\varepsilon = \int_o^t u_\varepsilon \, d\sigma$ est caractérisée par

(3.28)
$$\left|\begin{array}{l} - \varepsilon \dfrac{d^2}{dt^2} w_\varepsilon + w_\varepsilon = z_d , \\ w_\varepsilon(0) = 0 , \quad w'_\varepsilon(T) = 0 . \end{array}\right.$$

On obtient donc, lorsque $\varepsilon \to 0$:

(3.29)
$$w_\varepsilon \to z_d \quad \text{dans} \quad L^2(0,T)$$

d'où résulte que

(3.30)
$$u_\varepsilon \to z'_d \quad \text{dans} \quad H^{-1}(0,T) \quad .$$ ■

REMARQUE 3.2.

L'exemple précédent montre que le développement asymptotique de u_ε fait intervenir des couches limites au voisinage du bord de Σ ; l'étude systématique de ces couches limites reste à faire ([1]) . ■

REMARQUE 3.3.

Avec les notations de la Fig.1 , on peut considérer la fonction coût

(3.31)
$$J_\varepsilon(v) = \int_{\Sigma_o} |y_\varepsilon(v) - z_d|^2 \, d\Sigma_o + \varepsilon \int_\Sigma v^2 \, d\Sigma \quad ,$$

où $\Sigma_o = \Gamma_o \times]0,T[$.

On remplace alors (3.17) par

(3.32)
$$\left|\begin{array}{l} \int_{\Sigma_o} \varphi_\varepsilon(\varphi-\varphi_\varepsilon) d\Sigma_o + \varepsilon \int_\Sigma \varphi_\varepsilon \quad (\varphi-\varphi_\varepsilon) d\Sigma \geqslant \int_{\Sigma_o} (z_d - y(0))(\varphi-\varphi_\varepsilon) d\Sigma_o \\ \forall \varphi \in \mathcal{A}^{-1} \mathcal{U}_{ad} . \end{array}\right.$$

On a là un problème de type "raide" et singulier, avec contraintes.

Dans le cas sans contraintes, on obtient

(3.33)
$$\int_{\Sigma_o} \varphi_\varepsilon \varphi \, d\Sigma + \varepsilon \int_\Sigma \mathcal{A}\varphi_\varepsilon \mathcal{A}\varphi \, d\Sigma = \int_{\Sigma_o} (z_d - y(0))\varphi \, d\Sigma_o \, .$$

([1]) Il s'agit de problèmes de couches limites pour opérateurs pseudo-différentiels sur Σ .

<u>Formellement</u> , le développement de φ_ε est :

(3.34) $$\varphi_\varepsilon = \varphi^o + \theta^o_\varepsilon + \varepsilon(\varphi^1 + \theta^1_\varepsilon) + \ldots$$

où les θ^i_ε sont des correcteurs attachés à φ^i (cf. Chap.3 pour des exemples de situations de ce type).

Toujours formellement, le premier terme φ^o est donné par :

(3.35) $$\int_{\Sigma_o} \varphi^o \varphi \, d\Sigma = \int_{\Sigma_o} (z_d - y(0))\varphi \, d\Sigma \qquad \forall \varphi \text{ dans } H^1_o(\Sigma) \text{ par exemple}$$

et

(3.36) $$\int_\Sigma \mathcal{A}\varphi^o \mathcal{A}\varphi \, d\Sigma = 0 \qquad \forall \varphi \in Y_o ,$$

où

(3.37) $$Y_o = \{ \varphi | \varphi = 0 \text{ sur } \Sigma_o \} .$$

Donc si de façon générale $\varphi = \{ \varphi_o, \varphi_1 \}$, φ_i définie sur Σ_i , on a :

(3.38) $$\left| \begin{array}{l} \varphi^o_o = z_d - y(0) \quad \text{sur } \Sigma_o , \\ \mathcal{A}^*\mathcal{A}\varphi^o = 0 \quad \text{sur } \Sigma_1 . \end{array} \right.$$

Par des méthodes analogues à celles du Lemme 2.1 on peut vérifier que ce problème admet une solution unique. Il y a "perte de régularité" à l'intérieur de Σ et également au bord de Σ , où il faut alors introduire des <u>correcteurs</u> dont l'étude semble délicate. ■

<u>REMARQUE 3.4.</u>

Introduisons relativement au problème (3.6) , <u>l'état adjoint</u> p_ε caractérisé par

(3.39) $$\left| \begin{array}{l} -\dfrac{\partial p_\varepsilon}{\partial t} - \Delta p_\varepsilon = 0 , \\ \dfrac{\partial p}{\partial \nu} = y_\varepsilon - z_d \quad \text{sur } \Sigma , \\ p_\varepsilon(x,T) = 0 . \end{array} \right.$$

Alors (3.13) devient

$$(3.40) \qquad \int_\Sigma (p_\varepsilon + \varepsilon u_\varepsilon)(v-u_\varepsilon)d\Sigma \geq 0 \qquad \forall v \in \mathcal{U}_{ad} .$$

Dans le cas sans contraintes on a :

$$(3.41) \qquad p_\varepsilon + \varepsilon u_\varepsilon = 0$$

d'où le système de l'optimalité :

$$(3.42) \quad \left| \begin{array}{l} \dfrac{\partial y_\varepsilon}{\partial t} - \Delta y_\varepsilon = f \ , \\ -\dfrac{\partial p_\varepsilon}{\partial t} - \Delta p_\varepsilon = 0 \ , \\ \dfrac{\partial y_\varepsilon}{\partial \nu} + \dfrac{1}{\varepsilon} p_\varepsilon = 0 \ , \quad \dfrac{\partial p_\varepsilon}{\partial \nu} = y_\varepsilon - z_d \quad \text{sur } \Sigma \ , \\ y_\varepsilon(x,0) = y_o(x) \ , \quad p_\varepsilon(x,T) = 0 \ . \end{array} \right.$$

Si l'on pose : $a(\varphi,\Psi) = \int_\Omega \text{grad } \varphi \text{ grad } \Psi \, dx$, $(\varphi,\Psi)_\Gamma = \int_\Gamma \varphi \, \Psi \, d\Gamma$, on peut mettre (3.42) sous la forme équivalente

$$(3.43) \quad \left| \begin{array}{ll} (y_\varepsilon',\varphi) + a(y_\varepsilon,\varphi) + \dfrac{1}{\varepsilon}(p_\varepsilon,\varphi)_\Gamma = (f,\varphi) & \forall \varphi \in H^1(\Omega) \ , \\ -(p_\varepsilon',\varphi) + a(p_\varepsilon,\varphi) - (y_\varepsilon,\varphi)_\Gamma = -(z_d,\varphi)_\Gamma & \forall \varphi \in H^1(\Omega) \ , \\ y_\varepsilon(0) = y_o \ , \quad p_\varepsilon(T) = 0 \ , & \\ y_\varepsilon \ , \ p_\varepsilon \in L^2(0,T;H^1(\Omega)) \ . & \end{array} \right.$$

On peut <u>découper</u> ce système. On a l'identité

$$(3.44) \qquad p_\varepsilon = P_\varepsilon \, y_\varepsilon + r_\varepsilon$$

où la famille d'opérateurs P_ε est caractérisée par

$$(3.45) \quad \left| \begin{array}{l} P_\varepsilon(t) \in \mathcal{L}(H;H) \cap \mathcal{L}(H^1(\Omega);H^1(\Omega)) \ , \quad H = L^2(\Omega) \ , \\ P_\varepsilon(t)^* = P_\varepsilon(t) \ \text{ dans } \ \mathcal{L}(H;H) \ , \quad P_\varepsilon(t) \geq 0 \ , \\ -(P_\varepsilon'\varphi,\Psi) + a(P_\varepsilon\varphi,\Psi) + a(\varphi,P_\varepsilon\Psi) + \dfrac{1}{\varepsilon}(P_\varepsilon\varphi,P_\varepsilon\Psi)_\Gamma = (\varphi,\Psi)_\Gamma \quad \forall \varphi,\Psi \in H^1(\Omega) \ , \\ P_\varepsilon(T) = 0 \ . \end{array} \right.$$

L'étude de P_ε lorsque $\varepsilon \to 0$ reste à faire. ■

3.2. OBSERVATION FINALE.

On se place dans le cadre du Chapitre 4 , N°1.1 . L'état $y(v)$ est donné par :

(3.46)
$$\left| \begin{array}{l} (\frac{d}{dt}\, y(v),\varphi) + a(y(v),\varphi) = (f+v,\varphi) \qquad \forall\, \varphi \in V \ , \\ y(v) \in L^2(0,T;V) \ , \\ y(0;v) = y_o \ , \quad y_o \in H \end{array} \right.$$

où

$$f \in L^2(0,T;H)$$

(3.47)
$$v \in \mathcal{U} = L^2(0,T;H) \ .$$

On suppose que la fonction coût est donnée par

(3.48)
$$J_\varepsilon(v) = |y(T;v) - z_d|^2 + \varepsilon \int_o^T |v|^2\, dt \ ,$$

où z_d est donné dans H .

On désigne par u_ε la solution du problème sans contraintes :

(3.49)
$$J_\varepsilon(u_\varepsilon) = \inf . J_\varepsilon(v) \ , \quad v \in \mathcal{U} \ .$$ ■

Posons :

(3.50)
$$\mathcal{M}\, v = y(T;v) - y(T;0) \quad ;$$

donc $\mathcal{M} \in \mathcal{L}(\mathcal{U};H)$; $\mathcal{M}$ est donné par la résolution de

(3.51)
$$\left| \begin{array}{l} (\Phi',\varphi) + a(\Phi,\varphi) = (v,\varphi) \qquad \forall\, \varphi \in V \ , \\ \Phi(0) = 0 \qquad ; \end{array} \right.$$

alors

(3.52)
$$\Phi(T) = \mathcal{M} v \ .$$

<u>La condition d'optimalité est</u> :

(3.53) $$(\mathcal{M}u_\varepsilon,\mathcal{M}v) + \varepsilon \int_0^T (u_\varepsilon,v)dt = (g,\mathcal{M}v) \qquad \forall\, v \in \mathcal{U}$$

où l'on a posé

(3.54) $$g = z_d - y(T;0) \quad .$$

Le problème (3.53) est un problème de type raide, entrant, formellement, dans le cadre du Chap.1 , si l'on pose :

(3.55) $$a_0(u,v) = (\mathcal{M}u,\mathcal{M}v) \ , \quad a_1(u,v) = \int_0^T (u,v)dt \ .$$

On a :

(3.56) $$Y_0 = \{v \,|\, \mathcal{M}v = 0\} \quad .$$

Le développement <u>formel</u> de $u_\varepsilon = u^0 + \varepsilon u^1 + \ldots$ est donné par :

(3.57) $$\left|\begin{array}{l} (\mathcal{M}u^0,\mathcal{M}v) = (g,\mathcal{M}v) \qquad \forall\, v \in \mathcal{U} , \\ \int_0^T (u^0,v)dt = 0 \qquad \forall\, v \in Y_0 , \end{array}\right.$$

puis

(3.58) $$\left|\begin{array}{l} (\mathcal{M}u^j,\mathcal{M}v) + \int_0^T (u^{j-1},v)dt = 0 \qquad \forall\, v \in \mathcal{U} \quad , \ j = 1,2,\ldots \\ \int_0^T (u^j,v)dt = 0 \qquad \forall\, v \in Y_0 . \end{array}\right.$$

Si donc :

(3.59) $$Y_0^\perp = \text{orthogonal de } Y_0 \text{ dans } \mathcal{U}$$

on a :

(3.60) $$u^j \in Y_0^\perp \qquad \forall\, j \geqslant 0 \ .$$

Mais on a :

(3.61) $$Y_0^\perp = \{w \mid -\frac{\partial w}{\partial t} + A^* w = 0 \}$$

où A est défini par $(A\varphi,\Psi) = a(\varphi,\Psi)$ et si $A \in \mathcal{L}(D(A);H)$, alors

$A^* \in \mathcal{L}(H;D(A)')$.

En effet si $v \in Y_o$ alors $v = \Phi' + A\Phi$, $\Phi \in L^2(0,T;D(A))$, $\Phi(0) = \Phi(T) = 0$, et si donc $w \in Y_o^{\perp}$ on a :

$$\int_o^T (w, \Phi' + A\Phi)dt = 0$$

d'où (3.61).

Par ailleurs l'opérateur $\mathcal{M}^*$ étant biunivoque, on voit que (3.57) équivaut à

$$\mathcal{M} u^o = g . \tag{3.62}$$

On obtient donc pour le calcul de u^o :

$$\left| \begin{array}{l} -\frac{\partial u^o}{\partial t} + A^* u^o = 0 \ , \quad \frac{\partial \Phi^o}{\partial t} + A\,\Phi^o = u^o \ , \\ \Phi^o(0) = 0 \ , \quad \Phi^o(T) = g \ . \end{array} \right. \tag{3.63}$$

■

EXEMPLE 3.1.

Prenons $V = H_o^1(\Omega)$, $H = L^2(\Omega)$, $a(\varphi,\Psi) = \int_\Omega \text{grad}\, \varphi \cdot \text{grad}\, \Psi\, dx$.

On obtient

$$\left| \begin{array}{l} -\frac{\partial u^o}{\partial t} - \Delta u^o = 0 \ , \quad \frac{\partial \Phi^o}{\partial t} - \Delta \Phi^o = u^o \ , \\ u^o = 0 \ , \quad \Phi^o = 0 \ \text{ sur } \Sigma \ , \\ \Phi^o(x,0) = 0 \ , \quad \Phi^o(x,T) = g(x) \end{array} \right. \tag{3.64}$$

d'où l'on déduit que

$$\left| \begin{array}{l} \left(-\frac{\partial^2}{\partial t^2} + \Delta^2 \right) \Phi^o = 0 \ , \\ \Phi^o = 0 \ , \ \Delta \Phi^o = 0 \ \text{ sur } \Sigma \ , \\ \Phi^o(x,0) = 0 \ , \quad \Phi^o(x,T) = g(x) \ \text{ sur } \Omega \ , \end{array} \right. \tag{3.65}$$

problème non-homogène quasi-elliptique, qui définit Φ^o de manière unique; on détermine ensuite u^o par :

(3.66) $$u^o = \frac{\partial \Phi^o}{\partial t} - \Delta \Phi^o .$$ ■

Etudions maintenant (3.58). On déduit de (3.51) que

$\int_o^T (u^{j-1}, v)dt \int_o^T (\Phi' + A\Phi , u^{j-1})dt$ = (en utilisant le fait que $u^{j-1} \in Y_o^{\perp}$) $= (\Phi(T), u^{j-1}(T)) = (u^{j-1}(T), \mathcal{M} v)$

de sorte que la 1ère équation (3.58) équivaut à

(3.67) $$\mathcal{M} u^j + u^{j-1}(T) = 0 .$$

On obtient donc pour le calcul de u^j , $j \geqslant 1$:

(3.68) $$\left| \begin{array}{l} -\frac{\partial u^j}{\partial t} + A^* u^j = 0 , \quad \frac{\partial \Phi^j}{\partial t} + A \Phi^j = u^j , \\ \Phi^j(0) = 0 , \quad \Phi^j(T) + u^{j-1}(T) = 0 . \end{array} \right.$$ ■

<u>EXEMPLE 3.2.</u> (suite de l'Exemple 3.1)

Dans le cadre de l'Exemple 3.1 , on obtient :

(3.69) $$\left| \begin{array}{l} \left(-\frac{\partial^2}{\partial t^2} + \Delta^2 \right) \Phi^j = 0 , \\ \Phi^j = 0 , \quad \Delta \Phi^j = 0 \text{ sur } \Sigma , \\ \Phi^j(x,0) = 0 , \quad \Phi^j(x,T) = - u^{j-1}(x,T) , \end{array} \right.$$

puis

(3.70) $$u^j = \frac{\partial \Phi^j}{\Phi t} - \Delta \Phi^j .$$ ■

Toutes ces considérations sont largement formelles. Pour préciser (3.65), par exemple, il faut résoudre un problème quasi-elliptique <u>non homogène</u>. Donnons quelques indications sur ce point.

On commence par la résolution du problème <u>homogène</u> :

(3.71) $$\left| \begin{array}{l} -\Psi'' + \Delta^2 \Psi = f , \\ \Psi(x,0) = 0 , \quad \Psi(x,T) = 0 , \quad \Psi = 0 , \quad \Delta\Psi = 0 \text{ sur } \Sigma . \end{array} \right.$$

Pour cela, on introduit l'espace

(3.72) $W = \{m | m \in L^2(0,T;H^2(\Omega) \cap H_o^1(\Omega)),\ m' \in L^2(0,T;L^2(\Omega)),\ m(0) = m(T) = 0\}$,

et l'on note que (3.71) équivaut à

(3.73) $$\int_o^T [(\Psi',m')+(\Delta\Psi,\Delta m)]dt = \int_o^T (f,m)dt \qquad \forall\, m \in W$$

d'où l'existence et l'unicité de $\Psi \in W$ si $f \in L^2(0,T;H^{-1}(\Omega))$.

D'après (3.71) on a alors

$$\Psi'' = \Delta^2\Psi - f \in L^2(0,T;H^{-2}(\Omega))$$

et par conséquent on peut définir $\Psi'(T) \in H^{-1}(\Omega)$. On a donc mis ainsi en évidence l'application :

(3.74) $f \to \Psi'(T)$ linéaire continue de $L^2(0,T;H^{-1}(\Omega)) \to H^{-1}(\Omega)$.

Si maintenant l'on suppose que $f \in L^2(0,T;H_o^1(\Omega))$, alors on déduit de (3.71) que $\Delta^2\Psi = 0$ sur Σ , de sorte que

(3.75) $$\Theta = -\Delta\Psi$$

vérifie

(3.76) $$\left| \begin{array}{l} -\Theta'' + \Delta^2\Theta = -\Delta f \ , \\ \Theta(x,0) = 0 \ , \ \Theta(x,T) = 0 \ , \ \Theta \ , \Delta\Theta = 0 \text{ sur } \Sigma \ , \end{array} \right.$$

de sorte que $\Theta'(T) \in H^{-1}(\Omega)$ et donc $\Psi(T)$ (donné par la résolution du problème de Dirichlet $-\Delta\Psi(T) = \Theta(T)$, $\Psi(T) = 0$ sur Γ) est dans $H_o^1(\Omega)$ et donc :

(3.77) l'application $f \to \Psi'(T)$ est linéaire contenue de $L^2(0,T;H_o^1(\Omega)) \to H_o^1(\Omega)$.

Par <u>interpolation</u> entre (3.74) (3.77) on en déduit que

(3.78) l'application $f \to \Psi'(T)$ est linéaire continue de $L^2(Q) \to L^2(\Omega)$.

On va en déduire :

(3.79) <u>pour</u> g <u>donné dans</u> $L^2(\Omega)$, <u>le problème</u> (3.65) <u>admet une solution</u> <u>unique</u> $\Phi^o \in L^2(Q)$.

En effet, on définit Φ^o par la méthode de transposition (cf. Lions-Magenes, [1] , Chap.2) : on observe d'abord que, formellement, si Φ^o satisfait à (3.65) , alors

$$\int_Q \Phi^o(-\Psi'' + \Delta^2\Psi)dx\,dt = -\int_\Omega g(x)\Psi'(x,T)dx \tag{3.80}$$

pour toute fonction Ψ telle que

$$\Psi(x,0) = 0 \ , \quad \Psi(x,T) = 0 \ , \quad \Psi = \Delta\Psi = 0 \text{ sur } \Sigma \ .$$

Mais pour $f \in L^2(Q)$, on peut définir $\Psi'(T)$ par (3.71)(3.78) , et on remplace (3.80) par :

$$\int_Q \Phi^o f\,dx\,dt = -\int_\Omega g(x)\Psi'(x,T)dx \ , \quad \forall f \in L^2(Q) \ . \tag{3.81}$$

D'après (3.78), l'application $f \to -\int_\Omega g(x)\Psi'(x,T)dx$ est <u>continue</u> sur $L^2(Q)$, et par conséquent, il existe Φ^o unique dans $L^2(Q)$ solution de (3.81) , d'où (3.79). ■

On peut maintenant revenir de façon précise au problème (3.49) <u>dans le cadre</u> de l'Exemple 3.1. A la fonction u_ε on attache Φ_ε définie par

$$\frac{\partial\Phi_\varepsilon}{\partial t} - \Delta\Phi_\varepsilon = u_\varepsilon \ , \quad \Phi_\varepsilon = 0 \text{ sur } \Sigma \ , \quad \Phi_\varepsilon(x,0) = 0 \ . \tag{3.82}$$

Alors :

(3.83) <u>lorsque</u> $\varepsilon \to 0$, <u>on a</u> : $\Phi_\varepsilon \to \Phi^o$ <u>dans</u> $L^2(Q)$, <u>où</u> Φ^o <u>est la</u> <u>solution de</u> (3.65) .

On voit donc que , <u>en général</u> , u_ε ne converge pas vers u^o dans $L^2(Q)$ mais que

$$u_\varepsilon \to u^o = \frac{\partial\Phi^o}{\partial t} - \Delta\Phi^o \ \ \text{dans l'espace } H^{-2}(Q) \text{ par exemple.} \tag{3.84}$$ ■

<u>REMARQUE 3.5.</u>

Des problèmes de même nature mais pour une équation d'état <u>hyperbolique</u>

ou de Petrowski conduisent à des problèmes du type suivant ; prenant pour opérateur d'état $\frac{\partial^2}{\partial t^2} - \Delta$, on doit résoudre des problèmes non homogènes pour l'opérateur $(\frac{\partial^2}{\partial t^2} - \Delta)^2$.

Pour les problèmes homogènes relatifs à cet opérateur, cf. M.Authier [1].

■

4. PROBLEMES.

4.1. Etude des problèmes non linéaires non homogènes du type (1.42). (Un résultat relatif à (1.42) a été obtenu par H.Brézis).

4.2. (Cette question est liée à la première) : si u_ε est une solution du problème de minimisation de (1.41) sans contraintes, a-t-on convergence de u_ε dans un espace plus grand que $L^2(\Gamma)$? . Si l'on note en outre que , formellement tout au moins, la limite est unique (fournie par la résolution de (1.42)) puis $u = \frac{\partial y}{\partial \nu}$, la solution u_ε est-elle unique pour ε assez petit ?

4.3. Etude analogue à celle du N°2.4 lorsque les frontières Γ_o et Γ_1 ont une partie commune S (au voisinage de laquelle se posent des problèmes de régularité et où il faudra introduire des correcteurs).

4.4. Etude du comportement de u_ε dans le problème de la Remarque 2.6.

4.5. Etude du problème signalé à la Remarque 3.2.

4.6. Question analogue à propos de la Remarque 3.3.

4.7. Etude asymptotique de l'équation integro-différentielle de Riccati (3.45).

5. COMMENTAIRES.

Les problèmes du type de ceux du N° 1 et 2 ont été introduits dans LIONS [19] .
De manière générale on pourrait introduire des problèmes analogues pour les problèmes à n-critères, et en particulier les "jeux - distribués" ; c'est là un travail assez long que nous n'avons pas entrepris.

B I B L I O G R A P H I E

S AGMON, A. DOUGLIS et L. NIRENBERG

[1] : Estimates near the boundary for solutions of elliptic partial differential equations satisfying general boundary conditions (I). Comm. Pure Applied Math. 12 (1959), 623-727 II, id., 17 (1964), 35-92.

L. AMERIO et G. PROUSE [1] : Abstract almost periodic functions and functional analysis. Van Nostrandt. New-York 1971

D. G. ARONSON [1] : Linear parabolic differential equations containing a small parameter. J. Rat. Mech. Analysis, 5 (1956), 1003-1014.

N. ARONSZAJN [1] : A unique continuation theorem for solution of elliptic partial differential equations or inequalities of second order. J. Math. Pures et Appl. 36 (1957) 235-249 (C.R. Acad Sc. Paris, 242 (1956), 723-725).

J.P. AUBIN [1] : Approximation of elliptic boundary-value problems Wiley. Vol. XXVI in Pure and Applied Math. 1972.

[2] : Approximation des problèmes aux limites non homogènes et régularité de la convergence. Calcolo VI, 1 (1969), 117-140.

[3] : Un théorème de compacité, C.R. Acad. Sc. Paris, 256 (1963), 5042-5045.

M. AUTHIER [1] : Problème de Dirichlet pour des opérateurs hyperboliques de type positif. Ann. Sc. Norm. Sup. Pisa, 25 (1971), 691-765.

N.H. BAGIROVA, A.B. VASILEVA et M.I. IMANALIEV [1] : On asymptotic solution of an optimal control problem. Diff. Urav. 3 (1967), 1895-1902.

M.S. BAOUENDI [1] : Sur une classe d'opérateurs elliptiques dégénérés. Bull Soc. Math. F. 95 (1967), 45-87.

M.S. BAOUENDI et C. GOULAOUIC [1] : Régularité et théorie spectrale pour une classe d'opérateurs elliptiques dégénérés. Archive Rat. Mech. Analysis 34 (1969), 361-379.

M.S. BAOUENDI et P. GRISVARD [1] : Sur une équation d'évolution changeant de type. J. Funct. Analysis 2 (3), (1968), 352-367.

V. BARCILON, J.D. COLE et R.S. EISENBERG [1] : A singular perturbation analysis of induced electric fields in nerve cells. SIAM J. Applied Math. 21 (1971), 339-354.

V. BARCILON et J. PEDLOSKY [1] : A unified linear theory of homogeneous and stratified rotating fluids. J. Fluid Mech. 29 (1967), 609-621.

C.B. BARDOS [1] : A regularity theorem for parabolic equations J. of Funct. Analysis 7 (1971), 311-322.

[2] : Problèmes aux limites pour les équations aux dérivées partielles du 1er ordre, théorème d'approximation et application à l'équation de transport. Ann. Sc. E.N.S. 3 (1970), 185-233.

[3] : Existence et unicité de la solution de l'équation d'Euler en dimension deux. J. Math Anal. Appl. 40 (3) (1972), 769-790.

A. BENSOUSSAN [1] : Filtrage optimal des systèmes linéaires. Dunod, Paris 1971.

[2] : On the approximate Kalman-Bucy filter. Proc. Hawai Conf. on System Sciences. (1971), 462-464.

A. BENSOUSSAN et P. KENNETH [1] : Sur l'analogie entre les méthodes de régularisation et de pénalisation. Revue d'Informatique et de Recherche Opérationnelle 13 (1969), p 13-26.

A. BENSOUSSAN et J.L. LIONS [1] : A paraître.

A. BENSOUSSAN, J.L. LIONS et R. TEMAM [1] : Sur les méthodes de décomposition, de décentralisation et de coordination et applications. Cahiers I.R.I.A. N° 11, Juin 1972, 5-189.

A. BENSOUSSAN et R. TEMAM [1] : Equations aux dérivées partielles stochastiques non linéaires. Israël J. of Math. 11 (1972) 95-129.

M.S. BERGER et L.E. FRAENKEL [1] : On the asymptotic solution of a non linear Dirichlet problem. J. of Math. and Mech. 19 (1970), 553-585.

[2] : On singular perturbations of non linear operator equations. Ind. Univer. Math. J. 20 (1971), 623-631.

BLONDEL [1] : C.R. Acad. Sc. Paris, 257, (1963), 353-355.

A. BOBISUD [1] : Second order linear parabolic equations with a small parameter. Arch. Rat. Mech. Analysis, 27 (1968), 385-397.

L. BOBISUD et R. HERSCH [1] : Perturbation and approximation theory for higher-order abstract Cauchy problems. Rocky Moutains J. Math. 2 (1972), 57-73.

N.N. BOGOLIUBOV et Y.A. MITROPOLSKY [1] : Asymptotic methods in the theory of non linear oscillations. Gordon and Breach, New-York, 1961.

A. BOSSAVIT [1] : Regularisation d'équations variationnelles et applications. Inst. B. Pascal, Paris. 1970.

V. Ch. BOURD : Cf. Krasnocelskii, Bourd et Kolecov.

C.M. BRAUNER et P. PENEL [1] : Thèses 3ème Cycle, Paris, 1972.

[2] : A paraître.

D. BREZIS [1] : A paraître

H. BREZIS [1] : Equations et inéquations non linéaires dans les espaces vectoriels en dualité. Annales Inst. Fourier, 18 (1968), 115-175.

[2] : Problèmes unilatéraux. J. de Math. Pures et Appliquées. 1972.

[3] : Opérateurs maximaux monotones et semi-groupes de contractions dans les espaces de Hilbert. Cours 3ème Cycle. Université Paris VI, 1971-1972.

[4] : Un problème d'évolution avec contraintes unilatérales dépendant du temps. C.R. Acad Sc. Paris, 274 (1972), 310-312.

H. BREZIS et J.L. LIONS [1] : Sur certains problèmes unilatéraux hyperboliques. C.R. Acad Sc. Paris, 264 (1967), 928-931.

F. BREZZI [1] : Sull'analisi numerica del problema di Dirichlet per equazioni lineari ellittiche. A paraître.

[2] : Un teorema sulla perturbazione di un operatore compatto... A paraître.

F. BROWDER [1] : Non linear monotone operators and convex sets in Banach spaces. Bull. Amer. Math. Soc. 71 (1965), 780-785.

[2] : Non linear operators and non linear equations of evolution in Banach spaces, dans <u>Non linear Functional Analysis</u>, Symp. in Pure Math., 18, Part 2.

B.L. BUZBEE et A. CARASSO [1] : On the numerical computation of parabolic problems for preceding times. Tech. Rep. 229. The Univer. of New Mexico. Nov. 1971.

A. CANFORA [1] : Un problema al contorno per una classe di operatori ellittico - parabolici del quarto ordine I. Ricerche di Mat. XXI, (1972), 86-156.

A. CARASSO : cf. Buzbee et Carasso.

R.G. CASTEN : cf. Lagerstrom et Casten.

S. CERNEAU [1] : Sur quelques problèmes de perturbation singulière en théorie des équations différentielles. Inst. J. Non Linear Mechanics. 5 (1970) (I), 81-108 (II) 197-234.

J. CHAILLOU [1] : A paraître.

G. CHAVENT [1] : Thèse D'Etat, Paris (1971).

[2] : Estimation de Paramètres Répartis. Eléments de théorie, Applications. A paraître.

J. CHAZARAIN [1] : Problèmes de Cauchy abstraits et applications à quelques problèmes mixtes. J. of Analysis. 7 (1971), 386-446.

J. CHAZARAIN et A. PIRIOU [1] : A paraître.

S.C. CHIKWENDU et J. KEVORKIAN [1] : A perturbation method for hyperbolic equations with small non linearities. S.I.A.M. J. Appl. Math. 22 (1972), 235-258.

Y. CHOQUET-BRUHAT et J. LERAY [1] : Sur le problème de Dirichlet quasi linéaire d'ordre 2. C.R. Acad. Sc. Paris, 274 (1972), 81-85.

Pao-Liu CHOW [1] : Asymptotic solutions of inhomogeneous initial boundary value problems for weakly non linear partial differential equations. S.I.A.M. J. Appl. Math. 22 (1972), 629-647.

D.S. COHEN [1] : Multiple stable solutions of non linear boundary value problems arising in chemical reactor theory. S.I.A.M. J. Appl. Math. 20 (1971), 1-13.

[2] : Multiple solutions of singular perturbations problems. A paraître.

H. COHEN et W.L. MIRANKER [1] : Boundary Layer behavior in the superconductor Transition Problem. J. Math. Phys. 2 (1961), 575-583.

J.D. COLE [1] : <u>Perturbation methods in Applied Mathematics.</u> Blaisdell, New-York, 1968.

J.D. COLE : cf. Barcilon, Cole et Eisenberg.

C. COMSTOCK [1] : Singular perturbations of elliptic equations. S.I.A.M. J. Appl. Math. 20 (1971), 491-502.

H.O. CORDES [1] : Uber die Bestimmtheit der Lösungen elliptischer differentialgleichungen durch Angangsvorgaben, Nach. Akad. Wiss, Gottingen, 11 (1956), 239-258.

R. COURANT [1] : Variational methods for the solution of problems of equilibrium and vibrations. Bull. Amer. Math. Soc. 49 (1943), 1-23.

G. DA PRATO [1] : Equations d'évolution dans les algèbres d'opérateurs et application à des équations quasi-linéaires. J. Math. Pures et Appliquées, 48 (1968), 59-107.

[2] : Quelques résultats d'existence, unicité et régularité pour un problème de la théorie du contrôle. J. Math. Pures et Appliquées, 1973.

J.S. DARROZES [1] : Sur une théorie asymptotique de l'équation de Boltzmann et son application à l'étude des écoulements en régime presque continu. Thèse, Paris 1971.

R.B. DAVIS [1] : Asymptotic solutions of the first boundary value problem for a fourth-order elliptic partial differential equation. J. Rat. Mech. Anal. 5 (1956), 605-620.

A.S. DEMIDOV [1] : Méthodes asymptotiques... Troudi Mosk. Mat. (1970), 23, 77-112.

[2] : Sur l'effet de peau et le comportement asymptotique de certains opérateurs elliptiques pseudo différentiels. Ouspechi Mat. Nauk 27 (1972), 245-246.

J. DENY et J.L. LIONS [1] : Les espaces du type de Beppo Levi. Ann. Inst. Fourier 5, (1953-54), 305-370.

J.P. DIAS [1] : Estimations dans L^∞ pour une classe de perturbations singulières. A paraître.

M.D. DONSKER [1] : Communication personnelle.

M.D. DONSKER et J.L. LIONS [1] : Frechet-Volterra variational equations, Boundary value problems and function space integrals. Acta. Math. 108 (1962), 147-228.

A. DOUGLIS : Cf. Agmon, Douglis et Nirenberg.

G. DUVAUT et J.L. LIONS [1] : Ecoulement d'un fluide rigide viscoplastique incompressible. C.R. Acad. Sc. Paris, 270 (1970) 58-61.

[2] : Les inéquations en Mécanique et en Physique. Paris, Dunod, 1972.

[3] : Transfert de chaleur dans un fluide de Bingham dont la viscosité dépend de la température. J. of Func. Analysis 11 (1972), 93-110.

[4] : Inéquations en thermoelasticité et magnétohydrodynamique. Archive for Rat. Mech. and Analysis 46 (1972), 241-279.

[5] : Problèmes unilatéraux de plaques minces. (I), (II), Journal de Mécanique, 1973.

D.G. EBIN et J. MARSDEN [1] : Groups of diffeomorphisms and the motion of an incompressible fluid. Annals of Math. 92 (1970), 102-163.

[2] : Convergence of Navier-Stokes fluid flow as viscosity goes to zero. Initial Boundary value problem. A paraître.

W. ECKAUS [1] : On the foundations of matched asymptotic expansions. J. de Mecanique, 8 (1969), 265-300.

[2] : Boundary layers in linear elliptic singular perturbations problems. S.I.A.M. Rev. 14 (1972), 225-270.

[3] : Singular perturbations. North Holland Math. Studies. 1973.

W. ECKHAUS et E.M. de JAGER [1] : Asymptotic solutions of singular perturbations problems for linear differential equations of elliptic type. Archive Rat. Mech. Anal. 23 (1966), 26-86.

W. ECKHAUS : Cf. H. Lanchon et W. Eckhaus.

R.S. EFFENDIEV [1] : Sur la solution asymptotique d'un problème aux limites elliptiques dégénérant en un problème parabolique pour les petits paramètres. Doklady Akad. Nauk. 198 (1971), 54-57.

R.S. EISENBERG : Cf. Barcilon, Cole et Eisenberg.

I. EKELAND et R. TEMAM [1] : Analyse convexe et problèmes variationnels. Dunod, Gauthier Villars, Paris, 1973.

G. FICHERA [1] : Problemi elastostatici con vincoli unilaterali: il problema di Signorini con ambigue condizioni al contorno. Mem. Accad. Naz. Lincei, 8, Vol. 7 (1964), 91-140.

P.C. FIFE [1] : Non linear deflection of thin elastic plates under tension. Comm. Pure Appl. Math. 14 (1961), 81-112.

[2] : Singular perturbation problems whose degenerate forms have many solutions. Applicable Analysis (1972) (1), 331-358.

[3] : Singularly perturbed elliptic boundary value problems. I. Poisson kernels and potential theory. Annali. Mat. Pura ed Appl. 1972.

[4] : Semi linear elliptic boundary value problems with small parameters. A paraître.

W.H. FLEMING

[1] : Stochastic control for small noise intensities S.I.A.M. J. Control, 9 (1971), 473-517.

[2] : Dynamical systems with small stochastic terms, dans Techniques of Optimizations, ed. par A.V. Balakrishnan, Acad. Press, 1972, p. 325-333.

N.D. FOWKES

[1] : A singular perturbation method. Part I. Quart. Applied Math. 26 (1968), 57-69.

[2] : A singular perturbation method. Part II. Ibid. 71-85.

L.E. FRAENKEL

[1] : On the method of matched asymptotic expansions. I, II, III. Proc. Cambridge Phil. Soc. 65 (1969), 209-284. Cf. Berger et Fraenkel.

C. FRANCOIS

[1] : Les méthodes de perturbation en Mécanique. Cours CEA - EDF - IRIA. Juillet 1972.

[2] : Emploi des méthodes de perturbation pour l'étude des écoulements laminaires. Application aux problèmes de séparation. Pub. ONERA, n° 128, 1969.

J.F. FRANKENA

[1] : An uniform asymptotic expansion of the solution of a linear elliptic singular perturbation problem. Arch. Rat. Mech. Anal. 31 (1968), 185-198.

A. FRIEDMAN

[1] : Singular perturbations for partial differential equations. Arch. Rat. Mech. Anal. 29 (1968), 289-303.

[2] : Singular perturbations for the Cauchy problem and for boundary value problems. J. Diff. Equations 5, (1969), 226-261.

K.O. FRIEDRICHS

[1] : Asymptotic phenomena in Mathematical Physics. Comm. Pure Applied Math. 61 (1955), 485-504.

[2] : Symmetric positive linear differential equations. Comm. Pure Applied Math. 11 (1958), 333-418.

H. FUJITA [1] : On non linear equations $\Delta u+e^{u}=0$ and $\frac{\partial v}{\partial t} = \Delta v+e^{v}$. Bull. Amer. Math. Soc. 75 (1969), 132-135.

H. FUJITA et N. SAUER [1] : Construction of weak solutions of the Navier-Stokes equations in a non cylindrical domain. Bull. Amer. Math. Soc. 75 (1969), 465-468.

E. GAGLIARDO [1] : Caratterizzazione delle tracce sulla frontiera relative ad alcune classi di funzioni in n variabili. Rend. Sem. Mat. Padova, 27 (1957), 284-305.

J. GENET et G. PUPION [1] : Perturbation singulière pour un problème mixte relatif à une équation aux dérivées partielles linéaire hyperbolique du second ordre. C.R.A.S. Paris, 261 (1965), 3934-3937; 266 (1968), 489-492, 266 (1968), 658-661.

P. GERMAIN et J.P. GUIRAUD [1] : Conditions de choc et structure des ondes de choc dans un écoulement non stationnaire de fluide dissipatif. J. Math. P.Appl. 45 (1966), 311-358.

S.K. GODUNOV et U.M. SULTANGAZIN [1] : Les modèles discrets de l'équation cinétique de Boltzmann. Ouspechi Mat. Nauk. 3, 1971.

J.A. GOLDSTEIN [1] : A perturbation theorem for evolution equations and some applications. A paraître.

K.K. GOLOVKIN [1] : Problème de Cauchy en hydrodynamique avec viscosité tendant vers zéro. Troudi Mat. Inst. Stekloff 92 (1966), 31-49.

C. GOULAOUIC : Cf. Baouendi et Goulaouic.

O. GRANGE et F. MIGNOT [1] : Journal of Functional Analysis.

J. GRASMAN [1] : On singular perturbations and parabolic boundary layers. J. Engrg. Math. 2 (1968), 163-172.

[2] : On the birth of boundary layers. Math. Centre Amsterdam 1972.

W.M. GREENLEE [1] : Rate of convergence in singular perturbations. Annales Inst. Fourier, 18 (1968), 135-191.

[2] : A two parameter perturbation estimate. Proc. Amer. Math. Soc. 24 (1970), 67-74.

[3] : On two parameter singular perturbation of linear boundary value problems. A paraître.

[4] : Singular perturbation theorems for semi bounded operators. J. of Funct. Analysis 8 (1971), 469-491.

H.P. GREENSPAN [1] : <u>The theory of Rotating Fluids</u>. Cambridge Univ. Press 1968.

[2] : On the inviscid theory of rotating fluids. S.I.A.M. 48 (1) (1969), 19-28.

[3] : A note on edge waves in a stratified fluid. Studies in Appl. Math. XLIX (1970), 381-388.

R.J. GRIEGO et R. HERSH [1] : Random evolutions, Markov chains and systems of partial differential equations. Proc. Nat. Acad. Sc., U.S.A., February 1969.

P. GRISVARD [1] : Equations différentielles abstraites. Annales E.N.S. 2 (1969), 311-395.

[2] : Alternative de Fredholm relative au problème de Dirichlet dans un polygône ou un polyèdre. Boll. U.M.I. 5 (1972), 132-164.

[3] : Problème de Dirichlet dans un cone. Ricerche di Mat. XX (1971), 175-192.

P. GRISVARD : Cf. Baouendi et Grisvard.

J.P. GUIRAUD : Cf. P. Germain et J.P. Guiraud

A.H. HADDAD et P.V. KOKOTOVIC [1] : A note on singular perturbation of linear state regulators. I.E.E.E. Trans. Auto. Control AC-16 (1971), 279-281.

C.R. HADLOCK [1] : On a class of singularly perturbed two point boundary value problems. Proc. Eighth Atterton Conf. on Circuit and System theory. Urbana Ill. (1970).

C. HADLOCK, M. JAMSMIDI et P. KOKOTOVIC

[1] : Near optimum design of three time scale systems. Proc. 4th Annual Princeton. Conf. on Information Science and Systems. Princeton, N.J. Mars 1970, 118-122.

G.H. HANDELMAN, J.B. KELLER et R.E. O'MALLEY Jr.

[1] : Loss of Boundary conditions in the asymptotic solution of linear ordinary differential equations. I. Eigenvalue problems. C.P.A.M. XXI (1968), 243-261.

W.A. HARRIS Jr. [1] : Singular perturbations of eigenvalue problems. Arch. Rat. Mech. Anal. 7 (1961), 224-241.

Ph. HARTMAN et G. STAMPACCHIA [1] : On some non linear elliptic differential functional equations. Acta. Math. 115 (1966), 271-310.

E. HEINZ [1] : Uber die eindengkeit bein Cauchyschen Anfangswertpoblem einer elliptischen Differential gleichungen zweiter Ordnung, Nach. Akad. Wiss. Gottingen, 1 (1955), 1-12.

R. HERSH [1] : Cf. Bobisud et Hersh, Criego et Hersh.

E. HILLE et R.S. PHILLIPS [1] : Functional Analysis and Semi groups. Colloq. Pub. Amer. Math. Soc., 1957.

F. HOPPENSTEADT [1] : Singular perturbations on the infinite interval. Trans. A.M.S., Vol. 123, 2 (1966). 521-535.

[2] : Asymptotic series solutions of some non linear parabolic equations with a small parameter. Arch. Rat. Mech. Anal. 35 (1969), 284-298.

[3] : Cauchy problems involving a small parameter. Bull. A.M.S. 76 (1) (1970), 142-146.

[4] : On quasi linear parabolic equations with a small parameter. Comm. Pure Applied Math. XXIV (1971), 17-38

D. HUET

[1] : Phénomènes de perturbation singulière dans les problèmes aux limites. Annales Inst. Fourier, 10 (1960), 1-96.

[2] : Perturbations singulières relatives au problème de Dirichlet dans un demi-espace. Ann. Scuola Normale Sup. Pisa, 18 (1964), 425-448.

[3] : Sur quelques problèmes de perturbation singulière dans les espaces L^p. Rev. Fac. Cien. Lisboa , 11 (1965), 137-164.

[4] : Perturbations singulières et régularité. C.R. Acad. Sc. Paris, 265, (1967), 316-318 ; 266 (1968), 924-926 et 1237-1239.

[5] : Perturbations singulières d'inégalités variationnelles. C.R. Acad. Sc. Paris, 267 (1968), 932-934.

[6] : Remarque sur un théorème d'Agmon et applications à quelques problèmes de perturbation singulière. Boll U.M.I. 3, XXI, (1966) 219-227.

[7] : Singular perturbations of elliptic variational inequalities. A paraître.

[8] : Perturbations singulières. C.R. Acad. Sc. Paris, 272 (1971), 430-432 et 789-791.

M. IKAWA

[1] : Mixed problems for hyperbolic equations of second order. J. Math. Soc. Japon 20 (1968), 580-608.

[2] : Mixed problem for a hyperbolic system of the first order. Pub. Res. Inst. Math. Sc. Kyoto Univ. 7 (1971), 427-454.

A.M. IL'IN

[1] : Schemas aux différences pour les équations différentielles avec petit paramètre dans les dérivées principales. Remarques Math. 6 (1969), 237-248.

[2] : Sur la solution asymptotique d'un problème aux limites. Remarques Math. 8 (1970); 273-284.

[3] : Sur le comportement de la solution d'un problème aux limites lorsque $t \to \infty$. Mat. Sbornik 87 (129), (1972), 529-553.

M.I. IMANALIEV : Cf. Bagirova, Vasileva et Imanaliev.

G. IOOSS [1] : Estimation au voisinage de t=0 pour un exemple de problème d'évolution où il y a incompatibilité entre les conditions initiales et aux limites. C.R. Acad. Sc. Paris 271 (1970), 187-190.

de JAGER : Cf. Eckhaus et de Jager.

JAMSHIDI : Cf. Hadlock, Jamshidi, Kokotovic.

S.L. KAMENOMOSTSKAYA [1] : Sur les équations de type elliptique et parabolique avec un petit paramètre dans les dérivées d'ordre supérieur. Mat. Sbornik 31 (73), (1952), 703-708.

S. KAPLUN [1] : Fluid mechanics and singular perturbations. Ed. par P.A. Lagestrom, L.N. Howard et C.S. Liu, Acad. Press., 1967.

K.A. KASIMOV [1] : Sur le développement asymptotique d'équations quasi-linéaires... Doklady Akad Nauk 193 (1970), 28-31.

[2] : Sur le développement asymptotique... Doklady Akad Nauk 196 (1971), 274-277.

[3] : Sur la solution asymptotique d'un problème de Cauchy... Doklady Akad Nauk, 195 (1970), 28-31.

T. KATO [1] : Perturbation theory for linear operators. Springer-Verlag 1966.

[2] : Non stationary flows of viscous and ideal fluids in $\mathbb{R}^3$. J. Funct. Analysis, 9 (1972), 296-305.

J.L. KAZDAN et F.W. WARNER [1] : Remarks on some non linear elliptic equations. A paraître.

H.B. KELLER [1] : Non existence and uniqueness of positive solutions of non linear eigenvalue problems. Bull Amer. Math. Soc. 74 (1968), 887-891.

[2] : Existence theory for multiple solutions of a singular perturbation problem. S.I.A.M. J. on Math. Analysis. A paraître.

J.B. KELLER et S. KOGELMAN [1] : Asymptotic solutions of initial value problems for non linear partial differential equations. S.I.A.M. J. Applied Math. 18 (1970), 748-758.

J.B. KELLER et R.E. O'MALLEY Jr [1] : Loss of boundary conditions in the asymptotic solution of linear ordinary differential equations. II. Boundary value problems. C.P.A.M. XXI (1968), 263-270.

J.B. KELLER : Cf. Handelman, Keller et O'Malley.

P. KENNETH : Cf. Bensoussan et Kenneth.

J.P. KERNEVEZ [1] : Evolution et contrôle de systèmes biomathématiques. Thèse, Paris, 1972.

J. KEVORKIAN [1] : The two variable expansion procedure for the approximate solution of certain non linear differential equations. Lectures in Appl. Math., Vol. 7, A.M.S., Providence, 1966, 206-275.

J. KEVORKIAN : Cf. Chikwendu et Kevorkian.

J. KISYNSKI [1] : On second order Cauchy's problem in a Banach space. Bull. Acad. Pol. Sciences, XVIII (7), (1970), 371-374.

A. KLIMAS, R.V. RAMNATH et G.S. SANDRI [1] : On the compatibility problem for the uniformization of asymptotic expansions. J. Math. Anal. Appl. 32 (1970), 482-504.

S. KOGELMAN : Cf. J.B. Keller et S. Kogelman.

J.J. KOHN et L. NIRENBERG [1] : Degenerate elliptic-parabolic equations of second order. Comm. Pure Appl. Math. XX (1967), 797-872.

P.V. KOKOTOVIC et R.A. YACKEL [1] : Singular perturbation theory of linear state regulators. I.E.E.E. Trans. Auto Control A.C. 17 (1972), 29-37.

P.V. KOKOTOVIC : Cf. Haddad et Kokotovic,
Sannuti et Kokotovic.

Y.C. KOLECOV : Cf. Krasnocelskii, Bourd, Kolecov.

KOLODNER [1] : On Carleman's model for the Boltzman equation, dans Non Linear Problems. The Univ. of Wisconsin Press, (1963), 285-287.

M KOPAĚKOVA - SUCMA [1] : On the weakly non linear wave equation involving a small parameter at the highest derivative. Czechoslovak Math. J. 19 (94), (1969), 469-491.

M.A. KRASNOCELSKII, V. Ch. BOURD, Y.C. KOLECOV [1] : Vibrations non linéaires presque périodiques. Moscou 1970.

S. KREIN [1] : Equations différentielles linéaires dans les espaces de Banach. Moscou 1967.

M. KRZYZANSKI [1] : Les solutions des équations linéaires du type parabolique, considérées comme limites des solutions des équations du type hyperbolique et elliptique. Ann. Soc. Polon. Math. 24, 2 (1951), 183-184.

O.A. LADYZENSKAYA [1] : La théorie mathématique des fluides visqueux incompressibles. Moscou 1961. Trad. Anglaise Gordon Breach, New-York, 1963 2ème ed. 1969.

P.A. LAGERSTROM et R.G. CASTEN [1] : Basic concepts underlying singular perturbation techniques. S.I.A.M. Rev. 14 (1972), 63-120.

H. LANCHON et W. ECKHAUS [1] : Sur l'analyse de la stabilité des écoulements faiblement divergents. J. de Mécanique, 3 (1964), 445-459.

E.M. LANDIS [1] : Sur certaines propriétés qualitatives dans la théorie des équations elliptiques et paraboliques. Uspechi Mat. Nauk, 14 (1959), 21-85 (Amer. Math. Soc. Transl. (2) 20, 1962, 173-238).

D. LASCAUX [1] : Remarque non publiée, Mars 1971.

G. LATTA [1] : Stanford Report 1951.

R. LATTES et J.L. LIONS [1] : Méthode de quasi-réversibilité et applications. Paris, Dunod, 1967. Traduction anglaise : Elsevier.

P.D. LAX et R.S. PHILLIPS [1] : Local boundary conditions for dissipative symmetric linear differential operators. Comm. Pure Applied Math. XIII (1960), 427-455.

J. LEGENDRE [1] : A paraître.

J. LERAY [1] : Cours Collège de France, 1971/1972.

[2] : Etude de diverses équations intégrales non linéaires et de quelques problèmes que pose l'hydrodynamique. J. Math. Pures et Appl. XII (1933), 1-82.

[3] : Essai sur le mouvement plan d'un liquide visqueux que limitent des parois. J. Math. Pures et Appl. XIII (1934), 331-418.

[4] : Sur le mouvement d'un liquide visqueux emplissant l'espace. Acta Math. 63 (1934), 193-248.

J. LERAY et J.L. LIONS [1] : Quelques résultats de Visik sur les problèmes elliptiques non linéaires par les méthodes de Minty-Browder. Bull. Soc. Math. France 93 (1965), 97-107.

J. LERAY : Cf. Choquet- Bruhat et Leray.

J.J. LEVIN [1] : First order partial differential equations containing a small parameter. J. Math. and Mech. 4 (1955), 481-501.

N. LEVINSON [1] : The first boundary value problem for $\varepsilon\Delta u+A(x,y)u_x+B(x,y)u_y+C(x,y)u=D(x,y)$ for small ε. Annals of Math. 51 (1950), 428-445.

J.L. LIONS

[1] : Equations différentielles et problèmes aux limites. Springer. 111, 1961.

[2] : Singular perturbations and some non linear boundary value problems. M.R.C. Technical Report 421, 1963.

[3] : Quelques méthodes de résolution des problèmes aux limites non linéaires. Dunod, Gauthier Villars, 1969.

[4] : Sur les perturbations singulières et les développements asymptotiques dans les inéquations aux dérivées partielles. C.R.A.S. Paris, 272 (1971), 995-998.

[5] : Singular perturbations and singular layers in variational inequalities. Contributions to non linear functional Analysis. Ed. Zarantonello. Acad. Press, 1971, 523-564.

[6] : Remarks on some non linear evolution problems arising in Bingham flows. Jerusalem Colloquium. June 1972.

[7] : Sur les problèmes aux limites "raides" - Le cas stationnaire. C.R.A.S. Paris, 274 (1972), 888-890. Le cas d'évolution. Ibid, 959-962. Situation avec changement de type. Ibid, 1041-1044.

[8] : Sur le contrôle optimal des systèmes gouvernés par des équations aux dérivées partielles. Paris, Dunod, Gauthier Villars, 1968. Traduction anglaise (par S.K. Mitter) Springer Grundlehren - t. 170.

[9] : On some aspects of optimal control of distributed parameter systems. Regional Conference Series in Applied Math. N°6 1972. Published by S.I.A.M.

[10] : Sur quelques problèmes de la théorie du contrôle optimal de systèmes distribués. Conférences de l'U.M.I. Moscou, 1972.

[11] L'Enseignement Math. 1973.
Interpolation linéaire et non linéaire et régularité. Ist. Naz. di Alta Mat. Symposia Math. VII (1971), 443-458.

J.L. LIONS

[12] : Some remarks on variational inequalities Proc.Symp. on functional Analysis and Related Topics. Tokyo. April 1969. University of Tokyo Press, 1970, 269-282.

[13] : Les semi-groupes distributions. Portugaliae Math. 19, (1960), 141-164.

[14] : Sur un nouveau type de problème non linéaire pour opérateurs hyperboliques du 2ème ordre. Sem. Leray, Collège de France, 1965-1966. Vol. II 17-33.

[15] : Equations différentielles opérationnelles dans les espaces de Hilbert. C.I.M.E. Varenne. Juillet 1963.

[16] : Sur les inéquations variationnelles (en Russe). Ouspechi Mat. Nauk XXVI (1971), 205-263.

[17] : On some optimization problems for linear parabolic equations dans Functional Analysis and Optimization, ed. par E. Caianiello, Acad. Press, 1966, 115-131.

[18] : Perturbations singulières pour une classe d'équations aux dérivées partielles non linéaires. Sem. Leray, Collège de France, 1971.

[19] : Remarks on "cheap control". Proc. Dublin Conference Août 1972.

[20] : A remark on non linear boundary value problems including simultaneously regularization and penalty. Rio de Janeiro. Août 1972.

[21] : Une application de la dualité aux problèmes régularisés et pénalisés. Rio de Janeiro. Août 1972.

J.L. LIONS et E. MAGENES

[1] : Problèmes aux limites non homogènes et applications. Dunod, Vol. 1,2, 1968. Vol 3, 1970. Traduction anglaise par P. Kenneth. Springer-Grundlehren, Vol.1,2, 1972; Vol. 3 1973.

J.L. LIONS et J. PEETRE [1]: Sur une classe d'espaces d'interpolation. Inst. Hautes Ets. Scientifiques, Pub. Math., 19 (1964), 5-68.

J.L. LIONS et G. PRODI [1] : Un théorème d'existence et unicité dans les équations de Navier Stokes en dimension 2. C.R. Acad. Sc. Paris, 248 (1959), 3519-3521.

J.L. LIONS et G. STAMPACCHIA [1] : Variational Inequalities. Comm. Pure Applied Math. XX (1967), 493-519.

J.L. LIONS : Cf. Bensoussan-Lions, Bensoussan-Lions-Temam, Deny-Lions, Donsker-Lions, Duvaut-Lions, Lattès-Lions et Leray-Lions.

LIOUSTERNIK : Cf. Visik et Liousternik.

A. LIVNE et Z. SCHUSS [1] : Singular perturbations for degenerate elliptic equations of second order. A paraître aux Archive for Rat. Mech. and Analysis.

E. MAGENES : Cf. Lions et Magenes.

G.I. MARCHOUK [1] : Méthodes de Mathématiques Numériques. Novosibirsk 1972.

MARSDEN : Cf. Ebin et Marsden.

V.P. MASLOV [1] : Théorie des perturbations et méthodes asymptotiques. Dunod, Gauthier Villars, Paris, 1972. (Traduction de l'Edition Russe de 1965).

B.J. MATKOWSKY et E.L. REISS [1] : On the asymptotic theory of dissipative wave motion. Archive Rat. Mech. Analysis, 42 (3), (1971), 194-212.

J. MAUSS [1] : Approximation asymptotique uniforme de la solution d'un problème de perturbation singulière de type elliptique. J. de Mécanique, 8 (1969), 373-391.

[2] : Problèmes de perturbations singulières. Thèse. Dép. de Mécanique, Paris, (1971).

V.G. MAZ'JA et B.A. PLAMENEVSKII [1] : On the asymptotic behavior of solutions of differential equations with operator coefficients. Doklady Akad Nauk 196 (1971), Soviet Math., 173-177.

F.J. Mc GRATH [1] : Non stationary plane flow of viscous and ideal fluids. Arch. Rat. Mech. Analysis 27 (1968), 329-348.

R.E. MEYER : Cf. Roseman et Meyer.

N. MEYERS [1] : An expansion about infinity of the solution of linear elliptic equations. J. Math. and Mech. 12 (1963), 247-264.

A. MIGNOT [1] : Méthodes d'approximation des solutions de certains problèmes aux limites linéaires. Rend. Sem. Mat. Padova, 1968, XL, 1-138.

F. MIGNOT [1] : Un théorème d'existence et d'unicité pour une équation parabolique non linéaire. A paraître.

F. MIGNOT : Cf. O'Grange et F. Mignot.

K. MILLER [1] : A paraître.

G. MINTY [1] : Monotone (non linear) operators in Hilbert space. Duke Math. J. 29 (1962), 341-346.

C. MIRANDA [1] : <u>Equazioni alle derivate parziali di tipo ellittico</u>. Ergeb . Springer. 1955. 2ème édition. <u>Partial Differential equations of Elliptic type</u>. Springer Verlag. 1970.

W.L. MIRANKER [1] : Matricial difference schemas for integrating stiff systems of ordinary differential equations. Math. Comp. 25 (1971), 717-728.

[2] : Numerical methods of boundary layer type for stiff systems of differential equations. A paraître.

[3] : Singular perturbation eigenvalue by a method of undetermined coefficients. J. Math. Phys. 42 (1963), 47-58.

W.L. MIRANKER : Cf. H. Cohen et Miranker.

Y.A. MITROPOLSKY : Cf. Bogoliubov et Mitropolsky

D. MORGENSTERN [1] : Singuläre storungstheorie partieller Differential gluchungen. J. Rat. Mech. Analysis 5 (1956), 203-216.

J.A. MORRISON [1] : Comparison of the modified method of averaging and the two variable expansion procedure. S.I.A.M. Rev. 8, (1956), 66-85.

J. MOSER [1] : Singular perturbation of eigenvalue problems for linear diffrential equations of even order. C.P.A.M. 8 (1955), 251-278.

C. MÜLLER [1] : On the behavior of the solutions of the differential equation $\Delta u=F(x,u)$ in the neighborhood of a point. Comm. Pure Applied Math. 7 (1954), 505-515.

J. NEČAS [1] : Les méthodes directes dans la théorie des équations elliptiques. Ed. Acad. Tchécoslovaque des Sc. Prague, 1967.

S.M. NIKOLSKI [1] : Théorie de l'approximation des fonctions différentiables de plusieurs variables et théorèmes de plongement. Moscou, 1968.

L. NIRENBERG [1] : Remarks on strongly elliptic partial differential equations. Comm. Pure Applied Math. 8 (1955), 648-674.

L. NIRENBERG Cf. Agmon, Douglis, Nirenberg; Kohn et Nirenberg

B. NIVELET [1] : Perturbations singulières dans les inéquations variationnelles. Approximation numérique. Thèse 3ème Cycle, Univ. Paris VI, Juin 1972.

O.A. OLEINIK [1] : Linear equations of second order with non negative characteristic form. Mat. Sb. 69 (111), 1966; (Amer. Math. Soc. Transl. 65, (1967), 167-200).

[2] : Sur la régularité des solutions d'équations elliptiques et paraboliques dégénérées. Doklady Akad Nank, 163 (1965), 577-580.

[3] : Mathematical problems of boundary layer theory. Univ. of Minnesota. Lecture Notes, 1969.

[4] : Problèmes mathématiques de la théorie de la couche limite. Ouspehi Mat. Nauk, 23 (1968), 3-65.

R.E. O'MALLEY

[1] : Topics in singular perturbations. Advances in Math. 2 (1968), 365-470.

[2] : Boundary layer methods for initial value problems. S.I.A.M. Rev. 13 (1971), 425-434.

[3] : The singularly perturbed linear state regulator problem. S.I.A.M. J. Control 10 (1972).

[4] : Singular perturbation of the time - - invariant linear state regulator problem. J. Diff. Equations 12 (1972), 117-128.

[5] : Boundary value problems for linear systems of ordinary differential equations involving many small parameters. J. Mat. Mech. 18 (1969), 835-856.

R.E. O'MALLEY

: Cf. Handelman, Keller et O'Malley, Keller et O'Malley.

M. PAGNI

[1] : Problemi con condizioni al contorno omogenee per una certa classe di operatori formalmente ipoellitticii. Ann. Mat. Pura ed Appl. 4, LXXII (1966), 201-212.

J.T. PALMER

[1] : Cf. Smith et Palmer.

A. PAZY

[1] : Asymptotic expansions of solutions of ordinary differential equations in Hilbert Space. Archive Rat. Mech. Anal. 24 (1967), 193-218.

R.N. PEDERSON

[1] : On the unique continuation theorem for Certain second and fourth order elliptic equations. Comm. Pure Appl. Math. 11 (1958), 67-80.

J. PEDLOSKY : Cf. Barcilon et Pedlosky.

J. PEETRE [1] : Espaces d'interpolation et théorème de Sobolev. Ann. Inst. Février, 16 (1966), 279-317.

[2] : Elliptic partial diffrential equations of higher order. Univ. of Maryland. lecture Series N° 40, 1962.

[3] : A new approach in interpolation spaces. Studia Math. 34 (1970), 23-42.

J. PEETRE : Cf. Lions et Peetre.

P. PENEL : Cf. Brauner et Penel.

R.S. PHILLIPS : Cf. Hille et Phillips, Lax et Phillips.

G.A. PHILLIPSON [1] : <u>Identification of distributed systems</u>. Elsevier 1971.

B. PINI [1] : Su un problema tipico relativo a una certa classe di equazioni ipoellittiche. Atti Acc. Sc. Bologna 12 (1964), 1-26.

M. PINSKY [1] : Differential equations with a small parameter and the central limit theorem functions defined on a finite Markov chain. S. Wahrscheinlichkeitstheorie verw Geb. 9 (1968), 101-111.

A. PIRIOU : Cf. Chazarain et Piriou.

PLAMENEVSKII : Cf. Maz'ja et Plamenevskii

L.L. POKROVSKI [1] : Problème de Dirichlet pour les opérateurs pseudo differentiels elliptiques, dépendant d'un paramètre. Doklady Akad. Nauk, 188 (1969), 528-531.

G. PRODI : Cf. Lions et Prodi.

G. PROUSE : Cf. Amerio et Prouse.

J. PUEL [1] : A paraître.

G. PUPION : Cf. Genet et Pupion.

R.V. RAMNATH : Cf. Klimas, Ramnath et Sandri.

P.A. RAVIART [1] : Sur la résolution de certaines équations paraboliques non linéaires. J. Funct. Analysis 5 (1970), 299-328.

[2] : Sur la résolution numérique de l'équation $\frac{\partial u}{\partial t}+\upsilon \frac{\partial u}{\partial x} - \varepsilon \frac{\partial}{\partial x}\left(\left| \frac{\partial u}{\partial x} \right| \frac{\partial u}{\partial x}\right) = 0$ J. Diff. Equations, 8 (1), (1970), 56-94.

E.L. REISS [1] : On multi-variable asymptotic expansions. S.I.A.M. Rev. 13 (1971), 189-196.

E.L. REISS : Cf. Matkowsky et Reiss.

J.J. ROSEMAN et R.E. MEYER [1] : Hyperbolic-hyperbolic systems. J. of Diff. Equations, 10 (1970), 403-411.

E. ROTHE [1] : Über asymptotische Entwicklungen bei Randwertaufgaben elliptischer partieller differential gleichungen. Math. Ann. 108, (1933), 578-594.

[2] : Über asymptotische Entwicklungen bei gewissen wichtlinearen Randwertaufgaben. Compositio Math. 3 (1936), 310-327.

[3] : Über asymptotische Entwicklungen bei Randwertaufgaben der Gleichung. $\Delta\Delta\, u+\lambda y=\lambda^k$. Math. Ann. 109 (1933-34), 267-272.

E. SANCHEZ-PALENCIA [1] : Un type de perturbations singulières dans les problèmes de transmission. C.R. Acad. Sc. Paris, 268 (1969), 1200-1202.

[2] : Comportement limite d'un problème de transmission à travers une plaque mince et faiblement conductrice. C.R. Acad. Sc. Paris, 270 (1970), 1026-1028.

[3] : Equations aux dérivées partielles dans un type de milieux hétérogènes. C.R. Acad. Sc. Paris, 272 (1971), 1410-1413.

[4] : Quelques résultats d'existence et d'unicité pour des écoulements magnétohydrodynamiques non stationnaires. J. Mécanique 8 (1969), 509-541.

[5] : On certain perturbation problems and singular equations of magnetohydrodynamics. J. Math. Analysis and Applied. A paraître.

G. SANDRI [1] : Uniformization of asymptotic expansions dans Non Linear Differential Equations, Ed. par W.Ames, Acad. Press, 1967, 259-277.

G. SANDRI : Cf. Klimas, Ramnath et Sandri.

P. SANNUTI et P.V. KOKOTOVIC [1] : Near optimal design of linear systems by a singular perturbation method. I.E.E.E. Trans. Auto. Control 14 (1969), 15-22.

D.H. SATTINGER [1] : Topics in stability and Bifurcation Theory. Univ. of Minnesota, Lecture Notes 1971-1972.

N. SAUER : Cf. Fujita et Sauer.

H. SCHLICHTING [1] : Boundary-layer theory. 6ème Ed. Mc Graw Hill 1968.

A.Y. SCHOENE [1] : Semi groups and a class of singular perturbation problems. Indiana Univ. Math. J. 20, (3), (1970), 247-263.

Z. SCHUSS [1] : Asymptotic expansions for parabolic systems. J. of Math. Analysis and Applications, 1973.

Z. SCHUSS : Cf. Livne et Schuss.

L. SCHWARTZ [1] : Théorie des distributions. Paris, Hermann, T. 1, 1950, T.2, 1951.

[2] : Théorie des noyaux. Proc. Int. Congress of Math 1950, 1, 220-230.

J. SERRIN [1] : Recent developments in the mathematical aspects of boundary layer theory. Int. J. Engng. Sci. 9 (1971), 233-240.

A. SIGNORINI [1] : Questioni di elasticità non linearizzata e semi-linearizzata. Rend. di Mat. e delle sue Appl. XVIII, (1959).

J. SIMON [1] : A paraître.

I.V. SIMONENKO [1] : Justification de la méthode des moyennes pour les équations paraboliques abstraites. Mat.Sbornik (1970), (81), 53-81.

[2] : Justification de la méthode des moyennes pour des problèmes de convection et d'autres équations paraboliques. Mat. Sbornik (1972), (87), 236-253.

D.S. SMITH et J.T. PALMER [1] : On the behavior of the solution of the telegraphist's equation for large absorption. Archive Rat. Mech. Analysis 39 (2), (1970), 146-157.

J.A. SMOLLER [1] : Singular perturbations of Cauchy's problem. Comm. Pure Appl. Math. XVIII (1965), 665-677.

S.L. SOBOLEV [1] : Applications de l'Analyse Fonctionnelle aux opérations de la Physique Mathématique. Leningrad 1950.

M. SOVA [1] : Equations hyperboliques avec petit paramètre dans les espaces de Banach généraux. Colloquium Mathematicum XXI (2) (1970), 303-320.

L.S. SRUBSHCHIK [1] : On the asymptotic integration of a system of non linear equations of plate theory. P.M.M. 28 (1964), 335-349.

L.S. SRUBSHCHIK et V.I. YUDOVICH [1] : The asymptotic integration of the system of equations for the large deflection of symmetrically loaded shells of revolution P.M.M. 26 (1962), 913-922.

G. STAMPACCHIA [1] : Formes bilinéaires coercitives sur les ensembles convexes. C.R. Acad. Sc. Paris, 258 (1964), 4413-4416.

G. STAMPACCHIA : Cf. Hartman et Stampacchia, J.L. Lions et G. Stampacchia.

K. STEWARTSON [1] : On almost rigid rotations. Part 2, J. Fluid Mech. 26 (1966), 131-144.

W. STRAUSS [1] : The energy method in non linear partial differential equations. Notas de Mat. I.M.P.A. Rio de Janeiro, 1970.

U.M. SULTANGAZIN : Cf. Godunov et Sultangazin.

H.S.G. SWANN [1] : The convergence with vanishing viscosity of non stationary Navier Stokes flow to ideal flow in $\mathbb{R}^3$. Trans. Amer. Soc. 157 (1971), 373-397.

H. TANABE [1] : Note on singular perturbation for abstract differential equations. Osaka J. Math. 1 (1964), 239-252.

[2] : On singular perturbation of evolution equations. Lawrence meeting, Eté 1970.

H. TANABE et M. WATANABE [1] : Note on perturbation and degeneration of abstract differential equations in Banach space. Funkcialaj Ekvacioj, 9 (1966), 163-170.

Min Ming TANG [1] : Singular perturbation of some quasi linear elliptic boundary value problems given in divergence form. J. Math. Anal. Appl. 39 (1972), 208-226.

L. TARTAR

[1] : Résultat non publié utilisé dans J.C. SIMON 1 .

[2] : Remarques sur les couches limites (non publié). Janvier 1972.

[3] : Interpolation non linéaire. J. of Functional Analysis. 1972.

[4] : A paraître.

[5] : Equations de Carleman et généralisations. Exposé Ecole Polytechnique de Lausanne. Mars 1972.

[6] : Sur les équations intégro differentielles de Riccati. A paraître.

R. TEMAM

[1] : Solutions généralisées de certaines équations du type hypersurfaces minima. Arch. Rat. Mech. Analysis 44 (1971), 121-156.

[2] : Existence et unicité de solutions pour des problèmes du type de Neumann, coercifs dans des espaces non réflexifs. C.R. Acad. Sc. Paris, 273 (1971), 609-611.

[3] : Sur la résolution exacte et approchée d'un problème hyperbolique non linéaire de T. Carleman. Arch. Rat. Mech. Analysis 35, (1969), 351-362.

[4] : Sur l'équation de Riccati associée à des opérateurs non bornés, en dimension infinie. J. Funct. Analysis, 7 (1971), 85-115.

[5] : Sur la stabilité et la convergence de la méthode des pas fractionnaires. Annali di Mat. Pura ed. Appl. 4, LXXIV (1968), 191-380.

R. TEMAM

: Cf. Bensoussan, Lions et Temam,
Bensoussan et Temam,
Ekeland et Temam.

B.A. TON

[1] : Elliptic boundary problems with a small parameter. J. Math. Anal. Appl. 14 (1966), 341-358.

[2] : Singular perturbation of non linear elliptic and parabolic variational boundary value problems. Canad.J. Math. 18 (1966), 861-872.

V.A. TRENOGIN [1] : Applications des méthodes asymptotiques de Liousternik et Visik. Ouspechi Mat. Nauk, 25 (1970), 123-156.

H.F. TROTTER [1] : On the product of semi groups of operators. Proc. Amer. Math. Soc. 10 (1959), 545-551.

M. VAN DYKE [1] : Perturbation methods in fluid mechanics. Acad. Press, New-York, 1964.

A.B. VASILEVA : Cf. Bagirova, Vasileva et Imanaliev.

A.D. VENTZEL [1] : Sur le comportement asymptotique de la 1ère v.p. d'un opérateur elliptique du 2ème ordre avec un petit paramètre dans les dérivées d'ordre supérieur. Doklady Akad. Nauk 202 (1972), 19-22.

I.M. VISIK et L.A. LIOUSTERNIK [1] : Dégénérescence régulière pour les équations différentielles linéaires avec un petit paramètre. Uspechi Mat. Nauk 12 (1957), 1-121 (Amer. Math. Soc. Transl. (2), 20, 1962, 239-364).

[2] : Solution de certains problèmes de perturbation dans le cas de matrices et d'équations différentielles self adjointes ou non self adjointes. Uspechi Mat. Nauk, 15 (1960), 3-80.

[3] : Comportement asymptotique des solutions d'équations différentielles avec des coefficients ou des conditions aux limites grandes ou rapidement variables. Uspechi Mat. Nauk, 15 (1960), p. 23 à 92 des Russian Math. Surveys.

F.W. WARNER : Cf. Kazdan et Warner.

W. WASOW [1] : Asymptotic expansions for ordinary differential equations. Interscience, New-York, 1965.

M. WATANABE : Cf. Tanabe et Watanabe.

R.A. YACKEL : Cf. Kokotovic et Yackel.

N.N. YANENKO [1] : Méthode à pas fractionnaires. Armand Colin, 1968 (Traduit du Russe par P. Nepomiastchy).

K. YOSIDA [1] : Functional Analysis. Springer, 1965.

V.I. YUDOVICH [1] : Ecoulements non stationnaires d'un fluide idéal incompressible. J. d'Anal. Numé. et Phy. Math. (En Russe) 3 (1963), 1032-1066.

V.I. YUDOVICH : Cf. Srubshchik et Yudovich.

J.P. YVON [1] : Thèse, Paris, 1973.

M. ZLAMAL [1] : Sur un problème mixte pour des équations hyperboliques avec un petit paramètre (en Russe) J. Math. Tchécoslovaquie J. 10 (1960), 83-122.

[2] : The parabolic equation as a limiting case of a certain elliptic equation. Ann. Mat. Pura ed Appl. 57 (1962), 143-150.

[3] : The parabolic equations as a limiting case of hyperbolic and elliptic equations. Dans Differential Equations and their applications. Proc. Prague Conf. Acad. Press, 1963, 243-247.

[4] : Sur un problème mixte pour une équation hyperbolique avec petit paramètre (en Russe). J. Math. Tchécoslovaquie 9 (1959), 218-242.

BIBLIOGRAPHIE ADDITIONNELLE (Janvier 1973)

Des estimations diverses, en particulier dans la norme L^{∞}, ont été obtenues relativement aux problèmes étudiés au Chap. 2, dans :

J.G. BESJES [1] : Singular perturbation problems for linear elliptic differential operators of arbitrary order.
I - Degeneration to elliptic operators
II - Degeneration to first order operators.
Math. Inst. Tech. Hageschool delft, Octobre 1972.

Une étude directe des problèmes du Chap. 4, N° 11 (et, en particulier, une démonstration directe très simple du résultat de Iooss évoqué au Problème 13.13, Chap. 4) a été faite par :

D. BREZIS [1] : A paraître.

cture Notes in Mathematics

prehensive leaflet on request

46: A. B. Altman and S. Kleiman, Introduction to Grothendieck ty Theory. II, 192 pages. 1970. DM 18,–

47: D. E. Dobbs, Cech Cohomological Dimensions for Com- tive Rings. VI, 176 pages. 1970. DM 16,–

48: R. Azencott, Espaces de Poisson des Groupes Localement pacts. IX, 141 pages. 1970. DM 16,–

49: R. G. Swan and E. G. Evans, K-Theory of Finite Groups and rs. IV, 237 pages. 1970. DM 20,–

150: Heyer, Dualität lokalkompakter Gruppen. XIII, 372 Seiten. . DM 20,–

151: M. Demazure et A. Grothendieck, Schémas en Groupes I. A 3). XV, 562 pages. 1970. DM 24,–

152: M. Demazure et A. Grothendieck, Schémas en Groupes II. A 3). IX, 654 pages. 1970. DM 24,–

153: M. Demazure et A. Grothendieck, Schemas en Groupes III. A 3). VIII, 529 pages. 1970. DM 24,–

154: A. Lascoux et M. Berger, Variétés Kähleriennes Compactes. 3 pages. 1970. DM 16,–

155: Several Complex Variables I, Maryland 1970. Edited by orváth. IV, 214 pages. 1970. DM 18,–

156: R. Hartshorne, Ample Subvarieties of Algebraic Varieties. 256 pages. 1970. DM 20,–

157: T. tom Dieck, K. H. Kamps und D. Puppe, Homotopietheorie. 65 Seiten. 1970. DM 20,–

158: T. G. Ostrom, Finite Translation Planes. IV. 112 pages. 1970. 6,–

159: R. Ansorge und R. Hass. Konvergenz von Differenzenver- en für lineare und nichtlineare Anfangswertaufgaben. VIII, 145 en. 1970. DM 16,–

160: L. Sucheston, Constributions to Ergodic Theory and Proba- . VII, 277 pages. 1970. DM 20,–

161: J. Stasheff, H-Spaces from a Homotopy Point of View. 5 pages. 1970. DM 16,–

162: Harish-Chandra and van Dijk, Harmonic Analysis on Reduc- p-adic Groups. IV, 125 pages. 1970. DM 16,–

163: P. Deligne, Equations Différentielles à Points Singuliers uliers. III, 133 pages. 1970. DM 16,–

164: J. P. Ferrier, Seminaire sur les Algebres Complétes. II, 69 pa- 1970. DM 16,–

165: J. M. Cohen, Stable Homotopy. V, 194 pages. 1970. DM 16.–

166: A. J. Silberger, PGL_2 over the p-adics: its Representations, erical Functions, and Fourier Analysis. VII, 202 pages. 1970. 18,–

167: Lavrentiev, Romanov and Vasiliev, Multidimensional Inverse lems for Differential Equations. V, 59 pages. 1970. DM 16,–

168: F. P. Peterson, The Steenrod Algebra and its Applications: onference to Celebrate N. E. Steenrod's Sixtieth Birthday. VII, pages. 1970. DM 22,–

169: M. Raynaud, Anneaux Locaux Henséliens. V, 129 pages. 1970. 16,–

170: Lectures in Modern Analysis and Applications III. Edited by . Taam. VI, 213 pages. 1970. DM 18,–

171: Set-Valued Mappings, Selections and Topological Properties . Edited by W. M. Fleischman. X, 110 pages. 1970. DM 16,–

172: Y.-T. Siu and G. Trautmann, Gap-Sheaves and Extension oherent Analytic Subsheaves. V, 172 pages. 1971. DM 16,–

173: J. N. Mordeson and B. Vinograde, Structure of Arbitrary ely Inseparable Extension Fields. IV, 138 pages. 1970. DM 16,–

174: B. Iversen, Linear Determinants with Applications to the ard Scheme of a Family of Algebraic Curves. VI, 69 pages. 1970. 16,–

175: M. Brelot, On Topologies and Boundaries in Potential Theory. 76 pages. 1971. DM 18,–

176: H. Popp, Fundamentalgruppen algebraischer Mannigfaltig- en. IV, 154 Seiten. 1970. DM 16,–

177: J. Lambek, Torsion Theories, Additive Semantics and Rings Quotients. VI, 94 pages. 1971. DM 16,–

Vol. 178: Th. Bröcker und T. tom Dieck, Kobordismentheorie. XVI, 191 Seiten. 1970. DM 18,–

Vol. 179: Seminaire Bourbaki – vol. 1968/69. Exposés 347-363. IV. 295 pages. 1971. DM 22,–

Vol. 180: Séminaire Bourbaki – vol. 1969/70. Exposés 364-381. IV, 310 pages. 1971. DM 22,–

Vol. 181: F. DeMeyer and E. Ingraham, Separable Algebras over Commutative Rings. V, 157 pages. 1971. DM 16.–

Vol. 182: L. D. Baumert. Cyclic Difference Sets. VI, 166 pages. 1971. DM 16,–

Vol. 183: Analytic Theory of Differential Equations. Edited by P. F. Hsieh and A. W. J. Stoddart. VI. 225 pages. 1971. DM 20,–

Vol. 184: Symposium on Several Complex Variables, Park City, Utah, 1970. Edited by R. M. Brooks. V, 234 pages. 1971. DM 20,–

Vol. 185: Several Complex Variables II, Maryland 1970. Edited by J. Horváth. III, 287 pages. 1971. DM 24,–

Vol. 186: Recent Trends in Graph Theory. Edited by M. Capobianco/ J. B. Frechen/M. Krolik. VI, 219 pages. 1971. DM 18.–

Vol. 187: H. S. Shapiro, Topics in Approximation Theory. VIII, 275 pages. 1971. DM 22,–

Vol. 188: Symposium on Semantics of Algorithmic Languages. Edited by E. Engeler. VI, 372 pages. 1971. DM 26,–

Vol. 189: A. Weil, Dirichlet Series and Automorphic Forms. V, 164 pages. 1971. DM 16,–

Vol. 190: Martingales. A Report on a Meeting at Oberwolfach, May 17-23, 1970. Edited by H. Dinges. V, 75 pages. 1971. DM 16,–

Vol. 191: Séminaire de Probabilités V. Edited by P. A. Meyer. IV, 372 pages. 1971. DM 26,–

Vol. 192: Proceedings of Liverpool Singularities – Symposium I. Edited by C. T. C. Wall. V, 319 pages. 1971. DM 24,–

Vol. 193: Symposium on the Theory of Numerical Analysis. Edited by J. Ll. Morris. VI, 152 pages. 1971. DM 16,–

Vol. 194: M. Berger, P. Gauduchon et E. Mazet. Le Spectre d'une Variété Riemannienne. VII, 251 pages. 1971. DM 22,–

Vol. 195: Reports of the Midwest Category Seminar V. Edited by J.W. Gray and S. Mac Lane. III, 255 pages. 1971. DM 22,–

Vol. 196: H-spaces – Neuchâtel (Suisse)- Août 1970. Edited by F. Sigrist, V, 156 pages. 1971. DM 16,–

Vol. 197: Manifolds – Amsterdam 1970. Edited by N. H. Kuiper. V, 231 pages. 1971. DM 20,–

Vol. 198: M. Hervé, Analytic and Plurisubharmonic Functions in Finite and Infinite Dimensional Spaces. VI, 90 pages. 1971. DM 16.–

Vol. 199: Ch. J. Mozzochi, On the Pointwise Convergence of Fourier Series. VII, 87 pages. 1971. DM 16,–

Vol. 200: U. Neri, Singular Integrals. VII, 272 pages. 1971. DM 22,–

Vol. 201: J. H. van Lint, Coding Theory. VII, 136 pages. 1971. DM 16,–

Vol. 202: J. Benedetto, Harmonic Analysis on Totally Disconnected Sets. VIII, 261 pages. 1971. DM 22,–

Vol. 203: D. Knutson, Algebraic Spaces. VI, 261 pages. 1971. DM 22,–

Vol. 204: A. Zygmund, Intégrales Singulières. IV, 53 pages. 1971. DM 16,–

Vol. 205: Séminaire Pierre Lelong (Analyse) Année 1970. VI, 243 pages. 1971. DM 20,–

Vol. 206: Symposium on Differential Equations and Dynamical Systems. Edited by D. Chillingworth. XI, 173 pages. 1971. DM 16,–

Vol. 207: L. Bernstein, The Jacobi-Perron Algorithm – Its Theory and Application. IV, 161 pages. 1971. DM 16,–

Vol. 208: A. Grothendieck and J. P. Murre, The Tame Fundamental Group of a Formal Neighbourhood of a Divisor with Normal Crossings on a Scheme. VIII, 133 pages. 1971. DM 16,–

Vol. 209: Proceedings of Liverpool Singularities Symposium II. Edited by C. T. C. Wall. V, 280 pages. 1971. DM 22,–

Vol. 210: M. Eichler, Projective Varieties and Modular Forms. III, 118 pages. 1971. DM 16,–

Vol. 211: Théorie des Matroïdes. Edité par C. P. Bruter. III, 108 pages. 1971. DM 16,–

Please turn ove

Vol. 212: B. Scarpellini, Proof Theory and Intuitionistic Systems. VII, 291 pages. 1971. DM 24,–

Vol. 213: H. Hogbe-Nlend, Théorie des Bornologies et Applications. V, 168 pages. 1971. DM 18,–

Vol. 214: M. Smorodinsky, Ergodic Theory, Entropy. V, 64 pages. 1971. DM 16,–

Vol. 215: P. Antonelli, D. Burghelea and P. J. Kahn, The Concordance-Homotopy Groups of Geometric Automorphism Groups. X, 140 pages. 1971. DM 16,–

Vol. 216: H. Maaß, Siegel's Modular Forms and Dirichlet Series. VII, 328 pages. 1971. DM 20,–

Vol. 217: T. J. Jech, Lectures in Set Theory with Particular Emphasis on the Method of Forcing. V, 137 pages. 1971. DM 16,–

Vol. 218: C. P. Schnorr, Zufälligkeit und Wahrscheinlichkeit. IV, 212 Seiten 1971. DM 20,–

Vol. 219: N. L. Alling and N. Greenleaf, Foundations of the Theory of Klein Surfaces. IX, 117 pages. 1971. DM 16,–

Vol. 220: W. A. Coppel, Disconjugacy. V, 148 pages. 1971. DM 16,–

Vol. 221: P. Gabriel und F. Ulmer, Lokal präsentierbare Kategorien. V, 200 Seiten. 1971. DM 18,–

Vol. 222: C. Meghea, Compactification des Espaces Harmoniques. III, 108 pages. 1971. DM 16,–

Vol. 223: U. Felgner, Models of ZF-Set Theory. VI, 173 pages. 1971. DM 16,–

Vol. 224: Revêtements Etales et Groupe Fondamental. (SGA 1). Dirigé par A. Grothendieck XXII, 447 pages. 1971. DM 30,–

Vol. 225: Théorie des Intersections et Théorème de Riemann-Roch. (SGA 6). Dirigé par P. Berthelot, A. Grothendieck et L. Illusie. XII, 700 pages. 1971. DM 40,–

Vol. 226: Seminar on Potential Theory, II. Edited by H. Bauer. IV, 170 pages. 1971. DM 18,–

Vol. 227: H. L. Montgomery, Topics in Multiplicative Number Theory. IX, 178 pages. 1971. DM 18,–

Vol. 228: Conference on Applications of Numerical Analysis. Edited by J. Ll. Morris. X, 358 pages. 1971. DM 26,–

Vol. 229: J. Väisälä, Lectures on n-Dimensional Quasiconformal Mappings. XIV, 144 pages. 1971. DM 16,–

Vol. 230: L. Waelbroeck, Topological Vector Spaces and Algebras. VII, 158 pages. 1971. DM 16,–

Vol. 231: H. Reiter, L^1-Algebras and Segal Algebras. XI, 113 pages. 1971. DM 16,–

Vol. 232: T. H. Ganelius, Tauberian Remainder Theorems. VI, 75 pages. 1971. DM 16,–

Vol. 233: C. P. Tsokos and W. J. Padgett. Random Integral Equations with Applications to Stochastic Systems. VII, 174 pages. 1971. DM 18,–

Vol. 234: A. Andreotti and W. Stoll. Analytic and Algebraic Dependence of Meromorphic Functions. III, 390 pages. 1971. DM 26,–

Vol. 235: Global Differentiable Dynamics. Edited by O. Hájek, A. J. Lohwater, and R. McCann. X, 140 pages. 1971. DM 16,–

Vol. 236: M. Barr, P. A. Grillet, and D. H. van Osdol. Exact Categories and Categories of Sheaves. VII, 239 pages. 1971, DM 20,–

Vol. 237: B. Stenström. Rings and Modules of Quotients. VII, 136 pages. 1971. DM 16,–

Vol. 238: Der kanonische Modul eines Cohen-Macaulay-Rings. Herausgegeben von Jürgen Herzog und Ernst Kunz. VI, 103 Seiten. 1971. DM 16,–

Vol. 239: L. Illusie, Complexe Cotangent et Déformations I. XV, 355 pages. 1971. DM 26,–

Vol. 240: A. Kerber, Representations of Permutation Groups I. VII, 192 pages. 1971. DM 18,–

Vol. 241: S. Kaneyuki, Homogeneous Bounded Domains and Siegel Domains. V, 89 pages. 1971. DM 16,–

Vol. 242: R. R. Coifman et G. Weiss, Analyse Harmonique Non-Commutative sur Certains Espaces. V, 160 pages. 1971. DM 16,–

Vol. 243: Japan-United States Seminar on Ordinary Differential and Functional Equations. Edited by M. Urabe. VIII, 332 pages. 1971. DM 26,–

Vol. 244: Séminaire Bourbaki – vol. 1970/71. Exposés 382–399. IV, 356 pages. 1971. DM 26,–

Vol. 245: D. E. Cohen, Groups of Cohomological Dimension One. V, 99 pages. 1972. DM 16,–

Vol. 246: Lectures on Rings and Modules. Tulane University Ring and Operator Theory Year, 1970–1971. Volume I. X, 661 pages. 1 DM 40,–

Vol. 247: Lectures on Operator Algebras. Tulane University Ring Operator Theory Year, 1970–1971. Volume II. XI, 786 pages. 1 DM 40,–

Vol. 248: Lectures on the Applications of Sheaves to Ring Th Tulane University Ring and Operator Theory Year, 1970–1971. ume III. VIII, 315 pages. 1971. DM 26,–

Vol. 249: Symposium on Algebraic Topology. Edited by P. J. H VII, 111 pages. 1971. DM 16,–

Vol. 250: B. Jónsson, Topics in Universal Algebra. VI, 220 pa 1972. DM 20,–

Vol. 251: The Theory of Arithmetic Functions. Edited by A. A. and D. L. Goldsmith VI, 287 pages. 1972. DM 24,–

Vol. 252: D. A. Stone, Stratified Polyhedra. IX, 193 pages. 1 DM 18,–

Vol. 253: V. Komkov, Optimal Control Theory for the Dampin Vibrations of Simple Elastic Systems. V, 240 pages. 1972. DM

Vol. 254: C. U. Jensen, Les Foncteurs Dérivés de $\varprojlim$ et leurs plications en Théorie des Modules. V, 103 pages. 1972. DM

Vol. 255: Conference in Mathematical Logic – London '70. Edite W. Hodges. VIII, 351 pages. 1972. DM 26,–

Vol. 256: C. A. Berenstein and M. A. Dostal, Analytically Uni Spaces and their Applications to Convolution Equations. VII, pages. 1972. DM 16,–

Vol. 257: R. B. Holmes, A Course on Optimization and Best proximation. VIII, 233 pages. 1972. DM 20,–

Vol. 258: Séminaire de Probabilités VI. Edited by P. A. Meyer 253 pages. 1972. DM 22,–

Vol. 259: N. Moulis, Structures de Fredholm sur les Variétés bertiennes. V, 123 pages. 1972. DM 16,–

Vol. 260: R. Godement and H. Jacquet, Zeta Functions of Sin Algebras. IX, 188 pages. 1972. DM 18,–

Vol. 261: A. Guichardet, Symmetric Hilbert Spaces and Related pics. V, 197 pages. 1972. DM 18,–

Vol. 262: H. G. Zimmer, Computational Problems, Methods, Results in Algebraic Number Theory. V, 103 pages. 1972. DM

Vol. 263: T. Parthasarathy, Selection Theorems and their Applicati VII, 101 pages. 1972. DM 16,–

Vol. 264: W. Messing, The Crystals Associated to Barsotti- Groups: with Applications to Abelian Schemes. III, 190 pages. 1 DM 18,–

Vol. 265: N. Saavedra Rivano, Catégories Tannakiennes. II, pages. 1972. DM 26,–

Vol. 266: Conference on Harmonic Analysis. Edited by D. Gu and R. L. Lipsman. VI, 323 pages. 1972. DM 24,–

Vol. 267: Numerische Lösung nichtlinearer partieller Differential- Integro-Differentialgleichungen. Herausgegeben von R. Ansorge W. Törnig, VI, 339 Seiten. 1972. DM 26,–

Vol. 268: C. G. Simader, On Dirichlet's Boundary Value Problem. IV pages. 1972. DM 20,–

Vol. 269: Théorie des Topos et Cohomologie Etale des Schém (SGA 4). Dirigé par M. Artin, A. Grothendieck et J. L. Verdier. 525 pages. 1972. DM 50,–

Vol. 270: Thèorie des Topos et Cohomologie Etle des Schém Tome 2. (SGA 4). Dirige par M. Artin, A. Grothendieck et J. L. Verd V, 418 pages. 1972. DM 50,–

Vol. 271: J. P. May, The Geometry of Iterated Loop Spaces. IX, pages. 1972. DM 18,–

Vol. 272: K. R. Parthasarathy and K. Schmidt, Positive Definite nels, Continuous Tensor Products, and Central Limit Theorem Probability Theory. VI, 107 pages. 1972. DM 16,–

Vol. 273: U. Seip, Kompakt erzeugte Vektorräume und Analysis 119 Seiten. 1972. DM 16,–

Vol. 274: Toposes, Algebraic Geometry and Logic. Edited by. F Lawvere. VI, 189 pages. 1972. DM 18,–

Vol. 275: Séminaire Pierre Lelong (Analyse) Année 1970–1971 181 pages. 1972. DM 18,–

Vol. 276: A. Borel, Représentations de Groupes Localement C pacts. V, 98 pages. 1972. DM 16,–

Vol. 277: Séminaire Banach. Edité par C. Houzel. VII, 229 pa 1972. DM 20,–